U0302608

辐射环境模拟与效应丛书

脉冲功率技术基础
Foundations of Pulsed Power Technology

〔美〕J.莱尔(Jane Lehr)
〔印〕P.罗恩(Pralhad Ron)　著

王海洋　谢彦召　杨海亮　译

科学出版社
北　京

图字：01-2021-2986

内 容 简 介

本书综述国际上脉冲功率技术和相关研究领域的主要进展，重点讨论脉冲功率系统基本概念、组成及其应用等内容。本书共 12 章，第 1～5 章概述脉冲功率源系统的基本组成单元；第 6、7 章论述脉冲功率系统的应用；第 8、9 章介绍绝缘介质的电击穿；第 10 章介绍脉冲电压和电流的测量；第 11、12 章介绍电磁干扰及其抑制技术等内容。

本书可供脉冲功率技术相关科研人员参考，也适用于等离子体物理及其应用、高电压绝缘和电力系统工程、高功率电磁学、粒子束及电磁兼容等领域的科研人员。

Title:Foundations of Pulsed Power Technology by Jane Lehr and Pralhad Ron, ISBN:978-1-119-30116-5.

Copyright ©2017 by The Institute of Electrical and Electronics Engineers, Inc.

All Rights Reserved. This Translation published under license with the original publisher John Wiley & Sons, Inc. Copies of this book sold without a Wiley sticker on the cover are unauthorized and illegal.

本书中文简体中文字版专有翻译出版权由 John Wiley & Sons, Inc.公司授予科学出版社。本书封底贴有 Wiley 防伪标签，无标签者不得销售。

图书在版编目（CIP）数据

脉冲功率技术基础/(美)J.莱尔(Jane Lehr)，(印)P.罗恩(Pralhad Ron)著；王海洋，谢彦召，杨海亮译. —北京：科学出版社，2024.6
(辐射环境模拟与效应丛书)
书名原文：Foundations of Pulsed Power Technology
ISBN 978-7-03-077396-8

Ⅰ. ①脉… Ⅱ. ①J… ②P… ③王… ④谢… ⑤杨… Ⅲ. ①高电压-大功率-脉冲电路 Ⅳ. ①TN78

中国国家版本馆 CIP 数据核字(2024)第 004451 号

责任编辑：宋无汗 郑小羽 / 责任校对：崔向琳
责任印制：徐晓晨 / 封面设计：陈 敬

科 学 出 版 社 出版
北京东黄城根北街 16 号
邮政编码：100717
http://www.sciencep.com

北京建宏印刷有限公司印刷
科学出版社发行 各地新华书店经销

*

2024 年 6 月第 一 版 开本：720×1000 1/16
2024 年 6 月第一次印刷 印张：32 1/4
字数：650 000
定价：480.00 元
（如有印装质量问题，我社负责调换）

"辐射环境模拟与效应丛书"编委会

顾　问：吕　敏　邱爱慈　欧阳晓平

主　编：陈　伟

副主编：邱孟通　唐传祥　柳卫平

编　委：(按姓氏笔画顺序)

马晓华　王　立　王　凯　王宇钢　王忠明

吕广宏　刘　杰　汤晓斌　李兴文　李兴冀

杨海亮　吴　伟　张　力　罗尹虹　赵元富

贺朝会　郭　阳　郭　旗　韩建伟　曾　超

谢彦召

丛　书　序

辐射环境模拟与效应研究主要解决在辐射环境中工作的系统和电子器件的抗辐射加固技术和基础科学问题，涉及辐射环境模拟、辐射效应、抗辐射加固等研究方向，是核科学与技术、电子科学与技术等的交叉学科。辐射环境模拟主要研究不同种类和参数辐射的产生及其应用的基础理论与关键技术；辐射效应主要研究各种辐射引起的器件与系统失效机理、抗辐射加固及性能评估方法。

辐射环境模拟与效应研究涉及国家重大安全，长期以来一直是世界大国博弈的前沿科学技术，具有很强的创新性和挑战性。空间辐射环境引起的卫星故障占全部故障的45%以上，对航天器构成重大威胁。核辐射环境和强电磁脉冲等人为辐射是造成工作在辐射环境中的电子学系统降级、毁伤的主要因素。国际上，美国国家航空航天局、圣地亚国家实验室、劳伦斯·利弗莫尔国家实验室，欧洲宇航局、核子中心，俄罗斯杜布纳联合核子研究所、大电流所等著名的研究机构都将辐射环境模拟与效应作为主要研究领域，开展了大量系统性基础研究，为航天器、新型抗辐射加固材料和微电子技术发展提供了重要支撑。

我国在20世纪60年代末，开始辐射环境模拟与效应的研究工作。在强烈需求的牵引下，经过多年研究，我国在辐射环境模拟与效应研究领域已经具备了良好的研究基础，解决了大量工程应用方面的难题，形成了一支经验丰富的研究队伍。国内从事相关研究的科研院所、高等院校和工业部门已达百余家，建设了一批可以开展材料、器件和电子学系统相关辐射效应的模拟源，发展了具有特色的辐射测量与诊断技术，开展了大量的辐射效应与机理研究，系统和器件的辐射加固技术水平显著增强，形成了辐射物理学科体系，为国防建设和航天工程发展做出了重大贡献，我国辐射环境模拟与效应研究在科学规律指导下进入了自主创新发展的新阶段。

随着我国空间技术的迅猛发展，在轨航天器数量迅速增长、组网运行规模不断扩大，对辐射环境模拟与效应研究和设备抗辐射性能提出了更高的要求，必须进一步研究提高材料、器件、电子学系统的抗核与空间辐射、强电磁脉冲加固的能力。因此，需要研究建立逼真的辐射模拟实验环境，开展新材料、新工艺、新器件辐射效应机理分析、实验技术和数值仿真研究，建立空间辐射损伤效应与地面模拟实验的等效关系，研发新的抗辐射加固技术，解决空间探索和辐射环境中系统和器件抗辐射加固的关键基础科学问题。

　　该丛书作者都是从事辐射环境模拟与效应研究的一线科研人员，内容来自辐射环境模拟与效应研究团队几十年的研究成果，系统总结了辐射环境研究与模拟、辐射效应机理、电子元器件与系统抗辐射加固技术等方面取得的科研成果，并介绍了国内外最新研究进展，涉及辐射环境模拟、脉冲功率技术、粒子加速器技术、强电磁环境效应、核与空间辐射效应、辐射效应仿真与抗辐射性能评估等研究领域，内容新颖，数据丰富，体现了理论研究与工程应用相结合的特色，充分展示了我国辐射模拟与效应领域产学研用的创新性成果。

　　相信该丛书的出版，将有助于进入这一领域的初学者掌握全貌，为该领域研究人员提供有益参考。

中国科学院院士　　吕敏

抗辐射加固技术专业组顾问

译 者 序

脉冲功率技术是 20 世纪 50 年代由于国防科研的需求而迅速发展起来的涉及多学科的前沿高新科学技术。在核爆辐射效应模拟、高新技术武器等领域的需求牵引下，脉冲功率技术一直是各军事强国相关研究领域的重要研究内容和研究热点，广泛应用于闪光照相、X 射线产生、核爆辐射效应模拟、高功率微波、高功率粒子束、电磁发射、强激光、等离子体物理、核聚变等领域，同时在地球物理勘探、化石能源开发、环境保护、辐射改性、纳米制造、生物医学等民用领域也得到了迅速发展。

本书是美国学者 Jane Lehr 和印度学者 Pralhad Ron 共同撰写的关于脉冲功率技术的专著。两位作者从 20 世纪 70 年代开始，先后在美国圣地亚国家实验室、美国新墨西哥大学、美国空军研究实验室、英国伦敦大学玛丽女王学院、加拿大麦吉尔大学、印度印多尔理工学院等单位开展研究工作，本书是他们多年教学和研究成果的总结。Jane Lehr 主要研究高功率电磁学、脉冲功率、高电压工程，以及真空、气体、液体中电击穿的物理机理和应用，尤其是在超宽带高功率电磁脉冲和重复脉冲功率方面，开展了大量系统的研究工作，取得了很大进展。Pralhad Ron 主要从事高电压装置的设计与开发、粒子加速器建造、电子束处理、工业电子束、X 射线、EMP 测试、脉冲强磁场、电磁干扰模拟和防护技术等方面的研究。

本书共 12 章，引言阐述脉冲功率技术发展历史及其应用，接着介绍本书信息来源等；第 1～5 章概述脉冲功率源系统的基本组成单元，包括 Marx 发生器和类似 Marx 的电路、脉冲变压器、脉冲形成线、闭合开关和断路开关等方面的内容；第 6、7 章介绍国际上重要的吉瓦级至太瓦级脉冲功率装置和高储能电容器组的设计、研制；第 8、9 章从气体电离动力学理论出发，重点阐述绝缘介质电击穿的基本理论，并特别关注沿面闪络理论和沿面闪络的几种抑制技术；第 10 章介绍脉冲电压和电流的测量；第 11、12 章讨论电磁干扰及其抑制技术等。本书反映了国际脉冲功率技术的概况和水平，其翻译出版将对我国相关技术领域的研究和科研人员有所帮助，是值得借鉴和参考的重要资料。

西北核技术研究所王海洋研究员、西安交通大学谢彦召教授与西北核技术研究所杨海亮研究员负责本书的翻译。其中，西北核技术研究所王海洋、肖晶、孙楚昱、程乐等对初稿进行了统稿和修改，谢彦召教授和杨海亮研究员对全部译稿进行了审校。

　　本书的翻译工作是在强脉冲辐射环境模拟与效应全国重点实验室和西安交通大学瞬态电磁环境与应用国家级国际联合研究中心的大力支持下完成的，在此表示衷心的感谢。同时，本书的翻译出版还得到许多同志和朋友的支持、帮助，在此感谢西北核技术研究所陈伟研究员、吴伟正高级工程师、丛培天研究员、孙凤举研究员、何小平副研究员、吴刚副研究员、谢霖燊副研究员、陈志强副研究员和郭帆副研究员的建议和意见。

　　由于译者水平有限，书中不妥之处在所难免，敬请读者不吝指正。

前　言

脉冲功率技术为当前和未来需要高峰值功率的应用领域提供了可实现的途径。本书主要涉及相关概念、设计信息、系统技术和应用领域等。由于每个高功率应用都需要特定的功率源，因此脉冲功率领域的内容很难编撰。自定义及领域内固有的跨学科性质限制了综合性文献的形成。本书适用于脉冲功率源的设计者和研究人员，同时适用于脉冲功率技术、等离子体物理和应用、激光物理和技术、高电压绝缘和电力系统工程、测量和诊断、高功率电磁学、粒子束、电磁干扰和电磁兼容等相关专业的研究生。

作者职业生涯的大部分时间在政府研究实验室度过，从事脉冲功率系统的设计、研制及应用，并致力于推动该领域的发展。两位作者都曾教授过脉冲功率的相关课程，并强烈认识到需要一本专门介绍该领域基本原理的综合性书籍。作者深信坚实的理论基础以及对该领域历史的深入了解将为未来的研究人员提供新兴应用所需的技能。本书侧重于脉冲功率装置的工程设计和研制建造，为脉冲功率组件、系统和测量奠定坚实的基础，因此可供多个学科专业的研究生和相关工程师参阅。此外，本书还包括电磁干扰、电磁兼容和拓扑概念，其目的是抑制脉冲功率系统中的电磁干扰，并且缩小教科书和研究人员之间的鸿沟。本书旨在深入介绍脉冲功率装置单个组件的理论、设计和研制建造，但内容非常简洁，重点聚焦于整个脉冲功率系统。本书对基本概念、图形和已解决的设计示例得出的大量公式进行了说明。本书是以下脉冲功率主题书籍的补充：Mesyats, *Pulsed Power*, Kluwer Academic/Plenum 出版社，2005；Smith, *Transient Electronics: Pulsed Circuit Technology*, John Wiley& Sons 出版公司，2002 年；Martin, Guenther 和 Kristiansen, *JC Martin on Pulsed Power*, Plenum 出版社，1996 年；Pai 和 Zhang, *Introduction to High Pulse Power Technology*, 世界科学出版社，1995 年；Sarjeant 和 Dollinger, *High Power Electronics*, TAB 出版社，1989 年。

本书共 12 章，每章都包含大量参考资料，以引导研究人员深入地研究该领域。第 1~5 章描述脉冲功率源系统的基本组成单元。第 6、7 章以各个组件的集成系统为例，说明系统应用过程中需要注意的事项。第 8~12 章介绍相关的重要主题，包括绝缘介质的电击穿(第 8、9 章)、脉冲电压和电流的测量(第 10 章)，以及电磁干扰、电磁干扰抑制的拓扑结构(第 11、12 章)。以下介绍各章的主要内容。

第 1 章介绍 Marx 发生器和类似 Marx 的电路，讨论广泛使用的基于 Marx 发生器的倍压电路的设计公式、注意事项和示例；介绍多种低电感 Marx 发生器的结构，它们具有高功率传输、低抖动、快速建立和重复脉冲运行的能力；此外，介绍其他电路拓扑结构，如麦克斯韦 Marx 发生器电路和 Fitch 电路，但是这些电路并未得到广泛应用。

第 2 章介绍脉冲变压器，这是另一种被广泛应用的电压倍增方法。本章还讨论以最小失真原则来优化设计高功率脉冲传输线变压器，并与应用设备阻抗相匹配。

第 3 章介绍脉冲形成线。脉冲形成线传输来自 Marx 发生器或 Tesla 变压器的脉冲，具有在非常短的上升时间内提供吉瓦级峰值功率的能力。同时，本章介绍各种传输线的结构，如同轴线、带状线、Blumlein 线、层叠 Blumlein 线、径向线、螺旋线和螺旋发生器。从最大充电电压、最大功率输出、电介质的选择、电介质击穿场强与充电时间的依赖性关系等方面对脉冲形成线设计进行了优化，并给出设计示例。

第 4 章介绍闭合开关，论述在波形失真最小条件下设计用于将能量高效传输至负载的自触发和外触发火花开关时需要考虑的因素及其性能参数；讨论火花开关结构、触发结构、触发模式，以及几种专用火花开关（如速调管、脉冲串模式间隙和放射性同位素辅助间隙）的显著特点。此外，本章提供用于估算电感项上升时间、电阻项上升时间以及火花通道数量的设计示例。

第 5 章介绍断路开关，其是电感储能系统的重要组成部分。本章详细讨论断路开关的结构和性能，涵盖的内容主要来自 Ron 和 Gupta 的 NRC 报告 *Opening Switches in Pulsed Power Systems*，REP. TR-GD-007。

第 6 章介绍吉瓦级至太瓦级脉冲功率装置。脉冲功率装置具有以高峰值功率传输单脉冲或重复脉冲的能力。装置的类别主要包括串级电容储能系统、串级电感储能系统、磁脉冲压缩单元、感应电压叠加器和直线感应加速器等。由于国际知名装置历史地位的重要性以及其与现代脉冲功率系统发展的相关性，本章重点讨论由快速 Marx 发生器、脉冲形成线和多通道火花开关组成的国际知名装置。

第 7 章介绍电容器组的能量存储，包括大电流电容器组储能的设计和建造过程所涉及的理论、实践和安全等方面内容。电容器组主要用于在微秒范围内传输高能量，其广泛应用于等离子体加热、强磁场产生和电磁推进等方面。

第 8 章介绍气体动力学理论的基本概念，描述 Paschen 和 Townsend 的早期实验，并深入阐述气体击穿的基本机理，以及电晕放电和伪火花放电现象。同时，本章还讨论通过将中间电极设计为近圆柱形和球形来实现最佳绝缘利用率的技术，并且给出了 SF_6 气体及其与其他气体的混合气体获得最大效用的实用技巧。

第 9 章讨论固体、液体和真空中电绝缘与电击穿的特性，论述电介质中的击穿机理和为提高绝缘性能所采用的实用技术。本章重点描述局部放电和电气树，它们决定着固体电介质的长期性能、传输线绝缘液体的性能以及真空中应用设备的性能。另外，本章讨论沿面闪络理论和抑制技术。

第 10 章讨论脉冲电压和电流测量的概念和技术，深入论述在保证脉冲波形不失真的条件下所涉及的参数精确标定的问题，同时介绍对强电磁干扰具有很高抗干扰能力的电光和光电转换技术。

第 11 章介绍电磁干扰和干扰抑制。由于脉冲功率系统的运行会产生强辐射的电磁场，因此强电磁辐射可能会损坏设备或导致测量不准确甚至误操作。本章在讨论引起电磁干扰的电容耦合、电感耦合、共阻抗耦合和辐射耦合的基本机理后，结合屏蔽电缆、电源线和信号线滤波器、隔离变压器等保护技术的实用方法，详细讨论有效接地和屏蔽措施。

第 12 章介绍电磁干扰抑制的拓扑结构。采用复杂结构的多层嵌套屏蔽体，可以使电子系统在恶劣环境中免受强电磁干扰的影响，安全可靠地运行。为了使大量表面不连续的屏蔽体保持较高的屏蔽性能，需要在各个受保护区域使用专门的技术，并要求贯通装置与屏蔽体之间的连接标准较高。

Jane Lehr

Pralhad Ron

致　　谢

衷心感谢国际脉冲功率技术协会对本书的大力支持，并特别感谢美国加州理工学院 Giri 博士、美国空军研究实验室已故的 Carl Baum 博士、美国定向能理事会和美国新墨西哥大学给予的鼓励、支持和建设性建议。

Jane Lehr 博士衷心感谢美国 L-3 公司 Smith 对介质击穿公式的深入分析，美国圣地亚国家实验室的 Keith Hodge 和 Zachariah Wallace、美国新墨西哥大学的同事 Chuck Rueben 和 Edl Schamiloglu 给予的课程上的帮助和建议，以及 Jon Cameron 给予的支持与鼓励，Mark 给予的技术上的帮助和精神上的支持。同时，纪念我深爱的 Lucius Jane Lehr。

Pralhad Ron 博士非常感谢印度政府科学顾问 Chidambaram 博士、印度原子能部原部长 Homi Bhabha、Anil Kakodkar 博士和印度巴巴原子能研究中心原主任 Bhattacharjee 博士的大力支持，由衷感谢 Raj Gupta 博士提供访问补助，以及 BARC 加速器和脉冲功率研究中心(Accelerator and Pulse Power Division, APPD)的工作人员 Kamble 先生、Supriya Barje 女士、Rao 博士、Geeta Patil 女士、Poornalaxmi 小姐为本书出版所付出的努力。衷心感谢妻子 Asha 提供了一个充满爱的家庭环境，从而使我能够集中精力和时间撰写本书。同时，由衷感谢 Nitin、Sangeeta、Nilsesh 和 Monica 等的支持和配合。

作 者 简 介

美国学者 Jane Lehr 获得美国史蒂文斯理工学院工程学士学位后，于 1996 年在 Erich Kunhardt 教授的指导下获得美国纽约大学电气工程博士学位。Jane Lehr 博士在美国圣地亚国家实验室(Sandia National Laboratories，SNL)脉冲功率科学研究中心工作 12 年后，于 2013 年加入美国新墨西哥大学电气和计算机工程学院，之后在美国空军研究实验室的定向能理事会工作 5 年，研究高功率超宽带电磁学和重复脉冲功率驱动源。2001 年，她获得美国空军基础研究奖。Jane Lehr 博士的研究涉及高功率电磁学、脉冲功率、高电压工程，以及真空、气体和液体中电击穿的物理机理和应用等方面。

Jane Lehr 博士是 IEEE 高级会士，曾在 2007 年和 2008 年担任 IEEE 核科学与等离子体科学学会主席，曾担任 IEEE 核科学与等离子体科学学会会士评估委员会主席，曾在 IEEE 核科学与等离子体科学学会和 IEEE 电介质与电气绝缘学会的行政委员会任职。她曾担任 *IEEE Transactions on Dielectrics and Electrical Insulation* 的主编、*IEEE Transactions on Plasma Science* 的客座编辑以及 IEEE 技术活动委员会委员。Jane Lehr 博士于 2015 年获得 IEEE Shea 杰出会员奖，于 2001 年获得 IEEE 区域 6 级领导奖，被评为美国新墨西哥州杰出女性，同时因技术成就突出和积极参加当地社区服务志愿活动而入选新墨西哥州名人录。

印度学者 Pralhad Ron 于 1939 年出生在印度卡纳塔克邦达尔瓦德市。Pralhad Ron 于 1961 年获得印度普纳工程学院工程学士学位，因在电子工程领域的杰出成就而获得霍米·巴哈奖。他 1962 年加入印度巴巴原子能研究中心(Bhabha Atomic Research Centre，BARC)，1969 年获得英国曼彻斯特大学工学硕士学位，1984 年获得印度班加罗尔科学研究所博士学位。

在 BARC，Pralhad Ron 博士主要从事高电压设备的设计、开发和应用研究，包括：①用于真空焊接的电子束工艺处理；②用于大气中辐射处理的工业电子束；③用于产生纳秒千兆瓦特电子束的脉冲功率技术、闪光 X 射线和电磁脉冲测试等；④用于磁化、退磁和磁成形的脉冲强磁场；⑤电磁干扰模拟和保护技术。Pralhad Ron 博士带领了一个工程师团队，成功地在纳劳拉和格格拉帕尔的核电反应堆中进行了环状螺旋弹簧的重新定位。在他的领导下，基于 Cockcroft-Walton 叠加器和 RF 直线感应加速器的电子束成功开发并实现工业应用。

1992 年至 2001 年，Pralhad Ron 博士担任 BARC 加速器和脉冲功率研究中心的负责人。他于 1970 年在英国伦敦大学玛丽女王学院担任访问学者，1985 年在加拿大渥太华国家研究委员会(National Research Council)工作，1987 年在加拿大蒙特利尔的麦吉尔大学工作,从事脉冲功率技术研究。1996 年至 2000 年,他在印度印多尔市德维·阿希利亚大学教授脉冲功率技术研究生课程。Pralhad Ron 博士曾担任新孟买哈尔加尔电子束研究中心指导委员会主席,负责对聚合物进行辐射处理,曾担任印度原子能管理委员会设计安全审查委员会主席,负责印度粒子加速器的建设。此外,他曾担任 BARC 5.5MV van de Graff 发生器注入 7MV 串联叠加粒子加速器工程设计委员会主席。同时,他曾担任下列印度原子能部理事会成员:①BARC 特罗贝理事会;②印度中央邦印多尔高级研究中心 CAT 理事会;③印度西孟加拉邦加尔各答可变能量回旋加速器中心回旋加速器理事会。

目　　录

引　言

脉冲功率技术是高电压和大电流专业的物理学家和工程师感兴趣的领域。现代脉冲功率发源于闪光照相、X 射线产生和武器效应(如核电磁脉冲(EMP))模拟等，广泛应用于定向能武器、生物和医学等领域，新的应用和技术也在不断涌现。

传统意义上将脉冲功率定义为在相对较长时间内逐渐积累能量，然后利用脉冲压缩技术在很短时间内将其压缩为高瞬时功率的脉冲能量，并释放到特定的负载上。典型的脉冲功率系统框图见图 I-1，将在第 3 章中进行详细讨论。应用领域不同，能量的缓慢积累时间不同。例如，大型电容储能系统充电可能需要几分钟，以重复脉冲串模式运行的系统充电可能需要数毫秒，快速放电则通常不到几十微秒，甚至短到数十皮秒。

图 I-1　典型的脉冲功率系统框图

脉冲功率参数范围通常如下：

参数名称	参数范围
单脉冲能量	$1\sim10^7\text{J}$
峰值功率	$10^6\sim10^{14}\text{W}$
峰值电压	$10^3\sim10^7\text{V}$
峰值电流	$10^3\sim10^8\text{A}$
脉冲宽度	$10^{-10}\sim10^{-5}\text{s}$

然而，这种定义并未涵盖该领域其他两个关键要素：绝缘材料击穿与时间的依赖性关系和对负载的特定要求。

20 世纪 50 年代末，在脉冲功率在英国"诞生"之前，人们通过研究绝缘介质(无论是气体、液体，还是固体)的电击穿，就已经熟知在较短的脉冲宽度下击穿电场更高。20 世纪上半叶，从 Townsend 关于低压气体电流增长及其与电离的关系实验开始，对气体中的放电及其导致击穿机制进行了权威性研究。1923 年 Marx 发生器的发明，使得在更短脉冲宽度产生更高电压成为可能。20 世纪 40 年代，Loeb、Meek、Craggs 和 Raether 等开展了气体电击穿的开创性研究工作，并提出了气体电击穿的流注理论。随后，Jones、Davies 和 Raether 等深入阐述了 Townsend 击穿机制。然而，这些研究的重点集中在物理机理上，很少注意使用短脉冲来增加绝缘介质的击穿强度，即使非常详尽的现代著作——Raizer[1]出版的 *Gas Discharge Physics*，也很少提及电击穿与时间的依赖性关系。

电击穿与时间的依赖性关系的整体性质后来在 Goodman[2]和 Martin[3]的著作中得到了深入阐述。英国原子能武器研究中心(Atomic Weapons Research Establishment，AWRE)曾计划购买一台二手电子加速器用于爆炸过程的 X 射线照相，但射线照片模糊，需要更高的分辨率。通常的方案是将加速器束流增大三个数量级，但这一方案需要付出非常高昂的代价。Martin 提出了一种替代方案，即高电压(6MV)、大电流(50kA)加速器，电击穿时间为 30～50ns。基于成本方面的考虑，最终选择了第二种方案。随着方案的成功，脉冲功率"诞生"了。Martin 和他的同事继续研制了许多高峰值功率装置，并在此过程中建立了绝缘介质击穿与时间依赖性的经验关系式，其一般形式为

$$F \cdot t^a \cdot A^b = k$$

其中，F 为平均击穿电场；t 为充电时间；A 为面积；a、b 和 k 为与绝缘材料相关的常数。

这一经验关系式可以用来预测击穿电压，也可以用于绝缘设计，将在第 3 章中进行详细讨论。绝缘介质击穿与时间依赖性的经验关系清楚地表明，较短的充电和放电时间可以获得较高的击穿电场。因此，使用图 I-1 所示的脉冲压缩方案可以产生高峰值功率脉冲。Smith[4]对脉冲功率早期发展史进行了详细研究，内容大部分来自美国和英国所做的工作。脉冲功率在苏联的发展，在 Mesyats[5]出版的英文版 *Pulsed Power* 中进行了详细介绍。

简单地说，脉冲功率技术是一种使初级电源的功率特性满足负载的电气要求所采用的技术和装置。在功率调节时，脉冲的峰值功率占据了主导地位，这是因为必须尽最大努力来优化和满足功率的需求。在脉冲功率系列专著[6-8]的序言中，Kristiansen 和 Guenther 将脉冲功率定义为"针对特定应用的特殊功率源系统"。该定义既说明了脉冲功率与其应用之间密不可分的联系，又说明了它们的独特性。在要求高峰值功率的应用中，脉冲功率是一种低成本的功率调节技术，通过以特定的形式(脉冲功率"艺术")传输功率来提高电气效率。脉冲功率为某些物理应用提供了独特的解决方案。

基于上述内容，提出了以下关于脉冲功率的简洁描述。

脉冲功率是一种特殊的功率调节技术，可将初级电源的功率特性转换为负载

的电气需求。来自初级电源的能量在相对较长时间内积累，并被压缩为高瞬时功率的脉冲，可能需要分几个阶段来充分利用绝缘材料击穿与时间的相关性，以提供应用所需的时间特性和能量幅度，最终传递到负载的峰值功率具有很高的瞬时功率。

将脉冲功率定义为特殊功率调节系统，其应用的广度和实现方式的多样性意味着需要了解大量的专业知识。当然，在一定程度上确实如此，但是大型装置或高性能系统很少是由单个工程师独立设计的。本书选择材料的前提是，以已实现的系统为例，为学习基本原理打下坚实的基础，为脉冲功率工程师在职业生涯中可能遇到的各种各样的应用提供更好的视角。当今，很少有脉冲功率工程师将整个职业生涯集中在单一应用领域。为此，本书避免对应用领域进行深入论述，重点关注大多数系统所采用的脉冲功率技术基础。本书所引用的许多参考文献较早，这反映了本书的一大特点，但是也包含一些现代的参考文献。

尽管传统的脉冲功率应用仍然很重要，并且融合新技术继续发展，但也涌现出许多非同寻常的新需求。基于这一原因，作者认为脉冲功率技术应避免发展成应用驱动，而应该将重点聚焦于基础研究，为下一代脉冲功率技术发展奠定强大的基础。另外，本书搜集和整理了迄今为止脉冲功率领域已取得的许多重大创新。作者深信，一旦掌握了这些基础知识，就可以通过"活学活用"和"触类旁通"等方式将它们组合起来，并创造出特定的输出性能。尽管装置的尺寸可能有很大的不同，但是对基本原理的关注可以使研究人员看到许多相通之处。例如，虽然 Marx 发生器是近一个世纪前发明的，但它在许多系统中仍然发挥着不可或缺的作用。Marx 发生器具有多种用途：基于固态开关技术的 Marx 发生器可用于产生几百伏的脉冲电压，也专门用于产生数十兆伏的脉冲电压，储存从焦耳到千焦耳的能量；Marx 发生器还是触发器和雷电模拟器的基础；Marx 发生器还专门用于电压超过 18MV、功率达吉瓦级脉冲功率系统的能量存储[9]。用于产生 10J/200kV 峰值电压的单脉冲 Marx 发生器，长度仅 15cm[10]。然而，产生 5MV 电压的 Marx 发生器，需要强大的机械支撑和电源为其供电。显然，这两种电压源的应用差异很大，但它们的基本原理是相同的。

信 息 来 源

多年来，许多与脉冲功率有关的信息主要传播方式一直没有被优先考虑，这不仅归因于其最初的快速增长，还因为其最初应用于军事领域。因此，大部分早期进展主要保存在报告和内部备忘录中，并非正式地公开传播。除 Baum 的 Notes 系列外，早期报告的副本越来越难找到。Notes 系列是由美国洛斯阿拉莫斯国家实验室(Los Alamos National Laboratory，LANL)的研究人员 Partridge 于 1964 年初记录的核效应模拟的快速进展、模拟技术(主要是脉冲功率)和测量技术。后来，Notes 系列得到了 Baum 的关注和管理，现在文档超过 2000 份，其中大多数可通过电子方式获得 (Notes 系列由 Summa 基金会维护，可以从 http://www.ece.unm.e du/summa/notes/下载)。

作为学术支持，在 Kristiansen 的领导下，美国得克萨斯理工大学和美国空军武器实验室(现称为美国空军研究实验室 Phillips 研究基地)组织了脉冲功率系列讲座。该系列讲座进行了 49 次，其中 35 名优秀的研究人员就其研究方向撰写了 1 篇专题论文。后来，Kristiansen 与 Guenther 一起撰写了一系列有关脉冲功率技术发展的书籍。该系列书籍最早出版的两本是有关高功率开关方面的[6,7]；第三本书收集了内部备忘录和高电压讲座的内容，记录了 Martin 团队在 AWRE 的工作成果[8]，构成本书内容的许多备忘录也都保存在 Baum 的 Notes 系列中。

还有一些书籍是脉冲功率技术专家广泛使用的，如 Meek 等[11, 12]的两本经典教科书，以及 Raizer[1]、Fridman 等[13]的教科书。这些书籍对气体放电物理机理和电击穿进行了详尽的论述。Cobine[14]发表了有关气体放电实际应用的论文，如湿度的影响，这些内容在其他地方很难找到。Grover[15]的著作是电感计算的详尽参考资料，已再版。Knoepfel 有两本关于强磁场的著作[16,17]。美国麻省理工学院的辐射系列丛书 *Pulse Generators*[18]包含各种脉冲集总元件电路技术的基本信息(本书未包括这些内容)。Lewis 等[19]的著作已经绝版，其中包含许多巧妙的脉冲电路传输线结构，这些结构至今仍适合于中等电压等级的应用。Martin 认为 Lewis 和 Wells 对脉冲功率技术早期发展做出了十分重要的贡献[3]。

信息的主要来源包含国际脉冲功率会议及其记录。第一次会议于 1976 年在美国得克萨斯州拉伯克市举行，旨在促进新兴领域信息的传播。第二次会议于 1979 年举行，此后每隔一年举行一次。1995 年，国际脉冲功率会议由 IEEE 赞助，其出版物通过 IEEE Explore 向全世界发行。为了鼓励文献发表，*IEEE Transactions on*

Plasma Science 于 1997 年 4 月出版发行了第一期《脉冲功率科学与技术(特刊)》，此后每逢偶数年 10 月都公开征集论文出版，并延续至今。其他会议包括偶数年举行的欧亚脉冲功率会议，以及专门讨论特定应用或子课题的各种会议。前者有电磁发射会议；后者有 MEGAGAUSS 会议，其重点是强磁场的产生和使用。

脉冲功率的演变也可以通过两期 *Proceedings of the IEEE* 会议论文集来观察。首次论述脉冲功率的 *Proceedings of the IEEE* 会议论文集是由 Devender 编辑的，其中包括 Martin[20]的经典论文和其他评论文章[21]。之后，Schamiloglu 和 Barker 编辑了脉冲功率应用专刊[22]。通过这个视角，脉冲功率的演化和发展是显而易见的。

参 考 文 献

[1] Yu. P. Raizer, *Gas Discharge Physics*, Springer, 1991.

[2] M.J. Goodman, High Speed Pulsed Power Technology at Aldermaston, in *J.C. Martin on Pulsed Power*, in T.H. Martin, A.H. Guenther, and M. Kristiansen, eds., Plenum Press, New York, 1996.

[3] J.C. Martin, Brief and Probably Not Very Accurate History of Pulsed Power at the Atomic Weapons Research Establishment Aldermaston, in *J.C. Martin on Pulsed Power*, in T.H. Martin, A.H. Guenther, and M. Kristiansen, eds., Plenum Press, New York, 1996.

[4] I.D. Smith, The Early History of Western Pulsed Power. *IEEE Trans. Plasma Sci.*, Vol. 34, No. 5, pp. 1585-1609, 2006.

[5] G.A. Mesyats, *Pulsed Power*, Kluwer Academic, 2005.

[6] A. Guenther, M. Kristiansen, and T. Martin, eds., *Advances in Pulsed Power Technology: Vol. 1: Opening Switches*, Plenum Press, New York, 1987.

[7] G. Schaefer, M. Kristiansen, and A. Guenther, eds., *Advances in Pulsed Power Technology: Vol. 2: Gas Discharge Closing Switches*, Plenum Press, New York, 1990.

[8] T.H. Martin, A.H. Guenther, and M. Kristiansen, eds., *Advances in Pulsed Power Technology: Vol. 3: J.C. Martin on Pulsed Power*, Plenum Press, New York, 1996.

[9] K.R. Prestwich and D.L. Johnson, Development of an 18 Megavolt Marx Generator. *IEEE Trans. Nucl. Sci.*, Vol. 16, Part Ⅱ, No. 3, p. 64, 1969.

[10] M.V. Fazio and H.C. Kirbie, Ultracompact Pulsed Power. *Proc. IEEE*, Vol. 92, No. 7, pp. 1197-1204, 2004.

[11] J.M. Meek and J.D. Craggs, *Electrical Breakdown of Gases*, Clarendon Press, Oxford, 1953.

[12] J.M. Meek and J.D. Craggs, eds., *Electrical Breakdown of Gases*, John Wiley & Sons, Inc., 1978.

[13] A. Fridman and L.A. Kennedy, *Plasma Physics and Engineering*, Taylor & Francis Publishing, 2004.

[14] J.D Cobine, *Gaseous Conductors: Theory and Engineering Applications*, Dover Publications, Mineola, NY, 1941 (and also 1958).

[15] F.W. Grover, *Inductance Calculations Working Formulas and Tables*, Dover Publications, Mineola, NY, 1946 (and also 1973).

[16] H.E. Knoepfel, *Magnetic Fields*, John Wiley & Sons, Inc., 2000.

[17] H.E. Knoepfel, *Pulsed High Magnetic Fields*, North Holland Publishers, 1973.

[18] G.N. Glasoe and J.V. Lebacqz, *Pulse Generators*, McGraw-Hill, 1948.

[19] I.A.D. Lewis and F.H. Wells, *Millimicrosecond Pulse Techniques*, Pergamon Press, 1959.

[20] J.C. Martin, Nanosecond Pulse Techniques. *Proc. IEEE*, Vol. 80, No. 6, pp. 934-945, 1992.

[21] I.R. McNab, Developments in Pulsed Power Technology. *IEEE Trans. Magn.*, Vol. 37, No. 1, pp. 375-378, 2001.

[22] E. Schamiloglu and R.J. Barker, "Special Issue on Pulsed Power: Technology and Applications," *Proceedings of the IEEE*, Volume: 92 Issue: 7, pp. 1011-1013, 2004.

第 1 章 Marx 发生器和类似 Marx 的电路

为测试高压组件和新兴电力设备，英国学者 Marx 于 1925 年提出了 Marx 发生器，这是结构最简单、使用最广泛的高压脉冲发生器之一。Marx 发生器的基本原理很简单：电容通过高阻抗并联充电，然后串联放电，从而实现电压倍增。但是，这种简单性在某种程度上具有误导性：当包含杂散电阻抗且需要精确同步和高可靠性时，Marx 发生器的设计可能会变得异常复杂。

本章讨论 Marx 发生器的工作原理和整体性能。为了便于说明，给出基于 Marx 发生器等效电路的简单设计公式。讨论改进的 Marx 发生器前，本章着重强调以下几方面：论述过电压对 Marx 发生器运行的重要性以及先进的触发技术，讨论 Marx 发生器的电绝缘、延迟时间、抖动以及组件的选择，详细分析采用电阻对脉冲波形进行整形的方法。

1.1 简单 Marx 发生器的工作原理

Marx 发生器是一个倍压电路，其工作原理：多个电容器并联充电，然后进行串联放电。从并联电路转换为串联电路的过程称为 "Marx 发生器的建立"。通常，每级 Marx 发生器由存储能量元件和开关组成。存储能量元件既可以由一个或多个电容器组成，也可以是脉冲形成网络或传输线。常用的开关是气体火花开关，其复杂程度各不相同。当然，也可以使用其他类型的具有低泄漏电流的开关，但建议仔细评估过电压对开关的影响。

图 1-1 所示是两种不同充电形式的 Marx 发生器。其中，N 个电容值为 C_0 的电容器通过充电电阻 R 并联充电至电压 V_0，并通过火花开关串联放电，从而产生开路电压 V_{OC}。电阻起到双重作用：在充电周期中，电容器通过一侧的电阻充电，另一侧的电阻则起到了电路接地的作用；在放电周期中，电阻提供高阻抗踏径，迫使电流通过火花开关。选择足够大的电阻值以限制流经电阻的电流，R 取值为几千欧姆到几兆欧姆。Marx 发生器的充放电周期和建立过程可以分开讨论。另外，电感也可以用作隔离阻抗。

图 1-1(a)所示是输出脉冲电压极性与充电电压极性相同的电路。在充电电压相同的条件下，该电路的优势是开关的数量较少。但是，若第一个开关是触发式火花开关，则随着 Marx 发生器的建立，瞬态高压将被引入触发电路。这个问题

在图 1-1(b)所示电路中得到了解决，第一个火花开关处于接地电位，触发针可以直接嵌入接地电极中，因此以触发管作为触发开关具有特别优势。图 1-1(b)所示电路中输出脉冲电压极性与充电电压极性相反。

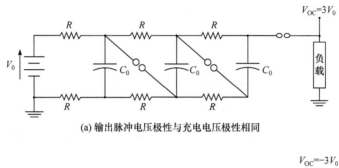

(a) 输出脉冲电压极性与充电电压极性相同

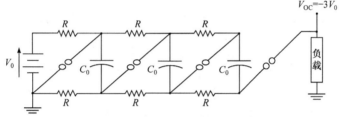

(b) 输出脉冲电压极性与充电电压极性相反

图 1-1　两种不同充电形式的 Marx 发生器

1.1.1　Marx 发生器充电周期

图 1-2 是 Marx 发生器充电过程的电路示意图。在充电过程中，电源通过一串充电电阻 R 为 N 级 Marx 发生器充电，每级电容 C_0 充电到电压 V_0。充电过程中，电容不会立即充电，而是以不同的速率和顺序充电。Fitch[1]给出了由直流电源给第 n 级电容充电的大致时间，并由 Swift[2]进行了严格的分析和验证：

$$\tau_{\text{ch}} = n^2 R C_0, \quad 1 \leqslant n \leqslant N \tag{1-1}$$

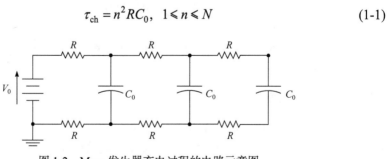

图 1-2　Marx 发生器充电过程的电路示意图

为了缩短 Marx 发生器的充电时间 T_M，可使用恒流充电源。由于第 N 级电容最后达到充电电压，最短充电时间可以由第 1 级电容与第 N 级电容之间可接受的充电电压差来确定，如图 1-3 所示，充电电压差为[3]

$$\Delta V = \frac{V_{C,N} - V_{C,1}}{V_{C,1}} = \frac{N^2 R C_0}{T_M} \tag{1-2}$$

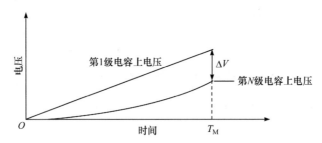

图 1-3　Marx 发生器充电过程中第 1 级电容与第 N 级电容之间的充电电压差 ΔV

若给足够的时间，最后 1 级电容将充电至电压 V_0。但是，充电时间决定了对 Marx 发生器绝缘材料施加电应力的时间，增大了绝缘意外失效的可能性。因此，最大程度地缩短 Marx 发生器的充电时间可提高系统设计的可靠性。

此外，在 Marx 发生器建立过程中，随着每一级开关的导通，该级中存储的能量开始通过两侧的电阻 R 放电，放电时间常数为

$$\tau_{\text{disch}} = \frac{R C_0}{2} \tag{1-3}$$

电阻链中耗散的能量对负载是一种能量损失，并导致系统效率降低。Marx 发生器的放电时间取决于负载，为了最大程度地获取能量并提高 Marx 发生器的输出效率，应减小 Marx 发生器的放电时间常数 τ_{disch}。Marx 发生器的最大储能为

$$E_{\text{stored}} = \frac{(N C_0) V_0^2}{2} \tag{1-4}$$

其中，$N C_0$ 为并联电容。由于后级电容充电电压降低以及充电过程中电阻损失能量，实际值比该最大值小。

1.1.2　Marx 发生器的建立

Marx 发生器的建立过程是开关依次导通，电容器从并联充电转换到串联放电的过程。当一个火花开关引燃，引起其他剩余级上的开关电压升高时，Marx 发生器建立过程开始，当电压超过开关直流自击穿电压时，火花开关击穿，足够的火花开关过电压对于 Marx 发生器的可靠运行至关重要。

　　Marx 发生器中的任意开关都可以启动建立过程，但是当第一个火花开关放电导通并引起其他开关依次放电时，可以确保获得最大输出电压。火花开关放电不同步会降低输出电压的幅度并导致波形失真，如图 1-4 所示。

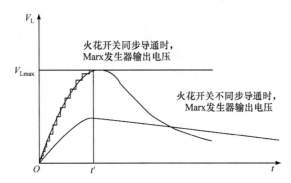

图 1-4　典型火花开关同步导通和不同步导通时 Marx 发生器的输出电压波形

　　每个开关的时延和抖动都将影响到 Marx 发生器整体的建立时延和抖动。快速可靠的 Marx 发生器建立，要求在放电过程中，每级开关都出现较大的过电压。Marx 发生器建立过程的过电压有助于使开关抖动减小，但也可以使用外触发的方法。在高峰值功率领域的应用中，Marx 发生器常被用作初级储能系统，实际上 Marx 发生器的建立过程并不简单，因为分布电容可能会限制每级开关可获得的过电压，相关详细内容将在 1.3 节中进行讨论。此处，所有杂散参数均被忽略，并且讨论的是理想 Marx 发生器的建立过程。

1.1.2.1　紫外光辐射开关预电离

　　在 Marx 发生器中，一种降低抖动的简单方法是使用由第一个火花开关放电产生的紫外光来触发下一级开关，第二级火花开关放电产生的紫外光有助于下一级开关的导通，从而使 Marx 发生器以串级的方式建立。图 1-1 所示的电路以开关直线的方式重新排列后如图 1-5 所示，通常将火花开关置于充气的空间中，

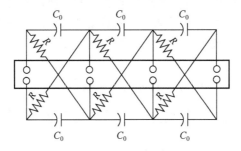

图 1-5　Marx 发生器开关直线布局
该布局的目的是利用一个火花开关导通产生的紫外光使其他火花开关电离

其余组件用油绝缘。这种易于制造的 Marx 发生器可以产生数百千伏的电压且可靠。

1.1.2.2 理想 Marx 发生器中的开关过电压

图 1-6 所示是 Marx 发生器建立过程的等效电路。该电路可以用于研究建立过程中开关的过电压。为简单起见，假定理想 Marx 发生器具有无限大的充电电阻，该电阻不消耗电流，其余的无损电路是一串电容器，每级电容器 C_0 被充电到电压 V_0。需注意，在此模型中，每个火花开关两端的电压相等，以 V_g 表示。

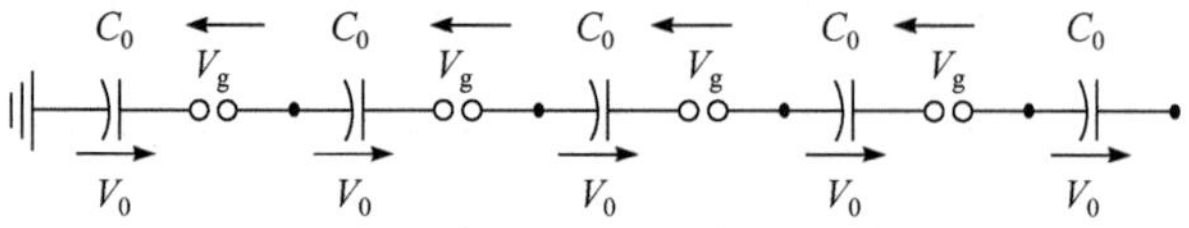

图 1-6　Marx 发生器建立过程的等效电路

未建立的 Marx 发生器的放电流为零，故 $V_{OC}=0$。对每一级电路应用基尔霍夫电压定律，每个火花开关两端的电压大小相等，并且与每级电容器电压相反。当第一个火花开关导通时，其电压变为零，并且其上节点处的电压变为级电压 V_0。Marx 发生器保持未导通状态，并且在剩余的未导通火花开关之间重新分配电压，该间隙电压从 V_0 变为较高的值，该值由已导通的开关数量确定。使用基尔霍夫电压定律得

$$V_{OC} = 0 = \sum_{n=1}^{N} V_0 - \sum_{n=1}^{N-1} V_g = NV_0 - (N-1)V_g \tag{1-5}$$

$$V_g = \frac{N}{N-1} V_0$$

随着火花开关依次导通，加载到未导通火花开关上的电压逐步增加，直到整个开路电压施加到最后一级火花开关并使其导通，最终 Marx 发生器完全建立。过电压不足会导致某些火花开关延迟导通或不能导通，或者沿其他意外路径释放能量。在实际中，该模型过于简单，存在明显的局限性，是无法实现的。另外，过电压的程度不仅受隔离电阻损耗的影响，还受分布电容的影响，这将在 1.3 节中进一步探讨。

Marx 发生器建立过程中开关的过电压见表 1-1[4]。

表 1-1　Marx 发生器建立过程中开关的过电压

开关状态	电压分布状况	开关间隙两端电压
导通前，第一个开关的电压 V_{g1}	$NV_0 = NV_g$	$V_g = V_0$

续表

开关状态	电压分布状况	开关间隙两端电压
第一个开关导通	$NV_0 = (N-1)V_g$	$V_g = \dfrac{N}{N-1}V_0$
第二个开关导通	$NV_0 = (N-2)V_g$	$V_g = \dfrac{N}{N-2}V_0$
第 n 个开关导通	$NV_0 = (N-n)V_g$	$V_g = \dfrac{N}{N-n}V_0$
第 $(N-1)$ 个开关导通	$NV_0 = V_g$	$V_g = NV_0 = V_{oc}$

1.1.3　Marx 发生器的放电周期

Marx 发生器放电有两种不同的情况，一种情况是 Marx 发生器最后一级开关未导通，另一种情况是 Marx 发生器最后一级开关导通并通过负载放电。

1.1.3.1　未导通

图 1-7 所示是最后一级开关未导通时 Marx 发生器的等效电路。电容器上的电荷通过两个充电电阻并联放电，有效时间常数为 $RC_0/2$。

1.1.3.2　放电过程的等效电路参数

图 1-8 所示是理想的 Marx 发生器建立的等效电路。本质上，Marx 发生器是电容放电，其特性取决于负载。Marx 电感 L_{Marx} 表示放电回路中开关、电容器和连接件的总电感，其为

$$L_{Marx} = L_S + L_C + L_{connections}$$

其中，L_S 为开关电感；L_C 为电容器电感；$L_{connections}$ 为连接件电感。

Marx 发生器可以单极性充电或双极性充电。若明确定义了 Marx 发生器的参数 C_M、L_M 和能量，则两种结构都是通用的，并且可以采用相同的处理方法。

1) 单极性充电

若选择的充电电阻使消耗电流很小，则可采用图 1-8 所示的等效电路。

定义的 Marx 发生器的参数如下。

Marx 发生器等效建立电容：

$$C_M = \frac{C_0}{N} \tag{1-6}$$

Marx 发生器建立的阻抗：

$$Z_{\mathrm{M}} = \sqrt{\frac{L_{\mathrm{M}}}{C_{\mathrm{M}}}} \qquad (1\text{-}7)$$

Marx 发生器固有放电时间：

$$T_{\mathrm{M}} = \sqrt{L_{\mathrm{M}} C_{\mathrm{M}}} \qquad (1\text{-}8)$$

Marx 发生器开路电压：

$$V_{\mathrm{OC}} = -N V_0 \qquad (1\text{-}9)$$

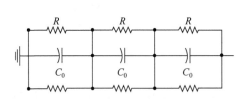

图 1-7 最后一级开关未导通时 Marx 发生器的等效电路

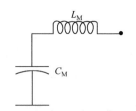

图 1-8 理想的 Marx 发生器建立的等效电路

Marx 发生器等效建立电感 L_{M} 由电容器电感、开关电感和连接件电感组成。当 Marx 发生器完全建立时，它是一种电容性放电电路，其输出特性取决于负载。定义带负载条件下的峰值输出电压为 V_{M}，开路电压为 V_{OC}。快速 Marx 发生器的特点可能在于其固有放电时间，最先进的技术是 500ns，但仍然存在显著缩短固有放电时间的设计[5-7]。

Marx 发生器的放电周期在很大程度上取决于负载特性。尤为重要的是确定 Marx 发生器的放电时间，以便可以将其与式(1-3)进行比较。本小节计算 Marx 发生器放电到两类电容性负载($C_{\mathrm{M}} \sim C_2$ 和 $C_{\mathrm{M}} \geqslant C_2$)和电阻性负载的放电时间。

2) 双极性充电

图 1-9 是正负双极性充电的 Marx 发生器电路示意图。每级电路使用两个电容器，以相等但极性相反的电压充电。对于给定的输出电压，双极充电的 Marx 发生器的开关数量减为单极充电的一半，但每级开关充电电压为单极充电的两倍。两个串联的电容组成了级电容。在这种情况下，Marx 发生器的建立电容为

$$C_{\mathrm{M}} = \frac{C_0}{2N} \qquad (1\text{-}10)$$

但是，由于使用了 N 个开关来导通 $2N$ 个电容器，因此降低了 Marx 发生器的串联电感(与相同电压的单极性 Marx 发生器相比)：

$$L_{\mathrm{M}} = N L_{\mathrm{S}} + 2N L_{\mathrm{C}} \qquad (1\text{-}11)$$

其中，L_{S} 为开关电感；L_{C} 为电容器电感。

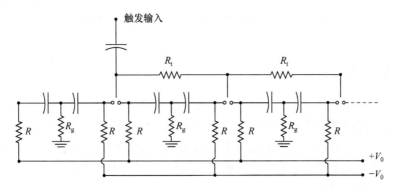

图 1-9　正负双极性充电的 Marx 发生器电路示意图

每级开关电压为 $2V_0$，开路电压为

$$V_{OC} = 2NV_0 \tag{1-12}$$

双极性 Marx 发生器储存的能量为

$$E_S = \frac{1}{2}(2NC_0)V_0^2 = NC_0V_0^2 \tag{1-13}$$

每级的两个电容器之间连接有一个高阻抗的接地电阻 R_g。通常，选择 R_g 的值远大于充电电阻 R_c，以减小能量损失。

图 1-10 为基于电感双极充电的高重复率 Marx 发生器电路示意图。其中，隔离电阻被电感代替，以实现对 Marx 发生器的快速充电，这样可以提高脉冲重复率，并缩短充电时间油绝缘介质上的电应力时间[8]。双极充电广泛用于极高储能的发生器中，可有效利用对称的三电极触发间隙，中心触发电极在充电过程中保持地电位。

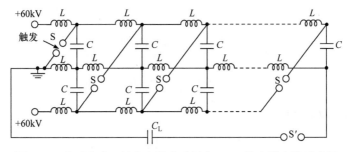

图 1-10　基于电感双极充电的高重复率 Marx 发生器电路示意图

1.1.4　负载对 Marx 发生器放电的影响

本质上，完全建立的 Marx 发生器是电容放电。因此，负载电压不仅取决于

Marx 发生器的特性，而且取决于负载的特性。下面分别说明负载是电容和电阻时的情况。

1.1.4.1　电容负载

在脉冲功率系统中，Marx 发生器对电容负载进行充电的情况极为重要，并构成了许多脉冲压缩方案的基础。若通过电感连接，则已充电的电容器几乎可以将其全部能量转移到未充电的电容器，这是数吉瓦级脉冲功率装置使用的中间储能电容器架构的基础。Marx 发生器也可以与峰化开关一起使用，以缩短输出到负载上脉冲的上升时间。

图 1-11 是 Marx 发生器等效电容 C_M 给电容负载充电电路示意图。电感包括 Marx 发生器的内部电感 L_M 以及可能引入的其他任何电感[9]。当火花开关闭合时，存储在 Marx 电容 C_M 中的能量通过电感放电并对负载电容器 C_2 充电。

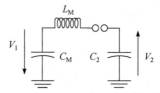

图 1-11　Marx 发生器等效电容 C_M 给电容负载充电电路示意图

假设 Marx 发生器的建立电容 C_M 的初始充电电压为 V_M，可能与开路电压 V_{OC} 不同。将基尔霍夫电压定律应用于图 1-11 所示的电路，得

$$V_1(t) - L\left(\frac{\mathrm{d}i}{\mathrm{d}t}\right) = V_2(t) \tag{1-14}$$

其中，

$$V_1(t) - V_M = \frac{1}{C_M}\int i(t)\mathrm{d}t \tag{1-15}$$

$$V_2(t) = \frac{1}{C_2}\int i(t)\mathrm{d}t \tag{1-16}$$

将式(1-15)微分得

$$L\left(\frac{\mathrm{d}^2 i(t)}{\mathrm{d}t^2}\right) + i(t)\left(\frac{1}{C_M} + \frac{1}{C_2}\right) = 0 \tag{1-17}$$

代入初始条件 $i(0) = 0$ 和 $L(\mathrm{d}i(0)/\mathrm{d}t) = V_M$，定义

$$\omega = \sqrt{\frac{1}{L}\left(\frac{1}{C_M} + \frac{1}{C_2}\right)} = \sqrt{\frac{C_M + C_2}{LC_M C_2}} \tag{1-18}$$

求解式(1-17)中的电路电流，得

$$i(t) = \frac{\omega V_M \sin(\omega t)}{1/C_M + 1/C_2} = \frac{V_M \sin(\omega t)}{\omega L} \tag{1-19}$$

两个电容两端的电压为

$$V_1(t) = V_M - \int \frac{i}{C_M} dt = V_M \left(1 - \int \frac{\sin(\omega t)}{\omega L C_M} dt\right) \tag{1-20}$$

式(1-20)可简化为

$$V_1(t) = V_M - \frac{V_M C_2}{C_M + C_2}(1 - \cos(\omega t)) \tag{1-21}$$

同样地，有

$$V_2 = \int \frac{i}{C_2} dt = V_M \int \frac{\sin(\omega t)}{\omega L C_M} dt \tag{1-22}$$

$$V_2(t) = \frac{V_M C_M}{C_M + C_2}(1 - \cos(\omega t)) \tag{1-23}$$

根据式(1-23)，可以将电容谐振增益定义为 V_2/V_M，其最大值为

$$\left.\frac{V_2}{V_M}\right|_{Max} = \frac{2C_M}{C_M + C_2} \tag{1-24}$$

谐振增益很容易测量，可将已实现的电路作为其设计的基准。当 Marx 发生器通过一个电感给另一个电容器充电时，充电波形具有$(1-\cos(\omega t))$波形。

以下两种情况在脉冲功率技术中特别重要：①Marx 发生器电容近似等于负载电容 $C_M \sim C_2$；②Marx 发生器电容远大于负载电容 $C_M \geqslant C_2$。

1) Marx 发生器电容近似等于负载电容

$C_M \sim C_2$ 是许多脉冲功率装置中脉冲压缩方案的基础，因为 Marx 发生器的充电能量可以有效地传递到负载。若在电流为零$(\omega t = \pi)$时，闭合图 1-11 中的开关，则能量从 C_M 传递到 C_2：

$$V_1\left(t - \frac{\pi}{\omega}\right) = 0 \tag{1-25}$$

$$V_2\left(t = \frac{\pi}{\omega}\right) = \frac{V_M C_M}{C_M + C_2} \tag{1-26}$$

图 1-12 所示是当 $C_M \approx C_2$ 时 Marx 发生器 C_M 给负载电容器 C_2 充电波形。由于 $C_M \sim C_2$ 和 $V_2 \sim V_M$，最初存储在 C_M 中的大部分能量已转移到 C_2，Marx 发生器电压 $V_1(t)$ 和负载电容器电压 $V_2(t)$ 几乎相同，因此能量转移效率很高。C_2 通常

是中间储能电容器，将在第 3 章论述。这通常适用于脉冲压缩的第一级，且 Marx 发生器在 $t = \pi/\omega$ 时刻完成对中间储能电容器的充电。

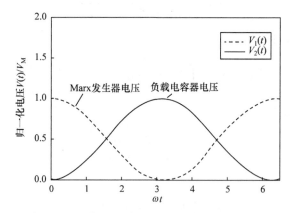

图 1-12　当 $C_M \approx C_2$ 时 Marx 发生器 C_M 给负载电容器 C_2 充电波形

2) 峰化电路：$C_M \geqslant C_2$

当 $C_M \geqslant C_2$ 时，电路被称为峰化电路。此时，当 $1 - \cos(\omega t) = 2$，即 $\omega t = \pi$ 时，发生能量传递：

$$V_1\left(t = \frac{\pi}{\omega}\right) \approx V_M \tag{1-27}$$

$$V_2\left(t = \frac{\pi}{\omega}\right) \approx 2V_M \tag{1-28}$$

图 1-13 所示是当 $C_2 = 0.1C_M$ 时 Marx 发生器 C_M 给负载电容器 C_2 充电波形。电容器 C_2 两端的电压 $V_2(t)$ 几乎是 Marx 发生器电压 $V_1(t)$ 的两倍，而电压 $V_1(t)$ 几乎保持不变。然而，能量传递效率较低。

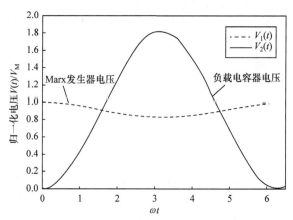

图 1-13　当 $C_2 = 0.1C_M$ 时 Marx 发生器 C_M 给负载电容器 C_2 充电波形

3) 驱动电阻负载的峰化电路

图 1-14 所示是利用峰化电容器陡化 Marx 发生器放电到负载获得快脉冲的电路。峰化电容器($C_2 = C_p$)可以与 Marx 发生器一起使用，以缩短 Marx 发生器的上升时间。开关 Sw_2 被称为峰化开关，当电流达到最大时 Sw_2 导通[3]，若峰化电容器的值 C_p 选择式(1-29)[10]，则可以将指数波形传递到电阻负载。

$$C_p = \frac{L_M C_M}{R_L^2 C_M + L_M} \tag{1-29}$$

开关 Sw_2 的闭合时间 t_p 为

$$t_p = \frac{1}{\omega}\arccos\left(\frac{-C_p}{C_M}\right) = \sqrt{\frac{L_M C_M C_p}{C_M + C_p}}\arccos\left(\frac{-C_p}{C_M}\right) \tag{1-30}$$

频率 ω 通常很高，必须注意峰化开关 Sw_2 的击穿时刻和抖动，这会影响负载上电压的变化。实际中，峰化电路所需的低电感高压电容器的制造非常困难。

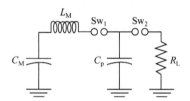

图 1-14　利用峰化电容器陡化 Marx 发生器放电到负载获得快脉冲的电路

1.1.4.2　Marx 发生器给电阻性负载放电

Marx 发生器给电阻性负载放电的情况适用于电流和电压同相且成比例的情况，如相对论电子束的产生。若 Marx 发生器由一个纯电容组成，并给一个纯电阻负载放电充电，则负载电阻上的电压为

$$V_L(t) = V_M e^{-t/(R_L C_M)} \tag{1-31}$$

当 Marx 发生器在 $t = 0$ 时导通，负载电压会瞬时跳变，达到 Marx 发生器峰值电压 V_M，并以 $R_L C_M$ 的时间常数衰减。但是，这种理想情况是不符合物理原理的，因为 Marx 发生器具有很大的电感。利用图 1-15(a)所示的电路分析了 Marx 发生器等效串联电感对阻性负载的影响：

$$V_1(t) - L\left(\frac{di}{dt}\right) = Ri(t) \tag{1-32}$$

$$i(t) = C_M \frac{dV_1(t)}{dt} \tag{1-33}$$

微分式(1-32)，将式(1-33)代入并简化，得

$$\frac{\mathrm{d}^2 i(t)}{\mathrm{d}t^2} + \frac{R}{L}\left(\frac{\mathrm{d}i}{\mathrm{d}t}\right) - \frac{1}{LC_\mathrm{M}} i(t) = 0 \tag{1-34}$$

代入初始条件 $i(0) = 0$ 和 $L(\mathrm{d}i(0) / \mathrm{d}t) = V_\mathrm{M}$，得

$$\gamma = \sqrt{\left(\frac{R}{L}\right)^2 - \frac{4}{LC_\mathrm{M}}}$$

解为

$$i(t) = \frac{V_\mathrm{M}}{\gamma L_\mathrm{M}} \mathrm{e}^{-(1/2)|R/L_\mathrm{M} - \gamma|t} (1 - \mathrm{e}^{-\gamma t}) \tag{1-35}$$

式(1-35)表明，电流波形是一个双指数脉冲，上升时间由 $1 - \mathrm{e}^{-\gamma t}$ 项确定。当 t 增大时，上升时间项被另一个指数衰减项所取代，如图 1-15(b)所示。从图 1-15 中可以看出，Marx 发生器串联电感 L_M 在 Marx 发生器的性能中起着重要作用。这是因为在 Marx 发生器给电阻性负载放电的电路中，串联电感 L_M 增加了输出脉冲的上升时间，降低了脉冲峰值电流。

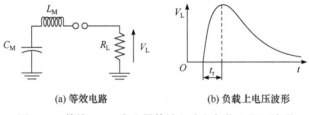

(a) 等效电路 (b) 负载上电压波形

图 1-15 传统 Marx 发生器等效电路和负载上电压波形

1.2 脉冲发生器

脉冲发生器是 Marx 发生器重要且常见的应用方式。脉冲波形必须针对特定的试验需求进行设计。

1.2.1 精确解

对于脉冲测试，假定负载为电容性的。图 1-16 和图 1-17 分别为 N 级 Marx 发生器的电路示意图和等效电路图。

脉冲宽度可以通过调整波前电阻 R_F 和波尾电阻 R_T 来选择合适的值。图 1-17 所示电路的波尾电阻值为

$$R_\mathrm{T} = \frac{NR}{2} \tag{1-36}$$

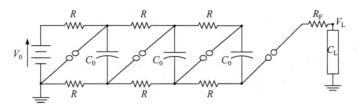

图 1-16 N 级 Marx 发生器的电路示意图

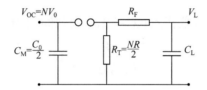

图 1-17 N 级 Marx 发生器的等效电路图

在拉普拉斯域中，等效电路的阻抗为

$$
\begin{aligned}
Z(s) &= \frac{1}{C_M s} + \frac{R_T(R_F + 1/(C_L s))}{R_T + R_F + 1/(C_L s)} \\
&= \frac{R_T C_L s + R_F C_L s + 1 + C_M C_L R_F R_T s^2 + C_M R_T s}{C_M C_L R_T s^2 + C_M C_L R_F s^2 + C_M s}
\end{aligned}
\tag{1-37}
$$

负载上的电压为

$$
V_L(s) = \frac{V}{s}\frac{1}{Z(s)}\frac{R_T}{R_T + R_F + 1/(C_L s)}\frac{1}{C_L s}
\tag{1-38}
$$

将式(1-33)和式(1-34)代入 $Z(s)$，得

$$
\begin{aligned}
V_L(s) &= \frac{V}{C_L R_F}\frac{1}{s^2 + s(1/(R_F C_M) + 1/(R_T C_M) + 1/(R_F C_L)) + 1/(R_F R_T C_M C_L)} \\
&= \frac{V}{C_L R_F}\frac{1}{(s+\alpha)(s+\beta)}
\end{aligned}
\tag{1-39}
$$

其中，α 和 β 是方程 $s^2 + s\left(\dfrac{1}{R_F C_M} + \dfrac{1}{R_T C_M} + \dfrac{1}{R_F C_L}\right) + \dfrac{1}{R_F R_T C_M C_L} = 0$ 的根，则

$$
\alpha + \beta = \frac{1}{R_F C_M} + \frac{1}{R_T C_M} + \frac{1}{R_F C_L}
\tag{1-40}
$$

$$
\alpha\beta = \frac{1}{R_F R_T C_M C_L}
\tag{1-41}
$$

将式(1-39)进行时域拉普拉斯逆变换，Marx 发生器的输出电压 $V_L(t)$ 为

$$V_{\mathrm{L}}(t) = \frac{V_{\mathrm{M}}}{R_{\mathrm{F}}C_{\mathrm{L}}(\beta-\alpha)}(\mathrm{e}^{-|\alpha|t} - \mathrm{e}^{-|\beta|t}) \tag{1-42}$$

式(1-42)的典型波形见图 1-18(b)。输出电压 $V_{\mathrm{L}}(t)$ 达到最大值的时间 t' 可以通过对式(1-42)中时间 t 求导数并等于 0 推导得到:

$$t' = \frac{\ln(\beta/\alpha)}{\beta-\alpha} \tag{1-43}$$

将从式(1-43)得到的 t' 值代入式(1-42),可得脉冲电压的最大峰值 $V_{\mathrm{L}}^{\mathrm{Max}}$:

$$V_{\mathrm{L}}^{\mathrm{Max}} = V_{\mathrm{L}}(t') = \frac{V_{\mathrm{M}}}{C_{\mathrm{L}}R_{\mathrm{F}}(\beta-\alpha)}(\mathrm{e}^{-|\alpha|t'} - \mathrm{e}^{-|\beta|t'}) \tag{1-44}$$

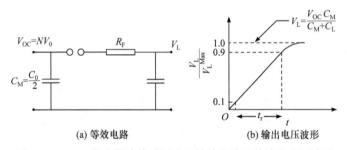

(a) 等效电路　　　　(b) 输出电压波形

图 1-18　Marx 发生器波前时间过程等效电路及其输出电压波形

1.2.2　近似解

式(1-36)~式(1-44)是 Marx 发生器输出波形的设计公式。在大多数情况下,近似公式就足够了,并且便于脉冲整形。在这种情况下,图 1-18 可用于计算上升时间 t_{r} 和波前时间 t_{f}。上升时间 t_{r} 定义为电压从 $0.1V_{\mathrm{L}}^{\mathrm{Max}}$ 上升到 $0.9V_{\mathrm{L}}^{\mathrm{Max}}$ 所需的时间。波前时间 t_{f} 定义为

$$t_{\mathrm{f}} = 1.25t_{\mathrm{r}} \tag{1-45}$$

图 1-19 所示是 Marx 发生器波尾时间过程等效电路及其输出电压波形。图 1-19 可用于计算波尾时间 t_{t},即输出电压 $V_{\mathrm{L}}(t)$ 下降沿下降至其峰值一半的时间。参数 t_{r} 和 t_{t} 的值分别显示在图 1-18(b) 和图 1-19(b) 的波形上。

图 1-18 所示电路的输出电压 $V_{\mathrm{L}}(t)$ 的近似解为[11]

$$V_{\mathrm{L}}(t) \cong \frac{V_{\mathrm{OC}}C_{\mathrm{M}}}{C_{\mathrm{M}}+C_{\mathrm{L}}}(1-\mathrm{e}^{-t/(R_{\mathrm{F}}C_{\mathrm{T}})}) \tag{1-46}$$

其中,

$$C_{\mathrm{T}} = \frac{C_{\mathrm{M}}C_{\mathrm{L}}}{C_{\mathrm{M}}+C_{\mathrm{L}}} \tag{1-47}$$

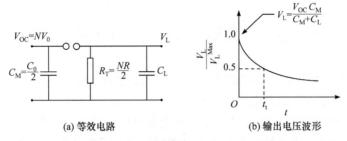

(a) 等效电路　　　　　　　　(b) 输出电压波形

图 1-19　Marx 发生器波尾时间过程等效电路及其输出电压波形

从式(1-46)可以推导出 t_r 和 t_f 的值：

$$t_r = 2.2 C_T R_F \tag{1-48}$$

$$t_f = 1.25 t_r = 2.75 C_T R_F \tag{1-49}$$

图 1-17 所示电路的输出电压 $V_L(t)$ 的近似解为[12]

$$V_L(t) \cong \frac{V_{OC} C_M}{C_M + C_L} e^{-t/(R_T(C_L + C_M))} \tag{1-50}$$

由式(1-50)推导出 t_t 值为

$$t_t = 0.7 R_T (C_L + C_M) \tag{1-51}$$

　　精确的波形处理方法可参考文献[13]。通常，采用电压测量探头与负载并联直接获得测量结果。高压绝缘子的脉冲绝缘测试就是典型的电容性负载的情况，因此上述公式也适用。脉冲绝缘测试通常的表征形式为(脉冲上升时间/脉冲下降时间)，典型的测试波形为 $1.2\mu s/50\mu s$ 或 $8\mu s/20\mu s$，并有明确的标准规范。为了获得有效的电压增益，Marx 发生器有效建立电容应是负载电容的 4～10 倍[14]。

1.2.3　分布式波前电阻

　　图 1-20 是改进的分布式波前电阻的 Marx 发生器电路示意图[12]。其与图 1-16 的不同之处在于，外部连接的波前电阻 R_f 均匀分布在 Marx 发生器的各个级，变成 Marx 发生器内部的一部分，且分布式波前电阻仅需承受总电压的一部分。但是，这种设计的缺点是增加了 Marx 发生器部件的数量，并使电阻值调节变得困难。

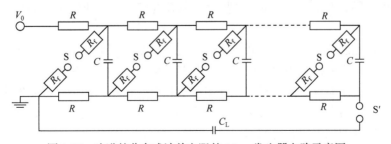

图 1-20　改进的分布式波前电阻的 Marx 发生器电路示意图

1.3 分布电容对 Marx 发生器运行的影响

Marx 发生器的概念已经提出很多年，几乎没有变化。利用前几级开关导通产生的过电压触发后级两电极火花开关，可使 Marx 发生器的运行非常简单，并且每个开关的时延和抖动都对 Marx 发生器整体的建立时延和总体抖动产生影响。20 世纪 60 年代开始，随着高能量密度物理应用的出现，脉冲功率技术得到了迅速发展，日益专业化的需求暴露其局限性，并引发了研究 Marx 发生器电路运行规律和建造的热潮。

这些新兴能力在电压、能量和能量密度等方面的要求已经超过了现有技术水平。随着装置的日益庞大，不仅要努力减小 Marx 发生器体积，而且要减少 Marx 发生器绝缘用的变压器油，但要产生更高的电压，则需要 Marx 发生器在物理尺寸上较大和级数更多。这些不断变化的需求导致分布电容增加，故这些分布电容不能再被忽略。分布电容可能会通过瞬态分压来限制火花开关过电压的程度，从而增加 Marx 发生器的建立时延和抖动。快速、可靠的 Marx 发生器建立要求在放电过程中每级开关都出现较大的过电压，较低的过电压可能会带来意想不到的后果。例如，在研制 42 级 18MV 长尺寸 Marx 发生器的过程中，Prestwich 等[15]观察到，经 23 级开关导通后，开关开始从高压端导通，也就是从输出端以相反的顺序进行，最后 7 级开关同时由过电压导通[16]，具体内容在 1.5.1 小节论述。

分布电容有三个重要来源。第一个来源是火花开关两端的分布电容。在闭合之前，火花开关由两个电极组成，电极由绝缘介质隔离，该结构构成了一个电容器。因此，在电容充电过程，火花开关可以由电容 C_g 表示。第二个来源是与系统接地隔离并由分布电容 C_s 表征的 Marx 发生器各级的导电连接件。第三个来源是级间的分布电容。在许多情况下，相邻级储能电容器 C_0 的电极相互间隔距离很小，从而产生级间耦合电容 C_c。在一些设计中，通过将各级之间进行物理隔离，使相邻级之间的分布电容最小化，在这种情况下，主要的分布级间电容位于交替级之间，并表示为 C_R。这些分布电容的相对大小决定了 Marx 发生器的性能。

本节首先说明在不忽略分布电容的情况下，由 C_g 和 C_s 组成的分布电容如何分压。其次讨论如何利用分布电容。陡化脉冲前沿 Marx 发生器就是利用分布电容的示例，它储能少、元件尺寸小、电感和耦合阻抗小，使得 Marx 发生器能够快速建立。最后说明耦合电容 C_c 和 C_R 的影响，以及如何通过电容性或电阻性耦合来增强每级的过电压，以此来设计 Marx 发生器。

1.3.1　分布电容引起的分压

图 1-21 是考虑分布电容的 Marx 发生器电路示意图。在充电过程中，火花开关由被绝缘介质隔开的导体组成，其分布电容为 C_g，Marx 发生器中每个导体对地也有分布电容。Marx 发生器的等效电路包括开关的分布电容 C_g 和导体对地分布电容 C_s。

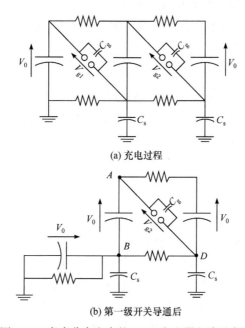

(a) 充电过程

(b) 第一级开关导通后

图 1-21　考虑分布电容的 Marx 发生器电路示意图

假设第一个开关由外部触发。由于第一级电容的一个端子直接接地，第一级开关导通时 B 点处的电压 V_B 等于 V_0。A 点处的电压由 $V_A-V_0 = V_B$ 给出。由 $V_B = V_0$ 得

$$V_A = 2V_0 \tag{1-52}$$

开关 2 两端的电压 $V_{g2} = V_A - V_D$。点 D 处的电压为分布电容 C_s 上的电压，即 $V_D = V_s$。火花开关的分布电容 C_g 和对地分布电容 C_s 形成了分压器。火花开关两端的电压可以根据图 1-21(b) 和分压器关系计算得出：

$$2V_0 - V_{g2} = V_s \tag{1-53}$$

$$V_s = 2V_0 \frac{C_g}{C_s + C_g} \tag{1-54}$$

求解 V_{g2}，得

$$V_{g2} = \frac{2V_0}{1 + C_g / C_s} \qquad (1\text{-}55)$$

当 $C_g \leqslant C_s$ 时，由式(1-55)可知，开关 2 两端的过电压最大。为了增大对地分布电容 C_s，可以在 Marx 发生器旁边放置一个接地板，实际中常常通过将 Marx 发生器封闭在接地金属圆柱腔内来实现。

触发 Marx 发生器中的前几级开关也可以提高后级开关两端的过电压。若同时触发前 k 个开关而不是仅触发第 1 个开关，则下一个$(k+1)$开关上的过电压为[3]

$$V_{g,k+1} = \frac{kV_0}{1 + \sqrt{1 + 4C_g / C_s}} \qquad (1\text{-}56)$$

开关两端的过电压是瞬态过程。随着对地分布电容 C_s 的电位升至 V_0，第二级对地分布电容 C_s 开始充电至 V_0，从而限制了开关 2 上的过电压。在设计时必须谨慎，以确保火花开关导通，避免其过电压太低。在最大过电压下导通可减小 Marx 发生器的建立时延，从而降低 Marx 发生器抖动。

1.3.2　分布电容的利用

陡化 Marx 发生器输出脉冲上升时间就是一个利用分布电容的示例。Platts[17] 使用这种方法研制了紧凑型 Marx 发生器，该发生器可产生低能量、高峰值电压的脉冲。在这种情况下，级间耦合电容 C_c 非常小，Marx 电容采用几纳法的陶瓷电容器，Marx 电路排成一条直线，火花开关直线排列，前级火花开关击穿产生的紫外光为后续火花开关的预电离提供辐射源。Marx 发生器置于一个接地的金属腔体中，充中等大气压强(简称"气压")的气体实现绝缘，产生200kV的开路电压。这一结果重新激发了人们研究利用 Marx 发生器直接驱动负载开展新应用的兴趣。

图 1-22 所示是利用对地分布电容的 Marx 发生器的电路结构及其峰化等效电路。该电路将 Marx 发生器和对地分布电容设计成串联峰化电路，产生快上升时间脉冲[3, 18]。由于 Marx 发生器排列方式为直线型，因此 $C_s \geqslant C_g$，电路结构见图 1-22(a)。图 1-22(b)是 Marx 发生器和分布电容 C_s 形成的峰化等效电路。

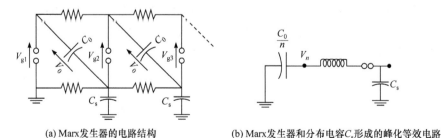

(a) Marx发生器的电路结构　　　　(b) Marx发生器和分布电容C_s形成的峰化等效电路

图 1-22　利用对地分布电容的 Marx 发生器的电路结构及其峰化等效电路

随着 Marx 发生器各级开关的导通，Marx 发生器每一级电容和对地分布电容都构成一个峰化电路，以越来越快的速度为下一级电容充电，峰化效果越来越明显，从而产生快上升时间脉冲。

可以通过设计合适的接地金属外壳来控制对地分布电容 C_s。选择每级电容 C_0 和总级数 N，以满足：

$$\frac{C_0}{n} = C_n \gg C_s, \quad n < N \tag{1-57}$$

其中，C_n 为当第 n 级开关串联放电时 Marx 发生器的建立电容。

图 1-23 是封闭式紧凑型 Marx 发生器三维设计图。其中，图 1-23(a)是 Marx 电容的排列方式，图 1-23(b)是利用 UV 预电离的火花开关排列方式。

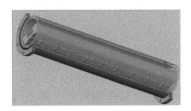

(a) Marx电容的排列方式　　　　　　　(b) 利用UV预电离的火花开关排列方式

图 1-23　封闭式紧凑型 Marx 发生器三维设计图

(经 Cockreham 许可引用)

据报道[19-23]，Kekez 研制了一个输出峰值电压 600kV、脉冲上升时间约 1ns 的高电压装置[19]，以及一个 100Ω 负载条件下，输出峰值电压 200kV、脉冲上升时间约 50ps 的 Petit Marx 发生器[20]。另外，Mayes 利用陡化输出脉冲前沿 Marx 方案，取得了惊人的实验结果[21-23]。

1.3.3　级间耦合电容的影响

对于需要高储能和相对快速放电的应用领域，为了减小 Marx 总电感，结构设计更加紧凑，但同时导致耦合阻抗显著增加。图 1-24 所示是高储能 Marx 发生器的布局及其等效电路。典型的高储能密度电容器的电容值为几微法，电极的排列方式使得金属外壳变成了电容器其中一个端子。当 Marx 发生器在串联放电时，级间耦合电容可能很大[24]。级间耦合电容的存在会减缓 Marx 建立过程，且 Marx 建立速度只能与级间电容的充电和放电速度一样快。因此，通过对 1.1.2 小节中描述的建立过程进行分析预测，可知下一级开关上不会出现较大的过电压，更重要的是也无法预测开关导通的顺序。

图 1-24 所示是图 1-1 包含修正后分布电容的电路。图 1-24 中的分布电容表示如下：C_{gn} 为第 n 个开关的分布电容；C_c 为相邻电容器之间的耦合电容；C_R 为电容

器与其他不相邻电容器之间的耦合电容；C_{sn} 为第 n 个电容器的对地分布电容。

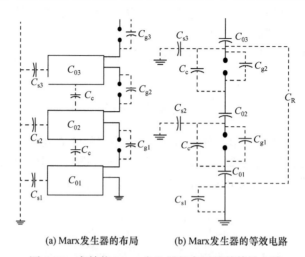

(a) Marx发生器的布局　　　(b) Marx发生器的等效电路

图 1-24　高储能 Marx 发生器的布局及其等效电路

当 Marx 发生器充满电时，第 2 个火花开关两端的电压 V_{g2} 就是电容器 2 上的电压 V_0。根据 1.1.2 小节的简化分析，当第 1 个火花开关导通时，第 2 个火花开关两端的电压理论上应增大到 $2V_0$，但由于分布电容 C_c 和 C_{s2} 形成的电容分压作用，第 2 个火花开关上的瞬态过电压降低。图 1-25 是 Marx 发生器内部形成的分布电容对火花开关两端电压影响的电路示意图。

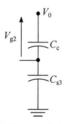

图 1-25　Marx 发生器内部形成的分布电容对火花开关两端电压影响的电路示意图

只有当 Marx 发生器第 1 级开关导通后，分布电容形成的分压作用才会影响电压的分配。必须将第 2 级充电电压加上第 1 级分配的电压，得出火花开关 2 上的电压为

$$V_{g2} = V_0 + \frac{V_0 C_{s3}}{C_{s3} + C_c} \tag{1-58}$$

Morrison 等[4]对 10 级 Marx 发生器建立过程电压分压效应进行了全面分析。结果表明，对于不同的分布电容，可能出现意想不到的甚至令人震惊的结果。

Morrison 和 Smith 利用 Prestwich 等[15]描述的开关非顺序导通过程来验证他们的分析结果。

随着技术的发展，Marx 发生器从脉冲测试中使用的大型开放式结构发展到产生更高电压的紧凑型结构，级间电容的影响更加显而易见。如图 1-24 所示，Marx 发生器使用的高储能、快速放电电容器通常将其外壳作为其中一个电极，当大量电容器串联排布在一个 Marx 发生器中时，大面积的电容器外壳会导致很大的级间电容。级间电容的问题不仅仅局限于高储能发生器。通常，在常规的 Marx 发生器中，开关电容 C_g 足够小，使得级间分布电容 C_c 与对地分布电容 C_s 的比足够小，因此足够将过电压传递至下一级开关。但在紧凑型 Marx 发生器中，开关电容 C_g 可能非常大，这是由于为了减小放电回路的电感而将开关设计为小间隙引起的。采用分立式级间耦合电容可以克服开关电容 C_g 过大带来的缺点[25]。

1.4　增强触发技术

当需要 Marx 发生器同步触发给定系统时，Marx 发生器的抖动变得尤为重要。Marx 发生器的建立时延和抖动与火花开关的过电压系数密切相关，在 Marx 发生器的建立过程中，火花开关的过电压可能会受到分布电容的不利影响。通过控制 Marx 发生器建立过程耦合到关键级的瞬态电压，可以减小分布电容带来的影响。级间耦合分布电容常常是通过电阻或电容器引入的。级间耦合电容器也可以是集总元件，但通常需仔细设计其布局。

1.4.1　电容耦合

由 1.3 节可知，较大的级间分布电容可能会严重影响 Marx 发生器的建立过程。图 1-26 所示是电容耦合的 Marx 发生器结构及其等效电路。将 Marx 发生器排成两列，每列之间相互交叉连接，可以减少级间耦合电容。Marx 发生器两列的排列布局结构改变了其等效电路。交错级间分布耦合电容 C_R 大于相邻级间分布耦合电容 C_c，这种结构有助于 Marx 发生器的建立。因为 C_R 与开关电容 C_g 并联，所以增加了过电压。因此，交错级间分布耦合电容会增强触发效果，有时被称为电容耦合[1]。

开关上较大过电压可使 Marx 发生器能够以较低的欠压比工作。若将 Marx 发生器排列为两列，则只需触发一个开关即可达到接近 2∶1 的工作范围。通常来说，若将 Marx 发生器布置成 p 列，则其工作范围接近 p∶1，但是必须触发前 $p-1$ 个开关。实际上，由于杂散阻抗的存在，列数极限为 3。这种分析产生了一个命名，虽然这种命名不再使用了，但这种 Marx 发生器的特点是其交错级间耦

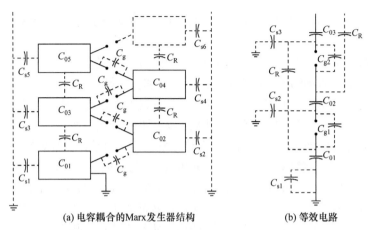

(a) 电容耦合的Marx发生器结构　　　　　(b) 等效电路

图 1-26　电容耦合的 Marx 发生器结构及其等效电路

合设计为 $n = p$。因此，当 $n = 2$ 时，Marx 发生器每隔一级耦合到下一级电容。对于两列结构 Marx 发生器，若导体和开关是理想的，则由交错级间分布耦合电容 C_R 而产生的过电压为 $2V_0$。当考虑连接件电感和开关电感时，实际电压为[26]

$$V_2 = 2V_0 \cdot \left(1 - \cos\left(\frac{t}{\sqrt{LC_c}}\right)\right) \tag{1-59}$$

这种高频振荡电压可以达到 $4V_0$，有助于提升触发效果，但实际上通常限于 $3V_0$。

1.4.2　电阻耦合

在大多数 Marx 发生器中，通常触发一个或多个开关来降低抖动。Martin 率先提出一种基于三电极触发火花开关的增强触发技术促进 Marx 发生器建立[27-29]。该技术采用多个触发火花开关并结合反馈过程，研制了高可靠、低抖动的 Marx 发生器，有时也被称为 Martin Marx 发生器[1]。

Martin Marx 发生器的特点不仅是采用三电极火花开关和电阻耦合增强触发技术来建立，而且采用由外部触发器启动 Marx 发生器建立过程的方式，并且后级所有开关均采用二电极火花开关，通过触发电极上的电阻连接到前级开关。耦合阻抗可以是电容、电感或电阻的任意组合，但常见的是电阻。图 1-27 所示是基于三电极火花开关和电阻耦合的 Marx 发生器，其中每隔三个开关耦合到下一级触发，前三级开关由外部触发器触发。

在该电路中，后级三电极火花开关的使用与前三级完全不同。在前三级中，触发电极的电位发生变化，产生较大的过电压，火花开关导通。后级火花开关通过触发电极的电阻耦合将电压保持在由其前级耦合确定的电压，而主电极上的电压会影响 Marx 发生器建立过程，从而导致火花开关主电极之间产生较大的电压差，电阻耦合会使 Marx 发生器设计相当复杂。

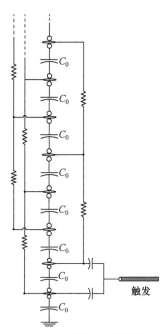

图 1-27 基于三电极火花开关和电阻耦合的 Marx 发生器[1]

这种结构的 Marx 发生器的主要优点是自放概率低和工作范围宽，实际上取决于分布电容的大小和分布[29]。在火花开关间隙距离相同的条件下，开关已经实现了 30%欠压比下可靠运行[15, 16]。

1.4.3　电容和电阻耦合的 Marx 发生器

图 1-28 是当 $n=2$ 时 Marx 发生器电路示意图。该电路结构可使得交错级间分布耦合电容 C_R 增大。这些交错级之间相互由充电电阻连接。通过触发前两级火花开关，点 A 保持电压 V_0，点 B 保持电压 $3V_0$。点 D 处的电压最初由分布电容之间的分压确定。对于长 Marx 发生器来说，若 $C_s \leqslant C_R$，则第 3 个火花开关两端的电压 V_{g3} 大约为

$$V_{g3} = \frac{2V_0 C_R}{C_g + C_R} \tag{1-60}$$

C_R 两端的电压以时间常数 $\tau_{dis} = R(C_g + C_R)$ 衰减，并且火花开关两端的电压接近 $2V_0$，形成了 $n=2$ 的 Marx 发生器。文献[16]对这些关系进行了总结。若每 X 个电容器之间都连接，则由电容分压引起的第 3 个火花开关上的电压将立即

变成：

$$V_{g3} = X \frac{V_0 C_R}{C_g + C_R} \tag{1-61}$$

若充电电阻每隔 Y 级耦合，则通过 C_g 和 C_R 放电，将在整个火花开关上产生 YV_0 电压，形成了 $n = Y$ 的 Marx 发生器。

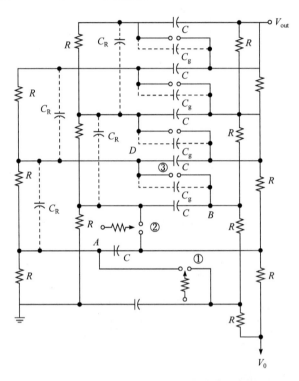

图 1-28　当 $n = 2$ 时 Marx 发生器电路示意图[15]

1.4.4　麦克斯韦 Marx 发生器

　　当 Marx 发生器储能较高时，由于使用的电容器体形庞大，分布电容也较大。当 Marx 发生器储能较低时，由于组件尺寸小，引起的耦合阻抗也较小，因此低储能 Marx 发生器可以实现快速建立。利用这种快速建立的 Marx 发生器来触发更高储能的 Marx 发生器，从而形成一个精确的复杂的高储能发生器。小型 Marx 发生器具有的基本特征与大型 Marx 发生器相同，并可以与大型 Marx 发生器[1]逐级耦合，并联运行。大型 Marx 发生器的建立时间由小型 Marx 发生器决定，由此可以形成精确运行的大型高储能 Marx 发生器，这种发生器被称为麦克斯韦 Marx 发生器[1]。

　　因此，对于一个长尺寸的大型 Marx 发生器系统，可以将各个触发器布置在上升电位上，以匹配主 Marx 发生器建立过程。图 1-29 是基于小型 Marx 发生器触发大型 Marx 发生器电路示意图。大型 Marx 发生器具有的级间耦合电容为 C_{0M}；小型 Marx 发生器具有的级间耦合电容为 C_{0m}。小型 Marx 发生器的排列方式是每级小型 Marx 发生器都充当本级大型 Marx 发生器的触发器，因此高能量大型 Marx 发生器的建立速率由低能量小型触发 Marx 发生器决定。

　　级与级之间的建立时延是由开关的通道形成时间以及下一级相关分布电容的充电时间决定的。值得注意的是，不能让主 Marx 发生器放电到触发 Marx 发生器。

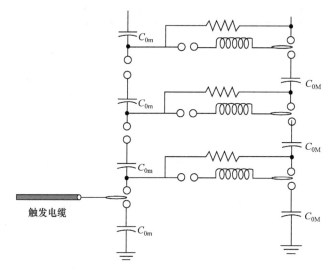

图 1-29　基于小型 Marx 发生器触发大型 Marx 发生器电路示意图[1]

1.5　复杂 Marx 发生器的示例

1.5.1　Hermes-Ⅰ 和 Hermes-Ⅱ

　　Prestwich 等[15]为 HERMES 工程研制了多台 Marx 发生器，Hermes-Ⅰ 和 Hermes-Ⅱ装置采用正负双极性充电方案，其中一半电容器充电至正电压+V_0，另一半电容器充电至负电压-V_0，每级采用充电电压为 $2V_0$ 的方案，只需一半数量的开关即可产生相同的输出电压。

　　图 1-30 是 Hermes 装置部分 Marx 发生器样机示意图。它是 $n = 3$ 的 Marx 发生器，使用电阻和电容耦合，测得的电感为 69μH。实验结果表明，当触发三个开关时，Marx 发生器工作欠压比可以达到 30%，但当触发五个开关时，工作范

围没有显著增大。图 1-31 是测量得到的图 1-30 中 Marx 发生器各个开关的导通时间。有趣的是，在前 23 级建立之后，Marx 发生器开始从高压端向接地端导通，最后 7 个开关几乎是同时击穿导通。

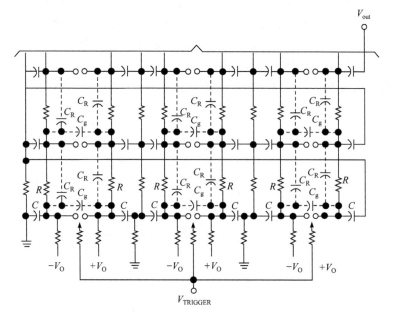

图 1-30　Hermes 装置部分 Marx 发生器样机示意图[15]

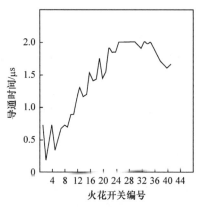

图 1-31　图 1-30 中 Marx 发生器各个开关的导通时间[15]

上述研究结果来自 Hermes-Ⅰ 和 Hermes-Ⅱ装置的 Marx 发生器。Hermes-Ⅰ Marx 发生器的储存能量是 100kJ，设计包括 6 个完整的排和 1 个局部排，局部排的目的是提供高压等级输出端。Hermes-Ⅱ Marx 发生器有 93 个火花开关，排列成 31 排，在充电至±103kV 时储存能量为 1MJ。表 1-2 总结了 Hermes-Ⅰ 和 Hermes-Ⅱ

装置 Marx 发生器的参数。

表 1-2　Hermes-Ⅰ和 Hermes-Ⅱ装置 Marx 发生器的参数

装置	V_M/MV	R_c/kΩ	C_M/nF	L_M/μH	R_M/Ω	C_g/pF	C_R/pF	C_s/pF
Hermes-Ⅰ	4	1.2	13.1	22	4	约 45	约 90	<20
Hermes-Ⅱ	18	1.5	5.4	80	20	约 45	约 190	<10

1.5.2　PBFA 和 Z 装置

可触发三电极开关的创新在于可研制先进的触发系统，以此实现高储能大型 Marx 发生器的精确控制。触发方案可能变得非常复杂。美国圣地亚国家实验室为粒子束聚变加速器计划研制的 Marx 发生器就是一个复杂触发系统的设计实例。

PBFA-Ⅱ的能量储存部分由 36 个双极性充电的 Marx 发生器组成。每个 Marx 发生器由 60 个可充电至±95kV 的电容器组成，储存能量约为 370kJ，并产生 5.7MV 输出电压，谐振增益几乎为 1，达到峰值电压的时间约为 1.1μs。每个 Marx 发生器的输出都是通过一个单刀双掷的中储开关连接到第一级脉冲压缩电路。中储开关初始状态设置到以液体电阻为卸放负载工作状态，当 Marx 发生器充满电时，使用气动装置将中储开关旋转到导通位置[30]。Marx 开关是三电极 SF₆ 火花开关，通过位于中间位置的场增强电极触发。

PBFA-Ⅱ Marx 发生器的低抖动特性得到了显著提高，Z 装置上仍采用该方案的基本设计(除采用更高能量密度的电容器外)。通过对电路模型和设计样机的深入研究，确定了分布电容的充电路径。同时，研究发现 Marx 发生器内部的分布电容会减少通过火花开关的总能量，并抑制 Marx 发生器的串联建立过程。为此，在触发系统研制方面投入了大量精力。设计安装触发和接地电阻，以消除分布电容带来的不利影响，并保持 Marx 发生器按顺序建立的特性[31]。最终的电路布局见图 1-30[30, 31]。

触发系统输出脉冲参数：峰值电压为 100kV，上升时间为 10ns。它同时触发 9 个微处理单元(MPU)，每个 MPU 都是双极性充电的 Marx 发生器，向 PBFA-Ⅱ Marx 发生器第 1 排前 6 个触发开关提供峰值电压为 540kV、上升时间为 80ns 的触发脉冲。其余 Marx 开关由来自前级馈入触发电阻的电压脉冲按顺序触发。每个 MPU 再触发 4 台 Marx 发生器，从而触发 PBFA-Ⅱ的共 36 台 Marx 发生器。图 1-32 是 PBFA-Ⅱ单台 Marx 发生器[30]电路示意图。图 1-33 是 PBFA-Ⅱ单台 Marx 发生器三维设计图。每台 Marx 发生器由 5 排组成，采用如图 1-32 所示连接方式，每排包含 2 台电容器，每级的 2 台电容器通过火花开关相连。

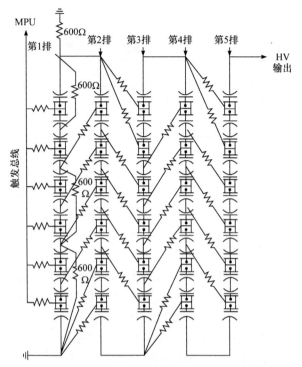

图 1-32　PBFA-Ⅱ单台 Marx 发生器[30]电路示意图

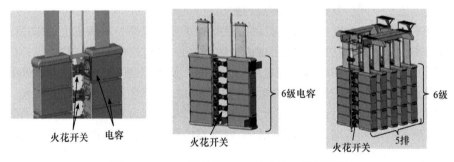

图 1-33　PBFA-Ⅱ单台 Marx 发生器三维设计图

(经美国圣地亚国家实验室许可引用)

1.5.3　Aurora Marx 发生器

图 1-34 所示是 Aurora Marx 发生器。该发生器由 4 个独立的 Marx 发生器并联组成,其电路示意图见图 1-34(a)。Aurora Marx 发生器输出峰值电压 11MV、峰值电流 120kA、储存能量 5MJ,整个 Marx 发生器的建立电感为 12μH。所有 Marx 发生器共用 1 台 120kV 高压直流充电电源,并由 1 台 600kV Marx 发生器同时触发。

每台 Marx 发生器有 95 级，每级电容为 1.85μF，充电电压为 120kV。图 1-34(b) 是 Aurora Marx 发生器[9]触发电路设计示意图。它同时使用了电容耦合和电阻耦合方式，由于过电压较低的火花开关(S₄、S₆、S₇、S₉、S₁₀)通过电阻耦合到前级开关，从而大大提高了触发时 Marx 发生器建立的可靠性，但电阻耦合前级的级数并不限定。Aurora Marx 发生器的建立时间为 1μs，建立抖动为 10ns。由于采用增强的耦合触发方案，Aurora Marx 发生器在 50%欠压比条件下能够可靠工作，自放电概率小于 1%。

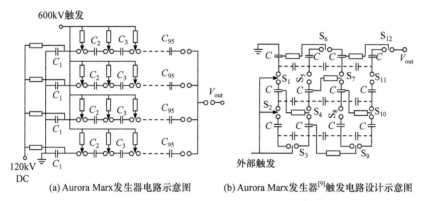

(a) Aurora Marx发生器电路示意图　　(b) Aurora Marx发生器[9]触发电路设计示意图

图 1-34　Aurora Marx 发生器

1.6　Marx 发生器的发展

由于 Marx 发生器的大量应用，传统 Marx 发生器得到不断的改进和发展，出现了各种各样的改进型 Marx 发生器，每种改进型 Marx 发生器能够更有效地满足特定的应用需求。本节主要介绍 Marx-PFN 发生器和螺旋线 Marx 发生器。

1.6.1　Marx-PFN 发生器

常规 Marx 发生器不能产生方波脉冲，但是经过改进的 Marx 发生器能够产生方波脉冲。将 Marx 发生器储能元件“电容器”替换成能产生方波脉冲的元件，Marx 发生器建立过程在保持脉冲波形的同时增加了每级的电压。图 1-35 是 Marx-PFN 发生器电路示意图。

由集总元件组成的脉冲形成网络(PFN)非常常见，也可以使用同轴电缆，当然，可以使用任何类型的 PFN，常见的是 E 型 PFN。

根据给定的脉冲电压、脉冲电流和脉冲宽度要求，假设负载匹配，确定基本参数的公式如下。

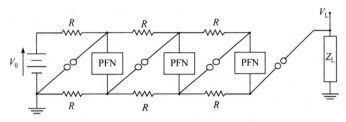

图 1-35　Marx-PFN 发生器电路示意图

特征阻抗：

$$Z_{PFN} = \sqrt{L/C} \tag{1-62}$$

脉冲宽度(T)：

$$T = 2n\sqrt{LC} \tag{1-63}$$

匹配负载电压 V_L：

$$V_L = \frac{NV_0}{2} \tag{1-64}$$

负载电阻 R_L：

$$R_L = NZ_{PFN} \tag{1-65}$$

最大存储能量 E_S：

$$E_S = \frac{1}{2}N(nC)V_0^2 \tag{1-66}$$

其中，L 和 C 为 PFN 参数；n 为 PFN 中电容器数；N 为 Marx 发生器级数；V_0 为充电电压。

图 1-36 所示是在匹配负载条件下 Marx-PFN 发生器输出的脉冲波形。在这种情况下，上升时间 t_r 由电路参数 L'/R_L 决定，L' 的主要贡献来自火花开关。

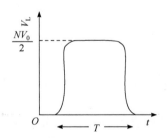

图 1-36　在匹配负载条件下 Marx-PFN 发生器输出的脉冲波形

影响能量传输效率的因素主要包括火花开关和电阻器中损失的能量，以及电容器中的残余电荷。较小的间隙距离可减少开关中耗散的能量，但需要使用高介电强度的介质。在 Marx-PFN 发生器中，可采用单一气体绝缘或混合绝缘(气体/油)。当采用单一绝缘气体进行绝缘和作为开关介质时，连接件对电感的贡献最小，但是由于间隙距离是由系统气压决定的，因此开关电感可能会增加。在高电压下，Marx 发生器的绝缘介质可采用变压器油或环氧树脂，开关中绝缘介质可采用高气压气体。图 1-37 所示是采用 E 型 PFN 的 Marx-PFN 发生器。

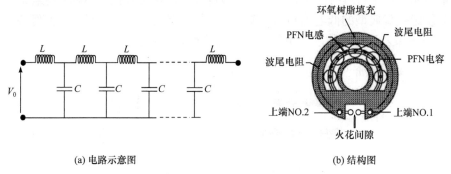

(a) 电路示意图　　　　　　　　(b) 结构图

图 1-37　采用 E 型 PFN 的 Marx- PFN 发生器

图 1-37 所示 Marx-PFN 发生器电路由一个 20 级的 PFN、电阻和火花开关组成，该电路产生了 300kV、100ns 的脉冲[32, 33]。火花开关沿直线路径排列，以便第一个火花开关导通时产生的紫外光照射其余的火花开关，为击穿过程提供初始引燃电子，从而减小统计时延并提高可靠性。Marx-PFN 发生器火花开关使用 N_2，其余部分绝缘介质采用变压器油。

任何类型的 PFN 都可以用来构造 Marx-PFN 发生器。Riepe[34]用 C 型 PFN 研制了如图 1-38 所示双极性充电的 Marx-PFN 发生器，在匹配负载上获得了 120kA、300kV、2.5μs 的方波脉冲，其第一个火花开关是被触发的火花开关。

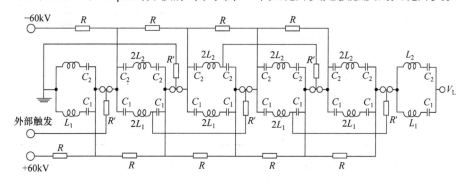

图 1-38　基于 C 型 PFN 的 Marx-PFN 发生器

(经参考文献[34]许可引用，AIP 出版社版权所有，2008 年)

　　Adler 等[35]研制了一种具有新型充电电源的高可靠性 Marx-PFN 发生器。该发生器电路在 50Ω 负载上产生了峰值电压 500kV，上升时间小于 200ns，持续时间大于 1μs 的脉冲，脉冲平顶降小于 5%。Marx 发生器采用 C 型 PFN。

1.6.2　螺旋线 Marx 发生器

　　图 1-39 所示是采用螺旋线作为储能元件的 Marx 发生器[36]。螺旋线 Marx 发生器可用于产生持续时间为几微秒的方波脉冲。用螺旋线代替 Marx 电容器，用螺旋绕组代替典型的低电感同轴电缆。螺旋绕组是直径为 d 的导线，其缠绕在直径为 D 的聚乙烯绝缘体上，单位长度缠绕的匝数为 n 匝。

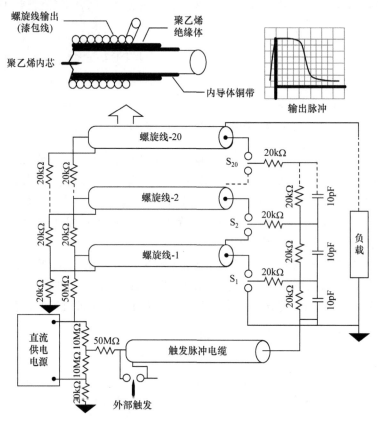

图 1-39　采用螺旋线作为储能元件的 Marx 发生器[36]

(经参考文献[36]许可引用，AIP 出版社版权所有，2001 年)

螺旋线 Marx 发生器的设计公式如下。

特征阻抗：

$$Z_{\text{helix}} = \sqrt{L/C} \tag{1-67}$$

Marx 发生器内阻：

$$Z_M = N Z_{helix} \tag{1-68}$$

脉冲宽度：

$$T = 2\ell \sqrt{\tilde{L}_h \tilde{C}_h} \tag{1-69}$$

匹配负载电压：

$$V_L = N V_0 \tag{1-70}$$

其中，$\tilde{L}_h$ 为螺旋线单位长度的电感；$\tilde{C}_h$ 为螺旋线单位长度的电容；ℓ 为螺旋导体的长度，$\ell = \pi n D (D \geqslant d)$。

由于相邻导线之间的耦合会大大降低最大负载电压，因此采用同轴电缆作为螺旋线存储元件改进了螺旋线 Marx-PFN 发生器电路。基于改进型螺旋线 20 级 Marx-PFN 发生器，在匹配负载上产生了脉冲宽度 1μs、电压 400kV 和电流 20A 的脉冲。

1.7　其他设计考虑

本节介绍 Marx 发生器的显著特点：①充电电压和级数；②绝缘系统；③Marx 电容器的选择；④Marx 开关；⑤Marx 电阻；⑥Marx 触发；⑦重复脉冲运行；⑧电路建模。

1.7.1　充电电压和级数

Marx 发生器的开路输出电压随着 Marx 发生器级数的增加或每级充电电压的增大而增大。级数增加，开关的数量、电感和成本也增加。但是，它也允许使用通用的开关和绝缘介质。每级开关充电电压应远低于开关自击穿电压，其目的是最大限度地降低开关的自放电概率。自放电现象通常是工作欠压比为 50%～70% 高储能 Marx 发生器运行中的重大风险隐患。精心设计的电阻触发和电容耦合技术可确保产生足够的过电压使 Marx 发生器可靠建立。

在先进的快速 Marx 发生器设计中，更高的直流充电电压和更少的开关是首选。由于 Marx 发生器的整体可靠性主要取决于火花开关导通的精度，因此任何减少火花开关数量的方法都会提高 Marx 发生器的性能。在实际系统中，最大直流充电电压大约为 100kV，而这样高的直流电压下必须考虑复杂的绝缘系统，这种绝缘要求也是考虑双极性充电的原因之一。因为每级的绝缘要求类似于单极性 Marx 发生器要求，但在给定输出电压条件下所需的级数和开关数量减少一半。

为了降低自放电概率并延长储能电容器的寿命，Marx 发生器也可采用脉冲方式充电，Marx 电容器在很短的时间内被充电并迅速放电。Buttram 和 Clark 在高压直流电源和 Marx 发生器之间接入可触发的火花开关，研制了基于脉冲充电的 1MV、10kJ、10Hz 的 Marx 发生器[37]。脉冲方式充电需要复杂的同步和低阻抗的高压直流电源，极大地增加了系统的复杂性。

1.7.2 绝缘系统

通常，教学机构和高压测试实验室使用的 Marx 发生器是利用大气压空气绝缘的开放式结构。由于空气的绝缘强度低，这些 Marx 发生器的尺寸往往非常大，通常需要较大的安装空间。开放式结构的优点是可以直接观察组件，方便维护、进行故障检测以及波形调整。在脉冲测试中，可能需要完全不同的波形，或者将 Marx 发生器用作教学辅助工具时，开放式结构对于上述两种情况都特别重要。在开放式结构中，绝缘强度容易受到湿度和其他环境变化的影响。在 Marx 发生器中使用的绝缘系统(除开关外)有高压气体、绝缘油和可浇注的固体。

通常高气压下的气体(N_2、SF_6 或二者的混合物)具有良好的绝缘强度，从而可以大大减小 Marx 发生器的整体尺寸，但是需要将 Marx 发生器的容器设计成压力容器。为了确保人员安全，应根据合适的机械工程标准设计压力容器。根据特定的设计要求，整个 Marx 发生器可以使用同一气压，或者将开关和绝缘分开，各自独立控制气压。绝缘油被广泛用于非常高电压下的 Marx 发生器，它具有不需要压力容器的显著优点。同时，绝缘油还具有很高的热容量，因此也非常适合 Marx 发生器的重复脉冲运行。然而，污染物和油的反复使用可能会使油分解并降低其介电强度。

最受欢迎的绝缘设计是在火花开关中使用气体，而其余的 Marx 发生器部件则浸入油中。Marx 发生器输出电压的调节很容易通过调节火花开关中气体的压力来实现，不会影响整个 Marx 发生器基本的绝缘水平。另外，通过为这种绝缘油提供再循环和过滤系统等途径，Marx 发生器可以容易适应高重复脉冲运行。

1.7.3 Marx 电容器的选择

Marx 电容器通常是具有快速放电、较高通流能力和低电感的储能电容器。在电容性负载和电感性负载的 Marx 发生器中，可能会产生相当大的振荡脉冲，应考虑电容器的电压极性反转能力。电阻隔离优于电感隔离，因为它可以抑制反峰。

对于小型 Marx 发生器，可使用陶瓷电容器，如钛酸钡陶瓷电容器[38]。经验表明，在开放式 Marx 结构下，采用环氧树脂外壳的钛酸钡陶瓷电容器是适用的，但采用聚氯乙烯(polyvinyl chloride，PVC)和其他塑料外壳的钛酸钡陶瓷电容器容易受到水分在电介质表面渗透的影响，并随后因表面放电而失效。

兆伏级 Marx 发生器采用的最新技术的电容器是由美国通用原子能公司为美国圣地亚国家实验室 ZR 项目制造的电容器[39]。在相同体积条件下，新的 100kV、2.6μF 电容器的电容量翻倍，旧的 1.3μF 电容器的储能密度增加了 1 倍，同时保持了低电感(<30nH)和高峰值电流(170kA)的能力。测试结果表明，电容器在 100kV 时的寿命为 11000～13000 发次，在 110kV 时约为 8000 发次。其他几家制造商也有类似的产品。

1.7.4　Marx 开关

Marx 发生器中的第一个或前两个火花开关通常由外部触发导通，其余的开关则是由产生的过电压导通。常用的电极材料是黄铜[38]、铜[40]和不锈钢[41]。黄铜通常用于 SF_6 绝缘的火花开关，因为其与 SF_6 分解产物的化学反应可稳定开关自击穿电压，从而大大降低自放电概率[42]。在三电极 Marx 火花开关中，中心电极盘材料可以选用不锈钢。在低能量小型 Marx 发生器，Marx 开关经常采用球形电极。在高能量 Marx 发生器中，常使用寿命长的商业火花开关。可触发的三电极火花开关与其他级的电阻或电容耦合来控制过电压。

对于 1MV、10kJ、10～100Hz 的高功率重复脉冲 Marx 发生器，Buttram 和 Clark 采用了水冷却火花开关，并用高速气流去除间隙放电电离产物，阻止了电极加热，因此也减少了开关电极熔蚀[37]。

1.7.5　Marx 电阻

图 1-16 中 Marx 电阻为 R 的目的：一方面是防止 Marx 火花开关导通时 Marx 电容器发生短路，在紧急情况下或发生故障时为 Marx 电容器中存储的能量提供卸放通道；另一方面是可调整输出波形的下降时间到指标要求。R 两端的最大电压降对应于充电电压 V_0，其大小应设计为防止其表面发生闪络。电阻 R_F 的脉冲绝缘耐压水平应设计为 Marx 发生器的全部输出电压。集成在 Marx 发生器中的电阻应设计为无感电阻，以避免在建立的 Marx 发生器电路中引入振荡。

图 1-40 所示[43]是手工缠绕细齿梳状无感电阻。可选择的高电阻率材料：镍铬合金、锰铜合金和铬铝钴合金。锰铜具有易于焊接的优点，并具有良好的温度稳定特性。灌注环氧树脂工艺可提高电阻的机械强度，并消除如湿度等环境因素的影响[44]。

当设计 Marx-PFN 发生器时，电阻 R 的值应满足 RC 时间常数远大于输出脉冲宽度。电阻 R 可以使用液体电阻，特别是硫酸铜与铜电极或硫代硫酸钠与铝电极[29, 45]。对于电阻率为 60～1200Ω·cm 且施加电场为 2～50kV/cm 的硫酸铜溶液，电阻值呈线性变化[45, 46]。液体电阻具有电感低且结构紧凑、易于制造、能量耗散率高等优点，但在某些应用中分布电容可能过大。

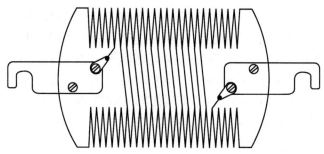

图 1-40　手工缠绕细齿梳状无感电阻

1.7.6　Marx 触发

Marx 发生器可能发生自放电，这为其应用带来了严重的限制，因此 Marx 发生器必须在一定的工作欠压比下运行，从而导致输出电压调节困难且过电压低，过电压低又导致上升时间性能变差。采用外部触发第一个或前两个开关可克服这些缺点，见图 1-38 和图 1-39。

第 4 章将详细讨论触发管型开关，它有两个主电极、阳极 A 和阴极 K，并在阴极中嵌入绝缘触发针 T。触发脉冲是由电容器 C' 通过开关 S' 向脉冲变压器的初级放电形成的，如图 1-41 中虚线框所示。脉冲变压器产生一个足够高幅值和足够长持续时间的高压脉冲，使触发管闭合，从而使 Marx 发生器串联建立。

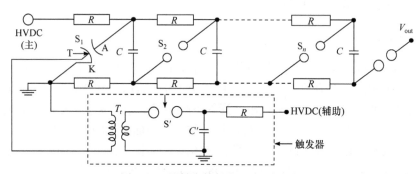

图 1-41　用触发管触发 Marx 发生器

沿火花开关的中间触发盘触发是 Marx 发生器的一种常见方式，如图 1-39 所示。例如，在 Kukhta 的实践中[47]，火花开关由三个电极组成：阴极 K、阳极 A 和触发电极 T。触发电极位于开关间隙的中间，并保持由 R_1 和 R_2 组成的分压器分配的电压($V_0/2$)。触发脉冲由电缆组件产生，并充电到电压 $V_0/2$。当火花开关 S' 导通时，电缆短路，产生一个幅值为 $-V_0/2$ 的脉冲。当该脉冲到达触发电极 T 时，它的电压反转，从而导致火花开关 S_1 击穿(图 1-42)。

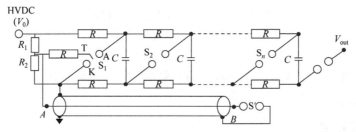

图 1-42　通过触发第一级火花开关的中间触发盘来触发 Marx 发生器

　　小型 Marx 发生器可以用作另一个"主"Marx 发生器的触发器。这种结构广泛用于大型高储能装置中,将高能高压脉冲注入"主"Marx 发生器的多个触发点。图 1-43 是用小型 Marx 发生器触发大型"主"Marx 发生器的电路示意图及波形。其开关均为双触发模式,将在第 4 章详细介绍,并在小型 Marx 发生器的作用下导通[48]。小型 Marx 发生器必须具有快前沿输出脉冲和触发可靠性。

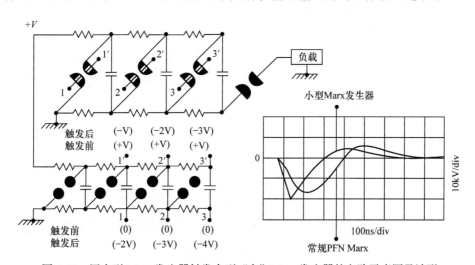

图 1-43　用小型 Marx 发生器触发大型"主"Marx 发生器的电路示意图及波形

1.7.7　重复脉冲运行

　　与传统的脉冲变压器相比,Marx 发生器的重复脉冲运行能力受到严重限制。对于重复脉冲运行,与其他产生高电压的方法相比,Marx 发生器的主要优点是安装灵活方便。结构上固有的灵活性,可使 Marx 发生器级数选择和建立路径灵活方便。

　　脉冲重复率主要受 Marx 发生器放电周期的限制,主要考虑以下三个方面的因素:Marx 发生器的充电时间、高压时间和开关恢复时间。可以用电感代替隔离电阻,以缩短充电时间。文献[49]研究了 Marx 发生器在电阻、电感和电阻/电感组合串联和并联条件下作为充电元件时的充电时间。

在电感串联充电系统中，火花开关采用 3atm(1atm = 1.01325×10⁵Pa)的空气/SF₆ 混合绝缘[50]，可在 600Hz 的脉冲重复率下运行。采用电晕稳定开关的 Marx 发生器可在 20kHz 和 400Hz 重复脉冲下运行[51-53]。采用充氢火花开关的 Marx 发生器在猝发模式下以 10kHz 的重复率运行[54]。实际上，电源也可能是限制因素，这取决于每个脉冲的能量。

1.7.8　电路建模

电路建模是脉冲功率设计的一项重要任务。为了完成这一任务，可使用商业程序和专用程序。电路建模对于电流叠加的装置尤其重要，这是因为当数十个模块连接到负载时，即使很小的偏差也可能造成比原设计大得多的偏差。通常，商业程序能够用于脉冲功率的模拟。专用程序可能包含时变电路元件，以表示脉冲功率特有的元件。

Marx 发生器可以非常复杂，但是即使是简单的 Marx 发生器也会给电路模拟带来不必要的困难。图 1-44 所示是电路仿真中的 Marx 发生器的等效电路。电容 C_M 是 Marx 发生器的建立电容，其放电速率受电阻 R_T 限制。Marx 电感 L_M 表示放电电路中开关、电容器和连接件的总电感。这些电感很难精确计算，实际上，将 Marx 发生器充电到较低的电压，然后短路放电。可以根据振荡频率和衰减时间推导出 Marx 发生器的等效电路参数，这些参数在很大程度上与电压无关。

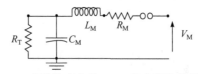

图 1-44　电路仿真中的 Marx 发生器的等效电路

Marx 发生器的等效电路可以非常有效地表示其储能量级。图 1-45 是测量得

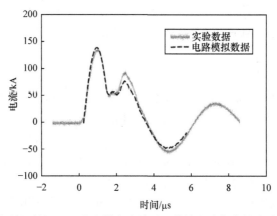

图 1-45　测量得到的 Marx 发生器电流波形和等效电路仿真输出波形叠加图[55]

到的 Marx 发生器电流波形和等效电路仿真输出波形叠加图[55]，显示出很好的一致性。在大约 1700ns 处出现的骤降可能来自下一个电容储能单元的反射。

1.8   Marx 发生器类的电压放大电路

非 Marx 发生器的其他电路也可以实现电压倍增，与 Marx 发生器一样，这些电路的特点在于分级能量存储，从而实现电压倍增。但是，它们不是采用 Marx 发生器的电路并联充电串联放电的基本原理。这些电路，尤其是 LC 反相发生器，常常被错误地称为 Marx 发生器。

1.8.1   螺旋线发生器

螺旋线发生器[56, 57]是一种电压倍增器。图 1-46 是理想螺旋线发生器电路示意图。它是通过在带状传输线上叠放一层绝缘膜，然后以螺旋方式将其自身缠绕 $n-1$ 次而构造成的。图 1-46 所示的结构，由线 1 和线 2 组成的三电极带状线，缠绕在直径为 D 的绝缘骨架上，呈 n 圈螺旋形，每个电极的宽度为 w，2 个电极间绝缘介质厚度为 h。在螺旋线发生器中，通过 1 个开关即可实现电压倍增，这是一个很大的优势，但是输出波形是三角波，这也限制了它的使用。负载从螺旋线发生器的中心位置连接到地电位。开关 S 的位置如图 1-46 所示，也可以放置于线路长度的中点，也就是线路电长度相等的位置。

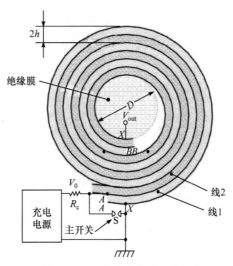

图 1-46   理想螺旋线发生器电路示意图

螺旋线发生器是利用反射波原理工作的，类似于 Blumlein 发生器工作原理。线 1 充电至 V_0，开关 S 在 $t = 0$ 时闭合，最大电压($-2nV_0$)在开关闭合时间 T 后出现在输出端(V_{out})。时间 T 与线 1 和线 2 的电长度总和相等。图 1-47 所示是图 1-46 中 $t=0$ 时刻和 $t=T$ 时刻 XX 剖面处的电场矢量。当 $t=0$ 时，也就是在开关 S 闭合之前，螺旋线发生器的线 1 和线 2 上的电场矢量方向相反，因此负载上总输出电压为零，如图 1-47(a)所示。但当 $t = T$ 时，整个线 1 上的电压发生反转，从而在负载处产生开路输出电压 V_{out}，最大值为$-2nV_0$，如图 1-47(b)所示。

若 D 代表螺旋线的平均直径，则在 $D \geqslant 2nh$ 的假设下，无损螺旋线发生器的重要参数可以从其等效电路得出[58]。

(1) 达到最大输出电压的时间：

$$T = 2\pi Dn\sqrt{\varepsilon_0\varepsilon_{\text{r}}\mu_0} \tag{1-71}$$

其中，ε_0 为真空介电常数；ε_{r} 为相对介电常数；μ_0 为真空磁导率。

(2) 输出电容：

$$C = \frac{\varepsilon_0\varepsilon_{\text{r}}\pi Dw}{2nh} \tag{1-72}$$

(3) 最大静电储能：

$$E = \frac{\varepsilon_0\varepsilon_{\text{r}}\pi DwnV_0^2}{h} \tag{1-73}$$

图 1-48 所示是初始充电电压为 V_0 时螺旋线发生器的输出电压波形。输出电压波形呈三角形主要由螺旋线匝间感应耦合的积分效应所致[3]。Fitch 等[57]对螺旋线发生器的损耗进行了深入的分析。需要特别指出的是，若不满足条件 $D \geqslant 2nh$(通常是这种情况)，则电压倍增系数会降低[3]。

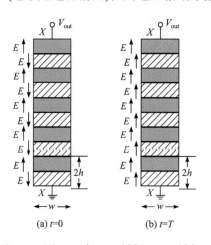

(a) $t=0$　　　　(b) $t=T$

图 1-47　图 1-46 中 $t=0$ 时刻和 $t=T$ 时刻 XX
　　　　剖面处的电场矢量

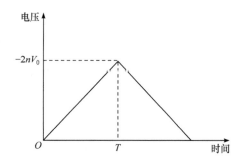

图 1-48　初始充电电压为 V_0 时螺旋线发生
　　　　器的输出电压波形

1.8.2　时间隔离传输线电压倍增器

Lewis 等[59, 60]设想了一个高压倍增电路，如图 1-49 所示，该电路不使用开关，使用的是低电压、低阻抗的大电流源。该电路被称为时间隔离传输线电压倍增器，这是因为较长的线路传播时间 T_T 允许电流源并联激励，并通过负载处的串联实现电压倍增。

时间隔离传输线电压倍增器由 N 条传输线组成，这些传输线在输入端并联，输出端串联。在 $T_p \leqslant T_T$ 的条件下向输入端提供持续时间为 T_p 的脉冲电压，输出电压将实现倍增(2N)。该电压倍增的性能类似于将在 1.8.3 小节介绍的 LC 反相发生器。必须仔细考虑输入端和输出端的阻抗匹配，避免反射引起的波形失真。Chodorow[61]详细深入研究了分布电容对时间隔离传输线电压倍增器的影响，他指出 700kV 快速前沿时间传输线电压倍增器可用作电磁脉冲模拟器。Soto 等[62]和 Carmel 等[63]研究了时间隔离同轴线发生器中的电压倍增。通常，由于电缆之间的耦合，最大理论输出电压会降低，有时会显著降低。

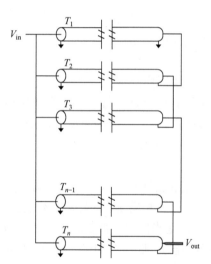

图 1-49　时间隔离传输线电压倍增器电路示意图

1.8.3　LC 反相发生器

LC 反相发生器是一个倍压电路，由 Fitch 于 1968 年获得专利[1,64]。尽管 LC 反相发生器或反转发生器的外观与 Marx 发生器相似，但它的工作原理与 Marx 发生器完全不同，而是与螺旋线发生器(Fitch 拥有此专利[56])和 Blumlein 发生器相关。

图 1-50 是三级 LC 反相发生器工作原理图。LC 反相发生器通过交变电位瞬态反相实现串联系统电压叠加。每"级"都包含两个电容，它们充电电压相等，

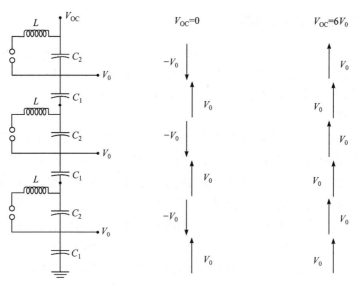

(a) 电容器具有交变电位　　(b) 当全充电时净电压为0　　(c) 当火花开关同时导通时电压叠加

图 1-50　三级 LC 反相发生器工作原理图

但充电极性相反。在充电过程中，每"级"的净电势为零，然后开关在精确时刻导通实现电压叠加。

中等功率 LC 反相发生器利用二极管并联在电容器两端，形成了通常所说的Fitch 电路，因为该电路具有可重复运行、高可靠和高稳定性[65-67]等优点，因此在工业激光器和环保等领域得到了广泛的应用。Fitch 电路的工作原理很容易理解，电路中二极管的作用是阻止第二个半周期放电，而不是单纯依靠精确的导通时间来降低对输出脉冲宽度的要求。

图 1-51 是利用 Fitch 电路说明单级 LC 反相发生器的工作原理示意图。在充电过程中，电容器 C_1 和 C_2 通过二极管 D_1 和电感 L 充电，电阻 R 构成 C_2 的充电电路，D_2 不参与充电过程，但是当使用多级 LC 反相发生器时，电流将通过 D_2 传递到后续的电容器组。当电容器充满电时，电路回路 C_1-C_2-R 中没有电流流动，应用基尔霍夫电压定律可知，电容器 C_1 和 C_2 上的电压必须大小相等且符号相反。

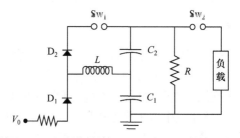

图 1-51　利用 Fitch 电路说明单级 LC 反相发生器的工作原理示意图

当火花开关 Sw_1 导通时，电容器 C_2 开始放电，二极管 D_1 反向偏置，电流流过回路 C_2-L-D_2，电容器 C_1 不放电，仍保持全充电电压 V_0。在这段时间内，回路 C_2-L-D_2 中的电流 $I_2(t)$ 为

$$I_2(t) = V_0 \sqrt{\frac{C_2}{L}} \sin(\omega t) \tag{1-74}$$

其中，

$$\omega = \frac{1}{\sqrt{LC_2}} \tag{1-75}$$

当该谐振电路电流达到零时，有

$$t_0 = \frac{\pi}{\omega} = \pi\sqrt{LC_2} \tag{1-76}$$

也就是，当正弦电流改变符号时，二极管 D_2 反向偏置，火花开关熄灭并断开。电容器 C_2 被反相，充电至 $+V_0$。电容器 C_1 和 C_2 在第二个周期中具有相同的极性，并且火花开关处的输出电压为 $2V_0$，此时开关 Sw_2 导通并放电到负载。若省略开关 Sw_2，电阻 R 将以类似于 Marx 发生器的方式决定衰减时间，因此开关时延和抖动对于 LC 反相发生器的运行至关重要。

通常，多个 LC 反相发生器串联叠加可以实现倍压，开路电压为

$$V_{\text{OC}}(t) = NV_0(1 - \text{e}^{-\alpha t}\cos(\omega t)) \tag{1-77}$$

其中，N 为级数；

$$\alpha = \frac{R}{2L} \tag{1-78}$$

其中，R 为 LC 反相发生器电路中的有效串联电阻。

$\text{e}^{-\alpha t}$ 表示放电回路的损耗。输出脉冲的上升时间由谐振电路决定，可表示为

$$t_r = \pi\sqrt{LC_2} \tag{1-79}$$

脉冲上升时间可以表示为 LC_2 谐振电路的过零时间。对于要产生快速上升时间的脉冲，则需要较小的电感，但是选择的电感值大小也会影响脉冲宽度。实际中电感设计还必须能够存储与电容器 C_2 相同的能量。

高功率 LC 反相发生器除无二极管外，必须实现与上述相同的基本原理。不同的是，它通过精确的开关导通来实现电压反转。图 1-52 所示是采用不同充电方式的高功率 LC 反相发生器。由于无二极管可阻止第二个半周期放电，因此反转时间必须比所需的脉冲宽度长两倍或三倍。

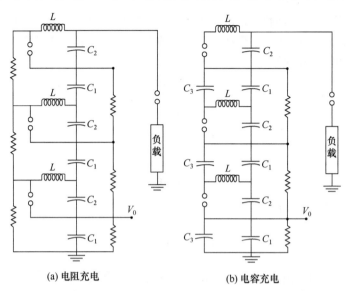

(a) 电阻充电 (b) 电容充电

图 1-52 采用不同充电方式的高功率 LC 反相发生器

在反相电路中，开关不是放电电路的一部分，并且开关电感和开关电阻不会导致效率降低。负载电流与开关无关，并且可以产生快速电流脉冲。当开关触发导通时，输出脉冲就开始出现，其上升时间由谐振电路决定。特别是对于大功率运行，通常将输出开关作为电路的一部分。

LC 反相发生器有两个非常明显的缺点：触发模式和故障模式。LC 反相发生器中的开关必须全部同时触发。与 Marx 发生器不同，LC 反相发生器的放电不会在开关上产生过电压。另外，在反相发生器中，每个开关都是独立触发，因此多个触发发生器会增加额外成本。当然，可以使用具有多路输出的触发器代替独立的开关触发器。为代替独立的开关触发器，也可以采用如图 1-53 所示电容耦合电路将相邻的级连接[1]。

LC 反相发生器中的故障模式保护非常重要。若开关无法导通，则 LC 反相发生器可能产生较大的过电压或电压反转，这可能会对某些电容器造成危害。开关自放不一定会触发其余级，因此触发保护系统难以设计。复杂的免受故障影响的保护电路降低了 LC 反相发生器在某些应用中的潜力。

图 1-54 所示是 1MV 双极性矢量反相发生器。该反相发生器由 Harris 等[68]共同研制，采用双极性充电，输出脉冲电压为 270kV～1MV，最大储能为 15kJ，放电时间为 5μs。当电容电压充满时，负载电路通过自击穿中储开关S″连接。火花保护开关S‴被集成到设计中，以防止其中一个火花开关未能导通并在其电容器组上产生较大过电压而造成损坏。

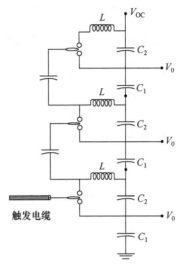

图 1-53　采用电容耦合连接开关的高功率 LC 反相发生器

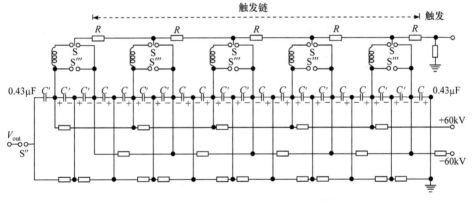

图 1-54　1MV 双极性矢量反相发生器[68]

1.9　设 计 示 例

示例 1.1

　　4 级 Marx 发生器每级电容约为 0.125μF，放电到 200pF 的电容负载。使用简化电路的近似值，计算级间电阻和波前电阻的大小，产生 50ns 的双指数上升时间和 50μs 的双指数波尾时间。当第一个火花开关被触发时，计算剩余火花开关的过电压系数。假设充电电压为 30kV，火花开关的自击穿电压为 35kV。

解：

此 Marx 发生器的等效电路如图 1-2 所示，其参数如下：

$$C_M = \frac{C_0}{N} = \frac{0.125}{4} \cong 31.25(\text{nF})$$

$$C_L = 200(\text{pF})$$

(1) 上升时间的近似电路如图 1-4 所示。

上升时间：

$$\frac{C_M \times C_L}{C_M + C_L} \times R_F \cong 50(\text{ns})$$

计算可得波前电阻 R_F 为 250Ω。

(2) 波尾时间的近似电路如图 1-19 所示。

波尾时间：

$$(C_M + C_L) \times R_T \cong 50(\mu s)$$

波尾电阻 $R_T \cong 1.59(\text{k}\Omega)$。

级间电阻 $R = \dfrac{2R_T}{N} \cong 795(\Omega)$。

(3) 当第一个火花开关导通时，其余火花开关上的过电压为

$$V_g = \frac{N}{N-1}V_0 \cong 40(\text{kV})$$

过压系数为

$$\frac{V_{\text{actual}}}{V_{\text{breakdown}}} = \frac{40}{30} \cong 1.33$$

示例 1.2

　　10 级 Marx 发生器参数如下：直流充电电压为 100kV，每级电容为 0.25μF，每级波尾电阻为 720Ω。当 Marx 发生器空载导通时，计算在 $t = 90\mu s$ 时输出端达到的电压幅值。

解：

　　具有"空载"功能的 Marx 发生器的等效电路类似于图 1-2，其中 C_L 处于开路状态。C_M 和 R_T 的值如下：

$$C_M = \frac{C_0}{N} = \frac{0.25}{10} = 25(\text{nF})$$

$$R_T = \frac{NR}{2} = \frac{10 \times 720}{2} = 3600(\Omega)$$

$$C_M R_T = 90(\mu s)$$

输出电压:

$$V_T = NV_0 e^{-t/(C_L R_T)}$$

$$V_T(t = 90\mu s) = (10 \times 100) e^{-1} \cong 367.8(kV)$$

示例 1.3

4 级 Marx 发生器放电到输出电容器(C_L)的参数如下: 直流充电电压为 100kV, 每级电容为 0.125μF, 每级电阻为 1200Ω, 波前电阻为 200Ω, 负载电容为 200pF。

计算以下内容:

(1) 在任何时刻 t 的输出电压;

(2) 在 $t = 0.01\mu s$ 时的电压幅值;

(3) 达到最大电压的时间;

(4) 峰值电压幅值。

解:

通过式(1-4)和式(1-5)求解式(1-6), 可得到图 1-2 中 Marx 发生器等效电路的相应值如下。

$$C_M = \frac{C_0}{N} = \frac{0.125}{4} \cong 31.25(nF)$$

$$R_T = \frac{NR}{2} = \frac{4 \times 1200}{2} = 2400(\Omega)$$

$C_L = 200pF$, $R_F = 200\Omega$。

将 C_M、R_T、C_L 和 R_F 值代入式(1-40)和式(1-41), 联立解得

$$\alpha \cong -0.0135 \left(\frac{1}{\mu s}\right)$$

$$\beta \cong 25.159 \left(\frac{1}{\mu s}\right)$$

(1) 输出电压:

$$V_M(t) = \frac{NV_0}{C_L R_F} \times \frac{1}{\beta - \alpha} (e^{-|\alpha|t} - e^{-\beta t})$$

代入参数得

$$V_{\mathrm{M}}(t) = 397.6(\mathrm{e}^{-0.0135\times10^6 t} - \mathrm{e}^{-25.159\times10^6 t})(\mathrm{kV}) \qquad (1\text{-}80)$$

(2) 将 t=0.01μs 代入式(1-80)得电压幅值为

$$V_{\mathrm{M}} \cong 397.6\times0.222 \cong 88.27(\mathrm{kV})$$

(3) 设达到最大电压 $V_{\max}$ 的时间为 t'。

将 α 和 β 值代入式(1-43)，得

$$t' = \frac{\ln(\beta/\alpha)}{\beta-\alpha} \cong 0.299(\mu\mathrm{s})$$

(4) 峰值电压幅值($V_{\max}$)：

将 V_{M}、C_{L}、R_{F}、α、β 和 t' 代入式(1-44)，得

$$V_{\max} \cong 395.6(\mathrm{kV})$$

参 考 文 献

[1] R.A. Fitch, Marx- and Marx-Like High Voltage Generators. *IEEE Trans. Nucl. Sci.*, Vol. 18, No. 4, pp. 190-198, 1971.

[2] G.W. Swift, Charging Time of a High Voltage Impulse Generator. *IEEE Electron. Lett.*, Vol. 5, No. 21, p. 534, 1969.

[3] J.F. Francis, High Voltage Pulse Techniques. Report, AFOSR-74-2639-5, 1976.

[4] R.W. Morrison and A.M. Smith, Overvoltage and Breakdown Patterns of Fast Marx Generators. *IEEE Trans. Nucl. Sci.*, Vol. 19, No. 4, p. 20, 1972.

[5] I. Smith, V. Carboni, A.R. Miller, R. Crumley, P. Corcoran, P.W. Spence, W.H. Rix, W. Powell, and P.S. Sincerny, Fast Marx Generator Development for PRS Drivers, *Pulsed Power Plasma Science, 2001 (PPPS-2001). Digest of Technical Papers,* 2001.

[6] P.S. Sincerny, S.K. Lam, R. Miller, T. Tucker, and L. Sanders, Fast Discharge Energy Storage Development for Improving X-Ray Simulators. *Proceedings of the IEEE International Pulsed Power Conference*, 2003.

[7] I. Smith, P. Corcoran, A.R. Miller, V. Carboni, P.S. Sincerny, P. Spence, C. Gilbert, W. Rix, E. Waisman, L. Schlitt and D. Bell, Pulsed Power for Future and Past X-Ray Simulators. *IEEE Trans. Plasma Sci.*, Vol. 30, No. 5, pp. 1746-1754, 2002.

[8] Y. Kubota et al., 2MV Coaxial Marx Generator for Producing Intense Relativistic Electron Beams, in W.H. Bostick, V. Nardi and O.S.F. Zucker, eds., *Energy Storage, Compression and Switching*, Springer p. 63, 1976.

[9] B. Bernstein and I. Smith, Aurora: An Electron Accelerator. *IEEE Trans. Nucl. Sci.*, Vol. NS-20, No. 3, p. 294, 1973.

[10] J.L. Harrison, Solution of a Peaking Equation for Finite Storage Capacitor Size, Circuit and Electromagnetic System Design Note 32, January 1973.

[11] F.W. Heilbronner, Firing and Voltage Shape of Multistage Impulse Generators. *IEEE Trans. Power Eng.*, Vol. PAS-90, No. 5, pp. 2233-2238, 1971.

[12] T.W. Broadbent, High Voltage Impulse Generators. *Electrical Review*, April 14, 1961.

[13] F.C. Creed and M.M.C. Collins, Shaping Circuits for High Voltage Impulses. *IEEE Trans. Power Apparatus Syst.*, Vol. PAS-90, No. 5, pp. 2239-2246, 1971.

[14] Edwards et al., The Development and Design of High Voltage Impulse Generators. *Proc. IEEE*, Vol. 98, Part I, p. 155,

1951.

[15] K.R. Prestwich and D.L. Johnson, Development of an 18 Megavolt Marx Generator. *IEEE Trans. Nucl. Sci.*, 16, No. 3, p. 64, 1969.

[16] T.H. Martin, K.R. Prestwich and D.L. Johnson, *Summary of the HERMES Flash X-Ray Program*, Radiation Production Note 3, PEP-3, October 1969. Available from http://www.ece.unm.edu/summa/notes.

[17] D. Platts, A 10 Joule, 200 kV Mini-Marx, *Proceedings of the 5th International IEEE Pulsed Power Conference*, p. 834, 1981.

[18] G.H.K. Simcox and J. Hipple, Pulse Generation Methods. *High Voltage Technology Seminar Handout Notes*, Ion Physics Corporation, 1969.

[19] M.M. Kekez, J. LoVerti, A.S. Podgorski, J.G. Dunn, and G. Gibson, *Proceedings of the IEEE Pulsed Power Conference*, p. 123, 1989.

[20] M.M. Kekez, Simple 50 ps Risetime High Voltage Generator. *Rev. Sci. Instrum.*, Vol. 62, No. 12, pp. 1991.

[21] W.J. Carey and J.R. Mayes, Marx Generator Design and Performance. *IEEE Power Modulator Symposium*, 2002.

[22] J.R. Mayes, M.B. Lara, M.G. Mayes, and C.W. Hatfifield, A Compact MV Marx Generator. *IEEE Power Modulator Symposium*, 2004. Available at www.apelc. com (accessed June 19, 2010).

[23] J.R. Mayes, M.B. Lara, M.G. Mayes, and C.W. Hatfifield, An Enhanced MV Marx Generator for RF and Flash X-Ray Systems. *IEEE International Pulsed Power Conference*, 2005.

[24] W.L. Willis, Pulse Voltage Circuits, in W.J. Sarjeant and R.E. Dollinger, eds., *High Power Electronics*, TAB Books, pp. 87-116, 1989.

[25] D. Goerz, T. Ferriera, D. Nelson, R. Speer, and M. Wilson, An Ultra-Compact Marx-Type High Voltage Generator. *Conference Record of the Power Modulator Conference*, 2002.

[26] R.A. Fitch, Marx-and Marx-Like-High-Voltage Generators, *IEEE Trans. Nucl. Sci.*, Vol. 18, No. 4, pp. 190-198, 1971.

[27] J.C. Martin, Marx-Like Generators and Circuits, in T.H. Martin, A.H. Guenther, and M. Kristiansen, eds., *J.C. Martin on Pulsed Power*, Plenum Press, p. 107, 1996.

[28] J.C. Martin, CESDN Note #3. Available at http://www.ece.unm.edu/summa/ notes.

[29] J.A. Nation, High Power Electron and Ion Beam Generation. *Part. Accelerators,* Vol. 10, p. 1, 1979.

[30] B.N. Turman, T.H. Martin, E.L. Neau, D.R. Humphreys, D.D. Bloomquist, D.L. Cook, S. A. Goldstein, L.X. Schneider, D.H. McDaniel, J.M. Wilson, R.A. Hamil, G.W. Barr, and J.P. Van Devender, PBFA II, A 100 TW Pulsed Power Driver for the Inertial Confifinement Fusion Program, in M.F. Rose and P.J. Turchi, eds., *Proceedings of the International Pulsed Power Conference*, pp. 155-161, 1985.

[31] L.X. Schneider and G.J. Lockwood, Engineering High Reliabiltiy, Low Jitter Marx Generators, in M.F. Rose and P.J. Turchi, C eds., *Proceedings of the International Pulsed Power Conference*, 1985.

[32] P. H. Ron, Confifigurations of Intense Pulse Power Systems for Generation of Intense Electromagnetic Pulses. *International Conference on Electromagnetic Interference and Compatibility (INCEMIC'99)*, New Delhi, India, p. 471, 1999.

[33] P.H. Ron, A.K. Sinha, and V.K. Rohatgi, Flash X-Ray Generator for Dynamic Radiography, *Proceedings on High Energy Radiography Using Accelerators*, C Shar Centre, Sriharikota, India, 1981.

[34] K.B. Riepe, High Voltage Microsecond Pulse Forming Network. *Rev. Sci. Instrum.*, Vol. 48, No. 8, p. 1028, 1977.

[35] R. J. Adler, J.A. Gilbrech, and D.T. Price, *A Modular PFN Marx with a Unique Charging System and Feedthrough.* Available at http://www.appliedenergetics. com/highvoltage (accessed June 19, 2010).

[36] V.P. Singhal, B.S. Narayan, K. Nanu, and P.H. Ron, Development of a Blumlein Based on Helical Line Energy Storage Element. *Rev. Sci. Instrum.*, Vol. 72, No. 3, p. 1862, 2001.

[37] M.T. Buttram and R.S. Clark, Repetitively Pulsed Marx Generator Design Studies, Sandia Report 79-1011, p. 125, 1979.

[38] Y. Kubota, S. Kawasaki, A. Miyahara, and H.M. Saad, Coaxial Marx Generators for Producing Intense Relativistic Electron Beams. *Jpn. J. Appl. Phys.*, Vol. 13, No. 2, p. 260, 1974.

[39] R.A. Cooper, J.B. Ennis, and D.L. Smith, ZR Marx Capacitor Life Test and Production Statistics. *Proceedings of the IEEE International Pulsed Power Conference*, 2005.

[40] G.J. Rohwein, Repetitively Pulsed Marx Generator Design Studies, Sandia Report 79-0002, p. 119, 1979.

[41] J. Tulip et al. High Repetition Rate Short Pulse Gas Discharge, Los Alamos Scientifific Laboratory Report, LA-UR, 78-714, 1978.

[42] I.D. Smith, Liquid Dielectric Pulse Line Technology, in W.H. Bostick, V. Nardi, and O.S.F. Zucker, eds., *Energy Storage, Compression, and Switching*, Plenum Press, New York, p. 15, 1976.

[43] W.G. Hawley, *Impulse Voltage Testing*, Chapman and Hall Ltd, London, 1959.

[44] H. Aslin, Fast Marx Generator, in W.H. Bostick, V. Nardi, and O. Zucker, eds., *Proceedings of the International Conference on Energy Storage Compression and Switching*, Asti-Torino, Italy, p. 35, 1974.

[45] R. Beverly, Ⅲ, and R. Campbell, Aqueous-Electrolyte Resistors for Pulsed Power Applications. *Rev. Sci. Instrum.*, Vol. 66, pp. 5625-5629, 1995.

[46] R. Beverly, Ⅲ, Application Notes for Aqueous-Electrolyte Resistors. Available at www.reb3.com/pdf/r_app.pdf (accessed November 13, 2009).

[47] V.R Kukhta, E.I. Logachev, V.V. Lopatin, G.E. Remnev, V.I. Tsvetkov, and V.P. Chernenko, Controlled Sparkgaps for High Voltage Pulse Generators. *Instrum. Exp. Tech.*, Vol. 19, No. 6, p. 1670, 1976.

[48] A. Sharma, P.H. Ron and D.C. Pande, EMI Results from Pulse Excited Antennas. *Conference on Millimeter Wave and Microwave (ICOMM'90)*, Defense Electronics Applications Laboratory, Dehradun, India, 1990.

[49] C.E. Baum and J.M. Lehr, Parallel Charging of Marx Generators for High Pulse Repetition Rate, in *Ultra-Wideband, Short-Pulse Electromagnetics 5*, Kluwer Academic/Plenum Publishers, pp. 415-422, 2002.*(*Cited references such as Circuit and Electromagnetic System Design Notes, Switching Notes, Sensor and Simulation Notes and Interaction Notes, formerly edited by Dr. C.E. Baum, are available electronically at http://www.ece.unm.edu/Summa/The Note Series is currently edited by Dr. D.V. Giri.)

[50] L. Veron and J.C. Brion, Experimental Study of a Repetitive Marx Generator. *Proceedings of the IEEE International Pulsed Power Conference*, pp. 1054-1057, 2003.

[51] S.M. Turnball, J.M. Koutsoubis, and S.J. MacGregor, Development of a High Voltage, High PRF, PFN Marx Generator. *Conference Record of the Power Modulator Conference*, pp. 213-216, 1998.

[52] S.M. Turnball, S.J. MacGregor, and J.A. Harrower, A PFN Marx Generator Based on High Voltage Transmission Lines. *Meas. Sci. Technol.*, Vol. 11, pp. 51-55, 2000.

[53] S.J. MacGregor, S.M. Turnball, F.A. Tuema, and O. Farish, Factors Affecting and Methods of Improving the Pulse Repetition Frequency of Pulse-Charged and DC-Charged High Pressure Gas Switches. *IEEE Trans. Plasma Sci.*, Vol. 25, No. 2, pp. 110-117, 1997.

[54] M.G. Grothaus, S.L. Moran, and L.W. Hardesty, High Performance Pulse Generator, U.S. Patent 5,311,062, 1994.

[55] J.M. Lehr, J.P. Corley, S.A. Drennan, D.W. Guthrie, H.C. Harjes, D.W. Bloomquist, D.L. Johnson, J.E. Maenchen,

D.H. McDaniel, and K. Struve, SATPro: The System Assessment Test Program for ZR. *Proceedings of the IEEE International Power Modulator Symposium*, 2002.

[56] R.A. Fitch, Pulse Generator, U.S. Patent 3,289,015, 1966.

[57] R.A. Fitch and V.I.S. Howell, Novel Principles of Transient High Voltage Generation. *Proc. IEEE*, Vol. III, No. 4, p. 849, 1964.

[58] F. Ruhl and G. Herziger, Analysis of Spiral Generator. *Rev. Sci. Instrum.*, Vol. 51, p. 1541, 1980.

[59] I.A.D. Lewis, Some Transmission Line Devices. *Elec. Eng.*, Vol. 27, p. 448, 1955.

[60] I.A.D. Lewis and F.H. Wells, *Millimicrosecond Pulse Techniques*, Parmagon Press, Long England, 1959.

[61] A.M. Chodorow, The Time Isolation High Voltage Impulse Generator, *Proc. IEEE*, 63, No. 7, pp. 1082-1084, 1975.

[62] L. Soto and L. Altamirano, A Pulse Voltage Multiplier. *Rev. Sci. Instrum.*, Vol. 70, No. 3, pp. 1891-1892, 1999.

[63] Y. Carmel, S. Eylon, and E. Shohet, A Repetitive 600 kV Stacked Line Transformer Pulse Generator. *J. Phys. E Sci. Instrum.*, Vol. 11, pp. 748-750, 1978.

[64] R.A. Fitch, Electrical Pulse Generators, U.S. Patent 3,366,799, 1968.

[65] E.M. Bazelyan and Yu. P. Raizer, *The Spark Discharge*, CRC Press, LLC, 1998.

[66] A. Pokryvailo, Y. Yankelevich. M. Woldf, E. Abramzon, E. Shviro, S. Wald, A. Welleman, A 1 kW Pulsed Corona System for Pollution Control Applications. *IEEE Trans. Plasma Sci.*, 32, pp. 2042-2054, 2004.

[67] Y. Sakai, S. Takahashi, T. Komatsu, I. Song, M. Watanabe, and E. Hotta, Highly Effificient Pulsed Power Supply System with a 2 Stage LC generator and a Step Up Transformer for Fast Capillary Discharge Soft X-Ray Laser at Shorter Wavelength. *Rev. Sci. Instrum.*, Vol. 81, p. 013303, 2010.

[68] N.W. Harris and H. Milde, 100 GW Electron Beam Generator. *IEEE Trans. Nucl. Sci.*, Vol. NS-23, No. 5, p. 1470, 1976.

第 2 章　脉冲变压器

脉冲变压器分为电磁感应变压器和传输线变压器。电磁感应变压器可以采用铁磁芯或空芯。初级和次级绕组可以采用自耦变压器、独立绕组或串级变压器[1]。本章介绍空芯变压器及其在双谐振、失谐和三重谐振条件下的工作机制。

2.1　Tesla 变压器

Tesla 变压器是脉冲功率系统的重要部件之一。图 2-1 所示是采用 Tesla 变压器的典型脉冲功率源系统。与使用铁芯或铁氧体的常规变压器相比，Tesla 变压器常采用空芯，广泛用于短脉冲、高峰值功率场合。由于没有铁芯损耗，因此能量传递更有效且电绝缘实现更简单。当输出电压低于 2MV 且储能不超过几千焦耳时，它可以替代 Marx 发生器。与产生单极性脉冲的 Marx 发生器不同，Tesla 变压器产生的是振荡脉冲，如图 2-1 中点 A 的波形所示。当脉冲形成线(pulse forming line，PFL)充电至峰值电压 V_2^{Max} 时，触发开关，在负载匹配条件下，能量将以单极脉冲形式传输到负载，如图 2-1 中 B 点处的波形所示。与 Marx 发生器相比，Tesla 变压器的优点是结构紧凑和可重复脉冲运行。通常，电压增益系数为 20，若要获得更高的电压增益可能会导致次级绕组发生破坏性击穿。因此，实际电压增益系数的极限值大约为 25。

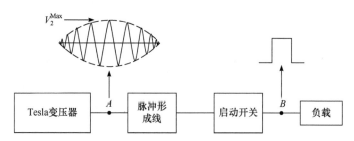

图 2-1　采用 Tesla 变压器的典型脉冲功率源系统

2.1.1　等效电路和设计公式

图 2-2 所示是 Tesla 变压器的等效电路。当初级闭合开关 S_1 导通时，充电到电压 V_0 的电容器 C_1 放电到 Tesla 变压器初级电路 L_1。能量通过互感 M 耦合到次

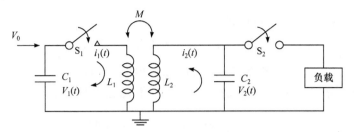

图 2-2　Tesla 变压器的等效电路

级电路 L_2C_2，其中 C_2 表示 PFL 的等效电容。当 PFL 达到峰值电压 V_2^{Max} 时，设定开关 S_2 闭合。Tesla 变压器初级和次级拉普拉斯回路的方程式可以表示为

$$I_1(s) = \frac{V_0}{L_1} \frac{\omega_2^2 + s^2}{s^4(1-K^2) + s^2(\omega_1^2 + \omega_2^2) + \omega_1^2 \omega_2^2} \tag{2-1}$$

$$I_2(s) = -\frac{V_0 K}{\sqrt{L_1 L_2}} \frac{s^{-2}}{s^{-4}(1-K^2) + s^2(\omega_1^2 + \omega_2^2) + \omega_1^2 \omega_2^2} \tag{2-2}$$

其中，K 为耦合系数。

K、ω_1 和 ω_2 可表示为

$$M = K\sqrt{L_1 L_2}, \quad \omega_1^2 = \frac{1}{L_1 C_1}, \quad \omega_2^2 = \frac{1}{L_2 C_2} \tag{2-3}$$

当 $\omega_1 = \omega_2 = \omega$ 时，在时域求解式(2-1)和式(2-2)得[2]

$$i_1(t) = \frac{V_0}{2\omega L_1}\left[\frac{1}{\sqrt{1-K}}\sin\left(\frac{\omega t}{\sqrt{1-K}}\right) + \frac{1}{\sqrt{1+K}}\sin\left(\frac{\omega t}{\sqrt{1+K}}\right)\right] \tag{2-4}$$

$$i_2(t) = \frac{-V_0}{2\omega\sqrt{L_1 L_2}}\left[\frac{1}{\sqrt{1-K}}\sin\left(\frac{\omega t}{\sqrt{1-K}}\right) - \frac{1}{\sqrt{1+K}}\sin\left(\frac{\omega t}{\sqrt{1+K}}\right)\right] \tag{2-5}$$

$$V_1(t) = \frac{V_0}{2}\left[\cos\left(\frac{\omega t}{\sqrt{1-K}}\right) + \cos\left(\frac{\omega t}{\sqrt{1+K}}\right)\right] \tag{2-6}$$

$$V_2(t) = \frac{V_0}{2}\sqrt{\frac{L_2}{L_1}}\left[\cos\left(\frac{\omega t}{\sqrt{1-K}}\right) - \cos\left(\frac{\omega t}{\sqrt{1+K}}\right)\right] \tag{2-7}$$

2.1.2　双谐振和波形

当同时满足式(2-8)和式(2-9)两个条件时，Tesla 变压器发生双谐振。

$$\omega_1 = \omega_2 = \omega \tag{2-8}$$

$$i_1(t_{2m}) = 0, \quad i_2(t_{2m}) = 0, \quad V_1(t_{2m}) = 0 \tag{2-9}$$

其中，t_{2m} 是电压为 V_2^{Max} 的时刻。

在式(2-8)和式(2-9)的约束条件下，求解式(2-4)～式(2-7)可得下列 K 离散解[3]：

$$K=0.153,0.18,0.222,0.28,0.385,0.6 \qquad (2-10)$$

图 2-3 所示是当 $K = 0.6$、0.385 和 0.153 时 Tesla 变压器的双谐振波形。

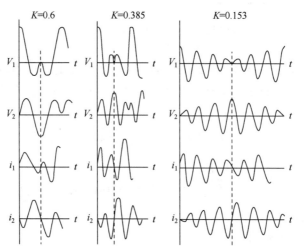

图 2-3　当 $K = 0.6$、0.385 和 0.153 时 Tesla 变压器的双谐振波形

从这些波形可以得出以下结果：当 $t = t_{2m}$ 时，次级电压最大并且电容器 C_1 的电压、初级电流和次级电流为零，这表明存储在电容器 C_1 中的全部能量都转移到电容器 C_2，也就是，当耦合系数 $K=0.6$[4]时，理论效率为 100%。

随着耦合系数 K 减小，次级电压达到峰值的时间增长。例如，当 K 从 0.6 减小到 0.385 再减小到 0.153 时，次级峰值电压从第二个半波移动到第三个半波，再移动到第七个半波。由于绝缘子上电压的持续时间增长，从统计上讲，它很有可能发生电击穿而失效。

由此得出结论，Tesla 变压器应尽可能在较高的 K 值下运行。实际上，绕组中的寄生电容损耗和导体中的涡流损耗会降低理论效率。

2.1.3　失谐与波形

一般来说，从最大的能量传输效率角度来说，双谐振工作模式是最有效的。但是，在某些情况下，尽管能量传输效率较低，"失谐"模式仍是首选。例如，当 $K= 0.8$ 和 $\omega_1=\omega_2$ 时，Tesla 变压器次级电压 V_2^{Max} 在前半周期达到峰值，在较短的充电时间内可获得较高的介电强度，从而实现最佳利用变压器和 PFL 中提供的介电绝缘。类似地，当 $K= 0.525$ 和 $\omega_1/\omega_2=0.69$ 时，Tesla 变压器次级电压达到峰值时初级电流没有发生反向。当在初级回路中使用可控硅而不是火花开关时，这具有一定的优势。图 2-4 所示是 $K=0.8$、$\omega_1=\omega_2$ 和 $K=0.525$、$\omega_1/\omega_2=0.69$ 时失谐变压器的次级电压和初级电流。由于氢闸流管和氚闸流管具有单向导通特性，因此它们不能在最大电压达到 V_2^{Max} 之前反向的情况下使用。在这种情况下，唯一的选择是使用具有双向导通特性的火花开关。

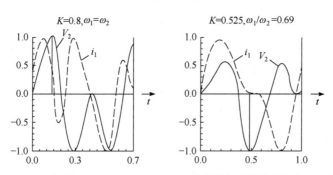

图 2-4 $K=0.8$、$\omega_1=\omega_2$ 和 $K=0.525$、$\omega_1/\omega_2=0.69$ 时失谐变压器的次级电压和初级电流[2]

2.1.4 三重谐振与波形

当 Tesla 变压器固有电容 C_3 与 PFL 电容 C_2 相当时，已有研究结果表明[5]，从电容 C_1 到电容 C_2 的能量传输效率会大大降低。为了提高能量传输效率，建议采取的解决方案是在变压器次级和 PFL 电容器 C_2 之间加入一个额外的调谐电感 L_T，如图 2-5 所示。图 2-5 给出了三重谐振时 Tesla 变压器的性能，由于增加了调

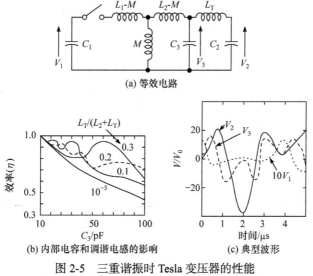

(a) 等效电路

(b) 内部电容和调谐电感的影响

(c) 典型波形

图 2-5 三重谐振时 Tesla 变压器的性能

(经参考文献[5]许可引用，AIP 出版社版权所有，1990 年)

谐电感 L_T，其性能得到改善。

三重谐振需要满足的条件：

$$L_1 C_1 = (L_2 + L_T) C_2 \tag{2-11}$$

$$\frac{M}{\sqrt{L_1 (L_2 + L_T)}} = 0.6 \tag{2-12}$$

$$\omega_1 : \omega_2 : \omega_3 = 1 : 2 : 3 \tag{2-13}$$

其中，

$$\omega_1^2 = L_1 C_1, \quad \omega_2^2 = L_2 C_3, \quad \omega_3^2 = L_T C_2 \tag{2-14}$$

三重谐振 Tesla 变压器的一个特殊优点是 PFL 可以充电到比变压器的峰值电压大得多的电压，最高充电比为 3。

2.1.5　空载和波形

若图 2-2 中的火花开关 S_2 未能实现触发导通，则输出波形将是周期性的，其阻尼包络为 $e^{-t/\tau}$ [3]，则

$$\tau = \frac{4}{\omega} \frac{Q_1 Q_2}{Q_1 + Q_2} (1 - K^2) \tag{2-15}$$

其中，变量 Q_1、Q_2 和 K 分别为初级电路、次级电路的 Q 和耦合系数。

图 2-6 是 Tesla 变压器的空载波形。

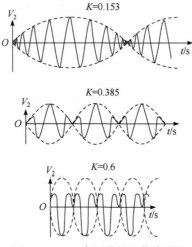

图 2-6　Tesla 变压器的空载波形[3]

2.1.6　结构和布局

图 2-7 是 Tesla 变压器的结构示意图。Tesla 变压器常用的两种结构是螺旋型

和径向型。与螺旋型相比，径向型结构的优势主要在于沿绕组的径向电场线具有优异的电容性梯度分布，从而提高了绝缘利用率。空芯变压器常用的绝缘介质是高气压气体、去离子水和油等[6-17]。径向型结构采用了液体浸渍的实心绝缘板，且选择两种介电常数比较接近的介质，使得沿径向方向电场分布更均匀。

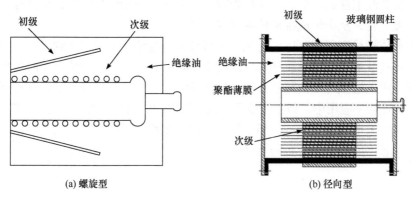

(a) 螺旋型　　　　　　　　　　(b) 径向型

图 2-7　Tesla 变压器的结构示意图

提高 Tesla 变压器性能和可靠性的方法[11, 12]：①采用抗氧化剂油浸渍的优质聚酯薄膜，用于高压次级绕组的匝间绝缘；②优化支撑结构、电场屏蔽，以及为改善电压等级设计电晕防护罩，并确保在电晕起始电压以下运行；③将初级绕组置于次级绕组容器之外，使初级绕组有效地强制冷却，从而实现有效的散热；④使用铁氧体或非晶磁芯改善耦合系数 K 和电压增益，在前半波周期获得峰值次级电压；⑤在真空下连续循环变压器油，将电晕产生的气泡分配到大部分变压器油中，阻止气泡云的形成、发展和流注的产生；⑥设计多个独立的初级电源，但只有一个高压次级，以提高电压增益和可靠性。

一些 Tesla 变压器的示例有①PHOEBUS-I[8]：一种径向布局，储能 1.28kJ，次级峰值电压 V_2^{Max} 为 1MV，耦合系数 K 为 0.76；②RIUS-5[9]：一种螺旋构型，采用 15 个大气压的 SF_6+N_2 绝缘，储能 2.5kJ，次级峰值电压 V_2^{Max} 为 7MV，耦合系数 K 为 0.45；③1.2MV 径向变压器[11]以 20Hz 的脉冲重复率工作，并测试了100000 发次。

2.2　传输线变压器

2.2.1　锥形传输线变压器

锥形传输线变压器是由非常著名的四分之一波变压器衍生出来的。四分之一波变压器是一种简单地实现传输线与任意负载阻抗匹配的技术。在频率一定的条件下，在传输线和负载之间插入一段谐振的传输线。为了使这部分传输线谐振，其长度必须是频率波长的四分之一，特征阻抗由源阻抗和负载阻抗的均方根确定。分析结果表明：在特定的频率条件下，若源和负载传输线匹配，则没有反射。如果要实现更宽的带宽，则可以使用多段传输线。对于每一段传输线，都会出现阻抗失配引起的反射，即使反射很小。为了进一步增加带宽，允许传输线的阻抗缓慢变化，从而形成锥形传输线变压器。

锥形传输线变压器可以实现从一个特征阻抗连续平滑地过渡到另一个特征阻抗。阻抗过渡通常是通过改变几何结构来实现的，但在中等峰值功率时使用先进的材料。阻抗过渡可以由任意几何结构传输线组合，并且允许阻抗以多种方式变化。在脉冲功率应用中，指数或线性结构是最常用的阻抗过渡方式之一，图 2-8 所示是常见的锥形传输线结构。当采用具有均匀绝缘介质的平板传输线时，可以通过改变平板之间的间距、板的宽度或两者都改变来实现阻抗改变。

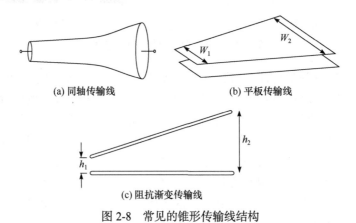

(a) 同轴传输线　　　　　　　　　(b) 平板传输线

(c) 阻抗渐变传输线

图 2-8　常见的锥形传输线结构

2.2.1.1　脉冲失真

对于传输线的电长度大于四分之一波长的频率，传输线的作用就像变压器。当高于最小设计频率时，锥形传输线电长度大于四分之一波长，将进行良好的匹配；当低于最小设计频率时，锥形传输线的电长度将小于四分之一波长，将不作为变压器。对于脉冲功率应用，只有符合此标准的脉冲频率分量才会产生增益。因此，对于给定的锥形特征阻抗和输入脉冲形状，关键的决定因素是锥形传输线的电长度或传输时间。对于许多可实现的电长度，通常将锥形传输线的应用限制在十纳秒量级的脉冲宽度。

在实践中，对脉冲失真的关注可能会主导锥形传输线变压器的设计。如果锥形传输线选择的长度不足，脉冲波形就会发生失真。图 2-9 所示是方波脉冲通过锥形传输线发生脉冲失真。如果锥度变化率太大，也会发生脉冲失真。这些结果来自 Slater 早期的推导[16-18]。

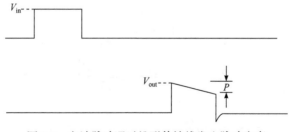

图 2-9 方波脉冲通过锥形传输线发生脉冲失真

P-脉冲衰减幅度

2.2.1.2 小反射理论

通过将锥形传输线建模为一系列传输线段，可以非常容易地理解脉冲失真、长度和锥度之间的相互关系。这种分析方法称为小反射理论[18, 19]，本小节将对此进行详细介绍。首先分析单传输线，其次分析多段传输线，最后分析锥形传输线。熟悉和掌握小反射理论对于脉冲功率的应用是有启发性的，因为它不仅有助于理解锥形传输线变压器中的脉冲失真，而且有助于分析用于强流加速器的多段传输线及峰值电流的优化。

1) 单传输线

图 2-10 所示是单传输线。它的特征阻抗为 Z_2、长度为 ℓ，位于特征阻抗为 Z_1 的无限长传输线与实际阻抗为 Z_L 的负载(也可以是传输线)之间。

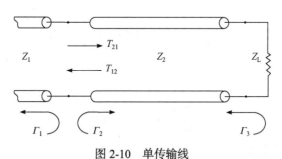

图 2-10 单传输线

每个结合点处的反射系数 Γ_i 及其关联的传输系数 T_i 统称为总反射系数 Γ(图 2-11)，它们之间有以下关系：

$$\Gamma_1 = \frac{Z_2 - Z_1}{Z_2 + Z_1} \tag{2-16}$$

$$\Gamma_2 = \frac{Z_1 - Z_2}{Z_2 + Z_1} = -\Gamma_1 \tag{2-17}$$

$$\Gamma_3 = \frac{Z_\ell - Z_2}{Z_\ell + Z_2} \tag{2-18}$$

$$T_{21} = 1 + \Gamma_1 = \frac{2Z_2}{Z_1 + Z_2} \tag{2-19}$$

$$T_{12} = 1 + \Gamma_2 = 1 - \Gamma_1 = \frac{2Z_2}{Z_1 + Z_2} \tag{2-20}$$

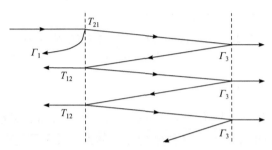

图 2-11　沿单传输线的部分反射系数和折射系数

利用图 2-11(有时称为"反弹图")进行多次反射分析：

$$\Gamma = \Gamma_1 + T_{21}\Gamma_3 T_{12} e^{-2j\cdot(2\pi\ell/\lambda)} + (T_{21}\Gamma_3 T_{12} e^{-2j\cdot(2\pi\ell/\lambda)})\Gamma_2\Gamma_3 e^{-2j\cdot(2\pi\ell/\lambda)} + \cdots \tag{2-21}$$

整理得

$$\Gamma = \Gamma_1 + T_{21}T_{12}\Gamma_3 e^{-2j\cdot(2\pi\ell/\lambda)}(1 + \Gamma_2\Gamma_3 e^{-2j\cdot(2\pi\ell/\lambda)} + \Gamma_2^2\Gamma_3^2 e^{-4j\cdot(2\pi\ell/\lambda)} + \cdots) \tag{2-22}$$

合并得

$$\Gamma = \Gamma_1 + T_{21}T_{12}\Gamma_3 e^{-2j\cdot(2\pi\ell/\lambda)}\left(\sum_{n=0}^{\infty}\Gamma_2^n\Gamma_3^n e^{-4jn\cdot(2\pi\ell/\lambda)}\right) \tag{2-23}$$

代入几何级数得

$$\sum_{n=0}^{\infty} x^n = \frac{1}{1-x}, \quad |x| < 1$$

反射系数可以表示为

$$\Gamma = \Gamma_1 + \frac{T_{21}\Gamma_3 T_{12} e^{-2j\cdot(2\pi\ell/\lambda)}}{1 - \Gamma_2\Gamma_3 e^{-2j\cdot(2\pi\ell/\lambda)}} \tag{2-24}$$

将式(2-17)、式(2-19)和 $T_{21} = 1 - \Gamma_1$ 代入式(2-24)，假设 $|\Gamma_1\Gamma_3|$ 值很小，则有

$$\Gamma \cong \Gamma_1 + \Gamma_3 e^{-2j\cdot(2\pi\ell/\lambda)} \tag{2-25}$$

2) 多段传输线

单传输线的分析结果可以扩展到多段传输线。为了简化分析，如图 2-12 所

示，将施加几个约束条件：假设这些传输线的长度均相同，阻抗沿着变压器单调变化，负载阻抗 Z_L 为实数。在每个节点处定义的局部反射系数为

$$\Gamma_0 = \frac{Z_1 - Z_0}{Z_1 + Z_0} \tag{2-26}$$

$$\Gamma_n = \frac{Z_{n+1} - Z_n}{Z_{n+1} + Z_n} \tag{2-27}$$

$$\Gamma_N = \frac{Z_L - Z_N}{Z_L + Z_N} \tag{2-28}$$

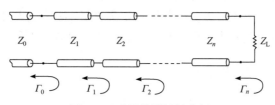

图 2-12　多段传输线的分析

若各段之间的反射较小，则可以在多段传输线上进行与式(2-24)相似的分析，从而得出

$$\Gamma\left(\frac{2\pi\ell}{\lambda}\right) = \Gamma_0 + \Gamma_1 e^{-2j\cdot(2\pi\ell/\lambda)} + \Gamma_2 e^{-4j\cdot(2\pi\ell/\lambda)} + \cdots + \Gamma_N e^{-2jN\cdot(2\pi\ell/\lambda)} \tag{2-29}$$

这个重要的结果说明，在有足够多段传输线的情况下，通过适当选择 Γ_n，几乎可以获得任意反射系数作为频率的函数。随着传输线线段数量的增加和相邻部分之间阻抗增量的减小，多段传输线变为锥形传输线，如图 2-13 所示。

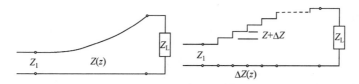

图 2-13　锥形传输线建模为多段传输线

3) 锥形传输线

假设锥形传输线阻抗由许多长度为 ΔZ 的小段传输线组成，相应的阻抗变化为 $\Delta Z(z)$，如图 2-13 所示。

在位置 z 处反射系数的增量为

$$\Delta\Gamma = \frac{(Z + \Delta Z) - Z}{(Z + \Delta Z) + Z} \approx \frac{\Delta Z}{2Z} \tag{2-30}$$

当 $\Delta Z \to 0$ 时，式(2-30)就变成微分形式：

$$\mathrm{d}\Gamma = \frac{\Delta Z}{2Z} = \frac{1}{2}\frac{\mathrm{d}(\ln Z / Z_0)}{\mathrm{d}z}\mathrm{d}z \tag{2-31}$$

利用小反射理论，可以通过将部分反射与适当的相移相加来得出 $z = 0$ 时的全反射系数：

$$\Gamma\left(\frac{4\pi}{\lambda}\cdot z\right) = \frac{1}{2}\int_0^{\ell} \mathrm{e}^{-2\mathrm{j}\cdot(2\pi/\lambda)z}\frac{\mathrm{d}(\ln Z / Z_0)}{\mathrm{d}z}\mathrm{d}z \tag{2-32}$$

若 $Z(z)$ 是已知的，则反射系数 $\Gamma((4\pi / \lambda)\cdot z)$ 可以看作波长的函数。值得注意的是，锥度变化的速率不应太大，使脉冲不失真最小的条件与小反射理论有关。若相邻部分的阻抗变化较大，则反射系数也较大，从而导致脉冲失真。

2.2.1.3 锥形传输线的增益

锥形传输线通常用于频域电路的阻抗匹配。在脉冲功率中，锥形传输线也可用于此目的，但更常见的应用是增加负载上的电压或电流。例如，脉冲从阻抗为 Z_1 的传输线注入并通过变压器进入阻抗为 Z_2 的传输线。可以非常精确地测量增益 G，因为高频分量的变换是最有效的[20]。将高频电压增益 G 定义为

$$G = \frac{V_{\mathrm{out}}}{V_{\mathrm{in}}} \tag{2-33}$$

假设没有损耗，从功率角度计算出的最大理论增益为

$$\frac{V_{\mathrm{in}}^2(t)}{Z_1} = \frac{V_{\mathrm{out}}^2}{Z_{\ell}} \tag{2-34}$$

推导得

$$G = \sqrt{\frac{Z_{\ell}}{Z_1}} \tag{2-35}$$

由于传输线阻抗和最大电场均由材料特性和物理尺寸决定，因此，在实践中，能够实现的阻抗比会受电击穿等因素的限制，可实现的电压增益为 2。同时，考虑脉冲失真等因素，电压增益也受到锥形传输线长度和变化速率的影响。

2.2.1.4 指数型锥形传输线

指数型锥形传输线是锥形传输线的一个特例，除被广泛使用外，它还具有已知精确解的优点。同时，在输出脉冲失真一定的条件下，指数型锥形传输线是长度最短的传输线[17]。

传输线的阻抗变化为

$$Z(z) = Z_0 \cdot \mathrm{e}^{\alpha z}, \quad 0 \leqslant z \leqslant \ell \tag{2-36}$$

其中，$Z(0) = Z_0$；$Z(\ell) = Z_\mathrm{L}$。

锥形传输线的电感 $L(z)$ 和电容 $C(z)$ 表示为

$$L(z) = L_0 \cdot \mathrm{e}^{\alpha z} \tag{2-37}$$

$$C(z) = C_0 \cdot \mathrm{e}^{-\alpha z} \tag{2-38}$$

阻抗特性为

$$Z(z) = \sqrt{\frac{L(z)}{C(z)}} = \sqrt{\frac{L_0}{C_0}} \cdot \mathrm{e}^{-\alpha z} \tag{2-39}$$

根据所需的阻抗，可以确定常数 α 为

$$\alpha = \frac{1}{\ell} \cdot \ln\left(\frac{Z_\mathrm{L}}{Z_0}\right) \tag{2-40}$$

单位长度的延迟时间 τ_d 为

$$\tau_\mathrm{d} = \sqrt{LC} = \sqrt{L_0 C_0} \tag{2-41}$$

若输入方波脉冲的宽度为 τ，则可以从理论上预测脉冲在指数型锥形传输线上的畸变程度，即初始方波脉冲线性下降占总脉冲的比例。Pryce 推导得到了一个非常有用的设计公式[17]：

$$\frac{\tau_\mathrm{d}}{\tau} = 50\frac{(\ln G)^2}{P} \tag{2-42}$$

其中，τ_d 为锥形传输线的总延迟；τ 为脉冲的持续时间；G 为电压增益；P 为脉冲结束时振幅下降的百分比。

已知 $Z(z)$，将 $Z(z)$ 的表达式代入反射系数的表达式来计算每个波长的总反射系数：

$$\Gamma\left(\frac{4\pi z}{\lambda}\right) = \frac{1}{2}\int_0^\ell \mathrm{e}^{-2\mathrm{j}(2\pi/\lambda)z}\frac{\mathrm{d}(\ln \mathrm{e}^{\alpha z})}{\mathrm{d}z}\mathrm{d}z \tag{2-43}$$

求解得

$$\Gamma = \frac{\ln(Z_\mathrm{L}/Z_0)}{2}\mathrm{e}^{-\mathrm{j}(2\pi\ell/\lambda)}\frac{\sin(2\pi\ell/\lambda)}{2\pi\ell/\lambda} \tag{2-44}$$

图 2-14 所示是总反射系数随 ℓ/λ 的变化关系。值得注意的是，输入反射系数 $|\Gamma|$ 的峰值随传输线长度增加而减小。当传输线长度大于 $\lambda/2$ 时，反射系数会降至

0.25 以下，从而最大程度地降低了低频时的失配。

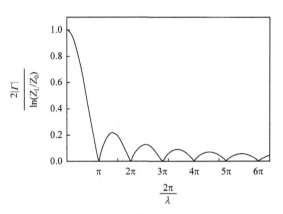

图 2-14　总反射系数随 ℓ/λ 的变化关系

2.3　电　磁　感　应

　　20 世纪 60 年代，大尺寸叠片磁芯的成功研制使磁感应原理得以迅速发展，并应用于带电粒子束领域中。这些磁芯由层叠状铁磁材料缠绕而成，可以制成高功率所需的大尺寸结构。更重要的是，分层叠片结构将涡流损耗限制在合理水平。感应电压叠加器、直线感应加速器和直线型变压器驱动器均利用电磁感应原理工作。

　　图 2-15 是直线感应加速器中电磁感应的工作原理示意图。工作原理：来自脉冲源的电流通过磁芯耦合，并在束流方向感应出轴向电场，带电粒子在该电场作用下加速运动，脉冲形成网络的能量通过磁感应耦合作用到束流。

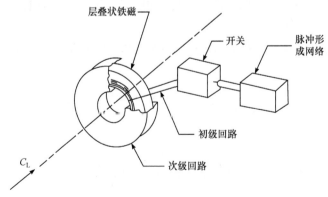

图 2-15　直线感应加速器中电磁感应的工作原理示意图
(经参考文献[21]许可引用，AIP 出版社版权所有，2004 年)

对于大功率应用，常使用脉冲电流源。当脉冲形成网络通过初级回路放电时，时变电流 $i(t)$ 在磁芯中感应出磁场，并将磁芯驱动到饱和状态。随时间变化的磁场 $B(t)$ 在磁芯中产生的磁通量 $\phi_B(t)$ 为

$$\phi_B(t) = \int_{A_m} B(t) \cdot dS \tag{2-45}$$

其中，A_m 为磁芯横截面的面积。

变化的磁通量 $\phi_B(t)$ 产生的感应电压为

$$-\frac{\partial \phi_B}{\partial t} = V_0 \tag{2-46}$$

若式(2-45)中与脉冲电流相关的磁场足够强，则磁芯将达到饱和状态，此时磁导率很低，因此在工作条件下感应电压的持续时间由磁芯的饱和时间决定。由于磁芯饱和时间取决于其尺寸大小，因此磁芯饱和时间也是感应电压的持续时间。磁芯尺寸与饱和度之间的关系将在第 4 章中讨论。

2.3.1　直线脉冲变压器

图 2-16 是直线脉冲变压器电路示意图。直线脉冲变压器由 N 个初级绕组和 1 个共用的单匝次级绕组组成，工作原理是基于磁感应原理使用分立的脉冲形成网络，通过分布式注入端口将功率传递给负载[22, 23]。N 个电容器或 N 个储能单元分别独立通过 N 个快速触发开关导通，同时独立放电到 N 个初级绕组。因为主要储能单元是分布式的，所以传递到负载的能量非常高。直线脉冲变压器具有较

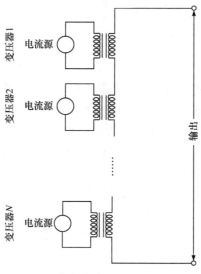

图 2-16　直线脉冲变压器电路示意图

低的内部电感，因为次级绕组为单匝，所以可用于高能量存储器的快速充电。通常，能量通过磁芯耦合到负载。

直线脉冲变压器是 SNOP-3 和 Hermes-Ⅲ 之类装置的基础，Hermes-Ⅲ 是目前世界上功率最强大的直线脉冲变压器之一，仍然用于辐射效应模拟实验。

2.3.2　感应腔

感应腔是包围磁芯的腔体结构，是连接脉冲功率源与束流的桥梁和纽带。Humphries 以静电粒子加速器为例来说明磁芯在感应腔中的重要作用[24]。

图 2-17 是脉冲静电注入器的单元结构示意图。图中每个脉冲感应单元包含一台脉冲功率源，该脉冲功率源施加在间隙上的电压为 V_0，通过其内导体连接到高压电极板，其外部屏蔽层连接到接地板。由于径向尺寸较大，因此脉冲功率源通过传输线多点连接，使粒子源电压均匀分布。能量为 qV_0 的粒子通过接地的引出板中的孔抽取，形成电子束，束流流经引出板形成的回路和传输线的内导体，然后回流到接地的引出板。

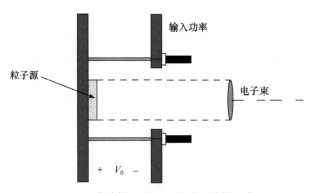

图 2-17　脉冲静电注入器的单元结构示意图

对于图 2-17 所示的注入器输入功率的几何结构，输入高电压非常困难，也非常具有挑战性。若电源极板和引出极板都处于地电位，则可获得很大优势，可以将两个极板通过导电圆柱体电连接形成环形腔，如图 2-18(a)所示。在这个感应腔中，电源极板和引出极板处于相同(地)电位，但是大部分电流在低阻抗外环中流动。该外部回路形成的电流是不希望出现的泄漏电流 I_{leak}，导致加速间隙中电压降低。利用磁性材料填充外环的空间来增加外环的阻抗，以增大负载电流 I_{load} 与泄漏电流 I_{leak} 之比的方式来获得足够的间隙加速电压，如图 2-18(b)所示。泄漏电感随着磁芯相对磁导率 μ_{r} 的增大而增大。磁芯的存在使泄漏电感增大，从而使泄漏电流大大减小，直到磁芯饱和。磁芯饱和后磁导率接近 μ_0，感应腔成为低电感负载。

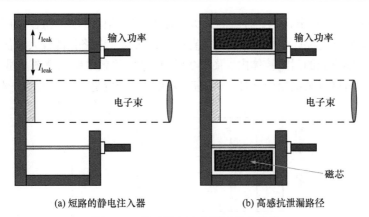

(a) 短路的静电注入器　　　　　　　(b) 高感抗泄漏路径

图 2-18　脉冲静电注入器的优化结构

当磁芯被驱动到饱和状态时，在间隙中出现感应电压。感应电场抵消了除束流区域外的大部分加速器区域上的静电场，虽然束流受到较大的净加速电场加速，但加速结构中的静电势差仍保持在可控制的水平。此过程称为感应隔离，是直线感应腔的基础。

图 2-19 是直线感应加速器示意图。感应加速器由一系列感应腔串联组成，其中电压脉冲是定时时序的，因此当粒子束穿过磁芯时会出现加速电场。脉冲电压通过传输线施加到包围磁芯的初级线圈、次级线圈以及感应间隙。感应加速器能够产生非常强的电子束(束流高达 10kA)，但产生的电压低于射频(radio frequency，RF)加速器。

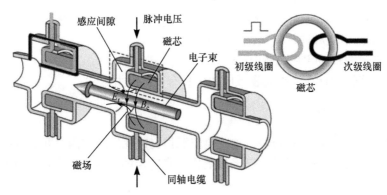

图 2-19　直线感应加速器示意图[25]

(经 CERN Courier 许可引用)

2.3.3　直线型变压器驱动源

受直线脉冲变压器的启发，直线型变压器驱动源(linear transformer driver，

LTD)于 1997 年被提出，是一种快脉冲大电流的电路结构[26, 27]。LTD 采用并联的低电感电容型储能电路(称为"支路")，直接从初级储能电路获得较大峰值电流。支路被包含在感应腔的封闭腔体内。图 2-20 是 LTD 的等效电路示意图。虽然 LTD 与直线脉冲变压器有某些相似之处，但是其向模块化转变是一项重大的技术进步。

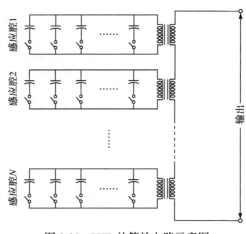

图 2-20　LTD 的等效电路示意图

LTD 具有以下显著特点：

(1) 利用电容型储能元件充电至相对较低的电压(约 100kV)产生大电流；

(2) 电流通过磁感应耦合到负载，因此仅次级绕组必须与输出高电压绝缘；

(3) 电路结构是高度模块化的；

(4) 与传统脉冲压缩方案不同的是，在高电压下无需多个脉冲形成阶段即可实现快速的大电流脉冲；

(5) 电流源被包含在腔体内；

(6) 紧凑性设计在大电流领域应用中具有很大潜力。

2.3.3.1　工作原理

LTD 是独立电流源的布局，这些电流源被封装在感应腔内，并通过磁感应耦合到位于中心的负载。目前，已经发展出一套特定的专业术语来描述 LTD 的各个部分。

LTD 体系结构的基本单元是"单元"或"腔体"，在某种程度上类似于 Marx 发生器中的"级"。LTD 腔体是一个环形腔，其中包含初级储能电容器、开关、电阻和磁芯。单个支路均匀围绕磁芯径向排列。当支路被触发导通时，腔体中的电流会在磁芯中建立与时间有关的磁通量。和在感应腔中一样，建立感应电场来抵抗磁通量的变化，并且在负载两端形成电压。电压持续时间取决于磁芯被驱动到饱和状态的时间。LTD 负载通常是加速间隙或磁绝缘传输线。

LTD 最初被认为是采用并联电容器布局的直线脉冲变压器，基于其元件的放电速度非常快、储能密度高而发展起来的[28]。快速初级储能的典型方法是用高储能电容器构建一个 LC 电路，并尽可能降低回路电感，以获得最大的峰值电流。输出脉冲的上升时间为

$$t_{\mathrm{r}} \sim \frac{\pi}{2}\sqrt{LC}$$

在电感很低的条件下，若要获得更快的脉冲，则只能通过减小电容、电感来减小脉冲上升时间，但减小电容也会降低存储的能量。多台电容器并联放电可实现高能量快速传输。

图 2-21 是 LTD 单元横截面的上半部分示意图[27]。图中，C 是储能电容器，S 是开关，Z_L 是负载。圆环磁芯的作用与感应腔相同，用于感应隔离，并在负载 Z_L 所在的两个极板之间感应出电压。LTD 的一个特点是储能单元或脉冲形成线被包含在腔体内，从而可以实现紧凑的高能系统。次级线圈的电感由图 2-21[27]中左边部分的几何结构确定。

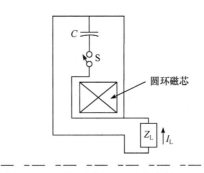

图 2-21　LTD 单元横截面的上半部分示意图

通常，支路是由初级储能电容器、放电开关以及电路的固有电感和电阻组成的 $R\text{-}L\text{-}C$ 回路。对于大电流应用，通常将电路设计为欠阻尼 1Ω 或更低负载电阻，也可以考虑更高的负载阻抗。通过尽可能降低放电回路的电感来实现快速放电，同时增加峰值电流。每个支路都通过其自己的触发开关放电，因此需要高性能的开关同时触发所有的支路。原则上，支路可以是任意形式的脉冲电流源，并且设计和集成了采用脉冲形成网络的 LTD 支路[28, 29]。

LTD 对闭合开关有严格要求，闭合开关必须低电感，同时要以小于约 10ns 抖动通过直流电容器放电，并且自放电概率要低。原则上，每个支路都可以独立触发，但代价高昂。取而代之的是，LTD 模块通过单个触发单元触发，其中的支路通过隔离电阻连接。开关触发脉冲通过腔壁沿着感应腔的多点注入，以

最大程度地减小触发时间从支路到支路的波传播引起的开关延迟。LTD 的主要缺点是成本高和质量大。磁芯必须进行复位(以电气方式驱动至初始状态)，以实现最大的磁通摆幅。

2.3.3.2　LTD 的设计和性能

图 2-22 是基于对称结构的 LTD 单元截面侧视图。该单元用于为磁绝缘传输线(magnetically insulated transmission line，MITL)中心导体充电。实际上，LTD 单元已进行对称设计。两个单元结合在一起，以在一个小间隙上产生电压。两个电容器以相反极性充电，一个充电至$-V_0$，另一个充电至$+V_0$，因此该开关两端电位差为 $2V_0$。一个脉冲触发器用于触发一个单元中的所有开关，这些开关通过隔离电阻器连接。

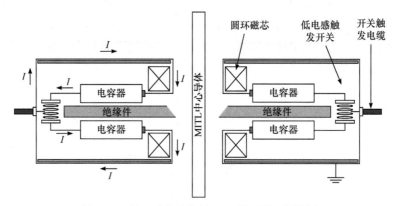

图 2-22　基于对称结构的 LTD 单元截面侧视图

对独立包含 10 条[30,31]、16 条[32,33]、20 条[34]和 40 条[35,36]并联支路的 LTD 单元进行了测试。图 2-23 所示是双极性充电 20 个模块的 LTD 照片。对包含 20 条支路感应腔进行了组件大电流寿命测试。实验进行了 13500 发次[34]，结果表明 LTD 运行非常稳定。图 2-24 所示是 LTD 单元输出电流波形 200 发次的叠加[37]。峰值电流超过 500kA，上升时间小于 100ns。

LTD 的优势不仅在于模块充电电压较低，而且在于电流发生器完全封闭在接地的腔体中。同时，LTD 单元也可以根据负载要求进行电路拓扑的串联或并联设计，还可以通过与感应电压叠加器(inductive voltage adder，IVA)串联感应腔结合来提高 LTD 单元的输出电压。目前，许多基于 LTD 技术的 IVA 装置已经实现。强流叠加器已在俄罗斯托木斯克大电流电子研究所(Institute for High Current Electronics，HCEI)进行了测试。该研究所研制了 5 个串联单元，每个单元有 40 个并联支路[36]。由美国圣地亚国家实验室(SNL)研制的基于 LTD 技术的 IVA 射线

图 2-23 双极性充电 20 个模块的 LTD 照片[34]

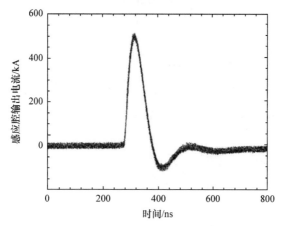

图 2-24 LTD 单元输出电流波形 200 发次的叠加[37]

照相装置已利用电子束二极管负载进行了测试。该装置由 7 个串联单元组成，每个单元包含 10 个并联支路[37-40]。用于 Z 箍缩研究的基于 LTD 技术的下一代驱动源项目正在规划论证[28]，用于工业的基于 LTD 概念的薄膜电容器和固态功率金属−氧化物−半导体场效应晶体管(metal-oxide-semiconductor field effect transistor, MOSFET)也正在研究[41, 42]。

2.4 设 计 示 例

示例 2.1

一个空芯谐振变压器将 125pF 电容器充电至 1MV。假设初级充电电压为

50kV，单匝线圈初级电感为 0.45μH。

计算如下参数：

(1) 主储能电容器的电容值；

(2) 次级电感和双谐振变压器的充电时间。

解：

(1) 由于将全部能量从一次储能电容器 C_1 转移到 C_2，因此可以利用能量守恒定律得

$$\frac{1}{2}C_1V_1^2 = \frac{1}{2}C_1V_2^2$$

若 C_2=125pF，V_2=1MV，V_1=50kV，则

$$C_1 = 125 \times \left(\frac{1000}{50}\right)^2 = 50(\text{nF})$$

值得注意的是，电压升压比 $\frac{V_2}{V_1}$ 可以表示为 $\sqrt{\frac{C_1}{C_2}}$。

(2) 该变压器是双谐振的。为了最小化次级电容器存储电荷的时间，耦合系数 K 选择为 0.6。根据式(2-8)、$\omega_1=\omega_2$ 以及式(2-3)，得出

$$L_1C_1 = L_2C_2$$

代入参数得 L_2 为 180mH。

(3) 为了计算充电时间 t_{2m}，必须推测式(2-7)中三角自变量的值。由于 $i(t_{2m})=0$，因此

$$\sin\left(\frac{\omega t_{2m}}{\sqrt{1-K}}\right) = \sin\left(\frac{\omega t_{2m}}{\sqrt{1+K}}\right) = 0$$

此外，两个自变量必须落在 π 的倍数上。由于 $V_1(t_{2m})=0$，因此从式(2-6)可得

$$\cos\left(\frac{\omega t_{2m}}{\sqrt{1-K}}\right) = -\cos\left(\frac{\omega t_{2m}}{\sqrt{1+K}}\right)$$

由于参数都是 π 的倍数表示，从而可得

$$\left|\cos\left(\frac{\omega t_{2m}}{\sqrt{1-K}}\right)\right| = \left|\cos\left(\frac{\omega t_{2m}}{\sqrt{1+K}}\right)\right| = 1$$

第一极值发生条件为

$$\cos\left(\frac{\omega t_{2m}}{\sqrt{1-K}}\right) = \pi, \quad \cos\left(\frac{\omega t_{2m}}{\sqrt{1+K}}\right) = 2\pi$$

代入 $K=0.6$ 和 $\omega = \dfrac{1}{\sqrt{L_1 C_2}}$ ，可得 $t_{2m} \approx 0.596\mu s$ 。

示例 2.2

假设从 50Ω 信号源向 200Ω 负载传输方波。指数锥形传输线变压器的物理长度 ℓ 为 1m，用绝缘油绝缘，绝缘油相对介电常数 $\varepsilon_r = 3$ 。对于脉冲宽度为 1ns 的矩形脉冲，预估变化百分比是多少？

解：

由式(2-35)得

$$G = \sqrt{\frac{Z_\ell}{Z_1}} = 2$$

指数锥形传输线的单位长度延迟时间是恒定的，因此其电长度为

$$T_{TL} = \frac{\varepsilon \cdot \ell}{c} \cong 10(ns)$$

百分比变化量 P 可以根据式(2-42)计算：

$$P = 50 \times (\ln G)^2 \frac{\tau}{T_{TL}} \cong 2.4\%$$

请注意，由于指数锥形传输线变压器是高通滤波器，脉冲会及时"下降"，因此保留了上升时间中的高频分量，并降低了包含脉冲宽度的低频分量。

示例 2.3

在示例 2.2 中，选择了指数锥形传输线变压器的电长度，使指数锥形传输线变压器的电长度 T_{TL} 是施加脉冲宽度 τ 的 10 倍，从而产生许可的脉冲幅度下降，下降百分比为 2.4%。

(1) 以百分比变化量 P 为参数，请分析脉冲宽度归一化的指数锥形传输线变压器的电长度对其增益的影响；

(2) 电压增益为 3 且允许的脉冲幅度下降百分比为 10%，求脉冲变压器的电长度。

解：

重新整理式(2-42)得

$$(\ln G)^2 = \frac{P}{50} \cdot \left(\frac{T_{TL}}{\tau} \right)$$

当 $(T_{TL}/\tau) \geqslant 0$ 时，指数锥形传输线变压器的增益 G 可以直接表示为

$$G = \exp\left[\frac{P}{50} \cdot \left(\frac{T_{TL}}{\tau} \right) \right]$$

绘制脉冲宽度归一化参数(T_{TL}/τ)与增益 G 的函数图，图 2-25 给出了指数锥形传输线变压器的增益与其所传输脉冲宽度电长度的关系。图中分别选择 P 值为 2.5%、5%和 10%作为百分比变化量。

为了获得期望的增益，通过增加指数锥形传输线变压器的电长度将脉冲失真最小化。若增益为 3，脉冲幅度允许下降百分比为 10%，则变压器的电长度为

$$\frac{T_{\mathrm{TL}}}{\tau} = \frac{50}{P} \cdot (\ln G)^2 = 6$$

这样，对于脉冲幅度允许下降 10%的变化，指数锥形传输线变压器的电长度必须比脉冲宽度长 6 倍。但是，若增益降至 2，则指数锥形传输线变压器长度仅需为脉冲宽度的 2.4 倍。

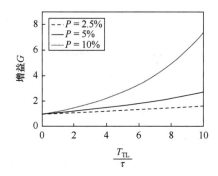

图 2-25　指数锥形传输线变压器的增益与其所传输脉冲宽度电长度的关系

参 考 文 献

[1] G.A. Mesyats, *Pulsed Power*, Kluwer Academic/Plenum Publishers, New York, 2005.

[2] E.G. Cook and L.L. Reginato, Off-Resonance Transformer Charging for 250 kV Water Blumlein. *IEEE Trans. Electron Devices*, Vol. 26, No. 10, p. 1512, 1979.

[3] E.A. Abramyan, Transformer-Type Accelerators for Intense Electron Beams. *IEEE Trans. Nucl. Sci.* Vol. 18, No. 3, pp. 447-455, 1971.

[4] D. Finkelstein et al., High Voltage Impulse System. *Rev. Sci. Instrum.*, Vol. 37, No. 2, p. 159, 1966.

[5] F.M. Bieniosek, Triple Resonance Pulse Transformer Circuit. *Rev. Sci. Instrum.*, Vol. 61, No. 6, p. 1717, 1990.

[6] K.V. Nagesh, Tesla Transformer for Microsecond Pulses. *Proceedings of Electrical Insulation and High Voltage Pulse Techniques, BARC, Bombay, India*, 1982.

[7] I. Boscolo et al., ATRI: A Tesla Transformer-Type Electron Beam Accelerator. *J. Vac. Sci. Technol.*, Vol. 12, No. 6, p. 1194, 1975.

[8] M. Akihiro et al., Relativistic Electron Beam Source with an Air Core Step-Up Transformer, Technical Report No. IPPJ-T-23, Institute of Plasma Physics, Nagoya, Japan, April, 1975.

[9] E.A. Abramyan, High Voltage Pulse Generator of the Base of the Shock Transformer. *Proceedings of the 1st*

International Pulsed Power Conference, 1976.

[10] J.C. Martin et al., Notes on the Construction Methods of a Martin High Voltage Pulse Transformer, Technical Report No. CU-NRL/2, School of Electrical Engineering, Cornell University, New York, 1967.

[11] G.J. Rohwein, 1.5 MV Resonant Transformer Pulser, Sandia National Laboratories Report, SAND80-0974, UC-21, p. 114, 1981.

[12] G.J. Rohwein, Repetitive Pulsed Power and Reliability Studies, Sandia National Laboratories Report, SAND81-1459, UC-21, p. 118, 1982.

[13] R.L. Cassel, A 200 kV, 100 ns, 4/1 Pulse Transformer. *Proceedings of the 20th Power Modulator Symposium*, pp. 234-236, 1992.

[14] J.P. O'Loughlin, J.M. Lehr, G.J. Rohwein, and D.L. Loree, Air Core Transformer with a Coaxial Grading Shield, U.S. Patent 6,414,581, July 2002.

[15] C.E. Baum, W.L. Baker, W.D. Prather, J.M. Lehr, J.P. O'Loughlin, D.V. Giri, I.D. Smith, R. Altes, J. Fockler, D. McLemore, M.D. Abdalla, and M.C. Skipper, JOLT: A Highly Directive, Very Intensive, Impulse Like Radiator. *Proc. IEEE*, Vol. 92, No. 7, pp. 1096-1109, 2004.

[16] J.C. Slater, *Microwave Transmission,* McGraw-Hill, 1942.

[17] I.A.D. Lewis and F.H. Wells, *Millimicrosecond Pulse Techniques*, 2nd ed., Pergamon Press, 1959.

[18] P.W. Smith, *Transient Electronics*, John Wiley & Sons, Inc., New York, 2002.

[19] R.E. Collin, *Foundations for Microwave Engineering*, McGraw-Hill, p. 372, 1992.

[20] C.E. Baum and J.M. Lehr, Tapered Transmission Line Transformers for Fast High Voltage Transients. *IEEE Trans. Plasma Sci.*, Vol. 30, No. 5, pp. 1712-1721, 2002.

[21] N.C. Christofifilos, R.E. Hester, W.A.S. Lamb, D.D. Reagan, W.A. Sherwood, and R.E. Wright, High Current Linear Induction Accelerator for Electrons. *Rev. Sci. Instrum.*, Vol. 35, No. 7, p. 886, 1964.

[22] G.A. Mesyats, Pulsed High Current Electron Technology. *Proceeding of the 2nd International Pulsed Power Conference*, pp. 9-16, 1979.

[23] G.A. Mesyats, *Pulsed Power*, Chapters 1 and 3, Springer, 2005.

[24] S. Humphries, *Principles of Charged Particle Acceleration*, Dover Publications Inc., 2012.

[25] CERN Courier, p. 22, April, 2005. Available at http://cerncourier.com/cws/article/cern/ 29307.

[26] A.N. Bastrikov, A.A. Kim, B.M. Kovalchuk, E.V. Kumpjak, S.V. Loginov, B.I. Manylov, V.A. Visir, Y.P. Etlicher, L. Fresaline, J.F. Leon, P. Monjaux, F. Kovacs, D. Huet, and F. Bayol, Fast Primary Energy Storage Based on a Linear Transformer Scheme. *Proceedings of the 11th IEEE International Pulsed Power Conference*, pp. 489-497, 1997.

[27] B.M. Kovalchuk, V.A. Vizir, A.A. Kim, E.V. Kumpjak, S.V. Loginov, A.N. Bastrikov, V.V. Chervjakov, N.V. Tsou, Ph. Monjaux, and D. Huet, Fast Primary Storage Based on Pulsed Linear Transformer. *Sov. Izw. Vuzov. Phys.*, Vol. 40, pp. 25-37, 1997.

[28] A.N. Bastrikov, V.A. Vizir, V.A. Volkov, V.G. Durakov, A.M. Efremov, V.B. Zorin, A.A. Kim, B.M. Kovalchuk, E.V. Kumpjak, S.V. Loginov, V.A. Sinebryuhov, N.V. Tsou, V.V. Cervjakov, V.P. Yakovlev and G.A. Mesyats, Primary Energy Storages Based on Linear Transformer Stages. *Laser Part. Beams*, Vol. 21, pp. 295-299, 2003.

[29] A.A. Kim, M. G. Mazarakis, V. A. Sinebryukhov, S.N. Volkov, S.S. Kondratiev, V.M. Alexeenko, F. Bayol, G. Demol and W.A. Stygar, Square Pulse Linear Transformer Driver. *Phys. Rev. Special Top. Accel. Beams*, Vol. 15, p. 040401, 2012.

[30] A.A. Kim, A.N. Bastrikov, S.N. Volkov, V.G. Durakov, B.M. Kovalchuk, and V.A. Sinebryukhov, 1 MV Ultra-Fast LTD Generator. *Proceedings of the 14th IEEE International Pulsed Power Conference, Dallas, TX*, 2003, pp. 853-854.

[31] J. Leckbee, S. Cordova, B. Oliver, D.L. Johnson, M. Toury, R. Rosol, and B. Bui, Load Line Evaluation of a 1-MV Linear Transformer Driver (LTD). *Proceedings of the IEEE International Power Modulator Conference, Las Vegas, NV*, 2008.

[32] A.A. Kim, V. Sinebryukhov, B. Kovalchuk, A. Bastrikov, V.D.S. Volkov, S. Frolov, and V. Alexeenko, Superfast 75 ns LTD Stage. *Proceedings of the 16th IEEE International Pulsed Power Conference, Albuquerque, NM,* 2007, pp. 148-151.

[33] M. Toury, C. Vermare, B. Etchessahar, L. Veron, M. Mouillet, F. Bayol, G. Avrillaud, and A.A. Kim, IDERIX: An 8 mv Flash X-Rays Machine Using a LTD Design. *Proceedings of the 16th IEEE International Pulsed Power Conference, Albuquerque, NM*, 2007, pp. 599-602.

[34] S.T. Rogowski, W.E. Fowler, M. Mazarakis, C.L. Olson, D. McDaniel, K.W. Struve, and R.A. Sharpe, Operation and Performance of the First High Current LTD at Sandia National Laboratories. *Proceedings of the 15th IEEE International Pulsed Power Conference, Monterey, CA*, 2005, pp. 155-157.

[35] A.A. Kim, A.N. Bastrikov, S.N. Volkov, V.G. Durakov, B.M. Kovalchuk, and V.A. Sinebryukhov, 100 GW Fast LTD Stage. *Proceedings of the 13th International Symposium on High Current Electronics (IHCE'04), Tomsk, Russia*, 2004, pp. 141-144.

[36] M.G. Mazarakis, W.E. Fowler, D.H. McDaniel, C.L. Olson, S.T. Rogowski, R.A. Sharpe, K.W. Struve, W.A. Stygar, A.A. Kim, V.A. Sinebryukhov, R.M. Gilgenbach, and M.R. Gomez, High Current Linear Transformer Driver (LTD) Experiments. *Proceedings of the 16th IEEE International Pulsed Power Conference, Albuquerque, NM*, 2007, pp. 222-225.

[37] M.G. Mazarakis, S. Cordova, W. Fowler, K. Lechien, J.J. Leckbee, F.W. Long, M.K. Matzen, D.H. McDaniel, R.G. McKee, J.L. McKenny, B.V. Oliver, C.L. Olson, J.L. Porter, S.T. Rogowski, K.W. Struve, W. Stygar, J.R. Woodworth, A.A. Kim, Y.A. Sinebrynukhov, R.M. Gilgenbach, M.R. Gomez, D.M. French, Y.Y. Lau, J. Zier, D.M. VanDevalde, R.A. Sharpe, Linear Transformer Drive (LTD) Development at Sandia National Laboratories. *Proceedings of the IEEE International Pulsed Power Conference*, pp. 138-145, 2009.

[38] D.V. Rose, D.R. Welch, B.V. Oliver, J.J. Leckbee, J.E. Maenchen, D.L. Johnson, A.A. Kim, B.M. Kovalchuk, and V.A. Sinebryukhov, Numerical Analysis of a Pulsed Compact LTD System for Electron Beam-Driven Radiography. *IEEE Trans. Plasma Sci.*, Vol. 34, No. 5, pp. 1879-1887, 2006.

[39] J.J. Leckbee, J. Maenchen, S. Portillo, S. Cordova, I. Molina, D.L. Johnson, A.A. Kim, R. Chavez, and D. Ziska, Reliability Assessment of a 1 MV LTD. *Proceedings of the 15th IEEE International Pulsed Power Conference, Monterey, CA*, 2005, pp. 132-134.

[40] J. Leckbee, S. Cordova, B. Oliver, D.L. Johnson, M. Toury, R. Rosol, and B. Bui, Load Line Evaluation of a 1-MV Linear Transformer Driver (LTD). *Proceedings of the IEEE International Power Modulator Conference, Las Vegas, NV*, 2008.

[41] W. Jiang, Solid State LTD Module Using Power MOSFETs. *IEEE Trans. Plasma Sci.*, Vol. 38, No. 10, pp. 2730-2733, 2010.

[42] W. Jiang and A. Tokuchi, Repetitive Linear Transformer Driver Using Power MOSFETs. *IEEE Trans. Plasma Sci.*, Vol. 40, No. 10, pp. 2625-2628, 2012.

第3章 脉冲形成线

脉冲功率系统中常见的初级储能系统有 Marx 发生器、脉冲变压器和电容器组。因为它们都存在固有电感，所以存储的能量通常只能在相对较长的时间内释放。然而，在许多应用领域中要求以更短的时间传递能量，在这种情况下，脉冲产生电路可以由高压脉冲发生器、闭合开关和脉冲形成线(PFL)组成。高压脉冲发生器(如 Marx 发生器)以微秒级时间给 PFL 充电，而后 PFL 通过输出开关放电到负载。

对于需要高峰值功率和短脉冲的应用领域，通常需要一个额外的电容储能元件，它一般放在高压脉冲发生器和 PFL 之间，因此被称为中间储能电容器。中间储能电容器给 PFL 的充电速度比 Marx 发生器、电容器组或脉冲变压器给 PFL 的充电速度快。通常，对大多数电介质来说，充电时间越短，电击穿强度越高，耐受峰值电压也越高。中间储能电容器可以是集总元件或传输线，也可以采用多级元件串并联实现。中间储能电容器和 PFL 的设计原理是相同的。

本章首先深入阐述 PFL 的瞬态过程，其次讨论为满足特定需求而发展的各种各样的 PFL 结构及其设计所需的方程，最后讨论影响 PFL 性能的几个因素，如电击穿、介电常数、自放电时间常数、充电电源和开关技术等。

3.1 传 输 线

传输线在脉冲功率技术中非常重要。传输线中波过程的处理方法架起了电磁场理论与模拟电路分析之间的桥梁，是脉冲功率系统设计的基础。利用麦克斯韦方程的电路理论分析方法探讨传输线上的波过程。那么，如何选择合适的分析技术呢？施加频率与电路物理尺寸(电尺寸)之间的关系如何？电路分析通常假设电路的物理尺寸远远小于电波长，而实际中传输线可能占电波长的很大一部分，也可能是电波长的许多倍，如脉宽时间为 T_p 的脉冲的基本频率为

$$f_0 = \frac{1}{T_p} \tag{3-1}$$

脉冲的最高频率分量由脉冲上升时间决定，其余频率分量是该频率分量的谐波。对于频率为 100MHz(T_p=10ns)的脉冲，电波长为 1m，表明该电路应被视为传输线。对于频率为 1MHz(T_p=1μs)的脉冲，电波长约为 100m，电路可视为集总

元件。因此，在大多数脉冲功率应用中，当时间尺度小于 1ms 时，因为电路的物理尺寸与主波长相当，电路可视为传输线。当认为上升时间很重要时，传输线理论也适用。

传输线是分布式参数网络，在此网络中电压、电流的大小和相位都是变化的。传输线通常用双导线表示，这是因为传播横电磁波模式(transverse electromagnetic mode，TEM)至少需要两个导体。若将无损传输线均匀分为无限多个小段，长度为 Δx，则其等效集总电路如图 3-1 所示。传输线的基本传输参数为 $\tilde{L}$ 和 $\tilde{C}$，其中 $\tilde{L}$ 为单位长度两导体间的串联电感，单位为 H/m；$\tilde{C}$ 是单位长度的并联电容，单位为 F/m。

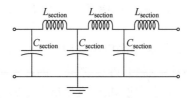

图 3-1　沿 x 方向无损传输线的等效集总电路

根据行波原理对传输线进行分析。对于沿 x 方向传播的电磁波，任意点的电压为

$$V(x,t) = V_I(x,t) + V_R(x,t) \tag{3-2}$$

其中，$V_I(x,t)$ 假设入射波或前向波沿 $+x$ 方向传播；反射波 $V_R(x,t)$ 假设沿 $-x$ 方向传播。传输线上任意点的电压和电流都与其特征阻抗 Z_0 有关：

$$Z_0 = \frac{V(x,t)}{I(x,t)} \tag{3-3}$$

沿无限长传输线传播的电磁波除非遇到不连续点，否则只能向前传播。不连续点可能会出现在一个集总元件处或一条有限长传输线的开路点或短路点。不连续点引入了反射波，其幅度是入射波的一部分，该部分被称为电压反射系数 Γ。对于特征阻抗 Z_0 接入负载阻抗 Z_L 的传输线，电压反射系数 Γ 为

$$\Gamma = \frac{Z_L - Z_0}{Z_L + Z_0} \tag{3-4}$$

负载阻抗 Z_L 不一定是电阻性的，但必须满足初始条件。反射波是由负载(或不连续点)反射的部分入射波，满足的关系式为

$$V_R(\ell,t) = \Gamma \cdot V_I(\ell,t) \tag{3-5}$$

不连续点或负载端的电压为

$$V(\ell,t) = V_{\mathrm{I}}(\ell,t) + V_{\mathrm{R}}(\ell,t) = (1+\Gamma)V_{\mathrm{I}}(\ell,t) \tag{3-6}$$

入射波传输到负载，电压传输系数 T 为

$$T = 1 - \Gamma = \frac{2Z_0}{Z_{\mathrm{L}} + Z_0} \tag{3-7}$$

通常，Γ 和 T 都是复数，并且具有幅度和相位。对于纯电阻负载，当 $Z_{\mathrm{L}} = Z_0$ 且 $\Gamma=0$ 时，电路匹配。在这种情况下，电压传输系数 $T =1$ 和负载处的电压为入射波。

3.1.1　一般传输线关系

对于长度为 ℓ 的传输线，从传输线特征参数可以得出参量 $\tilde{L}$ 和 $\tilde{C}$ 。

长度为 ℓ 传输线的总电容为

$$C = \tilde{C} \cdot \ell \tag{3-8}$$

长度为 ℓ 传输线的总电感为

$$L = \tilde{L} \cdot \ell \tag{3-9}$$

特征阻抗为

$$Z_0 = \sqrt{\frac{L}{C}} = \sqrt{\tilde{C} \cdot \tilde{L}} \tag{3-10}$$

单位长度的延迟为

$$\delta = \sqrt{\tilde{C} \cdot \tilde{L}} \tag{3-11}$$

无损传播速度为

$$v_{\mathrm{pp}} = \frac{1}{\delta} = \frac{1}{\sqrt{\tilde{L} \cdot \tilde{C}}} = \frac{c}{\sqrt{\mu_{\mathrm{r}} \cdot \varepsilon_{\mathrm{r}}}} \tag{3-12}$$

其中，c 为光速。

电长度为

$$T_{\mathrm{T}} = \delta \cdot \ell = \sqrt{\tilde{C} \cdot \tilde{L}} \cdot \ell = \sqrt{LC} = \frac{\ell}{v_{\mathrm{pp}}} \tag{3-13}$$

电长度也称为传输时间，具有时间单位。电长度在脉冲功率中特别重要，这是因为它将物理长度与脉冲长度相关联。将式(3-8)和式(3-13)结合起来可以得到非常有用的结果。

长度为 ℓ 电缆的总电容为

$$C = \frac{T_{\mathrm{T}}}{Z_0} \tag{3-14}$$

长度为 ℓ 电缆的总电感为

$$L = T_\mathrm{T} \cdot Z_0 \tag{3-15}$$

脉冲宽度为

$$T_\mathrm{p} = 2T_\mathrm{T} = 2\sqrt{\tilde{L}\tilde{C}} \cdot \ell = 2\sqrt{LC} = \frac{2\ell}{v_\mathrm{pp}} \tag{3-16}$$

以上这些公式与几何结构无关，并且仅取决于特征参数 $\tilde{L}$、$\tilde{C}$ 和传输线长度 ℓ。

对于持续时间约为 1μs 或更长的脉冲，图 3-1 所示电路可用集总电路元件实现，被称为 E 型 PFN。通常，需要 5 个或更多个集总元件来实现具有合理平顶度的方波脉冲。

3.1.2　传输线脉冲发生器

图 3-2 所示是由传输线和闭合开关组成的简单传输线脉冲发生器。长度为 ℓ 且特征阻抗为 Z_0 时，任意几何结构的传输线都可构成一个脉冲形成线，闭合开关为 S。

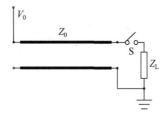

图 3-2　由传输线和闭合开关组成的简单传输线脉冲发生器

图 3-2 的工作原理：首先，开关 S 打开，电池或电源通过充电电阻将传输线 PFL 充电至直流电压 V_0。从图 3-2 可知，沿传输线的电压由入射波电压 V_I 和反射波电压 V_R 组成。当开关 S 闭合时，峰值电压为 $V_0/2$ 的入射波向负载方向传播，峰值电压为 $V_0/2$ 的反射波向相反方向传播。然后，入射波在由传输线的电长度 T_T 确定的时间内向负载提供 $V_0/2$ 的电压。反射波在持续时间 T_T 内沿着传输线传播，从电压源的高阻抗端反射，并成为以峰值电压 $V_0/2$ 和持续时间 T_T 向负载传播的正向波。这两个波在负载上叠加，产生脉冲的幅度为 $V_0/2$ 且持续时间 $T_\mathrm{p}=2\,T_\mathrm{T}$。在这种情况下，负载电压可以表示为

$$V_\mathrm{L}(t) = \begin{cases} V_\mathrm{I} = \dfrac{V_0}{2}, & t_1 < t < T_\mathrm{T} \\[2mm] V_\mathrm{R} = \dfrac{V_0}{2}, & T_\mathrm{T} \leqslant t < 2T_\mathrm{T} \end{cases} \tag{3-17}$$

对于初始充电至电压 V_0 且负载 $Z_L = Z_0$ 的传输线，峰值功率为

$$P = I \cdot V = \frac{1}{Z_0}\left(\frac{V_0}{2}\right)^2 = \frac{V_0^2}{4Z_0} \tag{3-18}$$

储存能量为

$$E_S = \frac{CV_0^2}{2} = \frac{V_0^2}{2Z_0} \cdot T_t \tag{3-19}$$

采用市场上采购的同轴电缆研制的脉冲发生器的参数(如最大工作电压、阻抗和单位长度存储的能量)受限。通过设计脉冲形成线，可获得的脉冲发生器参数 V_0、Z_0、E_S 和 T_t 的范围更宽。

若负载与脉冲形成线的特征阻抗不匹配，即 $Z_L \ne Z_0$，则入射波将不会被负载完全吸收，并且反射波将沿着脉冲形成线向相反方向传播。同时，将建立一个驻波，直到最初存储在无损传输线中的所有能量被负载耗散。

3.2　同轴脉冲形成线

图 3-3 是由同轴脉冲形成线构成的脉冲发生器电路示意图。图中，同轴 PFL 由两个嵌套的同轴圆柱体组成，圆柱体的半径分别为 R_1 和 R_2，环形空间中填充有高介电强度的绝缘介质材料。

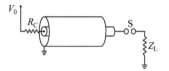

图 3-3　由同轴脉冲形成线构成的脉冲发生器电路示意图

如 2.2 节所述，同轴脉冲形成线可用于传输线脉冲发生器。当同轴 PFL 充电至峰值电压 V_0 时，预设的自触发或外触发的火花开关 S 快速导通，并将 $V_0/2$ 的脉冲传递到负载 $Z_L = Z_0$ 中。同轴 PFL 可以充电的最大电压 V_0 取决于电介质的介电强度 E_{BD} 和 PFL 的几何结构。同轴 PFL 产生的脉冲宽度是同轴 PFL 电长度的两倍。电长度取决于绝缘介质相对介电常数和物理长度 ℓ。

3.2.1　基本设计关系

在大多数情况下，同轴电缆由 $\mu = \mu_0$ 的非磁性材料制成。

单位长度电感为

$$\tilde{L} = \frac{\mu}{2\pi}\ln\left(\frac{R_2}{R_1}\right) \tag{3-20}$$

由于 $\mu=\mu_0 \cdot \mu_r$ 和 $\mu_0=4\pi\times10^7(\mathrm{H/m})$，式(3-20)可转换为

$$\tilde{L} = (0.2\mu_r) \cdot \ln\left(\frac{R_2}{R_1}\right)(\mu\mathrm{H/m}) \tag{3-21}$$

单位长度电容为

$$\tilde{C} = \frac{2\pi\varepsilon}{\ln\left(\dfrac{R_2}{R_1}\right)} \tag{3-22}$$

因为 $\varepsilon=\varepsilon_r \cdot \varepsilon_0$ 和 $\varepsilon_0=8.85\times10^{-12}(\mathrm{F/m})$，式(3-22)可转换为

$$\tilde{C} = \frac{6.28\varepsilon_r}{\ln\left(\dfrac{R_2}{R_1}\right)}(\mathrm{pF/m}) \tag{3-23}$$

特征阻抗为

$$Z_0 = \frac{1}{2\pi}\sqrt{\frac{\mu}{\varepsilon}}\ln\left(\frac{R_2}{R_1}\right) \tag{3-24}$$

$$Z_0 = 60\times\sqrt{\frac{\mu_r}{\varepsilon_r}}\ln\left(\frac{R_2}{R_1}\right)(\Omega) \tag{3-25}$$

沿传输线的传播速度仅取决于其材料特性：

$$v_{pp} = \frac{1}{T_t} = \frac{1}{\sqrt{\mu_0\mu_r\varepsilon_0\varepsilon_r}} = \frac{c}{\sqrt{\varepsilon_r\mu_r}} = \frac{30}{\sqrt{\varepsilon_r\mu_r}}(\mathrm{cm/ns}) \tag{3-26}$$

任意半径的电场为

$$E_r(r) = \frac{V_0}{r\ln(R_2/R_1)} \tag{3-27}$$

最大充电电压为

$$V_0(\max) = E_{BD}R_1\ln\left(\frac{R_2}{R_1}\right) \tag{3-28}$$

其中，E_{BD} 为绝缘材料的介电强度。

内部导体上的电场为

$$E_M = \frac{V_0}{R_1\ln(R_2/R_1)} \tag{3-29}$$

在非极性绝缘介质情况下，内部导体上的电场最大。

单位长度储能为

$$E_S = \frac{\pi\varepsilon_0\varepsilon_r V_0^2}{\ln(R_2/R_1)} \tag{3-30}$$

径向单位长度介电电阻为

$$R = \int_{R_1}^{R_2} \frac{\rho \mathrm{d}r}{2\pi r} = \frac{\rho}{2\pi} \ln\left(\frac{R_2}{R_1}\right) \tag{3-31}$$

其中，ρ 为介质的径向电阻率($\Omega \cdot \mathrm{m}$)。

自放电时间常数为

$$T_\mathrm{d} = RC = \rho\varepsilon \tag{3-32}$$

其中，ε 为介电常数；ρ 为介质电阻率。

使用的绝缘材料介电常数越大，得到的能量密度越大。水的相对介电常数 $\varepsilon_\mathrm{r} \approx 81$，常用于增加 PFL 的能量密度。但是，水的电阻率特性要求水介质 PFL 需采用脉冲充电的方式。因此，与自放电时间常数 $\rho\varepsilon$ 相比，PFL 充电时间应选择得更小。

3.2.2 最大电压下的最优阻抗

对于给定的两电极同轴 PFL 的环形间隙，半径为 R_1 的内导体充电到电压 V_0，外径为 R_2 的外导体保持在地电位，任意半径 r 的电场为

$$E(r) = \frac{V_0}{r\ln(R_2 / R_1)}, \quad R_1 \leqslant r \leqslant R_2 \tag{3-33}$$

根据式(3-29)，最大电场 E_M 出现在内导体上：

$$V_0 = E_\mathrm{M} R_1 \ln\left(\frac{R_2}{R_1}\right)$$

当 $\mathrm{d}V_0 / \mathrm{d}R_1 = 0$ 时，出现使内导体电压最优的 R_2/R_1 值，得出

$$\ln\left(\frac{R_2}{R_1}\right) = 1 \text{ 或 } \frac{R_2}{R_1} = e \tag{3-34}$$

且阻抗为

$$Z_\mathrm{opt}^\mathrm{voltage} = \frac{1}{2\pi}\sqrt{\frac{\mu_0}{\varepsilon_0\varepsilon_\mathrm{r}}} = \frac{60}{\sqrt{\varepsilon_\mathrm{r}}} \tag{3-35}$$

将水的 $\varepsilon_\mathrm{r} \approx 81$ 和油的 $\varepsilon_\mathrm{r} \approx 2.4$ 代入式(3-35)，得出以下最优阻抗值：

$$Z_\mathrm{opt}^\mathrm{water} = 6.7(\Omega) \text{ 和 } Z_\mathrm{opt}^\mathrm{oil} = 38.7(\Omega)$$

这些阻抗并未考虑水的极性效应，若考虑水的极性效应，则可能会得到不同的最优阻抗。

3.2.3 最大能量存储下的最优阻抗

对于两电极同轴 PFL，单位长度存储的能量为

$$E_S = \frac{CV_0^2}{2}$$

利用式(3-22)给出的单位长度电容以及从式(3-29)得到的最大电场，可得

$$E_S = \pi\varepsilon_0\varepsilon_r E_M^2 R_1^2 \ln\left(\frac{R_2}{R_1}\right) \tag{3-36}$$

根据 $dE_S/dR_1 = 0$，求出优化的单位长度储能半径比：

$$\frac{dE_S}{dR_1} = \pi\varepsilon_0\varepsilon_r E_M^2 \left[2R_1 \ln\left(\frac{R_2}{R_1}\right) - R_1 \right] = 0$$

单位长度存储能量的径向比优化为

$$\frac{R_2}{R_1} = \sqrt{e} \tag{3-37}$$

3.3　Blumlein PFL

Blumlein 脉冲形成线(简称"Blumlein 线")是以其发明者 Blumlein 的名字命名的，在负载匹配条件下，产生的脉冲幅度与脉冲形成线的原始充电电压相等。当然，这与单脉冲形成线相比较，在匹配负载上获得一半充电电压。Blumlein 线广泛用于脉冲功率技术中，并具有多种几何结构。最常用的 Blumlein 线是同轴型，由于其固有的对称性，内部电场更易于设计。当然，也有其他平板结构的Blumlein 线。

图 3-4 是用双导体表示的 Blumlien 方波脉冲产生电路示意图[1]。工作原理如下所述，两条传输线 Z_1 和 Z_2 分别充电至相同电压 V_0，在充电过程中，两条传输线均处于开路状态。当开关 S 闭合时，沿着两条传输线同时传播，并且在负载阻抗 Z_L 两端产生电压。当负载匹配时，也就是负载阻抗等于两条传输线的特征阻抗之和时，在负载两端产生大小为 $V_0/2$ 的方波脉冲。图 3-5 所示是单传输线与 Blumlein 传输线脉冲发生器对比。该图比较了负载匹配条件下单传输线电路(图 3-5(a))和 Blumlein 传输线电路(图 3-5(b))的输出脉冲波形。

Blumlein 电路适用于各种拓扑电路，同轴型和平板结构都是常见的。可以使用两条相同特征阻抗 Z_0 和长度 ℓ 的传输电缆组成 Blumlein 电路，如图 3-5(b)所示。连接电缆以形成 Blumlein 电路的三个独立电极。电极 1 为电缆的中心导体，

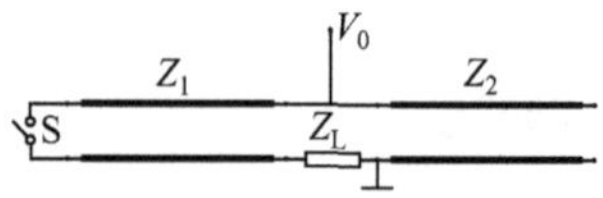

图 3-4　用双导体表示的 Blumlien 方波脉冲产生电路示意图

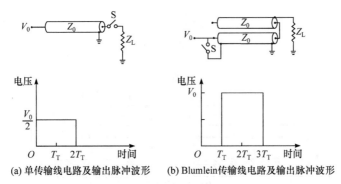

(a) 单传输线电路及输出脉冲波形　　(b) Blumlein 传输线电路及输出脉冲波形

图 3-5　单传输线与 Blumlein 传输线脉冲发生器对比

电极 2 为电缆的编织层，电极 3 为另一根电缆的编织层，负载 Z_L 两端连接电极 1
和电极 3。当闭合开关 S 触发导通时，存储在同轴电缆中的能量会释放到负载 Z_L。
若每条传输线都充电到电压 V_0，则 Blumlein 电路在匹配电阻负载($Z_L = 2Z_0$)输出
幅度为 V_0 的脉冲，脉冲宽度为 $2\ell/v_{pp}$，输出方波脉冲出现的时刻与开关 S 闭合
时刻之间存在一个时间延迟 ℓ/v_{pp}。这与单传输线脉冲发生器不同，在单传输线
中，开关闭合与输出波形出现之间没有时间差。对于相同的充电电压，Blumlein
传输线脉冲发生器输出电压是单传输线脉冲发生器的两倍。

3.3.1　瞬态电压和输出波形

图 3-6 所示是采用行波分析法得到的不同时刻 Blumlein 传输线的瞬态电压
和输出波形。当开关 S 闭合时，幅度为 V_0 的瞬态电压 V_I 开始从端子 1-2 向负载
端子 3-4 传播，速度为 v_{pp}，对应的瞬态电流 I_I 为 V_0/Z_1，其中 Z_1 代表传输线 1
的特征阻抗。该瞬态电压为负值，并且在传播时抵消初始电压。当此瞬态电压
在对应于其电长度 $T_T = \ell/v_{pp}$ 的时间到达负载端子 3-4 时，其端接阻抗为 $Z_2 + Z_L$。
若($Z_2 + Z_L$) > Z_1，则对应于电压 V_R 的一部分被反射回传输线 1。当反射电压 V_R 到
达闭合的开关端(端子 1-2)时，它被以相反的极性反射。在端子 3-4 上，与 V_T 对
应的一部分瞬态电压被传输到由 Z_2 和 Z_L 组成的终端阻抗。传递到端子 5-6 中的
V_T 的一部分将进入传输线 2，并伴随端子 7-8 的反射，传递到负载端子 3-5 中的
V_T 部分产生输出电压。上述过程各个瞬态电压的幅度如下：

$$|I_I| = V_0/Z_1 \tag{3-38}$$

$$|I_R| = \left[\frac{(Z_2 + Z_L) - Z_1}{(Z_2 + Z_L) + Z_1}\right] \cdot I_I \tag{3-39}$$

$$|I_T| = I_I - I_R \tag{3-40}$$

$$|V_R| = Z_1 \cdot I_R \tag{3-41}$$

$$|V_T| = (Z_2 + Z_L) \cdot I_T \tag{3-42}$$

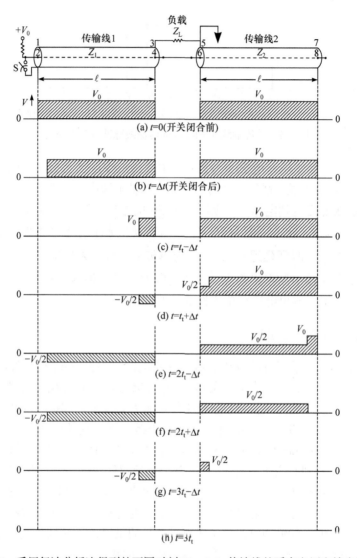

图 3-6 采用行波分析法得到的不同时刻 Blumlein 传输线的瞬态电压和输出波形

负载 Z_L 两端的输出电压为

$$V_L = V_T \frac{Z_L}{Z_L + Z_2} \tag{3-43}$$

对于 Blumlein 传输线，当 $Z_1 = Z_2 = Z_0$ 且 $Z_L = 2Z_0$ 时，式(3-39)～式(3-43)变为

$$|I_R| = \frac{I_1}{2} \tag{3-44}$$

$$|I_T| = \frac{I_1}{2} \tag{3-45}$$

$$|V_R| = \frac{I_1}{2} \cdot Z_0 = \frac{V_0}{2} \tag{3-46}$$

$$|V_T| = \frac{I_1}{2} \cdot (3Z_0) = \frac{3V_0}{2} \tag{3-47}$$

负载上的输出电压为

$$V_L = \frac{3V_0}{2} \times \frac{2}{3} = V_0 \tag{3-48}$$

Z_L 两端的电压为 $T_T \sim 3T_T$，脉冲宽度为 $2T_T$。

3.3.2 同轴型 Blumlein PFL

图 3-7 所示是由三个嵌套的同轴导体构成的 Blumlein 方波脉冲发生器。嵌套式圆柱体组成的同轴型 Blumlein 线，中间导体被充电到由电介质的击穿场强 E_{BD} 确定的电压 V_0(通常为负极性电压)。在最常见的实践中，内导体和中间导体之间连接有图 3-7 所示的火花开关——Blumlein 开关。当开关触发时，输出方波脉冲将传递到匹配负载，该负载连接在中间导体和外导体之间。当 $Z_L = Z_1 = Z_2$ 时，负载匹配。

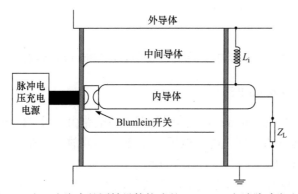

图 3-7 由三个嵌套的同轴导体构成的 Blumlein 方波脉冲发生器

与同轴型 Blumlein 线的中间导体进行电接触的困难使结构复杂化。为了给中间导体和内导体之间形成的 PFL 充电，在内导体和接地的外导体之间连接了一个电感 L_i。理想情况下，该电感在充电过程中起短路作用，在放电过程起断路作用。因此，为了使电感在充电过程中起短路作用，电感阻抗 $\omega L_i \ll Z_0$，即

$$\frac{L_i}{T_{ch}} \ll Z_0 \qquad\qquad (3\text{-}49)$$

在更短的放电周期内，电感起断路作用：

$$\frac{L_i}{T_p} \gg Z_0 \qquad\qquad (3\text{-}50)$$

由于电气接入问题，必须对同轴型 Blumlein 线进行脉冲充电，充电时间的典型参数 T_{ch} 约为 1μs ，T_p 约为 100ns ，因此几微亨的电感就足够了。

图 3-8 所示是由三个嵌套的同轴导体构成的改进型 Blumlein 方波脉冲发生器，其中 Blumlein 开关位于中间导体和外导体之间。尽管大多数同轴型 Blumlein 线的结构如图 3-7 所示，但当同时触发多个 Blumlein 线时，图 3-8 所示拓扑结构在可行性方面更具有优势。

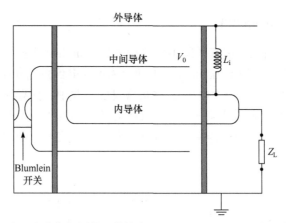

图 3-8　由三个嵌套的同轴导体构成的改进型 Blumlein 方波脉冲发生器

3.3.3　层叠型 Blumlein PFL

图 3-9 是层叠型 Blumlein 电路示意图。该电路由 n 个 Blumlein 线组成[2]，Blumlein 线在输入端并联充电至电压 V_0，然后串联放电，在阻抗为 Z_ℓ ($=2nZ_0$) 的终端负载上输出 nV_0 脉冲电压。在实际系统中，输出电压为 $K(nV_0)$，其中 $K<1$，表示效率因子。同样，实际系统中的有效阻抗为 $K'(2nZ_0)$，其中 $K'>1$，表示来自外部阻抗的贡献。层叠型 Blumlein 线可以由集总脉冲形成网络[3]或 PFL 型[4] Blumlein 线组成。每个 Blumlein 线由三个金属板组成，其宽度为 w，长度为 ℓ，被厚度为 h 的电介质隔开。金属板之间的绝缘介质通常由多层绝缘板(如聚酰亚胺、聚酯或聚乙烯)组合而成。在低储能系统中，这些绝缘板用变压器油浸渍。对于高储能系统，使用高性能绝缘介质，如绝缘油或去离子水。电路重复脉冲运

行能力由开关确定[5]。闭合开关 $S_1, S_2, \cdots, S_n$ 可以是单个开关，也可以是由外部触发器同时触发的多个独立开关。

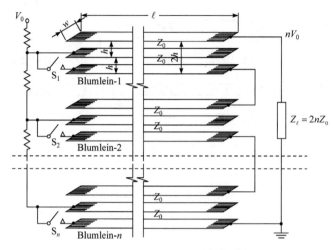

图 3-9 层叠型 Blumlein 电路示意图

层叠型 Blumlein 的特征阻抗 Z 和脉冲宽度 T_p 分别为

$$Z = 2n \cdot Z_0 = 2n \cdot \frac{h}{w}\sqrt{\frac{\mu}{\varepsilon}} \tag{3-51}$$

$$T_p = \frac{2\ell}{v_{pp}} = 2 \cdot \ell \sqrt{\varepsilon_0 \mu_0 \varepsilon_r} \tag{3-52}$$

如图 3-9 所示，层叠型 Blumlein 线的理论输出电压为 nV_0，但是 Blumlein 线之间的耦合使输出电压峰值大大降低。

图 3-10 是基于单极性充电的五电极 Blumlein 装置示意图。该装置由 Prestwich 研制，用于驱动两个对称场发射二极管负载产生电子束[6]。Blumlein 装置包括 5 个金属平板，宽 1.2m，长 2.4m，平板间距为 10cm，并浸入变压器油中。Marx 发生器将平板 2 和平板 4 脉冲充电至电压$-V_0$。当同时触发多通道低抖动油介质轨道型火花开关 S_1 和 S_2 时，Blumlein 输出参数 $V = V_0$，$T_p = 2\ell / v_{pp}$，$I = V_0 / 2Z_0$ 的双脉冲，经过三重板(A、B 和 C)传输线传输到二极管负载。二极管由两个阴极电极(K、K)和一个阳极(A)组成。6 个相同参数的 Blumlein 装置以二极管为中心径向排列，并联放电产生参数为 3MV、800kA 和 24ns 的脉冲。

图 3-11 是基于双极性充电的五电极 Blumlein 装置示意图。Blumlein 具有电容平衡能力，因此无需在中心板和地之间连接电感 L。在该图中，给出了反射二极管的结构。上部二极管产生相对论电子束(relativistic electron beam, REB)，该电子束通过阳极箔片 A 进入下部二极管。在下部二极管中，REB 受到减速力。

最终，REB 在阳极箔片周围振荡，产生微波辐射。

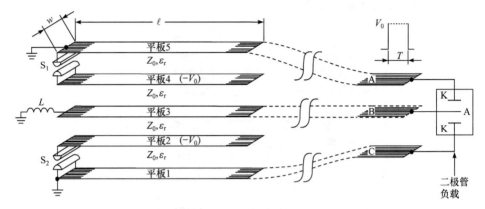

图 3-10　基于单极性充电的五电极 Blumlein 装置示意图

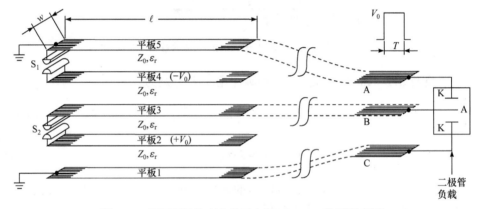

图 3-11　基于双极性充电的五电极 Blumlein 装置示意图

3.4　径向传输线

径向传输线(简称"径向线")一般不常见，除非在大型脉冲功率装置中，它们沿装置的外径分布，通过多路馈电将能量输送到中心负载。径向传输线也是无磁芯感应腔的基础。

图 3-12 是径向传输线结构示意图，该结构由两个以相对角度在空间分开的圆盘组成。径向线的一端位于内半径 R_i 处，另一端位于外半径 R_o 处，因此，从上方看时，径向传输线看起来像圆盘，电磁波沿径向传播。径向传输线特性与其他传输线特性一样：在任意(径向)点的电压和电流都与其特征阻抗有关。也就是，若在下导体(盘)和圆锥形外部之间的中心处施加电压，则电磁波将以由传输

线的介质决定的速度沿径向向外传播，并保持形状不变。如果径向传输线延伸到无穷远，电磁波脉冲将永不返回。但是，如果径向传输线半径为 R_0 且是开路的，则电磁波脉冲被反射向中心传播。

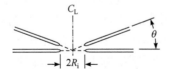

图 3-12　径向传输线结构示意图

假设一个圆盘导体沿水平轴放置，另一个圆盘导体相对于第一个导体的夹角为 θ，如图 3-12 所示，则该径向传输线的特征阻抗 Z_0 为

$$Z_0 = \frac{1}{2\pi}\sqrt{\frac{\mu}{\varepsilon}}\ln\frac{1}{\sqrt{\tan\theta}} \tag{3-53}$$

如果两圆盘导体的夹角 θ 较小，则式(3-53)可以近似为

$$Z_0 = \frac{1}{2\pi}\sqrt{\frac{\mu}{\varepsilon}}\tan\theta \tag{3-54}$$

因此，对于有一定夹角的径向线，当夹角确定时，特征阻抗也就确定了。

径向传输线广泛用于无磁芯的感应腔中，该腔由两条带有公共导体的径向传输线组成，每条径向传输线端接在开路端，如图 3-13 所示。外部导体的形状可在两个波之间提供匹配的过渡。因此，在一条直线上向外传播的电磁波在传播过程中无反射，而在另一条直线上电磁波沿直径方向向中心传播。低电感轴对称的开关位于内导体的其中一条线上。

径向传输线的结构如图 3-13(a)[7]所示。图中，一个中心开孔的圆盘形内导

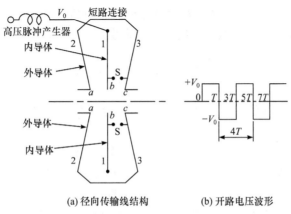

(a) 径向传输线结构　　　(b) 开路电压波形

图 3-13　径向传输线结构及其开路电压波形

体 1 两侧被圆锥形外导体 2 和外导体 3 包围，形成了恒定阻抗的径向锥形传输线[8]。当内导体 1 被脉冲充电到电压 V_0 且火花开关 S 在 $t = 0$ 时刻触发时，在短路间隙(bc)处产生的瞬态电压脉冲$-V_0$ 开始向开路端间隙(ab)传播。如果瞬态电压从间隙(bc)到间隙(ab)传播所需的渡越时间为 T，则在经过 T 的延时后，开关关闭，输出间隙(ab)上出现一个幅度为 V_0 且周期为 $4T$ 的对称周期方波。径向传输线广泛应用于大型直线感应加速器中，在真空介质中产生束流的加速电场[9-11]。径向传输线可充满绝缘油，以获得更高的能量密度，而油–真空界面位于(a-b-c)上。

3.5　螺旋传输线

对于脉冲宽度在几微秒量级的方波脉冲，传输线的物理尺寸非常大，如 $10\mu s$ 脉冲，传输线的物理长度大约为 1km。螺旋传输线的特点在于提供了较大的 PFL 电长度和合理的物理尺寸[12]。螺旋传输线可以并联连接以增强能量存储，也可以串联连接以增强输出电压。对于基于同轴电缆的 PFL，螺旋传输线可以通过将外部编织层替换为螺旋缠绕的导线来实现。对于基于同轴导体的 PFL，螺旋传输线可以通过将圆形或矩形截面导体螺旋缠绕来实现。图 3-14 是基于螺旋线的高压脉冲发生器电路示意图。图中，螺旋导线与圆柱内导体之间应适当绝缘，以承受 PFL 充电电压，不能使厚度为 R_2-R_1 的绝缘介质发生体击穿或在伸长长度为 $A+B$ 的绝缘介质上发生沿面闪络而击穿。匝间的距离以及螺旋的螺距应保持足够长的绝缘距离，以防止匝间电击穿。图 3-14 所示螺旋线存储元件的 Z_0 值和 T_t 值分别按式(3-55)和式(3-56)计算。

$$Z_0 = \frac{R_2 - R_1}{d_{\mathrm{h}}}\sqrt{\frac{\mu}{\varepsilon}} \tag{3-55}$$

其中，R_2-R_1 为绝缘介质厚度；d_{h} 为圆形横截面的螺旋导体的直径。在矩形横截面的情况下，将参数 d_{h} 替换为螺旋导体的宽度。

$$T_{\mathrm{t}} = \frac{\ell'}{v_{\mathrm{pp}}} = \frac{(2\pi R_{\mathrm{avg}})n_{\mathrm{h}}}{v_{\mathrm{pp}}} \tag{3-56}$$

其中，ℓ' 为螺旋导线的展开长度；R_{avg} 为螺旋绕组的平均半径；n_{h} 为螺旋导线的总匝数。

图 3-15 是基于螺旋线的 Blumlein 发生器装置示意图。该装置是电子束控制型 CO_2 激光器，额定输出参数为 150kV、200A 和 $5\mu s$。该装置总共使用了 10 个螺旋线存储元件，等效于 5 个 Blumlein 线并联，每个 Blumlein 线使用 2 个螺旋线存储元件。螺旋线由聚酯薄膜和变压器油组成的复合绝缘系统绝缘。

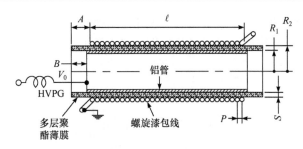

图 3-14　基于螺旋线的高压脉冲发生器电路示意图
(经参考文献[12]许可引用，AIP 出版社版权所有，2001 年)

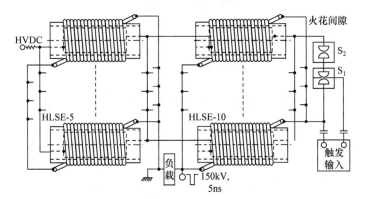

图 3-15　基于螺旋线的 Blumlein 发生器装置示意图
(经参考文献[12]许可引用，AIP 出版社版权所有，2001 年)

3.6　PFL 性能参数

　　设计良好的 PFL 应该能够提供最优的参数，如工作电压、峰值功率和存储能量等。通过考虑电击穿、介电常数、自放电时间常数、开关技术、最优阻抗和充电电源等方面因素，进行综合设计，PFL 应该能够以最少维护实现可靠运行。

3.6.1　电击穿

　　当 PFL 充电电压逐渐增加时，如果 PFL 中产生的最大电场超过介质击穿场强，即 $E_{max} > E_{BD}$，在特定电压下 PFL 就发生电击穿，但局部电场增强的作用不能被过分夸大。在圆柱结构中，击穿更有可能发生在内电极处，这是因为内电极处电场在结构上得到增强。在带状或三重 PFL 中，金属电极的边缘被证明具有最高的电场增强效应。然而，电击穿可能在电极任意位置发生，尤其是在电介质具有极性效应的情况下。

PFL 可以实现的最大充电电压取决于几何结构和场分布。需要注意的是，介质击穿强度本质上是统计参量，因此工作电压应低于最大充电电压。最大电压由以下关系式给出。

(1) 圆柱结构：

$$V^{cyl}(max) = E_{BD} \cdot R_1 \cdot \ln\left(\frac{R_2}{R_1}\right) \tag{3-57}$$

(2) 带状线结构：

$$V^{stripline}(max) = E_{BD} \cdot d \tag{3-58}$$

(3) 球形结构：

$$V^{sph}(max) = E_{BD} \cdot R_1\left(1 - \frac{R_1}{R_2}\right) \tag{3-59}$$

通常，工作电压相对于最大充电电压越低，PFL 可靠性越高。

为了防止在任意位置出现电场增强，在制造过程中需遵守以下原则：①优化金属杆或金属板的边缘；②在金属杆或金属板边缘与电介质之间的界面处提供阻性均压(为实现此目的，通常使用电解质，如 $CuSO_4$ 或导电聚合物)；③在无尘环境中组装；④在热和真空条件下用变压器油浸渍固体绝缘膜，以有效脱气；⑤使用经脱气和过滤的油；⑥使用大量的薄绝缘片而不是较少的厚绝缘片，特别是在带状传输线设计中。各种固体绝缘材料，如聚甲基丙烯酸甲酯(polymethylmethacrylate，PMMA)、聚苯乙烯(polystyrene，PS)、聚乙烯(polyethylene，PE)、环氧树脂和陶瓷都可以用作绝缘支撑。金属零件应无腐蚀，并且不得与绝缘材料发生化学反应。由于大电流引起的机械力很大，因此 PFL 的机械设计非常重要。PFL 常用的电极材料是铝和不锈钢。

3.6.2 介电强度

3.6.2.1 固体电介质

基于带状线[13-16]的 PFL 使用固体绝缘片或绝缘薄膜作为主要电介质，并在需要高击穿电压和低阻抗的情况下使用。通常使用的材料有聚乙烯(PE)、聚碳酸酯(polycarbonate，PC)、聚丙烯(polypropylene，PP)和聚酯(polyester，PET)等。为减小金属电极边缘引起的强场、电介质缺陷或嵌入在电介质内气泡引起的强场以及在电极与电介质界面处捕获的气泡引起的场增强，需要对 PFL 进行精细的工艺处理。通常，击穿起始于高场强处，并传播到电介质内部。通过在真空中组装 PFL 并将其浸入去离子水或硫酸铜($CuSO_4$)溶液或绝缘油中来减小边缘和空隙处的场增强，从而实现高性能。应特别注意沿面闪络引起的击穿，其击穿场强取决于电压的持续时间(t_f)、电极面积(A)和绝缘环境。

固体绝缘介质的本征击穿强度远高于沿面闪络强度。采取适当的预防措施，有可能获得 300MV/m 的本征击穿场强。PFL 的使用寿命以放电次数表示，主要取决于绝缘系统内部的局部放电。

3.6.2.2 液体电介质

当要求 PFL 充电电压较高时，通常采用油或水电介质绝缘，这是因为它们具有较高的电击穿强度，且可以与金属电极一体化设计，组成精确成形的大尺寸绝缘部件。为了了解电击穿的过程，人们已经对液体电介质进行了大量研究[17-24]，将在第 9 章中进行详细讨论。文献[25]～[31]详细介绍了液体作为绝缘介质在脉冲高电压装置中的应用情况。但不幸的是，对液体中绝缘失效机理的研究不如气体中深入。

在脉冲功率技术中，设计特定条件下的平均击穿场强与应力时间相关联的经验公式非常重要。20 世纪 60 年代，由 Martin 团队首先在英国奥尔德马斯顿(Aldermaston)进行的大部分缩比实验工作都可以追溯到该公式的一些细微差别(如应力时间的定义)。为了提高各种实验条件定标定律的准确性，人们已经进行了很多努力并开展了大量实验[32-43]。以下是当前脉冲功率设计中普遍采用的经验公式：

$$F \cdot t^a \cdot A^b = k \tag{3-60}$$

其中，t 为脉冲高于其峰值电压 63%的时间，单位为 μs；A 为承受电压的面积，单位为 cm^2；$F = V_p/d$，为平均击穿电场，单位为 MV/cm，其中 V_p 为电极间的峰值电压，d 为电极之间的距离；k 为取决于绝缘子的常数。

在式(3-60)中，电场 F 是平均电场，平均电场产生击穿的概率为 50%。为了获得正确的预测值，使用合适的单位(MV/cm、cm^2 和 μs)很重要。需要注意的是，这些关系式中包含很大的不确定性，百分之几的偏差是司空见惯的。通过将 F 值乘以 Martin 场增强因子 α[13]来说明场增强的效果：

$$\alpha = 1 + 0.12 \sqrt{\frac{F_{Max}}{V_p/d} - 1} \tag{3-61}$$

其中，F_{Max} 为局部电场。

1) 变压器油

变压器油的相对介电常数 ε_r 约为 2.3，通常用于特征阻抗为 10～100Ω 的高阻抗 PFL。在脉冲充电条件下，变压器油被认为与水一样能自愈(除气泡外)，分解产物的影响也很小。但是，变压器油中气泡的存在会大大降低其介电强度，因此在首次填充变压器油时应进行脱气处理。变压器油的优点是在直流条件下它也是绝缘介质。

在均匀场条件下，Smith[33]对变压器油实验数据进行了总结，提出了如下公式

$$F \cdot t^{1/3} \cdot A^{0.075} = 0.48 \tag{3-62}$$

式(3-62)可用于大多数领域，详细内容可参见文献[34]、[35]。Smith 认为变压器油的击穿有时与极性无关，而有时与极性有关，这个问题很难理解。在均匀场中，击穿可由任意极性引发。场增强系数越低，极性影响越小，但是当场增强系数大于 1.5，极性效应大于 1.5 且小于 2 时，属于不均匀场，使用的公式为[36]

$$F \cdot t^{1/3} \cdot A^{0.075} = 0.677 \tag{3-63}$$

变压器油的纯度对其脉冲击穿强度影响很小。在定期过滤的条件下，变压器油在大型装置中已经连续使用了几十年。水会降低变压器油的性能，应避免变压器油与水混合。根据实际条件，典型的脉冲功率装置运行在 100～350kV/cm 的场强。

2) 去离子水

对于 PFL，去离子水是非常良好的绝缘介质，因为它具有高介电常数和良好的击穿强度，可实现高储能密度和低阻抗。阻抗小于 10Ω 的同轴 PFL 只能用去离子水制成。另外，还发现去离子水加压可提高耐受电压以及电压作用时间，但这种效应在大面积条件下会消失[37]，去离子水还具有击穿后自我恢复的优势。

去离子水显示出极性因子为 2 的强极性效应，这一点在实际应用中具有很大的优势。对于不均匀的场强结构，负极性电压比正极性电压具有更高的介电强度，这也可以应用到 PFL 设计中。当内导体被充负极性电压时，PFL 总的直径较小。

本书对去离子水的特性进行了深入研究，根据受力面积大小建立了以下最佳估算公式。

(1) 对于正极性均匀电场条件，Smith[38, 39]和 Champney[40]建立了：

$$F^{+} \cdot t^{1/3} \cdot A^{0.075} = 0.3 \tag{3-64}$$

实验数据适用于 $0.02\text{cm}^2 \leqslant A \leqslant 2000\text{cm}^2$。

负极性条件下，有

$$F^{-} \cdot t^{1/3} \cdot A^{0.075} = 0.6 \tag{3-65}$$

实验数据适用于 $0.25\text{cm}^2 \leqslant A \leqslant 90\text{cm}^2$，并且考虑场增强效应。

(2) 对于更大的区域，Eilbert 等[41]深入总结了英国原子能武器研究中心(AWRE) Smith 的实验数据，以及美国海军研究实验室(Naval Research Laboratory，NRL) Shipman 的实验结果，并给出了在 $100\text{cm}^2 \leqslant A \leqslant 5000\text{cm}^2$ 时均匀场条件下水的最佳拟合公式。

正极性：

$$F^+ \cdot t^{1/3} \cdot A^{0.058} = 0.230 \qquad (3\text{-}66)$$

负极性：

$$F^- \cdot t^{1/3} \cdot A^{0.069} = 0.557 \qquad (3\text{-}67)$$

由 Eilbert-Lupton 公式给出的去离子水平均击穿场强如图 3-16 所示，其中极性因子约为 2，与 Smith-Champney 关系式一致。

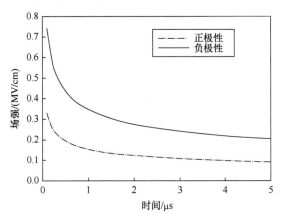

图 3-16　在面积 1000cm² 条件下利用 Eilbert-Lupton 公式计算得出的去离子水平均击穿场强

(3) 对于非均匀场，若其中一个电极场增强，另一个电极是大电极或平板电极，Martin[42]提出了"针–板"公式：

$$F \cdot t^{1/2} = 0.09 \qquad (3\text{-}68)$$

"针–板"公式与极性和面积无关。Stygar 等[43]根据大量的实验数据，得出更精确的"针–板"公式：

$$F \cdot t^{1/3} = 0.135 \pm 0.009 \qquad (3\text{-}69)$$

Stygar 建议设计判据为

$$F \cdot t^{1/3} \leqslant 0.108, \quad A \geqslant 10^4\,\text{cm}^2 \qquad (3\text{-}70)$$

该判据具有吸引力，因为它与均匀场条件下的击穿场强具有相同的时间相关性。图 3-17 所示是采用 Smith、Eilbert-Lupton 和 Stygar 公式计算得到的去离子水击穿结果对比。从图中可以看出，Eilbert-Lupton 公式是比较保守的，这与水击穿导致故障的报道缺乏相一致。

正如包括 Stygar 在内的许多研究者指出的那样，Eilbert-Lupton 公式在某些大面积条件下不适用，因为它表示当 $A \to \infty$ 时，$F \to 0$。相反，击穿电场 F 必须达到某一极值。图 3-17 表明：极值可能是"针–板"公式计算得到的结果，而且没有场增强的电极在极低的电场下永远不会发生击穿。图 3-18 所示是 0.1～1μs Martin 和 Stygar "针-板"公式计算结果对比。结果表明：在给定的有效时间内，Stygar 关系式给出了更高的阈值电场。这一点极为重要，因为在较高的电场下运行大型 PFL 可以为大型脉冲功率装置节省大量成本。

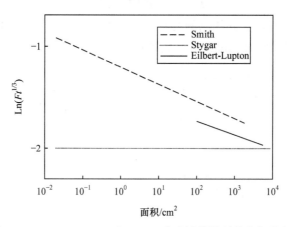

图 3-17　采用 Smith、Eilbert-Lupton 和 Stygar 公式计算得到的去离子水击穿结果对比

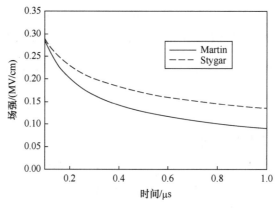

图 3-18　0.1～1μs Martin 和 Stygar "针-板"公式计算结果对比

3) 气态介质

气体也可以用作 PFL 中的绝缘介质[42]。常用的绝缘气体有氮气、空气、氢气和六氟化硫(SF6)。表 3-1 列出了常用绝缘气体的相对介电强度。值得注意的是，SF6 倾向于混合使用，即与另一种气体(空气或氮气)混合使用，但也能保持绝大部分的绝缘强度。

如果场增强系数很小，在许多情况下，如平行板或圆筒结构，PFL 中的电场分布就可以认为是均匀的。但是，发生故障可能是由制造过程中局部场增强(如紧固件)出现的非均匀电场导致的。

表 3-1 常用绝缘气体的相对介电强度

常用绝缘气体	相对介电强度
空气	1
氮气	1
氢气	0.5
六氟化硫	2.5
30%六氟化硫+ 70% 空气 (体积比)	2

4) 均匀电场

对于厘米级干燥大气的间隙，电击穿强度 E_{BR} 约为 30kV/cm。对于毫米级小间隙，电击穿强度会急剧增加。电击穿场强在很大程度上取决于气压，而气压通常是设计参数。

在均匀电场中，空气的电击穿强度与压力的关系(在不超过 10 个大气压的气压下有效)为

$$F = 24.6p + 6.7\sqrt{\frac{p}{d}} \tag{3-71}$$

其中，F 为平均击穿电场，单位为 kV/cm；p 为气压；d 为间隙距离，单位为 cm。

电击穿强度也是施加的脉冲宽度的函数。在 1 个大气压的空气中，10ns 脉冲的击穿强度比直流击穿场强大 2.3 倍。对于微秒级脉冲，可以使用直流条件下的电击穿强度，因为它们仅相差几个百分点。

气体 PFL 通常使用 SF$_6$，因为它在大气压下具有 90kV/cm 的优异电击穿强度。电击穿取决于压力，在 10atm 下，使用合适的电极材料可以实现 600kV/cm 的电场[42]。SF$_6$ 击穿的因素及其与间隙距离、气体压力和污染颗粒的相互关系将在第 8 章讨论。

5) 非均匀电场

对于非均匀电场，如在尖端或边缘附近的电场，其时间依赖性与具有均匀场的区域相比，击穿的起始更为重要。近似关系为[42]

$$F^{\pm} \cdot (dt)^{1/6} = k^{\pm} p^n \tag{3-72}$$

其中，F 为平均击穿电场，单位为 kV/cm；p 为气压；d 为间隙距离，单位为 cm；t 为脉冲宽度，单位为 μs；n 和 k 为取决于电压极性和气体类型的经验常数。空气和六氟化硫的 n 值和 $k^{\pm}$ 值如表 3-2 所示。气压在 1～5 个大气压下有效。

对于空气中负极性脉冲宽度大于 1μs 的脉冲以及正极性脉冲宽度大于数百微秒的脉冲，其与时间的依赖性消失[42]。

表 3-2   空气和六氟化硫的经验常数 n 和 $k^{\pm}$

气体介质	空气	六氟化硫
k^+	22	44
k^-	22	72
n	0.6	0.4

3.6.3 介电常数

通常，在脉冲宽度给定的条件下，FPL 中绝缘介质的相对介电常数 ε_r 越高，FPL 特征阻抗 Z_0 越低。因此，要提高 PFL 传输大电流和高峰值功率的能力，不仅要求 FPL 增加电长度 T_T，而且要求降低电磁波传播速度 v_{pp}，这就要求 PFL 更紧凑。根据式(3-12)计算得出的水和变压器油的波传播速度分别为 30ns/m 和 5ns/m。这就解释了为什么在许多 PFL 中将具有较高相对介电常数的去离子水作为电介质的首选。表 3-3 列出了脉冲功率技术中常用的液体电介质和固体电介质的相对介电常数。

PMMA 的其他通用名称是 Lucite 和 Acrylic。可以将乙二醇和水以不同的比例混合，组成介电常数为 38~80 的液体电介质。

表 3-3   脉冲功率技术中常用的液体电介质和固体电介质的相对介电常数

液体电介质	相对介电常数	固体电介质	相对介电常数
水	81	聚乙烯	2.25
变压器油	2.4	聚酯	2.92
蓖麻油	4.7	聚苯乙烯	2.56
甘油	44	聚四氟乙烯	2.1
乙二醇	38	聚甲基丙烯酸甲酯	2.5

3.6.4 自放电时间常数

式(3-32)表明，若要获得较大的自放电时间常数 T_d，则要求介质具有高的电阻率。实验确定[40]液体填充 PFL 的 T_d 的方法：在断开充电电源后，通过记录初始电压 V_0 下降到 V_0/e 所需的时间就可得到 T_d。T_d 随电介质温度的升高而降低，这是因为离子载流子密度及其迁移率随温度升高而迅速增大。对水而言，需要使用树脂去离子剂来降低由杂质和液体分子的热离解所贡献的离子载流子密度。大自放电时间常数 T_d 降低了对 PFL 快速充电的要求，也消除了对高成本快速高压发生器的需求。一个有趣的发现[25]是，冷却的去离子液体电介质的电阻率(ρ)显著增加，甚至对水也可以使用数百微秒的充电时间。另外，冷却的液体电介质还表现出相对介电常数 ε_r 和击穿场强 E_{BD} 增大，这两者均有利于 PFL 性能。

3.6.5　PFL 开关

PFL 开关需要仔细选择，目前已经研制出许多输出开关来满足特定的需求。通常，要求输出开关耐受 PFL 的全部充电电压(输出电压的两倍)以及具有足够大的通流能力。同时，输出开关应具有快速的上升时间，以便可靠传输 PFL 产生的脉冲波形。另外，部件之间的连接件可能会增加系统的电感，因此在选择输出开关时必须予以考虑。

低抖动开关可以使 PFL 放电电压非常接近其充电电压，实现最大能量的传输。此外，放电过程系统残余的能量越少，所有部件的使用寿命越长。在许多开关技术中，尤其是火花开关，开关熔蚀是重要的考虑因素。同时，脉冲功率系统的使用寿命或维护时间通常由开关决定。当多个 PFL 并联或多个独立火花开关并联运行时，开关的低抖动可实现同步放电。

选择放电开关技术时，需同时考虑 PFL 几何结构，使总电感最小。例如，在平面几何结构中可以使用多个火花开关或轨道开关(将在第 4 章中进行讨论)。在图 3-9 中，平行板 Blumlein 通过轨道开关放电。轨道开关在 PFL 的宽度上形成多通道放电，给系统带来的附加电感最小。第 4 章将讨论高电压高功率系统中大尺寸同轴 PFL 使用的激光触发的低电感、低抖动气体开关。开关典型的抖动为几纳秒，工作电压高达 6MV，预期使用寿命为数百次，其使用寿命在很大程度上取决于其工作电压。

3.7　脉　冲　压　缩

图 3-19 所示是常用的脉冲压缩方案及节点 2 和节点 3 处脉冲波形。采用直流电源充电的 PFL 具有的极限能量存储密度 $W_1 = \varepsilon E^2$，这是因为最大电场限定了静态击穿场强。PFL 脉冲充电方式充分利用了绝缘介质电场强度的增强效应并缩短了应力作用时间。将存储的能量以连续快速的方式依次从上一级转移到下一级的过程称为脉冲压缩，这是大多数脉冲功率技术的基础。即使在传输过程中损失了能量，充电时间的缩短也足以提高峰值功率。

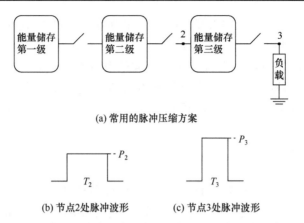

(a) 常用的脉冲压缩方案

(b) 节点2处脉冲波形　　　　　　(c) 节点3处脉冲波形

图 3-19　常用的脉冲压缩方案及节点 2 和节点 3 处脉冲波形

通常，第一级是直流充电的 Marx 发生器或高压脉冲变压器，其放电时间为几微秒。第一级的能量存储可以是电容器，但当峰值电压在 100kV 以上时，脉冲形成线是可行的。与其他方式相比，脉冲压缩技术允许使用更高的电压和更高的电场。高电压越高，存储的能量越多。当 PFL 输出电压一定时，击穿场强 E_{BD} 越高，PFL 的横向尺寸越小，阻抗越低且产生的峰值电流越大。通过快速给 PFL 充电，利用绝缘击穿的时间特性来提高能量密度。表 3-4 给出了油和水介质的电击穿场强与时间的关系。结果表明：当充电时间从 1μs 减小到 100ns 时，液体介质的电击穿场强值约增加到原来的两倍。

表 3-4　油和水介质的电击穿场强与时间的关系

T_p	A /cm^2	$t^{1/3}$	$A^{0.075}$	击穿电场 F/(kV/cm)			
				水		水	油
				$k^+ = 0.6$	$k^- = 0.6$	针–板	$k^+ = 0.6$
1μs	1000	1	1.679	180	360	135	285
100ns	1000	0.464	1.679	385	770	290	615
1μs	10^4	1	1.995	150	300	135	240
100μs	10^4	0.464	1.995	325	650	290	520

3.7.1　中间储能电容器

大型储能 Marx 发生器或变压器的自感将其放电时间限制为几微秒，相对较长的放电时间限制了其在脉冲充电下击穿场强的优势。PFL 的快速充电是通过使用中间储能电容器(intermediate storage capacitor，ISC)来实现的。首先，

ISC 由 Marx 发生器在几微秒内充满电，然后其通过输出开关放电到 PFL。在给定尺寸条件下，Marx 发生器在很短时间内给 PFL 的充电电压比 PFL 直接从初级储能系统获得的充电电压高。ISC 适用于任何形式的 PFL，并且可以使用多个 ISC。系统的大部分脉冲压缩是在前两个阶段完成的，后续阶段的功率倍增并不显著。

3.7.2　电压斜坡和双脉冲开关

如果 PFL 在与其输出脉冲宽度相当的时间内充电，然后在充电结束前开关导通，则 PFL 输出电压可以近似为线性斜坡，而不是一个电容器对另一个电容器放电的典型放电波形$(1-\cos(\omega t))$。这使得下一阶段的脉冲压缩可以大大减小电介质的应力作用时间。充电时间和 PFL 长度之间的这种相互作用关系可以使用双反射开关(double bounce switching，DBS)技术来实现，在不显著增加电压的情况下提高负载的峰值功率。

DBS 首先被用于 EAGLE 装置，利用沿 PFL 的多次反射来优化输出脉冲电压[44]。对于负载所需的峰值功率，DBS 不仅可以降低 ISC 和 PFL 的电应力，而且可以降低 PFL 输出开关的抖动和损耗。DBS 的基本要素是 PFL 电长度，以便波从输出端的开路开关和输入端的开关电感同时反射[45,46]。在图 3-20 中，ISC 具有的电长度为 T_1，阻抗为 Z_1，并且在开关 Sw_1 闭合时将其能量传输到电长度为 T_2、阻抗为 Z_2 的 PFL。ISC 输出开关 Sw_1 的设计电感足够大，以便开关闭合时可用电感 L_1 表示。

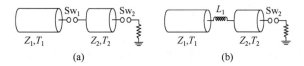

图 3-20　双反射开关的电路图

ISC 通过电感 L_1 给 PFL 充电，其时间常数为

$$\tau_c = \frac{L_{12}}{Z_1 + Z_2} \tag{3-73}$$

若选择 PFL 的电长度为 T_2，则

$$T_2 \sim \tau_c \quad 或 \quad L_{12} = T_2(Z_1 + Z_2) \tag{3-74}$$

把 PFL 当作传输线，来自 ISC[46]的充电电压

$$V_{inc}(t) = \frac{V_0}{2}(1 - e^{-t/\tau_c}) \tag{3-75}$$

到达开路的 Sw_2 时被反射。该反射波向 ISC 传播，直到到达 Sw_1 时其仍在传导电流。该反射波被电感 L_1 部分反射，并向 PFL 输出开关 Sw_2 传播。部分反射波为

$$V_{\text{ref}}(t) = \frac{V_0}{2} \times \frac{t}{\tau_{\text{c}}} \times \text{e}^{-t/\tau_{\text{c}}} \tag{3-76}$$

反射波的峰值出现在 $t=\tau_{\text{c}}$ 时：

$$V_{\text{ref}}^{\max} = V_{\text{ref}}(\tau_{\text{c}}) = \frac{1}{e} \times \frac{V_0}{2} = 0.37 \times \frac{V_0}{2} \tag{3-77}$$

如果正好在反射波到达 PFL 电长度时触发开关 Sw_2，则电压为

$$V(t) = \frac{V_0}{2}\left(1 - \text{e}^{-t/\tau_{\text{c}}}\text{e}^{-2T_2/\tau_{\text{c}}} + \frac{t}{\tau_{\text{c}}}\text{e}^{-t/\tau_{\text{c}}}\right) \tag{3-78}$$

与常规脉冲压缩相比，ISC 电压波形的峰值电压高 37%。然而，如果在 L_1 反射波到达之前 Sw_2 闭合，则完全充电波形会传输到负载，并且电压会继续升高。在反射波形 $V_{\text{ref}}(t)$ 到达之前导通 PFL，可以最大限度地减小 PFL 及其输出开关上的电压，且不会减小负载的峰值功率。使用 DBS 的最大功率增量 P_{DBS} 与最大电压增量的平方成正比，从而得出

$$\frac{P_{\text{DBS}}}{P} = (1 + 0.37)^2 \approx 1.88 \tag{3-79}$$

与一般的脉冲压缩技术相比，使用 DBS 传递的功率可以提高 88%。

L_1 的大小至关重要，因为如果电感太大，ISC 将不会为 PFL 充电；如果电感太小，则反射波将不会部分反射回 PFL。电长度 T_1/T_2 与阻抗 Z_1/Z_2 的比值很重要，并且最佳比值为 1.5～2。此外，PFL 几何结构应立即截止，以最大程度地减小分布电容，存在分布电容将滤除反射波。

DBS 主要用于增加负载的功率，而不是按比例增加 PFL 上的电压。传输电压波不会显著增加 PFL 电压，允许在不降低负载电压的情况下降低 PFL 电压及其输出开关电压。

3.7.3　Z 装置的脉冲压缩

基于模块化设计的 Z 装置是多级脉冲压缩的一个范例，主要用于高能量密度物理和惯性约束聚变研究[47-49]。美国圣地亚国家实验室(SNL)研制的 Z 装置由 36 路模块组成，这些模块并联放电，以峰值幅度约 25MA 的电流脉冲驱动一个位于中心的负载[47]。图 3-21 是 ZR 装置的电路示意图。图中，脉冲压缩电路同时使用 DBS 和预脉冲抑制开关。

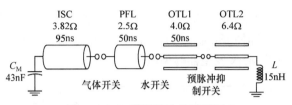

图 3-21　ZR 装置的电路示意图

初级储能装置是一个油绝缘的 30 级 Marx 发生器，最大充电电压为±100kV，建立参数：C_M 为 43nF，L_M 为 11μH，等效串联电阻 R_M 为 1.4Ω，在±90kV 充电时的峰值电流为 180kA。Marx 发生器给 24.8nF ISC 充电，充电到峰值电压的时间约为 1.4μs，但通常在峰值之前导通 ISC。ISC 是同轴水绝缘传输线，电长度为 95ns，阻抗为 3.8Ω。通过将 ISC 浸入与 Marx 发生器相同的油箱中，为 ISC 提供外部绝缘。激光触发气体开关(laser triggered gas switch，LTGS)[50]在大约 250ns 内将能量从 ISC 转移到电容为 15nF 的 PFL。PFL 也是水绝缘同轴传输线，电长度为 50ns，阻抗为 2.5Ω。负极性充电的 PFL 通过水开关放电到 4.2Ω、50ns 的水绝缘三重输出传输线(output transmission line，OTL)。OTL 终端接另一组水开关，其主要目的是减少主水开关的电容耦合产生的预脉冲。图 3-21 中的 15nH 电感代表典型的真空中负载的初始电感[49]。触发每个模块中的激光触发气体开关，使模块彼此同步。通过以上方法，在大电流下实现了复杂波形[49]。图 3-22 给出了 ZR 装置脉冲压缩电路各个部件的瞬时峰值功率。需要注意的是，OTL 上的峰值功率与 PFL 上的峰值功率相同，但出现时间滞后。

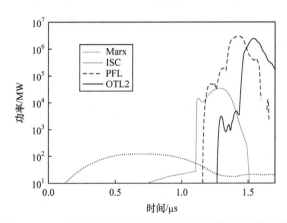

图 3-22　ZR 装置脉冲压缩电路各个部件的瞬时峰值功率

图 3-23 是测量得到的 ZR 装置各个部件的电压波形。在该图所示的实验波形中，Marx 发生器给 ISC 充电时间约为 1.2μs。与充电时间相比，ISC 电长度短，

并且其输出脉冲在达到峰值之前触发 LTGS，从而使 ISC 输出斜波脉冲电压波形。需要注意的是，即使 ISC 在达到峰值电压之前进行了切换，由于谐振增益，ISC 峰值电压也高于 Marx 发生器峰值电压。

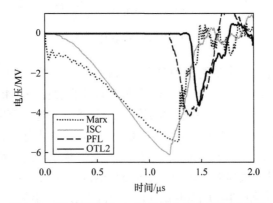

图 3-23　测量得到的 ZR 装置各个部件的电压波形

　　与 ISC 相比，PFL 的电长度短，并且采用了基于 DBS 的电流发生器技术。图 3-24 是实验测得的 DBS 电压波形。可以通过从相同位置测量的电流和电压波形计算出入射电压波形 $V_{\mathrm{For}}(t)$：

$$V_{\mathrm{For}}(t) = \frac{V(t) + Z_{\mathrm{PFL}} I(t)}{2} \tag{3-80}$$

其中，$V(t)$ 和 $I(t)$ 为 PFL 输出端的测量波形；Z_{PFL} 为 PFL 阻抗。

　　入射电压波的幅度小于测得的电压，波形特征如式(3-78)所示，具体表现为先快速下降，后缓慢上升(图 3-24)。

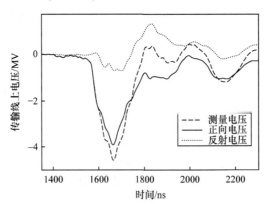

图 3-24　实验测得的 DBS 电压波形

3.8 设 计 示 例

示例 3.1

水介质($\varepsilon_r = 80$)同轴脉冲形成线长 1.0m，内导体直径为 150mm，外导体直径为 300mm。假设 PFL 的充电时间为脉冲宽度的 10 倍，请计算以下参数：

(1) 阻抗；

(2) 脉冲宽度；

(3) 最大充电电压。

解：

利用式(3-7)和式(3-8)可得 PFL 的基本参数如下：

$$\tilde{L} = \frac{\mu_0}{2\pi} \ln \frac{D_2}{D_1} \cong 140(\text{nH / m})$$

$$\tilde{C} = \frac{2\pi\varepsilon_0\varepsilon_r}{\ln \dfrac{D_2}{D_1}} \cong 6.4(\text{nF / m})$$

$$Z = \sqrt{\frac{L}{C}} \cong 4.7(\Omega)$$

脉冲宽度为

$$T = \frac{2}{T_T} = \frac{2}{\sqrt{LC}} \cong 60(\text{ns})$$

为了确定击穿电场 F，根据内导体尺寸计算面积，并将其单位转换为 cm²：

$$A = \pi D_1 \ell \cong 4700(\text{cm}^2)$$

Eilbert-Lupton 公式是适用的。充电时间 $t = 600\text{ns} = 0.6\mu\text{s}$，由式(3-66)可得

$$F^+ = \frac{0.23}{t^{1/3} \cdot A^{0.058}} = \frac{0.23}{(0.6)^{1/3} \cdot (4700)^{0.058}} \cong 167(\text{kV / m})$$

$$F^- = \frac{0.557}{t^{1/3} \cdot A^{0.069}} = \frac{0.557}{(0.6)^{1/3} \cdot (4700)^{0.069}} \cong 369(\text{kV / m})$$

Martin[2]指出经验击穿公式的精确度在 10%以内。谨慎起见，应采用安全系数以确保不会发生击穿。给 PFL 充电负极性电压，令 $E_{BD} = 185\text{kV/cm}$。根据式(3-28)计算工作电压：

$$V_0(\text{max}) = E_{BD}R_1 \ln \frac{R_2}{R_1} \cong 960(\text{kV})$$

示例 3.2

Marx 发生器建立电容为 50nF，Marx 发生器等效串联电感为 8μH，请计算示例 3.1 中 PFL 的击穿时间。

解：

从 3.6.2.2 小节可知，击穿时间定义为脉冲超过其 63%峰值电压的时间。由于 $C_M \sim C_2$，PFL 由第 1 章介绍的$(1-\cos(\omega t))$波形充电：

$$V_2(t) = \frac{V_M C_M}{C_M + C_2}(1 - \cos(\omega t))$$

PFL 上的最大电压发生在时间 t_M，也就是，当$1 - \cos(\omega t_M) = 2$ 和 $\omega t_M = \pi$ 时，峰值电压为

$$V_2(t_M) = V_2^{peak} = \frac{2V_M C_M}{C_M + C_2}$$

脉冲达到其 63%峰值电压的时间 t_{63} 为

$$V_2(t_{63}) = 0.63 \times \frac{2V_M C_M}{C_M + C_2} = \frac{V_M C_M}{C_M + C_2}(1 - \cos(\omega t_{63}))$$

$$1 - \cos(\omega t_{63}) = 0.63 \times 2$$

$\cos(\omega t_{63}) = 0.26$ 和 $\omega t_{63} = 1.3$。

击穿时间 t 为

$$t = t_M - t_{63} = \frac{\pi}{\omega} - \frac{1.3}{\omega} \approx \frac{1.84}{\omega}$$

代入 $C_M = 8\text{nF}, C_2 = 6.4\text{nF}, L = 8\mu\text{H}$ 得

$$\omega = \sqrt{\frac{C_M + C_2}{L C_M C_2}} \cong 6(\text{MHz})$$

击穿时间 t 为

$$t = t_M - t_{63} = \frac{\pi}{\omega} - \frac{1.3}{\omega} \approx \frac{1.84}{\omega} = \frac{1.84}{6} \cong 300(\text{ns})$$

示例 3.3

如果示例 3.1 的 PFL 中充油介质$(\varepsilon_r = 2.5)$，请计算以下参数：

(1) 阻抗；

(2) 脉冲宽度；

(3) 最大充电电压。

解：

PFL 电感不变，$\tilde{L} = 140\text{nH/m}$，重复示例 3.1 的过程：

$$\tilde{C} = \frac{2\pi\varepsilon_0\varepsilon_r}{\ln\dfrac{D_2}{D_1}} \cong 0.192(\text{nF}/\text{m})$$

$$Z_0 = \sqrt{\frac{\tilde{L}}{\tilde{C}}} \cong 27(\Omega)$$

$$T_p = 2\ell \times T_T = 2\ell \times \sqrt{\tilde{L}\tilde{C}} \cong 10.4(\text{ns})$$

变压器油的击穿电场 F 为

$$F = \frac{0.48}{0.6^{1/3} \times 4700^{0.075}} \cong 300(\text{kV}/\text{cm})$$

使用安全系数 1.5，可得

$$V_0(\text{max}) = E_{\text{BD}}R_1 \ln\frac{R_2}{R_1} = 200 \times \frac{15}{2} \times \ln\frac{300}{150} \cong 1(\text{MV})$$

示例 3.4

对于示例 3.1 中的 PFL，计算以下电介质的最优阻抗：

(1) 变压器油($\varepsilon_r = 2.5$)；

(2) 蓖麻油($\varepsilon_r = 4.7$)；

(3) 甘油($\varepsilon_r = 40$)；

(4) 去离子水($\varepsilon_r = 80$)。

解:

最优阻抗与 PFL 尺寸无关，则

$$Z_0 = \frac{1}{2\pi}\sqrt{\frac{\mu_0}{\varepsilon_0\varepsilon_r}} \cong 38(\Omega)\ (\text{变压器油})$$

$$Z_0 = \frac{1}{2\pi}\sqrt{\frac{\mu_0}{\varepsilon_0\varepsilon_r}} \cong 27(\Omega)\ (\text{蓖麻油})$$

$$Z_0 = \frac{1}{2\pi}\sqrt{\frac{\mu_0}{\varepsilon_0\varepsilon_r}} \cong 9.5(\Omega)\ (\text{甘油})$$

$$Z_0 = \frac{1}{2\pi}\sqrt{\frac{\mu_0}{\varepsilon_0\varepsilon_r}} \cong 6.7(\Omega)\ (\text{去离子水})$$

示例 3.5

同轴 Blumlein 线，长度为 4.0m，内导体直径为 800mm，中间导体直径为

1.0m，外导体直径为 1.2m，采用的液体电介质的相对介电常数 ε_r 为 4.7，击穿场强 E_{BD} 为 110kV/cm。计算以下参数：

(1) 阻抗；

(2) 脉冲宽度；

(3) 最大充电电压。

解：

L_{12} 和 C_{12} 的基本参数如下：

$$L_{12} = \frac{\mu_0}{2\pi} \ln \frac{D_2}{D_1} = \frac{4\pi \times 10^{-7}}{2\pi} \ln \frac{1.0}{0.8} \cong 0.446 \times 10^{-7} (\text{H}/\text{m})$$

$$\tilde{C}_{12} = \frac{2\pi \varepsilon_0 \varepsilon_r}{\ln \dfrac{D_2}{D_1}} \cong 1171.0 \times 10^{-12} (\text{F}/\text{m})$$

将计算得到的值 L_{12} 和 C_{12} 代入式(3-3)，可得

$$Z_{12} = \sqrt{\frac{L_{12}}{C_{12}}} = \sqrt{\frac{0.446 \times 10^{-7}}{1171.0 \times 10^{-12}}} \cong 6.17(\Omega)$$

$$L_{23} = \frac{\mu_0}{2\pi} \ln \frac{D_3}{D_2} = \frac{4\pi \times 10^{-7}}{2\pi} \ln \frac{1.2}{1.0} \cong 36.5(\text{nH}/\text{m})$$

$$C_{23} = \frac{2\pi \varepsilon_0 \varepsilon_r}{\ln \dfrac{D_3}{D_2}} = \frac{2\pi \times 8.85 \times 10^{-12} \times 4.7}{\ln(1.2/1.0)} \cong 1.4(\text{nF}/\text{m})$$

$$Z_{23} = \sqrt{\frac{L_{23}}{C_{23}}} = \sqrt{\frac{0.365 \times 10^{-7}}{1433.0 \times 10^{-12}}} \cong 5.04(\Omega)$$

Blumlein 阻抗：

$$Z = Z_{12} + Z_{23} = 6.17 + 5.04 = 11.21(\Omega)$$

脉冲宽度：

$$T_p = 2\ell \times T_T = 2\ell \times \sqrt{L_{12}C_{12}} = 2 \times 4 \times \sqrt{0.446 \times 10^{-7} \times 1171.0 \times 10^{-12}} \cong 57.8(\text{ns})$$

L_{12} 的最大电压可从式(3-13)获得：

$$V_0^{\max} = E_{BD} R_1 \ln \frac{R_2}{R_1} = 110 \times \frac{80}{2} \times \ln(1.0/0.8) \cong 982(\text{kV})$$

同样，L_{23} 的最大电压为

$$V_0^{\max} = E_{BD} R_2 \ln \frac{R_3}{R_2} = 110 \times \frac{100}{2} \times \ln(1.2/1.0) \cong 1000(\text{kV})$$

由于 L_{12} 的击穿电压小于 L_{23} 的击穿电压，因此 Blumlein 可以充电的最大电压 $V_0^{\max} = 982\text{kV}$。

示例 3.6

三电极带状 Blumlein 的长度为 3m，宽度为 1m，两板之间的距离为 10cm，所采用油介质的 ε_r 为 2.5。假设油介质的工作电场为 200kV/cm，请计算传递到匹配负载中的峰值功率和能量。

解：

两电极传输线单位长度的电感和电容分别为

$$L = \frac{\mu_0 \mu_r S}{W} = \frac{(4\pi \times 10^{-7}) \times 1 \times 0.1}{1} \cong 125.7(\text{nH/m})$$

$$C = \frac{\varepsilon_0 \varepsilon_r W}{S} = \frac{(8.85 \times 10^{-12}) \times 2.5 \times 1}{0.1} \cong 221(\text{pF/m})$$

Blumlein 阻抗为

$$Z = 2Z_0 = 2\sqrt{\frac{L}{C}} = 2 \times \sqrt{\frac{125.7 \times 10^{-9}}{221 \times 10^{-12}}} \cong 47.7(\Omega)$$

负载最大电压为

$$V_0^{\max} = 200 \times 10 \cong 2(\text{MV})$$

匹配负载上的峰值功率为

$$P_p = \frac{V_0^2}{Z} = \frac{\left(2 \times 10^6\right)^2}{47.7} \cong 84(\text{GW})$$

单位长度的传输时间为

$$T_T = \sqrt{LC} = \sqrt{\left(125.7 \times 10^{-9}\right) \times \left(221 \times 10^{-12}\right)} \cong 5.27(\text{ns/m})$$

脉冲宽度为

$$T = 2\ell \times T_T = 5.27 \times 2 \times 3 \cong 31.6(\text{ns})$$

传递给匹配负载的能量为

$$E = P_p \times T = 84 \times 31.6 \cong 2.65(\text{kJ})$$

示例 3.7

假设脉冲压缩电路由同轴 PFL 组成，该同轴 PFL 的特征阻抗为 Z_2，单程传

输时间为 T_{T2}，且该同轴 PFL 用建立电容 C_M 和峰值电压 V_M 的 Marx 发生器充电。请证明：如果 $C_M \sim C_2$，就可以有效地进行电压传输。

解：

储存在 Marx 发生器中的能量 W_{Marx} 是储存在其电容器中的能量：

$$W_{Marx} = \frac{1}{2} C_M \times V_M^2$$

PFL 是一条传输线，将以等于充电电压一半的电压放电，并且脉冲宽度 T_p 等于电长度的两倍。

根据输出脉冲参数、峰值功率 P_k 和传输时间 T_T 可以计算出 PFL 中存储的能量 W_{PFL}：

$$W_{PFL} = P_k \Delta T = \frac{1}{Z_2} \left(\frac{V_2}{2} \right)^2 (2 T_T \ell)$$

重新排列项，可得

$$W_{PFL} = \frac{1}{2} V_2^2 \left(\frac{T_T \ell}{Z_2} \right)$$

从式(3-3)可得

$$C_2 = C_{PFL} \ell = \frac{T_T}{Z_2} \ell$$

$$W_{PFL} = \frac{1}{2} C_2 V_2^2$$

谐振增益条件为
当 $C_M \sim C_2$ 时，

$$\frac{V_2}{V_M} = \frac{2 C_M}{C_M + C_2} \sim 1$$

因此，当 $C_M \sim C_2$，$V_M \sim V_2$ 时，

$$\frac{1}{2} C_2 V_2^2 = W_{Marx} \sim W_{PFL} = \frac{1}{2} C_2 V_2^2$$

Marx 中的能量有效传输给了 PFL。

参 考 文 献

[1] J.H. Crouch and W.S. Risk, A Compact High Speed Low Impedance Blumlein Line for High Voltage Pulse Shaping. *Rev. Sci. Instrum.*, Vol. 43, No. 4, p. 632, 1972.

[2] J.C. Martin, Nanosecond Pulse Techniques, in T.H. Martin, A. H. Guenther, and M. Kristiansen, eds., *JCM on Pulsed*

Power, Plenum Press, 1996.

[3] J.D. Ivers and J.A. Nation, Compact 1 GW Pulse Power Source. *Rev. Sci. Instrum.*, Vol. 54, No. 11, p. 1509, 1983.

[4] F. Davanloo, J.J. Coogan, T.S. Bowen, R.K. Krause, and C.B. Collins, Flash X-Ray Source Excited by Stacked Blumlein Generator. *Rev. Sci. Instrum.*, Vol. 59, No. 10, p. 226, 1988.

[5] F. Davanloo, C.B. Collins, F.J. Agee, and L.E. Kingsley, Repetitively Pulsed High Power Stacked Blumlein Generators. *Nucl. Instrum. Methods Phys. Res.*, Vol. B99, p. 713, 1995.

[6] K.R. Prestwich, HARP: A Short Pulse High Current Electron Beam Accelerator. *IEEE Trans. Nucl. Sci.*, Vol. 22, No. 3, p. 975, 1975.

[7] A.I. Pavlovski et al., *Sov. Phys. Dokl.*, Vol. 25, p. 120, 1980.

[8] D. Keefe, *Research on High Beam-Current Accelerators*, Report No. LBL- 12210, Lawrence Berkeley Laboratory and Physical Dynamics Inc., CA, 1981.

[9] A.I. Pavlovski et al., *Sov. Phys. Dokl.*, Vol. 20, p. 441, 1975.

[10] R.B. Miller, K.R. Prestwich, J.W. Poukey, B.G. Epstein, J.R. Freeman, A.W. Sharpe, W.B. Tucker, and S.L. Slope, Multistage Linear Electron Acceleration Using Pulsed Transmission Lines. *J. Appl. Phys.*, Vol. 52, No. 3, p. 1184, 1981.

[11] C.A. Kapetanakos and P. Sprangle, Ultra High Current Electron Induction Accelerators. *Phys. Today*, Vol. 38, p. 58, 1985.

[12] V.P. Singhal, B.S. Narayan, K. Nanu, and P.H. Ron, Development of Blumlein Based on Helical Line Storage Elements. *Rev. Sci. Instrum.*, Vol. 72, No. 3, p. 1862, 2001.

[13] A. B. Garasimov et al., High Precision Fast Acting Discharger with a Solid Dielectric, Instrument and Experimental Techniques. p. 446, 1970.

[14] W.C. Nunnally et al., Simple, Solid Dielectric Start Switch, in W.H. Bostick, V. Nardi, and O.S.F. Zucker, eds., *Energy Storage, Compression, and Switching,* Plenum Press, New York, p. 429, 1976.

[15] P. Dokopoulos, Fast 500 kV Energy Storage Unit with Water Insulation and Solid Multichannel Switching. *Proceedings of the Symposium on Fusion Technology*, Aachen, Germany, p. 393, 1970.

[16] J.A. Nation High Power Electron and Ion Beam Generation. *Particle Accelerators*, Vol. 10, Gordon & Breach Science Publishers Inc., pp. 1-30, 1979.

[17] D.B. Fenneman, Pulsed High Voltage Dielectric Properties of Ethylene Glycol/ Water Mixtures. *J. Appl. Phys.*, Vol. 53, No. 12, p. 8961, 1982.

[18] P.K. Watson, W.G. Chadband, and M. Sadeghzadeh-Araghi, The Role of Electrostatic and Hydrodynamic Forces in the Negative-Point Breakdown of Liquid Dielectrics. *IEEE Trans. Dielectr. Electr. Insul.*, Vol. 26, No. 4, pp. 543-559, 1991.

[19] A. Beroual, M. Zahn, A. Badent, K. Kist, A.J. Schwabe, H. Yamashita, K. Yamazawa, M. Danikas, W. Chadband, and Y. Torshin, Propagation and Structure of Streamers in Liquid Dielectrics. *IEEE Electr. Insul. Mag.*, Vol. 14, No. 2, pp. 6-17, 1998.

[20] E.A. Abramyan and K.A. Kornilov et al., The Development of Electrical Discharge in Water. *Sov. Phys. Dokl.*, Vol. 16, No. 11, p. 983, 1972.

[21] J. Qian, R.P. Joshi, J. Kolb, K.H. Schoenbach, J. Dickens, A. Neuber, M. Butcher, M. Cevallos, H. Krompholz, E. Schamiloglu, and J. Gaudet, Microbubble-Based Model Analysis of Liquid Breakdown Initiation by a Submicrosecond Pulse. *J. Appl. Phys.*, Vol. 97, p. 113304, 2005.

[22] V.M. Atrazhev, E.G. Dmitriev, and I.T. Iakubov, The Impact Ionization and Electrical Breakdown Strength for Atomic and Molecular Liquids. *IEEE Trans. Dielectr. Electr. Insul.*, Vol. 26, No. 4, pp. 586-591, 1991.

[23] D.A. Wetz, J.J. Mankowski, J.C. Dickens, and M. Kristiansen, The Impact of Field Enhancements and Charge Injection on the Pulsed Breakdown Strength of Water. *IEEE Trans. Plasma Sci.*, Vol. 34, No. 5, pp. 1670-1679, 2006.

[24] K.R. Prestwich, Electron and Ion Beam Accelerators, in M. Month and M. Diens., eds. *The Physics of Particle Accelerators*, AIP Conference Proceedings No. 249, Vol. 2, American Institute of Physics, p. 1725, 1992.

[25] R.E. Tobazeon, Streamers in Liquids, in E.E. Kunhardt, L. Christophorou and L.L. Luessen, eds., *The Liquid State and Its Electrical Properties*, Plenum Press, 1988.

[26] R.J. Gripshover and D.B. Fenneman, Water/Glycol Mixtures as Dielectric for Pulse Forming Lines in Pulse Power Modulators. *Conference Record of the Power Modulator Symposium*, p. 174, 1982.

[27] I.D. Smith, Liquid Dielectric Pulse Line Technology, in W.H. Bostick, V. Nardi, and O.S.F. Zucker, eds., *Energy Storage, Compression, and Switching*, Plenum Press, New York, p. 15, 1976.

[28] P.I. John, Design of Water Pulse Forming Line, *Proceedings of the Electrical Insulation and High Voltage Pulse Techniques*, BARC, Mumbai, India, p. 335, 1982.

[29] R.S. Kalghatgi, Design of Castor Oil Dielectric Pulse Forming Line. *Proceedings of the Electrical Insulation and High Voltage Pulse Techniques*, BARC, Mumbai, India, p. 307, 1982.

[30] A.P. Alkhimov, Megavolt Energy Generating Device. *Sov. Phys. Dokl.*, Vol. 15, p. 959, 1971.

[31] I.D. Smith and H. Aslin, Pulsed Power for EMP Simulators. *IEEE Trans. Electromagn. Compatibility*, Vol. 20, No. 1, p. 53, 1978.

[32] J.P. Van Devender and T.H. Martin, Untriggered Water Switching. *IEEE Trans. Nucl. Sci.*, Vol. 22, p. 979, 1975.

[33] I.D. Smith, SSWA Notes "Breakdown of Transformer Oil," Aldermaston, Berkshire, England, AWFL Dielectric Strength Notes, Note 12, 1966.

[34] I.D. Smith, D. Weidenheimer, D. Morton, and L. Schlitt, Estimating and Projecting Operating Fields for Liquid Dielectrics in KrF Laser Fusion Power Plants. *IEEE Trans. Plasma Sci.,* Vol. 30, No. 5, pp. 1967-1974, 2005.

[35] I.D. Smith, D. Weidenheimer, D. Morton, L. Schlitt, and J. Sethian, Large Area, High Reliability Liquid Dielectric Systems: Provisional Design Criteria and Experimental Approaches to More Realistic Projections. *Proceedings of the IEEE International Pulsed Power and Plasma Science Conference*, p. 237, 2001.

[36] R.J. Adler, *Pulsed Power Formulary*, C June 2002. C Available at www. highvoltageprobes.com/PDF/fromweb1.pdf (accessed April 19, 2010).

[37] A.R. Miller, Sub-ohm Coaxial Pulse Generators, Blackjack 3, 4 and 5, *3rd International Pulsed Power Conference,* pp. 200-205, 1981.

[38] I.D. Smith, SSWA Notes, "Impulse Breakdown of Deionized Water," Aldermaston, Berkshire, England, AWFL Dielectric Strength Notes, Note 4, 1965.

[39] I.D. Smith, SSWA Notes, "Further Breakdown Data Concerning Water," Aldermaston, Berkshire, England, AWFL Dielectric Strength Notes, Note 13, 1966.

[40] P.D.A. Champney, SSWA Notes, "Impulse Breakdown of Deionised Water with Asymmetric Fields," Aldermaston, Berkshire, England, AWFL Dielectric Strength Notes, Note 7, 1966.

[41] R.A. Eilbert and W.H. Lupton, Extrapolating AWRE Water Breakdown Data, NRL Note (unpublished report), 1968.

[42] J.C. Martin, Nanosecond Pulse Techniques. *Proc. IEEE*, Vol. 80, No. 6, 1992.

[43] W.A. Stygar, T. Wagoner, H.C. Ives, Z. Wallace, V. Anaya, J. Corley, M. Cuneo, H.C. Harjes, J.A. Lott, G.R. Mowrer, E.A. Puetz, T.A. Thompson, S.E. Tripp, J.P. Van Devender, and J.R. Woodworth, Water-Dielectric-Breakdown Relation for the Design of Large Area Multi-Megavolt Pulsed Power Systems. *Phys. Rev. Special Top. Accel. Beams,*

Vol. 9, 070401, 2006.

[44] G.B. Frazier, S.R. Ashby, D.M. Barrett, M.S. Di Capua, L.J. Demeter, R. Huff, D.E. Soias, R. Ryan, P. Spence, D.F. Strachan, and T.S. Sullivan, Eagle: A 2 TW Pulsed Power Research Facility. *Proceedings of the International Pulsed Power Conference*, pp. 8-14, 1981.

[45] G.B. Frazier and S.R. Ashby, Double Bounce Switching, *Proceedings of the International Pulsed Power Conference*, pp. 556-558, 1983.

[46] A. Kuchler, Th. Dunz, J. Dams, and A.J. Schwab, Power and Voltage Gain of Pulse Forming Lines with Double Bounce Switching. *Proceedings of the International Pulsed Power Conference*, p. 559, 1983.

[47] K.W. Struve, H.C. Harjes, and J.P. Corley, Circuit Model Predictions for the Performance of ZR, *Proceedings of the IEEE International Pulsed Power Conference*, 2007.

[48] M.E. Savage et al., An Overview of Pulse Compression and Power Flow in the Upgraded Z Pulsed Power Driver. *Proceedings of the IEEE International Pulsed Power Conference*, pp. 979-984, 2007.

[49] M. K. Matzen, M.A. Sweeney, J.R. Asay, G. Donovan, J. Porter, W. Stygar, K.W. Struve, E.A. Weinbrecht et al., Pulsed-Power-Driven High Energy Density Physics and Inertial Confinement Fusion Research. *Phys. Plasmas*, Vol. 12, p. 055503, 2005.

[50] J.E. Maenchen, J.M. Lehr et al., Fundamental Science Investigations to Develop Triggered Gas Switches for ZR, First Annual Report, SAND2007-0217, Sandia National Laboratories, Albuquerque, NM, February 2007.

第4章 闭合开关

闭合开关是脉冲功率研究人员最感兴趣的话题之一，这是因为开关的性能通常决定着系统的性能。闭合开关需要承受高电压，然后迅速进入导通状态，并以较低的损耗传输脉冲大电流(图4-1)。

虽然固态开关已广泛应用于中等电压等级系统，但常见的高电压、大电流开关仍然是以辉光放电模式(伪火花开关、闸流管)或电弧放电模式(火花开关、引燃管)工作的气体火花开关。开关的关键参数如下。

阻断电压：导致开关闭合并通流的电压。

峰值电流：流过开关的最大电流。

正向压降：导通过程开关两端电压降。

$\mathrm{d}I/\mathrm{d}t$：电流从开关导通到峰值电流的最大速率。

开关恢复时间：开关在连续脉冲之间恢复耐受电压能力的最短时间。

延迟时间：施加足以引起开关导通的电压后，有效电流流过的时间。

抖动：延迟时间的统计偏差。

本章将详细介绍火花间隙开关，因为它们在脉冲功率技术中使用十分普遍。此外，本章还介绍其他类型开关，包括闸流管、引燃管、伪火花开关以及常用的固态开关。

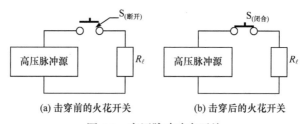

(a) 击穿前的火花开关　　　　　(b) 击穿后的火花开关

图4-1　高压脉冲功率开关

4.1　火花间隙开关

火花间隙开关包含两个电极，电极间填充绝缘介质，通常为气体，也可以为液体或真空。电压施加到电极两端，直到达到阈值电压 V_{BD} 才产生电流，在 V_{BD}

的作用下，火花间隙"引燃"，在绝缘介质中形成电弧，电阻率极大地降低，形成电流。当流过开关的电流仅受外电路限制，且放电电弧是自持时，开关就闭合。图 4-2 所示是典型的火花间隙开关结构，其中图 4-2(a)用绝缘法兰支撑，图 4-2(b)用金属法兰支撑。电压施加在两个主电极 E_1 和 E_2 之间，间隙距离为 d，火花放电区域位于两个电极之间。图 4-3 所示是火花间隙开关电弧放电的时间积分照片。开关介质为 2atm 的干燥空气。

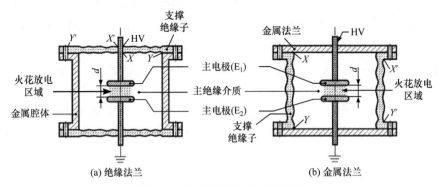

(a) 绝缘法兰   (b) 金属法兰

图 4-2 典型的火花间隙开关结构

仅在电极两端施加电压条件下才闭合的开关称为自击穿开关。相应地，开关电极两端施加的电压低于自击穿电压，通过外部条件引燃使开关闭合的被称为触发开关。触发之前开关间隙中的初始条件不利于发生击穿，当触发脉冲施加到开

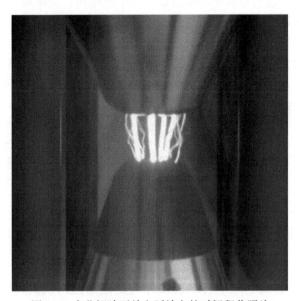

图 4-3 火花间隙开关电弧放电的时间积分照片

关间隙两端时，间隙介质的工作状态会改变，引发电击穿使开关闭合。触发器可以采用开关中引发电击穿的任意方法，如电子束、激光或提高火花开关中的局部电场。触发开关不仅可用于控制导通的时间和精度，提高可靠性，而且具有较大的电压工作范围。

假设火花开关设计合理，则击穿发生在主间隙之间，而不会发生在支撑绝缘子的表面，这常常是通过提高开关其他区域的击穿强度来实现的，特别是如图 4-2 所示支撑绝缘子的 XY 和 $X'Y'$ 表面。气体和固体绝缘子之间的界面发生沿面闪络是开关中常见的故障模式。在大多数情况下，发生沿面闪络所需的场强小于气体击穿所需的场强，因此需要适当提高沿面闪络场强。一种提高空气中绝缘子沿面闪络电压的方法是在绝缘子表面形成波纹状以增大绝缘子沿面长度，如图 4-2(b)所示。实际上，在使用交流或直流充电电压的情况下，大气下电介质设计的电场强度为 10kV/cm，油或充气的电介质设计的电场强度为 20kV/cm。当开关被脉冲充电时，可能会承受更高的电压，因为沿面闪络的阈值也由伏–秒特性决定。

4.1.1　电极几何结构

火花开关电极可以设计成各种各样的形状和结构。当两个电极相同时，可以认为火花开关是对称的。对称火花开关和非对称火花开关都很常见。

图 4-4 所示是火花开关常用电极的结构。如图 4-4(a)所示，平行的平板电极之间是均匀电压，这些电极中心部分设计成平板结构，边缘处倒角，使得平板部分中的电场高于边缘处的电场。平行平板电极结构的电场可以通过静电场分析软件确定。有时也将球体用作电极，但半球电极更为常见。典型的半球形火花开关电极的两种结构分别如图 4-4(b)和图 4-4(c)所示。图 4-4(c)中半球形电极被封装在传输线结构中，以控制杂散参数。图 4-4(a)和图 4-4(b)所示的开放结构，其有效电容值可能会受到电极位置的影响。

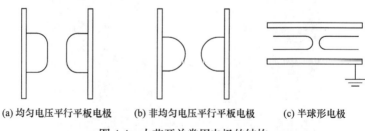

(a) 均匀电压平行平板电极　　　(b) 非均匀电压平行平板电极　　　(c) 半球形电极

图 4-4　火花开关常用电极的结构

常见的电极结构是除平行平板以外的其他电极形状，其原因是电极的结构可使间隙中的电场局部增强。定义电场增强因子(field enhancement factor,

FEF)为

$$FEF = \frac{F_{\max}}{F_{\text{avg}}} = \frac{F_{\max}}{V/d} \tag{4-1}$$

其中，$F_{\max}$ 为间隙中的最大电场；F_{avg} 为间隙中的平均电场；V 为施加到间隙距离为 d 的电极上的电压。

FEF 的解析表达式适用于特定的几何结构[1]，如球–球和圆柱–圆柱。图 4-5 是半径为 r 的球–球或圆柱–圆柱电极结构示意图。

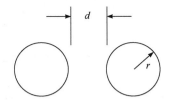

图 4-5　半径为 r 的球–球或圆柱–圆柱电极结构示意图

这些几何结构的 FEF 如下所述。

半径相等的球体：

$$FEF = \frac{(d/r+1) + \sqrt{(d/r+1)^2 + 8}}{4} \tag{4-2}$$

$$\cong \frac{d}{2r}, \quad \frac{d}{r} \gg 1 \tag{4-3}$$

半径相等的平行圆柱：

$$FEF = \frac{\sqrt{(d/r)^2 + 4(d/r)}}{2\ln\{(d/(2r)+1) + 1/2 \times \sqrt{(d/r)^2 + 4 \times (d/r)}\}} \tag{4-4}$$

$$\cong \frac{d}{2r\ln(d/r)'}, \quad \frac{d}{r} \gg 4 \tag{4-5}$$

球–球间隙的对称性可用于计算平面上球体的电场增强因子 FEF，与平面距离为 d 的球的电场增强因子 FEF 等于间隔为 $2d$ 的球–球间隙的不均匀系数。

通过变换 d 可以获得平面上半径为 r 的球体或圆柱体的电场增强因子，并将其代入球体的式(4-2)式(4-3)，或者圆柱体的式(4-4)或式(4-5)：

$$d \to 2d \tag{4-6}$$

变换式(4-6)可以用于具有对称性的其他电极几何结构。

若采用"针"作为其中一个电极，可获得较大的电场增强因子。一种非常实用的结构是"针–板"结构，图 4-6 所示是"针–板"结构及其二维等效形式。其中，二维等效结构如图 4-6(b)所示，被称为"针–板"间隙。图 4-6(c)所示为"环–

板"结构，其中一个电极变成圆环。图 4-6(d)所示为"环–环"结构，两个电极均采用圆环电极，进一步增强电场不均匀系数。

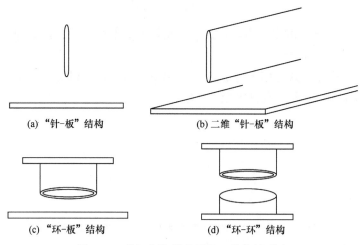

(a) "针-板"结构   (b) 二维"针-板"结构

(c) "环-板"结构   (d) "环-环"结构

图 4-6   "针–板"结构及其二维等效形式

图 4-7 是串级火花开关结构示意图。串级火花开关结构是在两个主电极之间插入电极，将电极间隙分成一系列小间隙串联代替单个大间隙，串级结构的实现方式存在很大差异性。

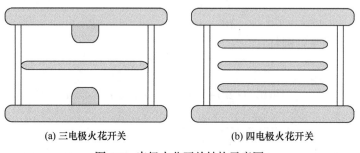

(a) 三电极火花开关   (b) 四电极火花开关

图 4-7   串级火花开关结构示意图

电极可能会在电场中处于悬浮电位，由串级间隙的等效电容分配电压。对于等间距的相同电极，每个间隙上的电压为

$$V_{\text{cas}} = \frac{V}{m} \tag{4-7}$$

其中，V 为开关两端的电压；V_{cas} 为每个间隙或串级间隙段的电压。

串级分压具有很大的优势，图 4-7(a)所示三电极火花开关广泛应用于双极性充电的电路中，如 Marx 发生器。位于两个主电极之间的中间电极可以直接接地，也可以浮地。如图 4-7(b)所示，由许多间隙串联而成的开关可用于非常高的电压。20 世纪 70 年代，串级火花开关被称为"绳索开关" [2]，如图 4-8 所示，开关工作电压为 1MV，长度小于 10in(1in=2.54cm)。电极的形状如图 4-7(b)所示，可形成多通道。

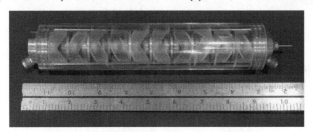

图 4-8　早期的串级火花开关——绳索开关
(经 Keith Hodge 许可引用)

当串级电极浮地时，每个电极的电压由分布电容决定，并且在很大程度上由其在开关内的位置决定。可以在开关两端使用并联的电阻分压网络分配电压，并将电极设定到特定电压。均压电阻值应该非常大，也可以采用电晕放电实现这一电阻[3, 4]。

如果每个电极的对地电容超过相邻电极之间的分布电容，串级火花开关可以实现快速闭合。任意间隙的击穿都会导致相邻间隙产生过电压，从而使相邻间隙发生击穿。每个间隙的连续击穿导致其相邻间隙以串级方式产生过电压，最终导致开关击穿。

4.1.2　火花开关等效电路

图 4-9 是火花开关等效电路示意图[5]。该电路由间隙电容 C_g 与代表火花通道参数的并联电路组成。当火花开关断开时，其充当电容器。当火花开关触发时，其闭合。火花开关由间隙电容 C_g、电弧通道电阻 $R_s(t)$ 和电弧通道电感 $L_s(t)$ 的串联电路并联而成。火花开关击穿形成的电弧通道电阻非常小。击穿过程中，$R_s(t)$ 和 $L_s(t)$ 是随时间变化的参数。

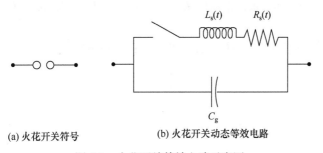

(a) 火花开关符号　　　　　(b) 火花开关动态等效电路

图 4-9　火花开关等效电路示意图

4.1.2.1　间隙电容

火花间隙电容的表达式为

$$C_g = \frac{Q}{V} = \frac{\varepsilon \oint E \cdot dA}{\oint E \cdot dl}$$

对于平行板电极，火花间隙电容 C_g 的表达式可简化为

$$C_g = \frac{\varepsilon_r \varepsilon_0 A}{d} \tag{4-8}$$

其中，ε_r 为介质的相对介电常数；ε_0 为自由空间的介电常数(= 8.85pF/m)；A 为电极面积，单位为 m^2；d 为间隙距离，单位为 m。

火花间隙电容可以利用静电场分析软件来计算。对于物理上较长的火花开关或开放结构的火花开关，应包括任何带电的结构部件(如电场梯度均压环)，以确保计算准确性。如果火花间隙是脉冲充电的，则可使用经过校准的测量探头直接测量来获得电容：

$$C = \frac{I_c(t)}{10^{-12} \times (dV_c(t)/dt)} \tag{4-9}$$

其中，由于因数 10^{-12} 将分母减小到合理的数值，因此可以使用波形进行计算。

4.1.2.2　电弧通道电阻

当火花开关击穿时，开关闭合，能量从输入端传递到负载。如图 4-9 所示，对于理想的火花开关，当击穿发生时，阻抗立即从无穷大变为 0。

电阻值 R 可以根据 Toepler 经验式计算得出：

$$R = \frac{K_T d}{Q} \tag{4-10}$$

其中，K_T 为 Toepler 常数；d 为火花间隙的距离；Q 为通过火花开关传递的电荷量，单位为 $A \cdot s$。Toepler 常数取决于气体种类，对于 $1kg/cm^2$ 的空气，其值为 0.8×10^{-3}。

Rompe 等[6]基于能量平衡方法得出了火花通道电阻的表达式：

$$R = \frac{pd}{2k} \left[\int_0^t I^2 dt \right]^{-1} \tag{4-11}$$

其中，k 为取决于气体的常数；p 为气体压力。对于空气和氮气(N_2)，$k=0.8 \sim 1(atm \cdot cm^2)/(s \cdot V^2)$。

Braginskii 提出了一个包含流体力学过程的火花通道径向膨胀时间依赖性模

型[7, 8]。电流流过固定电导率的气体，并以超声速发展，形成圆柱形冲击波。在 Braginskii 模型中，通道的发展减小了电弧的阻力。通道半径 $r_c(t)$ 为

$$r_c^2(t) = \left(\frac{4}{\pi^2 \rho_0 \xi \sigma} \right)^{1/3} \int_0^t I^{2/3}(\tau) \mathrm{d}\tau \tag{4-12}$$

其中，ρ_0 为气体的未扰动密度；σ 为固定的电导率；ξ 为取决于气体性质的常数，其表达式为[4]

$$\xi = K_p \left[1 + \frac{2}{3 \times (\gamma - 1)} \right] \tag{4-13}$$

其中，$\gamma = \dfrac{c_p}{c_v}$ 为比热容；$K_p = 0.9$，为电阻系数。

电弧通道电阻 $R_s(t)$ 为

$$R_s(t) = \frac{1}{\sigma} \cdot \frac{d}{\pi r_c^2(t)} \tag{4-14}$$

图 4-10 所示是电击穿过程中火花通道电阻的变化趋势。随着火花通道的发展，电阻从断开状态的初始高阻抗特性下降到闭合状态的低阻抗，与 Martin-Braginskii 公式相符合[9]。

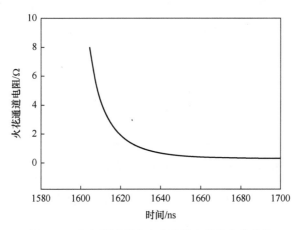

图 4-10 电击穿过程中火花通道电阻的变化趋势

4.1.2.3 电弧通道电感

通常认为，电弧通道电感是很难精确确定的。在电弧完全形成之前，通道电感很小，可以忽略不计；一旦形成了电弧，通道电感就可被假设为导线。许多表达式已用于估算电弧通道电感 $L_s(t)$。

若电弧通道与接地平面距离足够远，则可将其建模为单个圆柱导体。长度为 d 的导线的自感为[10]

$$L_s(t) = \frac{\mu_0 d}{2\pi}\left(\ln\frac{2d}{r_c} - \frac{3}{4}\right) \tag{4-15}$$

其中，r_c 为电弧通道的半径。如果 r_c 和 d 均以 cm 为单位，则式(4-15)可写为

$$L_s(t) = 2d \cdot \left(\ln\frac{2d}{r_c} - \frac{3}{4}\right)(\text{nH})$$

Martin[11]采用半径为 r_c 的金属丝组成半径为 r 的圆盘模型，导出的电感为

$$L_s(t) = 2d \cdot \ln\frac{r}{r_c} \approx 14d(\text{nH}) \tag{4-16}$$

在回路导体靠近电极半径的圆柱对称火花间隙的情况下，使用传输线方程[12, 13]估算电感：

$$L_s(t) = d \cdot \frac{\mu_0}{2\pi} \cdot \ln\frac{R}{r_c} \tag{4-17}$$

式(4-15)和式(4-17)的不同之处在于回流导体的位置。图 4-11 是圆柱对称火花开关形成多通道结构示意图。放电形成多个半径为 r_c 的火花通道 N，它们均匀分布在半径为 r 的圆周上，开关电极被封装在半径为 R 的圆柱状回流导体中。

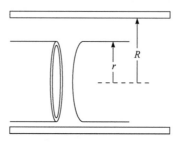

图 4-11　圆柱对称火花开关形成多通道结构示意图

若在火花开关中产生 N 个等距通道，则集总电感为[14]

$$L_s(t) = \frac{\mu_0 d}{2\pi N}\left[\ln\frac{R}{Nr_c} + (N-1)\ln\frac{R}{r}\right] \tag{4-18}$$

其中，d 为电流通道的长度。式(4-18)表明，电弧通道半径对电感大小的影响较小，等距电弧通道的判据很重要，这是因为在式(4-18)的推导中使用了对称性。另外，为了使式(4-18)更准确，建立的通道数应大于 4。

电弧通道电感很难精确计算，因为通常需要知道电弧通道半径的大小，但电

弧通道半径的大小很难精确测量，一般认为在 0.5～1.5mm 是合理的。由于电感是由动态电场产生的，因此会受到导体的影响。参考文献[15]提供了非常有用的资源，用于估算各种结构的电感[15]。

4.1.3 火花开关特性

火花开关具有许多重要的基本特性，适用于触发开关和非触发开关。本小节将简要讨论这两种开关。

4.1.3.1 自击穿电压和概率密度曲线

如果在给定间隙上施加的电压超过击穿阈值(包括电场增强效应)，火花开关就发生自击穿。自击穿电压的变化规律与帕邢(Paschen)曲线相同。自击穿电压是流体类型、气压、间隙距离以及电极材料的函数。同时，自击穿电压还取决于局部的场增强、制造过程中的缺陷以及所施加电压脉冲的充电时间。

静态击穿电压是当火花开关以低于 1kV/s 的速度充电且无外部触发电压时，在绝缘电介质中产生电弧的电压。静态击穿电压取决于电介质的特性和电场结构，并且在一定程度上取决于电极的特性，如材料和表面状况等。

动态击穿电压是当以远高于 1kV/s 的速度施加脉冲电压时，间隙发生击穿的电压。动态击穿电压大于静态击穿电压，动态击穿电压与时间存在依赖关系，在大多数脉冲功率系统中这一点被用来产生非常高的功率脉冲。动态击穿电压的定义已在第 3 章利用均匀场条件下的 Martin 经验公式进行了描述。

在描述实际火花开关特性时，自击穿曲线是一种非常重要的表征工具，它是通过在实际工作条件下测量不同气压下的击穿电压而得到的。因此，自击穿电压是一种包含局部场增强、材料效应和制造缺陷等影响因素的动态测量电压。

图 4-12 所示是间隙距离为 9mm 的空气开关的 V-p 曲线。将数据以离散点绘

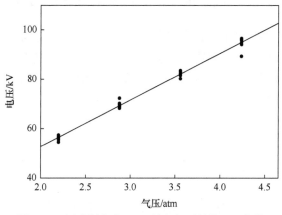

图 4-12　间隙距离为 9mm 的空气开关的 V-p 曲线

制，以显示给定气压下击穿电压的分布，并计算出最佳拟合曲线。这为触发火花开关得到了自击穿曲线以及工作电压，该电压通常为自击穿电压的 70%～85%。若触发火花开关的工作电压太接近自击穿电压，可能会发生自击穿现象，表现为开关自放电。自击穿曲线具有指导意义，因为它是反映火花开关可靠性的重要指标，并且应对自击穿电压的分散性开展研究。

自击穿电压范围可以由给定气压下的概率密度函数表示。可以通过对在 ΔV 内发生的击穿次数进行计数来获得概率密度函数 $P_V(V)$，将其按总实验次数归一化。因此，$P_V(V)$ 是火花开关在电压 V 和 $V+\Delta V$ 之间击穿的概率。图 4-13 给出了理想的开关概率密度函数 $P_{VI}(V)$ 和实测的开关概率密度函数 $P_{VR}(V)$ 的对比。图 4-13(b)给出了一个实际的火花开关击穿电压，其中击穿电压的测量值存在一定的分布。

火花开关充电速度对自击穿概率密度函数影响较大。Donaldson 等[16]测量了充电速度相差一个数量级的自击穿电压，并总结了概率密度函数，如图 4-14(a) 所示。当充电速度为 3kV/s 时，函数 $P_V(V)$ 分布较窄且峰值显著，表明开关的击穿是可重复的。当充电速度为 30kV/s 时，动态击穿电压增大，但概率密度函数 $P_V(V)$ 显著拓宽，并且向低击穿电压偏移。据推测[16]，当初始电子出现时，电压越高，充电速度越快，击穿电压分散性越大。

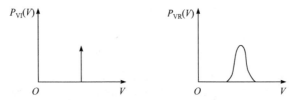

(a) 理想的开关概率密度函数$P_{VI}(V)$　　(b) 实测的开关概率密度函数$P_{VR}(V)$

图 4-13　理想的开关概率密度函数 $P_{VI}(V)$ 和实测的开关概率密度函数 $P_{VR}(V)$ 的对比

Donaldson 等[16]测量了黄铜电极条件下气压对击穿概率密度函数的影响。如图 4-14(b)所示，测量结果表明，随着气压的增加，击穿电压以及自放电概率增大，这主要是因为阴极微结构的影响。在高能量运行中，黄铜电极可以形成最大 500μm 的微突起结构。

4.1.3.2　时延

击穿的延迟时间被称为时延，是施加电压后电弧随时间变化的度量。时延是火花开关发展和评估的基本指标。开关抖动是时延的标准偏差。

通常认为时延 t_d 可以分为两部分[17]，即统计时延 t_s 和形成时延 t_f：

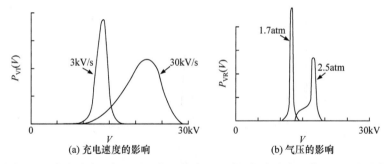

图 4-14　充电速度、气压对空气绝缘火花开关的概率密度函数 $P_V(V)$ 的影响

$$t_d = t_s + t_f \tag{4-19}$$

通过测量火花开关两端的电压随时间的变化来获得自击穿开关的时延 t_d。图 4-15 所示是自击穿开关时延 t_d 的定义。时延是从开关上施加电压时刻 t_1 到开关阻抗开始崩溃时刻 t_3 的时间间隔(t_3-t_1)。统计时延 t_s 是时间间隔(t_2-t_1)，t_2 表示击穿过程出现有效电子的时刻。形成时延 t_f 是开始发生电离到形成通道的时间间隔(t_3-t_2)。时间间隔(t_4-t_3)是火花开关两端电压崩溃的时间，它对应于输出脉冲的上升时间。

统计时延是初始电子出现在开关的高场强区域并发展为雪崩击穿的时间。当向开关提供自由电子(如易于使气体电离的紫外光(UV)源)时，或者存在来自电极的强电子发射时，统计时延可以忽略不计。

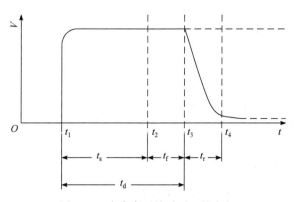

图 4-15　自击穿开关时延 t_d 的定义

在自击穿火花开关中，统计时延决定了开关时延。图 4-16 所示是紫外光对自击穿火花开关的概率密度函数 $P_V(V)$ 的影响[16]。紫外辐射的引入将火花开关的静态自击穿电压的偏差降低到几千伏。有趣的是，在消除统计时延后，紫外辐射引入使自击穿电压降低到无紫外光分布时的最低击穿电压。

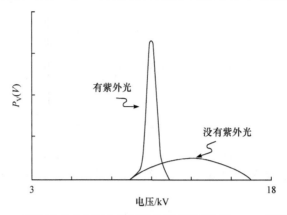

图 4-16 紫外光对自击穿火花开关的概率密度函数 $P_V(V)$ 的影响[16]

测量自击穿火花开关时延的难点在于确定施加电压的初始时刻 t_1。在触发火花开关中，t_1 是触发机制作用的时刻。此外，通常认为触发火花开关的统计时延可以忽略不计，因为触发提供了初始电子。

形成时延是放电形成并建立贯穿间隙的导电通道的时间。形成时延可以进一步分为流注形成时间 t_{sf} 和热化时间 t_{ch}。当雪崩头部获得足够的空间电荷并使其自身产生的电场等于施加的电场时，就会形成流注。

流注通道在间隙中传播，但没有电流流过，因为该通道的电阻很高，约为兆欧姆。为了传导电流，流注通道必须热化——变得更具传导性并传递电流。流注通道热化时间为 t_{ch}，有时也称为通道加热时间。

Martin[18]提出了击穿时延的经验模型：

$$\rho t_d = 97800 \left(\frac{E}{\rho} \right)^{-3.44} \tag{4-20}$$

其中，ρ 为气体密度，单位为 g/cm³；E 为平均电场强度，单位为 kV/cm；t_d 为击穿时延，单位为 s。

4.1.3.3 上升时间

火化开关上升时间 t_r 是图 4-15 中的时间间隔(t_4-t_3)，在此期间火花开关的阻抗从 t_3 时刻的较大值变化到 t_4 时刻的较小值。上升时间是电流从峰值的 10%上升到峰值的 90%的时间。

对于上升时间 t_r 的估算，Martin 提出了两个特征时间参量：一个是与火花通道发展过程相关的电阻项时间常数 τ_R；另一个是电感项时间常数 τ_L。这些时间常数预测了火花开关脉冲的上升时间 t_r：

$$t_r = 2.2\tau_{tot} \tag{4-21}$$

其中，

$$\tau_{tot} = \sqrt{\tau_R^2 + \tau_L^2} \tag{4-22}$$

1) 电阻项时间常数

在放电过程中，在 t_3 时刻弱电离气体的等离子体温度约为 5000K(0℃ = 273.15K)，由于等离子体丝的径向膨胀，弱电离气体首先转换为等离子体细丝 (100000K)，然后转换为等离子体柱。由于等离子体温度从 5000K 升高到 100000K，因此间隙阻抗降低。此后，由于等离子体柱充当类似黑体并辐射出大部分能量，因此温度不再升高。若要进一步减小间隙阻抗，可通过增大电弧通道等离子体膨胀的横截面来实现。

Martin 等[19]提出的气体中的电阻项时间常数为

$$\tau_R = \frac{88}{Z^{1/3} E^{4/3}} \sqrt{\frac{\rho}{\rho_0}} (ns) \tag{4-23}$$

其中，Z 为驱动通道的源阻抗，单位为 Ω；E 为电场，单位为 10kV/cm；ρ 为气体密度；ρ_0 为标准温度和压强(STP)下的空气密度。

电阻项时间常数是由最大电压变化率时的电压崩溃时间而得出的。

Sorensen 等[20]提出了一个略有不同的公式：

$$\tau_R = \frac{44\sqrt{p_{atm}}}{E Z^{1/3}} (ns) \tag{4-24}$$

其中，p_{atm} 是以大气压为单位的气压。

在液体和固体中，电阻项时间常数[8]为

$$\tau_R = \frac{5\sqrt{\rho_d}}{Z^{1/3} E^{4/3}} \tag{4-25}$$

其中，ρ_d 的单位为 g/cm^3；E 的单位为 MV/cm。

2) 电感项时间常数

当电流随着电阻项时间常数增大时，火花通道的电阻逐渐降低。正是在这个阶段，电感项时间常数开始起主导作用。当火花电感较低时，还必须考虑电极电感 $L_{electrode}$。电感项时间常数 τ_L 为

$$\tau_L = \frac{L}{Z} = \frac{L_a + L_{electrode}}{Z} \tag{4-26}$$

当电感以 nH 为单位，阻抗以 Ω 为单位时，电感项时间常数的单位是 ns。

4.1.3.4 脉冲串模式重复脉冲火花开关

当电介质的击穿强度在连续脉冲的时间间隔内恢复到原始值时，重复脉冲火花开关就会可靠导通。因此，脉冲重复率取决于火花通道中电离物质和热量的去除速度。因此，低分子量气体(如氢气(H_2)和氘(D_2))是最佳的电介质，因为它们的迁移率高且传热能力强。

1) 低气压火花开关

对于脉冲功率源中的许多应用，以一组少数几个间隙相近的开关工作于单次或脉冲串模式运行就足够了。Nagesh 等[21-23]研发了一种火花开关，该开关在 1～34Pa 的压强下使用 H_2 和 D_2 在 Paschen 曲线的左侧运行。其工作参数如下：①160kV、8kA、10Hz 条件下 5 个脉冲串猝发模式；②35kV、5kA、100kHz 条件下 10 个脉冲串猝发模式。

在这些开关中发生了一个有趣的过度恢复现象，其中后续脉冲的击穿电压超过前一个脉冲的击穿电压。图 4-17 所示是脉冲串模式运行条件下低气压火花开关的恢复特性。该图给出了峰值电压为 V_0 的一组五个脉冲的工作模式。在 t_1 时刻，当第一个脉冲施加在开关间隙时，击穿发生在 Paschen 曲线上对应于压强 P_1 的 V_{b1} 处。热等离子体丝的形成会产生冲击波，从而将气体从火花区域推向开关壁。当第二个脉冲到达开关时，在 t_2 时刻，间隙中的动态压强减小到 P_2。Paschen 曲线上的对应击穿电压为 V_{b2}，大于第一个脉冲的 V_{b1}，此现象可以称为过恢复。这种现象与在高气压下气体电介质在火花开关中发生的欠恢复现象相反，后者在 Paschen 曲线的右侧运行(图 4-17)。

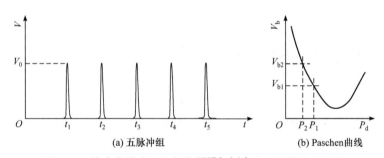

(a) 五脉冲组　　　　　　　　(b) Paschen曲线

图 4-17　脉冲串模式运行条件下低气压火花开关的恢复特性

2) 高气压火花开关

如果没有精心设计，高气压火花开关的重复运行能力会受到限制，因为一旦产生电弧，开关的绝缘介质需要一定的时间才能恢复其绝缘性能，从而导致连续输出的脉冲幅值减小。封闭的气体火花开关可实现约 100Hz 的脉冲重复率(pulse repetition rate，PRR)。通过气流循环清除高电场区域的放电产物，可以获得更高的 PRR，但同时也增加系统的复杂性。变压器油已成功应用于高 PRR 场合中，但需要以相当快的速度流动[24-26]。

火花开关的 PRR 由绝缘介质恢复至其全部耐压时连续脉冲之间的最短时间确定。Moran 等和 MacGregor 等利用时延可调的双脉冲发生器对绝缘介质的电压恢复特性进行了深入研究[27-39]。虽然电压恢复特性研究结果不能直接应用于高脉冲重复率开关，但是该研究结果表明了主要的物理运行机制，并使火花开关的脉冲重复能力大大提高。

电压恢复过程可分为三个过程，一是通道去离子过程，常常伴随着离子的复合、去激发和附着过程。通道在约 10μs 内达到其背景电离水平，但通道温度仍然很高[34, 36]。传导过程电弧通道中的气体被加热到几千开尔文，导致局部气体密度急剧下降。如果在通道冷却之前重新施加第二个电压脉冲，则间隙的击穿电压很低。二是通道冷却过程，只有在气体冷却后才能恢复电压，通常需要约 1ms 的时间。通道一旦冷却，静态电压击穿就会恢复。三是平稳过程。残余恢复电压会影响火花开关过电压的能力。脉冲击穿电压的恢复时间可能会延迟几百毫秒，这归因于间隙中的残留离子[33]。残留离子的数量虽然很少，但会显著影响击穿概率函数，并导致电压恢复曲线中出现平稳状态[34]。

这些过程的时间尺度如下所述。

通道去离子过程：几十微秒；

通道冷却过程：几毫秒；

平稳过程：几百毫秒。

Moran 发现高气压和小间隙条件下开关恢复特性增强，恢复速率与开关间隙距离成正比。恢复速率还取决于气体种类，气体(如 H_2、N_2 和空气)密度越小，PRR 越大。这些气体广泛应用于快脉冲高重复率开关中，如用于产生超宽带高功率微波(high power microwave，HPM)的开关。

近年来，火花开关的脉冲重复率得到了显著提升。Moran 在 50%欠压比工作条件下测试高气压 H_2 触发管，尽管此时通道温度仍然较高，但测量得到了触发管的恢复时间约为 100μs[31]，触发管可在工作电压 120kV、峰值电流 170kA、脉冲重复率 10kHz 的猝发模式下运行，抖动约几纳秒。MacGregor 等使用电晕稳定开关验证了火花开关 20kHz 脉冲重复率的性能[37]。

4.1.3.5 开关使用寿命

当火花开关性能下降幅度超过可接受的范围时，可以说火花开关达到了其使用寿命。火花开关性能随使用条件变化而变化，主要原因如下：①开关电极的熔蚀；②密封的气体需净化；③真空间隙下气体析出；④沉积在支撑绝缘子上的金属蒸气最终导致绝缘介质沿面闪络。开关在完全失效之前，随着时间的流逝，开关性能最重要、最显著的变化是电压保持能力的下降和抖动的增加。限制开关使用寿命最重要的因素是电极材料的熔蚀。火花开关的使用寿命可以用实验次数或每一发次传输的电荷量表示。

4.1.3.6 电极熔蚀

图 4-18 所示是强流加速器经数百发次实验后电极表面发生的熔蚀现象。电极熔蚀最终将导致开关间隙变大，从而增加了开关的时间抖动，而且粗糙表面的额外场增强导致击穿电压降低。由于相互影响的参数众多，电极熔蚀的实验结果常常既相互关联又相互矛盾。Donaldson 等[40, 41]、Belkin[42-44]和 Watson 等[45]的工作已经对这些矛盾的根源进行了基本的分析和解释。Donaldson[41]在较大的参数范围内搜集和整理了大量的电极熔蚀实验数据，尽管取得了重要进展，并且在工程应用方面具有重大意义，但对熔蚀机理的理解和认识仍不够透彻。

图 4-18 强流加速器经数百发次实验后电极表面发生的熔蚀现象

电极表面的永久移除主要有以下三种形式：粒子、蒸气和液体。粒子可以是带电的或中性的。熔蚀的总体积 v_e 可以表示为

$$v_e = k_p v_p + k_m v_m + k_v v_v \tag{4-27}$$

其中，v_p 为带电粒子的体积；v_m 为熔化的体积；v_v 为气化的体积；k_p、k_m 和 k_v 分别为粒子、熔化和气化的金属喷射系数，其值为 0～1。

在施加电流脉冲期间或之后不久，可能会除去材料。因此，可以认为熔蚀过程是由两种机制决定的，一种是热机制，即向电极表面提供能量并从原固体电极表面产生各种状态；另一种是材料移除机制，该机制决定了在任何给定状态下实际移除的材料量。

事实证明，将传热基本方程直接应用到电极熔蚀问题上已经非常成功，可以帮助人们理解许多观察到的电极熔蚀特征[41, 46-50]。适用于一般热传导问题的能量方程的微分形式为

$$\rho c_{v} \frac{\delta T}{\delta t} = \nabla \cdot k \nabla T + \frac{d\varsigma}{dt} \tag{4-28}$$

其中，ρ 为材料的密度；c_v 为在恒定体积下的比热容；k 为热导率；T 为温度；$d\varsigma/dt$ 为材料内部热产生率。电极的 $d\varsigma/dt$ 就是焦耳热，由 J^2/σ 给出，其中 J 为电流密度，σ 为电导率。与电弧产生的表面(辐射)热通量相比，J^2/σ 通常被认为是可忽略的[45]。在金属导体中，可以认为 $c_v \cong c_p$，且材料相对热导率是各向同性的。电极表面从电弧接收的热通量的适用边界条件是傅里叶传导速率方程：

$$k \cdot \nabla T = -\varsigma \cong -J \cdot V_{f} \tag{4-29}$$

其中，ς 为单位面积来自电弧的表面热通量，可以由电流密度和电势降的乘积近似得出；V_f 为每个电极的电势下降幅度，对于铜来说约为 $10V$[50]。

图 4-19 是 Belkin[42]计算得到的一维热传导方程的解。Belkin 假设电极无限大且垂直于入射热通量的方向。

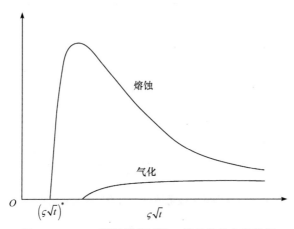

图 4-19   Belkin[42]计算得到的一维热传导方程的解

Belkin 得出电极表面开始熔化的简化表达式：

$$\frac{\varsigma \sqrt{t}}{T_{mp} \sqrt{k_s \rho_s c_s}} = \sqrt{\frac{\pi}{4}} \tag{4-30}$$

其中，T_{mp} 为材料的熔化温度；k_s 为材料固相的热导率；ρ_s 为固体材料的密度；c_s 为固体材料的比热容。

对于通过气化去除材料，无关于起始条件的简化表达式，但通常是通过熔化去除材料的 2~4 倍。

电极熔蚀可以采用与通过电极的电荷量有关的参数进行表征。常用参数包括峰值电流 I_p、转移的总电荷 $\int I(\tau)\mathrm{d}\tau$ 或作用积分 $\int I^2(\tau)\mathrm{d}\tau$。熔蚀也可以通过一条通用曲线来表征。该曲线将熔蚀体积与已发现会影响电极熔蚀的脉冲参数(如峰值电流、有效转移电荷、作用积分等)相关联。请注意，尽管使用特定脉冲参数的熔蚀率可能与其他参数不同，但是曲线的形状相同，与选择的参数无关，而且变化规律也一致[46]。

图 4-20 所示是典型的电极熔蚀率随相关参数的变化曲线。图中，曲线 A 为一般纯金属的电极熔蚀曲线，区域 1 对应图 4-19 中乘积 $\varsigma\sqrt{t}$ 小于材料整体熔化的阈值，这意味着电流(热通量 ς 和电荷转移)足够低，该区域中熔蚀的材料数量有限。虽然热通量 ς 和脉冲宽度的总乘积太小，无法超过阈值，但是单个丝的微观电流密度却很高[51]，通常约为 $10^{12}\mathrm{A/m}^2$，在丝附着区域会产生较高的局部热通量。尽管丝的使用寿命很短(约 10ns)，但足以在丝连接部位产生局部气化和较低的非零熔蚀率。

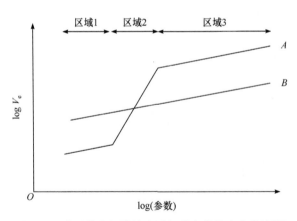

图 4-20　典型的电极熔蚀率随相关参数的变化曲线[52]

随着脉冲参数的增加，$\varsigma\sqrt{t}$ 值增大，最终达到材料整体熔蚀的阈值，并且通用熔蚀曲线 A 过渡到区域 2。随着脉冲参数的进一步增加，材料熔蚀的体积大大增加。图 4-19 中熔蚀曲线的斜率对应图 4-20 中通用熔蚀曲线 A 的区域 2 中斜率的变化。Watson 等[45]对该区域进行了广泛深入的研究。

脉冲参数进一步增加，最终导致 $\varsigma\sqrt{t}$ 达到材料整体气化阈值。当达到该阈值时，注入电极的相当一部分能量使材料进入蒸发潜热过程，并且熔蚀曲线的斜率再次减小，对应图 4-20 中的区域 3。对于特定材料，熔蚀曲线在区域 2 和区域

3 之间将发生"突变",给定脉冲参数的精确值取决于该材料的热物理性质。区域 3 中曲线的斜率取决于熔化和气化的金属喷射系数等相关参数。

曲线 A 的一个特殊例子是图 4-20 中的曲线 B,适用于在整个范围内经历气化的材料,如石墨。通用熔蚀曲线 B 解释了矛盾的实验结果,该结果将石墨列为具有最低熔蚀速率[51, 53 ,54]和最高熔蚀速率[49, 55, 56]的材料,因此使用石墨时必须格外小心,石墨与铜、钼不同,对于给定的纯度,铜和钼的性能一致性非常高,石墨的性能则根据制造工艺的不同而有很大差异性(在某些情况下甚至达到一个数量级)。

实际计算材料去除系数可能永远无法实现,但已知材料去除系数会随着电流[43]、气体流速[44]和间隙距离[57]等参数的增大而增大,且随着材料特性变化而变化。另外,小间隙中材料熔蚀比大间隙中更严重,因为会形成高速蒸气射流[56, 57],所以会导致电极间距严重依赖熔蚀率。

图 4-21 所示是电极熔蚀率随相关参数(每发次的电荷量、峰值电流或作用积分)变化曲线。实验结果是由 Donaldson 等[58]在各种实验条件下对纯金属进行研究而获得的。"过渡区域"(大量熔化开始起作用)是发生电弧现象的区域。

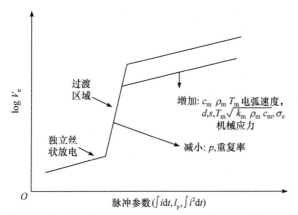

图 4-21 电极熔蚀率随相关参数(每发次的电荷量、峰值电流或作用积分)变化曲线[58]

4.1.4 火花开关中的均流

在某些情况下,希望将电路电流分成多个通道。通过并联多个火花开关或设计单个开关来产生多个通道,以实现均流。后一种类型的开关通常称为多通道开关。

均流的三个主要特点:①电极使用寿命延长;②电感减小;③实现一个储能级到另一个储能级的能量均匀注入。均流可减少电极熔蚀和开关的污染,延长电极和开关的使用寿命。此外,均流也可以减小开关的总电感,这是因为并联结构减小了电弧通道的电感。通道数与总电感之间的关系取决于开关的几何结构。均流可将能量均匀地注入大尺寸结构中,且可以采用单个多通道开关或将多个开关并联来实现。

通常情况下，火花通道一旦形成，就阻止了其他通道形成，这是因为电压崩溃至非常低的电压 V_s(V_s 由火花通道的电阻决定)时，崩溃的电压波以介质中电磁波的传播速度在电极区域快速传播，从而将整个间隙的电压迅速拉低至 V_s。V_s 非常低，无法支持其他火花通道的发展。

4.1.4.1　并联运行

通常，对并联运行火花开关的要求是相同的，这就促使了多通道火花开关的出现。火花开关并联具有以下几方面的特点和要求：①并联的各个开关之间应保持足够的距离，以形成隔离时间。②开关应具有较低的抖动。③触发脉冲应足够强，以确保每个火花开关在短时间内触发导通。④采用单个触发器驱动每个载流通道可消除多台触发器之间的抖动。

图 4-22 是八通道并联运行的高压触发管示意图[59]。非触发火花开关应采用脉冲充电并具有足够的时间间隔。一种增强时间间隔的方法是在开关之间使用介电阻抗绝缘介质，如在开关之间插入磁性材料[60]。一种更常见的方法是使用高介电常数的材料，如去离子水[61, 62]。

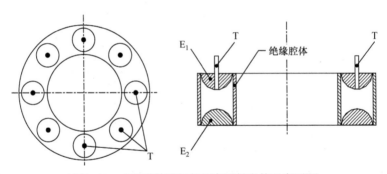

图 4-22　八通道并联运行的高压触发管示意图[59]

4.1.4.2　多通道运行

当向火花开关施加足够幅度的触发脉冲电压时，在绝缘最薄弱位置处形成火花通道且该位置处电压降至非常低的电压 V_s。火花通道一旦形成，就会阻止电极区域其他火花通道的形成。当形成第一个火花通道时，崩溃电压波(V_0-V_s)在电极区域快速传播，导致开关电压降低至 V_s，无法支持其他火花通道的形成。

从上述火花通道形成的机理可以推断，随着延迟时间的减小，多通道形成的概率增大，统计时间 t_s 也减小，这表明多个位置同时形成多通道可减小形成时延 t_f，火花通道形成、发展及贯通电极的速度非常快。自击穿开关产生多通道的方法：

使其中一个电极边缘尖锐或提高开关的电压变化率 dV/dt。这种方法也可以减小开关抖动,工作原理:电极边缘的强场发射大量电子,从而在多个位置同时引发击穿过程,通过施加较大过电压 $V_0 \gg V_{BD}$ 来降低形成时延 τ_f(其中 V_{BD} 对应于击穿电压,电压上升率 dV/dt 大于 10^{13}V/s),这促使等离子体快速加热,并迅速弥合了开关间隙。另一种产生多通道的方法:通过使用高介电常数的电介质(如 $\varepsilon_r = 80$ 的水)来增大相邻通道之间的隔离时间,以减慢崩溃波的传播速度,这使得相邻火花通道之间的距离减小,且增大了电极区域中形成通道的可能性。

1) 多通道火花开关的上升时间

当采用多通道导通电流时,电阻项时间常数的关系式(式(4-23)~式(4-25))适用于 $Z \to (NZ)$ 变换,其中 N 是形成的通道数。对于多通道火花开关,式(4-23)变为[63]

$$\tau_R = \frac{88}{(NZ)^{1/3} E^{4/3}} \cdot \sqrt{\frac{\rho}{\rho_0}} \text{(ns)} \qquad (4\text{-}31)$$

其中,E 为平均电场,单位为 10kV/cm。

电感项时间常数为

$$\tau_L = \frac{L_a / N + L_{electrode}}{Z} \qquad (4\text{-}32)$$

其中,L_a 为一个火花通道的电感;$L_{electrode}$ 为电极/火花间隙的电感;N 为火花通道的数量;Z 为驱动源的阻抗。

总时间 τ_{tot} 和电阻项时间常数 τ_R 由式(4-21)和式(4-22)给出。

一个重要的结果是,随着通道数量的增加,电感项时间常数 τ_L 随 N^{-1} 减小而减小。然而,电阻项时间常数仅减小了 $N^{-1/3}$,因此当通道数量超过一定数时,电阻项时间常数 τ_R 的影响可忽略不计。在大多数气体中,氢气是一个明显的例外,其电阻项时间常数是脉冲上升时间的主要贡献者。因此,多通道在高电压、低阻抗系统中占有非常重要的地位,因为低阻抗引起的慢上升时间可能会被多通道抵消。

2) 优化通道数

火花开关产生多通道的关键是确保每个载流通道独立形成。因此,在通道形成过程中,开关两端的电压必须保持在临界击穿电压。Martin 推导了产生多通道的经验公式,并对其准确性进行了开创性的研究。

Martin 从持续时间或时间机会窗口两个角度研究可能会使火花开关两端电压崩溃的因素。首先需要考虑的因素是间隙电压下降到不再支持通道形成的时间。Martin 最初假设持续时间为 e 指数上升时间 τ_{tot},即间隙上的电压下降至约 63% 充电电压的时间。实验结果表明,持续时间仅为假设值的一小部分,Martin 估计约为 $0.1\tau_{tot}$,这表明了在火花开关上保持电压的重要性,电压仅衰减很小一部分,且仍然会形成通道。

当火花通道形成时,间隙电压下降,产生时变电流,时变电流感应产生磁场，感应磁场通过一个通道耦合到下一个通道。感应耦合效应降低了未充分建立相邻通道中心位置的电压，形成的电压波有时被称为崩溃电压波。对于电极长度 ℓ，形成的多通道数量为 N，通道之间的平均距离为 ℓ/N，传播时间 τ_{trans} 由通道之间的距离和电介质中的光速确定。由于通道之间的距离不一致，因此 Martin 假定通道之间距离的有效系数为 0.8。

相邻通道的时间机会窗口 ΔT 的半经验关系式为

$$\Delta T = 0.1\tau_{\text{tot}} + 0.8\tau_{\text{trans}} \tag{4-33}$$

将式(4-31)和式(4-32)代入式(4-33)中，可获得气体绝缘的多通道火花开关的时间机会窗口：

$$\Delta T = 0.1 \times \sqrt{\left(\frac{L}{NZ}\right)^2 + \left(\frac{88}{(NZ)^{1/3} E^{4/3}}\right)^2} + 0.8 \times \left(\frac{\ell \cdot \sqrt{\varepsilon_{\text{r}}}}{N \cdot c}\right) \tag{4-34}$$

其中，N 为形成通道的数量；ℓ 为通道长度；ε_{r} 为间隙中所用电介质的相对介电常数；c 为光速。

Martin 等[63]给出了多火花通道形成的定义和概念并进行了验证。在给定物理尺寸、绝缘介质以及施加到主电极和触发电极电压特性的条件下，Martin 经验公式基于间隙中崩溃电压的闭合时间特性可以估算出火花开关的通道数。当间隙中形成一些初始通道后，崩溃电压波传播到电极，使间隙中的电压崩溃，在这段时间之后形成的通道将熄灭或发展缓慢，并且无法传递大电流。需要说明的是，以上表述假定开关的时间抖动相对于平均延迟时间可忽略不计。抖动可以通过测量电压的分散性来量化。在火花开关中，通过脉冲充电或快前沿脉冲触发开关来形成多通道。这两种方法都使间隙电压随时间快速变化[64]而变化。图 4-23 所示是在相邻通道形成的时间(t_2-t_1)内火花开关两端的电压增加量。

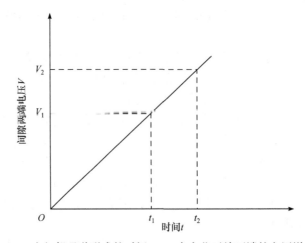

图 4-23　在相邻通道形成的时间(t_2-t_1)内火花开关两端的电压增加量

时延是指通道完全形成并传导电路限制电流的平均时延，抖动是该平均时延的偏差。在 t_1 时刻，开关被充电至电压 V_1，在 t_2 时刻，开关被充电至电压 V_2。$t_2 - t_1$ 时间是多个流注形成的最短时间间隔。这样，时间分布函数 $F_t(t)$ 对应的电压分布函数为 $\sigma_v(V)$。函数 $F_t(t)$ 和 $\sigma_v(V)$ 之间的关系可以通过实验条件确定，但很难进行测量。实际中仅测量时间偏差 $\sigma_T(T)$ 和电压偏差 $\sigma_v(V)$。

假设 $\sigma_v(V)$ 和 $\sigma_T(T)$ 以百分比形式给出，电压变化量为 ΔV，导通时间为 ΔT，则

$$\delta V = \sigma_v(V) \cdot V, \quad \delta T = \sigma_T(T) \cdot T \tag{4-35}$$

$$\frac{dV}{dT} \approx \frac{\delta V}{\delta T} = \frac{\sigma_v(V) \cdot V}{\sigma_T(T) \cdot T} \tag{4-36}$$

重新排列项，可得

$$\Delta T = 2 \cdot \sigma_T(T) \cdot T = 2 \cdot \frac{\sigma_v(V) \cdot V}{dV / dT} \tag{4-37}$$

式(4-37)引入因数 2 来反映电压的百分比变化，实际上百分比是 $\pm \sigma_v(V)$。

式(4-37)表示在电极尖端的各个位置形成通道的时间机会窗口 ΔT。之后起始的通道不会形成载流通道。参量 $\sigma_v(V)$、V 和 dV/dt 可由实验确定。

为了形成多通道，必须在通道核心位置保持电压。从以上分析中可以明显看出，随着电场、电压变化率(dV/dt)、电极长度和隔离时间(高介电常数绝缘子)的增大，产生多通道的概率会增加，而且在火花开关中产生的多通道还有助于降低开关的抖动。

4.1.5 触发式火花开关

触发式火花开关能够产生亚纳秒级抖动，并且会极大地影响装置的性能。目前，电触发的方法占主导地位，但激光触发开关也很常见。文献[65]系统综述了高功率开关技术的进展，介绍了许多其他的开关触发方法。例如，电子束、闪光 X 射线、磁场、机械式、气体注入、金属蒸气注入和爆炸丝等。本小节主要介绍在这些各种各样触发模式下开关的工作特点。

三种基本的触发式火花开关类型：触发管、三电极场畸变火花开关和激光触发火花开关。前两种使用电脉冲触发器，第三种使用脉冲激光。为了获得较好的触发性能，触发器还必须具有较低的抖动。

4.1.5.1 触发式火花开关运行

触发式火花开关常用于增强对脉冲功率源系统的控制，其主要目的是提高系统的时间精度。但是，在某些情况下，触发开关的目的也可能是提供脉冲峰值电

压或为其他组件提供定时信号。

1) 触发式火花开关的开通时间

触发式火花开关的时延 τ_D 通常是指从施加触发脉冲到间隙的阻抗开始崩溃的时间。假设一只火花开关是由过电压导致闭合的，在起始阶段，火花开关电压低于自击穿电压。击穿时延包括四个部分：①产生自由电子统计时延 t_s，通过施加触发脉冲可以将其减小至零；②流注形成时延 t_f，与电场成反比；③通道加热时延 t_{ch}，与电场成反比；④触发脉冲上升时间。

统计时延占击穿总时延的比例表明了初始电子的产生状况。当触发源提供初始电子时(如 UV 照射情况)，即在快触发脉冲的作用下，开关两端产生的较大过压会使统计时延对整个击穿时延的贡献可忽略，并且可以认为总时延完全由形成时延 τ_f 组成。另外，通过使用强触发脉冲电压为开关提供足够的过电压，还可以减少形成时延，因为形成时延和通道加热时延均与施加的电场成反比。

2) 触发式火花开关的工作范围

非触发式火花开关在其自击穿电压下运行。触发式火花开关具有的最低工作电压 V_{min} 表示在该最低工作电压以下，触发器触发开关时开关不会导通。介于最低工作电压 V_{min} 和自击穿电压 V_{SB} 之间的电压区间称为开关工作范围。图 4-24 所示是气压一定下触发式火花开关的工作范围，图中阴影线部分表示开关工作范围。

触发式火花开关的设计参数是工作电压 V_{op}。对于给定气压，工作范围为 $V_{SB}-V_{min}$。V_{op} 应该比图 4-24 中 BB 线的 V_{SB} 低很多，以确保开关不发生自放，也就是说，在没有触发脉冲的情况下开关不发生自击穿。最低工作电压 V_{min}(由

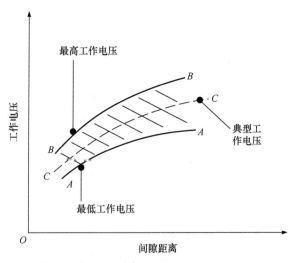

图 4-24　气压一定下触发式火花开关的工作范围

线 AA 表示)的预测更加复杂，并且取决于触发模式和触发脉冲参数。对低于 V_{min} 的工作电压 V_{op}，即使施加触发脉冲，火花开关也不会闭合。对位于中间曲线 CC 上的 V_{op}，火花开关工作最可靠，如图 4-24 中虚线所示。

　　实际中开关间隙距离是根据电感因素和触发器参数确定的。图 4-25 所示为由 V-p 曲线得到的火花开关工作范围。工作电压越接近 V_{SB}，抖动可能越小，但自放概率会大大增加。由于时间抖动通常会在 V_{min} 附近急剧增加，因此可以通过考虑抖动因素来确定开关的工作电压。最佳 V_{op} 通常为自击穿电压的 70%～85%。折中考虑，Beverly 等[66]给出了工作电压的表达式：

$$V_{op} \approx 0.6V_{SB} + 0.2V_{min} \tag{4-38}$$

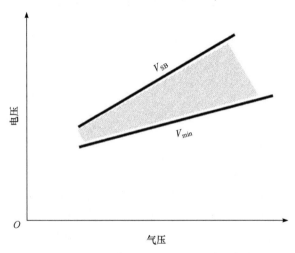

图 4-25　由 V-p 曲线得到的火花开关工作范围

　　工作范围较宽的开关常用于以下场合：在施加高电压的过程中，开关必须首先在低电压下保持断开状态，然后在一段时间内闭合。一个典型的例子是短路保护开关。

4.1.5.2　触发式火花开关的类型

　　触发式火花开关的结构和触发方法多种多样。设计的内容包括开关介质、间隙距离和触发源。特别地，触发源通常受某些条件限制。最常见的触发开关是电脉冲触发开关和激光触发开关。

　　1) 电脉冲触发开关

　　电脉冲触发开关通常属于触发管的特定类别或直接过电压的火花开关的广义类别。电脉冲触发开关的性能与触发源特性密切相关。一个显著的特点是，触发管的触发电压可能无法达到最佳性能，但是只要施加足够快脉冲电压，开关就可以在更高触发电压下更可靠地工作。

　　触发管最早由 Craggs 等[67]和 Wilkinson[68]提出，由于其电压工作范围宽，结构简单，因此广泛应用于脉冲功率源技术中，并且仍在积极研究中。图 4-26 所示是触发管开关的结构。触发管通常由均匀场电极组成，并在其中一个电极中嵌有第三个电极或触发电极。触发电极通常嵌入负载侧或接地的电极中，并由环形绝缘介质绝缘。该触发电极被称为相邻电极，并且施加电压的电极是相对电极。相对电极电压和触发电压可能存在四种极性组合方式。当这些电压具有相同极性时，称触发管为同极性，具有相反极性时则称触发管为异极性。通常异极性组合触发效果更好，这是因为触发电压会增加主间隙中的平均电场[69, 70]。在同极性触发管中观察到非常慢的放电速度，这与施加触发电压后平均电场的降低相一致。

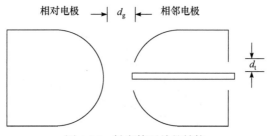

图 4-26　触发管开关的结构

　　尽管触发管开关已经被广泛使用了半个多世纪，但触发管开关的运行机制还不完善。许多研究者[71-73]错误地认为，触发管导通机制是从触发针到相邻电极的击穿，而主间隙随后发生击穿，这是由触发间隙的紫外光照射以及平均电场的增加引起的。这种"相邻电极击穿"模式，被 Beverly 和 Campbell 称为 BAE 模式[66]，现在被普遍认为是较长延迟时间和更大抖动的原因。

　　另外一种被证实的工作模式是触发针与相对电极发生击穿——被 Beverly 称为 BOE 模式。由 Craggs 等[67]首先提出的触发机制认为触发针处的场畸变导致流注传播到相对电极。但是，这一认识通常被后来的研究人员低估，直到 Shkuropat 的有见地的研究工作[74]。触发电极处的电场增强估计至少是主间隙中电场的 2 倍[75]。Shkuropat 认为，流注起始发生在触发间隙电压崩溃之前，并且直接由触发针周围的场增强引发流注。该模型仅要求在触发间隙击穿之前必须先产生流注。Williams 等[76]和 Peterkin 等[77]对该模型进行了拓展，研究结果表明，触发针周围的电场增强会产生流过间隙的流注，并通过低电导率通道使间隙贯通。该通道随后热化形成电弧通道，最后在主电极之间形成电流使开关闭合。流注尖端的传播取决于其前方是否存在增强的电场。该模型表明，流注无需贯通全部间隙，只需在触发间隙击穿之前贯通一部分间隙即可。Mesyats[78]指出，这种

工作模式可以看作"针–板"击穿，并且可以利用极性效应来解释。MacGregor
给出了同极性和异极性模式触发管工作原理的物理解释[69]。

Wilkinson[68]和 Wooton[79]都指出，增加触发电压并不一定会改善触发管的性
能。Williams 和 Peterkin 的模型[76]预测，在触发间隙击穿之前增加触发电压直到
流注贯通主间隙才能改善性能。因此，最佳触发系统的设计包括平衡触发针周围
最大电场增强与从触发间隙击穿到流注部分贯通主间隙的时间延迟之间的关系。

在触发管的设计中，要选择的参数是主间隙距离 d_g、触发间隙距离 d_t、触发
针高度和触发电压。假设触发管是异极性工作模式，则触发间隙中的平均电场 E_t
由触发针和相邻电极之间的环形间隙 d_t 上的触发电压 V_t 建立，关系式为

$$E_t = \frac{V_t}{d_t} \tag{4-39}$$

$$E_g = \frac{V_g - V_t}{d_g + h} \tag{4-40}$$

其中，V_g 为充电电压；d_g 为主间隙距离；h 为触发针凹进相邻电极的距离；E_t 和
E_g 的相对大小决定了触发管的工作模式：

$$|E_t| > |E_g| \text{ 时，触发针与相邻电极击穿}$$

$$|E_t| < |E_g| \text{ 时，触发针与相对电极击穿}$$

假定 $E_t = -E_g$，得到了兆伏级触发管的最佳结果，由此可推导出临界触发电
压 V_t^*：

$$\frac{V_t^*}{V_g} = \frac{-d_t}{d_g + h - d_t} \tag{4-41}$$

在临界触发电压下，触发针与两个电极之间同时发生击穿，并且抖动最小。

Beverly 等[66, 80]测试了触发管的性能，图 4-27 所示是工作模式和触发针参数
h 对触发管性能的影响。Beverly 发现了使抖动最小化的工作模式(正触发的负主
电极配置表示为 A 模式)，也得到了最大电压工作范围。为了实现最佳工作状
态，触发针应与相邻电极平面齐平。在图 4-27 中，对于在 B 模式下运行的触发
管，其中相对电极充正电，其触发针向相邻电极阳极凹陷 1.5mm，严重影响了触
发电压的工作范围。

如果能够确保触发器和电极之间的电气隔离，则触发管可以工作于重复
率模式。电气隔离是至关重要的，因为触发针可以在非常短时间内上升到开
关电压[81]。对于重复率工作的系统，电感隔离是理想的选择，但会遇到无法
引入火花开关的问题。对一个以 1kHz 运行的触发管，采用铁氧体螺旋缠绕的
点火线能解决通路和电隔离[82]的问题。触发针通常凹进去以解决其熔蚀问

题，这可能是一个重要问题。触发针的材料会影响熔蚀，石墨已成功用作触发针的材料。

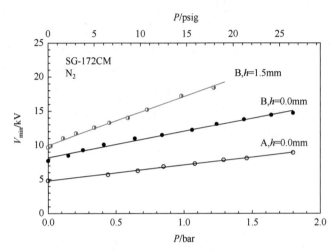

图 4-27　工作模式和触发针参数 h 对触发管性能的影响
(1bar=10⁵Pa, 1psig=6894.76Pa, 经 Robert E. Beverly 许可引用)

触发管可采用的开关介质：真空[83-91]、气体[92-96]和液体电介质[97-99]。Kichaeva[83]研制了基于非常规槽型真空间隙的触发管，如图 4-28(a)所示，并在此基础上发展出了具有均压电极[84, 85, 90, 100]的真空触发管。图 4-28(b)给出了一个具有均压电极真空触发管的示例。在高性能触发器作用下，触发管经实验验证具有亚纳秒级抖动[101]。开关机理的研究和触发管的优化设计也在持续研究中[102]。

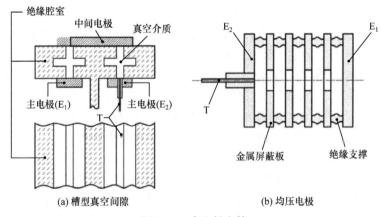

(a) 槽型真空间隙　　　　　(b) 均压电极

图 4-28　真空触发管

图 4-29 是双模式触发管结构示意图。经过研究获得了双模式触发管工作范

围、延迟时间、上升时间和抖动等参数[103-105]。双模式触发管的触发电极嵌入每个电极中：T_1 位于 E_1 中，T_2 位于 E_2 中。双触发脉冲的同步加载导致两个触发间隙同时击穿。当极性组合为(E_1-，E_2+，T_1-，T_2+)时，双模式触发管的抖动最小。双模式气体触发管非常适合于大量开关的并联运行，并已成功用于 85kJ/20kV 电容器组中，以产生脉冲强磁场[106]。双模式触发管也被用于超宽带脉冲的天线阵列辐射特性研究[105]。

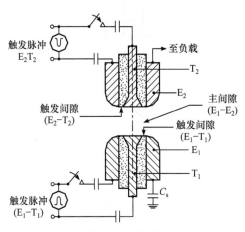

图 4-29　双模式触发管结构示意图[103]

场畸变火花开关广泛应用于需要低抖动的开关领域。它通过施加外部触发脉冲来改变主电极之间的电场(主电极两端已充电至工作电压 V_{op})，开关两端的电压继续升高，导致开关闭合。在触发之前，火花开关中的电场相当均匀，开关在充电过程中始终保持阻断状态，在施加触发脉冲时才闭合，因此开关性能在很大程度上取决于触发脉冲的特性。通过施加快速上升的触发脉冲(电压变化率>10kV/ns 或幅度大于等于充电电压)，可以实现对场畸变火花开关的低抖动精确控制。增大触发脉冲的峰值电压通常会获得更好的开关性能。

一种使火花间隙中电场畸变的方法是直接使间隙过电压。触发脉冲引入使电场有效增加的场增强因子为

$$\frac{V_T + V_{op}}{V_{op}} \tag{4-42}$$

其中，V_T 为引入的触发脉冲的峰值电压；V_{op} 为工作电压。

最简单的场畸变开关是两电极火花开关，其中内部电场通过施加触发电压而引起畸变，图 4-30 是两电极的场畸变触发示意图。施加到电极 E_2 的快速上升的高压脉冲引起主间隙(E_1-E_2)过电压而使主间隙导通。触发脉冲通过负载时产生

泄漏电流，这通常是不希望出现的，并减少了主间隙上的过电压。通过在电极 E_2 上插入铁氧体来增加负载电路的阻抗，在触发过程中使负载电路与主间隙隔离可以最大程度地减小这种影响。当储能电容器 C_s 放电时，产生的放电电流使铁氧体饱和，附加感性自动消除。

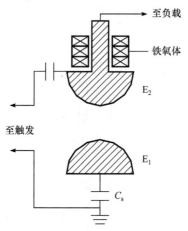

图 4-30　两电极的场畸变触发示意图

　　另一种提高触发效率的途径是将触发电极置于火花开关的主电极之间，触发电压施加到触发电极时，触发脉冲仅需对总间隙的一部分进行过电压触发。此外，这种方式可以用于高阻抗触发电路触发低阻抗开关。

　　场畸变火花开关电极可以设计成均匀或非均匀结构。在非均匀结构中，引入尖锐的边缘，当施加触发脉冲时使电场畸变。无论均匀或非均匀电极结构，都需要很高的触发电压。

　　在均匀电极结构下，触发主要是通过施加触发脉冲使其中一个间隙过电压来实现的。间隙闭合通过向触发电极施加脉冲电压来引燃，触发脉冲电压使其初始电场分布发生局部畸变。电场畸变导致触发电极附近的电场分布超过击穿阈值，引起触发电极与其中一个主电极放电，然后几乎整个间隙电压都施加到触发电极与另一个主电极之间，从而使开关闭合。触发脉冲的极性决定了哪一个间隙首先闭合。过电压的火花开关通常由三电极间隙组成，但越来越多的开关设计成串级结构，且应用越来越多广泛[3, 107]。

　　和串级结构一样，在施加触发电压之前中间电极的电压由开关内分布电容确定。悬浮电极通常用电阻网络来实现触发电极的分压。图 4-31 是三电极均匀场触发火花开关结构示意图。图中触发电极位于两个主电极之间的中间位置。由于两个间隙相等，因此分压电阻的阻值也相等，触发电极的电压保持在 $V_{op}/2$。

　　在施加触发脉冲前用紫外光对开关进行预电离，可实现开关性能进一步的提升。图 4-32 是紫外光预电离场畸变开关结构示意图。图中将小火花间隙置入触发电极中，作为产生紫外光的光源[108]。

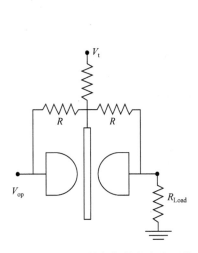

图 4-31 三电极均匀场触发火花开关
结构示意图

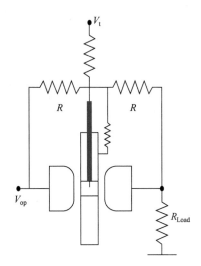

图 4-32 紫外光预电离场畸变开关
结构示意图

在触发电极设计一些尖端，可以进一步增强电场的畸变。触发脉冲首先使触发电极与相邻主电极之间的平均电场增强，然后使边缘处的局部电场增强。在第一种情况下(如在均匀场情况下)，场增强不大。在第二种情况下，场增强效果很大程度上取决于电极边缘的曲率半径，场增强因子可能是几百。图 4-33 是典型的三电极场畸变火花开关结构示意图。三电极场畸变火花开关的触发电极可以设计成楔形，如图 4-33(a)所示，也可以设计成平板形(图 4-33(b))。

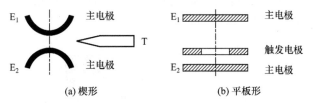

图 4-33 典型的三电极场畸变火花开关结构示意图

施加触发脉冲之前，触发电极的边缘不存在其他场增强。当触发电极具有很强的电场增强时，它通过偏置网络保持在与其物理间距相对应的电位，这样尖锐的边缘不会明显地干扰均匀电场分布的等电位线。

图 4-34 是三电极场畸变火花开关触发电极结构示意图。触发电极可以放置在间隙的任意位置，将主间隙分为间距为 x 和 y 的两个间隙。偏移的比例可以为

1：2～1：15。对于平衡充电系统，通常将触发电极放置在主电极之间的中间位置。然而，通过研究也发现：当触发电极向其中一个主电极偏移时，选择触发极性和优先使大间隙触发导通，这样的场畸变火花开关特性最优。

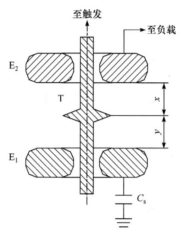

图 4-34　三电极场畸变火花开关触发电极结构示意图

通过将触发电极位置偏移可使两间隙几乎同时击穿，在这种条件下，开关的工作欠压比可达 40%，抖动约几纳秒[109]。

图 4-35 所示是两种典型的三电极场畸变火花开关几何结构。Post 等[110]研制了一个工作电压为 85kV、峰值电流为 200kA 的开关，如图 4-35(a)所示，220kJ 电容器组通过六个开关并联放电。主电极选用材料质量比为 90：6：4 的钨镍铜合金，触发电极选用材料质量比为 75：25 的钨铜合金。Faltens 等[111]研制的同轴结构的场畸变火花开关在火花区域中带有钽嵌件，如图 4-35(b)所示。电压 220kV、峰值电流 40kA 的开关使 SF_6-N_2 混合绝缘气体流过放电区域，并以 1kHz 的脉冲重复率工作。

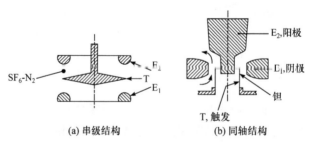

(a) 串级结构　　　　(b) 同轴结构

图 4-35　两种典型的三电极场畸变火花开关几何结构

三电极场畸变火花开关通过选择合适的气体、气压和间隙距离等参数来满足任意电压等级的需求。场畸变火花开关的介质有气态电介质[110-113]、液态电介质[114, 115]和固体电介质[116-118]。对于液体和气体，使用场畸变开关和轨道开关。通常，对于气体而言，触发电极的优选偏移比是 1：3；对于液体而言，偏移比是 1：7。对于高于 5MV 的开关电压，变压器油绝缘优于水。

2) 激光触发开关

随着 1963 年高功率调 Q 激光器的出现，当红宝石激光器的激光穿过聚焦透镜时，发现了气体的光学击穿现象，从而在聚焦区域产生了火花。激光使气体电离是通过多光子过程实现的，即同时吸收多个光子。在可见光范围内，单光子电离是不可能的，这是因为光子能量远低于原子电离能。尽管发生多光子电离过程的概率很低，但随着激光强度的增加而急剧增大，并解释了光学聚焦的重要性。实验结果表明[119]产生的电子密度为 $10^{13}cm^{-3}$。该种子电子充当初始电子，这些初始电子在外电场作用下迅速加速，从而使火花开关闭合。

随着商用高功率脉冲激光器的出现，激光触发火花开关变得可行。早期激光触发研究使用了充空气或 N_2 的火花间隙，并将红宝石激光聚焦在电极表面上，实现了短时延和纳秒级抖动[120, 121]。但是，所需激光的峰值功率超过 100MW[120]。后续的研究工作使用了波长为 1064nm 掺 Ar 的 KrF 激光器，并以约 10MW 的功率实现了亚纳秒级抖动[121]。但是，激光触发开关的低抖动要求火花开关使用 Ar 气体混合物。Ar 是一种击穿电场约为 5kV/cm 的气体，即使在中等级电压下，其电极间的距离也为几厘米。当激光聚焦在电极上时，虽然这种触发机制还没有被很好地理解，但是获得了极短的抖动和延迟时间。然而，它很少被应用，因为在实践中激光会烧蚀电极，产生的导电颗粒[121]覆盖了开关内部，从而严重限制了其使用寿命。

Rapoport 采用可调谐 KrF 激光触发 SF_6 火花开关的应用，激起了大型脉冲功率装置使用激光触发开关的兴趣[122]。对于开通高电压的脉冲，激光触发具有明显的优势，即所需的激光触发能量不会像场畸变火花开关那样随工作电压变化而变化，因此激光触发成为高电压火花开关相对经济的选择。采用红外波长及其谐波(532nm 和 266nm)的大功率脉冲 KrF 激光器触发 SF_6 火花开关，激光聚焦于气体使其电离。Woodwort 基于激光诱导的光击穿机制，利用 266nm 紫外激光触发兆伏级火花开关，获得了纳秒级抖动[123, 124]。后续的研究结果表明，当光学器件聚焦在电极之间并产生较长的火花时，开关抖动最小[125]。

上述可调谐 KrF 激光触发火花开关的应用研究促进了激光触发开关技术在大型脉冲功率装置中的快速发展。单个高功率 KrF 激光束被分割以触发多个脉冲功率模块，并同时传输到负载。现代商用 Nd：YAG 红外激光器具有非常高的单脉冲能量和较低抖动，因此可以独立用于触发多路脉冲功率装置，其中独立的激光器可以使每个模块独立受控。

激光触发不会影响开关的峰值电流或耐压能力，峰值电流或耐压能力主要取决于电极几何结构的设计。

激光触发开关的缺点在于聚焦光学系统必须紧靠间隙布置。这不仅使系统设计更加复杂，而且可能会使放电产物覆盖在光学器件上，并最终导致开关性能下降。

激光触发已用于气体[126-129]、固体[130]、真空[131]和液体[132]开关中，对于高气压气体，尤其是SF_6、空气和N_2，几乎总是首选。激光触发开关可靠性非常高，具有纳秒级抖动。

3) 电子束触发

电子束可用于触发气体火花开关[133-136]。图 4-36 是电子束触发火花开关结构示意图。电子束通过电离火花间隙中的绝缘介质形成等离子体或从电极产生金属等离子体而引起击穿，电子束触发的火花开关具有低电感和短上升时间，同时可以在不自持的条件下工作，这意味着只要存在电子束，火花开关就会发生导通。

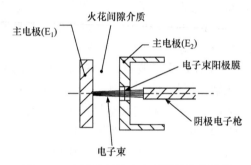

图 4-36　电子束触发火花开关结构示意图

4) X 射线触发

图 4-37 是 X 射线触发火花开关结构示意图。图中间隙中的高电场区域通过吸收X射线来轰击电极使空间气体电离，产生自由电子。与电子束或激光触发

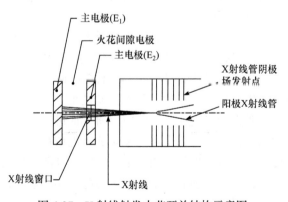

图 4-37　X 射线触发火花开关结构示意图

不同，X 射线触发的优点在于沉积在火花开关间隙的能量非常低。使用这种方法，获得了峰值电压 1MV、电流 144kA 和 10ns 的开关抖动[137]。

5) 机械触发

机械触发开关也称为金属接触开关，通过一个电极朝另一个电极运动直至接触来实现开关闭合，开关导通电阻非常低。金属接触开关能够以较低的能量损耗导通数百万安培的电流。

机械力可以由化学炸药、爆炸金属丝[138, 139]或脉冲强磁场[140, 141]产生。图 4-38 所示是磁场驱动金属接触开关结构。当大约 70kA 的脉冲电流通过单匝线圈(6)时，产生的磁场将硬铝环从其初始位置(5)驱动到最终位置(4)，导致开关电极(2)和开关电极(3)闭合。机械触发开关的主要缺点是延迟时间长和抖动大。机械触发开关因其开关压降小而适合于某些短路保护开关应用。

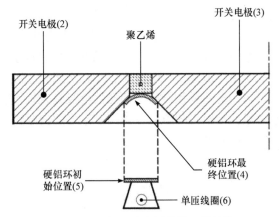

图 4-38 磁场驱动金属接触开关结构

(经参考文献[140]许可引用，AIP 出版社版权所有，1978 年)

6) 交叉磁场触发

图 4-39 是 Harvey 研制的交叉磁场触发火花开关结构示意图[142]。工作原理如下所述，当源栅极 SG 被脉冲充正极性电压时，由于在该区域中存在交叉磁场，因此在 E_1 和 SG 之间形成等离子体。由于控制栅极 CG 被偏置到负电位，因此该等离子体通常不会被拉入 CG 和 E_2 之间的区域。当要触发由电极 E_1 和 E_2 形成的主间隙时，将正脉冲施加到控制栅极 CG，形成的等离子体将被拉向电极 E_2 并导致击穿。在早期的交叉磁场触发开关研究[143-146]中，需要为每个触发动作打开和关闭磁场，从而限制了上升时间和重复脉冲能力。即使这样，也实现了电压 40kV、电流 40kA 和 80Hz 的运行参数[146]。图 4-39 所示结构，通过使用固定交叉磁场已克服了这一限制，并已经在低气压下的氖气中进行了实验。

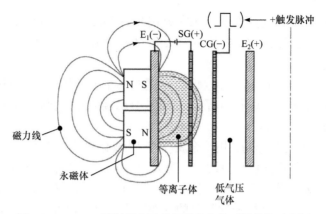

图 4-39　Harvey 研制的交叉磁场触发火花开关结构示意图

7) 气体注入触发

图 4-40 所示是 Lafferty 研制的气体注入触发的真空开关结构[147]。工作原理如下所述，通过向高电场区域注入一团气体来触发高真空间隙，该气体为加速电子提供碰撞粒子，从而导致击穿。在电极 E_2 和 T 之间施加触发脉冲在陶瓷管表面切口处发生沿面闪络，进而导致装有氢气的钛电极发生氢气喷射，释放的氢气膨胀扩散进入真空间隙，导致主间隙电极 E_1 和 E_2 之间击穿。气体注入触发装置具有很高的重复脉冲运行能力。

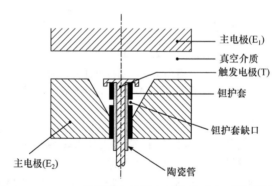

图 4-40　Lafferty 研制的气体注入触发的真空开关结构[147]

8) 金属蒸气注入触发

图 4-41 所示是 Gilmour 等[148]研制的金属蒸气注入触发真空开关结构。该结构类似于触发管，不同之处在于在触发电极 T 和主电极 E_2 之间的绝缘介质表面覆盖有薄导电膜。当在 E_2 和 T 之间施加触发脉冲时，通过焦耳加热使金属薄导电膜蒸发，金属蒸气在真空间隙的电场中被加速并导致击穿。金属蒸气注入触发真空开关的特点是重复脉冲运行能力高和触发电压低。

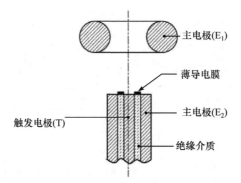

图 4-41 Gilmour 等[148]研制的金属蒸气注入触发真空开关结构

9) 爆炸丝触发

图 4-42(a)是爆炸丝触发真空开关结构示意图。爆炸丝位于两个同轴真空间隙[149, 150]的轴线上，其产物通过在主内电极 E_2 切出的狭缝注入由电极 E_1 和 E_2 形成的主环形间隙中，从而触发开关导通。根据沉积到爆炸金属丝中的能量，副产物可能是金属块、金属蒸气或金属等离子体。

爆炸丝触发的特点是同时形成由电极 E_3 和 E_4 形成的断路开关、由电极 E_1 和 E_2 形成的闭合开关，如图 4-42(b)所示。爆炸丝触发开关具有用于电感储能系统的潜力，在电感储能系统中，打开开关和关闭开关之间需要高度同步，以将能量有效地传递到负载。图 4-43 是开关上升时间 t_r 随爆炸丝中沉积能量 E_e 的变化关系示意图。区域 AB、BC 和 CD 分别对应金属固体、金属蒸气和金属等离子体的击穿行为。随着注入环形间隙等离子体密度的增大，开关上升时间减小。另外，为了防止爆炸丝等离子体从爆炸丝腔室泄漏，可以在 E_3 和 E_4 周围插入固定塞。

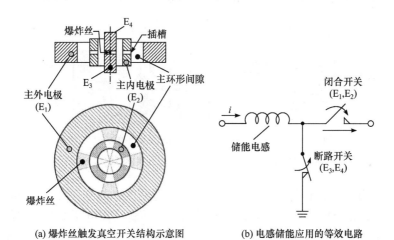

(a) 爆炸丝触发真空开关结构示意图　　(b) 电感储能应用的等效电路

图 4-42 爆炸丝触发真空开关结构示意图和电感储能应用的等效电路[149]

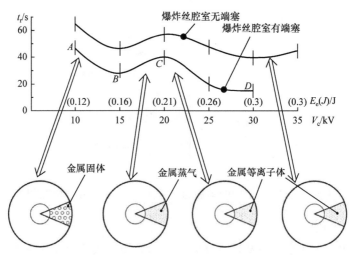

图 4-43　开关上升时间 t_r 随爆炸丝中沉积能量 E_e 的变化关系示意图

4.1.6　特殊几何结构的火花开关

4.1.6.1　轨道开关

轨道开关是指电极较长、支持形成多通道的火花开关。最常见的轨道开关是三电极场畸变开关。图 4-44 所示是轨道开关结构及电触发轨道开关的典型安装结构。通常阳极和阴极倒角以减小电场不均匀系数，触发电极通常是刀刃结构以增大电场不均匀系数。要产生多通道需要峰值触发电压大于主开关电压，且以快脉冲(> 5kV/ns)触发。与其他场畸变火花开关一样，阳极和触发轨道电极、触发轨道电极和阴极之间的距离可以相等或不相等，但通常采用 7∶3 的距离比率。

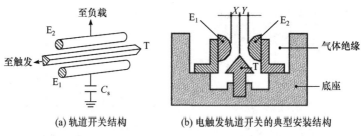

　　　(a) 轨道开关结构　　　　　　(b) 电触发轨道开关的典型安装结构

图 4-44　轨道开关结构及电触发轨道开关的典型安装结构

若轨道开关工作在几个大气压下，则可以选用气态绝缘介质，如 SF$_6$、N$_2$、Ar 或它们的混合物。轨道开关火花通道的数量随着触发电压上升速率的增大和导轨电极长度的增加而增加。通常轨道开关使用的电极材料是黄铜或不锈钢。根据峰值电流额定参数，采用的最大轨道直径为 50mm，最大长度为 600mm，每个脉冲的额定参数可高达 100kV、5MA 和 10C[151, 152]。

两电极轨道开关可以采用激光触发。图 4-45 是 Taylor 研制的激光触发的轨道开关示意图[153]。该开关使用的长刀刃式触发轨道的长度为 50cm，方向对准激光，每米形成 100 个火花通道，使用的激光脉冲参数为 248nm、1mJ，脉冲宽度 500fs，轨道开关抖动约 100ps，且在 33cm 的长度上以每厘米 3 个通道的电弧密度工作[154]。图 4-46 是 Prestwich 研制的 2MV 油介质电触发轨道开关示意图[155]。在 1.5MV 快脉冲触发电压的作用下，产生了 10 个火花通道，开通了 2MV 脉冲，电极长度约 122cm。

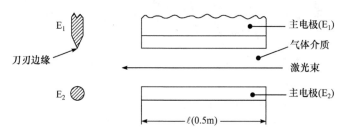

图 4-45　Taylor 研制的激光触发的轨道开关示意图

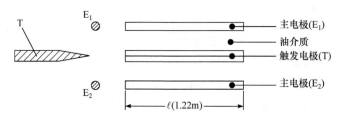

图 4-46　Prestwich 研制的 2MV 油介质电触发轨道开关示意图[155]

据报道[156, 157]，轨道开关已应用于 Shiva-Star 9MJ 电容器组中，并且安装在电容器的外面。轨道开关在±90kV 的双极性充电条件下运行，并以 30%Ar 和 70%SF$_6$ 的混合气体为介质来产生多通道。高储能运行需具有一种故障保护模式，该模式已连接到电容器–轨道开关接口上。

4.1.6.2　电晕稳定开关

利用电晕稳定现象可以大大提高中等气压火花开关的性能，电晕稳定现象常常发生在电负性气体(SF$_6$ 和氧气)及其混合物(包括空气)中，以及极不均匀的场型结构。

开关在缓慢上升的脉冲电压或直流电压作用下，存在一定压力范围，击穿之前在增强的高电压电极附近的不均匀电场中形成电晕。这些条件下的击穿特性表现出高度非线性的电压–气压(V-p)曲线。图 4-47 所示是电负性气体的典型 V-p 曲线。完整的击穿曲线是火花击穿判据，虚线是在给定压力下电晕起始电压。两条曲线在临

界压力 P_c 处合并，低于 P_c 时在存在电晕放电的情况下发生击穿，高于 P_c 时发生的击穿没有先形成电晕。在这两条曲线之间的参数区域运行电晕稳定开关。

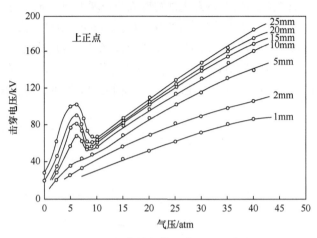

图 4-47 电负性气体的典型 V-p 曲线

电晕稳定开关表现出许多优异的性能。例如，对于常规火花开关，电晕在电极之间产生空间电荷区，因此重复脉冲运行能力大大提高。这具有重新分布电场的效果，可以有效地将不均匀电极与间隙其余部分屏蔽，从而使间隙绝缘特性从以前开关闭合中恢复[158, 159]。已经验证了 20kHz 脉冲重复率的恢复时间[37, 160]。在触发条件下，电晕放电现象表现出可显著降低开关抖动的能力[36]。

由于 V-p 曲线上的工作范围靠近较低压力，因此电晕稳定开关的工作电压相对较低，通常约为 40kV。串联多个电晕稳定火花开关可以提高工作电压[161]，并且已经证明开关抖动小于 2ns[162]。电晕稳定开关串联具有固有的均压优点，这是因为电晕具有电阻性，如 I_c-V 特性所示。在"针–板"间隙中，普遍接受的电晕电流 I_c 和电压之间的关系式[163]为

$$I_c(V) = \frac{2\mu\varepsilon}{d_i}(V - V_0)^2 \tag{4-43}$$

其中，μ 为载流子的有效迁移率；ε 为绝缘介质的介电常数；d_i 为电极之间的距离；V_0 为常数。

然而，电晕电流很大程度上取决于电场不均匀系数。Given 量化研究结果表明[107]，间隙中的电压分布可以由非均匀场的特性来决定。实际上，存在一个反馈过程，该过程将每个间隙稳定到一定电压，该电压通过开关平均电晕预击穿电流来保持恒定。如果每级串联开关设计相同，并且假设电晕对于每级开关的影响都是相同的，则每个间隙上的电压相同。间隙电压与电晕电流的这种相互关系提

供了一种控制串联电压分布的可靠方法，同时可以对电晕稳定的串联开关进行调控，以便控制串联开关的击穿顺序，从而改进开关的抖动。

应当注意，在多电极开关中进行电晕稳定化有两种设计方法，第一种方法是主动利用电晕电极，发生电晕提供偏压的电极也是工作电极，开关闭合时，主放电电流通过工作电极。第二种方法是提供非均匀的电压偏置，如将电晕针置于工作电极内，以便使放电电流通过工作电极的壳体部分[164]。

4.1.6.3 超宽带火花开关

火花开关用于产生脉冲波形已经有很多年了[165]。脉冲的最高频率成分取决于脉冲上升时间，产生具有超宽带脉冲的关键是最大程度地减小传递给负载脉冲的上升时间。对于快脉冲，必须尽可能降低火花开关电感以及火花通道本身电感。火花开关在物理上可以做得很小，尽可能减小火花开关闭合后对波建立的上升时间贡献[166]。超宽带火花开关可嵌入传输线的几何结构，并进行一体化设计，以避免波形畸变并保持脉冲上升时间。减小火花通道电感 L_s 主要通过减小间隙距离 d、采用高介电强度绝缘介质和快速充电的方法。可以使用传输线公式来计算火花通道电感。天线系统阻抗通常为 $100\sim400\Omega$，并且是一个缓慢变化的对数函数，因此单位长度火花通道的电感近似为

$$L_s' = \frac{L_s}{d} \cong \frac{2\mu_0}{\pi} \tag{4-44}$$

计算得到电感大约为 1nH/mm。

此外，瞬态天线远场中的电场强度与脉冲源的电压上升速率 dV/dt 成一阶正比关系。根据火花开关电压上升速率可以预估系统性能[167-169]。推导出最大电压上升速率的估计值[166]：

$$\frac{dV_L}{dt} = \frac{Z_L E}{L_s'} \tag{4-45}$$

因此，超宽带火花开关的电压上升速率由绝缘介质的介电强度确定。为了估算最大电压上升速率，若高气压 H_2 的击穿电场 E 为 100MV/m[170]，负载阻抗为 100Ω，将这些参数代入式(4-45)得到火花开关的最大电压上升速率约为 10^{16}V/s。为了验证该近似值，表 4-1 列出了文献给出的基于火花开关的各种脉冲发生器测得的最大电压上升速率。

表 4-1 各种脉冲发生器测得的最大电压上升速率

名称	输出参数	开关介质	dV/dt/(V/s)	机构	参考文献
RADAN	$V_{peak}\sim150$kV, $t_r=150$ps	N_2	1×10^{15}	美国电子物理研究所	[171]

续表

名称	输出参数	开关介质	dV/dt/(V/s)	机构	参考文献
SNIPER	V_{peak}~140kV, t_r=50ps, 间隙=0.5mm	H_2	2×10^{15}	Sandia 实验室	[172]
SNIPER	V_{peak}~140kV, t_r=150ps, 间隙=0.76mm	N_2	1.4×10^{15}	Sandia 实验室	[172]
JOLT	V_{peak}~1.1MV, t_r=130ps, 间隙=0.76mm	循环流动油	5×10^{15}	美国空军研究实验室	[26]

从上面的讨论中可以看出，设计使火花开关内、外导体比恒定，并补偿火花通道的附加电感，可以做出最低电感的开关[166]。该火花开关是作为"补偿"引入的，但当间隙距离较小时，其几何结构类似于双锥天线中的几何结构，通常称为双锥火花开关，目前该设计已经实现[26]。

4.1.7 火花开关中使用的材料

可靠的火花开关除了必须具备足够的电气性能，还必须具有机械可靠性和合理的使用寿命。火花开关的主要失效机制是沿开关内壁或外壳的沿面闪络。

4.1.7.1 开关介质

火花开关常用的电介质有固体、液体、气体和真空。与其他电介质相比，气体中的击穿机理和预测关系已经相当明确。充气式火花开关是目前使用最广泛的高功率开关。

1) 气体电介质

最常见的气体电介质是干燥空气、N_2、H_2 和 SF_6。这些气体通常在高气压下使用，以提高绝缘强度。

SF_6 具有高电击穿强度和强电负性，已广泛用于火花开关中。对于低抖动应用，由于 SF_6 的电阻项不稳定，因此不应在 10psig 以下运行[109]。SF_6 的分解产物会与某些金属和绝缘体发生反应，因此必须仔细选择材料。由于对环境和成本的关注，且 SF_6 的成本是其他瓶装纯净气体的 10 倍以上，火花开关越来越多地使用其他气体，尤其是空气。空气之所以特别具有吸引力，是因为它也具有电负性，尽管其效果比 SF_6 弱得多，但可以用于电晕稳定的火花开关中。

已经研究了如 N_2/SF_6 和 Ar 之类的混合气体，以降低成本并调控某些性能。

SF$_6$ 气体混合物在很大程度上保持了 SF$_6$ 介电强度的优点。常见的 SF$_6$ 气体混合物是 SF$_6$/空气、SF$_6$/N$_2$ 和 SF$_6$/Ar。Champney 的研究结果表明[109]，即使在接近自击穿电压的情况下，添加 Ar 也会大大降低自放电的概率。还可以观察到，向 SF$_6$ 中添加 Ar 可以改善延迟时间、抖动和多通道功能[173]。在轨道开关中使用 70%SF$_6$ 和 30%Ar 的混合物以实现大电流运行。

火花开关的重复运行很大程度上取决于气体种类以及压力。因为水蒸气会损害气体的介电强度，故应使用干燥的瓶装气体。另外，也可以将干燥剂掺入旨在长期使用的开关中，如电力行业中使用的开关，以避免水蒸气降解。用于火花开关中的气体处理系统应确保将其他外来气体、碳氢化合物和固体颗粒中的杂质含量降到可接受的水平。在 SF$_6$ 绝缘系统中，净化装置可以与回收装置结合使用，以实现气体重复使用。

2) 真空电介质

真空触发火花开关的显著优势是可以实现非常宽的工作范围。虽然其统计时延和抖动通常较大，但是可以实现非常快的脉冲上升时间。开关的闭合和断开都使用真空。真空的去电离化效率非常高，可用于真空断路器。真空、SF$_6$ 和空气的瞬态恢复电压(RRRV)的典型上升速率分别为 5kV/ms、1kV/ms 和 0.5kV/ms[174]。在连续泵浦的真空开关中，初始自击穿电压通常较低，但可以通过调节火花状态来改善，并且可以使用均压电极来进一步提升开关工作电压[175]。对于非均匀场间隙，介电强度与极性有关，正极性电极具有更高的介电强度[65]，且使用的真空度应优于 10^{-4}Torr(1Torr = 133.3223684Pa)。对于密封装置，在完成密封之前，火花开关应在高温下脱气。目前，真空火花开关已实现商用。

3) 固体电介质

固体电介质适用于要求高自击穿电压 V_{SB} 和低电感的条件，通常使用聚酯、聚碳酸酯或聚乙烯薄膜。固体电介质的击穿强度往往由于嵌入膜或电介质-电极界面处的空隙或气泡而大大降低。通常，在组装时需要特别注意，固体电介质开关应在真空中组装[116]。通过浸入去离子水、硫酸铜溶液或绝缘油对电场进行屏蔽，以减少由边缘效应引起的击穿[176]。固体电介质开关可在自击穿模式或触发模式下运行。刺穿式[63]电介质开关能够实现多通道火花，从而产生低电感、短脉冲上升时间和高峰值电流的脉冲[177]。固体电介质开关的主要缺点是每次实验完都必须更换介质薄膜。但是，即使电极出现严重的烧蚀和疤痕，固体电介质开关仍可继续可靠运行[176]。

4) 液体电介质

常用的液体电介质有变压器油和去离子水。液体的击穿强度表现出极性效应，并且极性效应在更短和更快的脉冲下更显著。去离子水的极性效应比变压器油更显著。对于非均匀场的几何结构，高场强区域电极上的负极性电压比正极性电压具有更高的介电强度，这与真空介电特性形成了鲜明的对比[65]。当液体电介质的动态击穿电压是其静态击穿电压 3～4 倍[134]时，它特别适用于快脉冲应用，原因可能是应力时间不足以使固体杂质迁移并沿电极上排列。另外，经过研究还发现，给水加压可提升耐压以及耐受应力作用时间[178]。Smith 等指出[179]，与水的击穿场强 100～150kV/cm 相比，变压器油的可用场强为 200～300kV/cm。水具有击穿后能自愈的优点，而变压器油击穿会产生分解产物。对于去离子水和变压器油，都需要一种再循环系统和动态过滤系统，以去除由于电极熔蚀而产生的金属颗粒。液体电介质中的气泡会大大降低电介质强度，因此在首次填充液体电介质时应采用真空脱气措施。

5) 混合电介质

Kitagawa 等[180]进行了一些开关特性实验，火花开关由两个火花间隙串联组成。其中一个火花间隙是高压气体火花开关，它使用几个大气压下的空气作为电介质；另一个火花间隙是空气间隙，但气压较低。高气压火花开关通常工作范围窄、低电压工作能力弱，但是与低气压间隙组合使用时，组合间隙同时具有工作范围宽和低电压工作能力强这些特性，表现出高可靠性和低抖动，这些特性通常是单独使用低气压间隙无法获得的。因此，混合电介质的火花开关非常适合于短路保护开关应用。

4.1.7.2　电极材料

低平均功率火花开关常用的电极材料：铝、铜、黄铜和不锈钢。对于具有高平均功率、低抖动、长使用寿命和高重复率的火花开关，使用的电极材料[162, 181]是钨合金、钼及其合金和钽等[182]。铜钨合金广泛用于高峰值电流的火花开关。Skelton 等[183]在金属接触开关中使用了经过热处理的铍铜合金，这是因为其强度高。常见的电极故障是由热应力导致的开裂、分层和再结晶。对于具有高平均库仑处理能力的低成本火花开关，黄铜因其具有耐热应力开裂的能力而被广泛使用[184]。石墨在某些火花开关中也被证明是一种很好的电极材料[185, 186]。

4.1.7.3　开关外壳材料

开关外壳是用于支撑电极并密封开关的绝缘介质。绝缘外壳必须既能防止沿面闪络，又有足够的强度以承受开关工作过程的压力。当使用高压气体作为开关介质时，开关机械设计尤其重要，因为这可能会导致灾难性故障，因此强烈建议机械安全系数至少为 4[187]。

常见的开关外壳材料有丙烯酸树脂、环氧树脂、聚碳酸酯和聚甲醛树脂等。某些塑料，如聚碳酸酯，必须在加工后进行退火。通常，在绝缘介质中添加颗粒(如玻璃珠)会使其机械强度增强，但电气性能减弱，应避免使用。玻璃纤维[188, 189]具有良好的机械强度，但嵌入的纤维可能会出现问题，导致电气故障或机械故障，可以掺入特氟隆来缓解该问题[190]。特氟隆典型的特征是不易受到沿面闪络的影响，特别是对于 SF$_6$ 气体[189]。使用均压环[184]可以大大提高耐压能力。特氟隆和陶瓷管适用于触发管触发间隙绝缘。另外，其他具有优异特性的材料有聚醚酰亚胺(polyetherimide，PEI)、聚酰胺酰亚胺(polyamideimide，PAI)和聚醚醚酮(polyetheretherketone，PEEK)。这些材料坚固，具有良好的电气性能，但其价格比更常见的丙烯酸树脂和聚碳酸酯昂贵。这些材料通常用于紧凑型装置中，在这些应用中尽可能减小材料尺寸，使火花开关内表面分布均匀，从而控制与介质表面相切的电场[191]。

4.2 气体放电开关

4.2.1 伪火花开关

伪火花开关(pseudo spark switch，PSS)是一种在低气压下放电的具有空心阴极和空心阳极的器件[192-207]。伪火花开关具有优异的开关性能，综合了闸流管和火花开关的优点，特别是高 dI/dt 能力、反向电流、高电荷转移能力、长使用寿命以及低抖动等方面。工作电压为 30～40kV，但可以通过多个串联实现电压提升。伪火花开关特别适合要求高重复率的应用，已在 100kHz 下得到实验验证[194]。

图 4-48 是典型的单通道同轴伪火花开关结构示意图。每个空心电极的中心

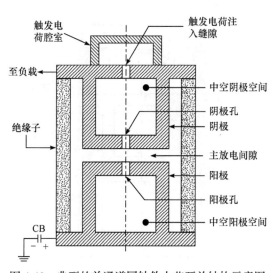

图 4-48 典型的单通道同轴伪火花开关结构示意图

具有相对较小的孔，且孔与孔准直。在伪火花开关中，电流是扩散传导而不是电弧传导，第 8 章将详细介绍引燃机理。伪火花在 Paschen 曲线的左侧运行，使用的气体有 H_2、D_2、He、Ar 和 N_2，压强为 $10\sim50Pa$。阳极和阴极紧靠在一起，通常间隙为几毫米，(pd)乘积足够小，因此不会发生击穿。在间隙中发射的电子撞击阳极，没有经过足够碰撞的粒子实现电子倍增而形成自持放电。相反，沿着电力线穿过空心电极准直孔的路径足够长，使得在那里优先发生击穿。伪火花通过将电子注入空心阴极，引发扩散放电，实现开关的闭合。

　　扩散放电的特点是熔蚀率非常低。准直孔的直径大小非常关键，它决定了开关的功率能力。如果准直孔直径太小，放电可能会收缩并且不会传导全部电流；准直孔直径太大会降低开关的电压保持能力。大多数开关可以被连续泵浦触发，然而市面上的伪火花开关具有密封的几何结构，带有储气罐和加热器，用于压力调节和气体消耗。

4.2.1.1　触发放电技术

　　伪火花开关中触发空心阴极的方法：①紫外光照射空心阴极区域；②触发电极上的电晕；③绝缘子表面放电；④辉光放电。

　　图 4-49 是表面放电触发伪火花开关结构示意图。工作原理如下所述，当施加负极性触发脉冲 V_T 时，在绝缘介质表面的端子 P 和 Q 处发生沿面闪络，放电产生等离子体。等离子体成为主放电间隙的电子源，这是因为电阻 R 相对于阴极偏置为负电位。另外，也可使用半导体代替绝缘介质来进行表面放电，在这种情况下，不需要电阻 R，触发能量也可有效地产生等离子体。

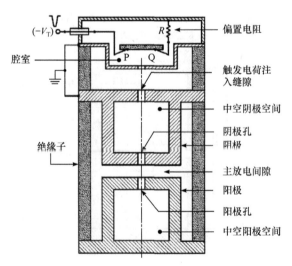

图 4-49　表面放电触发伪火花开关结构示意图

图 4-50 是辉光放电触发伪火花开关结构示意图。工作原理如下所述，向触发电极 E 施加任意极性但幅度足够大的触发脉冲 V_T，在电极 E 和空心触发之间形成辉光放电，放电产生的等离子体通过阴极孔注入电荷扩散到空心阴极，电荷注入空心阴极后开始伪火花开关的传导过程。通过向触发电极施加预电离的直流电压 V_o，可以大大缩短开关延迟时间，且正极性触发导致的延迟比负极性触发导致的延迟短。

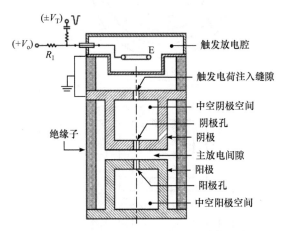

图 4-50　辉光放电触发伪火花开关结构示意图

4.2.1.2　伪火花开关结构

各种各样的伪火花开关结构已成功用于解决许多特定的问题，包括增大峰值开关电流、提高耐压能力和延长使用寿命。

为提高伪火花开关的通流能力，提出了许多基于多通道的伪火花开关几何结构，包括同轴型多通道伪火花开关结构(图 4-51)、直线型多通道伪火花开关结构(图 4-52)和径向型多通道伪火花开关结构(图 4-53)。在多通道 PSS 中，总电流 I 由 N 个通道分流，每个通道中的电流大致相等。尽管这不是严重的问题，但同时触发形成多通道仍然是一个挑战。伪火花开关的耐压能力是一个严重制约因素。为了解决这一难题，提出了如图 4-54 所示的同轴多间隙伪火花开关结构，与单间隙伪火花开关结构相比，耐压能力得到了提高，耐压能力大致与间隙数量成正比，但同时大大增加了开关尺寸，因此显得笨重。虽然伪火花开关中电极熔蚀不是很严重的问题，但是随着开关峰值电流的增大，金属蒸气沉积在空心电极的绝缘子表面，使表面电阻率降低，因此故障率急剧增大。径向 PSS 结构优于纵向 PSS 结构，因为它的绝缘子不在视距范围内，并且受到保护，不会沉积金属蒸气。纵向 PSS 结构在大电流条件下使用寿命缩短。但是，如图 4-55 所示，引入的挡板对金属蒸气起到了屏障作用，并保护了绝缘子。

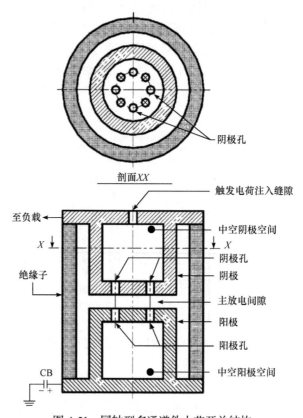

图 4-51　同轴型多通道伪火花开关结构

常用伪火花开关的规格参数如下：①耐压为几十千伏；②峰值电流为数十千安；③脉冲重复率为几千赫兹；④电流上升率为 10^{12}A/s；⑤抖动数十纳秒；⑥耐反向电流能力高达 100%；⑦使用寿命为数百库仑。

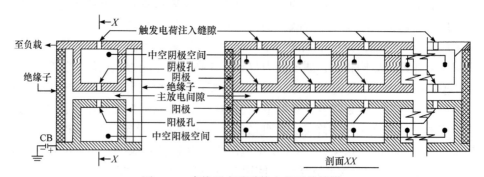

图 4-52　直线型多通道伪火花开关结构

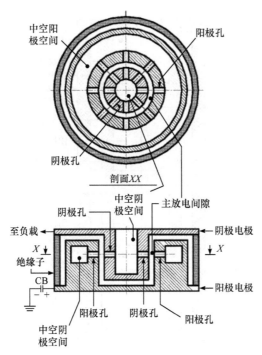

图 4-53　径向型多通道伪火花开关结构

4.2.2　闸流管

闸流管是由栅极控制的低气压热阴极管。常用的结构[208, 209]：三极管、四极管和五极管。图 4-56 是典型的闸流管结构示意图。大量挡板的存在有助于实现高耐压和短恢复时间。当阳极电压为正极性电压时，可通过向栅极施加触发电压实现从截止状态到导通状态的转换。

图 4-57 所示是闸流管特性曲线。负栅极闸流管的触发导通是通过快速减小栅极上的负偏压实现的，栅极电压减小使阳极电场渗透到栅极–阴极区域，电子加速到达阳极，形成累积电离。当向栅极施加正电压触发正栅极闸流管时，闸流管导通，在栅格周围形成正离子鞘层，栅格失去控制，恢复到断路状态的唯一方法是去除或反转阳极电压。在四极闸流管条件下，栅极 1 的作用是使阴极和栅极 1 之间的气体电离，栅极 2 则起到门控的功能。与三极闸流管相比，四极闸流管的发射时间更短，抖动更低。五极闸流管结构和采用空心阳极结构的闸流管，可使耐电流反向能力高达 100%。高重复率、高功率闸流管通常需要强制空气或液体冷却。高电压和高额定电流下工作的闸流管内部都装有 X 射线防护罩，以最大程度地减少 X 射线向外辐射。闸流管通常广泛用于触发火花开关和引燃管的触发器中，也广泛应用于激光器、雷达的脉冲调制器及电网控制系统的整流器中。

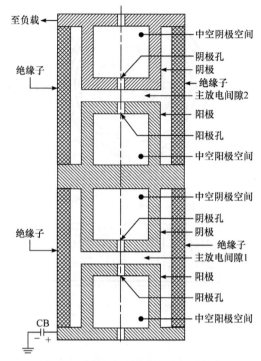

图 4-54　同轴多间隙伪火花开关结构

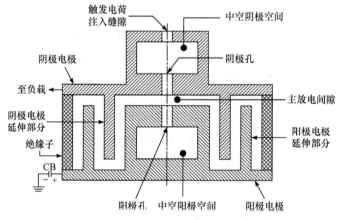

图 4-55　改进结构的伪火花开关用于防止金属蒸气沉积在绝缘子上

闸流管中填充的气体：Hg、H_2、D_2、Xe 或 Ar。Hg 蒸气闸流管的平均压降约为 10V，但缺点是蒸气压强烈依赖于温度。Xe 蒸气闸流管平均压降约为 10V，气压并不强烈依赖于温度，但是没有储气罐会带来清理问题。Xe 和 Hg 蒸气闸流管通常用于低重复率应用。H_2 闸流管具有高导通速度、高峰值电流能

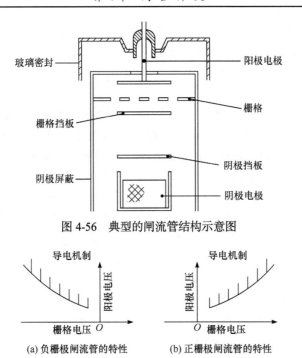

图 4-56 典型的闸流管结构示意图

图 4-57 闸流管特性曲线

力、高脉冲重复率和长使用寿命等优点，一方面是由于 H_2 原子的质量低和迁移率高，另一方面是由于 H_2 原子的电离能高，因此平均压降高，约为 40V。D_2 迁移率较低[210]，去离子时间较长，因此脉冲重复率低，但耐压高、可靠性强。为了弥补由于物理和化学吸附而贫化的 H_2/D_2 气体，通常需要提供氢化钛的储气罐和独立的加热系统。H_2 压力可以通过改变储气罐加热器电压来调节，较低的气压会导致较高的抑制电压，而较高的气压会带来更高的电流上升速率。

四极闸流管可以并联或串联运行。并联运行时，需要在每个阳极上串联一个小的电感来提高可靠性。串联运行时，需要对加热变压器进行高电压绝缘，同时只需从外部触发靠近地电位的闸流管，其余闸流管可通过适当的电路实现自动触发[209]。市售陶瓷封装的多间隙闸流管等效于许多闸流管的串联，但只有一个热阴极，同时它沿长度方向包含等间隔的金属环，并带有并联电阻链，以实现均匀的电压分布。

通常，闸流管的最大电流上升速率约为 300kA/μs，超出这一指标会造成损耗增加和阳极蒸发，从而导致气体进一步消耗。闸流管的最大平均电流约为 15A，脉冲重复率约为 100kHz。

玻璃外壳封装的闸流管的最大额定参数：①正向峰值电压约 40kV；②阳极峰值电流约 5kA；③输出峰值功率约 20MW；④阳极耗散因子约 10^{10}VA pps。

陶瓷封装的闸流管的最大额定参数：①正向峰值电压约 160kV；②阳极峰值电流约 15kA；③输出峰值功率约 400MW；④阳极加热系数约 5×10^{11}VA pps。

4.2.3　引燃管

与气体放电的闸流管类似，引燃管是一个内含汞阴极的真空管[211]。当阳极为正极性电压时，半导体引燃棒浸入 Hg 中触发引燃管导通。引燃管的电压降为 20～80V，具体幅值取决于放电电流大小。引燃管一旦被触发导通，便失去控制，只有通过将阳极电压降低到低于 10V 电离电压才能恢复阻断状态。引燃管反向峰值电压约为 5V。辅助阳极有助于在低放电电流下促进电弧通道形成，主放电电流通过阴极和阳极之间形成电弧来传输。在没有触发电压的情况下，正向阻断和反向阻断的电压相近，但是如果阳极或阳极密封件被汞污染，则会导致该参数降低，在这种情况下，将阳极和玻璃区域加热到大约 100℃保持 2h 将恢复电压阻断能力。为了使引燃管可靠运行，阳极玻璃密封区域的温度应高于其他部分，否则汞可能会凝结在阳极玻璃密封区域，从而使反向阻断电压降低。阳极材料通常使用钼、不锈钢或石墨，它们的反向电流能力依次降低。引燃管的最大使用寿命为 1000 次，但通过降低运行额定参数可实现更长的使用寿命。为了获得最佳使用寿命，电流上升速率应限制在 10kA/μs 以下。通常，以额定最大电压或电流值的一半运行将使使用寿命增加 10 倍。超过最大额定参数可能会降低使用寿命。对于振荡电流、平均电流和安培秒的计算，必须考虑正周期和负周期。许多引燃管不能承受明显的反向电流。

通常由引燃管产生的 X 射线会被引燃管金属外壳屏蔽到安全水平，但在引燃管发生汞泄漏的情况下，应采取安全措施处理。

当阳极为正极性时，通过将预充电电容器放电到引燃管来触发引燃管导通。该电容器可以是低电压大电容(如 600V/5μF)或高电压小电容(如 3kV/0.25μF)。前者触发延迟时间为几十微秒，后者触发延迟时间不到 1μs。对于大型电容器组，必须同时并联触发多个引燃管，因此选用小电容高电压触发器，因为它具有较小的触发时间抖动。

引燃管最大电流上升速率约 10kA/μs，超过此额定参数将导致阳极材料的耗散和蒸发增加，从而缩短使用寿命。用于电容器组的引燃管具有以下最大额定参数(并非全部同时达到)。

正向和反向阻断电压：50kV；

峰值电流：200kA；

每脉冲安培秒：500As；

平均阳极电流：10A；

脉冲宽度：50ms；

脉冲重复率：1pps。

电容器组放电中使用的引燃管的库仑要求由以下关系式给出。

对于单向电流：

$$Q = CV_0 \text{ (As)} \tag{4-46}$$

对于振荡电流：

$$Q = CV_0 \frac{1 + I_1 / I_{\max}}{1 - I_1 / I_{\max}} \text{ (As)} \tag{4-47}$$

其中，$I_{\max}$ 为第一个电流峰值；I_1 为第二个电流峰值。

引燃管因其高库仑容量而被广泛用作短路保护开关，而具有大库仑额定参数的引燃管通常采用双壁或缠绕铜管进行水冷。为防止用于功率整流的引燃管在反向周期导通，在引燃管结构中加入去离子挡板，将其电弧熄灭至零电流附近。另外，引燃管只能垂直安装。

图 4-58 是基于主引燃管触发多路引燃管的电路示意图[212]。该电路有一个主引燃管，用于触发 24 个引燃管。当主引燃管被触发导通时，预充电的电容器 C_1, C_2,…, C_{24} 与 100Ω 电阻串联通过引燃管放电，触发所有引燃管，从而使电容器 C_1, C_2,…, C_{24} 放电到负载。

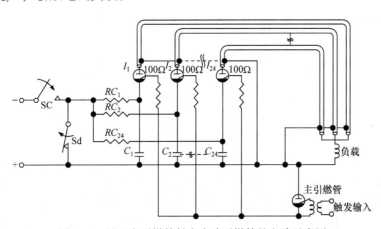

图 4-58 基于主引燃管触发多路引燃管的电路示意图

4.2.4 速调管

速调管是一种低气压四电极开关。图 4-59 是典型的速调管开关电路示意图[213]。在阴极电极 K 和电晕电极 E_{CN} 之间保持几微安电流的辉光放电。电晕电极 E_{CN} 上的电压可以从施加到开关的电压获得或从外部独立电源获得。限流电阻 R 的作用是确保不会发生电弧放电。在没有外触发的情况下，位于阴极和阳极之间的第三电极 E_T 通过触发变压器 T 的次级绕组，保持在阴极电位。当施加

500V～1kV 正触发脉冲到触发电极 E_T 时，在阴极 K 和电晕电极 E_{CN} 之间预先形成的等离子会被拉向阳极 A 的主间隙区域。速调管的阻抗迅速降低，PFL 放电到负载 R_ℓ。速调管阻断电压为几千伏，峰值放电电流为几千安，延迟时间为数十纳秒，抖动为几纳秒。另外，通过掺入发射 β 的放射性同位素 ^{63}Ni 可以进一步提高速调管性能。

　　无加热灯丝的速调管具有可靠性高、体积小和轻便且不受振动和加速度影响等优点，这些优点使速调管成为军事应用中最具潜力的开关。

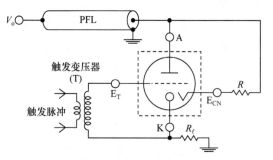

图 4-59　典型的速调管开关电路示意图

4.2.5　放射性同位素辅助触发的微型火花开关

　　Sharma 等[214]研制了一种微型自触发火花开关，用于电子设备快速浪涌保护器等。这些火花开关的工作电压为 100V～5kV，开关上升时间小于 10ns。统计时延可以忽略不计，这是因为由放射性同位素发射的自由电子引起电离。Sharma 详细研究了减小微型自触发火花开关抖动和击穿电压的方法。采用的气体为 Ar、氖气和 SF_6，压强为 132Pa～20kPa，间隙距离分别为 250μm、500μm、750μm 和 1000μm，采用的放射性同位素分别为 ^{63}Ni(60keV，β-源)、^{147}Pm(200keV，β-源)和 ^{241}Am(5MeV，α-源)，剂量为 1μCi($3.7×10^4$Bq)。研究结果表明，当 ^{63}Ni 平行于电场方向，气体为 SF_6 时，可获得低抖动和高峰值电流特性。同时观察到，在某些压强范围内开关是以辉光模式的高阻抗放电，而在其他压强范围内是以电弧模式的低阻抗放电。

　　与其他浪涌保护器(金属氧化物压敏电阻(MOV)和瞬态吸收器)相比，火花开关具有明显优势，即高速、低钳位电压、最小分布电容和大能量吸收能力。

4.3　固体电介质开关

　　图 4-60 是固态电介质开关结构示意图。该开关由两个主绝缘片、一个触发

绝缘膜和两个夹在主电极 E_1 和 E_2 之间的金属箔组成。金属箔由外部压力夹紧，当在之间施加触发脉冲时，触发绝缘膜的小孔处发生沿面放电，从而使小孔周围区域金属箔发生爆炸。由于触发电弧等离子体和触发放电电流之间的相互作用，产生了强磁场，使主绝缘片被冲击波击穿，从而引起开关闭合。

主电极 E_2 略微凹陷以减少电极熔蚀，主电极 E_1 中开孔的作用是用于固体电介质开关闭合过程产生的高气压气体的流通。实验过程中绝缘膜已被破坏，必须更换。设计将绝缘材料的安装位置转移到主电极上的其他区域来进行后续实验，以控制电极熔蚀。另外，也可以采用将嵌入电介质片中的导线爆炸或引爆化学炸药的方式进行触发。

固体电介质开关具有很宽的电压工作范围，并且可以以自击穿电压的百分之几使用。这种开关具有在低压下触发的能力、固有的低电感(几纳亨)和低放电电阻(几毫欧)以及大库仑(几百库仑)传递能力，因此在短路保护开关中得到了广泛的应用。

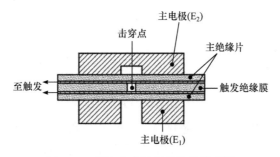

图 4-60   固态电介质开关结构示意图

4.4 磁 开 关

磁开关是一种特殊类型的可饱和电抗器，是由 Melville[215] 首先提出并用于雷达的开关。通常，可饱和电抗器使用其中一个绕组中的电流来控制另一个绕组的输出，但磁开关使用单个绕组和磁性材料的非线性特性，将电流延迟预设的时间。磁开关利用磁芯从初始状态到饱和状态相对磁导率发生较大变化来实现工作状态的转变。当 $t = 0$ 时，磁开关的设计电感应足够大，且使感应电压与磁芯材料的磁通方向相反，从而阻止电流流动。在磁芯饱和之前，通过负载的泄漏电流很小。当磁芯饱和时，相对磁导率(和电感)骤然下降，且磁开关电感两端的电压降为零，从而形成电路受限的电流。一旦磁芯饱和，正向大电流就流过磁开关，且具有阻断反向电流的优势，因此磁开关可被看作瞬态二极管。

缠绕 N_T 匝导线磁芯的电感为

$$L = \frac{\mu A_{\mathrm{m}} N_{\mathrm{T}}^2}{\ell_{\mathrm{m}}} \tag{4-48}$$

其中，磁导率 $\mu = \mu_0 \mu_{\mathrm{r}}$，$\mu_{\mathrm{r}}$ 为相对磁导率；A_{m} 为截面积；N_{T} 为磁芯材料的缠绕匝数；ℓ_{m} 为磁场路径长度。

根据磁芯材料的磁导率随时间的变化，可将饱和电感器用作开关。在电路图中通常用可变电感表示磁开关。

根据安培环路定律，磁芯材料中的磁场强度由施加到导线上的电流 I 确定：

$$N_{\mathrm{T}} I = \int_{\ell_{\mathrm{m}}} H \cdot \mathrm{d}\ell \tag{4-49}$$

其中，H 为磁场强度。根据磁芯材料的磁滞特性(B-H)曲线得到磁芯中建立的磁通密度 B。通过使用随时间变化的电流 $I(t)$ 在磁芯材料中感应出随时间变化的磁场强度 $H(t)$，从而产生随时间变化的磁通密度 $B(t)$ 来实现磁开关功能。磁导率 μ(定义为 B-H 曲线的斜率)也与时间有关：

$$\mu = \frac{\mathrm{d}B}{\mathrm{d}H} \tag{4-50}$$

实际上，随时间变化的磁导率可以看作是施加到可饱和电抗器绕组的电流的函数：

$$\mu(t) = f(I(t)) \tag{4-51}$$

式(4-51)所示函数取决于铁芯材料、几何结构和匝数。对于磁开关的应用，需要具有较大磁导率摆幅的材料。从初始高阻抗状态(μ_{r} 约为 10^6)到低阻抗状态(μ_{r} 约为 1)的变化导致电路限制电流开通。

4.4.1 磁滞回线

磁滞回线也被称为 B-H 曲线，是通过磁场强度 H 的变化测量磁芯材料的磁通密度 B 得到的，是材料单位体积能量的度量。图 4-61 是典型的磁滞回线。

当磁场强度 H 从零增大时(未磁化的磁芯材料将按虚线变化)，随着 H 增大，磁通密度 B 也增大，直到几乎所有磁畴都在点 a 处对齐。在点 a 处，磁芯饱和，随着 H 继续增大，磁通密度 B 几乎保持不变，磁芯材料达到饱和状态。

当 H 从饱和点逐渐减小到零时，曲线将从点 a 移动到点 b。在点 b 处，即使 H 为零，材料中仍保留一些剩余磁通密度 B_{r}。当磁场强度 H 反转时，曲线移至 c 点，即矫顽力点，尽管磁场强度不为零，但磁通密度 B 已减小到零。在矫顽力点，反向磁场强度 H 翻转了足够的磁畴，因此磁芯材料内的净通量为零。矫顽力从材料中去除了残留的磁性，并可用于将磁芯材料"复位"为未磁化状态。

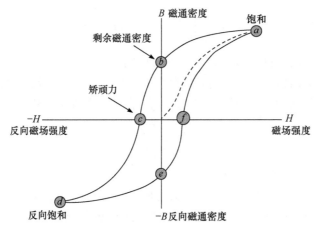

图 4-61 典型的磁滞回线

当 H 沿负方向继续增大时，磁芯材料再次饱和，但方向相反(点 d)。当 H 减小到零时，曲线到达点 e，将具有与另一个方向相同的剩余磁通密度 B_r。随着正方向 H 的增大，B 返回零。请注意，该曲线未返回到图形的原点，这是因为需要一些矫顽力才能去除剩余的磁性。从点 f 到完成循环的饱和点，曲线通过不同的路径。B-H 曲线包围的面积是单位体积的能量损失。

4.4.2 磁芯尺寸

磁开关是无源器件，其保持电压取决于磁芯饱和的时间。这意味着磁开关必须被脉冲充电，并且其开关参数直接由磁芯尺寸确定[216]。根据法拉第定律，施加的电压脉冲 $V(t)$ 在材料中感应出随时间变化的磁通量 $\phi_B(t)$：

$$N_T \times \frac{\partial \phi_B(t)}{\partial t} = -V(t) \tag{4-52}$$

其中，N_T 是磁芯材料的缠绕匝数。

对 $\phi_B(t)$ 从 $t=0$ 处施加电压到使磁芯饱和所需的时间 τ_{sat} 进行积分：

$$\phi_B(t) = -\frac{1}{N_T} \int_0^{\tau_{sat}} V(t) \mathrm{d}t \tag{4-53}$$

根据磁通量的定义并假设磁通均匀，可得

$$\phi_B(t) = \int_{A_m} B \cdot \mathrm{d}S \approx \Delta B \cdot A_m \tag{4-54}$$

其中，ΔB 为磁芯材料中磁通密度的变化；A_m 为磁芯的截面积。

联立式(4-53)和式(4-54)可得

$$-\frac{1}{N_{\mathrm{T}}}\int_{0}^{\tau_{\mathrm{sat}}} V(t)\mathrm{d}t = \Delta B \cdot A_{\mathrm{m}} \tag{4-55}$$

式(4-55)给出了开关特性和磁芯尺寸之间的关系。

假设磁开关由振幅为 V_0 且持续时间为 T_{p} 的方波充电，且磁芯的尺寸一定，使磁芯饱和的时间为脉冲宽度，即 $\tau_{\mathrm{sat}} = T_{\mathrm{p}}$。在这些条件下，式(4-55)变为

$$A_{\mathrm{m}} = \frac{V_0 T_{\mathrm{p}}}{N_{\mathrm{T}} \times \Delta B} \tag{4-56}$$

由此可以确定磁芯的截面积。

为了使磁芯的截面积 A_{m} 最小，通常使 ΔB 尽可能大。如果通过磁芯去磁将磁芯材料偏置为反向剩余磁通密度$-B_{\mathrm{r}}$，则 $\Delta B = B_{\mathrm{sat}} - B_{\mathrm{r}}$。然后可以由式(4-56)确定所需的磁芯截面积。

当磁通密度的变化相对于磁场强度 H 的变化较小时，磁芯体积得到有效利用，这在磁滞回线为"矩形"时发生。磁滞回线矩形比表征剩余磁通密度 B_{r} 与饱和磁通密度 B_{s} 的比值。当材料的"矩形"比较好时，该比值> 90%。同时，较小的磁滞回线面积可最大程度地减少磁芯损耗，并且可能存在最佳设计[217]。磁滞回线所包围的面积是不可恢复的能量损耗。磁滞回线和纵轴之间的区域是可利用的储能。

由于非晶磁芯材料[218](如 Metglas®)具有较大的饱和磁通密度，因此所需磁芯尺寸较小。对于 Metglas®非晶磁芯材料，磁通密度摆幅 ΔB 可能大于 3T。在高功率应用领域，通常将磁芯材料层叠在一起以最大程度地减小涡流损耗。对于低电阻率磁芯材料，脉冲上升时间限制了磁芯横截面的利用率，这是因为产生了较大的涡流损耗，并且磁通不能通过磁芯扩散。虽然铁氧体具有最佳的电阻率和低损耗，但磁通密度摆幅小(<0.7T)，导致磁芯尺寸较大。

4.5 固态开关

与单个火花开关可耐受兆伏电压或通过数百千安电流不同，半导体开关需要通过大量开关的串联和并联，以及动态均压和均流来实现。半导体开关具有高脉冲重复率能力，并且可以工作在数十千伏，这为脉冲功率的设计引入了新的技术途径。

为了能够替代闸流管和引燃管，半导体开关技术发展迅速，甚至超过其性能极限[219-221]。在脉冲功率系统中，半导体开关具有非常广阔的应用前景，尤其是在激光器泵浦、高频变流器、工业磁成形和环保等领域。新兴的半导体开关技术依赖于新的材料和触发方法。

影响半导体开关性能的参数：电阻率调制、电荷存储、器件电容、电热相互作用和电击穿。通过合理的设计和选择合适的芯片结构参数可以获得最佳的开关性能。

1) 电阻率调制

为了实现高阻断电压，半导体开关采用了厚而轻掺杂的半导体层。当器件处于导通状态时，该区域的电阻 R 决定了电压降和功率损耗。电阻为

$$R = \int_{x_1}^{x_2} \frac{dx}{qA(\mu_n n + \mu_p p)} \tag{4-57}$$

其中，n 和 p 分别为电子和空穴的密度；μ_n 和 μ_p 分别为电子和空穴的迁移率；A 为横截面面积；q 为电子电荷量。

2) 电荷存储

从导通状态转换为关断状态或反向阻断状态的过程中，开关的瞬态行为取决于从轻掺杂区域中抽取存储电荷的速度，或者低掺杂区域被电子和空穴充满的速度。导通时间和关断时间取决于电荷密度 $\rho(x, t)$ 的时间或空间行为，其由以下方程式确定。

双极扩散：

$$\frac{d\rho}{dt} = -\frac{\rho}{\tau} + D \cdot \frac{d^2\rho}{dx^2} \tag{4-58}$$

传输方程式：

$$I = \left(1 + \frac{\mu_p}{\mu_n}\right) \cdot \left(I_n - qAD \cdot \frac{d\rho}{dx}\right) \tag{4-59}$$

电荷控制方程式：

$$\frac{dQ}{dt} = -\frac{Q}{\tau} + I_n(x_r) - I_n(x_L) \tag{4-60}$$

其中，D 为扩散系数；τ 为电荷载流子的寿命；x_r 和 x_L 为所考虑区域的边界。

3) 器件电容

器件电容由双极型器件中的反向偏置结或单极金属氧化物半导体(MOS)结构中的绝缘栅形成。这些电容导致正反馈或负反馈，并且即使在关闭器件后，dV/dt 效应也可能导致意外的导通或关断，从而引起正向或反向连续的电流传导。

4) 电热相互作用

开关损耗导致器件发热。开关性能取决于温度对各种器件参数的影响。

5) 电击穿

半导体器件的击穿可能是由雪崩、齐纳或穿通机制引起的。雪崩和齐纳击穿可能是正常运行过程的运行机制，也可能是故障时发生的现象。穿通机制通常是

破坏性的。

以下各小节简要讨论各种各样的半导体开关，大致分为晶闸管类开关和晶体管类开关。

4.5.1　晶闸管类开关

晶闸管类开关具有 pnpn 的三 pn 结结构。通过改变开关结构的设计参数可以获得具有各种变化特性的开关，如：①n 和 p 区的几何结构和厚度；②不同区域中的载流子浓度和掺杂分布；③引入缓冲层；④电极接触区域的几何结构和分布不同；⑤在晶闸管结构内引入金属–氧化物–半导体场效应晶体管(MOSFET)结构。

晶闸管类开关的先驱是可控硅(silicon-controlled rectifier，SCR)。它仍在工业电子产品中具有重要的地位，其 12kV 的正向阻断电压仍然是目前世界上单管耐压最高的开关。本小节将首先介绍 SCR，然后讨论其他结构开关。

4.5.1.1　可控硅

图 4-62 是典型的发射极短路 SCR 的结构及其等效电路示意图。在没有门信号的情况下，SCR 在正向和反向上阻断电压。当施加正向电压时，通过向门极施加正触发信号来实现 SCR 从截止状态到导通状态的转换，从而使再生环路增益[222] $h_{FE1} \cdot h_{FE2} = 1$。从图 4-62 中阴极–门极电流的方向可以看出，靠近门极发射极最右侧的区域会最先获得最高的正向偏置，并且阴极–阳极电流从该边缘处开始流动。电流随后以 0.1mm/μs 的速度扩散到整个发射极区域。

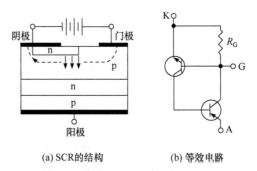

(a) SCR的结构　　　　　　(b) 等效电路

图 4-62　典型的发射极短路 SCR 的结构及其等效电路示意图

施加快速上升的正向电压(dV/dt 效应)也可以导通 SCR。在短路发射极结构中减小了这种效应，但是短路发射极结构也降低了门极的灵敏度，因此需要注入较大的门极电流来导通。图 4-63 给出了各种门极电流下 SCR 电压–电流特性。当门极电流较大(> I_{G3})时，SCR 类似于常规的 pn 二极管。为了可靠地导通，在关闭门极信号之前需要保持最小维持电流 I_H。

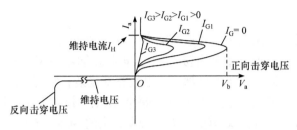

图 4-63　SCR 电压-电流特性

　　理想的用于脉冲功率的 SCR 参数是高正向和反向阻断电压、高峰值电流、高电流上升速率、较短的开通时间和关断时间以及长使用寿命。

　　为了获得更高阻断电压，可以增加 n 基区宽度和降低杂质载流子浓度，但这可能会影响器件的关断时间和其他特性。为了充分利用半导体器件的整体性能，必须抑制沿面击穿，通常通过对表面进行倒角来实现。

　　为了获得高峰值电流和高 di/dt 能力，通常增加发射极的初始导通面积，从而抑制电流集中和损坏。图 4-64(a)、图 4-64(b)所示分别是中心门极–环形阴极结构、中心门极–双环形阴极(也称为"放大门极")结构。这些结构使得前者的 di/dt 值[223]为 100A/μs，后者的为 1000A/μs。另外，还可使用更大的叉指图案[224]和渐开线接触图案[225]。

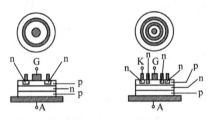

(a) 中心门极-环形阴极结构　　　(b) 放大门极结构

图 4-64　高峰值电流和高电流上升速率 SCR 门极结构设计

　　导通时间还取决于 p 基区和 n 基区中心区域中电荷的积累、最小维持电流 I_H 以及发射极覆盖范围的等离子体扩散速度。可以通过减小 n 基区体积并延长 n 基极载流子寿命来缩短导通时间。

　　为了实现更高的脉冲重复率，关断时间需尽可能地短。关断时间取决于存储在 p 和 n 基区中的电荷量。为了缩短关断时间，可通过掺杂技术或使用使 SCR 预充电电容器沿反方向放电的电路技术来减小 n-基极宽度或缩短载流子寿命。

　　SCR 实现的典型的最大参数：峰值电压为 3kV，峰值电流为 150kA，di/dt 为 800A/μs，dV/dt 为 2kV/μs，每脉冲传输电荷量为 250C，寿命为 2×10^4 发次，管压降为 10V，工作频率为 10kHz。在较低的额定电流下，SCR 的最大阻断电压可达

12kV。

为了获得更高的阻断电压和通流能力，可将 SCR 串联和并联[226]。为了使整个串联组件的瞬态电压分布更均匀，电阻–电容组合网络必须与每个 SCR 并联。对于 SCR 组件，多个 SCR 的外部同步触发非常复杂。然而，这可以通过适当的电路技术来简化。例如，代替单独触发每个 SCR，仅需要从接地端附近触发第一个 SCR，该 SCR 随后以串联[227]方式触发其余的 SCR。对于 SCR 的并联，可能需要在每个 SCR 中使用电感来均流。SCR 的串联–并联组件已用于在 15kV 电压下传输电流 4.7kA[224]。

4.5.1.2 RSD

反向触发双极晶闸管(RSD)通过等离子体触发技术实现高峰值电流能力和高 di/dt 能力[224, 228]。图 4-65 是 RSD 结构和触发电路示意图。RSD 的触发是通过施加极性相反的脉冲，使 n^+p 结击穿，从 n^+ 区域注入电子形成均匀分布在集电极结平面上的薄电子–空穴等离子体层来实现的。当触发脉冲结束并且极性恢复到初始状态时，RSD 会随着空穴向 p-基极的移动以及电子从 n 层到 p^+ 层的注入而导通。磁开关 L 有助于将触发脉冲电路与主电容器组电路隔离。一旦 C_s 放电开始，磁开关 L 饱和，L 对负载电路的影响可忽略不计。RSD 的主要优点是电流均匀地通过器件的整个面，而不是像 SCR 中仅通过门极附近的有限区域。

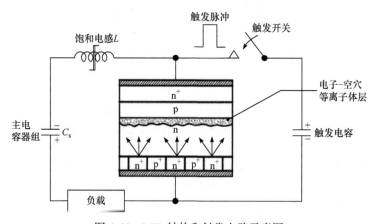

图 4-65　RSD 结构和触发电路示意图

RSD 单个器件中的典型参数如下：①断态重复峰值电压约 3kV；②重复峰值电流约 250kA@50μs 或 25kA@10ms；③电流上升速率约 60kA/μs；④断态电压上升速率约 0.8kV/μs；⑤关断时间约 250μs；⑥正向峰值压降约 25V；⑦脉冲重复率约 100kHz。

4.5.1.3 GTO

图 4-66 是门极可关断晶闸管(gate turn-off thyristor，GTO)的传统结构和发射极短路的结构[229-231]。与 SCR 相似，可通过正向门极电流驱动导通 GTO，同时可通过门极负电流将其关闭。GTO 的关断增益，即实现关断的阳极电流与门极电流之比，通常为 3~5。

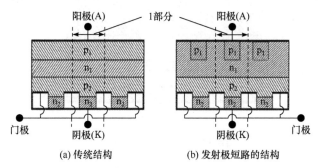

图 4-66　GTO 的传统结构和发射极短路的结构

GTO 从导通状态到截止状态的转换过程中，其主电流从阴极端子流向门极端子。为了获得更短的关断时间和更低的关断损耗，需增大门极和 p_2 区域之间的接触面积，这可通过使门极呈螺旋指状或条状接触的形式来实现。在发射极短路的 GTO 结构中，n_1 和 p_1 短接至阳极，该结构具有导通压降低、泄漏电流小和关断特性改善等优点，但是其反向电压阻断能力降低，因为整个反向电压仅通过一个 n_2p_2 结进行阻断。此外，GTO 需要通过缓冲电路或与 GTO 并联的二极管来保护。与 SCR 的导通时间 1μs 相比，GTO 的导通时间更长(约 4μs)，可通过增大门极电流来缩短导通时间。di/dt 额定参数取决于电流在 n_2p_2 结上的横向扩散速率。如果超过器件的 di/dt 额定参数，则产生的电流集中可能会发生器件损坏。GTO 的最大额定参数为 6kV、6kA。

4.5.1.4　MOS 控制晶闸管

MOS 控制晶闸管(metal-oxide-semiconductor controlled thyristor，MCT)于 1988 年实现了商用。MCT 的单元结构和等效电路分别如图 4-67 和图 4-68 所示。整个 MCT 由数千个相同的微单元结构并联组合而成。例如，一只 500V、50A 的 MCT 器件，具有 100000 个并联单元[229]。该器件通过向门极施加负脉冲电压来开通，并通过向门极施加正电压脉冲来关断。从图 4-68 所示等效电路可以看出，负极性门极电压导通 p-FET，这将使基极电流驱动开通 npn 晶体管，从而启动 npn 和 pnp 晶体管之间的再生反馈环路。当在门极上施加正极性电压时，n-FET 导通，这将使 pnp 晶体管的发射极基极短路并破坏再生反馈环路。与 GTO 相比，

MCT 的关断电流增益要大得多。

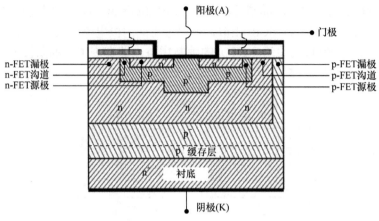

图 4-67　MCT 单元结构[229]

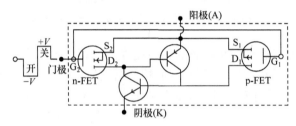

图 4-68　MCT 等效电路

4.5.1.5　MOS 关断晶闸管

图 4-69 是 MOS 关断晶闸管(metal-oxide-semiconductor turn-off thyristor，MTO)的结构和等效电路示意图[232]。它是包含两个门极 G_1 和 G_2 的四端器件。向门极 G_1 施加正电压可开通该器件，向门极 G_2 施加正电压将其关闭。关断原理：当向门极 G_2 施加正电压时，MOSFET 导通，与其并联的结 J_3 形成了短路回路(低阻抗路径)，然后将主 MTO 电流换向至 MOSFET，从而晶闸管实现关断。MTO 具有门极驱动简单、存储时间短和反向阻断能力强等优点。

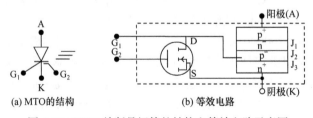

(a) MTO 的结构　　　　　　(b) 等效电路

图 4-69　MOS 关断晶闸管的结构和等效电路示意图

4.5.1.6　发射极关断晶闸管

图 4-70 是发射极关断晶闸管(emitter turn-off thyristor，ETO)的结构和等效电路示意图[233]。在这种结构中，功率晶闸管由两个 MOSFET(n-FET1 和 n-FET2)组成。n-FET1 连接到 GTO 的门极，n-FET2 与 GTO 串联。当触发门极后，n-FET1 关断，n-FET2 开通，ETO 开通；当 n-FET1 打开且 n-FET2 关闭时，ETO 关断。ETO 的关断机制是通过将主电流从 n-FET2 换向到 n-FET1 来实现的，当 ETO 的电流为零时，达到静态关闭状态。ETO 可以串联和并联使用，以增加正向阻断电压和通态电流。ETO 的优点是降低了 dV/dt 效应，通过丝状电流将器件失效的可能性降到了最低，并缩短了关断时间。ETO 的最大额定参数为 6kV、6kA。

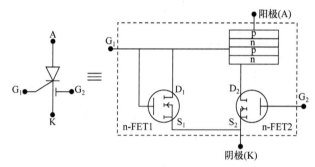

图 4-70　发射极关断晶闸管的结构和等效电路示意图[232]

4.5.1.7　集成门极换向晶闸管

集成门极换向晶闸管(integrated gate-commuted thyristor，IGCT)是 GTO 的升级版[234, 235]，其最大的变化在于结构和封装。结构的变化是在阳极侧增加了缓冲层，减小了器件的厚度，并在晶片中加入了用于反向导通的二极管。与 GTO 相比，封装的一个显著变化是提供了环形的低电感门极端子。IGCT 具有集成的驱动电路，用于门极驱动。

IGCT 具有多种额定参数，如 5.5kV/2.3kA、4.5kV/4kA 和 6kV/6kA，且可通过并联来增大额定电流幅值。不论在导通状态下，还是在截止状态下，IGCT 具有门极简单、低电感、高效且损耗低等优点。

4.5.2　晶体管类开关

与晶闸管类开关相比，晶体管类开关的特性是没有再生反馈机制，因此器件不会发生闩锁现象。将适当的信号施加到栅极，可以轻松地开通和关断这类开关。典型的示例是 MOSFET 和绝缘栅双极晶体管(insulated gate bipolar transistor，IGBT)。

4.5.2.1　绝缘栅双极晶体管

IGBT 最早于 1983 年开始商业销售。图 4-71 是典型 IGBT 单元的结构[236-239] 和等效电路示意图。IGBT 由数以百万计的单元结构在芯片内部并联而成，构成了 IGBT 功率开关。当相对于阴极向栅极施加正极性电压时，在栅极下方的 p 区中会引入一个 n 沟道，从而使 pnp 晶体管的基极–发射极结(J$_1$)正向偏置，器件开通。当栅极电压恢复为零时，n 沟道将被移除，IGBT 返回截止状态。如果提供足够的冷却系统，则 IGBT 并联和串联可以制造成功率更高的模块。

分立式 IGBT 具有各种额定参数，如 6.5kV/600A 和 4.5kV/1kA，并且最大额定电流的功率模块为 6kV/2.5kA。

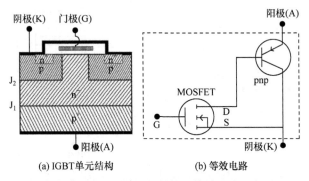

　　　　　(a) IGBT单元结构　　　　　　　　(b) 等效电路

图 4-71　典型 IGBT 单元的结构和等效电路示意图[233]

4.5.2.2　金属–氧化物–半导体场效应晶体管

MOSFET 的结构与 IGBT 的结构相似，不同之处在于没有 p$^+$层。当在栅极上施加正极性电压时，MOSFET 导通；当栅极电压恢复为零时，MOSFET 关断。目前 MOSFET 市场上提供各种各样的额定参数，如 1kV/100A、200V/500A 和 60V/1kA。

4.6　设 计 示 例

示例 4.1

火花开关间隙距离为 5cm，场结构不均匀，在空气中以 300kPa 的压强工作，并在 100kV 电压下击穿。计算驱动源阻抗分别为 100Ω、10Ω 和 1Ω 时火花开关的上升时间。

解：

为了计算上升时间，必须计算出电阻项和电感项的贡献。

电感项分量由 $\tau_L = L/Z$ 给出，火花开关电感根据式(4-16)估算为 $L = 14 \times \ell = 70(\text{nH})$。100Ω 阻抗时电感项时间常数为 0.7ns，10Ω 时电感项时间常数为 7ns，1Ω 时电感项时间常数为 70ns。

根据式(4-23)可以计算出 100Ω 馈入阻抗的电阻项时间常数。

平均电场强度为

$$E = \frac{V}{d} \cong 20(\text{kV}/\text{cm})$$

式(4-23)给出 E 的单位为几十千伏每厘米。气体密度的比值近似等于压力的比值，对于 100Ω 馈入阻抗，可以计算出电阻项时间常数为

$$\tau_R = \frac{88}{Z^{1/3} E^{4/3}} \sqrt{\frac{\rho}{\rho_0}} \cong 13(\text{ns})$$

类似地，也可以计算出其他源阻抗的电阻项时间常数。对于 $Z = 10\Omega$，$\tau_R = 28$ns；对于 $Z = 1\Omega$，$\tau_R = 60$ns。

上升时间 t_r 由式(4-21)和式(4-22)给出，其计算公式如下：

$$Z = 100\Omega \text{时}, \ t_r = 2.2 \times \sqrt{13^2 + 0.7^2} \cong 29(\text{ns})$$

$$Z = 10\Omega \text{时}, \ t_r = 2.2 \times \sqrt{28^2 + 7^2} \cong 64(\text{ns})$$

$$Z = 1\Omega \text{时}, \ t_r = 2.2 \times \sqrt{60^2 + 70^2} \cong 203(\text{ns})$$

示例 4.2

固体电介质开关击穿电压为 200kV，电介质是 3mm 厚的聚乙烯。当驱动源阻抗分别为 100Ω、10Ω 和 1Ω 时，计算总上升时间。

解：

与示例 4.1 一样，要计算上升时间，必须计算电阻项和电感项的贡献。由于绝缘介质厚度为 3mm，因此间隙的电感为

$$L = 14 \times \ell = 14 \times 0.3 = 4.2(\text{nH})$$

当 $Z = 100\Omega$ 时，电感项时间常数为 0.042ns。

当 $Z = 10\Omega$ 时，电感项时间常数为 0.42ns。

当 $Z = 1\Omega$ 时，电感项时间常数为 4.2ns。

电阻项时间常数由式(4-23)给出，平均电场强度的单位为 MV/cm。平均电场强度 E 为

$$E = \frac{V}{d} \cong \frac{200}{3}(\text{kV/mm}) \cong 0.667(\text{MV}/\text{cm})$$

$$\tau_\text{R} = \frac{5}{Z^{1/3}E^{4/3}} \cong 1.9(\text{ns})$$

类似地，也可计算出其他源阻抗时的电阻项时间常数，对于 $Z = 10\Omega$，$\tau_\text{R}=$ 4ns；对于 $Z = 1\Omega$，$\tau_\text{R} = 8.6$ns。

上升时间 t_r 由电阻项时间常数和电感项时间常数使用式(4-23)和式(4-26)计算得出，其计算结果如下：

源阻抗/Ω	τ_L/ns	τ_R/ns	t_r/ns
100	0.042	1.9	4.18
10	0.42	4.0	8.80
1	4.2	8.6	21.00

示例 4.3

"针-板"火花开关以线性斜坡电压充电到电压 V_0 时，在 100ns 内具有 0.3% 的线性偏差，要在火花开关中形成多通道，请计算需要的时间间隔。

解：

线性斜坡产生：

$$\frac{\text{d}V}{\text{d}T} = \frac{V_0}{T_\text{c}} = \frac{V_0}{100}$$

当 $\sigma_\text{v}(V) = 0.3\%$ 时，多通道形成时间间隔 ΔT 为

$$\Delta T = 2 \cdot \sigma(t) \cdot T = 2 \cdot \frac{\sigma_\text{v}(V) \cdot V}{\text{d}V / \text{d}T} \cong 0.6(\text{ns})$$

示例 4.4

典型的气体火花开关击穿电压偏差约为 2%。若多通道形成时间间隔与示例 4.3 得到的时间间隔相同，约为 0.6ns，计算给出线性斜坡脉冲电压的上升时间。

解：

与示例 4.3 相似，式(4-37)用于计算脉冲上升时间，若通道形成时间间隔 ΔT 为 0.6ns，则

$$\Delta T = 2 \cdot \frac{\sigma(V) \cdot V_0}{V_0 / T_\text{c}} = 2\sigma(V) \cdot T_\text{c} \tag{4-61}$$

重新排列项，可得

$$T_c = \frac{\Delta T}{2\sigma(V)} = \frac{0.6}{2 \times (2/100)} = 15 (\text{ns}) \tag{4-62}$$

因此，在气体火花间隙和液体间隙中，必须在数十纳秒内施加电压以生成多通道。

示例 4.5

空气中以 100kPa 运行的"针–板"间隙的距离为 4.5cm，针、板的总长度为 30cm，由有效阻抗为 3Ω 的 PFL 驱动。间隙以 100ns 的线性斜率充电至 135kV 的电压，电压偏差为 0.3%。假设电极电感可忽略不计，每个电弧通道单位厘米长度的电感为 14nH。请计算间隙中火花通道的可能数量。

解：

条件与示例 4.3 中的条件相同，使得 ΔT 为 0.6ns。闭合时间 ΔT 的散射、电子过渡上升时间 t_r 的散射与渡越时间隔离 t_{trans} 之间的关系由式(4-26)给出：

$$\Delta T = 0.1\tau_{\text{tot}} + 0.8\tau_{\text{trans}}$$

$$\tau_{\text{trans}} = \frac{\sqrt{\varepsilon_r} \ell_{\text{edge}}}{Nc} = \frac{\sqrt{1} \times 30}{N \times 30} = \frac{1}{N} (\text{ns})$$

$$\tau_{\text{tot}} = \sqrt{\tau_R^2 + \tau_L^2}$$

$$\tau_L = \frac{L}{NZ} = \frac{21}{N} (\text{ns})$$

对于空气压强 100kPa(约 1atm)，$\sqrt{\rho/\rho_0} \sim 1$，平均电场强度为 30kV/cm，以 10kV/cm 为单位时为 3。

电阻项上升时间为

$$\tau_R = \frac{88}{Z^{1/3} \cdot N^{1/3} \cdot E^{4/3}} = \frac{5}{\sqrt[3]{3 \times N \times 3^4}} = \frac{14}{\sqrt[3]{N}} (\text{ns})$$

$$\tau_{\text{tot}} = \sqrt{\left(\frac{14}{N^{1/3}}\right)^2 + \left(\frac{21}{N}\right)^2} = \sqrt{\frac{196}{N^{2/3}} + \frac{441}{N^2}} = \frac{1}{N}\sqrt{\frac{196}{N^{1/3}} + 441}$$

$$\Delta T = 0.1\tau_{\text{tot}} + 0.8\tau_{\text{trans}}$$

$$= \left(\frac{0.1}{N}\sqrt{\frac{196}{N^{1/3}} + 441} + 0.8 \times \frac{1}{N}\right)$$

$$= \frac{0.1}{N}\left(\sqrt{\frac{196}{N^{1/3}} + 441} + 8\right)$$

对于 $\Delta T = 0.6$ns，迭代计算得 $N \sim 5$。

参 考 文 献

[1] L.L. Alston, *High Voltage Technology*, Oxford University Press, London, 1968.

[2] C.H. Jones, W. Crewson, J.T. Naff, and J. Granados, *An Analytical Model for the High Voltage Rope Switch*, Pulsar Associates, Switching Note 19, May 1973.

[3] B. M. Kovalchuk, Multi Gap Spark Switches. *Proceedings of the IEEE International Pulsed Power Conference*, pp. 59-67, 1997.

[4] G.A. Mesyats, *Pulsed Power*, Kluwer Academic/Plenum Publishers, 2005.

[5] F. Frungel, *High Speed Pulse Technology*, Vol. 1, Academic Press, 1965.

[6] R. Rompe and W. Weizel, On the Toepler Spark Law. *Z. Phys.*, Vol. 122, pp. 636-639, 1944.

[7] S.I. Braginskii, Theory of the Development of a Spark Channel. *Sov. Phys. JETP*, Vol. 34, No. 7, pp. 1068-1074, 1958.

[8] T.H. Martin, J.F. Seaman, and D.O. Jobe, Energy Losses in Switches. *Proceedings of the 9th International Pulsed Power Conference*, pp. 463-470, 1993.

[9] L.K. Warne, R. Jorgenson, and J. Lehr, *Resistance of a Water Spark*, SAND 2005-6994, Sandia National Laboratories, Albuquerque, NM, 2005.

[10] H. Knoepfel, *Pulsed High Magnetic Fields*, Elsevier, New York, 1970.

[11] J.C. Martin, Nanosecond Pulse Techniques. *Proc. IEEE*, Vol. 80, No. 6, pp. 934-945, 1992.

[12] S. Levinson, E.E. Kunhardt, and M. Kristiansen, Simulation of Inductive and Electromagnetic Effects Associated with Single and Multichannel Triggered Spark Gaps. *Proceedings of the 2nd Pulsed Power Conference,* pp. 433-436, 1979.

[13] W.C. Nunnally and A.L. Donaldson, Self Breakdown Gaps, in G. Schaefer, M. Kristiansen, and A. Guenther, eds., *Gas Discharge Closing Switches*, Plenum Press, 1990.

[14] D.M. Weidenheimer, N.R. Pereira, and D.C. Judy, The Aurora Synchronization Project. *Proceedings of the International Pulsed Power Conference*, 1991.

[15] F.W. Grover, *Inductance Calculations*, D. Van Nostrand, 1947.

[16] A.L. Donaldson, R. Ness, M. Hagler, and M. Kristiansen, Modeling of Spark Gap Performance. *Proceedings of the International Pulsed Power Conference*, pp. 525-529, 1983.

[17] J.M. Meek and J.D. Craggs, *Electrical Breakdown of Gases*, Oxford University Press, 1953.

[18] T.H. Martin, An Empirical Formula for Gas Switch Breakdown Delay. *Proceedings of the IEEE Pulsed Power Conference*, pp. 73-79, 1985.

[19] J.C. Martin, Duration of the Resistive Phase and Inductance of Spark Channels, in T.H. Martin, A.H. Guenther, and M. Kristiansen, eds., *JCM on Pulsed Power*, Plenum Press, 1996.

[20] T.P. Sorenson and V.M. Ristic, Rise Time and Time Dependent Spark Gap Resistance in Nitrogen and Helium. *J. Appl. Phys.*, Vol. 48, No. 1, p. 114, 1977.

[21] K.V. Nagesh, P.H. Ron, G.R. Nagabhushana, and R.S. Nema, Recovery Times of Low Pressure Spark Gaps Under Burst-Mode. *Fourth Workshop and Conference on EHV Technology*, Indian Institute of Science, Bangalore, India, 1998.

[22] K.V. Nagesh, P.H. Ron, G.R. Nagabhushana, and R.S. Nema, Over Recovery in Low Pressure Spark Gaps. *IEEE Trans. Plasma Sci.*, Vol. 27, No. 1, p. 199, 1999.

[23] K.V. Nagesh, P.H. Ron, G.R. Nagabhushana, and R.S. Nema, Over-Recovery in Low Pressure Spark Gaps: Confirmation of Pressure Reduction in Over Recovery. *IEEE Trans. Plasma Sci.*, Vol. 27, No. 6, p. 1559, 1999.

[24] R. Curry, P. D'A. Champney, C. Eichenberger, J. Fockler, D. Morton, R. Sears, I. Smith, and R. Conrad, The Development and Testing of Sub-Nanosecond Rise, Kilohertz Oil Switches for the Generation of High-Frequency Impulses. *IEEE Trans. Plasma Sci.*, Vol. 20, No. 3, pp. 383-392, 1992.

[25] P. Norgard and R.D. Curry, An In-Depth Investigation of the Effect of Oil Pressure on the Complete Statistical Performance of a High Pressure Flowing Oil Switch. *IEEE Trans. Plasma Sci.*, Vol. 38, No. 10, pp. 2539-2547, 2010.

[26] C.E. Baum, W.L. Baker, W.D. Prather, J.M. Lehr, J. O'Loughlin, D.V. Giri, I.D. Smith, R. Altes, J. Fockler, M. Abdalla, and M. Skipper, JOLT: A Highly Directive, Very Intensive, Impulse-Like Radiator. *Proc. IEEE*, Vol. 92, No. 7, pp. 1096-1109, 2004.

[27] S.L. Moran, L.W. Hardesty, and M.G. Grothaus, Hydrogen Spark Gap for High Repetition Rates. *Proceedings of the IEEE Pulsed Power Conference*, pp. 473-476, 1985.

[28] R. Hutcherson, S.L. Moran, and E. Ball, Triggered Spark Gap Recovery. *Proceedings of the IEEE Pulsed Power Conference*, p. 221, 1987.

[29] S.L. Moran and R. Hutcherson, *High PRF High Current Switch*. U.S. Patent No. 4,912,369 March 27, 1990.

[30] S.L. Moran and L.W. Hardesty, High-Repetition-Rate Hydrogen Spark Gap. *IEEE Trans. Electron Devices*, Vol. 38, No. 4, pp. 726-730, 1991.

[31] M.G. Grothaus, S.L. Moran, and L.W. Hardesty, Recovery Characteristics of Hydrogen Spark Gap Switches. *Proceedings of the IEEE Pulsed Power Conference*, pp. 475-478, 1993.

[32] M.W. Ingram, S.L. Moran, and M.G. Grothaus, High Average Power Hydrogen Spark Gap Experiments. *Conference Record of the Power Modulator Symposium*, pp. 309-311, 1994.

[33] S.J. MacGregor, F.A. Tuema, S.M. Turnbull, and O. Farish, The Operation of Repetitive High Pressure Spark Gap Switches. *J. Phys. D Appl. Phys.*, Vol. 26, pp. 954-958, 1993.

[34] S.J. MacGregor, S.M. Turnbull, F.A. Tuema, and O. Farish, Enhanced Spark Gap Switch Recovery Using Nonlinear *V/p* Curves. *IEEE Trans. Plasma Sci.*, Vol. 23, No. 4, pp. 798-804, 1995.

[35] S.J. MacGregor, S.M. Turnbull, F.A. Tuema, and A.D.R. Phelps, Methods of Improving the Pulse Repetition Frequency of High Pressure Gas Switches. *Tenth IEEE International Pulsed Power Conference, Digest of Technical Papers*, Vol. 1, pp. 249-254, 1995.

[36] S.J. MacGregor, S.M. Turnbull, F.A. Tuema, and O. Farish, Factors Affecting and Methods of Improving the Pulse Repetition Frequency of Pulse-Charged and DC-Charged High-Pressure Gas Switches. *IEEE Trans. Plasma Sci.*, Vol. 25, No. 2, pp. 110-117, 1997.

[37] F.A. Tuema, S.J. MacGregor, J.A. Harrower, J.M. Koutsoubis, and O. Farish, Corona Stabilization for High Repetition Rate Plasma Closing Switches. *11th International Symposium on High Voltage Engineering*, Vol. 3, pp. 280-284, 1999.

[38] J.M. Koutsoubis and S.J. MacGregor, Electrode Erosion and Lifetime Performance of a High Repetition Rate, Triggered, Corona Stabilized Switch in Air. *J. Phys. D Appl. Phys.*, Vol. 33, pp. 1093-1103, 2000.

[39] J.M. Koutsoubis and S.J. MacGregor, Effect of Gas Type on High Repetition Rate Performance of a Triggered, Corona Stabilised Switch. *IEEE Trans. Dielectr. Electr. Insul.*, Vol. 10, No. 2, pp. 245-255, 2003.

[40] A.L. Donaldson, M. Kristiansen, A. Watson, K. Zinsmeyer, E. Kristiansen, and R. Dethlefsen, Electrode Erosion in High Current, High Energy Transient Arcs. *IEEE Trans. Magn.*, Vol. MAG-22, No. 6, pp. 1441-1447, 1986.

[41] A.L. Donaldson, Electrode Erosion Resulting from High Current, High Energy Transient Arcing, Ph.D. dissertation, Texas Tech University, August 1990.

[42] G.S. Belkin, Dependence of Electrode Erosion on Heat Flux and Duration of Current Flow. *Soviet Phys. Tech. Phys.*,

脉冲功率技术基础

Vol. 15, No. 7, pp. 1167-1170, 1971.

[43] G.S. Belkin, Method for the Approximate Calculation of Electrode Erosion in Discharges for Computation of Large Pulse Flows. *Fizika Khim. Obrabot. Mat.*, No. 1, pp. 33-38, 1974.

[44] G.S. Belkin, Methodology of Calculating Erosion of High Current Contacts During Action of an Electrical Arc. *Trans. Electrichestro*, Vol. 1, FSTC-HT-0787-85, pp. 61-64, 1972.

[45] A. Watson, A.L. Donaldson, K. Ikuta, and M. Kristiansen, Mechanism of Electrode Surface Damage and Material Removal in High Current Discharges. *IEEE Trans. Magn.*, Vol. 22, No. 6, pp. 1799-1803, 1986.

[46] F.M. Lehr, B.D. Smith, A.L. Donaldson, and M. Kristiansen, The Influence of Arc Motion on Electrode Erosion in High Current, High Energy Switches. *Proceedings of the International Pulsed Power Conference*, pp. 529-553, 1986.

[47] A.L. Donaldson, F.M. Lehr, and M. Kristiansen, Performance of *In-Situ* Copper Alloys as Electrodes in High Current, High Energy Switches, *Proc. SPIE*, Vol. 0871, doi:10.1117/12.943673, 1988.

[48] A.L. Donaldson, Electrode Erosion Measurements in a High Energy Spark Gap, Master's thesis, Texas Tech University, 1982.

[49] F.M. Lehr, Electrode Erosion from High Current, High Energy Moving Arcs, Master's thesis, Texas Tech University, 1988.

[50] R. Holmes, Electrode Phenomena, in J.M. Meek and J.D. Craggs, eds., *Electrical Breakdown in Gases*, John Wiley & Sons, Inc., New York, NY, pp. 839-867, 1978.

[51] D. Affifinito, E. Bar-Avraham, and A. Fischer, Design and Structure of an Extended Life High Current Sparkgap. *IEEE Trans. Plasma Sci.*, Vol. 7, pp. 162-163, 1979.

[52] A.L. Donaldson, G. Engel, and M. Kristiansen, State of the Art Insulator and Electrode Materials for High Current Switching Applications. *IEEE Trans. Magn.*, Vol. 25, pp. 138-141, 1989.

[53] G. Marchesi and A. Maschio, Influence of Electrode Material on Arc Voltage Waveforms in Pressurized Field Distortion Spark Gaps. *Proceedings of the International Conference on Gas Discharges*, Liverpool, UK, p. 145148, September 1978.

[54] K.J. Bickford, K.W. Hanks, and W.L. Willis, Spark Erosion Characteristics of Graphite and CO Gas. *Proceedings of the International Power Modulator Symposium*, pp. 89-92, 1982.

[55] A.L. Donaldson, M.O. Hagler, M. Kristiansen, G. Jackson, and L.L. Hatfifield, Electrode Erosion Phenomena in a High Energy Pulsed Discharge. *IEEE Trans. Plasma Sci.*, Vol. 12, No. 1, pp. 28-38, 1984.

[56] A.L. Donaldson, M. Kristiansen, A. Watson, K. Zinsmeyer, E. Kristiansen, and R. Dethlefsen, Electrode Erosion in High Current, High Energy Transient Arcs. *IEEE Trans. Magn.*, Vol. MAG-22, No. 6, pp. 1441-1447, 1986.

[57] A.L. Donaldson, D. Garcia, M. Kristiansen, and A. Watson, A Gap Distance Threshold in Electrode Erosion in High Current, High Energy Spark Gaps. *Proceedings of the Power Modulator Symposium*, pp. 146-148, 1986.

[58] A.L. Donaldson and M. Kristiansen, Electrode Erosion as a Function of Electrode Materials in High Current, High Energy Transient Arcs. *Proceedings of the International Pulsed Power Conference*, p. 83, 1989.

[59] V.G. Emellyanov et al. Multi-Spark High Voltage Trigatron. *Instrum. Exp. Tech.*, Vol. 18, p. 1114, 1975.

[60] C.E. Baum and J.M. Lehr, *Some Considerations for Multichannel Switching*, Switching Note 30, January 2002. Available at www.ece.unm.edu/summa/notes/.

[61] J.M. Lehr, et al. SATPro: The System Assessment Test Program for ZR. *Conference Record of the IEEE Power Modulator Symposium*, pp. 106-110, 2004.

[62] J.M. Lehr, J.E. Maenchen, J.R. Woodworth, W.A. Johnson, R.S. Coates, L.K. Warne, L.P. Mix, D.L. Johnson, I.D.

Smith, J.P. Corley, S.A. Drennan, K.C. Hodge, D.W. Guthrie, J.M. Navarro, and G.S. Sarkisov, Multi-Megavolt Water Breakdown Experiments. *Proceedings of the IEEE International Pulsed Power Conference*, pp. 609-614, 2003.

[63] J.C. Martin, Multichannel Gaps, in T.H. Martin, A.H. Guenther, and M. Kristiansen, eds., *JCM on Pulsed Power*, Plenum Press, 1996.

[64] T.H. Martin, Pulsed Charged Gas Breakdown. *Proceedings of the International Pulsed Power Conference*, pp. 74-83, 1985.

[65] T.R. Burkes et al., A Review of High Power Switch Technology. *IEEE Trans. Electron Devices*, Vol. 26, No. 10, p. 1401, 1979.

[66] R.E. Beverly and R.N. Campbell, Transverse Flow 50 kV Trigatron Switch for 100 pps Burst-Mode Operation. *Rev. Sci. Instrum.*, Vol. 67, No. 4, pp. 1593, 1996.

[67] J.D. Craggs, M.E. Haine, and J.M. Meek, The Development of Triggered Spark Gaps for High Power Modulators. *J. Inst. Electr. Eng.*, Vol. 93, No. Part III A, p. 963, 1946.

[68] K.J.R. Wilkinson, Some Developments in High Power Modulators for Radar. *J. Inst. Electr. Eng.*, Vol. 93A, p. 1090, 1946.

[69] S.J. MacGregor, F.A. Tuema, S.M. Turnball, and O. Farish, The Influence of Polarity on Trigatron Switching Performance. *IEEE Trans. Plasma Sci.*, Vol. 25, No. 2, pp. 118-123, 1997.

[70] A.S. Husbands and J.B. Higham, The Controlled Tripping of High Voltage Impulse Generators. *J. Sci. Instrum.*, Vol. 28, No. 8, p. 242, 1951.

[71] A.M. Sletten and T.J. Lewis, Characteristics of the Trigatron Spark Gap. *Proc. IEEE*, Vol. 104, p. 54, 1957.

[72] T.E. Broadbent, The Breakdown Mechanism of Certain Triggered Spark Gaps. *Br. J. Appl. Phys.*, Vol. 8, p. 37, 1957.

[73] T.E. Broadbent and A.H.A. Shlash, The Development of the Discharge in the Trigatron Spark Gap at Very High Voltages. *Br. J. Appl. Phys.*, Vol. 14, No. 10, p. 687, 1963.

[74] P.I. Shkuropat, The Investigation of Controlled Triggered Spark Gap. *Zh. Tekh. Fiz.*, Vol. 30, p. 954, 1960; *Sov. Phys. Tech. Phys.*, Vol. 5, p. 895, 1961.

[75] B. Pashaie, G. Schaefer, K.H. Schoenbach, and P.F. Williams, Field Enhancement Calculations for Field Distortion Triggered Spark Gap. *J. Appl. Phys.*, Vol. 61, No. 2, pp. 790-792, 1987.

[76] P.F. Williams and F.E. Peterkin, Triggering in Trigatron Spark Gaps: A Fundamental Study. *J. Appl. Phys.*, Vol. 66, No. 9, pp. 4163-4175, 1989.

[77] F.E. Peterkin and P.F. Williams, Physical Mechanism of Triggering in Trigatron Spark Gaps. *Appl. Phys. Lett.*, Vol. 53, No. 3, pp. 182-184, 1988.

[78] G.A. Mesyats, Pulsed High Current Electron Technology. *Proceedings of the International Pulsed Power Conference*, p. 9, 1979.

[79] R.E. Wooton, Triggering of Spark Gaps at Minimum Voltage. *Proceedings of the International Pulsed Power Conference*, p. 258, 1985.

[80] R.E. Beverly, III, Application Note 104. Available at http://www.reb3.com/ (accessed March, 2011).

[81] P.F. Williams and F.E. Peterkin, Trigatron Spark Gaps, in G. Shaefer, M. Kristiansen, and A. Guenther, eds., *Gas Discharge Closing Switches*, Plenum Press, New York, pp. 63-84, 1990.

[82] J.M. Lehr, M.D. Abdalla, F. Gruner, B. Cockreham, M.G. Skipper, and W.D. Prather, A Hermetically Sealed Trigatron for High Pulse Repetition Rate Operation. *IEEE Trans. Plasma Sci.*, Vol. 28, No. 5, pp. 1469-1475, 2000.

[83] G.S. Kichaeva, A Controlled High Voltage Spark Gap of Low Inductance. *Instrum. Exp. Tech.*, Vol. 18, p. 122, 1975.

[84] D.C. Hagerman and A.H. Williams, High Power Vacuum Spark Gap. *Rev. Sci. Instrum.*, Vol. 30, No. 3, p. 182, 1959.

[85] W.L. Baker, High Voltage, Low Inductance Switch for Megaampere Pulse Currents. *Rev. Sci. Instrum.*, Vol. 30, No. 8, p. 700, 1959.

[86] N. Vidyardhi and R.S.N. Rau, A Simple Triggered Vacuum Gap. *J. Phys. E Sci. Instrum.*, Vol. 6, p. 33, 1973.

[87] G.A. Farall, Low Voltage Firing Characteristics of a Triggered Vacuum Gap. *IEEE Trans. Electron Devices*, Vol. 13, p. 432, 1966.

[88] G.R. Govindaraju et al., Breakdown Mechanisms and Electrical Properties of Triggered Vacuum Gaps. *J. Appl. Phys.*, Vol. 47, p. 1310, 1976.

[89] S. Kamakshaiah and R.S.N. Rau, Delay Characteristics of a Simple Triggered Vacuum Gap. *J. Phys. D Appl. Phys.*, Vol. 8, p. 1426, 1975.

[90] A.M. Andrianov et al., Pulse Generator Producing a High Power Current. *Instrum. Exp. Tech.*, Vol. 14, p. 124, 1971.

[91] J.E. Thompson et al., Design of a Triggered Vacuum Gap for Crowbar Operation. *Conference Record of the Power Modulator Conference*, p. 85, 1980.

[92] V.V. Baraboshkin, Plasma Trigatron Gap. *Instrum. Exp. Tech.*, Vol. 20, p. 472, 1977.

[93] I.I. Kalyatskii et al., Parallel Operation of Controlled Discharge Gaps in a Current Pulse Generator. *Instrum. Exp. Tech.*, Vol. 21, p. 973, 1978.

[94] G. Baldo and M. Rea, Long Time Lag Discharge in a Triggered Spark Gap in Air. *Br. J. Appl. Phys.*, Vol. 1, p. 1501, 1968.

[95] P.I. Shkuropat, Electrical Characteristics of Controlled High Current Triggered Air Spark Gaps. *Sov. Phys. Tech. Phys.*, Vol. 11, p. 779, 1966.

[96] A.I. Gerasimov et al., Starting Characteristics of a 100 kV Trigatron Filled with SF_6. *Instrum. Exp. Tech.*, Vol. 18, p. 1455, 1975.

[97] V. Ya. Ushakov, Megavolt Water-Filled Trigatron Type Spark Gaps. *Instrum. Exp. Tech.*, Vol. 20, p. 1364, 1977.

[98] N.K. Kapishnikov et al., High Voltage Discharge Gaps Filled with Transformer Oil. *Instrum. Exp. Tech.*, Vol. 21, pp. 975-979, 1978.

[99] J.L. Maksiejewski and J.H. Calderwood, Time Lag Characteristics of a Liquid Trigatron. *J. Phys. D Appl. Phys.*, Vol. 9, p. 1195, 1976.

[100] D.N. Dashuk and G.S. Kichaeva, Controlled Vacuum Spark Gaps Rated at a Voltage of 50 kV for Multiple Commutation of Mega-Ampere Currents. *Instrum. Exp. Tech.*, Vol. 18, p. 463, 1975.

[101] S.N. Ivanov and S.A. Shunailov, Low Jitter Generators of High Voltage Pulses with a Subnanosecond Rise Time and an Increased Actuation Accuracy. *Instrum. Exp. Tech.*, Vol. 43, No. 3, pp. 350-353, 2000.

[102] H.H. Zhu, L. Huang, Z.H. Cheng, J. Yin, and H.Q. Tang, Effect of the Gap on Discharge Characteristics of the Three Electrode Trigatron Switch. *J. Appl. Phys.*, Vol. 105, p. 113303, 2009.

[103] P.H. Ron, K. Nanu, S.T. Iyengar, and V.K. Rohatgi, Single and Double Mode Gas Trigatron: Main Gap and Triggered Gap Interactions. *J. Phys. D Appl. Phys.*, Vol. 21, p. 1738, 1988.

[104] K. Nanu, P.H. Ron, S.T. Iyengar, and V.K. Rohatgi, Switching Characteristics of a Gas Trigatron Operated in Single and Double Trigger Modes. *IEEE Trans. Electr. Insul.*, Vol. 25, No. 2, p. 381, 1990.

[105] R.J. Focia and C.A. Frost, *A Compact, Low Jitter, Fast Risetime, Gas-Switched Pulse Generator System with High Pulse Rate Capability*. Available at www. pulsedpwr.com (accessed June 19, 2009).

[106] P.H. Ron, K. Nanu, S.T. Iyengar, K.V. Nagesh, R.K. Rajawat, and V.R. Jujaray, An 85 kJ High Performance Capacitor

Bank with Double Mode Trigatrons. *Rev. Sci. Instrum.*, Vol. 63, No. 1, p. 37, 1992.

[107] M.J. Given, I.V. Timoshkin, M.P. Wilson, S.J. MacGregor, and J.M. Lehr, A Novel Design for a Multistage Corona Stabilised Closing Switch. *IEEE Trans. Dielectr. Electr. Insul.*, Vol. 18, No. 4, 2011.

[108] R.A. Fitch and N.R. McCormick, Low Inductance Switching Using Parallel Spark Gaps. *Proc. IEEE*, Vol. 106A, p. 117, 1959.

[109] P.D.'A. Champney, Some Recent Advances in Three Electrode Field Enhanced Triggered Gas Switches, in W.H. Bostick, V. Nardi, and O.S.F. Zucker, eds., *Energy Storage, Compression, and Switching*, Plenum Press, New York, p. 463, 1976.

[110] R.S. Post and Y.G. Chen, A 100 kV Fast High Energy Non-Uniform Field Distortion Switch. *Rev. Sci. Instrum.*, Vol. 43, No. 4, p. 622, 1972.

[111] A. Faltens et al., High Repetition Rate Burst-Mode Spark Gap. *Conference Record of the 13th Power Modulator Conference,* p. 98, 1978.

[112] V.R. Kukhta et al., Controlled Spark Gaps for High Voltage Pulse Generators. *Instrum. Exp. Tech.*, Vol. 19, p. 1670, 1976.

[113] H.B. McFarlane and R. Kihara, The FXR: One Nanosecond Jitter Switch. *Conference Record of the Power Modulator Symposium*, p. 9, 1980.

[114] X. Zou, R. Liu, N. Zeng, M. Han, J.Yuan, X. Wang, and G. Zhang, A Pulsed Power Generator for X-Pinch Experiments. *Laser Part. Beams*, Vol. 24.4, pp. 503-509, 2006.

[115] K.R. Prestwich, 2 MV, Multi-Channel Oil Dielectric Triggered Spark Gap, in W.H. Bostick, V. Nardi, and O.S.F. Zucker, eds., *Energy Storage, Compression, and Switching*, Plenum Press, New York, p. 451, 1976.

[116] A.B. Gerasimov, High-Precision Fast-Acting Discharger with a Solid Dielectric. *Instrum. Exp. Tech.*, Vol. 2, p. 446, 1970.

[117] P. Dokopoulos, Fast 500 kV Energy Storage Unit with Water Insulation and Solid Multi-Channel Switching. *Proceedings of the 6th Symposium on Fusion Technology*, Aachen, Germany, p. 393, 1970.

[118] P. Dokopoulos, A Fast Solid Dielectric Multi-Channel Crowbar Switch. *Proceedings of the 6th Symposium on Fusion Technology*, Aachen, Germany, p. 379, 1970.

[119] Y.P. Raizer, *Gas Discharge Physics*, Springer, p. 151, 1991.

[120] A.H. Guenther and J.R. Bettis, Laser Triggered Megavolt Switches. *IEEE J. Quantum Electron.*, Vol. 3, No. 6, pp. 265, 1967.

[121] A.H. Guenther and J.R. Bettis, The Laser Triggering of High Voltage Switches. *J. Phys. D Appl. Phys.*, Vol. 11, p. 1577, 1978.

[122] W.R. Rappoport, KrF Laser Triggered SF_6 Spark Gap for Low Jitter Timing. *IEEE Trans. Plasma Sci.*, Vol. 8, pp. 167-170, 1980.

[123] J.R. Woodworth, P.J. Hargis, L.C. Pitchford, and R.A. Hamil, Laser Triggering of a 500 kV Gas-Filled Spark Gap: A Parametric Study. *J. Appl. Phys.*, Vol. 56, p. 1382, 1984.

[124] J.R. Woodworth et al., UV-Triggering of 2.8 Megavolt Gas Switches. *IEEE Trans. Plasma Sci.*, Vol. 10, No. 4, pp. 257-261, 1982.

[125] W.T. Clark, Analysis of a Laser Induced Plasma in High Pressure SF_6 Gas for High Voltage, High-Current Switching. Master's thesis, University of New Mexico, 2004.

[126] R.S. Taylor et al., Laser Triggered Rail Gaps. *Conference Record of the Power Modulator Symposium*, p. 32, 1980.

[127] R.J. Dewhurst et al., Picosecond Triggering of a Laser-Triggered Sparkgap. *J. Phys. D Appl. Phys.*, Vol. 5, p. 97, 1972.

[128] Y.A. Kurbatov and V.F. Tarasenko, Time Characteristics of Spark Gaps Initiated by a Laser Beam. *Instrum. Exp. Tech.*, Vol. 16, p. 169, 1973.

[129] E.A. Lenberg et al., Communication of Spark Gaps by Means of a Pulsed Gas Laser Operating in the Ultraviolet Range. *Instrum. Exp. Tech.*, Vol. 16, p. 165, 1973.

[130] A.H. Guenther et al., Low Jitter, Low Inductance Solid Dielectric Switches. *Rev. Sci. Instrum.*, Vol. 50, p. 1487, 1979.

[131] V.S. Bulygin et al., Laser Triggered Vacuum Switch. *Sov. Phys. Tech. Phys.*, Vol. 20, p. 561, 1976.

[132] A.H. Guenther et al., Laser Triggered Switching of a Pulsed Charged Oil Filled Spark Gap. *Rev. Sci. Instrum.*, Vol. 46, No. 7, p. 914, 1975.

[133] K. McDonald et al., An Electron Beam Triggered Spark Gap. *Proceedings of the 2nd International Pulsed Power Conference*, p. 437, 1979.

[134] A.S. El'chaninov et al., Nanosecond Triggering of Mega-Volt Switches. *Sov. Phys. Tech. Phys.*, Vol. 20, p. 51, 1975.

[135] K. McDonald et al., An Electron Beam Triggered Spark Gap. *IEEE Trans. Plasma Sci.*, Vol. 8, No. 3, p. 181, 1980.

[136] L.A. Miles et al., Design of Large Area E-Beam Controlled Switch. *Conference Record of the Power Modulator Symposium*, 1980.

[137] E.L. Neau, X-Ray Triggered Switching in SF_6 Insulated Spark Gaps. *Conference Record of the Power Modulator Symposium*, p. 42, 1980.

[138] P. Dokopoulos, Fast Metal-to-Metal Switch with 0.1 Microsecond Jitter Time. *Rev. Sci. Instrum.*, Vol. 39, No. 5, p. 697, 1968.

[139] D.E. Skelton et al., Development Aspects of Fast Metal Contact Solid Dielectric Switches. *Proceedings of the 6th Symposium on Fusion Technology*, Aachen, Germany, p. 365, 1970.

[140] C. Boissady and F. Rioux-Damidav, Coaxial Fast Metal-to-Metal Switch for High Current. *Rev. Sci. Instrum.*, Vol. 49, No. 11, p. 1537, 1978.

[141] C.A. Bleyset et al., A Simple Fast Closing Metal Contact Switch for High Voltage and Current. *Rev. Sci. Instrum.*, Vol. 46, p. 180, 1975.

[142] R.J. Harvey, The Crossatron Switch: A Cold Cathode Discharge Device with Grid Control. *Conference Record of the Power Modulator Symposium*, p. 77, 1980.

[143] M.A. Lutz et al., Feasibility of a High Average Power Crossed Field Closing Switch. *IEEE Trans. Plasma Sci.*, Vol. 4, No. 2, pp. 118-128, 1976.

[144] M.A. Lutz, Gridded Crossed Field Tube. *IEEE Trans. Plasma Sci.*, Vol. 5, No. 4, p. 24, 1977.

[145] R.J. Harvey, R.W. Holly, and J.E. Creedon, High Average Power Tests of a Crossed Field Closing Switch. *Proceedings of the 2nd International Pulsed Power Conference*, 1976.

[146] R.J. Harvey et al., Operating Characteristics of the Crossed Field Closing Switch. *IEEE Trans. Electron Devices*, Vol. 26, No. 10, p. 1472, 1979.

[147] J.M. Lafferty, Triggered Vacuum Gaps. *Proc. IEEE*, Vol. 54, p. 23, 1966.

[148] A.S. Gilmour, Jr., and R.F. Hope, III, 10 kHz Vacuum Arc Switch Ignition. *Conference Record of the Power Modulator Symposium*, p. 80, 1980.

[149] P.H. Ron, V.K. Rohatgi, and R.S.N. Rau, Rise Time of a Vacuum Gap Triggered by an Exploding Wire. *IEEE Trans. Plasma Sci.*, Vol. 11, No. 4, p. 274, 1983.

[150] P.H. Ron, V.K. Rohatgi, and R.S.N. Rau, Delay Time of a Vacuum Gap Triggered by an Exploding Wire. *J. Phys. D Appl. Phys.*, Vol. 17, p. 1369, 1984.

[151] Maxwell Engineering Bulletin Operating Instructions for Maxwell High Voltage SparkGap Switches, EB No. 1007, 1978.

[152] Zeonics , Catalog on Rail Gaps, Zdd-Oct 1999, Zeonics, India.

[153] R.S. Taylor et al., Laser Triggered Rail Gaps. *Conference Record of the Power Modulator Symposium*, p. 32, 1980.

[154] G. Kovacs, S. Smatmari, and F.P. Schafer, Low Jitter Rail Gap Switch Triggered by Sub-Picosecond KrF Laser Pulses. *Meas. Sci. Technol.*, Vol. 3, pp. 112-119, 1992.

[155] K.R. Prestwich, 2 MV, Multi-Channel Oil Dielectric Triggered Spark Gap, in W.H. Bostick, V. Nardi, and O.S.F. Zucker, eds., *Energy Storage, Compression, and Switching*, Plenum Press, New York, p. 451, 1976.

[156] R.E. Reinovsky, W.L. Baker, Y.G. Chen, J. Holmes, and E.A. Lopez, Shiva Star Inductive Pulse Compression System. *Proceedings of the International Pulsed Power Conference*, pp. 196-201, 1983.

[157] M.C. Scott, D.L. Ralph, J.D. Graham, Y.G. Chen, and R. Crumley, Low Inductance 180 kV Switch Development for Fast Cap Technology. *Proceedings of the IEEE International Pulsed Power Conference*, 1991.

[158] J.M. Koutsoubis and S.J. MacGregor, Effect of Gas Type on High Repetition Rate Performance of a Triggered Corona Stabilised Switch. *IEEE Trans. Dielectr. Electr. Insul.*, Vol. 10, No. 2, pp. 245-255, 2003.

[159] S.J. MacGregor, S.M. Turnball, F.A. Tuema, and O. Farish, The Application of Corona Stabilised Breakdown to Repetitive Switching. *Proceedings IEE Colloquium on Pulsed Power*, 1996.

[160] J.A. Harrower, The Development and Characterization of Corona Stabilised Repetitive Closing Switches. Ph.D. thesis, University of Strathclyde, 2001.

[161] S.J. MacGregor, Cascade High Voltage Switch. University of Strathclyde Internal Report, 1999.

[162] J.R. Beveridge, S.J. MacGregor, M.J. Given, I.V. Timoshkin, and J. Lehr, A Corona Stabilised Plasma Closing Switch. *IEEE Trans. Dielectr. Electr. Insul.*, Vol. 16, pp. 948-955, 2009.

[163] R.S. Sigmond, Simple Approximate Treatment of Unipolar Space Charge Dominated Coronas: The Warbur Law and the Saturation Current. *J. Appl. Phys.*, Vol. 53, No. 2, pp. 891-898, 1982.

[164] B.M. Kovalchuk, A.A. Kim, E.V Kumpjak, N.V Zoi, J.P. Corley, K.W. Struve, and D.L. Johnson, Multi Gap Switch for Marx Generators. *Proceedings of the IEEE International Pulsed Power Conference*, pp. 1739-1742, 2001.

[165] R.C. Fletcher, Impulse Breakdown in the 10-9 Second Range at Atmospheric Pressure. *Phys. Rev.*, Vol. 76, No. 10, pp. 1501-1511, 1949.

[166] J.M. Lehr and C.E. Baum, Fundamental Physical Considerations for Ultrafast Spark Gap Switching, in E. Heyman, B. Mandelbaum, and J. Shiloh, eds., *Ultra-Wideband Short-Pulse Electromagnetics 4*, Kluwer Academic/Plenum Publishers, p. 11, 1999.

[167] C.E. Baum, Radiation of Impulse-Like Transient Fields, Sensor and Simulation Note 321, November 1989.

[168] D.V. Giri, *High Power Electromagnetic Radiators, Nonlethal Weapons and Other Applications*, Harvard University Press, Cambridge, MA, 2004.

[169] D.V. Giri, J.M. Lehr, W.D. Prather, C.E. Baum, and R.J. Torres, Intermediate and Far Fields of a Reflflector Antenna Energized by a Hydrogen Spark-Gap Switched Pulser. *IEEE Trans. Plasma Sci.*, Vol. 28, No. 5, pp. 1631-1636, 2000.

[170] E.A. Avilov and N.V. Belkin, Electrical Strength of Nitrogen and Hydrogen at High Pressures. *Sov. Phys. Tech. Phys.*, Vol. 19, No. 12, 1975.

[171] G.A. Mesyats, S.N. Rukin, V.G. Shpak, and M.I. Yalandin, Generation of High Power Subnanosecond Pulses, in E.

Heyman, B. Mandelbaum, and J. Shiloh, eds., *Ultra-Wideband Short-Pulse Electromagnetics 4*, Kluwer Academic/ Plenum Publishers, p. 1, pp. 1-10, 1999.

[172] C.A Frost, T.H. Martin, P.E. Patterson, L.F. Rinehart, G.J. Rohwein, L.D. Roose, J.F. Aurand, and M.T. Buttram, Ultrafast Gas Switching Experiments. *Proceedings of the 9th IEEE International Pulsed Power Conference*, p. 491, 1993.

[173] G.A. Mesyats, Pulsed High Current Electron Beam Technology. *Proceedings of the 2nd IEEE International Pulsed Power Conference*, p. 9, 1979.

[174] R.B. McCann et al., Inductive Energy Storage Using High Voltage Vacuum Circuit Breakers, in W.H. Bostick, V. Nardi, and O.S.F. Zucker, eds., *Energy Storage, Compression, and Switching*, Plenum Press, New York, p. 491, 1976.

[175] J.W. Mather and A.H. Williams, Some Properties of a Graded Vacuum Spark Gap. *Rev. Sci. Instrum.*, Vol. 31, p. 297, 1960.

[176] W.C. Nunnally et al., Simple Dielectric Start Switch, in W.H. Bostick, V. Nardi, and O.S.F. Zucker, eds., *Energy Storage, Compression, and Switching*, Plenum Press, New York, p. 429, 1976.

[177] P. Dokopoulos, A Fast Solid Dielectric Multi-Channel Crowabar Switch. *Proceedings of the 6th Symposium on Fusion Technology*, Aachen, Germany, p. 379, 1970.

[178] A.P. Alkhimov et al., The Development of Electric Discharge in Water. *Sov. Phys. Dokl.*, Vol. 15, No. 10, p. 959, 1971.

[179] I.D. Smith, Liquid Dielectric Pulse Line Technology, in W.H. Bostick, V. Nardi, and O.S.F. Zucker, eds., *Energy Storage, Compression, and Switching*, Plenum Press, New York, p. 15, 1976.

[180] S. Kitagawa and K.-I. Hirano, Fast Air gap Crowbar Switch Decoupled by a Low Pressure Gap. *Rev. Sci. Instrum.*, Vol. 46, No. 6, p. 729, 1975.

[181] J.G. Melton et al., Development of the Switching Components for ZT-40. *Proceedings of the 7th Symposium on Engineering Problems of Fusion Research*, Vol. II, p. 1076, 1977.

[182] Faltens , High Rep Rate Burst Mode Spark Gap. *IEEE Trans. Electron Devices*, Vol. 26, No. 10, p. 1411, 1979.

[183] D.E. Skelton, et al., Development Aspects of Fast Metal Contact Solid Dielectric Switches. *Proceedings of the 6th Symposium on Fusion Technology*, Aachen, Germany, p. 365, 1970.

[184] S. Mercer and I. Smith, A Compact Multiple Channel 3 MV Gas Switch, in W.H. Bostick, V. Nardi, and O.S.F. Zucker, eds., *Energy Storage, Compression, and Switching*, Plenum Press, New York, p. 429, 1976.

[185] M.E. Savage, Final Results from the High Current, High Action Closing Switch Test Program at Sandia National Laboratories. *IEEE Trans. Plasma Sci.*, Vol. 28, No. 5, pp. 1451-1455, 2000.

[186] L. Li, C. Zhang, B. Yan, L. Zhang, and X. Li, Analysis on Useful Lifetime of High Power Closing Switch with Graphite Electrodes. *IEEE Trans. Plasma Sci.*, Vol. 39, No. 2, pp. 737-743, 2011.

[187] American Society of Mechanical Engineers , Section VIII, Division I Type Vessels, 2013,

[188] G.R. Neil and R.S. Post, Multi-Channel High Energy Rail Gap Switch. *Rev. Sci. Instrum.*, Vol. 49, No. 3, p. 401, 1978.

[189] H.F.A. Verhaart and A.J.L Verhage, Insulator Flashover in SF_6 Gas. *Kema Sci. Tech. Rep.*, Vol. 6, No. 9, pp. 179-228, 1988.

[190] J.M. Lehr, M.D. Abdalla, B. Cockreham, F. Gruner, M.C. Skipper, and W.D. Prather, Development of a Hermetically Sealed, High Energy Trigatron Switch for High Repetition Rate Operation. *Proceedings of the IEEE International Pulsed Power Conference*, p. 146, 1999.

[191] J.M. Lehr, M.D. Abdalla, J.W. Burger, J.M. Elizondo, J. Fockler, F. Gruner, M.C. Skipper, I.D. Smith, and W.D. Prather, Design and Development of a 1MV, Compact Self Break Switch for High Repetition Rate Operation. *Proceedings of the IEEE International Pulsed Power Conference*, p. 1199, 1999.

[192] W. Hartmann and M.A. Gundersen, Origin of Anomalous Emission in a Superdense Glow Discharge. *Phys. Rev. Lett.*, Vol. 60, No. 23, 1988.

[193] A. Anders, S. Anders, and M.A. Gundersen, Model for Explosive Electron Emission in a Pseudospark Superdense Glow. *Phys. Rev. Lett.*, Vol. 71, No. 3, pp. 364-367, 1993.

[194] E. Boggasch and H. Riege, The Triggering of High Current Pseudospark Switches. *X VII International Conference on Phenomena in Ionized Gases*, 1985.

[195] T. Mehr, J. Christiansen, K. Frank, A. Gortler, M. Stetter, and R. Tkotz, Investigations About Triggering of Coaxial Multichannel Pseudospark Switches. *IEEE. Trans. Plasma Sci.*, Vol. 22, No. 1, p. 78, 1994.

[196] R. Tkotz et al., Pseudospark Switches: Technological Aspects and Applications. *IEEE Trans. Plasma Sci.*, Vol. 23, No. 3, p. 309, 1995.

[197] A. Gortler, K. Frank, J. Insam, U. Prucker, A. Schwandner, R. Tkotz, J. Christiansen, and D.H.H. Hoffmann, The Plasma in High Current Pseudospark Switches. *IEEE Trans. Plasma Sci.*, Vol. 24, No. 1, p. 51, 1996.

[198] R. Tkotz, M. Schlaug, J. Christiansen, K. Frank, A. Gortler, and A. Schwandner, Triggering of Radial Multi-Channel Pseudospark Switches by a Pulsed Hollow Cathode Discharge. *IEEE Trans. Plasma Sci.*, Vol. 24, No. 1, p. 53, 1996.

[199] K. Frank et al., Scientifific and Technological Progress of Pseudospark Devices. *IEEE Trans. Plasma Sci.*, Vol. 27, No. 4, p. 1008, 1999.

[200] Y.D. Korolev and K. Frank, Discharge Formation Processes and Glow to Arc Transition in Pseudospark Switch. *IEEE Trans. Plasma Sci.*, Vol. 27, No. 5, p. 1525, 1999.

[201] K. Frank et al., Pseudospark Switches for High Repetition Rates and High Current Applications. *Proc. IEEE*, Vol. 80, No. 6, p. 958, 1992.

[202] V.F. Puchkarev and M.A. Gundersen, Spatial and Temporal Distribution of Potential in the Pseudospark Switch. *IEEE Trans. Plasma Sci.*, Vol. 23, No. 3, p. 318, 1995.

[203] M. Legentil, C. Postel, J.C. Thomas, Jr., and V. Puech, Corona Plasma Triggered Pseudospark Discharges. *IEEE Trans. Plasma Sci.*, Vol. 23, No. 3, p. 330, 1995.

[204] M. Stetter, P. Elsner, J. Christiansen, K. Frank, A. Gortler, G. Hintz, T. Mehr, R. Stark, and R. Tkotz, Investigation of Different Discharge Mechanisms in Pseudospark Discharges. *IEEE Trans. Plasma Sci.*, Vol. 23, No. 3, p. 283, 1995.

[205] V.I. Bochkov, V.M. Djagilev, V.G. Ushich, O.B. Frants, Y.D. Korolev, I.A. Shemyakin, and K. Frank, Sealed Off Pseudospark Switches for Pulsed Power Applications. *IEEE Trans. Plasma Sci.*, Vol. 29, No. 5, pp. 802-808, 2001.

[206] T. Mehr et al., Trigger Devices for Pseudospark Switches. *IEEE Trans. Plasma Sci.*, Vol. 23, No. 3, p. 324, 1995.

[207] G. Lins, J. Stroh, and W. Hartmann, The Thermal Behaviour of Tantalum Carbide Cathodes in Pseudospark Switches. *IEEE Trans. Plasma Sci.*, Vol. 23, No. 3, p. 375, 1995.

[208] G. Susskind, ed., *The Encyclopaedia of Electronics*, Reinhold Publ. Corp., 1962.

[209] Hydrogen Thyratrons Preamble, E2V Technologies, 2002. Available at http:// www.tayloredge.com/reference/ Electronics/VacuumTube/thyratron_preamble .pdf.

[210] K.G. Cooks and G.G. Issacs, *Br. J. Appl. Phys.*, Vol. 9, p. 497, 1958.

[211] English Electric Valve Company, *Product Data Manual on Ignitrons,* 1980.

[212] E.L. Kemp, *Principal Features in Large Capacitor Banks*, Pulsed Power Lecture Series, Department of Electrical

Engineering, Texas Tech University, Lubbock, Texas.

[213] Frank Frungel , *High Speed Pulse Technology*, Vol. III, Academic Press, New York, 1976.

[214] A. Sharma, P.H. Ron, and M.S. Naidu, Radioisotope Aided Switching Speed Enhancement of Low Pressure Miniature Spark Gaps. *Proceedings of the International Conference on Applications of Radioisotopes and Radiation in Industrial Development*, p. 469, 1994.

[215] W. S. Melville, The Use of Saturable Reactors as Discharge Devices for Pulse Generators. *J. Inst. Electr. Eng.*, Vol. 1951, No., 6, pp. 179-181, 1951.

[216] D.L. Birx, E.J. Lauer, L.L. Reginato, J. Schmidt, M. Smith, Basic Principles Governing the Design of Magnetic Switches, LLNL Report, UCID 18831, November, 1980.

[217] D.D. Kumar, S. Mitra, K. Senthil, D.K. Sharma, R.N. Rajan, A. Sharma, K.V. Nagesh, and D.P. Chakravarthy, A Design Approach for Systems Based on Magnetic Pulse Compression. *Rev. Sci. Instrum.*, Vol. 79, No. 4, p. 045104, 2008.

[218] A. Sharma, S. Acharya, T. Vijayan, P. Roychoudhury, and P.H. Ron, High Frequency Characterization of an Amorphous Magnetic Material and Its Use in Induction Adder Confifigurations. *IEEE Trans. Magn.*, Vol. 39, No. 2, pp. 1040-1045, 2003.

[219] H. Singh, J.L. Carter, and J. Creeden, Comparison of Switching Technologies for a Tactical EML Application. *IEEE Trans. Magn.*, Vol. 33, No. 1, p. 513, 1997.

[220] I. Grekhov, Novel Semiconductor Devices and Pulsers for the Range of Power 10^4-10^{10} W and Pulse Durations 10^{-10}-10^{-4} Seconds. *Proceedings of the IEEE International Pulsed Power Conference*, 1997.

[221] W. Jiang, K. Yatsui, K. Takayama, M. Akemoto, E. Nakamura, N. Shimizu, A. Tokuchi, S. Rukin, V. Tarasenko, and A. Panchenko, Compact Solid State Switched Pulsed Power and Its Applications. *Proc. IEEE*, Vol. 92, No. 7, p. 1180, 2004.

[222] D.R. Graham and J.C. Hey, *SCR Manual*, 5th edition, General Electric, 1964.

[223] J. Seymour, *Electronic Devices and Components,* Pitman Publishers, 1981.

[224] W.M. Portnoy, *Thyristors as Switching Elements for Pulsed Power*, Pulsed Power Lecture Series, Department of Electrical Engineering, Texas Tech University, Lubbock, TX.

[225] H.F. Strom and J.G. St. Clair, An Involute Gate Emitter Confifiguration for Thyristors. *IEEE Trans. Electron Devices*, Vol. 21, No. 8, p. 520, 1974.

[226] R.M. Davis, *Power Diode and Thyristor Circuits*, Peter Peregrinus, 1976.

[227] J.D. Campbell and J.V.V. Kasper, A Microsecond Pulse Generator Employing Series Connected SCRs. *Rev. Sci. Instrum.*, Vol. 43, No. 4, p. 619, 1972.

[228] A.V. Gorbatyuk, I.V. Grekhov, and A.V. Nalivkin, Theory of Quasi-Diode Operation of Reversely Switching Dynistors. *Solid State Electron.*, Vol. 31, No. 10, p. 1483, 1988.

[229] B.K. Bose, Recent Advances in Power Electronics. *IEEE Trans. Power Electron.*, Vol. 7, No. 1, p. 2, 1992.

[230] E. Ohno, *Introduction to Power Electronics,* Oxford University Press, 1988.

[231] H. Bluhm, *Pulsed Power Systems*, Springer, 2006.

[232] B.J. Cardose and T.A. Lipo, Applications of MTO Thyristors in Current-Stiff Converters with Resonant Snubbers. *IEEE Trans. Ind. Appl.,* Vol. 37, No. 2, p. 566, 2001.

[233] L.I. Yuxin, A. Huang, and K. Motto, Experimental and Numerical Study of the Emitter Turn-Off Thyristor (ETO). *IEEE Trans. Power Electron.*, Vol. 15, No. 3, p. 561, 2000.

[234] V.A.K. Temple, MOS-Controlled Thyristors: A New Class of Power Devices. *IEEE Trans. Electron Devices*, Vol. 33, No. 10, 1986.

[235] W. Wang, A.Q. Huang, and F. Wang, Development of Scalable Semiconductor Switches. *IEEE Trans. Power Electron.*, Vol. 22, No. 2, p. 364, 2007.

[236] V.K. Khanna, *IGBT: Theory and Design*, Wiley-Interscience, 2003.

[237] S. Bernet, Recent Developments of High Power Converters for Industry and Applications. *IEEE Trans. Power Electron.*, Vol. 15, No. 6, p. 1102, 2000.

[238] F. Bauer, L. Meysene, and A. Piazzesi, Suitability and Optimization of High Voltage IGBTs for Series Connection with Active Voltage Clamping. *IEEE Trans. Power Electron.*, Vol. 20, No. 6, p. 1244, 2005.

[239] N. McNeill, K. Sheng, B.W. Williams, and S.J. Finney, Assessment of Off-State Negative Gate Voltage Requirements for IGBTs. *IEEE Trans. Power Electron.*, Vol. 13, No. 3, pp. 436-440, 1988.

第5章 断路开关

断路开关是一种在低阻抗状态下传导电流，直到指令控制器使其变为高阻抗状态且无电流传导的器件。断路开关是电感储能系统的关键部件，也可应用于脉冲压缩和电力系统等领域。电感储能密度比电容储能密度大几个数量级，可以使脉冲功率系统体积更小，成本更低，尤其是对于要求非常高能量密度的应用而言，因此电感储能系统具有非常广阔的应用前景。然而，与闭合开关相比，电感储能电路固有的特性导致断路开关能量损耗大[1]。电感储能系统能够在纳秒时间范围内产生数百万伏电压和数百万安电流的指标参数，其潜在的应用包括电磁发射、强辐射源、材料动态效应、惯性约束聚变研究以及许多需要紧凑型脉冲功率源等领域。有关此主题的详细论述，请参阅文献[2]。

5.1 典型电路

图 5-1 所示是典型的电感储能电路。工作原理如下所述，首先，断路开关 S_1 闭合，闭合开关 S_2 和 S_3 断开，充电电源给储能电感 L_s 充电到最大电流 $i_{s,max}$。在放电之前，S_3 闭合，以保护电源免受浪涌电压的影响。紧接着同时关闭 S_2、打开 S_1。然后，电感中的电流被切换至负载电感 L_ℓ。i_{S_1}、i_{L_ℓ} 和 V_{L_ℓ} 的波形如图 5-2 所示。

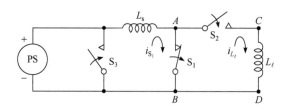

图 5-1 典型的电感储能电路

图 5-3 是基于电容储能和断路开关实现脉冲压缩的脉冲功率源系统。该图定性地给出了包含和不包含断路开关的脉冲功率系统的电压波形。通过应用断路开关，将波形参数 V_1、T_1 转换为 V_2、T_2。因此，断路开关提供 V_2/V_1 的电压放大和 T_2/T_1 的脉冲压缩。

图 5-4 是用于过电流保护的断路开关电路示意图。电源 PS 通过半导体组件

SC 将能量输送到负载。在没有断路开关的情况下，如果负载短路，则过多的电流会流过半导体组件，从而损坏半导体组件。在断路开关 S_1 存在的情况下，一旦检测到负载短路状态，流向 S_1 的电流就会中断，并且来自电源的电流会由闭合开关 S_2 转换至旁路电路。

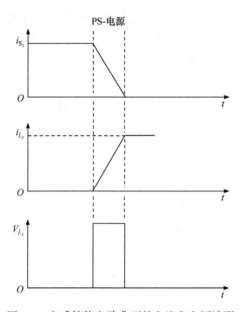

图 5-2 电感储能电路典型的电流和电压波形

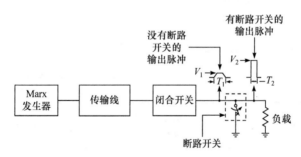

图 5-3 基于电容储能和断路开关实现脉冲压缩的脉冲功率源系统

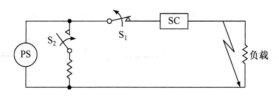

图 5-4 用于过电流保护的断路开关电路示意图

5.2 等 效 电 路

图 5-5 所示是断路开关的等效电路。断路开关的阻抗是随时间变化的，且阻抗随时间的增加而增大。图 5-6 所示是断路开关的阻抗变化曲线。如图 5-6(a)所示，在闭合状态下，理想的断路开关阻抗为零，在 t' 时刻瞬间切换。实际的断路开关阻抗变化曲线如图 5-6(b)所示。当开关在 t' 时刻断开时，阻抗在 $\Delta t = t'' - t'$ 时间内上升到 Z_0。时间 Δt 被称为开关的“关断时间”。图 5-5 中阻抗 $Z(t)$ 可以是电阻、电感或电容。假设 I_0 表示在开关断开之前通过开关的电流，表 5-1 给出了断路开关的电压。

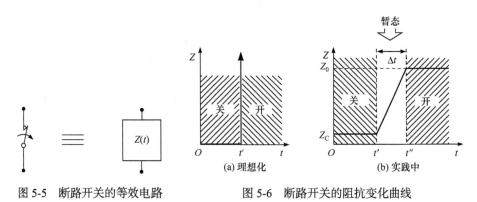

图 5-5　断路开关的等效电路　　　　图 5-6　断路开关的阻抗变化曲线

表 5-1　断路开关的电压

开关阻抗	电压	假设
电阻：$R_0 \rightarrow R_f$	$I_0 R_f$	$R_f \gg R_0$；$t \ll L_s/R$
电感：$L_0 \rightarrow L_f$	$\dfrac{\mathrm{d}(L_1)}{\mathrm{d}t} = I_0 \dfrac{\mathrm{d}L_f}{\mathrm{d}t}$	$L_f \gg L_0$；$t \ll (L_f + L_s)/R$
电容：$C_0 \rightarrow C_f$	$\displaystyle\int \dfrac{i\,\mathrm{d}t}{C} = I_0 \int \dfrac{\mathrm{d}t}{C_f}$	$C_f \ll C_0$；$t \ll \pi\sqrt{L_s C_f}\,/2$

5.3 断路开关的参数

电感储能系统中断路开关的总效率取决于开关的导通时间和关断时间、触发源开关的断开时间和闭合时间，以及电介质电气强度的恢复速率。

5.3.1　导通时间

从某种意义上讲,"断路开关"是一个错误的称呼,因为在"断开"之前,断路开关首先必须有效地"闭合",以将充电电流传输到储能电感。同时,断路开关必须在足够长的时间内传输电流,以使储能电感中电流达到最大值。在此初始闭合状态下,开关具有电阻性,并且在传导过程中损耗能量。损耗的能量为

$$W_{SC} = V_{S_1} i_{S_1} t = i_{S_1}^2 R_{S_1} t \tag{5-1}$$

其中,V_{S_1} 为导通过程中开关的两端电压;i_{S_1} 为导通平均电流;R_{S_1} 为开关导通过程中的电阻;t 为导通时间。

为了使电感中存储能量最大,i_{S_1} 和 t 应尽可能大。为了使能量损失最小,开关两端的电压降和开关电阻应尽可能小。

5.3.2　用于闭合开关的触发源

在某些开关中,采用外部触发源(如电子束、等离子体或磁场)使开关闭合。在没有外部触发的情况下,这些开关在充电电源电压的作用下不会发生击穿,导通过程通过电荷载流子的增加和开关电介质的电击穿来实现。某些开关结构(如爆炸保险丝)永久保持在闭合状态,不需要外部触发,但电感充电过程由外部闭合开关执行。例如,常规断路器的断开是采用机械方法使一个电极相对于另一个电极物理分离,通过两个电极之间的物理接触来实现导通。为了能够有效地传递能量,触发源的能量应尽可能低。

5.3.3　用于断路开关的触发源

对于在扩散放电模式下运行的开关,可以通过移除触发源将开关关断。移除触发源可消除开关闭合时产生的电荷载流子,这些电荷载流子是通过电子附着和电子–离子复合过程被去除的。对于火花开关,关断过程从外部电容器向火花开关注入反向电流使流过火花开关的电流过零来实现关断。对于爆炸丝开关,关断过程通过突然沉积足够多能量使金属膜或金属丝气化来实现关断。

5.3.4　关断时间

关断时间是开关从初始较低阻抗增大到阻抗最大值 R_f 的时间间隔,这个参数决定了开关的电压上升速率,本质上与介电强度恢复速率有关。开关的关断时间取决于其在闭合过程的阻抗,阻抗越低,则高密度电荷载流子条件下需要的关断时间越长。对于电感型开关,关断时间决定了开关两端产生的电压大小($L di_0/dt$),因此也决定了功率放大系数。要缩短开关的关断时间,可通过设计合适的换流电路将电流从开关快速切换到负载来实现关断。

5.3.5　介电强度恢复速率

　　开关开始断开时，其电流逐渐减小，但开关两端的电压却逐渐增大。断路开关两端电压通常非常高，从几十千伏到数百万伏。因此，必须避免断路开关的电击穿风险。当开关断开时，开关介电强度恢复速率必须高于开关两端电压的上升速率，如图 5-7 所示。如果介电强度恢复速率下降到图 5-7 中的阴影部分，则会发生击穿，开关将再次闭合。介电强度恢复速率取决于介质的介电特性、断开前电流、导通时间以及介质的外部散热方式等。

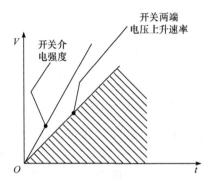

图 5-7　开关介电强度恢复速率和开关两端电压上升速率的关系

5.4　断路开关的性能

　　电感储能应用的关键是断路开关。许多断路开关已用于单次运行，重复运行将对断路开关的有效散热提出更高的设计要求。断路开关技术发展的瓶颈是在关断大电流方面存在着巨大障碍。本质上不仅要关断电流，还要求开关组件在相应的电磁力条件下具有优异的机械性能。这里讨论各种断路开关的基本概念和主要特性。迄今为止，最成功的断路开关是爆炸熔断器，其主要缺点是每次击穿后熔断器组件都被损坏。下面详细分析爆炸熔断器开关和电子束控制开关。

5.4.1　爆炸熔断器开关

　　爆炸熔断器开关通过快速焦耳加热导线或箔片，使箔片气化和电阻突变，实现电路电流关断。图 5-8 所示[3]是典型的空气中爆炸熔断器的电流 i_f、电压 V_f 和电阻 R_f 的波形。从图中可以看出，从 t_0 到 t_s 阶段，熔断器发热，电阻增大。从 t_s 到 t_ℓ 阶段，熔断器熔化为液体，由于液柱的电阻率高，熔断器的电阻上升速率迅速增大。从 t_ℓ 到 t_v 阶段，液柱过热和横截面减小导致电阻继续增大。需要注意的是，最大电阻上升速率发生在气化阶段。当超过 t_v 时刻后，由于热电离、蒸气膨胀以及传导等离子体的形成，电阻迅速降低。但是，如果能够抑制蒸气电离，则电阻将继续增大，但电阻率会降低。如果沉积的能量过多，蒸气区域的温度可能就会达到 10000K，在该温度下，金属蒸气被完全电离并具有高导电性。为了使爆炸熔断器有效，必须将电弧限制在较小的尺寸来避免出现等离子体状态，更多详细信息请参阅文献[4]～[10]。

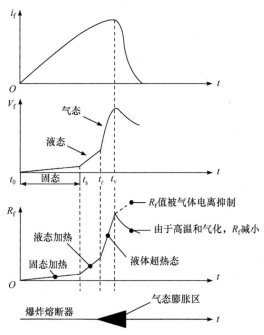

图 5-8 典型的空气中爆炸熔断器的电流 i_f、电压 V_f 和电阻 R_f 的波形

5.4.1.1 导体爆炸现象

当在微秒或更短的时间范围内向导线注入足够多的能量时，毛细力起主导作用，导线保持完好无损，但会经历四种物质状态：从固态到液态，再到蒸气，最后形成等离子体。此过程称为导体爆炸现象，通常伴随着明亮的闪光和响亮的声音。爆炸导体(exploding conductor，EC)研究可追溯至 1774 年 Nairne 的工作[11]，在 1950 年微秒脉冲功率源、快速示波器和高速摄影等诊断设备问世前，人们对这种现象的了解很少。

1) 导体爆炸波形

图 5-9 是具有电感负载的电感储能电路示意图。图中断路开关 S$_1$ 中的基本元件是 EC。如果 EC 中注入的能量不足，导体不会爆炸，电流波形将对应于常规 L-C-R 电路的阻尼振荡波形，其阻尼系数取决于导线的电阻值 R。如果在导体中

注入的能量足够多，则导体将膨胀，电阻下降。当其直径是原始直径的 3～4 倍时，它不再导电，直至电流下降到零[12]。然后，电路的电感会产生一个尖峰电压，此时刻被称为"爆炸时间"。

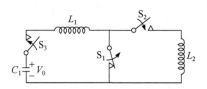

图 5-9　具有电感负载的电感储能电路示意图

爆炸时 EC 两端的电压以及 EC 周围环境决定了波形后续的发展。如果周围没有发生电弧的条件，则金属蒸气开始膨胀，当金属蒸气在平均自由程范围内时会发生击穿[13]，从而导致重燃，电流增大。电流骤降和电流尖峰之间的时间间隔被称为"停顿阶段"，在此期间，流经 EC 的电流可以忽略。通常，在真空中可以观察到 EC 的停顿阶段。如果爆炸时 EC 两端的电压足以引起 EC 周围的气体或其自身蒸气的击穿[14]，则在周围会产生电弧，并立即发生重燃，重燃时间几乎与爆炸的时间一致。在这种情况下，很难在波形上观察到电流骤降。对于 EC 的许多应用，停顿阶段的存在可能无关紧要。但是，对于断路开关，应严格消除停顿阶段，因为它会导致断开的开关重新闭合。可通过合理设计 EC 周围环境，实现快速的热传导，从而淬灭等离子体。

2) 导体爆炸电路

为了能够有效地爆炸导体，必须在尽可能短的时间内将能量注入并沉积到导体中。通常通过电容器组放电来实现这一目的，需要满足的条件是拥有电路电感小和等效串联电阻小的快速放电电容器。简单的电容器组，由于输出电压有限，虽然可以提供能量沉积速率，但会导致不良爆炸，Trolan 等[15]提出了一种改进型 Marx 发生器方案，更优方案是由 Tucker 等[16]提出的基于同轴电缆存储能量的方案。为实现更加高效的 EC 性能，Scherrer 等[17]提出了一种将能量存储在水介质电容器中的最优方案。

3) 导体爆炸匹配判据

为了在 EC 中最大限度地沉积能量，Bennett[18]给出了如下设计判据：

$$1.1\sqrt{\frac{L}{C}} \leqslant R_{\text{opt}} \leqslant 1.3\sqrt{\frac{L}{C}} \tag{5-2}$$

其中，R_{opt} 为爆炸时导线的电阻。

当电流上升时，阻值小于 R_{opt} 最小值的导线会引起爆炸，从而导致能量传递效率降低；阻值大于 R_{opt} 最大值的导线会在较晚的时间引起爆炸，也会导致能量传递效率降低。

4) 导体爆炸的分类

根据第一脉冲和第二脉冲中的有效能量以及相应的 $\mathrm{d}E/\mathrm{d}t$ 值，导体爆炸可以分为慢速爆炸、快速爆炸或超快爆炸。当第一脉冲中注入的能量小于完全气化所需的值并且 $\mathrm{d}i/\mathrm{d}t$ 较小时，导体发生慢速爆炸，出现宏观不稳定性，导致导体破裂并产生裂纹。快速爆炸的特点是 $\mathrm{d}i/\mathrm{d}t$ 大，脉冲能量大，导体内所形成的惯性约束力和动压使得金属表面开始熔化，相当大的热量使得轴线处的温度超过了金属的沸点。在超快爆炸中，施加脉冲的持续时间约为电流扩散时间，并且趋肤效应占主导地位。在电流下降时间内，如 Haines[19] 所预测的，趋向于趋肤效应，由于巨大的径向外力而发生爆炸。

5.4.1.2 开关能量耗散

根据图 5-9 所示的电路推导了有效截断条件，其中 S_1 表示爆炸熔断器，并且该电路的如下关系有效：

$$I_1 L_1 = I_2 (L_1 + L_2) \tag{5-3}$$

$$W_0 = \frac{1}{2} C_1 V_0^2 = \frac{1}{2} L_1 I_1^2 \tag{5-4}$$

$$f = \frac{1}{T} = \frac{1}{2\pi\sqrt{L_1 C_1}} = \frac{\omega}{2\pi} \tag{5-5}$$

其中，I_1 为熔断器 S_1 断开之前 L_1 中的最大电流；I_2 为熔断器 S_1 断开后 L_1 和 L_2 中的最大电流。消耗在开关中的能量为

$$W_{S_1} = W_0 - W_1 - W_2 = W_0 \frac{L_2}{L_1 + L_2} \tag{5-6}$$

其中，W_1 为最终存储在 L_1 中的能量；W_2 为最终存储在 L_2 中的能量。

从式(5-6)可以得出熔断器中耗散的能量，当 $L_1 = L_2$ 时，熔断器中耗散的能量为 L_1 中存储的初始能量的 50%。当 $L_1 \ll L_2$ 时，可实现高能效和最低的开关损耗。

5.4.1.3 气化时间

在 S_1 导通过程中，当 $t = T/4$ 时，储能电感 L_1 中电流达到最大值。如果此时熔断器发生蒸发，则可确保在 L_1 中存储的能量最大，且当开关断开时确保最大的功率放大。为了在 $t = T/4$ 时发生完全气化，应满足以下关系式：

$$\int_0^{T/4} i^2 R_f(t)\mathrm{d}t = \int_{e_0}^{e_{\max}} m \cdot \mathrm{d}e \tag{5-7}$$

其中，m 为熔断器的质量；e 为单位质量的内能。

式(5-7)可改写为

$$\int_0^{T/4} \left[I_1 \sin(\omega t)\right]^2 \cdot \frac{\rho \ell}{A} \cdot \mathrm{d}t = \int_{e_0}^{e_{T/4}} \gamma \cdot A\ell \cdot \mathrm{d}e$$

其中，ρ 为电阻率；ℓ 为熔断器的长度；A 为熔断器的横截面面积；γ 为熔断器的质量密度。

简化上式得[20]

$$\frac{W_0^{3/2}}{V_0 L_1^{1/2} A^2} = \frac{\sqrt{2} \cdot \gamma}{\pi} \int_{e_0}^{e_{\max}} \rho^{-1} \mathrm{d}e \qquad (5\text{-}8)$$

对于快速加热，而不是上面描述的缓慢绝热加热，式(5-8)可修正为[21]

$$\frac{W_0^{3/2}}{V_0 L_1^{1/2} A^2} = \frac{K_1 \sqrt{2} \cdot \gamma}{\pi} \int_{e_0}^{e_{T/4}} \rho^{-1} \mathrm{d}e = K_1 a \qquad (5\text{-}9)$$

其中，K_1 为修正系数，$1 \leqslant K_1 \leqslant 3$，适用于脉冲加热；$a$ 为与电路参数和熔断器材料相关的系数。

式(5-9)表明，一旦确定了电路参数和熔断器材料，就可以计算出熔断器的横截面面积 A。

5.4.1.4　气化能量

从电路的角度来看，开关中耗散的能量必须与蒸发所需的能量相等，可以表示为

$$W_{S_1} = W_0 \cdot \left(\frac{L_2}{L_1 + L_2}\right) = \gamma \cdot (A\ell) e_\mathrm{v} \cdot K_2$$

或

$$(A\ell / W_0) \cdot \left(\frac{L_1 + L_2}{L_2}\right) = \frac{1}{\gamma e_\mathrm{v} K_2} = \frac{b}{K_2} \qquad (5\text{-}10)$$

其中，e_v 为正常条件下的气化潜热；$1 \leqslant K_2 \leqslant 3$，适用于脉冲加热[21]；$b = (\gamma e_\mathrm{v})^{-1}$。

一旦电路参数和熔断器材料确定，由式(5-9)可得到 A，再由式(5-10)便可计算出 ℓ。

5.4.1.5　最佳熔断器长度

文献[22]讨论了熔断器尺寸对关断时间和熔断电压的影响。对于给定的横截面和能量，熔断器存在产生最大电压的最佳长度。随着长度的增大，熔断电压增

大到一定值，然后开始下降。一开始熔断电压增加是因为熔断器电阻的增大(因为 $V_f = I_0 R_f$)，然而，当超过最佳长度时，即使电阻增大，存储的能量不足以使箔片发生气化；熔断器长度越短，发生重燃的可能性越大。

5.4.1.6 熔断器组件的构造

对于高能量的传输，通常箔片比导线更有优势，这是因为其具有低电感、紧凑、热容量大且易于夹持等优点。爆炸熔断器的典型结构如图 5-10 所示，它由折叠的铜箔(6.5cm(宽)×7cm(长))组成，并由聚酯薄膜和玻璃纤维绝缘[23]，自感小于 1nH。在一个 10kJ、20kV 电容器组的驱动下，此断路开关将 400kA 的峰值电流提供给一个 0.004Ω、1nH 的假负载，其 di/dt 值为 10^{13}A/s。为了控制箔片爆炸时的压力，端板夹紧压强为 350kg/cm^2。已经发现，如果不使用玻璃纤维，爆炸产生的压力过高，熔断电压也将大大减小[22]。

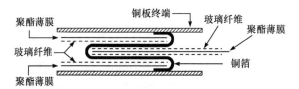

图 5-10 爆炸熔断器的典型结构

(经文献[23]许可引用，AIP 出版社版权所有，1965 年)

图 5-11 是爆炸熔断器示意图。该熔断器由 Reinovsky 等[24]设计，熔断器中折叠的铝箔厚度为 0.001in(1in=2.54cm)，熔断器的介质由聚酯薄膜、细粒石英砂和泡沫橡胶组合而成。石英砂有两个作用：一是有助于将热量从爆炸的熔断器区域快速传递到周围的材料；二是不允许蒸气区域自由膨胀。这两个作用都有助于维持熔断区域的高电阻率，并抑制金属蒸气向等离子体的转化。该熔断器由 90kV、300kJ 电容器组驱动，开关关断电流为 3.9MA，关断时间为 320ns。

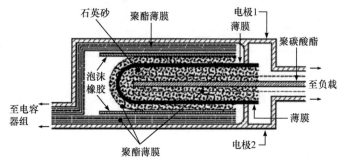

图 5-11 介质由聚酯薄膜、石英砂和泡沫橡胶组成的爆炸熔断器示意图[24]

熔断器工作的环境有水、油、空气和真空等[25-28]。如图 5-12[3]所示，将熔断器简单地封装在一个小尺寸狭缝中，可以获得较高的熔断器电阻和熔断电压，这是良好熔断器的两个特性。封闭的狭缝有助于限制熔断器电弧的横截面，并在电弧和周围的固体介质之间提供非常有效的热接触。

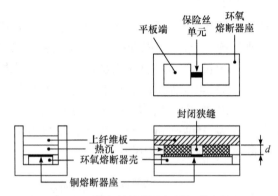

图 5-12　带有封闭狭缝的熔断器组件[3]

水、油、空气和真空等各种绝缘介质表现出不同的恢复电场强度与恢复时间特性。图 5-13 所示是空气中爆炸熔断器的绝缘强度恢复特性[26]。最初，恢复电场强度很高，这是因为蒸气是不导电的。然后，由于蒸气的热电离作用，恢复电场强度开始下降，这是因为蒸气空间的横截面膨胀导致 pd 值下降，恢复电场强度也下降。从图 5-14 可以看出[29]，从爆炸开始到经过相当长的时间之后，由于冷却、复合和熔断碎片的扩散，介电强度恢复并再次增大。空气中绝缘强度的恢复速率比沙子中的快，这可能是因为蒸气可以自由膨胀和消失得更快。

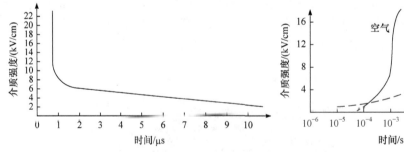

图 5-13　空气中爆炸熔断器的绝缘强度恢复特性　　图 5-14　空气和沙子中熔断器的绝缘强度恢复特性

5.4.1.7　多级开关

在单级结构中，熔断器必须执行双重功能，即在尽可能短的时间内关断和在截断峰值电流之前有效传导储能电感中的充电电流。当给电感充电的周期较短(<100μs)时，如在中等能量电容器组的情况下，单级开关结构简单、可靠且高效，因此得到了广泛使用。但是，当使用高阻抗源(如直流电源、同步发电机或交流发电机)给储能电感充电至高能量时，导通周期非常长(>100ms)，并且会使用多级开关，通常采用图 5-15 所示的方法。

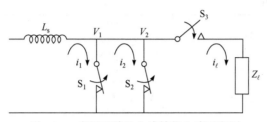

图 5-15　多级开关的电感储能电路示意图

多级开关经测试可得以下结果：通常可以有效执行传导作用的开关在截断电流方面效率较低。第一级开关 S_1 具有传导电流大、导通时间长和导通损耗低等特点，其关断时间不必太短。第二级开关 S_2 传导电流较大、关断时间较短，但是导通时间较短。由于开关 S_1 和 S_2 的特性，整个系统具有高电压产生、高功率放大和大脉冲压缩的能力。典型多级开关的电流和电压波形如图 5-16 所示。

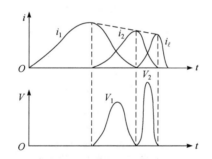

图 5-16　典型多级开关的电流和电压波形

在多级开关结构中，开关关断的时刻取决于前一级开关的恢复时间。在典型结构中，第一级开关可以使用活动触点断路器[25]、爆炸箔[30]或爆炸开关[30]，第二级开关可以采用熔断器。如果开关在前一级恢复到其全部绝缘强度之前关断，断路开关就将发生重燃，从而抑制能量转移到负载。已经使用的最多级数开关是三级开关[31]。

5.4.1.8　熔断器开关的性能

表 5-2 总结了熔断器开关达到的性能参数。

表 5-2 熔断器开关达到的性能参数

电感充电源	开关结构	输出参数
电容器组(50μF,33kV,25kJ)[20] L_s=36nH, L_ℓ=27nH	单级爆炸箔片开关	Δt=0.4μs V_{max}=38kV
电容器组(50μF,33kV,25kJ)[25] L_s=170μH	单级爆炸箔片开关	V_{max}=1.7MV I_ℓ=5kA
DC 电源供电(2kV, 500A) L_s=1H	二级开关 第一级：AC 电路断路器开关 第二级：爆炸丝开关	V_{max}=140kV
电容器组(266μF,50kV,388kJ)[20] L_s=2.5μH,I_0=500kA	三级开关 第一级：爆炸开关 第二级：爆炸箔片开关 第三级：爆炸丝开关	V_{max}=700kV I_{max}=410kV t_r=150ns
电容器组[30] L_s=80μH,I_s=35kA	二级开关 第一级：爆炸开关 第二级：水中爆炸箔片开关	V_{max}=1MV T=0.25~2μs
电容器组[30] L_s=255μH,I_s=8kA	二级开关 第一级：水中爆炸箔片开关 第二级：水中爆炸丝开关	L_ℓ=60nH I_ℓ=2MA t_r=6.5μs
B 场压缩[32] (400kJ 电容器组化学爆炸)	单级爆炸箔片开关	V_{max}=1MV t_c=190ms(爆炸 500ms)
同极发生器[33] 200kA,3.8MJ,L_s=185μH 20 匝铜箔(2m×7.6cm×1cm)	二级开关 第一级：水中爆炸丝开关 (铜，0.1mm×10cm，NOS) 第二级：等离子体熔蚀开关	t_0=70μs(爆炸 500μs)
电容器组(240μF, 9kV)[34]， L_s=7μH	二级开关 第一级：水中爆炸丝开关(铜， 0.1mm×10cm，NOS) 第二级：等离子体熔蚀开关	180kV, 200ns
电容器组(3.5μF,25kV)[35]， L_s=0.5μH	二级开关 第一级：水中爆炸丝开关 (铜，0.1mm×10cm，NOS) 第二级：等离子体熔蚀开关	230kV,35kA 关断时间： 熔断器为 250ns 等离子体熔蚀开关为 10ns

5.4.2 电子束控制开关

图 5-17 是典型的基于电子束控制断路开关(electron beam-controlled opening switch，EBOS)的电感储能电路示意图。EBOS 由一个高真空电子束腔室 C_1 和一

个高气压开关腔室 C_2 组成，两者之间由聚酯薄膜或钛介质窗 F_1 隔开，并被安装在阳极 A 上。高气压开关腔室 C_2 包含网状电极 E_1 和实体电极 E_2，电极之间施加的电压低于自击穿电压，因此入射电子束不会导致雪崩电离。钛介质窗 F_1 通常夹在两个金属网之间，以赋予其机械强度并承受压力差。如图 5-17 所示，通过从负极性 Marx 发生器 PS_2 向二极管 K(阴极)和 A(阳极)施加脉冲电压，在高真空电子束腔室 C_1 中产生电子束(电子束腔室中的阴极可以是冷阴极[36, 37]或热电子发射而工作的阴极[38])。电子束通过 F_1 进入高气压开关腔室 C_2，衰减很低。电子束在高气压开关腔室中与中性分子碰撞，并使开关空间电离，在电离过程中释放的电子有助于气态电介质中电极之间的电流传导，并使开关 S_1 导通。当电子束关闭时，电离停止并且电极区域中残留的带电粒子通过复合和附着过程消失，开关便关断。通过关闭 Marx 发生器电压或将负极性电压施加到相邻阴极的栅极上来关闭电子束。

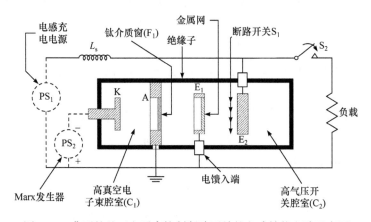

图 5-17 典型的基于电子束控制断路开关的电感储能电路示意图

电感储能电路中所有元件的同步很重要。一旦断路开关 S_1 被电子束接通，Marx 发生器 PS_2 就开始对存储电感 L_s 充电，当电感 L_s 的电流达到峰值时，电子束关闭，S_1 断开，电流通过闭合开关 S_2 换向至负载。

5.4.2.1 电子密度

电子密度 n_e 的变化率由连续性方程决定：

$$\frac{dn_e}{dt} = \Psi_1 - \Psi_2 \tag{5-11}$$

其中，源项 Ψ_1 为增加的 n_e；沉积项 Ψ_2 为减少的 n_e。

值得注意的是，当电子密度的变化率为正时，表示电子密度增长；当电子密度的变化率为负时，表示电子密度减小。对源项 Ψ_1 贡献的二次电子是由初始电子束通过气体分子的电离而产生的。当该电子束通过开关介质时，二次电子进一步受到施加电场 E 加速而产生电离。与前者相比后者较小，因此通常可忽略后者[39, 40]。Ψ_1 可以用电子的电离截面面积[41]或质量阻止能力[42]来表示：

$$\Psi_1 = \frac{j_b \tau}{e} \sigma_i N = \frac{j_b \tau \cdot \rho'}{e \varepsilon_i} \cdot \left(\frac{\partial E}{\partial m} \right) \tag{5-12}$$

其中，j_b 为电子束电流密度；σ_i 为电离截面面积；N 为中性气体密度；τ 为脉冲电子束的持续时间；$\partial E / \partial m$ 为气体的电子质量阻止能力；ρ' 为气体的质量密度；ε_i 为有效电离势。

单位时间内平均电子束密度 J_b 用 $j_b \tau$ 表示。如果电子束是每秒 γ 的重复率脉冲，并且每个脉冲的持续时间为 τ，则 $J_b = j_b \gamma \tau$。

附着和复合过程中去除电子导致的单位体积内电子损失速率 Ψ_2 可以表示为

$$\Psi_2 = \eta n_e N_a + \beta n_e n^+ \tag{5-13}$$

其中，η 为吸附系数($\mathrm{cm^{-3} \cdot s^{-1}}$)；$\beta$ 为二体复合系数($\mathrm{cm^{-3} \cdot s^{-1}}$)；$N_a$ 为附着气体的密度；n^+ 为阳离子的密度。

对于弱电离的气体，即 $N_a \gg n_e$，对于 $n_e = n^+$，式(5-13)可以写成

$$\Psi_2 = \eta \cdot n_e + \beta \cdot n_e^2 \tag{5-14}$$

典型的吸附过程为

$$e + O_2 \longrightarrow O + O^- \text{(二体吸附)}$$

$$e + O_2 + N_2 \longrightarrow O_2^- + N_2 \text{(三体吸附)}$$

典型的二体复合过程为

$$e + A_2^+ \longrightarrow A + A \text{(二体复合)}$$

吸附和复合的机制在文献[42]、[43]中进行了详细描述。

根据式(5-11)～式(5-13)，可将电子连续性方程重写为

$$\frac{dn_e}{dt} = \frac{j_b \sigma_i N}{e} - \eta \cdot n_e - \beta \cdot n_e^2 \tag{5-15}$$

$$\frac{dn_e}{dt} = \frac{j_b (\partial E / \partial m) \rho'}{e E_i} - \eta n_e - \beta n_e^2 \tag{5-16}$$

在 EBOS 的断开阶段，由于 $\eta < \beta$，与 βn_e^2 相比，ηn_e 可以忽略不计，同时在闭合过程中 E 较小，而在强电场 E 下吸附系数更有效且 $n_e^2 \gg n_e$，这是因为在闭合期间 n_e 很大。因此，在 EBOS 的导通阶段，电子损失机理复合过程占主导地位。

对于闭合阶段的稳定状态，即 $dn_e/dt=0$，式(5-16)可写为

$$n_e = \sqrt{\frac{j_b\tau(\partial E / \partial m)\rho'}{eE_i\beta}} \tag{5-17}$$

5.4.2.2　放电电阻率

放电电阻率 ρ 或放电电导率 $\sigma(=1/\rho)$ 是 EBOS 的重要参数，用于确定功率放大率以及从电感储能电路传输能量的速率和效率。

放电电阻 R 与电阻率的关系如下：

$$R = \frac{\rho\ell}{A} \tag{5-18}$$

其中，ℓ 是 EBOS 的长度；A 是 EBOS 的横截面面积。高效的 EBOS 在闭合时应具有较低的放电电阻，而在关断时应具有较高的电阻，且过渡时间较短。放电电阻率 ρ 可以写成

$$\rho = \frac{E}{j_d} \tag{5-19}$$

其中，E 为开关两端的电场强度；j_d 为放电电流密度，其表达式为

$$j_d = en_e v_d = en_e\mu \cdot E \tag{5-20}$$

其中，v_d 为漂移速度；μ 为电子迁移率。

将式(5-19)代入式(5-20)，可得

$$\rho = \frac{E}{en_e v_d} = \frac{1}{en_e\mu} \tag{5-21}$$

由式(5-17)得到 n_e 后再将其代入式(5-21)，可得

$$\rho = \frac{E}{ev_d((j_b\tau(\partial E / \partial m)\rho') / eE_i\beta)^{1/2}} = \frac{1}{e\mu((j_b\tau(\partial E / \partial m)\rho') / eE_i\beta)^{1/2}} \tag{5-22}$$

式(5-22)是 ρ 的重要关系式，这是因为对于给定的气体和电子束参数，它可以用来估算 EBOS 的电阻率或电导率。

5.4.2.3　导通时间行为

由于 EBOS 是断路开关，因此在导通阶段的闭合时间以及在断开阶段的关断时间至关重要[39, 41]。

1) 开关闭合时间

开关闭合时间 t_c 定义为放电电流 j_d 上升到最大电流的 90%所需的时间。t_c 与各种因素的近似相互关系可以通过式(5-15)进行假设简化并验证。若忽略吸附和

复合，式(5-15)可以写成

$$\frac{\mathrm{d}n_e}{\mathrm{d}t} = \frac{j_b \sigma_i N}{e} \tag{5-23}$$

若假设 $\sigma_i N$ 不随时间变化，则式(5-23)的积分为

$$n_e = \frac{j_b \sigma_i N}{e} t \tag{5-24}$$

从式(5-24)可以看出 n_e 随时间线性增加(图 5-18)：

$$j_d = e n_e' v_d, \quad n_e' = \frac{j_d}{e \mu E} \tag{5-25}$$

式(5-25)给出了放电电流 j_d 所需的电子密度 n_e'，可以从式(5-24)中得到在打开电子束后达到电子密度 n_e' 所需的时间 t_c 为

$$t_c = \frac{0.9 n_e' e}{N \sigma_i j_b} \tag{5-26}$$

将式(5-25)中的 n_e' 值代入式(5-26)，可得

$$t_c = 0.9 \left(\frac{j_d}{j_b} \right) \frac{1}{\sigma_i N v_d} = 0.9 \left(\frac{j_d}{j_b} \right) \frac{1}{\sigma_i N \mu E} \tag{5-27}$$

如图 5-18 所示，n_e 与 t 的特性取决于开关气体的性质及其压力。随着 $\sigma_i N v_d$ 值的增加，n_e 特性曲线从右往左移(从 5 到 1)，并且对于给定放电电流，闭合时间 t_c 减小。但是，实际电路中 L 和 C 的存在不允许线性上升，在这种情况下，t_c 定义为电流从 10% 最大电流上升到 90% 最大电流所需的时间。为了缩短开关闭合时间，从式(5-27)可知，可通过增大电离截面面积 σ_i、提高气压(大 N)和漂移速度(v_d)来实现。

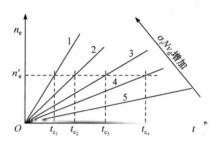

图 5-18　开关闭合过程电子密度 n_e 的速率特性

式(5-27)推论中的假设并不严格成立，因为 σ_i 和 v_d 与时间相关，同时因为在闭合时间内 EBOS 上的电场强度 E 随时间连续减小。尽管粗略，但式(5-27)仍然很有用，因为它突出显示了 t_c 对各种因素的依赖关系。

2) 开关关断时间

当切断电子束时，式(5-15)中的源项 $j_b\sigma_i N/e$ 变为零，伴随着吸附和复合过程开始去除电子。开关关断时间 t_o 被定义为从电子束关闭到放电电流下降为其初始值的 10%所需的时间，可从式(5-15)中得到该时间。在断开阶段，式(5-15)可写为

$$\frac{\mathrm{d}n_e}{\mathrm{d}t} = -\eta \cdot n_e - \beta \cdot n_e^2 \tag{5-28}$$

根据吸附或复合是否占主导地位，可以考虑以下两种情况。

(1) 二体复合系数 $\beta=0$ 的吸附机制：式(5-28)变为

$$\frac{\mathrm{d}n_e}{\mathrm{d}t} = -\eta n_e \tag{5-29}$$

在 $n_e = n_e'$ 和 $t=0$ 条件下，积分式(5-29)得

$$n_e = n_e' \mathrm{e}^{-\eta t} \tag{5-30}$$

式中，n_e' 是电子束截止之前气体中存在的电子密度。从关断时间的定义，即从切断电子束到放电电流下降至其初始值的 10%所需的时间，可以估算出：

$$\eta t_o = \ln\frac{n_e'}{n_e} \approx \ln 10$$

$$t_o = \frac{\ln 10}{\eta} = \frac{2.3}{\eta} \tag{5-31}$$

(2) $\eta=0$ 的复合机制：式(5-28)变为

$$\frac{\mathrm{d}n_e}{\mathrm{d}t} = -\beta \cdot n_e^2 \tag{5-32}$$

在 $n_e = n_e'$ 和 $t=0$ 的条件下积分式(5-32)得

$$n_e = \frac{n_e'}{1 + n_e'\beta t} \tag{5-33}$$

为求得 t_o，将 $n_e = n_e'/10$ 代入式(5-33)，求得 $1 + n_e'\beta t_o = 10$ 或

$$t_o = \frac{9}{n_e'\beta} \tag{5-34}$$

从式(5-31)和式(5-34)可以看出，要获得较短的关断时间，吸附系数和复合系数应尽可能大。图 5-19 是典型的关断时间特性。随着 η 和 β 值的增加，关断特性曲线从右往左移(从 5 到 1)。

5.4.2.4 EBOS 效率

为了进行 EBOS 效率计算，不应将开关与整个系统分开考虑。EBOS 效率取

决于电子束电流和放电电流。效率包括功率效率[43]和能量效率[39]两个方面，下面对功率效率和能量效率进行讨论。

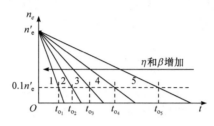

图 5-19　典型的关断时间特性

1) 功率效率

功率效率 η_p 可以定义为传递给负载的功率与输入电路的功率之比。输入功率是传递给开关、电子束和负载的功率之和，即

$$\eta_p = \frac{IV_L}{IV_c + V_b I_b + IV_L} = \frac{1}{1 + R_c / R_o + V_b I_b / (I^2 R_o)} \tag{5-35}$$

其中，R_c 为闭合状态下开关的电阻；I 为最大电流；R_o 为断开状态下开关的电阻；V_L 为负载两端的最大电压；V_b 为电子束电压；I_b 为电子束电流。

因此，为实现高功率效率，式(5-35)需要满足以下条件：①开路开关电阻与闭合开关电阻的比值 R_o/R_c 大；②电子束功率 $V_b I_b$ 小；③导通电流 I 大；④断路开关电阻 R_o 高。

2) 能量效率

能量效率 η_E 可以定义为传递给负载的能量与输入系统能量的比值：

$$\eta_E = \frac{V_\ell I \tau_\ell}{V_\ell I \tau_\ell + I^2 R_c \tau_c + V_b I_b \tau_c + V_\ell^2 \tau_o / R_o} \tag{5-36}$$

其中，τ_ℓ 为负载脉冲的持续时间；$I^2 R_c \tau_c$ 为在开关导通过程中负载的能量损失；$V_b I_b \tau_c$ 为电子束的能量；$V_\ell^2 \tau_o / R_o$ 为在关断过程中开关中的能量损失。

式(5-36)可以改写为

$$\eta_E = \frac{1}{1 + \dfrac{R_c}{R_\ell} \dfrac{\tau_c}{\tau_\ell} + \dfrac{R_\ell}{R_o} \dfrac{\tau_o}{\tau_\ell} + \dfrac{V_b}{V_\ell} \dfrac{I_b}{I} \dfrac{\tau_c}{\tau_\ell}} \tag{5-37}$$

从式(5-37)可以看出，为了满足 EBOS 高能量效率的要求，必须满足以下条件：①R_c / R_ℓ 应较小，这意味着开关的闭合电阻 R_c 与负载电阻 R_ℓ 相比，应较小；②τ_c / τ_ℓ 应较小，这要求导通周期与负载脉冲宽度相比应较小；③R_ℓ/R_o 应较小，也就是说，关断时开关电阻应该比负载电阻大；④τ_o / τ_ℓ 应较小，这要求开关的关断时间应比负载脉冲宽度小得多；⑤$V_b I_b / V_\ell I$ 应较小，如果光束功率比负载功率小，这是可以满足的。

比较功率效率和能量效率的表达式可以发现，无论采用何种度量标准，实现高效系统的条件基本都是相同的。

5.4.2.5 放电不稳定性

假定 EBOS 以扩散放电模式运行，在某些条件下，外部持续的放电空间可能会在电子束保持导通阶段或关断阶段转变为火花放电。下面讨论从扩散放电转变为丝状放电可能引起的各种不稳定性。

1) 阴极不稳定性

与辉光放电相同，扩散放电在其阳极和阴极附近产生等离子体鞘层，从而使整个鞘层的电压梯度分布不均匀。随着电子束电流的增加，阴极鞘层的厚度减小，从而引起电极微突起处的电场增强，该局部电场可能约为 10^8V/cm[44]，发生电子爆炸发射时产生的阴极热斑可能导致自持放电。

2) 吸附不稳定性

吸附不稳定性通常发生在关断阶段，当开关两端的电压随时间升高时，由于电子的吸附，n_e 不断减少，从而增大了气体的电阻率[45]。因此，在强吸附区域中电场增强，进一步增加了吸附并随后增强了 n_e 的消耗。这种相互依存的过程一直持续到强电场导致局部电击穿，并进一步导致开关电极之间形成放电通道。

3) 注入不稳定性

注入不稳定性主要是源于电离区域的不均匀。注入的电子束通常不是单能的，而是包含宽能谱的电子。高能电子能够穿越整个间隙，而低能电子更容易停留在间隙内。因此，与阳极区域相比，阴极附近区域的电离更剧烈，从而导致阳极附近强电场的通道先开始发展，使用高能电子束(>200keV)可以防止这种不稳定性，从而引起均匀的电离[46]。

4) 流体和声学不稳定性

如果由于某种原因气体局部或整体区域温度升高，就会引起气体从该区域流向周围区域，因此气体密度降低并且 E/N 值增大，这有助于自持式雪崩放电发展。对于重复脉冲的 EBOS，一系列声波一个接一个地传播，也可能导致流体不稳定性和气体密度波动[42]。

5) 束流箍缩

束流箍缩是由于电子束或放电电流密度较高时出现强磁场，电子束可能会发生收缩，收缩到较小的直径，从而导致丝状放电，并产生强烈的电离形成高温等离子体，通过外部磁场引导电子束可以避免这种类型的不稳定性[42]。

5.4.2.6 开关电介质

EBOS 中使用的开关电介质通常为高压气体或多种气体的混合物。为了获得高功率效率和高能量效率，开关必须在导通阶段和关断阶段都满足某些条件。

1) 导通阶段

在导通阶段，开关应具有较低的电阻率和较强的导通电流能力。这两个因素都可以通过高电子密度系数 n_e 和大漂移速度来实现。在导通期间，开关两端的电压降通常较低，从而导致较低的 E/N 值。因此，可以概括地说，电介质应在 E/N 较小的条件下具有较高的电子迁移率和较低的吸附系数。

2) 关断阶段

在关断阶段，开关应通过快速去除电子来迅速提高电阻率，这可通过选择具有高吸附系数 η 和低迁移率 μ 的气体来实现。与导通阶段相比，关断阶段电压增大，并且导致较高的 E/N 值。因此，可以概括地说，电介质在 E/N 值较大的条件下应具有较低的漂移速度和较高的吸附系数。

图 5-20 所示是 EBOS 中气体的漂移速度和吸附系数的理想特性。通过添加如氩气或 CF_4 等缓冲气体和 $(CF_3)_2S$、$(1,2\text{-}C_2Cl_2F_4)$、$(1,1,2\text{-}C_2Cl_3H_3)$、$(1,1\text{-}C_2Cl_2H_4)$ 或 nC_3F_8[47] 等电子吸附气体实现这些特性。通过调整气体混合物中各个成分的质量百分比来调整特性并使其达到所需的 E/N 值。吸附气体 N_2O、SO_2、CO_2 和 O_2 已用于 N_2 的缓冲气体[38, 48]。

5.4.2.7 开关尺寸

图 5-21 是 EBOS 的尺寸示意图。开关的重要尺寸是注入电子束的截面积 (ab)，以及电极 E_1 和 E_2 之间的距离 ℓ。

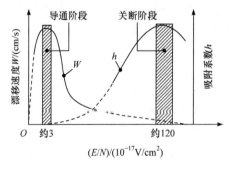

图 5-20　EBOS 中气体的漂移速度和吸附系
数的理想特性

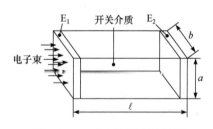

图 5-21　EBOS 的尺寸示意图

1) 截面积

开关的截面积通常根据散热因素确定[42]。气体中的温升应限制在大约500K，以防止放电区域收缩形成火花通道。耗散的能量 W_d 为

$$W_d = I^2 R\tau = I^2 \frac{\rho\ell}{ab}\tau \qquad (5\text{-}38)$$

其中，τ 为脉冲电流持续时间；ρ 为气体的电阻率。

假设所有能量都用于将气体温度升高到 T，则

$$W_d = NRT = \frac{(ab\ell)\rho'}{M}RT \qquad (5\text{-}39)$$

其中，N 为分子总数；ρ' 为气体密度；M 为相对分子质量；R 为气体常数。

关系式(5-38)和式(5-39)可以组合为 $I^2\rho\ell\tau/(ab)=(\rho'\cdot ab\cdot\ell\cdot RT)/M$，即

$$ab = I\left(\frac{M\rho\tau}{RT\rho'}\right)^{1/2} \qquad (5\text{-}40)$$

已知气体和电子束的参数，可以从式(5-22)计算 ρ 值。已知 T 不超过 500K，则可以计算出截面积(ab)。

2) 长度

开关的长度 ℓ 可通过以下关系式计算：

$$V_\ell = K\cdot E_b\cdot\ell \qquad (5\text{-}41)$$

其中，V_ℓ 为开关两端的最大电压；E_b 为给定气压下的击穿强度；K 为安全系数(<1)。

如果 ρ_0' 时的击穿强度为 E_{b_0}，则式(5-41)可写为

$$V_\ell = K\left(\frac{E_{b_0}\rho'}{\rho_0'}\right)\ell \qquad (5\text{-}42)$$

其中，ρ' 为给定压力下的气体密度；ρ_0' 为标准大气压下的气体密度。

5.4.3　真空灭弧室

5.4.3.1　机械灭弧室

常规的机械灭弧室是一个基于真空电弧的基本器件，通过将两个电极机械连接在一起以物理接触来实现闭合，通过在物理上分开两个电极来实现关断。分离时产生的电弧持续进行，直到电流为零(在交流情况下)，电弧熄灭。图 5-22 是真空机械灭弧室的典型结构示意图。波纹管使电极能够自由运动，同时保持真空密封。屏蔽结构的作用是防止金属蒸气沉积在陶瓷壁上。真空机械灭弧室的特点是

大电流、高 $\mathrm{d}I/\mathrm{d}t$、高瞬态电压和高 $\mathrm{d}V/\mathrm{d}t$。对于给定的开关，如果缺少以上任意一个因素，则可能不会成功截断。

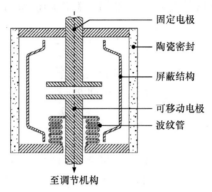

图 5-22　真空机械灭弧室的典型结构示意图

1) 强迫换流过零

机械灭弧室主要用于直流电路或电感储能电路。由于不存在电流自然过零，因此可能出现无法截断电流的现象。在这种情况下，图 5-23 所示的反向脉冲电路可用于强制电流反向并使"电流过零"[49]。工作过程如下所述，当储能电感 L_s 充电到最大电流 I_0 之后，断路器开关 S_1 断开。为了使反向电流流过断路器，触发可控硅(SCR)A，以便预充电的电容器 C 通过 S_1 以及可饱和电感器 L_1 和 L_2 放电。当电流为零时，S_1 截断电流，L_s 中的 I_0 通过 SCR 反向给 C 充电。当 C 充电到超过 S_2 自击穿电压时，S_2 闭合，电流换向到负载 R_ℓ。由于 C 上的极性相反，SCR A 可以恢复，并且下一个周期开始重新闭合 S_1，然后关断 S_1，随后触发晶闸管 B 产生反向脉冲。

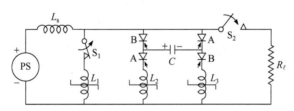

图 5-23　用于电感储能装置重复运行的反向脉冲电路[49]

可饱和电抗器的目的是减小断路器在电流过零时的 $\mathrm{d}I/\mathrm{d}t$ 值，从而延长低电流的持续时间，如图 5-24 所示。

可饱和电抗器的工作原理如下所述，在 t_1 时刻，断路器开始断开，但电流 I_0 继续流过电极形成电弧。在 t_2 时刻，反向脉冲电路在 S_1 中启动反向电流，并且在没有可饱和电抗器的情况下，在 t_3 时刻产生零电流。在存在可饱和电抗器的条件下，电流过零时刻被延迟到 t_4。电流衰减的减慢是因为可饱和电抗器的工作点从 I_0 的 X 处变为 I_0' 的 Y 处。通过将工作范围从饱和点 X 转移到高磁导率点 Y 引起的可饱和电抗器电感的大幅增加，导致电路的 L/R 增大，从而电流缓慢衰减。通过断路器的电流也缓慢衰减，可以确保等离子体有足够的时间，从而使电流衰减，成功截断并具备足够的介电强度。

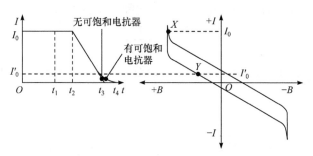

图 5-24　可饱和电抗器的断路器电流水平和工作点

2) 早期反向脉冲电路

在常规的反向脉冲方案中，断路器电极在全电流下分开，并且在延迟几毫秒后脉冲开始反向。长时间全电流电弧放电的缺点是在电极上形成热斑并重新点燃电弧，以及由于持续电弧放电而增加的电极熔蚀。为了克服这些缺点，可以采用早期的反向脉冲电路[50]，先施加反向脉冲，然后断开断路器，使电弧在较低的电流下产生。图 5-25 所示是典型的早期反向脉冲断路器电流波形。早期反向脉冲方案的缺点：①用于反向脉冲驱动电路的电容器组大；②可饱和电抗器体积大；③需要快速执行机构，以便能够在 t_0 和 t_1 之间的短时间间隔内快速分离；④需要坚固的灭弧室，以承受波纹管强大的机械冲击。

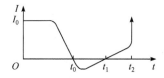

图 5-25　典型的早期反向脉冲断路器电流波形[50]

5.4.3.2　磁真空断路器

机械断路器的主要缺点是关断时间长和重复率能力差(<50pps)。为了克服这些缺点，开发了一种磁真空断路器(MVB)[51]。图 5-26 是磁真空断路器的典型结构示意图。MVB 由一个环形阳极组成，该阳极轴向装有一个电磁线圈以产生轴向磁场，在阳极下方安装一个触发间隙组件，该组件由阴极和触发电极组成，并

由带有薄金属涂层的绝缘介质连接。触发间隙组件通过在阴极和触发电极之间施加电压脉冲来触发开关，从而产生电流并使绝缘介质上的金属涂层蒸发。金属蒸气/等离子体弥合了阴极和阳极之间的间隙，并使开关闭合。开关的关断是通过给电磁线圈通电来实现的，由此产生的轴向磁场给电子施加了洛伦兹力，使电子运动更长的路径到达阳极。实际上，这相当于增加了阴极-阳极间隙，从而增加了电压降并降低了电流。电弧电流和磁场之间的关系式为

$$\frac{I_m}{I_0} = \frac{1}{1 + KB_z^2} \tag{5-43}$$

其中，I_m 为有磁场时的电弧电流；I_0 为无磁场时的电弧电流；B_z 为磁通密度；K 为常数。

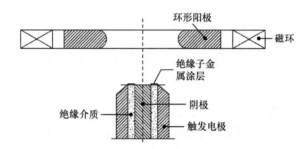

图 5-26　磁真空断路器的典型结构示意图[51]

电弧电流的典型特性如图 5-27 和图 5-28 所示。灭弧是通过施加所需的磁场并使保持的时间长于特定电流下的平均电弧寿命来实现的。

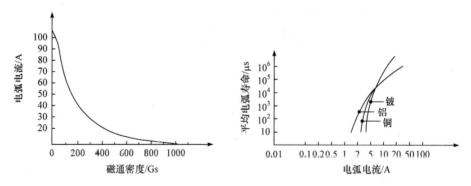

图 5-27　电弧电流与磁通密度的关系
1Gs=10⁻⁴T

图 5-28　不同电极材料的平均电弧寿命[51]

5.4.3.3　机械式磁真空断路器

机械断路器具有导通电流大、导通时间长的优点，但重复率较差。磁真空断

路器具有较高的重复率,但不能长时间导通大电流。因此,将两者的优点结合形成了机械式磁真空断路器(mechanical magnetic vacuum breaker,MMVB)[52,53]。如图 5-29 所示,产生等离子体源的触发电极既可以安装在固定电极中,也可以安装在防护罩内。对储能电感的充电是使可移动电极朝固定电极进行物理接触并保持足够的接触时间,直到电感中电流达到最大值 I_{max},然后将触点分开,并通过强制电流过零实现关断。重复施加脉冲到触发间隙,然后施加脉冲到电磁线圈,以高重复率传递系列输出脉冲,此运行时序如图 5-30 所示。

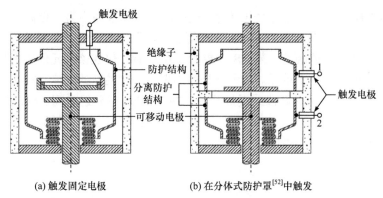

(a) 触发固定电极　　　　　(b) 在分体式防护罩[52]中触发

图 5-29　机械式磁真空断路器的结构示意图

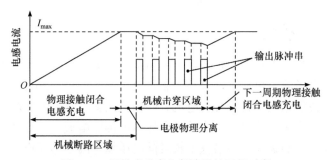

图 5-30　机械式磁真空断路器的运行时序

5.4.4　爆炸开关

图 5-31 是爆炸开关(explosive switch,ES)的典型结构示意图[54]。如图 5-31(a)所示,当 ES 关闭时,铝圆柱体传导长脉冲大电流是可行的,这是因为气缸的热容量大。通过引爆炸药打开爆炸开关,爆炸产生向外的径向压力使截断环边缘切割圆柱体,并使其折回到弯曲环上(图 5-31(b)),最后电流继续流动,在环与环之间形成电弧。径向向外伸出的石蜡起散热的作用,使电弧熄灭并截断电流。电弧电压通常为 0.5~1kV,这有助于将电流换向至负载或后续的开关。

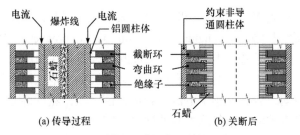

图 5-31 爆炸开关的典型结构示意图

与 MVB 一样，当关断大电流时，电压恢复速率较慢。为了提高在关断大电流条件下的恢复速率，将 ES 分为两个单元，如图 5-32 所示。在两个单元中的爆炸以预设的时间延迟触发。当 ES 的单元 1 引爆时，仅在该单元形成电弧，但是电流已经传递到下一个单元。单元 2 稍后引爆，此时关断的电流小得多。该技术已用于 6~27 个间隙的两段式爆炸开关，并以 40μs 的延迟时间、600kV 的电压关断了 400kA 的电流[54]。与爆炸式熔断器开关不同，ES 不消耗储能电感中的能量，所需的能量由炸药提供。

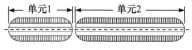

图 5-32 改进型爆炸开关

5.4.5 爆炸等离子体开关

爆炸等离子体开关(explosive plasma switch，EPS)是使用化学炸药爆炸压缩熔断器形成等离子体，可显著提高熔断器的性能参数[55-57]。图 5-33 是典型的爆炸等离子体开关示意图，其中开关电流方向为从内管、互连的熔断器至外管。在大电流作用下，保险箔片将转换为等离子体通道传输电流。当炸药沿内表面引爆时，径向向外作用的爆炸压力沿整个长度同时压缩等离子体通道，由于爆炸产生的混合产物的作用，等离子体通道的电阻增加并冷却，从而使电流截断。EPS 在 300kV 时截断了 7MA 电流，电阻率大于 100[55]。

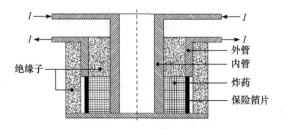

图 5-33 典型的爆炸等离子体开关示意图

5.4.6　等离子体熔蚀开关

图 5-34 是等离子体熔蚀开关(plasma erosion switch，PES)结构示意图。它是一种真空器件，等离子体从阳极 A 处向外喷射[58, 59]。如图 5-34(a)所示，当等离子体弥合了 A-K 间隙时，脉冲发生器 PG 充满电后通过电感放电。随着电流增大，在阴极 K 附近形成双层区域，$X—X$ 是等离子体区域和真空区域之间的界面，如图 5-34(b)所示。双层区域的强电场约为 10^7V/cm，在阴极上产生了电子爆炸发射，从等离子体中抽出正离子并向阴极加速，由于 $X—X$ 和 K 之间的空间电荷被中和，因此从 PES 抽出的电流比传统的双极二极管大。

如图 5-34(c)所示，在大电流密度下，从等离子体中抽取的离子通量不足以维持电流，从而使等离子体中离子通量增大，并无法替换，等离子体被熔蚀，虚 A-K 间隙距离 d 增大，导致开关阻抗与 d^2 成比例增加。如图 5-34(d)所示，在大电流下，放电电流产生的磁场使电子偏转，发生磁绝缘现象，磁绝缘进一步提高了开关阻抗上升率，鞘层关断速度可达 10^8cm/s。PES 典型的最大工作参数为 1MV 电压下，关断电流为 5MA，导通时间为 1μs，关断时间为 100ns[60]。PES 已用于重复脉冲功率系统中，其典型参数为在 2～3MV 电压下，重复率为 1～4Hz 时，关断电流为 10～30kA[61]。PES 在使用中常常紧靠二极管，这是快速脉冲功率系统产生粒子束的最后阶段，将大大增强功率放大和提升脉冲压缩效率。产生等离子体源是闪光板沿面放电、同轴喷枪或激光轰击目标的沿面放电[62]。

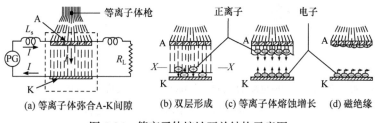

(a) 等离子体弥合A-K间隙　(b) 双层形成　(c) 等离子体熔蚀增长　(d) 磁绝缘

图 5-34　等离子体熔蚀开关结构示意图

5.4.7　高密度等离子体焦点

图 5-35 是典型的高密度等离子体焦点(dense plasma focus，DPF)装置结构示意图。两同轴圆柱体由绝缘子隔开，并分别充当阳极和阴极，电极之间区域充满气体，如氘气、氚气或两者的混合气，压强为 10^{-3}～1Torr(1Torr=133.3Pa)。图 5-36 所示是高密度等离子体焦点的演变过程。工作过程如下所述，在阳极和阴极之间施加脉冲电压使绝缘子表面发生沿面闪络(图 5-36(a))。径向电流密度 j_r 和角向磁场 B_θ 形成的电磁力 $j_r \times B_\theta$ 使等离子体波前沿着阳极向电极的开口端传播，如图 5-36(b)和图 5-36(c)所示。如图 5-36(d)所示，随着等离子体鞘层运动到

电极末端之外区域，鞘层崩溃并形成等离子体焦点。有效等离子体焦点的形成取决于合适的放电起始：高电离率和沿绝缘子表面均匀放电的形成。电离率由 pd 值决定，其中 p 为气体压力，d 为绝缘介质长度。绝缘子沿面放电由从阴极发射产生的电子经加速穿过阴极鞘层的能谱范围决定。对于给定气体，可以找到满足这些条件的最佳气压[63]。如果气体压力高于最佳气压，则电离率将很高，但由于电子能谱范围减小，覆盖绝缘子的范围将不足。在等离子体收缩和形成焦点时，阻抗迅速上升并截断电流[64]。同时，发现等离子体电阻在大约 10ns 内从 0.1Ω 增加到 1.0Ω[65]，图 5-37 所示是典型的 DPF 放电电流波形[66]。在电流的时间分辨率 Δt 内，通过功率放大将电流换向至负载。在 DPF 的关断过程中，发现开关表现出一系列的闭合和关断过程，重复率[67]约为 10^5Hz。基于 DPF 的电感储能系统在 25kV 电压下可提供 90kA 的电流[67]。

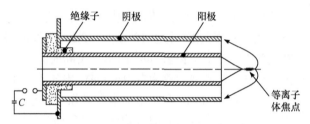

图 5-35 典型的高密度等离子体焦点装置结构示意图

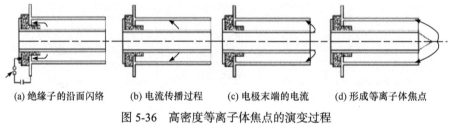

(a) 绝缘子的沿面闪络　　(b) 电流传播过程　　(c) 电极末端的电流　　(d) 形成等离子体焦点

图 5-36 高密度等离子体焦点的演变过程

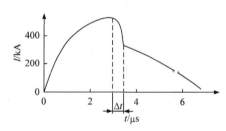

图 5-37 典型的 DPF 放电电流波形

5.4.8 等离子体内爆开关

图 5-38 是等离子体内爆开关结构示意图。其可以看作是 DPF 的改进形式，

采用真空作为开关介质，并用金属箔或金属丝阵列产生等离子体[68]。脉冲发生器 PG 产生电流 I 使金属箔或金属丝发生爆炸，形成圆形等离子体层。为了获得更高的能量传输效率，应确保爆炸发生在峰值电流处。与 DPF 一样，电磁力 $j_r \times B_\theta$ 沿轴向驱动等离子体，当等离子体到达电极的末端时，径向力 $j_z \times B_\theta$ 在轴向使等离子体产生内爆，内爆使开关电感发生突变，这是因为等离子体拉伸和直径减小以及等离子体变薄，开关电阻 R 增大，电流截断并最终使开关关断。在真空电感储能应用中，等离子体内爆开关不需要介质接口，这意味着可能具有传导大电流和高电压的能力。在电压 90kV、电流 10MA 条件下获得 300ns 的开关关断时间[69]。如果用吹气负载代替产生等离子体的箔片，则可以实现开关的重复运行[68]。

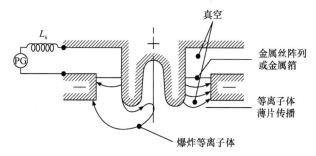

图 5-38　等离子体内爆开关结构示意图[69]

5.4.9　反射开关

图 5-39 是反射开关结构示意图。它由主阴极 K_1、阳极箔 A 和悬浮阴极 K_2 组成，采用真空绝缘[70, 71]。通常，AK_2 腔室的压力(约 10^{-4}Torr)比 AK_1 腔室的压力 (约 10^{-5}Torr)稍高。当开关 S_1 闭合时，阳极箔 A 相对于主阴极 K_1 为正电位，并且电子从 K_1 发射并加速到阳极。这些高能电子穿过阳极箔进入 AK_2 腔室，将悬浮阴极 K_2 充电至负电位。向 K_2 传播的电子被排斥并向主阴极 K_1 运动，这又反过来将它们排斥向悬浮阴极 K_2。因此，电子开始在阳极箔 A 周围以多次重复反射的方式沉积能量，并在阳极箔 A 周围形成等离子体。来自 A 等离子体源的正离子向 K_1 和 K_2 加速。如图 5-40 所示，在区域 AK_1 中出现的正离子以及 A 周围高密度反射的电子会改变电势分布。

传统的 Langmuir 双极流的电势分布由图 5-40 中曲线(a)表示，反射模式电势分布由图 5-40(b)表示。在反射模式下，大部分电压都降在阳极箔 A 的很短距离内——将阴极从位置 K_1 移至 K_1'。双极性电流密度是由 Langmuir-Child 定律确定的，因此反射三极管具有较高的通流能力和较低的阻抗[72]。图 5-41 所示的 I-V 特性也证明了这一点。低阻抗工作点 A 代表开关闭合状态。当开关断开时，工作点移

至高阻抗点 B。这可以通过几种方法来实现，如将 K_2 短接至阳极箔 A，或向 AK_2 腔室中注入气体来有效地消除反射三极管模式，并建立双极二极管模式。通常施加轴向磁场以防止反射电子损失。反射开关的结构也可以设计为四极杆模式[73]。反射开关具有与真空传输线的兼容性，因此在真空电感储能系统具有应用潜力。反射开关已运行在 1.8MV、160kA 的条件下，阻抗从 0.8Ω 跃升至 15.3Ω[71]。

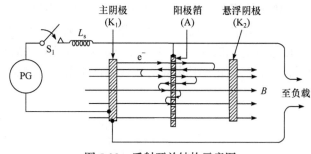

图 5-39　反射开关结构示意图

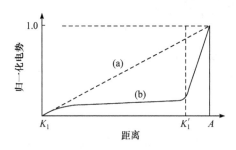

图 5-40　双极二极管和反射三极管中的电势分布

(a) 双极二极管；(b) 反射三极管

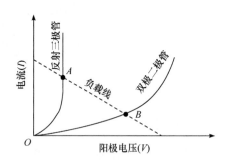

图 5-41　双极二极管和反射三极管的 I-V 特性

5.4.10　正交场管

正交场管(crossed field tube，XFT)由同轴阴极和阳极组成，阴极和阳极放置在真空容器中，并被同轴电磁线圈包围，如图 5-42 所示。电极之间的区域充满低气压($10^{-2}\sim10^{-1}$Torr)化学惰性气体，选择惰性气体的目的[74]是通过化学吸附最大程度地净化来自阴极的金属溅射。

图 5-43 是正交场管的工作范围。当电容器组激励时，电磁线圈在轴向上产生脉冲磁场。当正交场管工作于高电压状态时，设计使得在没有磁场的情况下，pd 值低于帕邢击穿阈值和真空击穿阈值[74]。然而，当施加合适的磁场时，早期朝着阳极径向加速的电子在轴向力 $j_r \times B_\theta$ 的作用下，被轴向约束，在此过程中

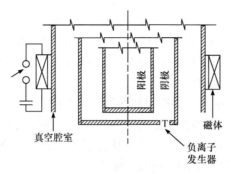

图 5-42　正交场管的典型结构

气体分子发生电离。图 5-44 所示是正交场管的电压与磁场特性。如图 5-44 所示，若使施加的电压 V_{max} 高于击穿电压，发生击穿，XFT 导通。电流密度通常被限制为小于 5A/cm^2，以防止由辉光放电过渡到电弧放电[75]。若将磁场感应强度减小到临界值以下，则径向约束力与轴向约束力 $j_r \times B_\theta$ 相比要大得多。因此，电子被阳极迅速收集，没有发生明显的电离现象，XFT 断开。临界磁场感应强度 B_{cr} 的关系式为[76]

$$B_{cr} = \frac{1}{d}\sqrt{\frac{2mV}{e}} \tag{5-44}$$

其中，d 为阴极和阳极之间的距离；V 为电极两端的电压；e 和 m 分别为电子电荷和电子质量。式(5-44)对于开关电流的导通和截断均有效。

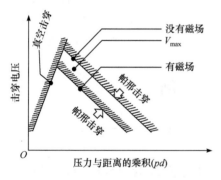

图 5-43　正交场管的工作范围

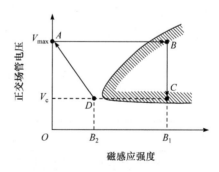

图 5-44　正交场管的电压与磁场特性

　　给定阴极和阳极之间距离 d 条件下 XFT 的临界磁感应强度随电压的变化如图 5-44 所示[77]。图中，工作点 A 代表电压保持阶段，也就是磁感应强度为零且 XFT 能够保持全电压(V_{max})而不导通。工作点 B 代表导通阶段，该阶段在磁感应强度增大到 B_1 时发生。工作点 C 代表继续导通，在该阶段，当导通开始时，XFT 两端的电压崩溃，电压降至较低的电压 V_c。工作点 D 代表关断阶段，在该阶段，磁感应强度减小到 B_2，$B_2 < B_{cr}$。当 XFT 完全恢复后，工作点跳至 A 点并继续保持施加的电压。XFT 在单脉冲条件下已达到了 10kA、100kV 的参数[75]，并在 50kV、1.3kA 条件下以 120Hz 的脉冲重复率运行[78]。触发 XFT 是在阴极附近插入栅极来实现的，且已通过实验验证[77]。

将栅极引入 XFT 中来实现控制被称为"正交管"[79-82]。预先形成的等离子体已经存在，但仅限于阴极和栅极之间的空间区域。器件的导通过程是向栅极施加正极性脉冲，相当于增加了栅极电势，从而使等离子体流到阳极。关断过程是通过向栅极施加负极性脉冲来削弱栅极和阳极之间的等离子体来实现的。关断时间由等离子体扩散到边界壁的时间决定。XFT 通常以氢气作为填充气体，压强为 0.1~1Torr。典型正交场管可以在 50kV 下传输 2.5kA 的峰值电流，并且可以在约 0.55μs 的时间内关断 1kA 电流。XFT 在连续运行模式下已实现 40kHz 的脉冲重复率，平均电流可以达到几安，而在猝发模式下已达到 1MHz。XFT 的寿命是受内部结构退化限制的。内部结构退化的原因是在导通过程中阴极发生离子溅射，在关断过程中由于控制栅极而发生离子溅射。在低压氙气中利用热电子空心阴极放电，可实现 10~20V 的较低正向压降。平面结构 XFT 已证明在 50%占空比下的耐压高达 20kV，导通时间为 300ns，脉冲重复率为 20kHz[80]。另外，还开发了一种栅极受控阴极等离子体大功率真空三极管，它不需要正交磁场[81]。

5.4.11　其他

人们开发了许多其他类型的断路开关，并已将它们应用于各种各样的场合，其中包括超导开关[82, 83]、可饱和电抗器和电感开关[84]、霍尔效应器件[85]、受控等离子体不稳定性开关[86]、光控开关[87]、除静电约束开关[88]、闸流管[52]和晶闸管[49]。

5.5　设　计　示　例

示例 5.1

图 5-15 所示是两级电感储能系统。储能电感 L_s 为 0.5μH，该电感由一个 3.5μF 的电容充电至 25kV 的电压。开关 S_1 的关断时间 T_1 为 250ns，开关 S_2 的关断时间 T_2 为 10ns。假设每个断路开关的能量损失为 10%，请计算：①第一级开关产生的电压放大系数和脉冲时间压缩系数；②第二级开关产生的电压放大系数和脉冲时间压缩系数。

解：
存储在电容器组中的能量 E_c 为

$$E_c = \frac{1}{2}CV^2 = \frac{1}{2} \times \left(3.5 \times 10^{-6}\right) \times \left(25 \times 10^3\right)^2 \cong 1.094(\text{kJ})$$

由于第一级开关 S_1 中的能量损耗为 E_c 的 10%，即约为 0.109kJ，因此传递到电感 L_s 的能量 E_L 为

$$E_L = 1.094 - 0.109 = 0.985(\text{kJ})$$

电感中的最大电流 i_1^{max} 由最大存储能量决定：

$$E_L = \frac{L_s}{2}(i_1^{max})^2$$

重新排列项，得

$$i_1^{max} = \sqrt{\frac{2E_L}{L_s}}$$

将 E_L=0.985kJ 和 L_s=0.5μH 代入上式得 i_1^{max}=62.8kA。电感电流在 T_{ch}=T/4 时刻达到峰值，其中 T 为

$$T = 2\pi\sqrt{L_s C}$$
$$= 2\pi\sqrt{\left(0.5 \times 10^{-6}\right) \times \left(3.5 \times 10^{-6}\right)} \cong 8.3(\text{μs})$$

电感充电时间 T_{ch}=T/4≈2μs。当 S_1 打开时，电感两端的电压为

$$V_1 = L_s \left(\frac{i_1^{max}}{T_1}\right)$$
$$= \left(0.5 \times 10^{-6}\right) \times \frac{62.8 \times 10^3}{250 \times 10^{-9}} \cong 126(\text{kV})$$

高电压、高 di/dt 的脉冲电流传输到第二级开关 S_2，导致 S_2 在 10ns 内快速关断。S_2 的能量损失为 10%，即 0.0985kJ。因此，在第二级开关断开时，电感中存储的最大能量为

$$E_L' = 0.985 - 0.0985 \cong 0.887(\text{kJ})$$

第二级开关断开时电感中的最大电流由 $E_L' = \frac{L_s}{2}(i_1^{max})^2$ 给出：

$$i_2^{max} = \sqrt{\frac{2E_L'}{L_s}} = \sqrt{\frac{2 \times 0.887 \times 10^3}{0.5 \times 10^{-6}}} \cong 59(\text{kA})$$

当开关 S_2 打开时，电感两端产生的电压 V_2 为

$$V_2 = L_s \left(\frac{i_2^{\max}}{T_2} \right) = 0.5 \times 10^{-6} \times \frac{5.9 \times 10^4}{10 \times 10^{-9}} \cong 2.95(\text{MV})$$

根据以上计算，所得结果如下。

(1) 第一级性能。

电压放大系数：

$$\frac{V_1}{V_{\text{ch}}} = \frac{126\text{kV}}{25\text{kV}} \cong 5$$

脉冲时间压缩系数：

$$\frac{T_1}{T_{\text{ch}}} = \frac{250\text{ns}}{2\mu\text{s}} = 0.125$$

(2) 第二级性能。

电压放大系数：

$$\frac{V_2}{V_1} = \frac{2.95\text{MV}}{126\text{kV}} \cong 23$$

脉冲时间压缩系数：

$$\frac{T_2}{T_1} = \frac{10\text{ns}}{250\text{ns}} = 0.04$$

参 考 文 献

[1] E.M. Honig, Repetitive Energy Transfers from an Inductive Energy Store. Ph. D. dissertation, Texas Tech University, and LANL Tech Report, LA-10238-T, 1985.

[2] A. Guenther, M. Kristiansen, and T. Martin, *Opening Switches*, Plenum Press, New York, 1987.

[3] L. Vermij, The Voltage Across a Fuse During the Current Interruption Process. *IEEE Trans. Plasma Sci.*, Vol. 8, No. 4, p. 460, 1980.

[4] W.G. Chace and H.K. Moore, *Exploding Wires*, Vols. 1-4, Plenum Press, New York, 1968.

[5] F.D. Bennett, High Temperature Exploding Wires, in C.A. Ronn, C ed., *Progress in High Temperature Physics and Chemistry*, Pergamon Press, 1968.

[6] V.A. Burtsev, V.N. Litunovskii, and V. Prokopenko, Electrical Explosion of Foils-I. *Sov. Phys. Tech. Phys.*, Vol. 22, No. 8, p. 950, 1977.

[7] V.A. Burtsev, V. Litunovskii, and V. Prokopenko, Electrical Explosion of Foils-II. *Sov. Phys. Tech. Phys.,* Vol. 22, No. 8, p. 957, 1977.

[8] I.F. Kvarkhtsava, A.A. Pliutto, A.A. Chernow, and U.V. Bondarenko, Electrical Explosion of Metal Wires. *Sov. Phys. JETP*, Vol. 3, No. 1, p. 40, 1956.

[9] P.H. Ron, Rise and Delay Time of a Vacuum Gap Triggered by an Exploding Wire. Ph.D. dissertation, Indian Institute of Science, Bangalore, India, 1984.

[10] S.U. Lebedev, Explosion of a Metal by an Electric Current. *Sov. Phys. JETP*, Vol. 5, No. 2, p. 243, 1957.

[11] E. Nairne, *Philos. Trans. R. Soc. Lond.*, p. 79, 1774.

[12] F.D. Bennett, *Sci. Am.,* Vol. 106, p. 103, 1962.

[13] W.G. Chace, *Phys. Today*, Vol. 17, p. 19, 1964.

[14] D.P. Ross and O.H. Zinke, in W.G. Chace and H. K. Moore, eds., *Exploding Wires*, Vol. 4, Plenum Press, New York, p. 147, 1968.

[15] J.K. Trolan et al., in W.G. Chace and H. K. Moore, eds., *Exploding Wires*, Vol. 3, Plenum Press, New York, p. 361, 1964.

[16] T.J. Tucker and F.W. Neilson, in W.G. Chace and H.K. Moore, eds., *Exploding Wires,* Plenum Press, New York, p. 73, 1959.

[17] V.E. Scherrer, in W.G. Chace and H. K. Moore, eds., *Exploding Wires*, Vol. 1, Plenum Press, New York, p. 118, 1959.

[18] F.D. Bennett, High Temperature Exploding Wires, in Rouse, ed., *Progress in High Temperature Physics and Chemistry*, Vol. 2, Pergamon Press, 1968.

[19] M.G. Haines, *Proc. Phys. Soc. Lond.*, Vol. 74, p. 576, 1959.

[20] Ch. Maisonnier, J.G. Linhart, and C. Gourlan, Rapid Transfer of Magnetic Energy by Means of Exploding Foils. *Rev. Sci. Instrum.*, Vol. 37, No. 10, p. 1380, 1966.

[21] F.H. Webb, Jr., H.H. Hilton, P.H. Levine, and A.V. Tollestrup, The Electrical and Optical Properties of Electrically Exploded Wires, in W.G. Chase and H. K. Moore, eds., *Exploding Wires*, Plenum Press, New York, Vol. 3, p. 37, 1962.

[22] J.N. Dimarco and L.C. Burkhardt, Characteristics of a Magnetic Energy Storage System Using Exploding Foils. *J. Appl. Phys.*, Vol. 41, No. 9, p. 3894, 1970.

[23] H.C. Early and F.J. Martin, Method of Producing a Fast Current Rise from Energy Storage Capacitors. *Rev. Sci. Instrum.*, Vol. 36, No. 7, p. 1000, 1965.

[24] R.E. Reinovsky, D.L. Smith, W.L. Baker, J.H. Degnan, R.P. Henderson, R.J. Kohn, D.A. Kloc, and N.F. Roderick, Inductive Store Pulse Compression System for Driving High Speed Plasma Implosions. *IEEE Trans. Plasma Sci.*, 10, No. 2, p. 73, 1982.

[25] J. Salge, U. Braunsberger, and U. Schwarz, Circuit Breaking by Exploding Wires in Magnetic Energy Storage Systems, in W.H. Bostick, V. Nardi, and O.S.F. Zucker, eds., *Energy Storage, Compression, and Switching*, Plenum Press, New York, p. 477, 1976.

[26] I.M. Vitkovitsky, Fuses and Repetitive Current Interruption, in M. Kristiansen and K.H. Schoenbach, eds., *Proceedings of the ARO Workshop on Repetitive Opening Switches*, Tamarron, CO, DTIC # AD-A110770, 1981.

[27] J. Benford, H. Calvin, I. Smith, and H. Aslin, High-Power Pulse Generation Using Exploding Fuses, in W.H. Bostick, V. Nardi, and O.S.F. Zucker, eds., *Energy Storage, Compression, and Switching,* Plenum Press, New York, p. 39, 1976.

[28] L. Vermij, Short Fuse Elements Enclosed in a Small Slit. *International Symposium on Switching Arc Phenomena*, Lodz-Poland, p. 247, 1970.

[29] R.K. Borisov, V.L. Budovich, and I.P. Kuzhekin, Restoration of the Dielectric Strength Following Explosion of a Wire. *Sov. Tech. Phys. Lett.*, Vol. 3, No. 12, p. 516, 1977.

[30] D. Conte, R.D. Ford, W.H. Lupton, and I.M. Vitkovitsky, Two Stage Opening Switch Techniques for Generation of High Inductive Voltages. *Proceedings of the 7 Symposium on Engineering Problems of Fusion Research*, Vol. 2, p.

1066, 1977.

[31] D. Conte, R.D. Ford, W.H. Lupton, and I.M. Vitkovitsky, TRIDENT: A Megavolt Pulse Generator Using Inductive Energy Storage. *Proceedings of the 2nd International Pulsed Power Conference*, p. 276, 1979.

[32] B. Antoni, Y. Landure, and C. Nazet, The Commutation of the Energy Produced by a Helical Explosive Generator Using Exploding Foils, in W.H. Bostick, V. Nardi, and O.S.F. Zucker, eds., *Energy Storage, Compression, and Switching*, Plenum Press, New York, p. 481, 1976.

[33] W.H. Lupton, D. Conte, R.D. Ford, P.J. Turchi, and I.M. Vitkovitsky, Application of Homopolar Generators for High Voltage Plasma Experiments. *Proceedings of the 7th Symposium on Engineering Problems of Fusion Research*, p. 430, 1977.

[34] R.J. Commisso, R.F. Fernsler, V.E. Scherrer, and I.M. Vitkovitsky, Application of Electron-Beam Controlled Diffuse Discharges to Fast Switching. *Proceedings of the 4th International Pulsed Power Conference*, p. 87, 1983.

[35] N. Shimomura, H. Akiyama, and S. Maeda, Compact Pulse Power Generator by an Inductive Energy Storage System with Two Staged Opening Switches. *IEEE Trans. Plasma Sci.*, Vol. 19, No. 6, p. 1220, 1991.

[36] B.M. Kovalchuk and G. A. Mesyats, Rapid Cutoff of a High Current in a Electron-Beam-Excited Discharge. *Sov. Tech. Phys. Lett.,* Vol. 2, No. 7, p. 252, 1976.

[37] R.O. Hunter, Electron Beam Controlled Switching. *Proceedings of the International Pulsed Power Conference,* p. IC8-1, 1976.

[38] H.C. Harjes, K.H. Schoenbach, G. Schaefer, H. Krompholz, and M. Kristiansen, E-Beam Triode for Multiple Sub-Microsecond Pulse Operation. *Proceedings of the 4th Pulsed Power Conference*, p. 87, 1983.

[39] R.F. Fernsler, D. Conte, and I.M. Vitkovitsky, Repetitive Electron-Beam Controlled Switching. *IEEE Trans. Plasma Sci.*, 8, No. 3, p. 176, 1980.

[40] R.J. Commisso, R.F. Fernsler, V.E. Scherrer, and I.M. Vitkovitsky, ElectronBeam Controlled Discharges. *IEEE Trans. Plasma Sci.*, 10, No. 4, p. 241, 1982.

[41] B.M. Kovalchuk, Yu. D. Korolev, V.V. Kremnev, and G.A. Mesyats, The Injection Thyratron: A Completely Controlled Ion Device. *Sov. Radio Eng. Electron. Phys.*, Vol. 21, No. 7, p. 112, 1976.

[42] D.H. Douglas-Hamilton, Diffuse Discharge Production (Electron Beam Discharge Switch), in M. Kristiansen and K.H. Schoenbach, eds., *Proceedings of the ARO Workshop on Repetitive Opening Switches*, Tamarron, CO, DTIC # AD-A110770, 1981.

[43] L.E. Kline, Performance Prediction for Electron-Beam Controlled On/Off Switches. *IEEE Trans. Plasma Sci.*, 10, No. 4, p. 224, 1982.

[44] G.A. Mesyats, Electric Field Instabilities of a Volume Gas Discharge Excited by an Electron Beam. *Sov. Tech. Phys. Lett.*, Vol. 1, No. 7, p. 292, 1975.

[45] D.H. Douglas-Hamilton and S. A. Mani, Attachment Instability in an Externally Ionized Discharge. *J. Appl. Phys.*, Vol. 45, No. 10, p. 4406, 1974.

[46] S.A. Genkin, Yu. D. Kosolev, G.A. Mesyats, and V.B. Ponomarev, Criterion for the Injection Instability of a Volume Gas Discharge with External Ionization by an Electron Beam. *Sov. Tech. Phys. Lett.*, Vol. 8, No. 6, p. 279, 1983.

[47] L.G. Christophorou, S.R. Hunter, J.G. Carter, S.M. Spyrou, and V.K. Lakdawala, Basic Studies of Gases for Diffuse-Discharge Switching Applications. *Proceedings of the 4th International Pulsed Power Conference*, p. 702, 1983.

[48] G. Schaefer, K.H. Schoenbach, M. Kristiansen, and M. Krompholz, An Electron-Beam Controlled Diffuse Discharge Switch. *Proceedings of the XVII International Conference on Phenomena in Ionized Gases*, Budapest, Hungary, p.

626, 1985.

[49] W.M. Parsons, A Comparison Between an SCR and a Vacuum Interrupter System for Repetitive Opening, in M. Kristiansen and K.H. Schoenbach, eds., *Proceedings of the ARO Workshop on Repetitive Opening Switches*, Tamarron, CO, DTIC # AD-A110770, 1981.

[50] R.W. Warren, The Early Counterpulse Technique Applied to Vacuum Interrupters. *Proceedings of the 2nd International Pulsed Power Conference*, p. 198, 1979.

[51] A.S. Gilmour, Jr., The Present Status and Projected Capabilities of Vacuum Arc Opening Switches. *Proceedings of the International Pulsed Power Conference*, p. IC1-1, 1976.

[52] E.M. Honig, Vacuum Interrupters and Thyratrons as Opening Switches, in M. Kristiansen and K.H. Schoenbach, eds., *Proceedings of the ARO Workshop on Repetitive Opening Switches*, Tamarron, CO, DTIC # AD-A110770, 1981.

[53] K. Watanabe, E. Kaneko, and S. Yanabu, Technological Progress of Axial Magnetic Field Vacuum Interrupters. *IEEE Trans. Plasma Sci.*, Vol. 25, No. 4, p. 609, 1997.

[54] I.M. Vitkovitsky, D. Conte, R.D. Ford, and W.H. Lupton, Current Interruption in Inductive Storage System Using Inertial Current Source. *2nd International Conference on Energy Storage, Compression and Switching*, Venice, Italy, p. 953, 1978.

[55] A.I. Pavlovskii, V.A. Vasyukov, and A.S. Russkov, Magnetoimplosive Generators for Rapid-Risetime Megaampere Pulses. *Sov. Tech. Phys. Lett.*, Vol. 3, No. 8, p. 320, 1977.

[56] B.N. Turman and T.J. Tucker, Experiments with an Explosively Opened Plasma Switch, in M. Kristiansen and K.H. Schoenbach, C eds., *Proceedings of the ARO Workshop on Repetitive Opening Switches*, Tamarron, CO, DTIC # AD-A110770, 1981.

[57] J.H. Goforth and R.S. Caird, Experimental Investigation of Explosive Driven Plasma Compression Opening Switches. *Proceedings of the 4th International Pulsed Power Conference*, p. 786, 1983.

[58] R.A. Meger, J.R. Boller, D. Colombant, R.J. Commisso, G. Cooperstein, S.A. Goldstein, R. Kulsrud, J.M. Neri, W.F. Oliphant, P.F. Ottinger, T.J. Renk, J.D. Shipman, Jr., S.J. Stephanakis, F.C. Young, and B.V. Weber, Application of Plasma Erosion Opening Switches to High Power Accelerators for Pulse Compression and Power Multiplication. *Proceedings of the 4th International Pulsed Power Conference*, p. 335, 1983.

[59] C.W. Mendel, Jr., S.A. Goldstein, and P.A. Miller, The Plasma Erosion Switch. *Proceedings of the of the International Pulsed Power Conference*, p. IC2-1, 1976.

[60] W. Rix, P. Coleman, J.R. Thompson, D. Husovsky, P. Melcher, and R.J. Commisso, Scaling Microsecond-Conduction-Time Plasma Opening Switch Operation from 2 to 5 MA. *IEEE Trans. Plasma Sci.*, 25, No. 2, p. 169, 1997.

[61] G.I. Dolgachev, L.R. Zukatov, and A.G. Ushakov, Study of Repetitive Plasma Opening Switch Generator Technology. *IEEE Trans. Plasma Sci.*, 26, No. 5, p. 1410, 1998.

[62] H. Akiyama et al., Repetitively Operated Plasma Opening Switch Using Laser Produced Plasma. *Rev. Sci. Instrum.*, Vol. 68, No. 6, p. 2378, 1997.

[63] D.C. Gates, Studies of a 60 kV Plasma Focus. *2nd International Conference on Energy Storage, Compression and Switching*, Venice, Italy, p. 329, December 5-8, 1978.

[64] J.W. Mather, Dense Plasma Focus, in R.H. Lovberg and H.S. Griem, eds., *Methods of Experimental Physics, Volume 9-Part B: Plasma Physics*, Academic Press, Inc., p. 187, 1977.

[65] F. Venneri, J. Mandrekas, and G. Gerdin, Preliminary Studies of the Plasma Focus as an Opening Switch. *Proceedings of the 4th International Pulsed Power Conference*, p. 350, 1983.

[66] G.M. Molen, H.C. Kirbie, and J.L. Cox, A Plasma Focus Interrupting Switch for Use with Inductive Energy Storage, in M. Kristiansen and K.H. Schoenbach, eds., *Proceedings of the ARO Workshop on Repetitive Opening Switches*, Tamarron, CO, DTIC # AD-A110770, 1981.

[67] J. Salge, Problems of Repetitive Opening Switches Demonstrated on Repetitive Operation of a Dense Plasma Focus, in M. Kristiansen and K.H. Schoenbach, eds., *Proceedings of the ARO Workshop on Repetitive Opening Switches*, Tamarron, CO, DTIC # AD-A110770, 1981.

[68] V.L. Bailey, J.M. Creedon, L. Demeter, and D. Sloan, Opening Switches for Vacuum Inductive Storage, in M. Kristiansen and K.H. Schoenbach, eds., *Proceedings of the ARO Workshop on Repetitive Opening Switches*, Tamarron, CO, DTIC # AD-A110770, 1981.

[69] R.L. Bowers et al., Initiation and Assembly of the Plasma in a Plasma Flow Switch. *IEEE Trans. Plasma Sci.*, 24, No. 2, p. 510, 1996.

[70] J.M. Creedon, B.A. Lippmann, and V.L. Bailey, The Reflflex Switch: An Opening Switch for Use with Magnetic Energy Storage, in W.H. Bostick, V. Nardi, and O.S.F. Zucker, eds., *Energy Storage, Compression, and Switching*, Plenum Press, New York, p. 1007, 1983.

[71] B. Ecker, J. Creedon, L. Demeter, S. Glidden, and G. Proulx, The Reflflex Switch: A High Current, Fast-Opening Vacuum Switch. *Proceedings of the International Pulsed Power Conference*, p. 354, 1983.

[72] R.K. Parker and C.A. Kapetanakos, in M. Kristiansen and A.H. Guenther, eds., *The Generation of Intense Electron and Ion Beams*. Pulsed Power Lecture Series, Lecture No. 6, Texas Tech University, Lubbock, TX, 1981.

[73] J.A. Pasour, R.A. Mahaffey, J. Golden, and C.A. Kapetanakos. Reflflex Tetrode with Uni-Directional Ion Flow. *Phys. Rev. Lett.*, Vol. 40, No. 7, p. 448, 1978.

[74] M.A. Lutz and R.J. Harvey, Feasibility of a High Average Power Crossed Field Closing Switch. *IEEE Trans. Plasma Sci.*, 4, No. 2, p. 118, 1976.

[75] R.J. Harvey, M. Lutz, and H. Gallagher, Current Interruption at Powers Up to 1 GW with Crossed Field Tubes. *IEEE Trans. Plasma Sci.*, 6, No. 3, p. 248, 1978.

[76] R.J. Harvey and M.A. Lutz, The Crossed Field Switch Tube: A Re-Usable Fuse. *Proceedings of the 5th Symposium on Engineering Problems of Fusion Research*, p. 670, 1973.

[77] M.A. Lutz, Gridded Cross Field Tube. *IEEE Trans. Plasma Sci.*, 5, No. 4, p. 273, 1977.

[78] R.J. Harvey and M.A. Lutz, High Power On-Off Switching with Crossed Field Tubes. *IEEE Trans. Plasma Sci.*, 4, No. 4, p. 210, 1976.

[79] D.M. Goebel, Cold Cathode Pulsed Power Plasma Discharge Switch. *Rev. Sci. Instrum.*, Vol. 67, No. 9, p. 3137, 1996.

[80] D.M. Goebel, R.C. Preschel, and R. Schumacher, Low Voltage Drop Plasma Switch for Inverter and Modulator Applications. *Rev. Sci. Instrum.*, Vol. 64, No. 8, p. 2312, 1993.

[81] S. Humphries, M. Savage, S. Coffey, and D.M. Woodall, High Power Opening-Closing Switches Using Grid Controlled Plasmas. *IEEE Trans. Plasma Sci.*, 13, No. 4, p. 177, 1985.

[82] K.H. Schoenbach, M. Kristiansen, and G. Schaefer, A Review of Opening Switch Technology for Inductive Energy Storage. *Proc. IEEE*, Vol. 72, No. 8, p. 1019, 1984.

[83] H. Laquer, Superconductivity, Energy Storage and Switching, in W.H. Bostick, V. Nardi, and O.S.F. Zucker, eds., *Energy Storage, Compression, and Switching*, Plenum Press, New York, p. 279, 1976.

[84] O.S.F. Zucker and W.H. Bostick, Theoretical and Practical Aspects of Energy Storage and Compression, in W.H. Bostick, V. Nardi, and O.S.F. Zucker, eds., *Energy Storage, Compression, and Switching,* Plenum Press, New York, p.

71, 1976.

[85] P.J. Turchi, Magnetoplasmadynamic and Hall Effect Switching for Repetitive Interruption of Inductive Circuits, in M. Kristiansen and K.H. Schoenbach, eds., *Proceedings of the ARO Workshop on Repetitive Opening Switches*, Tamarron, CO, DTIC # AD-A110770, 1981.

[86] K.H. Schoenbach, M. Kristiansen, E.E. Kunhardt, L.L. Hatfifield, and A.H. Guenther, Exploratory Concepts of Opening Switches, in M. Kristiansen and K.H. Schoenbach, eds., *Proceedings of the ARO Workshop on Repetitive Opening Switches*, Tamarron, CO, DTIC # AD-A110770, 1981.

[87] A.H. Guenther, Optically Controlled Discharges, in M. Kristiansen and K.H. Schoenbach, eds., *Proceedings of the ARO Workshop on Repetitive Opening Switches*, Tamarron, CO, DTIC # AD-A110770, 1981.

[88] I. Alexeff, Opening Switch Using Spoiled Electrostatic Confifinement, in M. Kristiansen and K.H. Schoenbach, eds., *Proceedings of the ARO Workshop on Repetitive Opening Switches*, Tamarron, CO, DTIC # AD-A110770, 1981.

第6章　吉瓦级至太瓦级脉冲功率装置

吉瓦级脉冲功率技术是产生短脉冲和高峰值功率的电脉冲技术。储存在介质中的能量在短时间内释放，并通过脉冲压缩和功率放大等技术转换为所需的电脉冲。存储能量的主要方式[1]有电容储能($1/2CV^2$)、电感储能($1/2LI^2$)、机械储能($1/2m\omega^2$，其中 ω 是角动量)和化学储能($V_{VOL}\cdot\rho\cdot\zeta$，其中 V_{VOL} 为体积，ρ 为物质密度，ζ 为物理能量密度)。图 6-1 所示是各种媒介的能量密度、能量转换基本原理、能量转换

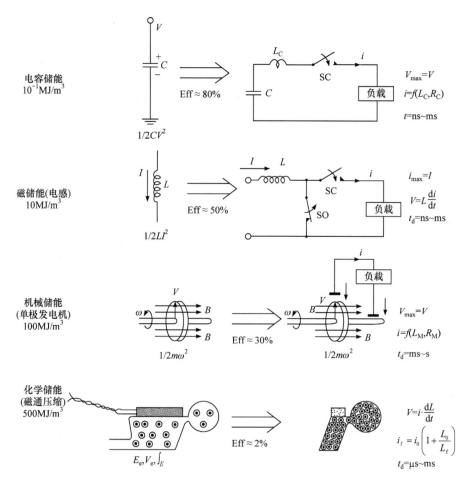

图 6-1　各种媒介的能量密度、能量转换基本原理、能量转换效率以及电脉冲参数范围

效率以及电脉冲参数范围。

脉冲功率技术可用于产生强流的相对论电子束、轻离子束、中子束、激光、自由电子激光、高功率微波、X 射线和闪光照相等领域，也可用于研究高温高密度等离子体物理、惯性/磁约束聚变、高能加速器、粒子束武器、材料加工以及众多科学、国防和工业应用等领域。吉瓦级脉冲功率技术还可用于产生强瞬态电场、磁场和电磁场，因此被广泛用作强电磁干扰源，尤其是在模拟核电磁脉冲、系统电磁脉冲和高功率微波等领域。

吉瓦级高功率脉冲技术可工作于单脉冲模式、猝发模式和重复脉冲模式。产生的束流、场和等离子体所需的波形通常是单极性方波脉冲、双指数脉冲或阻尼振荡波脉冲。纳秒/兆伏/吉瓦级单极性方波脉冲通常通过电容储能、电感储能或电容电感混合储能的脉冲压缩技术和功率放大技术级联产生。最适合产生双指数脉冲的方法是 Marx 发生器。数十兆电子伏的高能强流电子束通过直线感应加速器多个间隙连续加速产生。

Marx 发生器、Tesla 变压器、脉冲成形线、火花开关和断路开关等是脉冲功率源系统基本组成部分，其设计和性能已在前面的章节中进行了阐述。本章重点介绍强脉冲功率源的初级电容储能、初级-中级电容储能、初级-中级-快速电容储能、初级电感储能、串级电感储能、磁脉冲压缩、感应电压叠加器和直线感应加速器等概念以及相关的设计和建造。

6.1 电 容 储 能

6.1.1 初级电容储能

最简单的高压脉冲发生器设计方案是高压脉冲发生器(high voltage pulse generator，HVPG)直接放电到负载。其中，Marx 发生器是 HVPG 最常用的形式，其工作原理如第 1 章所述，由许多电容器并联充电并通过火花开关串联放电产生高电压脉冲。

如果使用脉冲形成网络代替常规的电容器，则用 Marx 发生器可直接产生方波脉冲，输出脉冲的上升时间取决于其等效电路的总 L/R 值。为了缩短输出脉冲的上升时间，可减小 Marx 发生器总电感，也就是减小 Marx 发生器物理尺寸和减小火花开关中电极间的距离。图 6-2 是典型的油气混合绝缘的 Marx-PFN 发生器示意图。变压器油用于 PFN 和尾部电阻器之类组件的绝缘，使发生器结构更加紧凑，高气压气体用作火花开关的介质。图 6-3 是 Marx-PFN 发生器的典型波形。

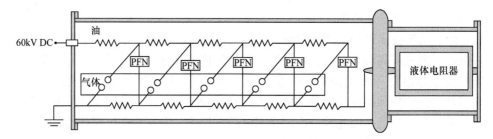

图 6-2　典型的油气混合绝缘的 Marx-PFN 发生器示意图

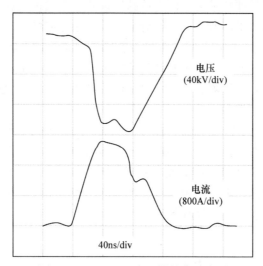

图 6-3　Marx-PFN 发生器的典型波形

6.1.2　初级–中级电容储能

　　图 6-4 是初级储能单元经中间储能电容器放电到负载的示意图[2]。初级储能单元为中间储能电容器脉冲充电，然后通过快速闭合的火花开关放电到负载。系统的输出脉冲参数完全取决于中间储能电容器的特性。以同轴 PFL 作为中间储能电容器，并选择绝缘性能良好的电介质作为 PFL 的介质，可以实现良好的脉冲平顶和电流放大。图 6-5 和图 6-6 所示分别是中间储能电容器采用油和水介质

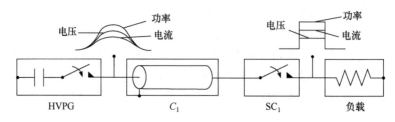

图 6-4　初级储能单元经中间储能电容器放电到负载的示意图

的两电极同轴 PFL。图 6-7 所示是以 Marx 发生器为初级储能单元,以同轴 Blumlein PFL 为中间储能单元的高压脉冲发生器。初级储能单元可采用的形式主要有螺旋 Tesla 变压器(图 6-5)、径向 Tesla 变压器(图 6-6)和 Marx 发生器(图 6-7)。

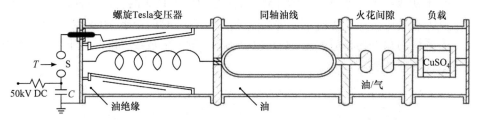

图 6-5　以螺旋 Tesla 变压器为初级储能单元,以同轴 PFL 为中间储能单元的高压脉冲发生器

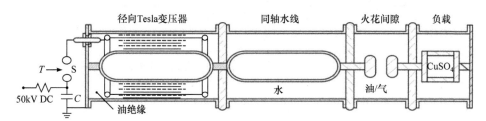

图 6-6　以径向 Tesla 变压器为初级储能单元,以同轴 PFL 为中间储能单元的高压脉冲发生器

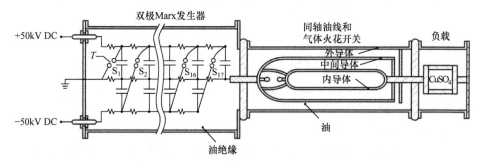

图 6-7　以 Marx 发生器为初级储能单元,以同轴 Blumlein PFL 为中间储能单元的高压脉冲发生器

6.1.3　初级–中级–快速电容储能

图 6-8 是初级–中级–快速电容器储能电路拓扑示意图。图中,由一个同轴电容器 C_1 和一个闭合开关 SC_1 组成的中间储能电容器为另一个同轴电容器 C_2 充电,电容器 C_2 又通过快速闭合开关 SC_2 向负载放电。由于 C_2 的充电时间为亚微秒,因此电容器 C_2 和闭合开关 SC_2 上的电压持续时间很短。因此,C_2 可以承受较高的电场,其实际值取决于 C_2 中使用的电介质的特性。使用高击穿强度的绝缘介质可以减小 C_2 的物理截面,从而降低其输出阻抗 $\sqrt{L/C}$,同时提高其输出

电流 V/Z。去离子水具有约 80 的介电常数和较高的电击穿强度，是快速电容器的常用电介质，特别是在需要非常低阻抗的情况下。图 6-8 给出了各个点的脉冲电压、电流和功率的理想波形。

基于初级–中级–快速电容器储能的脉冲功率源系统的各个组件研究已经取得了巨大的进展，可产生峰值功率大于 1TW，持续时间小于 50ns 的脉冲。下面从整个系统的角度讨论对快速 Marx 发生器[3]、脉冲形成线[4]和火花开关[5]等各个组件最佳性能的要求。

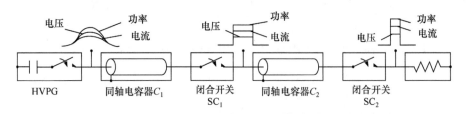

图 6-8　初级–中级–快速电容器储能电路拓扑示意图

6.1.3.1　快速 Marx 发生器

为了实现 Marx 发生器为中间 PFL 的快速充电，应尽可能减小 Marx 发生器的总电感。Marx 发生器的总电感等于单个组件(如储能电容器、火花开关和连接引线)的电感之和。

1) 减小储能电容器的电感

可通过以下方法减小每级储能电容器的电感：①使用低电感电容器和低电感输出引线结构(如同轴传输线或带状线)；②选择多个较小容量电容器并联，而不是单个大容量电容器。

2) 减小火花开关的电感

火花开关的电感通常由电弧通道的电感决定。由于无法控制电弧通道的直径，因此可以通过减小电弧通道的长度来减小火花开关电感，具体可使用高介电强度的介质来实现(液体介质或高气压 SF_6 气体)。如第 4 章中所述，还可以引入多通道来减小火花通道的电感。

3) 减小连接引线的电感

减小 Marx 发生器连接引线电感的方法：减少级数，从而减小总长度，但这就要求增加每级的充电电压。Marx 发生器采用正负充电和高介电强度的绝缘介质来减小相邻组件之间的距离，或者 Marx 发生器安装结构采用多次折叠方式以增加宽度来减小总体长度。同时，电流在系统中的相反方向上流动，这也有助于减小总电感。

6.1.4 Marx 发生器并联

采取上述措施后，还可通过并联多个 Marx 发生器来进一步降低 Marx 发生器总电感。当然，这需要进行更加细致的设计，以便在多个 Marx 发生器的触发中实现低抖动，这一点对于多个 Marx 发生器同步至关重要。下面是一些典型的快速 Marx 发生器的性能参数[5]：

● 较小的 Marx 发生器为 60~100nH/级，较大的 Marx 发生器为 350～400nH/级；

● 建立时间小于 50ns/MV；

● 建立抖动 5ns；

● 工作欠压比可达自击穿电压的 40%；

● Marx 发生器物理长度的总电压梯度为 1.5MV/m。

6.1.5 最佳性能的脉冲形成线要求

为了获得最佳性能，PFL 必须满足高峰值功率输出、低阻抗和大脉冲时间压缩(pulse time compression，PTC)的要求。这些参数由 PFL 的物理尺寸和采用的电介质参数确定。

6.1.5.1 输出到匹配负载的峰值功率

对于两电极同轴 PFL，传输到负载的电压是 PFL 充电电压的一半。因此，传递给负载的峰值功率 P 为

$$P = \frac{V_L^2}{Z_L} = \frac{V_0^2}{4Z_0} \tag{6-1}$$

其中，V_0 为 PFL 的最大充电电压；Z_0 为 PFL 的特征阻抗；$Z_L(=Z_0)$为负载匹配阻抗。

PFL 的最大充电电压为

$$V_0 = E_{BD} \cdot R_1 \cdot \ln\frac{R_2}{R_1} \tag{6-2}$$

其中，E_{BD} 为介质的最大击穿场强；R_1 为 PFL 内导体的半径；R_2 为 PFL 外导体的半径。

PFL 的特征阻抗为

$$Z_0 = \frac{1}{2\pi} \cdot \sqrt{\frac{\mu}{\varepsilon}} \cdot \ln\frac{R_2}{R_1} \tag{6-3}$$

当 $\mu_r = 1$ 时，式(6-3)为

$$Z_0 \approx \frac{60}{\sqrt{\varepsilon_r}} \cdot \ln \frac{R_2}{R_1} \tag{6-4}$$

其中，ε_r 为介质的相对介电常数。

将式(6-3)和式(6-2)代入式(6-1)得

$$P = \left(\frac{\pi}{2} \cdot \sqrt{\frac{\varepsilon}{\mu}} \right) \cdot E_{BD}^2 \cdot R_1^2 \cdot \ln \frac{R_2}{R_1} \tag{6-5}$$

简化得

$$P = \frac{\pi}{2} \cdot \frac{E_{BD}^2 \cdot \sqrt{\varepsilon_r} \cdot R_1^2}{377} \cdot \ln \frac{R_2}{R_1} \tag{6-6}$$

根据式(6-6)可得，为了获得更高峰值功率输出，应满足：①PFL 内导体的直径大；②电介质的相对介电常数大；③PFL 中使用的电介质具有较高的电击穿强度；④R_2/R_1 的最佳值决定了环形间隙距离(R_2-R_1)。

因此，电介质最佳的选择是相对介电常数 ε_r =80 的水。高电击穿强度 E_{BD} 可以通过尽可能缩短给 PFL 的充电时间来获得，这也取决于电介质的击穿特性。

与水相比，由于变压器油在所有充电时间内均具有较高的 E_{BD}，并且显示出与极性无关，因此它可用于更高的电压。对于高功率脉冲，最后一级的脉冲形成线可以采用多条 PFL 并联结构。但是，这需要专门设计多通道火花开关作为其输出开关，且抖动低，以便多条 PFL 同步运行。

6.1.5.2　低阻抗 PFL

低阻抗 PFL 可通过采用具有较大 ε_r 的电介质和较小 R_2/R_1 来实现，这有助于减小环形间隙距离(R_2-R_1)，当然必须评估电气绝缘击穿因素，以便在低阻抗 Z_0 和高电压 V_0 之间进行平衡。但是，快速充电会获得较高 E_{BD} 值，并且可以大大降低 R_2/R_1。在初级储能单元(如 Marx 发生器)和最后一级储能单元(快速 PFL)之间引入中间储能单元，也可以实现快速充电。该中间储能单元能够使 PFL 快速充电，从而实现较高的 E_{BD}。

在多级脉冲压缩电容储能系统中，脉冲功率逐级放大主要是因为沿串级方向随着级数的增大，阻抗逐渐减小。因此，特征阻抗 Z_0 也是一项非常重要的设计参数。

6.1.5.3　脉冲时间压缩

PFL 的输出脉冲宽度 T_p 仅取决于绝缘介质的相对介电常数 ε_r 和 PFL 的长度：

$$T_{\mathrm{p}} = \frac{2\ell}{v_{\mathrm{pp}}} = \frac{2\ell\sqrt{\varepsilon_{\mathrm{r}}}}{c} = 6.67 \cdot \ell \cdot \sqrt{\varepsilon_{\mathrm{r}}} \ (\mathrm{ns/m}) \tag{6-7}$$

PFL 的 PTC 系数为

$$\mathrm{PTC} = \frac{充电时间}{输出脉冲宽度} \tag{6-8}$$

6.2 电感储能系统

6.2.1 初级电感储能

图 6-9 是初级采用电感储能的原理图。大电流脉冲发生器(high current pulse generator，HCPG)从初始时刻至 t_{m} 时刻，断路开关 SO 将电感 L 充电至峰值电流 I_{m}。在 t_{m} 时刻，断路开关 SO 断开，同时通过闭合开关 SC 将存储在电感中的能量传递到负载。

在任何电感储能系统中，断路开关都必须执行双重且相互矛盾的功能：在断开之前较长时间内能有效为储能电感传输充电电流，然后在关断阶段的最短时间内实现峰值电流的有效关断。断路开关有多种结构[3]，包括爆炸薄膜开关、电子束控制开关和等离子体熔蚀开关等。通常用作断路开关的爆炸丝也可以用作闭合开关[4]，将来很有可能研制出一种能够执行闭合开关和断路开关双重功能的器件[5]。

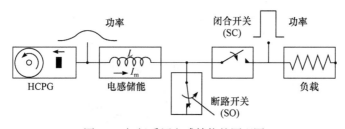

图 6-9 初级采用电感储能的原理图

6.2.2 串级电感储能

图 6-10 是串级电感储能原理图[3]。由电感 L_1、断路开关 SO_1 和闭合开关 SC_1 组成的初级电感储能系统通过初始导通断路开关 SO_2 为另一个电感 L_2 充电。当 SO_2 打开时，电流通过闭合开关 SC_2 换向到负载。通常，断路开关在关断电流时效率较低，而串级电感储能系统在这方面具有优势。第一级开关 SO_1

需具有传导电流大、长脉冲和低损耗的特点，但它的关断时间不必太短。第二级开关 SO_2 需具有传导电流大和关断时间短的特点，但它不需要长的导通时间。由于开关 SO_1 和 SO_2 的这种组合，整个系统具有高电压产生、高功率放大和长脉冲压缩的能力。在典型的系统中，第一级开关 SO_1 可选用爆炸薄膜开关，第二级开关 SO_2 可选用等离子体熔蚀开关。图 6-10 给出了串级电感储能系统各个点的典型波形。

一级电容储能系统不能提供比其充电电压大的输出电压，但可以提供比其输入充电电流大得多的电流。电感储能系统可以在输出电压方面产生显著的增益，但不能提供大于其充电电流的电流。结合使用电容储能系统和电感储能系统，可以在脉冲压缩过程中获得更大的峰值功率增益。电容-电感储能系统原理如图 6-11 所示，其中由高压脉冲发生器(HVPG)、同轴储能电容器 C 和闭合开关 SC 组成的电容储能装置将能量传递到由电感组成的电感式储能单元，电感 L 和断路开关 SO。当 SO 打开时，储能电感在最佳时间将能量传递到负载。图 6-12 是电容-电感串级储能系统示意图，图中给出了各个点的理想电压、电流和功率波形。

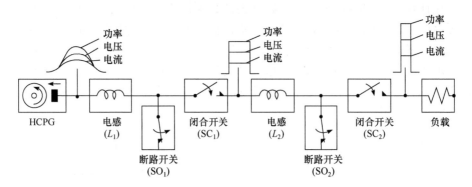

图 6-10　串级电感储能原理图

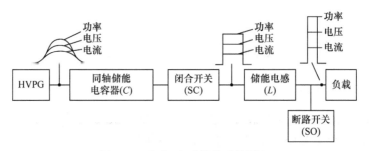

图 6-11　电容-电感储能系统原理

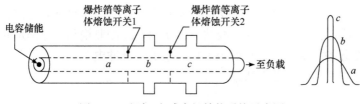

图 6-12　电容–电感串级储能系统示意图

6.3　磁脉冲压缩

两级磁脉冲压缩(magnetic pulse compression，MPC)电路的原理和产生的波形分别如图 6-13 和图 6-14 所示。在实际设计中，$C_0=C_1=C_2=C_3=C$。当开关 S 闭合时，C_1 上输入长脉冲 V_{C_1}，持续时间为 t_1，被第一级压缩单元 C_1L_1 压缩为 V_{C_2}，持续时间为 t_2，并被第二级压缩单元 C_2L_2 进一步压缩到 V_{C_3}，持续时间为 t_3。脉冲功率放大是由连续增大的电流 i_1、i_2 和 i_3 实现的。图 6-14 描述了能量逐级传输、脉冲压缩和功率放大的过程[6]。为了有效地进行脉冲压缩和功率放大，电路设计应满足以下判据：①非线性可饱和电感应在对应于输入的 $\int_0^T V_C \mathrm{d}t$ 伏秒级时

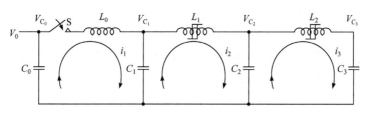

图 6-13　两级磁脉冲压缩电路的原理

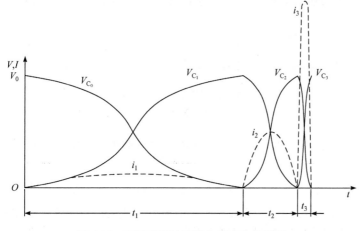

图 6-14　两级磁脉冲压缩电路产生的波形

刻达到饱和，其中 T 为 V_{C} 达到最大电压 V_0 的时间；②非线性电感 L_1 和 L_2 的饱和电感值应满足 $L_{2\mathrm{s}} \ll L_{1\mathrm{s}}$；③非线性电感 L_1 和 L_2 的非饱和电感值应足够高，以保证级间充分的隔离时间，从而限制负载上的预脉冲电流。

V_{C} 和 t 之间的关系如下所述[7, 8]：

$$V_{\mathrm{C}_1} = \frac{V_0}{2}(1 - \cos(\omega_1 t_1)) \tag{6-9}$$

其中，$\omega_1 = \dfrac{1}{\sqrt{L_0(C/2)}}$；$t_1 = \dfrac{\pi}{\omega_1}$。

$$V_{\mathrm{C}_2} = \frac{V_0}{2}(1 - \cos(\omega_2 t_2)) \tag{6-10}$$

其中，$\omega_2 = \dfrac{1}{\sqrt{L_{1\mathrm{s}}(C/2)}}$；$t_2 = \dfrac{\pi}{\omega_2}$。

$$V_{\mathrm{C}_3} = \frac{V_0}{2}(1 - \cos(\omega_3 t_3)) \tag{6-11}$$

其中，$\omega_3 = \dfrac{1}{\sqrt{L_{2\mathrm{s}}(C/2)}}$；$t_3 = \dfrac{\pi}{\omega_3}$。

图 6-15 是典型的用于产生方波脉冲的磁脉冲压缩电路示意图。根据电压放大和脉冲压缩的幅度，选择所需的脉冲变压器变比和 MPC 级数。第一级通常是谐振充电控制系统，包括脉冲电源、充电电感 L_0 和中间储能电容器 C_1。该阶段产生的电压增益为 $n(\leqslant 2)$，因此将 C_1 充电至电压 nV_0，其中 V_0 为脉冲功率源(PPS)输出的峰值电压。由 C_1L_1、C_2L_2 和 C_3L_3 组成的三级 MPC 将输入脉冲宽度从 T_0 压缩到 T_3，并且将脉冲变压器电压的幅值从 nV_0 增大到 nNV_0，最后由 PFL 和磁性开关 L_4 组成的输出级将持续时间为 T 大小为 $nNV_0/2$ 的方波脉冲传输到负载。

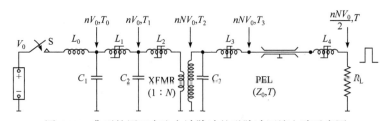

图 6-15　典型的用于产生方波脉冲的磁脉冲压缩电路示意图
XFMR 为脉冲变压器

脉冲功率驱动源可以是 Marx 发生器、Tesla 变压器或固态电压发生器。驱动源系统使用的开关可能是火花开关、闸流管、晶闸管或 IGBT。磁开关采用铁氧体、FeNi 和 FeZn 等多种磁性材料以及如 Metglas® 之类的非晶合金，它们具有宽

矩形比和 *B-H* 磁滞回线特征。为了获得有效的性能，该材料应具有高非饱和磁导率、低饱和磁导率、高饱和磁通密度、低磁滞损耗和低涡流损耗等性能。磁芯通常呈环形，由一层薄薄的磁性合金带缠绕而成，匝间绝缘。为了减小磁芯的尺寸和成本，选择最佳级数的 MPC 是非常重要的。

图 6-16 是典型的基于磁压缩的脉冲功率源系统[9]。其输出参数为 200kV、5kA、50ns 和 10～100Hz。由固态驱动源产生的参数为 1kV、10μs 的输入脉冲电压被逐级放大，并通过由两个脉冲变压器，中间水电介质电容器，水介质的 PFL、磁压缩开关和感应腔倍增器等三个磁压缩单元组成的脉冲功率源系统将其最终参数压缩到 200kV、5kA、50ns。

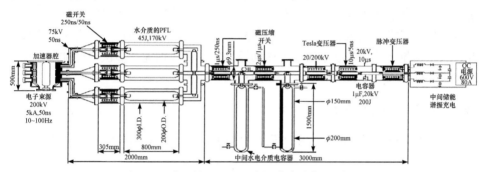

图 6-16   典型的基于磁压缩的脉冲功率源系统[9]

6.4 感应电压叠加器

图 6-17 是感应电压叠加器的电路原理图。输出脉冲电压由 HVPG、中间储能同轴电容器和快速闭合开关组成的系统产生，经 *N* 条同轴电缆传输，并馈送到 *N* 个同轴感应腔单元。多个感应腔串联组成了叠加器，且感应腔装有高磁导率的软磁合金，以提供良好的感应隔离时间[10,11]。对于对称馈电，可以将一根以上的电缆馈入感应腔。在驱动源和感应腔单元阻抗匹配的条件下，感应腔单元的输出电压(理想情况下为 NV_0)被传递到负载(在图 6-17 中是相对论电子束二极管)。图 6-17 给出了三个感应腔单元、电路各部分和油–真空绝缘界面中负载电

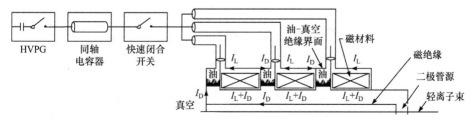

图 6-17   感应电压叠加器的电路原理图

流 I_D 和电感电流 I_L 的分布。在强负载电流下，同轴中心导体产生的环形磁场将显著增强真空绝缘性能，从而形成非常紧凑的磁绝缘真空传输线。

6.5　直线感应加速器

在多间隙加速结构的直线感应加速器中，强流带电粒子在连续穿过每个间隙时都会获得能量。输出束流能量 $\xi_0=\xi_i+N\xi_g$，其中 ξ_i、N 和 ξ_g 分别代表注入能量、加速间隙的数量和每个间隙的能量增益。通过将加速场相对于带电粒子速度适当地调相，可以实现高达数十兆电子伏的能量。感应加速器可分为①磁感应直线加速器[12-16]；②脉冲感应直线加速器[15-20]；③自感应直线加速器[13,14,19,21]。目前，已经研制出了紧凑型强流直线感应加速器，在特定的磁场条件下使电子束弯曲以重新进入间隙[22,23]，电子束通过加速间隙后实现多次加速。多次通过加速器的输出束流能量 $\xi_0=\xi_i+N'\xi_g$，其中 N' 表示通过每个间隙的次数。

6.5.1　磁感应直线加速器

图 6-18 所示是磁感应直线加速器加速电子束的原理。图 6-19 是感应加速器

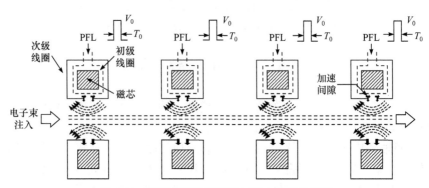

图 6-18　磁感应直线加速器加速电子束的原理

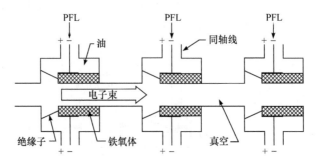

图 6-19　感应加速器单元的典型横截面示意图

单元的典型横截面示意图。PFL 通过环形磁芯的单匝初级线圈放电，PFL 输出脉冲的参数为 V_{out} 和 T_0，在初级线圈中产生线性上升的电流 $I=V_{out}/L$，其中 L 表示初级线圈的电感。如果在给 PFL 充电之前将磁芯偏置到 $+B_{sat}$ 的磁通密度，则磁芯中产生的随时间变化的磁通密度将从 $+B_{sat}$ 变为 $-B_{sat}$，选择的磁芯面积为 $V_{out}T_0/(2B_{sat})$。由于次级线圈完全包围磁芯，因此次级线圈中的感应电压将再次为 V_{out}，脉冲宽度为 T_0。该次级电压出现在间隙两端，这会加速注入的电子束流。

　　图 6-20 所示是典型的磁通密度摆幅、感应间隙电压和 B-H 特性。通过协调加速场的相位和粒子速度，粒子在每个间隙中都能获取能量。铁氧体的相对磁导率 $\mu_r=1000$，$\varepsilon_r=10$，通常适用于脉冲宽度小于 50ns 的条件，铁磁材料(如硅钢、金属玻璃和超合金)适用于脉冲宽度大于 1μs 的条件。加速间隙的金属表面采用电抛光工艺后，可实现高达 300kV/cm 的表面场强。通过采取使绝缘子表面与电场方向成 45°等措施，可提高油–真空界面绝缘子的沿面闪络强度，如图 6-20 所示。大型直线感应加速器，即高级测试加速器(advanced test accelerator，ATA)，以 10kA 的电流产生 50MeV 的电子束，脉冲宽度为 50ns。ATA 的 2.5MeV 注入级由 10 个单级 250kV 微型直线感应加速单元组成，ATA 共有 190 个 250kV 直线感应加速单元。ATA 的径向油 Blumlein PFL 由 Tesla 变压器充电。

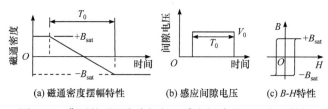

(a) 磁通密度摆幅特性　　　(b) 感应间隙电压　　　(c) B-H特性

图 6-20　典型的磁通密度摆幅、感应间隙电压和 B-H 特性

6.5.2　脉冲感应直线加速器

　　脉冲感应直线加速器，也称空心感应直线加速器，用于产生脉冲宽度小于 50ns 的脉冲电子束。与磁感应直线加速器相比，脉冲感应直线加速器可以获得更大的电流。图 6-21 是基于径向线的四级脉冲感应直线加速器示意图。

　　脉冲感应直线加速器工作原理如下所述，内盘形导体被脉冲充电至电压 V_0，充电过程中加速间隙的两半间隙 g_1 和 g_1' 中每部分电场的轴向分量本质上是相反的，并且呈现非加速模式。当触发火花间隙开关 S 时，g_1' 中的 E 场变为零，g_1 中的 E 场变化如图 6-22 中波形(1)所示。在匹配条件下($Z_1=Z_2=Z_0$)，整体结构转入加速模式。波形(1)中的时间段 $2T$ 表示电压阶跃脉冲从 g_1' 到 g_1 经过过渡区域 III 的传播时间。周期 $2T$ 等于 $2\ell/V_{pp}$，其中 ℓ 为单个 PFL 的长度，V_{pp} 为波传播速度。通过考虑入射脉冲、反射脉冲及其与原始电压 V_0 的相互作用关系，可以

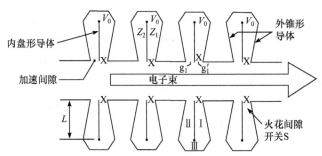

图 6-21　基于径向线的四级脉冲感应直线加速器示意图

轻松合成图 6-22 中的波形(1)。图 6-22 中波形(1)所示的任何一个脉冲都可用于加速。但是，由于脉冲宽度大，第二个脉冲可以完全提取存储的能量。如图 6-22 中曲线 (2) 所示，通过将电子束阻抗 V_g/I_{eb} 与 PFL 阻抗完全匹配，即 $Z_1=Z_2=Z_0=V_g/I_{eb}$，加速器电压将降至 $V_0/2$。对于给定的 PFL 充电电压，可以通过非对称线和适当设计两个 PFL 之间的过渡区域Ⅲ来获得更大的加速电压。

　　图 6-23 所示是典型的非对称径向 PFL 结构和相应的波形。图 6-24 给出了适用于脉冲感应直线加速器的脉冲线结构示例。其中，图 6-24(a)为圆柱同轴几何结构，图 6-24(b)为改进开关位置的径向线，图 6-24(c)为改进的过渡区域Ⅲ径向线[18]。

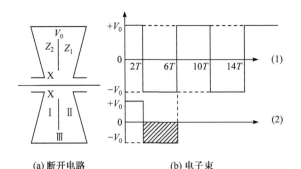

(a) 断开电路　　　　　　　　(b) 电子束

图 6-22　对称的径向 PFL 结构和 $Z_1=Z_2=Z_0$ 时的波形[18]

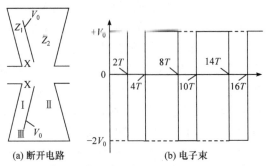

(a) 断开电路　　　　　　　　(b) 电子束

图 6-23　典型的非对称径向 PFL 结构和相应的波形[18]

LIU-10 装置输出电子束的参数为 13MeV、50kA、20/40ns，该装置具有 52 个腔体，采用水电介质，初始充电电压为 500kV。具有四个注油腔的径向感应直线加速装置(RADLAC)，输出电子束的参数为 9.8MeV、28kA、12ns。

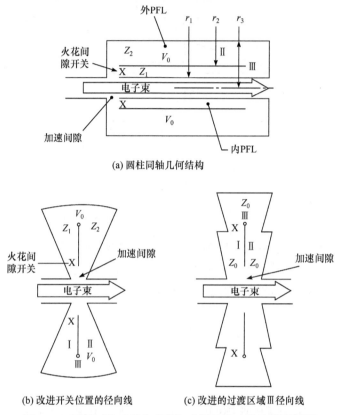

(a) 圆柱同轴几何结构

(b) 改进开关位置的径向线　　　　(c) 改进的过渡区域Ⅲ径向线

图 6-24　适用于脉冲感应直线加速器的脉冲线结构示例[18]

6.5.3　自感应直线加速器

图 6-25 所示是自感应直线加速器腔的结构和注入的电流波形。通过给电子束二极管施加电压 V_e，形成空心电子束，其电流 I_e 是上升时间的函数。该电子束被注入一系列同轴真空加速腔结构中，每个腔具有相关联的间隙，电子束激励腔体，在电子束电流缓慢上升的过程中，腔体中存储的能量密度以磁通密度的形式持续增加。

在 T 时刻，当电子束电流达到 I_c 时，电流被迅速斩波到非常低的 I_b 值。此时，存储在腔体中的磁能通过间隙上的感应电压返回到电子束。同时，脉冲尾部附近的电子被加速到电压 $(I_c-I_b)Z_c$，其中 Z_c 为腔体阻抗。加速脉冲宽度 $T_c=2\ell/v_{pp}$，其中 ℓ 为腔体长度，$v_{pp}(=c)$ 为波的传播速度。自感应直线加速器的优点是

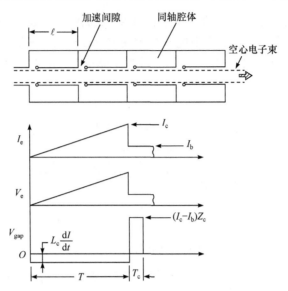

图 6-25 自感应直线加速器腔的结构和注入的电流波形[19]

结构简单，这是因为没有火花间隙开关和油-真空绝缘介质界面。间隙中的加速电压自动与电子束的速度相位相匹配。已经实现应用的自感应直线加速器可将 70kA、4.2MeV 电子束的能量加速到 7.4MeV。

6.6 设 计 示 例

示例 6.1

在磁脉冲压缩系统中使用的磁开关有 N 匝绕组缠绕在金属玻璃环形磁芯上，其绕组具有以下参数：内径为 D_1，外径为 D_2，磁通密度摆幅为 ΔB，总磁通量为 $2B_s$。当以下电压源施加在磁开关上时，计算饱和所需的时间 T。

(1) $V(t) = V_0$；

(2) $V(t) = V_0 \sin(\omega t)$；

(3) $V(t) = V_0 \cdot t$。

解：

磁开关磁芯中的磁通饱和需要满足的条件可以用以下一般表达式来表示：

$$V(t) = N \frac{\mathrm{d}\Phi_B}{\mathrm{d}t}$$

$$\int V(t)\mathrm{d}t = \int N\mathrm{d}\Phi_B = \int N\mathrm{d}(B \cdot A)$$

当磁芯的面积固定时，在$-B_s \sim B_s$对上述表达式进行积分：

$$\int_0^T V(t) \cdot \mathrm{d}t = \int_{-B_s}^{B_s} N \cdot A \cdot \mathrm{d}B = 2 \cdot N \cdot A \cdot B_s \tag{6-12}$$

其中，N为环形线圈的匝数；A为磁芯横截面面积；B_s为饱和磁通密度。

情况(1)：$V(t)=V_0$。

将表达式 $V(t)=V_0$ 代入式(6-12)并进行积分，由此可以求解特定电压波形达到饱和所需的时间：

$$\int_0^T V(t) \cdot \mathrm{d}t = \int_0^T V_0 \cdot \mathrm{d}t = V_0 \cdot T$$

$$V_0 \cdot T = 2 \cdot N \cdot A \cdot B_s$$

$$T = \frac{2 \cdot N \cdot A \cdot B_s}{V_0}$$

情况(2)：$V(t)=V_0 \sin(\omega t)$。

$$\int_0^T V(t) \sin(\omega t) \cdot \mathrm{d}t = \frac{V_0}{\omega} \cdot [1 - \cos(\omega T)]$$

$$\frac{V_0}{\omega} \cdot [1 - \cos(\omega T)] = 2 \cdot N \cdot A \cdot B_s$$

$$T = \frac{1}{\omega} \cdot \arccos\left(1 - \frac{2\omega N A B_s}{V_0}\right)$$

情况(3)：$V(t)=V_0 \cdot t$。

$$\int_0^T V(t) \cdot \mathrm{d}t = \int_0^T V_0 \cdot t \cdot \mathrm{d}t = \frac{1}{2} V_0 \cdot T^2$$

$$\frac{1}{2} V_0 \cdot T^2 = 2 \cdot N \cdot A \cdot B_s$$

解得 T 为

$$T = \sqrt{\frac{4 \cdot N \cdot A \cdot B_s}{V_0}}$$

示例 6.2

磁开关的环形磁芯匝数为 60 匝，内芯直径为 160mm，外芯直径为 240mm，高度为25mm，磁芯的相对饱和磁导率μ_s为1，饱和磁通量B_s为1.5T。在示例 6.1 中，计算三种波形情况下的饱和时间 T_s。假设峰值电压 V_0 为

10kV。对于示例 6.1 中情况(2)的正弦波形，假定频率为 2.5kHz。

解：

磁芯横截面面积 A 为

$$A = \frac{1}{2}(D_2 - D_1) \cdot h$$
$$= \frac{1}{2} \times (240 - 160) \times 25 = 10^{-3}(\text{m}^2)$$

情况(1)：$V(t) = V_0$。

达到饱和时间：

$$T = \frac{2 \cdot N \cdot A \cdot B_s}{V_0}$$

代入数据计算得 $T \cong 18\mu\text{s}$。

情况(2)：$V(t) = V_0 \sin(\omega t)$。

达到饱和时间：

$$T = \frac{1}{\omega} \cdot \arccos\left(1 - \frac{2\omega NAB_s}{V_0}\right)$$

代入数据得

$$T = \frac{1}{2\pi\left(2.5 \times 10^3\right)} \cdot \arccos\left(1 - \frac{2 \times 2\pi(2.5 \times 10^3) \times (60 \times 10^{-3}) \times 1.5}{10^4}\right) \cong 64(\mu\text{s})。$$

情况(3)：$V(t) = V_0 \cdot t$。

达到饱和时间：

$$T = \sqrt{\frac{4 \cdot N \cdot A \cdot B_s}{V_0}}$$

代入数据得

$$T = \sqrt{\frac{4 \times (60 \times 10^{-3}) \times 1.5}{10^4}} \cong 6(\text{ms})$$

示例 6.3

图 6-13 所示两级 MPC 电路具有以下参数：$C_0 = C_1 = C_2 = C_3 = 10\text{nF}$，$L_0 = 0.5\text{mH}$。每个磁开关均采用六个堆叠的环形金属玻璃磁芯。每个单独的环形金属玻璃磁芯内径为 160mm，外径为 240mm，高度为 25mm，金属玻璃的饱和磁

通密度为 1.5T。磁开关 L_1 和 L_2 分别绕 37 匝和 7 匝。计算由每级 MPC 电路产生的脉冲时间压缩系数。

解：

为了得到脉冲时间压缩系数，必须确定 C_1、C_2 和 C_3 的充电时间。第一级和第二级脉冲时间压缩系数分别为

$$\text{PTC}_1 = \frac{T_2}{T_1} ; \quad \text{PTC}_2 = \frac{T_3}{T_2}$$

其中，T_1 为 C_1 的充电时间；T_2 为 C_2 的充电时间；T_3 为 C_3 的充电时间。T_1、T_2 和 T_3 的评估如下所述。

参见图 6-13，C_1 由 C_0 经 L_0 充电，且 $C_1 = C_0 = C$，因此有

$$T_1 = \frac{1}{2f} = \pi \sqrt{\frac{L_0 C}{2}}$$

$$T_1 = \frac{1}{2f} = \pi \sqrt{\frac{(0.5 \times 10^{-3}) \times (10 \times 10^{-9})}{2}} \cong 4.96 (\mu s)$$

从图 6-13 可以看出，由 C_1 通过磁开关 L_1 的饱和电感 L_{s1} 给 C_2 充电，且 $C_1 = C_0 = C$，由此可以得到 T_2 为

$$T_2 = \pi \sqrt{\frac{L_{s1} C}{2}}$$

$$L_{s1} = \frac{\mu_r \mu_0 N^2 A}{\ell} \tag{6-13}$$

其中，μ_0 为 $4\pi \times 10^{-7} \text{H/m}$；$\mu_r$ 为 1；N 为 37；A 为磁芯横截面面积。

$$A = \frac{6(D_2 - D_1) \cdot h}{2} \cong 60 \times 10^{-4} (\text{m}^2)$$

计算得到平均磁路长度为

$$\ell = \frac{\pi \cdot (D_2 + D_1)}{2} \cong 0.628 (\text{m})$$

将参数代入式(6-13)得 $L_{s1} \cong 16 \mu\text{H}$。

代入 L_{s1} 的值得 T_2 约为 880ns。

同样地，T_3 为

$$T_3 = \pi \sqrt{\frac{L_{s2} C}{2}}$$

$$L_{s2} = \frac{\mu_r \mu_0 N^2 A}{\ell}$$

$$= \frac{(4\pi \times 10^{-7}) \times 1 \times 7^2 \times (60 \times 10^{-4})}{0.628} \cong 0.588 (\mu H)$$

(6-14)

将 L_{s2} 的值代入 T_3 的表达式，得

$$T_3 = \pi \sqrt{(0.588 \times 10^{-6}) \times (5 \times 10^{-9})} \cong 170 (ns)$$

每级的脉冲时间压缩系数如下所述。

第一级：

$$PTC_1 = \frac{T_2}{T_1} = \frac{0.88}{4.96} \cong 0.18$$

第二级：

$$PTC_2 = \frac{T_3}{T_2} = \frac{170}{880} \cong 0.19$$

示例 6.4

感应加速器设计为在 10kA 电流下注入 2MeV 电子束产生 30MeV 电子束。单个脉冲功率模块的额定参数为电压 500kV 和脉冲宽度 50ns。试确定感应单元的数量、铁氧体和金属玻璃的横截面面积。假设铁氧体的饱和磁通量为 5kG，金属玻璃的饱和磁通量为 15kG。

解：

级数由所需的能量增益和各个模块的额定参数确定。

所需的能量增益为 30−2=28(MeV)。

级数为 $\dfrac{28 \times 10^6}{500 \times 10^3} = 56$。

铁氧体和金属玻璃的体积计算如下：

$$V = N \cdot \frac{d\phi_B}{dt}$$

由于 $N=1$，因此 $V \cdot dt = B \cdot A$。

使用转换关系 1T=10000G，并代入 $V(500kV)$、$dt(50ns)$ 和饱和磁通量值，铁氧体的横截面面积 $A \cong 500cm^2$，金属玻璃的横截面面积 $A \cong 167cm^2$。

计算结果表明，与铁氧体材料相比，金属玻璃具有明显的优势。

参 考 文 献

[1] H. Knoepfel, *Pulsed High Magnetic Fields*, North Holland Publishers, 1970.

[2] P.H. Ron, Confifigurations of Intense Pulse Power Systems for Generation of Intense Electromagnetic Pulses, *International Conference on Electromagnetic Interference and Compatibility* (*INCEMIC'99*), New Delhi, India, p. 471, 1999.

[3] P.H. Ron and R.P. Gupta, *Opening Switches*, National Research Council, NRC Technical Report No. TR-GD-007, NRC No. 25437, Canada, pp. 1-51, 1985.

[4] P.H. Ron, V.K. Rohatgi, and R.S.N. Rau, Rise Time of a Vacuum Gap Triggered by an Exploding Wire. *IEEE Trans. Plasma Sci.*, PS-11, No. 4, p. 274, 1983.

[5] P.H. Ron, V.K. Rohatgi, and R.S.N. Rau, Delay Time of a Vacuum Gap Triggered by an Exploding Wire. *J. Phys. D, Appl. Phys*, Vol. 17, p. 1369, 1984.

[6] S. Nakajima, S. Arakawa, Y. Yamashita, and M. Shiho, Fe-Based Nanocrystalline FINEMET Cores for Induction Accelerators. *Nucl. Instrum. Method Phys. Res.*, A-331, pp. 318-322, 1993.

[7] S.L. Birx, E.J. Lauer, L.L. Reginato, J. Schmidt, and M. Smith, Basic Principles Governing the Design of Magnetic Switches, Lawrence Livermore Laboratory, Report No. UCID-18831, 1980.

[8] H. Deguchi, T. Hatakeyama, E. Murata, Y. Izawa, and C. Yamanaka, Effificient Design of Multi-Stage Magnetic Pulse Compression. *IEEE J. Quantum Electron.*, Vol. 30, No. 12, pp. 2934-2938, 1994.

[9] P.H. Ron, Design and Construction of an Induction Linac with Ratings of 200 kV, 5 kA, 50 ns, 10-100 pps, Internal Report, BARC, Mumbai, India, 1998.

[10] T. Akiba, et al., Development of an Inductive Voltage Accumulating System for a Free Electron Laser. *Nucl. Instrum. Methods Phys. Res. A* 259, p. 115, 1987.

[11] I. Smith, P. Corcoran, H. Nishimoto, and D. Wake, Conceptual Design of a 30 MV Driver for LIBRA, *Proceedings of the 7th International Conference on High Power Particle Beams*, p. 127, 1988.

[12] N.C. Christofifilos, et al., High Current Induction Accelerator for Electrons. *Rev. Sci. Instrum.*, Vol. 35, No. 7, p. 886, 1964.

[13] J.A. Nation, High Power Electron and Ion Beam Generation, *Particle Accelerators*, Gardon and Breach Publishing, Vol. 10, pp. 1-30, 1979.

[14] C.A. Kapetanakos and P. Sprangle, Ultra High Current Electron Induction Accelerators. *Phys. Today*, Vol. 38, No. 2, p. 58, 1985.

[15] K.R. Prestwich, Electron and Ion Beam Accelerators. *AIP Conf. Proc.*, Vol. 249, No. 2, p. 1725, 1992.

[16] D. Birx, Induction Linear Accelerators. *AIP Conf. Proc.*, Vol. 249, No. 2, p. 1554, 1992.

[17] A.I. Pavlovskii, V.S. Bosamykin, G.D. Kuleshov, A.I. Gerasimov, V.A. Tananakin, and A.P. Klementev, Multielement Accelerators Based on Radial Lines. *Sov. Phys. Dokl.*, Vol. 20, p. 441, 1975.

[18] D. Eccleshall, J. K. Temperley and C. E. Hollandsworth, Charged, Internally Switched Transmission Line Confifigurations for Electron Acceleration, IEEE Trans. on Nuclear Science, Vol. NS-26, No. 3, June 1979.

[19] D. Keefe, *Research on High Current Accelerators*, Lawrence Berkeley Laboratory and Physical Dynamics, Inc., Report No. LBL-12210, April 1981.

[20] I.D. Smith, A Novel Voltage Multiplication Scheme Using Transmission Lines. *IEEE Conference Record of the 15th*

Power Modulator Symposium, p. 223, 1982.

[21] M. Friedman, Autoacceleration of High Power Electron Beams. *Appl. Phys. Lett.* 41, p. 419, 1982.

[22] C.A. Kapetanakos, et al., Compact, High Current Accelerators and Their Prospective Applications. *Phys. Fluids*, Vol. B3, No. 8, p. 2396, 1991.

[23] D.V. Giri, *High Power Electromagnetic Radiators Nonlethal Weapons and Other Applications*, Harvard University Press, Chapters 4 and 5, 2004.

第7章 电容器组的能量存储

储能电容器组广泛应用于脉冲功率技术领域的大电流场合，主要涉及爆炸丝现象研究、非冲击压缩研究、高温高密度等离子体的产生以及等离子体加热和约束研究等。近年来，大型电容器组使用的组件(包括精确控制的开关和高能量密度快速放电电容器)取得了重要的研究进展，系统运行可靠性大幅提高。

本章内容涵盖储能电容器组设计和建造的各个方面，系统阐述将复杂的电容器组简化为由 L、C 和 R 元件组成的简单等效电路的方法，同时介绍电容器组的典型组成和建造的各方面内容。

7.1　基 本 公 式

图 7-1 是脉冲功率应用中常见的 RLC 电路示意图。当闭合开关 S_C 断开时，电容器 C 首先由电源充电至电压 V_0，当 t=0 时，S_C 闭合，电容器开始放电。电路元件 R 和 L 可以是物理元件，也可以是物理上固有等效特性的元件，如损耗导体和与电连接相关的电感。

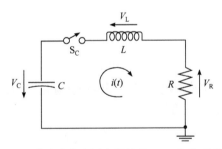

图 7-1　脉冲功率应用中常见的 RLC 电路示意图

在如图 7-1 所示的电路中由基尔霍夫电压定律可得到：

$$V_C + V_L + V_R = 0 \tag{7-1}$$

其中，

$$V_R = Ri(t)$$

$$V_{\mathrm{L}} = L\frac{\mathrm{d}i(t)}{\mathrm{d}t}$$

式(7-1)可表示为

$$V_{\mathrm{C}} + L\frac{\mathrm{d}i(t)}{\mathrm{d}t} + Ri(t) = 0 \tag{7-2}$$

对式(7-2)按时间进行微分得

$$\frac{\mathrm{d}V_{\mathrm{C}}}{\mathrm{d}t} + L\frac{\mathrm{d}^2 i(t)}{\mathrm{d}t^2} + R\frac{\mathrm{d}i(t)}{\mathrm{d}t} = 0 \tag{7-3}$$

电流、电压与电容之间的关系式为

$$i(t) = C\frac{\mathrm{d}V_{\mathrm{C}}(t)}{\mathrm{d}t} \tag{7-4}$$

将式(7-4)代入式(7-3)并重新排列项，可得

$$\frac{\mathrm{d}^2 i(t)}{\mathrm{d}t^2} + \frac{R}{L}\frac{\mathrm{d}i(t)}{\mathrm{d}t} + \frac{1}{LC}i(t) = 0 \tag{7-5}$$

因为

$$\alpha = \frac{R}{2L} \tag{7-6}$$

$$\omega_0 = \frac{1}{\sqrt{LC}} \tag{7-7}$$

所以式(7-5)可表示为

$$\frac{\mathrm{d}^2 i(t)}{\mathrm{d}t^2} + 2\alpha\frac{\mathrm{d}i(t)}{\mathrm{d}t} + \omega_0^2 i(t) = 0 \tag{7-8}$$

其中，α 为衰减常数。在传统电路里，当电源移除后，暂态响应消失。电路的固有频率为 ω_0。式(7-8)的指数解为

$$i(t) = A_1 \mathrm{e}^{s_1 t} + A_2 \mathrm{e}^{s_2 t} \tag{7-9}$$

在拉普拉斯域求解式(7-8)，可得 s_1 和 s_2 的解是

$$s_1, s_2 = -\alpha \pm \sqrt{\alpha^2 - \omega_0^2} \tag{7-10}$$

因此，解的具体形式取决于 α 和 ω_0 的相对值以及由初始条件决定的常数 A_1 和 A_2。定义量 ξ 为

$$\xi = \frac{\alpha}{\omega_0} \tag{7-11}$$

通过式(7-6)和式(7-7)可以得到与 RLC 电路参数相关的量:

$$\xi = \frac{R}{2}\sqrt{\frac{C}{L}} \tag{7-12}$$

式(7-10)给出的式(7-9)的解可以用 ξ 表示为

$$s_1, s_2 = -\alpha \pm \omega_0\sqrt{\xi^2 - 1} = \omega_0\left(-\xi \pm \sqrt{\xi^2 - 1}\right) \tag{7-13}$$

ξ 的大小决定了电路的瞬态行为。有四种情况:理想(无损)情况, $\xi = 0$;过阻尼响应情况, $\xi > 1$;欠阻尼响应情况, $\xi < 1$;临界阻尼情况, $\xi = 1$。

7.1.1　情况 1:无损(无阻尼)电路(ξ=0)

在这种情况下, $\xi = 0$, $\alpha = 0$, $R = 0$,描述电路工作的微分方程(7-8)变为

$$\frac{\mathrm{d}^2 i(t)}{\mathrm{d}t^2} + \omega_0^2 i(t) = 0 \tag{7-14}$$

解的形式为

$$i(t) = A_1\sin(\omega_0 t) + A_2\cos(\omega_0 t) \tag{7-15}$$

开关在 $t = 0$ 时闭合,电流为零。通过电感器的电流不能瞬时改变的初始条件:

$$i_L(0_-) = i_L(0_+) \tag{7-16}$$

$$A_1\sin(0) + A_2\cos(0) = A_1(0) + A_2(1) = 0$$

其中, $A_2 = 0$。另一个常数 A_1 由电容器的初始条件决定:

$$V_C(0_-) = V_C(0_+) \tag{7-17}$$

由于在 $t = 0_+$ 时,电路中没有电流流过,因此有

$$-V_C(0_+) = V_L(0_+) = V_0 \tag{7-18}$$

式(7-18)中的负号反映了图 7-1 中采用的符号约定,即电压降与电流方向相反。由初始条件得

$$V_L(0) = L\left.\frac{\mathrm{d}i}{\mathrm{d}t}\right|_{t=0} = L(A_1\omega_0\cos(0)) = V_0$$

其中, $A_1 = \dfrac{V_0}{\omega_0 L}$。无损情况下,解是

$$i(t) = \frac{V_0}{\omega_0 L}\sin(\omega_0 t) \tag{7-19}$$

达到峰值电流的时间 T_{peak} 可以通过将式(7-19)中的正弦波参数设置为 $\pi/2$ 计算得到:

$$T_{\text{peak}} = \frac{\pi}{2}\sqrt{LC} \tag{7-20}$$

尽管在实践中不能完全实现无损电路，但是对于需要高峰值电流的电路而言，这是很重要的情况。大电容、低电感电容器组可以在并联的情况下产生高峰值电流，具有增大等效电容并减小每个电容器等效电感的双重优点。可以通过下式估算出该电容器组的峰值电流：

$$I_{\text{peak}} = \frac{V_0}{\omega_0 L} = V_0\sqrt{\frac{C}{L}} \tag{7-21}$$

这一结果还可以通过在无损(无阻尼)电路中利用能量守恒定律，并在电容储能($1/2CV^2$)和电感储能($1/2LI^2$)之间相互转换计算得到。

7.1.2　情况 2：过阻尼电路($\xi > 1$)

在这种情况下，从式(7-13)开始，解是实根，并且解的形式为

$$i(t) = A_1 \exp\left(\omega_0\left(-\xi + \sqrt{\xi^2 - 1}\right)t\right) + A_2 \exp\left(\omega_0\left(-\xi - \sqrt{\xi^2 - 1}\right)t\right) \tag{7-22}$$

定义阻尼频率为

$$\omega_{\text{D}} = \omega_0\sqrt{\left|\xi^2 - 1\right|} \tag{7-23}$$

且

$$\omega_0\xi = \alpha \tag{7-24}$$

式(7-22)可表示为

$$i(t) = A_1\text{e}^{-\alpha t}\text{e}^{\omega_{\text{D}}t} + A_2\text{e}^{-\alpha t}\text{e}^{-\omega_{\text{D}}t}$$

应用初始条件式(7-16)得到通过电感的电流为

$$A_2 = -A_1$$

$$i(t) = A_1\text{e}^{-\alpha t}\left(\text{e}^{\omega_{\text{D}}t} - \text{e}^{-\omega_{\text{D}}t}\right) \tag{7-25}$$

将电容器上电压的初始条件式(7-17)代入式(7-25)得

$$A_1 = \frac{V_0}{2\omega_{\text{D}}L}$$

欠阻尼情况的解为

$$i(t) = \frac{V_0}{2\omega_{\text{D}}L}\text{e}^{-\alpha t}\left(\text{e}^{\omega_{\text{D}}t} - \text{e}^{-\omega_{\text{D}}t}\right) \tag{7-26}$$

可以将过阻尼解写为

$$i(t) = \frac{V_0}{\omega_D L} \sinh(\omega_D t) \cdot e^{-\alpha t} \tag{7-27}$$

就电路参数而言，阻尼频率 ω_D 可以表示为

$$\omega_D = \omega_0 \sqrt{\frac{R^2}{4} \cdot \frac{L}{C} - 1} = \sqrt{\frac{R^2}{4L} - \frac{1}{LC}} \tag{7-28}$$

就 ω_0 和 ξ 而言，电流为

$$i(t) = \frac{V_0}{2\omega_0 L \sqrt{\xi^2 - 1}} \left\{ \exp\left(\omega_0\left(-\xi + \sqrt{\xi^2 - 1}\right)t\right) - \exp\left(\omega_0\left(-\xi - \sqrt{\xi^2 - 1}\right)t\right) \right\} \tag{7-29}$$

过阻尼情况是无振荡的放电。

7.1.3 情况 3：欠阻尼电路($\xi < 1$)

当项 $\omega_0 \sqrt{|\xi^2 - 1|}$ 为虚数时，就会出现欠阻尼情况的解。根据定义的式(7-22)，欠阻尼电路响应的解为

$$i(t) = A_1 e^{-\alpha t} e^{j\omega_D t} + A_2 e^{-\alpha t} e^{-j\omega_D t} \tag{7-30}$$

其中，$j = \sqrt{-1}$。

式(7-30)可以写为

$$i(t) = e^{-\alpha t}\left(A_1 \sin(\omega_D t) + A_2 \cos(\omega_D t)\right) \tag{7-31}$$

电感的初始条件：

$$A_2 = 0$$

电容上电压的初始条件：

$$A_1 = \frac{V_0}{2\omega_D L}$$

欠阻尼情况的解为

$$i(t) = \frac{V_0}{\omega_D L} e^{-\alpha t} \sin(\omega_D t) \tag{7-32}$$

欠阻尼情况是由衰减常数 α 决定的，且衰减包络是频率为 ω_D 的振荡波。在高储能电路中，通常应该避免欠阻尼响应，因为电容器两端可能发生明显的电压反转，从而导致电容器发生故障。

7.1.4 情况 4：临界阻尼电路($\xi = 1$)

在临界阻尼情况下，$\sqrt{|\xi^2 - 1|} = 0$，式(7-13)的解为

$$s_1, s_2 = -\omega_0\xi = -\alpha$$

采用拉普拉斯逆变换，解的形式为

$$i(t) = A_1 t e^{-\alpha t} + A_2 e^{-\alpha t}$$

电感上电流的初始条件为 $A_2 = 0$。在 $t=0$ 时电感两端的电压初始条件：

$$i(t) = \frac{V_0}{L} t e^{-\alpha t} \tag{7-33}$$

临界阻尼响应表示电路响应衰减最快，且没有振荡。通常，脉冲功率驱动源存在很多不确定性，无法实现临界阻尼条件。

7.1.5　电路响应的比较

图 7-2 所示是典型电容器组 *RLC* 电路中的电流特性。典型电路的电容为 $10\mu F$，充电电压为 100kV，回路等效电感为 100nH。电路的响应取决于电阻的值，并隐含在参数 ξ 中。

临界阻尼电路中的电流可用作参考，在图 7-2 中用 $\xi = 1$ 表示。临界阻尼电路的电阻可根据式(7-12)计算得到。对于图 7-2 中的电路参数，临界阻尼电阻为 $200m\Omega$。当 $\xi < 1$ 时，欠阻尼响应可以获得比临界阻尼响应更大的峰值电流。为了获得更大的峰值电流，电容器组可以设计成欠阻尼条件，然后使用短路保护开关保护电路免受由振荡引起的大电压振荡的影响。图 7-2 也给出了 $\xi > 1$ 时的过阻尼响应，电流无振荡，由于电路损耗较大，峰值电流也较低。从图中可以看出，在无损(无阻尼)情况下峰值电流为 100kA。

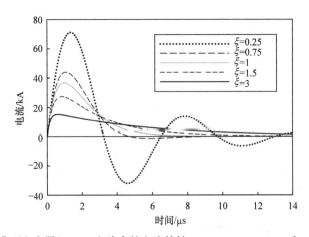

图 7-2　典型电容器组 *RLC* 电路中的电流特性($C=10\mu F$、$L=100nH$ 和 $V_0=100kV$)

7.2 电容器组的电路拓扑

图 7-3 为基于短路保护开关的高储能电容器组电路框图。储能电容器通过电源充电到电压 V_0，放电控制指令发送到启动开关，启动电容器组的放电，放电电流由传输线传输并馈送至负载。

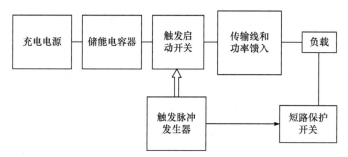

图 7-3 基于短路保护开关的高储能电容器组电路框图

短路保护开关在电容器组电路拓扑中通常是保护元件，它的作用主要是在一次主放电后立即闭合，并在被保护元件之间提供短路通路。短路保护开关通常与电阻器串联使用以消耗多余的能量。

短路保护开关的位置是由其用途决定的。例如，在高能量密度电容器组中，短路保护开关由于其容易出现过大的电压反转而失效。因此，在这种情况下，短路保护开关应尽可能靠近电容器组布置，通常位于电容器和启动开关之间。仅在额定电流流过启动开关的条件下，可最大限度地减少电极熔蚀来延长其使用寿命。例如，在等离子体约束或强磁场等领域中，要求在欠阻尼感性负载中电流单向流动，从而将短路保护开关与负载并联。短路保护开关可以是自击穿开关或外触发开关。当然，在某些应用领域，如磁通脉冲压缩发生器中，可能会将负载在运行期间设计为短路状态，本质上也起了短路保护开关的作用。

短路保护开关在许多情况下可能难以实现，这是因为在发生主放电时，短路保护开关必须保持断开状态，然后在短路保护开关较低的电压下，控制短路保护开关闭合。在许多应用中，短路保护开关必须在欠压比很低的条件下可靠工作。

7.2.1 低储能电容器组的等效电路

图 7-4 是低储能电容器组的电路原理图。工作原理如下所述，储能电容器 C_s 通过电阻器 R 充电至电压 V_0，然后通过启动开关 S_s 放电，传输线(TL)将放电电流传送到负载 L_{Load}，负载由短路保护开关 S_{cb} 和消能电阻器 R_d 保护。

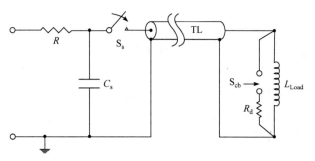

图 7-4　低储能电容器组的电路原理图

等效电路中使用的各种符号的含义如下所述。

电容器：L_c 为 C_s 的等效串联电感；R_c 为 C_s 的等效串联电阻。启动开关：L_s 为启动开关 S_s 的自感；R_s 为启动开关 S_s 的内阻；L_{TL} 为 ℓ 长度的传输线的电感；R_{TL} 为 ℓ 长度的传输线的电阻。短路保护开关：L_{cb} 为短路保护开关的自感；R_{cb} 为短路保护开关的内阻；R_d 为短路保护电路中的阻尼电阻；L_{Load} 为负载电感；R_{Load} 为负载电阻。

图 7-5 是低储能电容器组的等效电路图。图 7-5 中的等效电路可应用 7.1 节的公式进行以下修正：

$$L = L_c + L_s + L_{TL} + L_{Load}$$

$$R = R_c + R_s + R_{TL} + R_{Load}$$

修正后的等效电路非常简单，可以由此计算出电流波形、峰值电流和达到峰值电流的时间。

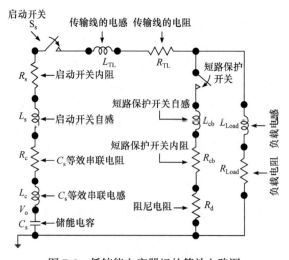

图 7-5　低储能电容器组的等效电路图

7.2.2　高储能电容器组的等效电路

图 7-6 是大型高储能电容器组的电路示意图。该电容器组的存储能量为 100kJ~10MJ，其相应的等效电路如图 7-7 所示。电容器和开关组件由 N 个子电容器组(SB$_1$, SB$_2$,…, SB$_N$)组成，每个子电容器组由 n 个储能电容器(C_{s_1}, C_{s_2},…, C_{s_n})组成，并配有独立的开关(S$_{s1}$, S$_{s2}$,…, S$_{sN}$)。当储能电容器通过充电电源充电至所需电压 V_0 时，触发器将快速上升的高压脉冲提供给各个开关，从而同时触发所有开关。电容器组放电电流的传输是由一组并行连接的传输线实现的，传输线可以是带状线或同轴电缆。馈电结构通常是一种低电感结构，旨在从一端接收来自传输线的电流，然后将其传递到另一端的负载。图 7-7 是大型电容器组的等效电路，其中 N 个子电容器组(每个子电容器组包含 n 个储能电容器)由 N 个触发的启动开关放电。每排电容器放电电流的传输由 n' 条长度为 ℓ 的传输线实现，n' 条传输线与负载的馈入端连接。负载由与阻尼电阻串联的短路保护开关旁路分流。在触发短路保护开关前，等效电路可以简化为三个参数 L''、C'' 和 R''，分别为

$$L'' = \frac{L_c}{nN} + \frac{L_s}{N} + \frac{L_{TL}}{n'N} + L_{Load}$$

$$C'' = nNC$$

$$R'' = \frac{R_c}{nN} + \frac{R_s}{N} + \frac{R_{TL}}{n'N} + R_{Load}$$

该电路适用于 7.1 节的评估。

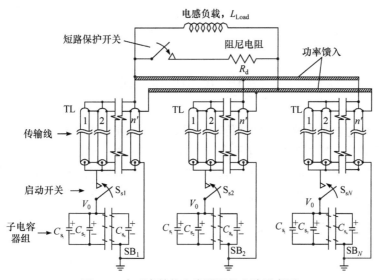

图 7-6　大型高储能电容器组的电路示意图

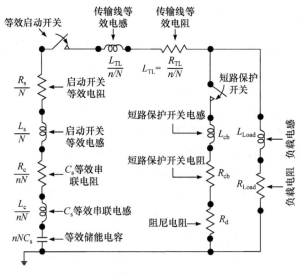

图 7-7　大型高储能电容器组的等效电路

图 7-7 所示等效电路适用于所有启动开关同时触发的理想条件。在实际情况下，各个开关的触发时间会在一定范围内变化，峰值电流将小于等效电路预测值，并且波形会发生畸变，这可能是由电路拓扑结构或相邻开关的触发出现问题而造成的。当一个开关触发时，它可能会产生电磁耦合，从而有效降低其相邻开关的工作电压，这就导致了那些受影响的开关更加难以触发。

为了获得较高的峰值电流和较高的效率，应尽可能降低电路的总电感，包括选择具有低电感和低电阻的快速放电电容器、低抖动的启动开关和低电感的传输线[1, 2]。

7.3　充　电　电　源

由于充电电源涉及大量能量传输，因此充电电源也是一个重要的设计参数。通常电源的充电模式有恒定电压(简称"恒压")充电、恒定电流(简称"恒流")充电、恒定功率(简称"恒功率")或谐振充电。电容器组的充电时间取决于其总电容，但是通常建议采用较短的时间，这是因为开关存在自放电的危险。

7.3.1　恒定电压(电阻性)充电

在恒定电压充电中，电源具有额定功率 P_s 和最大输出电压 V_{max}。电源的最大输出电流 I_{max} 为

$$I_{\max} = \frac{P_s}{V_{\max}} \tag{7-34}$$

为避免超过最大输出电流，需在电源和负载之间串联一个限流电阻。最小电阻值 $R_{\min}$ 为

$$R_{\min} = \frac{V_{\max}}{I_{\max}} \tag{7-35}$$

电容器 C 通过串联限流电阻 R_{CL} 充电至电压 V_0。电压是恒定的，电容器的充电时间由 R_c 的时间常数决定。电容器两端的电压为

$$V_c = V_0 \left(1 - e^{-(t/RC)}\right) \tag{7-36}$$

图 7-8 所示是恒定电压、恒定电流和恒定功率充电与时间的函数关系。电容器的充电时间 T_{ch} 取决于充电电路 R_cC 的时间常数(式(7-37))。电容器在三个时间常数内可充电至其全电压的95%，并在五个时间常数内充电至其全电压的99%。

$$T_{ch} = 5R_cC \tag{7-37}$$

重新排列项，可得

$$T_{ch} = 5\frac{V_0}{I_0}C = 5\frac{CV_0^2}{P_s}$$

在充电过程中电阻器耗散的能量为

$$E_R = \int_0^\infty \frac{V^2}{R_c} \cdot dt = \int_0^\infty \frac{(V_0 \cdot e^{-(t/R_cC)})^2}{R_c} \cdot dt = \frac{1}{2}CV_0^2 \tag{7-38}$$

电源通过限流电阻 R_c 将电容器 C 充电至 V_0 时提供的能量 E_{PS} 为

$$E_{PS} = E_R + E_c = \frac{1}{2}CV_0^2 + \frac{1}{2}CV_0^2 = CV_0^2 \tag{7-39}$$

阻性充电的效率定义为电容器中存储的能量与电源所提供的能量之比：

$$\eta = \frac{E_c}{E_{PS}} = \frac{\frac{1}{2}CV_0^2}{CV_0^2} = 50\% \tag{7-40}$$

从式(7-40)注意到，阻性充电中电阻损耗的能量与 R_c 的大小无关。

7.3.2　恒定电流充电

恒定电流充电是小型电容器组充电的普遍选择，尤其是对于高重复率的应用。对于额定功率为 P_s 且恒定电流为 I_0 的电源，电容器的充电速度为

$$I_0 = C\frac{dV}{dt} \tag{7-41}$$

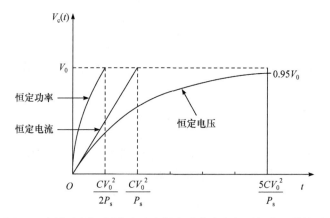

图 7-8　恒定电压、恒定电流和恒定功率充电与时间的函数关系

由于电流恒定，即

$$\int_0^{V_c(t)} \mathrm{d}V = \int_0^t \frac{I_0}{C} \mathrm{d}t$$

因此，在任意时刻 t，电容器的电压 $V_c(t)$ 为

$$V_c(t) = \frac{I_0}{C} t \tag{7-42}$$

将电容器充电至电压 V_0 的时间 T_{ch} 为

$$T_{ch} = \frac{CV_0}{I_0} = \frac{CV_0^2}{P_s} \tag{7-43}$$

V_c 与时间的函数关系如图 7-8 所示，从图中可以看出，对于给定的充电电源功率 P_s，电容器恒流充电比恒压充电快 4 倍。

恒流充电模式可以通过使用有源电子元件来实现。恒流电源通常以单位时间提供的能量(kJ/s)定级，并且可以通过商业渠道获得。

7.3.3　恒定功率充电

与恒定电流电源一样，恒定功率充电模式不需要限流电阻，因此也可以实现高效率[3]。对于恒定功率单元，电容电压 $V_c(t)$ 和电流 $I_c(t)$ 之间的关系是恒定的：

$$P_s = I_c(t) \cdot V_c(t) \tag{7-44}$$

对于以恒定功率模式充电的电容器，电容器电压的增长率取决于电容的基本电荷平衡关系：

$$I_c = C \frac{\mathrm{d}V_c(t)}{\mathrm{d}t}$$

重新排列项，将两侧乘以 $V_c(t)$ 并积分，得到：

$$C \cdot V_c(t) \cdot \mathrm{d}V_c = I_c(t) \cdot V_c(t) \cdot \mathrm{d}t = P_s \cdot \mathrm{d}t$$

假设 P_s 是一个常数，由 $C\int_0^{V_c(t)} V_c(t)\cdot \mathrm{d}V_c = P_s\int_0^t \mathrm{d}t$ 得到

$$\frac{1}{2}CV_c^2(t) = P_s t \tag{7-45}$$

对于恒功率充电电源，电容器上的电压随时间的平方根增大而增大：

$$V_c(t) = \sqrt{\frac{2P_s t}{C}} \tag{7-46}$$

充电至电压 V_0 所需的时间为

$$T_{ch} = \frac{CV_0^2}{2P_s} \tag{7-47}$$

恒定功率充电的电压增长曲线如图 7-8 所示。从图可以看出，对于给定功率 P_s 的电源，恒定功率充电比恒定电流充电快 1 倍，比恒压充电快 9 倍。

7.4　电容器组的组件

电容器组最常用的组件是电容器和开关，常见的两种实现方式：一种拓扑结构是由一个或两个电容器组成的模块，将开关直接安装在电容器端子上方，以便每个模块都有其单独的开关；另一种拓扑结构是其中一组电容器通过母线或平行板传输线并联连接，并放置在启动开关的周围。

7.4.1　储能电容器

大型电容器组中使用的储能电容器具有电感低、峰值电流大、$\mathrm{d}i/\mathrm{d}t$ 大、容错性好、寿命长和可靠性高的特点。由金属箔和薄膜介质交替缠绕的电容器元件浸渍在液体电介质，并封装在金属或塑料壳中。这些元件中的许多元件内部串联，以达到"额定电压"和"额定电容"。电容器的制造涉及复杂的工艺：①在清洁环境中缠绕电容器；②热风干燥以除去大量水分；③真空干燥；④真空浸渍并用化学介电液处理；⑤密封。所需的介质薄膜特性：具有良好的热稳定性、低耗散因数、高能量密度、较高的介电强度/介电常数、良好的浸润性，以减少空隙的产生以及由此引发的局部弱点击穿[1, 4]。用于浸渍的化学介电液应满足：①在宽频率范围内的低介电损耗；②高介电强度；③低黏度；④低表面张力，以使介电膜表面具有良好的浸润性；⑤吸收过早击穿过程中气体产物的能力，并且对环境无毒。实际上，电容器通常使用厚度为 5～8μm 的铝金属箔。使用的固体电介质有纸、聚酯、聚丙烯、聚对苯二甲酸乙二酯、聚偏二氟乙烯，或由纸和聚合物结合组成的混合电介质。通常，使用大于 1500V/m 的电场强度[2]。用作浸渍剂的介

电液体是变压器油、蓖麻油和合成液体,如邻苯二甲酸二辛酯和聚丁烯等。与纸电介质相比,纸/聚丙烯混合电介质会得到更高的储能密度,这主要是因为聚丙烯具有较薄的厚度、无缺陷、较低的介电损耗和较高的介电强度。在 Marx 发生器中常使用塑料外壳电容器,当然必须将其安装在支架绝缘子上。在储能电容器中,输出端子从瓷、聚乙烯、环氧树脂或聚氨酯制成的单套管或双套管中引出。端子配置可以是同轴垂直、同轴径向或平行板传输线。当仅将高压端子引出时,另一个端子可以连接到金属外壳。

7.4.1.1　电容器参数

储能电容器的重要参数是等效串联电阻(equivalent series resistance,ESR)、等效串联电感(equivalent series inductance,ESL)、峰值电流、实验寿命(N)和直流寿命等。

1) 等效串联电阻

ESR 代表电容器内部的介电损耗和电阻损耗。介电损耗发生在介质薄膜和介质浸渍剂中,并且与 $V^2C\,f\tan\delta$ 成比例,其中 f 和 $\tan\delta$ 分别代表振荡频率和损耗角。通过使用在宽频带和大温度范围内具有低损耗因子的介质薄膜和介质浸渍剂,可以降低介电损耗。良好的引线和套管焊接技术可以降低电阻损耗。与接线结构相比,箔片结构具有电阻损耗更低的优势。在高振荡频率下,由于趋肤效应,电阻损耗增加。

2) 等效串联电感

ESL 代表存储在电容器自感中的能量,该能量在放电过程中不会传递给负载。ESL 还降低了电容器的 $\mathrm{d}i/\mathrm{d}t$ 能力。ESL 包含由金属箔、引线和套管产生的电感。为了降低 ESL,所采用的方法是使用具有高宽长比的金属箔、平整的垫片、箔片结构,并使用径向衬套代替常规的垂直衬套。

3) 峰值电流

电容器的峰值电流与其 ESL 和 ESR 成反比。传输高峰值电流的电容器会受到电磁力的影响,因此需要更加谨慎,以保持内部结构的机械性能。由于电容器电极和引线之间的接触面积较大,因此箔片结构与接线结构相比具有更高的传输电流能力。

4) 实验寿命

实验寿命表示电容器在发生故障之前可以承受的充放电循环次数。由于电击穿的统计性质,实验寿命通常用生存概率百分比表示。如果电容器的实验寿命为 10^5 发次,可确保90%的实验寿命,则总有10%电容器的实验寿命不能达到 10^5 发次,但是肯定有90%电容器的实验寿命可达 10^5 发次以上。通常,电容器制造商会建立生存概率与实验次数的曲线。决定电容器实验寿命的参数有反向电压百分比、振荡频率、充电电压和工作温度等。电容器的典型寿命数据曲线如图 7-9 所示。

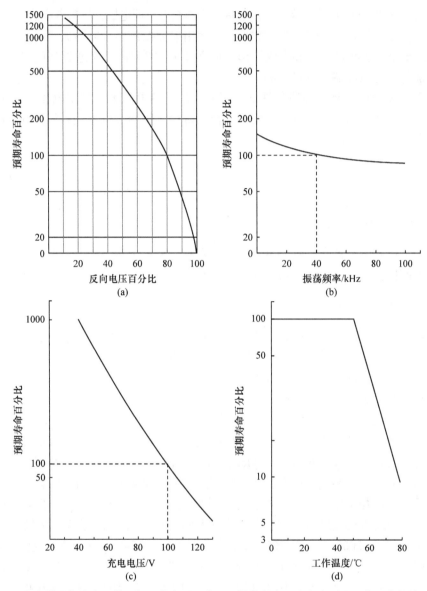

图 7-9　电容器预期寿命百分比与反向电压百分比、振荡频率、充电电压和工作温度的关系曲线

5) 直流寿命

电容有直流寿命，是电容器直流电压的累积时间。直流寿命通常大于 1000h。为了充分利用全寿命，建议电容器采用快速充电。大型电容器组一般在 30～50s 内充电至工作电压。

7.4.1.2 测试方法

确定 ESR 和 ESL 的实验方法：①将电容器充电至低电压，然后电容器短路[1]，测量短路电流波形；②变电感方法[5]；③使用射频振荡器，以谐振频率驱动电容器[1]；④差分法测量电压和电流波形，而在差分法中[6]测量是通过将已知电容器与外加低电感电容器串联进行的。

寿命试验通常是在加速条件下进行的，施加的电压大于额定电压。对于纸/油电容器，如果 N_a 是在高电压 V_a 下获得的寿命，则通过以下关系得到额定电压 V_0 下的预计寿命 N_0[7]：

$$\frac{N_0}{N_a} = \left(\frac{V_a}{V_0}\right)^{7.3} \tag{7-48}$$

7.4.1.3 脉冲重复率

为了提高电容器在高脉冲重复率下的寿命，需采用专门的方法来消除热量并加固内部机械结构。另外，需选择具有高介电强度和低介电损耗的材料。

7.4.1.4 最新进展

脉冲电容器广泛应用于高功率的众多领域中。脉冲电容器要求脉冲宽度在很宽的范围内变化，其放电的时间范围从不到一微秒到几十毫秒。脉冲电容器主要的进展是储能密度，通常以焦耳每立方厘米(J/cm^3)为单位。脉冲电容器的要求范围非常广泛，需求也多种多样。

电容器技术的最大进步出现在毫秒放电电容器中。最初的驱动力是商业应用，如自动体外除颤器，这些应用已扩展到其他市场。先进的薄膜沉积技术已使金属化聚丙烯(metallized polypropylene，MPP)可用，它具有可以在宽度和长度方向上均匀地涂层、无缺陷和涂层厚度极薄($0.0003\mu m$)的特点。MPP 电容器通常使用镀铝或锌涂层的电极。由于涂覆电极的厚度极小，因此与箔/纸电容器相比，给定横截面中的层数倍增，这导致了较大的表面积并具有更高的能量密度。MPP 电容器在 2009 年具有 1000 发次寿命时的能量密度为 $3J/cm^3$[8]，这比 2003年报道的 $1.3J/cm^3$[9]和 1986 年报道的 $0.6J/cm^3$[10]有了很大的进步。单个电容器储存能量的能力[11, 12]从 1975 年的 20kJ 增加到 1980 年的 50kJ，到 2000 年增加到100kJ，并应用于美国国家点火工程驱动闪光灯的电容器[13]。

MPP 电容器的另一个突出优点[14]是具有容错能力，这是因为它具有故障的自我修复功能。每当发生故障时，局部故障部位的大电流密度，再加上此处可用的少量金属物质，会导致一小部分的电极区域蒸发。因此，故障的最终结果不是穿透固体电介质，而是电容的部分损耗，这被称为软故障模式。对于 MPP

电容器，电容量 5%的减小被认为是使用寿命的极限。如果继续使用电容器，气体的积聚会迅速增加，并且由于电容器本体的鼓胀而可能发生机械故障。相反，介质薄膜/纸电容器主要的故障模式是介电击穿，导致永久短路。然后，其余的电容器元件要承受较高的电压，并且这种增加的应力会导致电容器寿命的急剧减小。

电容器的主要限制之一是其放电速率。在微秒放电状态下，通用原子公司已在 10kV 的高能量密度、自愈电容器中达到 200V/μs。通过优化电极以传导电流而不是自愈，可以在更高的能量密度下获得更大的值。相反，薄膜电容器放电速率的限制是由杂散电感而不是电流密度引起的。在 10kJ 的大型金属外壳 Marx 发生器电容器中已实现 0.1MV/μs 的放电速率。专门为直线变压器驱动器的能量存储而研制的新型 100J 塑壳电容器的参数为 0.2MV/μs[14]。这些电容器的工作参数是在 100kV 工作电压下能量密度为 0.1J/cm³，电容值为 0.04μF，寿命为 50000 次充电/放电循环[15]。

图 7-10 所示是几种电容器技术的功率密度对比(私人通信，美国加利福尼亚州圣地亚哥)。

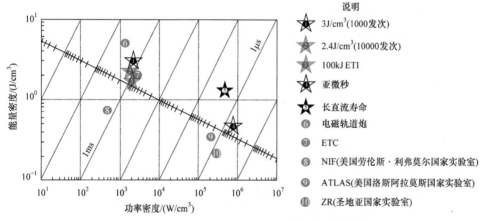

图 7-10　几种电容器技术的功率密度对比
ETI 为电热点火；ETC 为电热化学炮；NIF 为美国国家点火设施

7.4.2　触发器

大型电容器组需要以 10¹²A/s 以上的速度提供 10～15MA 的峰值电流，单个火花间隙不能满足该要求。根据设计，许多火花开关必须与通常安装在其子排上的每个火花开关并行运行。因此，需要使火花开关的触发同步[16-21]，以便在允许的时间范围内击穿。当火花开关通过长度为 ℓ 的低电感电缆连接到负载时，火花开关击穿时间内允许的抖动限于电缆中的波传播时间，约为(5×(2ℓ))ns。如果实际范围大于此值，则由负载端反射引起的应力降低，将抑制较慢的火花开关触发，因此可以看出对火花开关击穿的抖动要求取决于传输线的设计，其抖动范围为 10~100ns，可以通过高过压系数和高触发电压上升率来降低火花开关的抖动。为了获得高性能火花开关特性，触发电压应大于电容器组充电电压，且 dV/dt 为 1~10kV/ns。

图 7-11 给出了触发 1MJ 电容器组的脉冲发生器的典型布局。1 个 Blumlein 线产生 80kV 脉冲，以触发两个分别为 A 和 B 的 Marx 发生器，它们依次对主脉

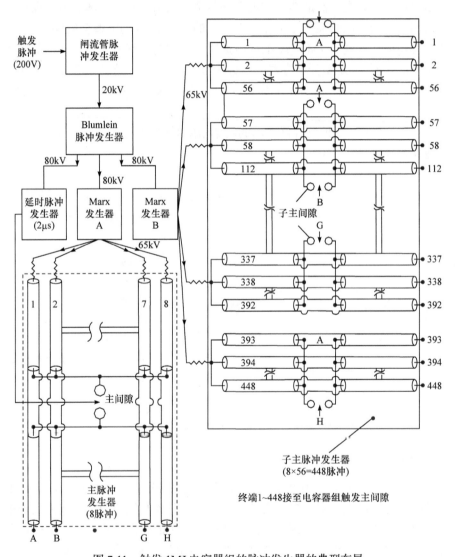

图 7-11　触发 1MJ 电容器组的脉冲发生器的典型布局

冲发生器的 8 根电缆和副脉冲发生器的(8×56)根电缆充电[21]。当电缆在 2μs 内充电至最大电压时，来自 Blumlein 线的另 1 个 80kV 脉冲(适当延迟)会触发主间隙导通。然后，主脉冲发生器在 8 根电缆 A～H 上传送 8 路快速上升的高压脉冲。这些脉冲触发 8 个子主火花开关，从而生成 448 个高电压、快速上升的脉冲，以触发主电容器组的 448 个火花开关。与直流充电相比，Marx 发生器使用脉冲充电提供给电缆的充电电压远高于直流额定电压。

7.4.3　传输线

电容器组的优点[22]在于其提供高功率峰值电流和高电流上升率的能力。尽可能减小总回路电感 L，可以在给定的充电电压 V_0 下获得最大的峰值电流。每个子系统(如电容器–开关组件、连接引线、电源和负载)都对整个回路贡献电感。通过并联大量电容器–开关组件，可以将电容器–开关组件的电感减小到可忽略的值。因此，有必要使电容器组与功率馈入端之间的连接引线电感最小，这可以通过同轴电缆或夹心式传输线来实现。电容器组布局如图 7-12 所示。由于负载的复杂性，通常很难将负载的阻抗与传输线的阻抗匹配。由于电容器和负载之间的来回反射会引起不同谐波频率的叠加振荡，在达到稳定状态之前，这些振荡会在几个过渡时间内消失。从这个角度来看，建议使用尽可能短的传输线。

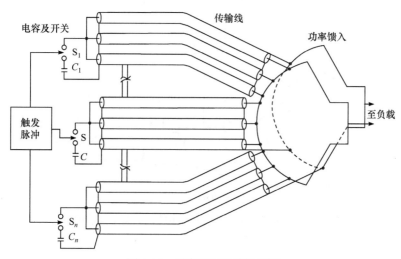

图 7-12　电容器组布局示意图

7.4.3.1　同轴电缆

同轴电缆系统是大量常规或低电感同轴电缆的并联。单位长度同轴电缆的电

感为

$$\tilde{L} = \frac{\mu_0}{2\pi} \ln \frac{R_o}{R_i} \tag{7-49}$$

其中，$\mu_0 = 4\pi \times 10^{-7} \text{H/m} \approx 1.257 \times 10^{-6} \text{H/m}$；$R_o/R_i$ 是外导体内径与内导体外径之比。

图 7-13 是传统电缆和低电感同轴电缆的典型结构示意图。低电感同轴电缆中的导电聚乙烯起到应力缓冲作用，可使导体之间的距离更小。与传统电缆的 200～300nH/m 电感相比，低电感同轴电缆具有 50～100nH/m 较低的电感。与传统电缆的 50～75Ω 阻抗相比，由于低电感同轴电缆具有单位长度的低电感和高电容，因此具有 10～20Ω 较低的阻抗。对于脉冲运行，同轴电缆可以在高于其均方根(RMS)额定值的电压下使用[23, 24]。例如，RMS 额定值为 4kV 的 RG8/U 已在 60kV 的直流电压下连续使用，对于 20μs 脉冲在 200kV 以上电压下使用。17/14 电缆是一种低电感同轴电缆，其外导体根据 RG17 的外导体设计，内导体根据 RG14 的外导体设计，其脉冲电流[11]为 10～40kA。低电感同轴电缆结构优于传统电缆，这是因为它可实现更有效的布局。

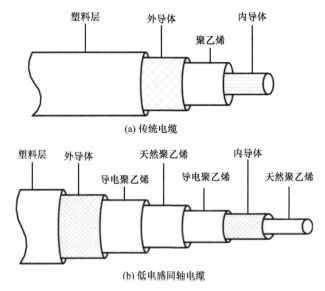

图 7-13　传统电缆和低电感同轴电缆的典型结构示意图

7.4.3.2　夹层线

图 7-14 是夹层线结构示意图，其由两个或三个被电介质隔开的金属板组成，该结构单位长度的电感为[25]

$$\tilde{L} = \mu_0 \frac{d}{w} K \tag{7-50}$$

其中，K 为取决于 d/w 的校正因子。常用的金属板材料是铝或不锈钢，电介质由多层聚酯薄膜组成。根据电容器组的额定电压，两个极板之间可能存在 20～100kV 的电位差。为防止电介质击穿，应采取一些预防措施：接触电介质的金属表面应光滑；金属板的边缘应倒圆；聚酯薄膜应充分延伸并超过金属边缘，以防止发生沿面闪络；金属–电介质界面处应避免气隙，凝胶状可铺展的电介质可用于填充这些空隙。对电极表面镀锡并在两个金属板之间施加强大且均匀的预紧力，有助于确保紧密接触。

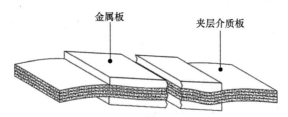

金属板　　　　夹层介质板

图 7-14　夹层线结构示意图

平板上的磁场产生的压力 p_m 由下式[2]给出：

$$p_m = 2\pi \times \left(\frac{I}{w} \right)^2 \times 10^{-12} \, (\text{atm}) \tag{7-51}$$

其中，I/w 为单位宽度的电流，单位为 A/m。

极板之间施加的外部预紧力应等于或大于 p_m；否则，极板会变形。由于放电的脉冲特性，电流将在薄层中传导，其趋肤深度小于 1mm，但是厚度更厚的板将有助于机械结构的稳定。与同轴电缆相比，夹层线价格更高，但它们可以获得更低的电感、更低的阻抗和更高的峰值电流。它们通常用于实验非常靠近电容器组的情况。图 7-15 给出了使用夹层线的电容器组的典型布局[26]。

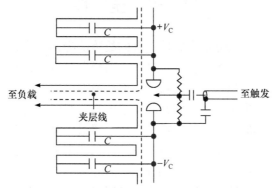

图 7-15　使用夹层线的电容器组的典型布局

7.4.4　馈电

馈电的目的是在一端接收大量来自同轴电缆的放电电流，然后将其传输到另一端的负载上。它应进行机械布局，以夹紧并牢牢固定大量电缆。应该将其设计为低电感结构，以实现电容器组能量的有效传递。通常将收集器设计为平行板结构，金属板夹在介电板层之间。

电缆接收端的电气设计应确保电缆在绝缘层被去掉的条件下不发生沿面击穿，同时在绝缘片上不会出现应力增强[27]。通过设计应力缓冲、特殊结构的电极以及浸入高介电常数的绝缘液体等措施，可以实现上述两个目的。图 7-16 是电缆–收集器的典型电气结构设计图[27]。

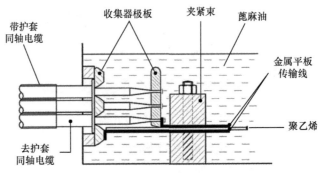

图 7-16　电缆–收集器的典型电气结构设计图

大量同轴电缆传输的电流通常由单个收集器极板收集，这会导致较大的电流密度，在大电容器组中通常大于 10MA/m。在此电流密度下，如式(7-51)所述，施加在收集器极板[8]上的压强值为 9000ppsi，这就要求必须施加外部均匀力进行固定夹紧。在兆焦级大电容器组的设计中[21]，收集器极板由厚铝板构成。这些收集器极板由橡胶板支撑，由混凝土块夹紧，并由钢制拉紧螺栓固定。

7.5　安　全　性

定义最大储能为E_s^2的储能电容器具有的故障能为E_f，即如果馈入电容器中的外部故障能量超过E_f，则可能会发生爆炸，引起电容器破裂而使电容器发生灾难性故障，从而导致大量材料高速飞溅。外部故障能量馈入电容器的方式：①如果电容器在充电过程中出现故障，则并联在子电容器组中的正常电容器将其存储的能量释放给故障电容器；②如果电容器在电容器组放电期间发生故障，馈入电容器组中的最大能量将是存储在包含故障电容器的特定子电容器组中的能量和存储在其余子电容器组中能量的总和。对于储能相对较低(<100kJ)的电容器组，以下常规安全预防措施就足够了，即通常将电容器组包围在安全容器中。

对于高储能(>100kJ)的电容器组，应采取一些防护措施，以防对人和设施造成损害，包括：①通过电感隔离电容器和子电容器组；②在单个电容器和子电容器组中设计快速断开的熔断器；③根据触发指令将需要存储的能量紧急卸放到假负载；④将子电容器组封装在合适的安全的金属机柜中；⑤将电容器组放置在混凝土贮仓中。

金属外壳不仅可以防止电容器意外爆炸，而且可以防止电容器组中 di/dt 和 dV/dt 的高幅值引起电磁干扰(electromagnetic interference，EMI)效应。为了获得良好的 EMI 屏蔽效果，建议使用双层外壳组成的电容器组机柜。一个外壳应采用铝或铜之类的良导体制成，以便有效地减弱干扰电场；另一个外壳应由良磁性金属(铁或磁钢)制成，以便有效地衰减磁场。使用镀锌铁是抑制 EMI 简单且良好的选择，这是因为它包含铁(磁性良好)和锌(电气良好)。在面板之间的接缝处导电 RF 垫圈可确保将 RF 泄漏降至最低。为了使电容器组具有可靠且无EMI的性能，最好利用光纤传输信号，并采用用于测量脉冲电压和电流的电光/光电技术。

在大型电容器组中，应设计熔断器[28]以防止故障发生。当由于内部或外部故障(包括电容器本身的过载和故障)而产生的电流超过临界电流时，低电感的熔断器应迅速熔断，以限制馈入故障组件中的电流和能量，同时通过继续保持高电压来隔离故障源使故障不再发生。

通常，熔断器由低电感结构的爆炸导线或箔导体组成。导体元件嵌入由砂子等多种材料制成的等离子淬火介质。另外，该元件应包裹在坚固的增强型机械结构中，以实现静音且不会导致容器破裂。图 7-17 和图 7-18 给出了一个典型的 85kJ 电容器组[29, 30]，其中实现了上述防护措施。

电容器组由 8 个子电容器组($SB_1 \sim SB_8$)组成，每个子电容器组都包含独立的双模式触发管($TS_1 \sim TS_8$)。在施加控制触发脉冲 V_T 时，多路脉冲触发器同时生成 16 个高压触发脉冲，包括 8 个正触发脉冲($V_{AT1} \sim V_{AT8}$)和 8 个负触发脉冲($V_{CT1} \sim V_{CT8}$)，它们分别触发开关($TS_1 \sim TS_8$)导通。然后，存储在电容器组中的能量将与调谐线圈(TC)串联放电到强磁场线圈(FC)中，以产生阻尼正弦电流。每个子电容器组的电容为 54μF，由 3 个储能电容器并联而成，每个储能电容器的额定值为 18μF、20kV。充电电源为额定 20kV 的可调高压直流电源，将子电容器组充电至所需电压(V_c)。真空接触器用作紧急泄放开关(EDS)，用于将子电容器组中存储的能量存储到充电/泄放电阻($R_1 \sim R_8$)中。每个电容器串联一个 1.8μH 的电感后并联，以保护正常的电容器，避免因其中一个电容器发生故障而导致峰值电流过大发生损坏。多触发脉冲发生器的布局如图 7-18 所示。电容器($C_1 \sim C_{16}$)充电至 5kV DC。向氢晶闸管栅极施加 150V、10μs 的控制触发脉冲 V_T，使充电的电容器 C 通过脉冲变压器 T 的初级线圈放电，从而对单模主触发管 S 的阴极触发间隙产生辅助放电，S 导通。然后，电容器($C_1 \sim C_{16}$)分别通过主触发管放电到脉冲

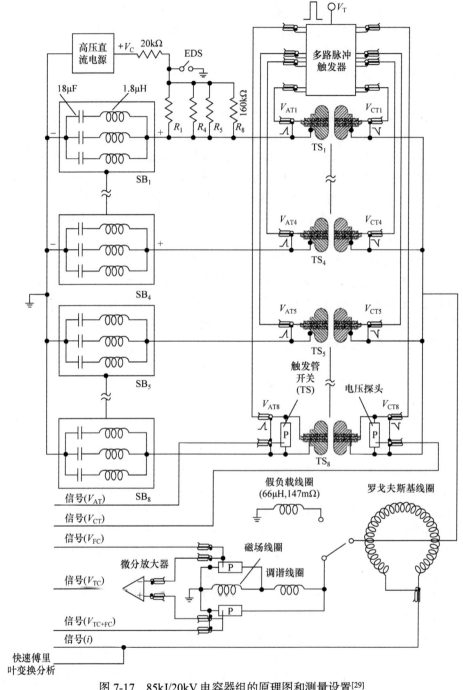

图 7-17　85kJ/20kV 电容器组的原理图和测量设置[29]

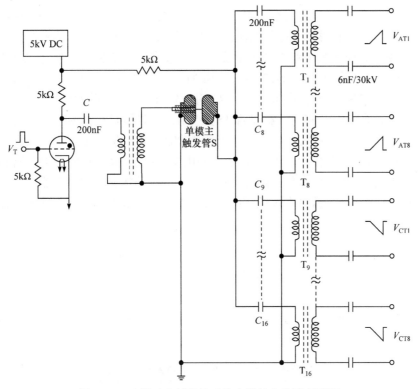

图 7-18 16 脉冲多触发脉冲发生器的电路原理图[29]

变压器($T_1 \sim T_{16}$)的初级绕组中，从而在其次级绕组上同时产生 16 个高压脉冲，这 16 个脉冲以 8 个正脉冲($V_{AT1} \sim V_{AT8}$)和 8 个负脉冲($V_{CT1} \sim V_{CT8}$)的形式配置。触发脉冲经同轴电缆后通过额定值为 6000pF、30kV 的耦合电容器传输到双模触发管($TS_1 \sim TS_8$)的触发间隙。脉冲变压器($T_1 \sim T_{16}$)的结构相同，采用铁氧体作为高磁导率磁芯，变压器油绝缘，并螺旋交替缠绕铜线和聚酯薄膜。

触发管组件由两个主电极 E_A 和 E_C 以及其触发电极 T_A 和 T_C 组成。电极由不锈钢制成，主电极间距为 9.7mm。绝缘介质是大气压下的空气，其自击穿电压为 25kV。触发管开关安装在双外壳盒中，该外壳的壁由含铝制内衬的胶合板制成。这些盒子具有多种用途：消除由电极热点区域产生的热飞散颗粒引起的火灾隐患，降低火花放电期间冲击波产生的噪声以及 EMI，屏蔽来自火花放电的辐射干扰。

用于产生脉冲强磁场(1.2×10^7A/m)的励磁线圈(FC)是由 21 匝硬铜母线组成的单层螺旋结构，其横截面尺寸为 10mm×3mm。电容器组在全部额定能量条件下，励磁线圈振荡频率约 1.1kHz，峰值电流约 56kA。高磁通密度(15T)会在线圈上产生巨大的机械应力，通过采用玻璃纤维径向扎带和将非磁性不锈钢螺栓轴向夹紧来获得必要的强度。

电容器组放电常常伴随着高电压、大电流 i、高 $\mathrm{d}V/\mathrm{d}t$ 和高 $\mathrm{d}i/\mathrm{d}t$，这些都是 EMI 的来源。它们通过各种干扰模式(如电容耦合、电感耦合、共阻抗耦合和辐射耦合)在功能和测量电路中产生干扰，可通过将组件安装在三个电磁屏蔽体中来获得抗 EMI 的能力。图 7-17 和图 7-18 所示组件分为三个部分：①子排 SB_1～SB_4，触发管 TS_1～TS_4，电容器 C_1～C_4 和 C_9～C_{12}，以及脉冲变压器 T_1～T_4 和 T_9～T_{12}；②子排 SB_5～SB_8，触发管 TS_5～TS_8，电容器 C_5～C_8 和 C_{13}～C_{16}，以及脉冲变压器 T_5～T_8 和 T_{13}～T_{16}；③调谐线圈和假负载线圈。上述①、②和③三部分包含在单独的屏蔽体中。屏蔽体还可以用作安全防护体，以防止电容器和其他能量处理组件发生机械爆裂。同时，作为额外的预防措施，在电容器组以全能量释放到 FC 之前，可通过在较低储能条件下电容器组放电到假负载线圈，并同时测量各种信号 V_{AT}、V_{CT}、V_{FC} 和 V_{TC} 来检查系统的工作状态。

7.6 典型的电容器组配置

表 7-1 列出了一些电容器组，并总结了其地点、参数、开关、传输线和触发器的一些详细信息。

表 7-1 一些电容器组的参数及相关信息

地点	参数	开关	传输线	触发器
卡勒姆实验室[21] 英国原子能管理局 英国伯克郡阿宾登	1250μF,40kV,1MJ, 12MA/12μs	448 个 4 电极串级间隙，大气压绝缘，击穿抖动 <35ns	448×4 根同轴电缆，长度为 28ft，用于传输电流	单个主间隙，8 个子间隙产生 448 路 65kV 触发脉冲。Marx 发生器充电电缆长 20ft
卡勒姆实验室[31] 英国原子能管理局 英国伯克郡阿宾登	34048μF,8kV,1MJ, 1.6MA/180μs	112 个触发管用于主开关，28 个引燃管用于触发开关	112×4 根同轴电缆，长度为 12m，用于传输电流	单个主间隙，2 个子间隙产生 112 路 35kV 触发脉冲
欧洲核子研究组织气体电离实验室[32]，意大利弗拉斯卡蒂	1248μF,40kV,1MJ, 6.7 MA	96 个串级开关由钨铜合金制成，击穿抖动<30ns	96×3 根同轴电缆，用于传输电流	单个主间隙，8 个子间隙产生 96 路 48kV 触发脉冲
通用电气研究实验室[20]，美国纽约	213μF,60kV,384kJ, 4MA/14μs	4 个串级间隙，大气压绝缘，40 个轨道间隙用于触发开关，抖动<25ns	4 个平板形夹层线并联，3ft 宽铜板由 6 个聚乙烯板绝缘	4 路 73kV 触发脉冲上升时间 30ns，由 4 路平板并联脉冲充电至 90kV，另一端通过主间隙短路
马克斯·普朗克研究所[18]，德国慕尼黑	356μF,30kV,160kJ, 1.75MA/10μs	40 个触发轨道间隙用于主开关，钳位开关也类似	40×3 个低电感电缆	40 个触发脉冲由 1 个主间隙和 4 个子间隙产生

续表

地点	参数	开关	传输线	触发器
圣地亚国家实验室[11]，美国	400μF,120kV,3MJ,2MA，由 2 个 800μF 电容充电至 ±60kV	1 个固体介质开关由爆炸丝引燃触发	48 根同轴 17/14 型电缆通过开关连接至电容器组，并放电至负载	—
巴巴原子能研究中心[29]，印度孟买	432μF,20kV,85kJ,56kA/1.1kHz	8 个双模触发管，使用寿命为 10000C，每个模块 1 个开关	电缆长 20m，4 根并联	1 个主间隙和 16 个磁芯变压器同时产生 16 个触发脉冲
法德研究所[33]，法国圣路易斯	865μF,10kV,50kJ,90kA，di/dt 为 600A/μs	4 个采用放大门极和集成门极结构的晶闸管串联而成	—	—
洛斯阿拉莫斯国家实验室[34]，美国	36MJ，40～50MA，5～10μs,152 个 Marx 发生器并联	每个 Marx 发生器有 2 个轨道开关，共有 300 个开关，开关累积寿命为 200～300C	76 根聚酯膜绝缘传输线，每对模块包含 1 根传输线	—

注：1ft=30.48cm。

7.7 设 计 示 例

示例 7.1

1 个由 24 个电容器并联组成的电容器组，电源充电时间为 30s，电容器组电容值为 7.1μF，额定电压为 40kV。请计算以下内容：① "恒定电流模式" 下电源的额定电流；② "恒定功率模式" 下电源的额定功率。

解：

将 $V_0 = 40×10^3$V，N=24，$C = 7.1×10^{-6}$F 和 t = 30s 代入式(7-42)，得出 "恒定电流模式" 下的额定电流 I_0 为

$$I_0 = \frac{V_0 C N}{t}$$

计算得 $I_0 \cong 227$mA。

将 $V_0 = 40×10^3$V，$C = 7.1×10^{-6}$F 和 t = 30s 代入式(7-47)，得出 "恒定功率模式" 下电源的额定功率 P_0 为

$$P_0 = \frac{CV_0^2 N}{2t}$$

计算得 P_0 约为 4.54kW。

示例 7.2

电容器组由 5 个 200μF 的电容器并联组成。每个电容器的电感为 100nH。充电到 5kV 电压的电容器组经过电感为 80nH 的火花开关放电至 1.9μH 电感负载。请计算峰值放电电流。

解：

在图 7-6 所示的等效电路中，以下参数值在本示例中适用：

$$C_s=1000\mu F, \quad L_c=20nH, \quad L_{sw}=80nH, \quad L_\ell=1.9\mu H$$

因此，整个电容器组变为单个电容器 C_s 放电到电感 L_0 中，其中 C_s 和 L_0 的值分别为 $C_s = 1000\mu F$ 和 $L_0 = L_c+L_{sw}+L_\ell$，故

$$L_0 = L_c+L_{sw}+L_\ell = 20nH+80nH+1.9\mu H= 2000nH$$

因此，峰值放电电流 I_m 为

$$I_m = V_0\sqrt{\frac{C_s}{L_0}}$$

代入数值后计算得 I_m 约为 111.8kA。

示例 7.3

电容器组由 4 个子电容器组并联通过 1 个负载放电。每个子电容器组的电容为 7μF，充电至 50kV。每个子电容器组中的负载电流由 5 根平行的电缆传输，每根电缆的长度均为 5m。电容器、火花开关和单位长度电缆的电感分别为 70nH、30nH 和 140nH/m，计算以下参数：①存储在电容器组的总能量；②短路负载下的峰值电流；③短路负载下的振荡频率。

解：

在图 7-7 所示的等效电路中，以下值在本示例中适用：

$$C_s=4\times 7=28(\mu F)$$

$$L_c' = \frac{70}{4} = 17.5(nH)$$

$$L_{sw}' = \frac{30}{4} = 7.5(nH)$$

$$L_{TL}' = \frac{5\times 140}{4\times 5} = 35(nH)$$

因此，短路负载下等效电路的总电路电感为

$$L'' = L'_c + L'_{sw} + L'_{TL}$$

计算得 L'' 为 60nH。

所需参数如下所述。

(1) 存储在电容器组中的总能量 E_t 为

$$E_t = \frac{1}{2} C'_s V_0^2$$

$$= \frac{1}{2} \times \left(28 \times 10^{-6}\right) \times \left(50 \times 10^3\right)^2 = 35(\text{kJ})$$

(2) 短路负载下的峰值电流 I_p 为

$$I_p = V_0 \sqrt{\frac{C'_s}{L''}}$$

$$= \left(50 \times 10^3\right) \times \sqrt{\frac{28 \times 10^{-6}}{60 \times 10^{-9}}} = 1.08(\text{MA})$$

(3) 短路负载下的振荡频率 f_r 为

$$f_r = \frac{1}{2\pi \sqrt{L'' C'_s}}$$

$$= \frac{1}{2\pi \times \sqrt{\left(60 \times 10^{-9}\right) \times \left(28 \times 10^{-6}\right)}} = 123(\text{kHz})$$

参 考 文 献

[1] V. Valencia, et al., High Repetition Rate, Long Life Capacitors Developed for Laser Isotope Separation Modulators. *Conference Record of the 15th Power Modulator Symposium*, p. 181, 1982.

[2] E.L. Kemp, *Principal Features in Large Capacitor Banks*, Pulsed Power Lecture Series, Texas Tech University, Lubbock, TX.

[3] H.K. Jennings, Charging Large Capacitor Banks in Thermonuclear Research. *Electr. Eng.*, Vol. 80, p. 419, 1961.

[4] B.R. Hayworth and D. Warrilow, Constant Power Charging Supplies for High Voltage Energy Transfer, *CSI Technical Note # 109 A*, 1977.

[5] B.R. Hayworth, How to Tell a Nanohenry from a Microfarad. *Electron. Instrum.*, Vol. 8, No. 4, p. 36, 1972.

[6] W.C. Nunnally, M. Kristansen, and M.O. Hagler, Differential Measurement of Fast Energy Discharge Capacitor Inductance and Resistance. *IEEE Trans. Instrum. Meas.*, Vol. 24, No. 2, p. 112, 1975.

[7] R. Litte and R. Limpaecher, *Test of High Performance Capacitors*. Proceedings of the 4th International Pulsed Power Conference, p. 387, 1983.

[8] W. MacDougall, J.B. Ennis, Y.H. Yang, R.A. Cooper, J.E. Gilbert, J.F. Bates, C. Naruo, M. Schneider, N. Keller, S.

Joshi, T.R. Jow, J. Ho, C.J. Scozzie, and S.P.S. Yen, High Energy Density Capacitors for Pulsed Power Applications. *Proceedings of the IEEE Pulsed Power Conference,* 2009.

[9] F.W. MacDougall, J.B. Ennis, R.A. Cooper, J. Bates, and K. Seal, High Energy Density Pulsed Power Capacitors. *Proceedings of the IEEE International Pulsed Power Conference*, pp. 513-517, 2003.

[10] F.W. MacDougall, J.B. Ennis, Y.H. Yang, K. Seal, S. Phatak, B. Spinks, N. Heller, C. Naruo, and T.R. Jow, Large, High Energy Density Pulse Discharge Capacitors Characterization. *Proceedings of the IEEE Pulsed Power Conference,* pp. 1215-1218, 2005.

[11] E.C. Cnare and C.B. Dobbie, A 3 MJ Capacitor Bank for the SNL Electro-Explosive Facility. *Proceedings of the 4th International Pulsed Power Conference*, p. 193, 1983.

[12] W.J. Sarjeant, F.W. MacDougall, D.W. Larson, and I. Kohlberg, Energy Storage Capacitors: Aging and Diagnostic Approaches for Life Validation. *IEEE Trans. Magnet.*, Vol. 33, No. 1, p. 501, 1997.

[13] T. Scholz, P. Windsor, and M. Hudis, Development of a High Energy Density Storage Capacitor for NIF. *Proceedings of the International Pulsed Power Conference*, pp. 114-117, 1999.

[14] W.J. Sarjeant, J. Zirnheld, and F.W. MacDougall, Capacitors. *IEEE Trans. Plasma Sci.*, 26, No. 5, p. 1368, 1998.

[15] J.B. Ennis, F.W. MacDougall, X.H. Yang, R.A. Cooper, K. Seal, C. Naruo, B. Spinks, P. Kroessler, and J. Bates, Recent Advances in High Voltage, High Energy Capacitor Technology. *Proceedings of the IEEE International Pulsed Power Conference*, pp. 282-285, 2007.

[16] B. Augsburger, B. Smith, I.R. McNab, Y.G. Chen, D. Hewkin, K. Vance, and D. Disley, Royal Ordnance 2.4 MJ Multi-Module Capacitor Bank. *IEEE Trans. Magnet.*, Vol. 31, No. 1, p. 16, 1995.

[17] R.F. Fitch and N.R. McCormick, Low Inductance Switching Using Parallel Spark Gaps. *Proc. IEE*, 106 A, No. Suppl. 2, p. 117, 1959.

[18] R.H. Suess and G. Mueller, Operating Characteristics of Spark Gaps and Bank Assembly for an Electron Ring Accelerator Experiment. *7th Symposium on Fusion Technology*, p. 423, 1972.

[19] T.E. James, Fast High Current Switching Systems for Megajoule Capacitor Bank, Report No. CLM-L 23, Culham Laboratory. Abingdon, Berkshire, UK, 1973.

[20] L.M. Goldman, H.C. Pollock, J.A. Reynolds, and W.F. Westendorp, Spark Gap Switching of a 384 kJ Low Inductance Capacitor Bank. *Rev. Sci. Instrum.*, Vol. 33, No. 10, p. 1041, 1962.

[21] N.R. McCormick, A One Megajoule, Low Inductance Capacitor Bank for Nuclear Fusion Research, Report No. CLM-P171, UKAEA Research Group, Culham Lab, Abingdon, Berkshire, UK.

[22] F.B.A. Frungel, *High Speed Pulse Technology*, Vol. 1, Academic Press, 1965.

[23] R.A. Gross and B. Miller, Plasma Heating by Strong Shockwaves, in *Methods of Experimental Physics: Volume 9 - Part A: Plasma Physics*, L. Marton, ed., Academic Press, 1970.

[24] D.P. Biocourt, Electrical Characteristics of Coaxial Cable, Report No. LA3318, Los Alamos Laboratory, November 1965.

[25] F.W. Grover, *Inductance Calculations*: Working Formulas and Tables, 1946 and 1973, Dover Phoenix Edition, 2004.

[26] G. Boult, M. M. Kekez, G. D. Lougheed, W. C. Michie, and P. Savic, 1 MJ Bank Facility, Laboratory Technical Report, No. LTR-GD-81, National Research Council, Canada.

[27] T.E. James, Field Sketching as Applied to Electric Field Design Problems, in *High Voltage Pulse Technology*, L.L. Alston, ed., Oxford University Press, 1968.

[28] Maxwell Catalog *High Voltage Capacitor Protection Fuses: Fuse Selection Guide*, Maxwell Laboratories Inc.

[29] P.H. Ron, K. Nanu, S.T. Iyengar, K.V. Nagesh, R.K. Rajawat, and V.R. Jujaray, An 85 kJ High Performance Capacitor Bank with Double Mode Trigatrons. *Rev. Sci. Instrum.*, Vol. 63, No. 1, p. 37, 1992.

[30] P.H. Ron, K. Nanu, S.T. Iyengar, and V.K. Rohatgi, Single and Double Mode Gas Trigatrons: Main Gap and Trigger Gap Interactions. *J. Phys. D Appl. Phys.*, Vol. 21, p. 1738, 1988.

[31] G.C.H. Heywood et al., High Current Capacitor Banks for a 2 MJ High Beta Toroidal Experiment (HBTX). *6th International Symposium on Fusion Technology, Aachen, Germany*, p. 219, 1970.

[32] A. Marconcini, Constructive Technologies of an Energy Storage Capacitor Bank 1 MJ-40 kV, Report of Passoni and Villa, Milano, Italy, 1982.

[33] E. Spahn, G. Burderer, and F. Hatterer, Compact 50 kJ Pulse Forming Unit, Switched by Semiconductors. *IEEE Trans. Magnet.*, Vol. 31, No. 1, p. 78, 1995.

[34] W.M. Parsons, The Atlas Project: A New Pulsed Power Facility for High Energy Density Physics Experiments. *IEEE Trans. Plasma Sci.*, Vol. 25, No. 2, p. 205, 1997.

第8章 气体击穿

在通常情况下，气体是绝缘的，但是在高场强下气体中会发生电离现象，产生自由电荷，形成电流。当电场足够强时，会形成低阻抗通道，发生击穿现象。

气体击穿是一种复杂的现象。起始阶段，当粒子能量超过一定阈值时，气体中会产生运动的带电粒子。外部光源照射导致的光电离或高电场导致的碰撞电离都可以产生这些带电粒子。由于施加的电压幅值不同以及电极形状不同，各种复杂的物理现象都有可能发生。本书不详细阐述气体放电现象，若想深入了解，可参考其他书籍[1, 2]。

本章首先简要阐述气体中粒子碰撞理论，介绍 20 世纪早期 Townsend 开展的气体放电实验。其次介绍 Paschen 曲线，以及主流的火花放电形成机理。再次讨论其他放电现象，如电晕现象以及伪火花开关中空心阴极带电粒子的产生。最后讨论内屏蔽在气体绝缘中的有效应用。

8.1 气体动力学理论

气体中，当阴极和阳极形成高电导率通道时，击穿就发生了。气体放电要研究的关键问题是气体中带电粒子电离、碰撞过程及如何形成高电导率通道，在定量分析中，该问题通常被简化为研究粒子行为及运动演化过程。然而，关于中性分子的运动状态也是非常重要的信息。因此，在介绍电场作用下气体的行为之前，需要回顾一下有关气体电离和击穿的气体动力学基本理论，并由此给出许多有关离子和电子的概念。

8.1.1 中性气体动力学理论

本小节中假设所有分子都是电中性的。气压 p、温度 T 与气体体积 V_{Vol} 之间的宏观定量关系可由理想气体状态方程得到：

$$pV_{\text{Vol}} = nR_{\text{univ}}T \tag{8-1}$$

其中，n 为气体物质的量；R_{univ} 为气体常数，大小为 8314J/K。

虽然理想气体状态方程是基于实验观察得到的结论，但其为探究气体宏观特性提供了途径。有时为了方便，也可用气体密度 N 替换式(8-1)中的 n。气体密度

N 表示单位体积中气体的分子数，为

$$N = \frac{nN_A}{V_{Vol}} \tag{8-2}$$

其中，N_A 为阿伏伽德罗常数，大小为 6.022×10^{23}。因此，式(8-1)可以表示为

$$p = \frac{nN_A}{V_{Vol}} \cdot \frac{R_{univ}}{N_A} \cdot T = N \cdot \frac{R_{univ}}{N_A} \cdot T \tag{8-3}$$

式(8-3)通常写为

$$p = Nk_B T \tag{8-4}$$

其中，k_B 为玻尔兹曼常数，是气体常数与阿伏伽德罗常数的比值，等于 1.380622×10^{-23}(J/K)。

式(8-3)和式(8-4)建立了宏观参数气压与微观参数气体密度 N 之间的关系。使用气体密度来描述气体状态的优势在于其是一个不随外界条件变化的绝对值，而气压是一个受温度影响的相对值。若在气压 p_1、温度 T_1 时气体的密度为 N_1，则在气压 p_2 和温度 T_2 下的气体密度 N_2 为

$$N_2 = N_1 \cdot \frac{p_2}{p_1} \cdot \frac{T_1}{T_2} \tag{8-5}$$

其中，T_1 和 T_2 的单位均为开尔文(K)。

8.1.1.1　麦克斯韦–玻尔兹曼速度分布

瑞士数学家伯努利(Bernoulli)(1700-1782)在英国物理学家波义耳(Boyle)工作的基础上，提出了流体动力学的定量分析理论[3]。他通过计算在体积为 V_{Vol} 的密闭空间内以速度 v 运动、质量为 m、数量为 $n \cdot N$ 的一团分子施加在一个运动活塞上的力验证了波义耳方程。也就是说，如果体积减小，则气压就会成比例上升。这一现象在波义耳方程中描述为 pV_{Vol}=常数。

Boyle 还证明了气压与粒子动能($mv^2/2$)成正比的关系，这是因为碰撞频率与粒子速度成正比，且每次碰撞强度与粒子动量成正比。这解释了温度升高会引起气压增大，气压与密度成正比等观察到的现象。伯努利的理论首次阐述了在理想气体中，热或者温度可以用粒子动能来表征，可惜的是他的理论一开始没有被广泛接受。

19 世纪 20 年代，英国人赫拉帕斯(Herapath)推导了气压与分子速度之间的关系[4]。其论文虽然被英国皇家学会拒收，但是 1836 年发表在了 *Railway Magazine* 杂志的专刊上，这是第一次公开发表关于分子平均速度计算的论文。

图 8-1 所示是气体中分子平均动能与气压的关系。在一个长、宽、高分别为 b、c、a 的长方体中，气体分子质量为 m，全部都以速度 v 运动。假定气体内的

气压与温度是均匀的，则沿 x、y、z 轴运动的分子分别占总数的三分之一。

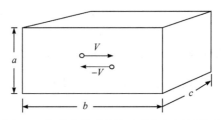

图 8-1　气体中分子平均动能与气压的关系

体积为 V 的气体含有的分子总数为 (nN_A)，那么沿 x、y、z 轴中每个轴运动的分子数为 $nN_A/3$。当分子以速度 v 沿 $-x$ 方向运动并与边界碰撞时，动量的改变量是 $2mv$。1 个分子穿过长方体长度方向的平均时间是 b/v，则分子与其中一个边界碰撞的频率是每秒 $v/2b$。施加在边界上的力 F 等于每个分子单位时间内动量的改变速率。与边界碰撞的平均分子数为

$$F = \left[\frac{v}{2b} \cdot (2mv) \right] \times \frac{nN_A}{3} \tag{8-6}$$

分子撞击边界所引起的施加在单位面积上的力就是气压 p，可以表示为

$$p = \frac{F}{ac} = \frac{mv^2 \cdot nN_A}{3abc} = \frac{2}{3} \times \frac{nN_A}{V_{\text{Vol}}} \times \frac{1}{2} mv^2 \tag{8-7}$$

将式(8-2)代入式(8-7)，可以得到：

$$p = N \cdot \frac{2}{3} \times \left(\frac{1}{2} mv^2 \right) \tag{8-8}$$

比较式(8-8)与式(8-4)，可得

$$\frac{1}{2} mv^2 = \frac{3}{2} \cdot k_B T \tag{8-9}$$

从式(8-8)和式(8-9)可以看出，两式以非常简单的方式将宏观上的气压和绝对温度与微观上的单个分子平均动能联系起来，遗憾的是这项工作并没有引起足够重视。19 世纪 50 年代，人们已经发现了当时主流热力学学说中存在的种种问题，但却并没有获得进展，直到麦克斯韦(Maxwell)读到德国物理学家克劳修斯(Clausius)的著作。Clausius 在基础原子理论的基础上，将分子运动与气体气压决定的分子速度结合起来，解释了气体分子间相互碰撞的原因，而且提出现实中气体粒子的运动速度比预想中的每秒几千米要慢得多。他还提出了用平均自由程的概念来表征分子在两次碰撞间所走的平均路程。1859 年，Clausius 发表了一篇论文，提出用分子间平均距离和碰撞分子中心距离来计算平均自由程。这一概念一

直沿用至今，将在 8.1.1.2 小节讨论。

当时，人们普遍认为分子都以相同的速度运动，但是麦克斯韦注意到，碰撞将会使粒子拥有不同的速度，他提出分子速度实际上分布在一个很宽的范围内，如图 8-2 所示。麦克斯韦计算出的速度分布为

$$f(v_r) = \frac{4}{\sqrt{\pi}} \cdot v_r^2 e^{-v_r^2} \tag{8-10}$$

其中，$v_r = v/v_p$，v_p 是分子速度最概然值，$v_p = \sqrt{2k_B T / m}$。

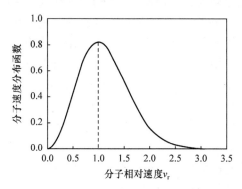

图 8-2　麦克斯韦提出的分子速度分布函数

这也是首次从概率方面考虑分子运动问题。1868 年，奥地利物理学家玻尔兹曼(Boltzmann)对 Maxwell 分布进行了修正以解释热传导现象，并证明了在给定温度下能量分布是唯一的。因此，最终该分布被命名为麦克斯韦–玻尔兹曼速度分布。

式(8-10)是在特定条件下得到的，即在热平衡状态下的中性气体中，在没有电场作用下也不发生扩散或加速运动过程。然而，Maxwell-Boltzmann 速度分布表明在一定体积的气体分子中有一小部分分子的速度可以非常快，其动能可以通过碰撞交换给其他分子，甚至有可能产生电离。这样，在同一温度 T 下，除了大部分中性分子，该气体中还会出现少数的电子和离子，这称为热力学分布，粒子平均速度可表示为

$$\frac{1}{2}mv_e^2 = \frac{1}{2}m_i v_{ie}^2 = \frac{1}{2}m_e v_{ee}^2 = \frac{3}{2}k_B T \tag{8-11}$$

其中，m、m_i 和 m_e 分别为中性气体分子、离子和电子的质量；v_e、v_{ie} 和 v_{ee} 分别为其平均速度。

8.1.1.2　平均自由程

Clausius 在其第一篇关于动力学理论的论文中引用了焦耳的早期工作成果和

同事克罗尼克(Kronig)的工作成果，并指出分子可以以约 460m/s 的速度运动，这一速度比总的气体流动速度大得多。虽然 Clausius 在当时已经是一位受人尊敬的科学家，但他的这项新学说遭到了各方的怀疑。其中一个主要的反对观点是基于气体需要长时间才能混合均匀的现象提出的。荷兰气象学家巴洛特(Ballot)提出了一个问题：如果分子移动得很快，那为什么屋子里的烟草味道会留存很久而不消散呢？作为回应，Clausius 重新验证了他的理论，并认为如果动力学理论是正确的，那么计算得到的分子速度也必然是正确的，这就使他看到了问题的关键，即分子并不是沿直线运动的，而是与其他分子不断相互碰撞。在这之前，人们普遍认为气体分子太小，仅会与承载它们的容器壁碰撞，相互之间并不会发生碰撞。有趣的是，认为气体分子相互碰撞的学说和认为气体分子不相互碰撞的学说对于气压的宏观解释是相同的。这是因为施加在容器壁的气压仅仅与容器壁附近分子的密度与速度分布有关，气压表征的是分子动能的平均值。Clausius 总结出气体中分子通常沿直线运动，直到与附近的分子碰撞，一个分子碰撞前所运动的平均距离称为平均自由程。即使在很低的气压下(低气体密度)，分子间的相互碰撞也十分频繁。

气体动力学理论通过平均自由程的概念得到了极大的发展。为了解释平均自由程 λ 的概念，通常将分子看作静态固体球，就像弹球一样。图 8-3 是半径为 r_2 的粒子束与半径为 r_1 的气体分子的碰撞示意图。一种气体分子半径为 r_1，密度为 N，另一种粒子束半径为 r_2，当气体分子与该粒子束间的距离小于 r_1+r_2 时，碰撞发生。这一有效碰撞半径也被称为碰撞参数 b。粒子束的面积是 A，且运动速度比气体分子快得多，通量为 Γ。当粒子束穿过气体时与气体分子发生碰撞，形成散射，使得通量降低。在距离初始位置 x 时，通量从 $x=0$ 时的初始值 Γ_0 下降到 $\Gamma(x)$。

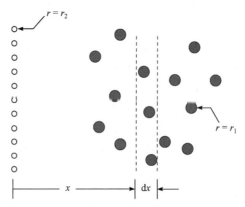

图 8-3　半径为 r_2 的粒子束与半径为 r_1 的气体分子的碰撞示意图

当粒子束遇到气体分子，且距离小于有效碰撞半径时，碰撞发生。碰撞发生的概率与气体分子的横截面积和粒子束穿过厚度为 dx 的气体所用的时间有关。如图 8-4 所示，气体分布均匀，且密度为 N，粒子束面积为 A。到达距离 x 并在从 x 运动到 $x+dx$ 时发生碰撞的粒子的通量与粒子束面积 A 成正比，该粒子束面积 A 被具有有效碰撞半径 b 的分子占据。

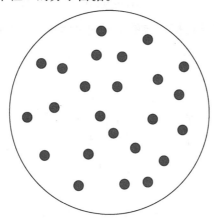

图 8-4　当粒子束运动距离为 dx 时会在其运动区域 A 内观察到 $NAdx$ 个分子

对于横截面面积为 A 的粒子束穿过密度为 N 的气体：一个气体分子占据的面积是 πb^2；横截面面积为 A，长度为 dx 的空间内包含的气体分子数是 $NAdx$；$NAdx$ 个分子所占据的总面积是 $\pi b^2 \cdot NAdx$。

当分子束穿过气体到达距离 x 之前，就会发生一些碰撞。如果分子到达距离 x 且未发生碰撞的数量是 $\Gamma(x)$，而 $d\Gamma$ 是到达距离 x 未碰撞且在 dx 距离内发生碰撞的分子数，则在 x 到 $x+dx$ 之间发生碰撞的分子数与气体分子占据的面积成正比，可表示为

$$d\Gamma = -\Gamma(x)\frac{\pi b^2 \cdot NAdx}{A} = -\Gamma(x) \cdot N \cdot \pi b^2 \cdot dx \tag{8-12}$$

两边取积分得

$$\int_0^x \frac{d\Gamma}{\Gamma(x)} = -\int_0^x N \cdot \pi b^2 \cdot dx$$

之后得

$$\Gamma(x) = \Gamma_0 e^{-N \cdot \pi b^2 \cdot x} = \Gamma_0 e^{-(x/\bar{\lambda})} \tag{8-13}$$

尽管与实际相差很大，但这些利用"弹球"模型得到的方程是令人满意的，

这是因为物理意义上的碰撞与此完全不同。例如，当两个粒子相互靠近，因为分子并没有一个确定的半径，很难去界定是否发生碰撞。为了解决这些更为实际的问题，通常用碰撞截面面积$\sigma(v)$来表示"有效碰撞面积"。碰撞截面面积与碰撞参数的关系为

$$\sigma(v) = \pi b^2 \tag{8-14}$$

碰撞截面面积取决于碰撞双方的相对速度(动能)。碰撞截面面积与平均自由程的关系为

$$\lambda = \frac{1}{\sigma N} \tag{8-15}$$

实际上，分子的有效半径(或碰撞截面面积)会因状态不同而发生变化。碰撞截面面积的大小等于碰撞分子的总目标面积，与相对速度密切相关：

$$\Gamma(x) = \Gamma_0 e^{-(N\sigma)x} = \Gamma_0 e^{-(x/\lambda)} \tag{8-16}$$

其中，λ是平均自由程。

根据式(8-16)可知平均自由程按照分布函数分布。当分子束向某一个方向移动时，有些分子会在到达x前就发生碰撞。设$\Gamma(x)$为到达x时未发生碰撞的分子数，则$\mathrm{d}\Gamma$表示在$\mathrm{d}x$距离内发生碰撞的分子数。

分子平均自由程的大小是统计意义上的，并且取决于气体密度。有些分子可以在碰撞间隙运动很长距离，而有些分子则频繁碰撞。因此，分子平均自由程会沿λ分布。图 8-5 所示是归一化平均自由程的分布函数，这一分布并没有最大值。当$x = \lambda$时，37%分子的平均自由程大于或等于λ。

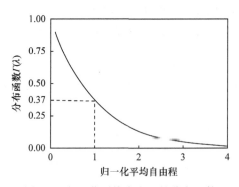

图 8-5　归一化平均自由程的分布函数

8.1.2　气体电离的动力学理论

8.1.1 小节讨论了气体碰撞的物理过程以及分子能量分布。将分子看作硬的

固态实体(如弹球)，这一高度简化假设体现了碰撞概念的重要性。

通常来说，碰撞可分为弹性碰撞和非弹性碰撞。对于弹性碰撞，两个碰撞物体之间并不进行能量交换，但动能会被重新分配。Clausius 提出的分子会与其他分子进行碰撞，被假定为弹性碰撞。对于非弹性碰撞，两个碰撞物体之间会发生能量交换以及复杂的反应，可能导致分子和带净电荷粒子的产生。

一旦有了带电粒子的存在，原本绝缘的气体会开始表现出导体的特性。气体的导电性与其所带自由电荷数量成比例，且与自由电子、离子及其运动速度遵从复杂的函数关系。了解气体中带电粒子的产生对后续的学习是非常有益的。

8.1.2.1　从电场中获得能量

当存在电场 E 时，带电粒子数量和分子碰撞频率都会大幅提高，这是因为带电粒子在电场运动过程中会获得能量。电子及其他带电粒子和分子受到的电场力 F 为

$$F = qE = ma \tag{8-17}$$

其中，q 为粒子净电荷；m 为粒子质量；a 为加速度矢量。电场并不影响中性分子的运动。需要注意的是，带电粒子是沿电场矢量方向运动的。带电粒子被电场力加速，其动能也就提高了。从电场中得到的净能量可以在非弹性碰撞中传递，产生更多的自由粒子。

8.1.2.2　弹性碰撞

图 8-6 是带电粒子与分子的碰撞示意图。当带电粒子向一个气体分子运动时，首先会受到吸引力，但当粒子继续靠近，则会受到排斥力。假设碰撞过程中无能量交换，只有动量交换，这种力的反向会导致动量的方向改变。实际上，当两个分子碰撞时，它们的外层电子产生的电场会互相作用，在碰撞过程中电场会发生畸变，能量会被存储起来。关于这个现象更精确的解释涉及量子原理。

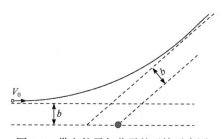

图 8-6　带电粒子与分子的碰撞示意图

8.1.2.3 非弹性碰撞

在非弹性碰撞中，两个碰撞物体之间会发生能量交换，碰撞前的一部分动能会转变为其中一个碰撞物体的势能。这种势能上的增加表现为粒子的电离或激发。对于一个原子或一个分子，最低能量状态称为基态，最高能量状态称为电离态，即分子价带失去电子的时候。分子基态能量和电离态能量的差值称为电离能。如果得到的能量小于电离能，但高于下一个高能量状态所需要的能量，那么外层电子会跃迁到更高能量状态，这种现象称为激发。激发态分子也被称作亚稳态分子，这是因为其寿命相对较长。

通常来说，只要出现了动能向势能的转变，就认为碰撞是非弹性的。非弹性碰撞中，能量会在碰撞物体之间交换，产生自由电荷，因此这种碰撞对气体放电的发展是非常重要的。

1) 电离

从气体分子中释放电子的过程被称为电离，电离反应可以表示为

$$A + B \longrightarrow A + B^+ + e$$

在电离反应中，两个中性分子碰撞，发生能量交换，交换的能量等于其中一个分子的电离能，最终产生一个正离子和一个自由电子。在热分布中，由中性分子发生上述电离反应产生的带电粒子通常较少。中性分子 A 和 B 的能量满足 Maxwell-Boltzmann 分布，因此在室温下能量交换能满足电离条件的情况很少(但不是没有)。事实上，自由电子的能量分布取决于电子温度。在中性气体中的自由电子称为热电子。

电离过程由电子在电场中的加速过程所主导，且初始电子的出现对电离过程的起始有很大帮助。气体中的电离可以产生自由电子。阴极电子发射(从固体中释放电子)也可以产生电子。电离过程会从一个分子中释放一个电子，同时产生一个正离子或是造成正电荷增加。这个过程对气体导电性有着至关重要的作用。

对于电场中的气体，电荷产生主要取决于电子碰撞电离。由于电子体积很小，自由程较长，可以很快从电场中获得能量，而这部分能量可用于碰撞中的能量交换。这个过程可以总结为

$$A + e \longrightarrow A^+ + e + e \quad (\text{电子碰撞电离})$$

其中，A 为气体分子；A^+ 为气体正离子；e 为电子。

碰撞电离反应的产物是一个正离子、一个二次电子和最初的碰撞电子。需要注意的是，碰撞(初始)电子在反应中并没有消失，而是继续存在，但至少损失了大小等于气体电离能的能量。碰撞电离可以说是气体击穿中最重要的过程，但只有碰撞电离是不够的。这个简单的模型解释了气体中的电子散射过程。一般来

说，电子散射截面面积是电子能量和碰撞类型的函数。

碰撞电离发生的条件是电子具有比气体分子电离能大的能量，且在碰撞中把这部分能量传递给了气体分子。电子在电场中受到电场力的影响而加速，从而获得动能。电子平均自由程定义为电子在碰撞前所经过的平均路程。

图 8-7 是电子在电场中的运动过程示意图。尽管电子原本的运动方向是电场线方向，但由于碰撞，电子的路径并不是一条直线。这说明碰撞电离所需要的能量只能在电子沿电场线方向运动时得到。设沿电场线方向的平均自由程为 λ_{Ei}，当电子运动距离为 λ_{Ei} 时获得的能量必须大于等于气体电离能：

$$q_e E \cdot \lambda_{Ei} \geqslant q_e V_i \tag{8-18}$$

其中，E 为电场；q_e 为电子电荷。

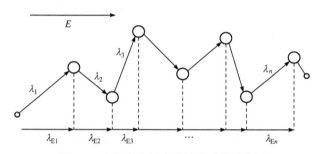

图 8-7　电子在电场中的运动过程示意图

2) 光电离和激发态分子的碰撞

分子可吸收光子能量获得势能，尽管能量小于电离能，但足够使价电子跃迁到更高的激发态能级。激发态分子又称为亚稳态分子，这是因为其寿命较长，可达到 $1 \sim 10$ ms。亚稳态分子的产生过程如下所示：

$$A + B \longrightarrow A^* + B \text{ （激发态产生）}$$

其中，A^* 是激发态分子。

分子可以在碰撞中从电子吸收能量变为激发态：

$$A + e \longrightarrow A^* + e \text{ （电子碰撞激发）}$$

当激发态分子与电子碰撞时，可以发生分级电离，也就是激发态电离：

$$A^* + e \longrightarrow A^+ + e \text{ （分级电离）}$$

激发态分子寿命越长，发生吸收能量碰撞的概率越大，且发生电离的概率越大。激发态分子发出的小部分能量能够使电子回到基态，并通过去激反应释放光子：

$$A^* + e \longrightarrow A + hf + e \text{ （去激发态）}$$

其中，h 为普朗克常数；f 为发射光子频率。

除了光子发射，传递动能给碰撞电子也能减小激发态分子势能，但这一过程要求分子有很大的动能，足以发生电离。离子和电子的复合过程也会产生光子：

$$A^* + e \longrightarrow A + hf \quad (\text{电离复合})$$

下面列出了其他涉及电子的碰撞反应：

$$A^* + e \longrightarrow A^{**} \quad (\text{双电子激发})$$

$$A^{**} \longrightarrow A^+ + e \quad (\text{自电离})$$

$$A^{**} \longrightarrow A + hf \quad (\text{双电子复合})$$

产生的光子可以电离其他分子。光电离过程，即分子吸收光子发生电离的过程，对气体放电的发展非常重要：

$$A^* + hf \longrightarrow A^+ + e \quad (\text{分级光电离})$$

$$A + hf \longrightarrow A^+ + e \quad (\text{光电离})$$

上面所述的直接光电离过程意味着光子能量必须超过电离能才能发生光电离。实际上，由于涉及辐射与物质相互作用，光电离是一个非常复杂的过程。详细地说，波长 125nm(紫外)的光子能量为 9.9eV，几乎能电离所有的气体，然而几乎所有分子和原子的电离能都大于 9.9eV。同时，灰尘或水蒸气可以通过吸收光子发射电子。在单原子气体中，可以将光子吸收简单地看成吸收的光子替代了一个电子；在多原子气体中，光吸收过程更多地表现为能带的吸收过程。所有的光电离过程都发生在 6~50eV。

3) 彭宁电离及其他复杂碰撞过程

彭宁电离是指一个中性分子和一个激发态分子碰撞发生电离的现象，可表示为

$$A^* + B^* \longrightarrow A^+ + B + e \quad (\text{彭宁电离})$$

激发态分子可能是杂质气体分子，也可能是工程混合物，称为彭宁混合物。彭宁混合物是惰性气体 B 与少量急速冷却气体 A 的混合物。这里需要对气体进行选择，使气体 A 的电离能低于气体 B 的第一激发态能量。惰性气体 B 在碰撞过程中被激发，并通过彭宁效应使气体 A 电离。气体中的少量杂质或工程混合气体都可能导致彭宁效应发生。最常见的彭宁混合物的工程应用是霓虹灯，里面填充的并非纯氖气，而是加了不高于 2%的氩气。这种气体混合物比单独的两种气体都更容易电离，因此不需要施加高电压。在等离子体显示屏应用中彭宁混合气体通常为氦气或氖气混合少量的氙气，气压在几百托。气体电离探测器也使用了彭宁混合气体，通常是氩-氙、氖-氩或氩-乙炔混合。

涉及正离子和中性粒子的还有多种碰撞反应：

$$A^+ + e + e \longrightarrow A^* + e \quad (\text{三体碰撞})$$

$$A^+ + B \longrightarrow A^+ + B^* + e \quad (\text{离子碰撞电离})$$

$$A^+ + B + e \longrightarrow A^* + B \quad (\text{三体碰撞})$$

$$A^+ + B \longrightarrow A^+ + B^+ + e \quad (\text{离子碰撞电离})$$

需要注意的是，碰撞过程本身是统计属性的，必须通过微观测量手段得到。气体中带电粒子最重要的微观过程包括电场中的漂移、扩散、电离、激发、散射、形成离子团、电子与分子的附着与脱附，以及电子与离子的复合和电荷交换等。

8.1.2.4 总碰撞截面面积

在 8.1.1.2 小节，人们由原子的弹球模型引入了碰撞截面面积 σ 的概念。这个概念在描述碰撞过程及其产物时非常有用。每种碰撞过程都有碰撞截面面积，通常是关于碰撞粒子相对速度(能量)的函数。

如果单位路径内粒子经历了 σN 次碰撞，其中有些是弹性碰撞，有些导致了激发——被碰撞分子的价电子跃迁，有些会引起被碰撞分子电离。总碰撞截面面积是单个反应碰撞截面面积之和。例如，总碰撞截面面积 $\sigma(v)$ 可能包含三种主要过程的碰撞截面面积：电子碰撞截面面积 $\sigma_e(v)$、激发碰撞截面面积 $\sigma_{ex}(v)$ 和电离激发碰撞截面面积 $\sigma_{ion}(v)$。总碰撞截面面积等于这三种碰撞截面面积之和：

$$\sigma(v) = \sigma_e(v) + \sigma_{ex}(v) + \sigma_{ion}(v) \tag{8-19}$$

每种碰撞都有自己的平均自由程 λ_i，因此电子在气体运动过程中会出现各种各样的碰撞路径。图 8-8 是电子在电场作用下运动穿过气体示意图。

当电子穿过气体，与中性、未激发的分子发生碰撞所电离产生的电子数对放电研究很重要。电场方向上单位长度所产生的电子定义为电子碰撞电离系数 α，或者称为汤森(Townsend)第一电离系数，与电离截面相关。

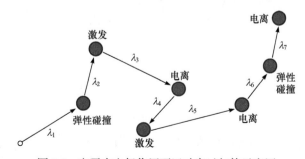

图 8-8 电子在电场作用下运动穿过气体示意图

8.2　击穿的早期实验

8.2.1　Paschen 定律

最早的击穿研究是由 Rue 等[5]于 1880 年和 Paschen[6]于 1889 年使用大型平行平板电极进行的，电极间距为 d，将其放置于恒定压强 p 和温度 T 的气体中，并施加稳定的电压 V。假定电极干净光滑，实验发现，对于任何给定的 p 和 d 值，施加电压 V 直至达到某个阈值 V_b 时，该气体几乎都是理想的绝缘介质，在该阈值电压下会发生电击穿并且可以通过大电流，该电流仅受外部电路阻抗的限制。此外，发现电压为气压与距离乘积(pd)的函数。根据这一重要结果，人们认识到放电是由阴极发射提供的电子和放射性射线或宇宙射线提供的自然偶发电子引发的。

Paschen 定律指出，对于给定的气体和电极材料，在均匀场条件下，击穿电压 V_b(或火花电压)是参数 pd 的唯一函数，可以表示为

$$V_b = \psi(pd) \tag{8-20}$$

简而言之，Paschen 曲线对于每种气体都是唯一的。图 8-9 是实验测量得到的氦击穿 Paschen 曲线。图中，击穿电压具有最小值$(pd)_{min}$，并且在任意一侧均迅速增加。在击穿电压最小值$(pd)_{min}$ 时，产生电离所需的能量通常是气体电离能的数倍。Paschen 曲线上击穿电压典型极值为 200～300V，$(pd)_{min}$～5mm Hg×cm。

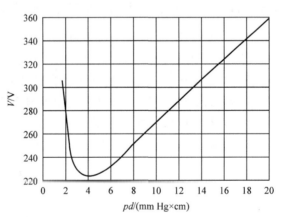

图 8-9　实验测量得到的氦击穿 Paschen 曲线[7]
(经牛津大学出版社许可引用，1mm Hg×cm =133pa×cm)

击穿的特征与 Paschen 曲线中的最小值有关。当 $pd<(pd)_{min}$ 时，Paschen 曲线的区域称为 Paschen 曲线的左侧。在此区域内，由于可用于碰撞的分子数量减少，在固定间隙 d 内，随着压力的减小，V_b 迅速增加。为了发生击穿，必须通过

高电场提供电离，导致 Paschen 曲线的左侧击穿电压随 pd 值减小而急剧增大。在 Paschen 曲线最小值的右侧，当有足够数量的散射粒子发生电子倍增时，电离将在中等电场条件下发生，并且击穿电压随 pd 值增大而缓慢增大。原则上，击穿电压可以为无穷大，但实际上不是的，这是因为随着电压的增大，场发射产生的电子更多，击穿更容易发生。

8.2.2 Townsend 实验

1901 年，Townsend 着手研究低于 100Torr 气压下气体放电过程。图 8-10 是研究预击穿的实验装置示意图。该装置由一个阳极(A)和一个阴极(K)组成，间隙距离为 d，并连接到一个非常稳定的可调电压源 V。电压源是一个电池组，它提供的电压约为 2kV，在平板电极之间建立了均匀的电场($E_0 = V_0/d$)，来自火花开关的紫外线照射阴极表面，在施加低电压下，在阳极上收集到一个较小的由光电子产生的初始电流 i_0[8, 9]，约 10^{-13}A。

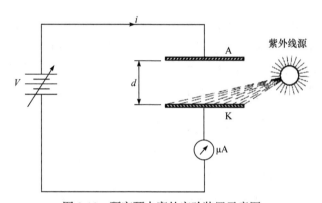

图 8-10 研究预击穿的实验装置示意图

Townsend 发现，在间隙固定的条件下，电压的增加会导致电流 $i(V)$ 的增大，直到产生火花。但是，他还发现，当电压保持恒定时，电流取决于间隙距离 d。显然，电流是施加电压 V 和间隙距离 d 的函数。

Townsend 认为电子与中性原子的碰撞可产生额外的电子，并假定需要一定的临界能量(不同分子的特性不同)来释放电子。因此，初始电子的获得必须超过临界能量，该能量称为电离能。应该注意的是，在 Townsend 实验中，放电不一定会产生发光，有时也称为 Townsend 暗放电。图 8-11 所示是典型的气体放电的伏安特性曲线，其中标识出三个区域(Ⅰ、Ⅱ和Ⅲ)。

8.2.2.1 区域Ⅰ：无电离区域

随着电压逐渐增加，电流增大，直到达到饱和值 i_0，这是因为阴极的紫外线

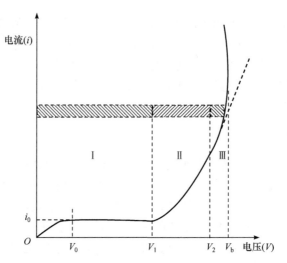

图 8-11 典型的气体放电的伏安特性曲线

照射，也就是光发射产生的电荷载流子，在非常低的电压 $V<V_0$ 时，只有一小部分饱和电流在电路中流动，由于阴极发射的电子与气体分子的碰撞而沿随机方向散射。随着施加电压的增加，电场引起的电子定向平均漂移速度分量超过平均随机速度分量，因此由阳极收集的电子数量也增加。

8.2.2.2 区域Ⅱ：Townsend 第一电离区

当电压增加到超过 V_1 时，电流增加到大于 i_0 的水平。该电流的增加是由气体分子与初始电子之间的电离碰撞所产生的额外电子的流动引起的。Townsend 发现，在区域Ⅱ中，以半对数标度绘制时，在阳极处测得的归一化电流与间隙距离 d 成正比：

$$\ln \frac{i(d)}{i_0} = \alpha d \text{ 或 } i(d) = i_0 \mathrm{e}^{\alpha d} \tag{8-21}$$

换言之，在区域Ⅱ中，电流随着间隙距离增大呈指数增加。Townsend 第一电离系数 α，定义为电子沿电场在 1cm 路径中发生电离的次数，其大小取决于气体种类，并且是施加电场的强函数。Townsend 第一电离区的主要特征是发生了电子崩，如 8.2.4 小节所述。

8.2.2.3 区域Ⅲ：Townsend 第二电离区

当电压进一步增加到超过 V_2 时，发现电流的增加要比Ⅱ区(放电不能自我维持)快得多，被称为自持放电。当放电是自持时，即使移除了最初的电子源，放电仍持续进行，也会发生电击穿。也就是说，单电子崩不充分时不足以引起电路限制电流，并且 Townsend 击穿需要另一种机制来产生后续雪崩过程。Townsend 假定后续雪崩是由正离子造成的，这些正离子与初始电子发生电离碰撞，轰击阴极并释放出电子，这些电子被称为次级电子，并充当后续雪崩的种子电子，电流增长的表达式将在 8.3.1 小节推导。

8.2.3 Paschen 定律修正

Paschen 曲线与 Townsend 放电紧密相关，并且可由 Townsend 第一电离系数 α 和 Townsend 系数 γ 得到。Townsend 第一电离系数 α 又称为气体电离系数，上文已有叙述。Townsend 系数 γ 指初始电子崩中正离子撞击阴极表面时从阴极表面释放的平均次级电子数。气体电离系数 α 的单位是每厘米电离数，与电场强度相关，通常表示如下：

$$\frac{\alpha}{p} = f\left(\frac{E}{p}\right) \tag{8-22}$$

对于在 Paschen 定律范围内的气压环境，Townsend 总结了如下的半经验公式：

$$\frac{\alpha}{p} = A\exp\left(\frac{-B}{E/p}\right) \tag{8-23}$$

每种气体有且只有一对 A 和 B 的值。表 8-1 给出了常见气体常数的典型值。但是，需要特别注意，表 8-1 给出的许多值都是使用未知纯度的气体获得的。

表 8-1 常见气体常数的典型值[10]

气体	$A/(\text{Torr·cm})$	$B/(\text{V}/(\text{Torr·cm}))$	$(E/p)/(\text{V}/(\text{Torr·cm}))$
空气	14.6	365	100~800
N_2	12	342	100~600
H_2	5.1	138.8	20~600
He	3	34	20~150
Ar	13.6	235	100~600
CO_2	20	466	500~1000

表 8-1 给出的常数值仅可用于限定 E/p 范围内的估算。在推导这种关系时，Townsend 假设电子并不会从碰撞中获得能量，且电场非常强，以至于电子只沿电场方向运动，且当能量小于电离能时，发生电离的概率为零，当能量大于电离能时则一定发生电离。实际上，第一电离系数 α、施加电场 E 和气压 p 之间的关系非常复杂，需要持续研究。

关于 α 和 E 之间的关系也有其他拟合得更好的函数形式，但是式(8-23)是最常被引用的，不仅出于历史原因，而且因为它产生了一些有助于解释实验现象的分析处理方法，如 Paschen 曲线的函数形式。

Paschen 曲线拟合式为

$$V_b = \frac{B(pd)}{C + \ln(pd)} \tag{8-24}$$

$$C = \ln A - \ln\left\{\ln\left(1 + \frac{1}{\gamma}\right)\right\} \tag{8-25}$$

当 pd 值低于 200Torr·cm 时，实验结果与式(8-24)相吻合[11]。常数 C 考虑了 γ 的弱(二次对数)影响，其中 γ 是次级电子在受到离子碰撞时将从阴极中发射的可能性。表 8-1 中是常见气体常数的典型值。常数 A 和 B 只与气体种类有关，并随气体类型变化而变化。因此，即使 Paschen 曲线有其固有特征形状，但 Paschen 曲线的特征形状会随气体而显著变化。图 8-12 是多种常见气体的 Paschen 曲线[12]。

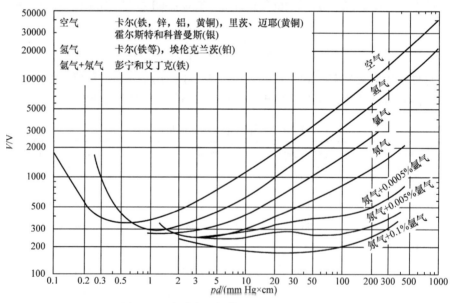

图 8-12　多种常见气体的 Paschen 曲线[12]
(经牛津大学出版社许可引用，1mm Hg×cm =133pa×cm)

由于击穿电压是参数 pd 的数学函数，因此 Paschen 曲线的极值可由式(8-24)和式(8-25)计算得到。最低击穿电压 $(V_b)_{min}$ 和其在 Paschen 曲线上的位置 $(pd)_{min}$ 为[13]

$$(V_b)_{min} = \frac{2.718 \cdot B}{A} \cdot \ln\left(1 + \frac{1}{\gamma}\right) \tag{8-26}$$

$$(pd)_{min} = \frac{2.718}{A} \cdot \ln\left(1 + \frac{1}{\gamma}\right) \tag{8-27}$$

如果间隙上的电压低于 $(V_b)_{min}$，则无论气压或间隙距离如何，均匀电场的间隙都不会发生击穿。

式(8-26)和式(8-27)表明，Paschen 曲线上极小值的位置及其相关的击穿电压取决于阴极材料的 γ 参数和阴极材料的状态，如图 8-13 所示，其中各种阴极材料下氢气的 Paschen 曲线都接近最小值。值得注意的是，击穿电压的大小和最小值的位置都受到影响。Paschen 最小值处击穿电压的典型值约为 300V 等级[14, 15]。

空气也许是工程应用中最重要的气体，并且已经进行了广泛的研究，同时提出了许多数值关系式。在室温下，甚至在低气压下，大于 $100\mu m$ 间隙的 pd 值与 Paschen 曲线右侧符合较好，且击穿电压呈线性增长。

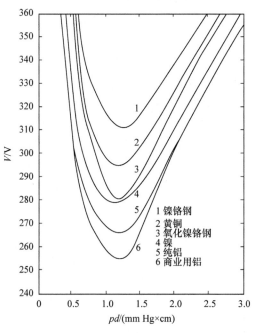

图 8-13　不同阴极材料下氢气的 Paschen 曲线[15]
(经牛津大学出版社许可引用)

在空气中，击穿电压为[16]

$$V_b = 24.22 \times \frac{pd}{760} \cdot \frac{293}{T} + 6.08 \times \sqrt{\frac{pd}{760} \cdot \frac{293}{T}} \tag{8-28}$$

其中，p 为压强，单位 Torr；T 为气体温度，单位 K；d 为间隙距离，单位 cm；

V_b 为击穿电压，单位 kV。

从式(8-28)可以推测，在恒定压力下，击穿电场不是恒定值，而是随间隙距离而变化的。示例 8.2 对此进行了验证，并与实验数据进行了对比。

Paschen 曲线源于均匀电场，但有一定适用范围。实际上，在长间隙(或高气压)和非常短间隙(或低气压)下测量得到的击穿电压低于 Paschen 曲线预测值。对于长间隙，空间电荷效应会加剧电场不均匀性；对于非常短间隙，电极表面粗糙度会影响电场均匀性。因此，由于强电场的存在，场致发射在高气压或低气压中起着重要作用。修正过的 Paschen 曲线可用于微小间隙(长度在微米量级)[17, 18]。

在非均匀场中，也可得到类似的 Paschen 曲线，但缺乏均匀场中 Paschen 曲线的普适性。这是因为，在非均匀场中，放电非常依赖于局部场强中的第一电离系数 α。在实践中，对非均匀场情况，如在气体开关中，测量到的击穿电压对一个固定间隙来说是气压的函数，即自击穿电压或 V-p 曲线。

8.2.4 电子崩

电子崩是由初始电子形成的，这些初始电子可以自然存在，也可以由金属表面光电发射产生。在施加电场的作用下，自由电子被加速，并与背景中性气体分子碰撞，使分子电离，产生新的电子。这些新的电子继续被施加电场加速并发生碰撞，从而导致气体分子进一步电离而产生更多电子。通过连续碰撞而持续产生自由电子的过程称为电子崩电离，如图 8-14 所示。在这种方式中气体中的电子数量呈指数增长。

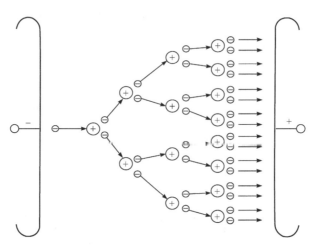

图 8-14 均匀电场中由单个电子引发的电子崩电离

这种由初始电离过程产生电子崩的现象在 Townsend 第一电离区有所描述。它最初由 Townsend 提出，后来他也给出了数学模型。Townsend 推测，由紫外线源产生的初始自由电子在电场的作用下穿过间隙时会产生种子电子。电子电流与电子密度之间的关系为 $I = q_e n v_d$，其中 q_e 为电子电荷，n 为电子密度，v_d 为电子漂移速度。因此，可由式(8-21)直接推导出间隙距离为 d 时，到达阳极的电子数量为

$$n(d) = n_0 e^{\alpha d} \tag{8-29}$$

Townsend 第一电离系数 α 描述了包括数种碰撞的复杂物理过程。通常来说，电子密度为 $n(x)$ 的电子云从阴极穿过一定距离 $x + \Delta x$ 后，电子密度增量 $dn(x)$ 为

$$dn(x) = n(x) \cdot \alpha \cdot dx \tag{8-30}$$

在初始条件为 $n(x = 0) = n_0$ 的情况下对式(8-30)进行积分得

$$n(x) = n_0 e^{\alpha x} \tag{8-31}$$

因此，当一个初始电子从阴极起始向阳极漂移的过程中，由于气体分子电离会产生多个种子电子，种子电子又会引起进一步的电离而产生更多的自由电子，最终导致电流指数级增大。

电子在电场中被加速并以漂移速度(约 10^7cm/s)穿过气体间隙。快速前进的电子云留下正离子团在后面，这些正离子团受到与电子方向相反的电场力，加速向阴极漂移。由于它们质量很大，因此正离子团的漂移速度(约 10^5cm/s)远小于电子漂移速度。带电粒子之间的速度差异导致带电粒子分离。另外，同极性电荷间的排斥也会导致电子崩头部带电粒子扩散。这种带电粒子运动的结果是电子集中于电子崩头部，正离子分布于整个电子崩尾部，正离子最大密度出现在电子崩头部的后面。这种通过碰撞使带电粒子倍增并产生电荷分布的过程称为 Townsend 雪崩或电子崩。

图 8-15 是单电子崩中带电粒子分布和拍摄的照片。图 8-15(a)展现了当单电子崩发展到距阴极 x 时的带电粒子分布图。图 8-15(b)是拍摄于 Wilson 云室中电子崩照片之一[19]。Wilson 云室是一个装有超饱和蒸气的密闭容器，在 20 世纪 50 年代气泡室出现之前，该云室曾广泛应用于粒子探测。离子由于其运动特性可看作冷凝原子核，因此可以记录它们的轨迹。电子崩的运动速度取决于电子漂移速度，只要存在外部照射，该过程就会持续进行。在区域Ⅱ中，电流增长的一个重要特征是，如果移除了紫外线源，则会导致式(8-21)中的条件 $I_0 = 0$，并且电流衰减至零。需要指出的是，虽然可以记录到电流的增长，但放电不是自持的，也不属于电击穿。

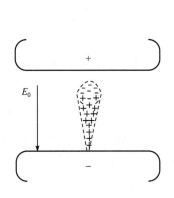

(a) 单电子崩中带电粒子的分布　　(b) 雷瑟在云室中拍摄的电子崩照片

图 8-15　单电子崩中带电粒子分布和拍摄的照片[19]

(经牛津大学出版社许可引用)

8.3　火花放电形成机理

气体击穿的理论主要有两种机制：Townsend 放电和流注放电。有趣的是，这两种机制都是从初始电子崩发展而来，它们具有相似的参数 pd 和 E/p，其中 p 为气压，d 为间隙距离，E 为施加电场的大小。在参考文献[20]中可以找到有关气体间隙击穿发展的理论和实验论述。

Townsend 放电是由均匀电场中连续电子崩的发展而导致的电击穿，因此需要较长的形成时间，电子崩以电子漂移速度行进，而缓慢移动的离子对于后续电子崩的发展至关重要。随着高压脉冲发生器的发展，开始出现了 Townsend 理论无法解释的击穿实验现象。罗戈夫斯基测得的时延比电子输运时间短[21]。其他实验结果也表明，对于高气压和长间隙，击穿电压在很大程度上与阴极材料无关。此外，放电击穿具有丝状特征，这与 Townsend 理论不一致，为解决这些矛盾发展出了流注理论。

Townsend 理论适用于均匀电场条件下较低 pd 值，流注理论则适用于高气压、长间隙距离、过电压击穿和不均匀电场几何形状等场合。

8.3.1　Townsend 放电

Townsend 理论中，电击穿是通过连续电子崩的发展而引起的。由于单电子崩不足以形成全电路限制流，因此必须形成二次电子崩。Townsend 击穿需要通过后续电子崩产生额外电流，而电子崩又需要产生次级电子。Townsend 假定，初始电子崩轰击阴极并发射电子(称为"次级电子")时,正离子会产生二次机制。

令 n_0 表示从阴极发射的初始电子数量,n_s 表示离开阴极的次级电子的总数,则离开阴极的电子总数 n_T 为

$$n_T = n_0 + n_s \tag{8-32}$$

如果 γ 是间隙中每次电离碰撞在阴极产生的次级电子数量,则产生的次级电子的数量是

$$n_s = \gamma \cdot n_T \cdot \left(e^{\alpha d} - 1\right) \tag{8-33}$$

因为通过与中性原子的碰撞,每个离开阴极的电子平均产生 $(e^{\alpha d}-1)$ 个额外的电子,所以如果在间隙中有 n_T 个电子,则平均发生 $n_T \cdot \left(e^{\alpha d} - 1\right)$ 次电离碰撞。

将式(8-32)和式(8-33)结合起来可得出

$$n_T = n_0 + \gamma \cdot n_T \cdot \left(e^{\alpha d} - 1\right) \tag{8-34}$$

整理可得

$$n_T = \frac{n_0}{1 - \gamma \cdot \left(e^{\alpha d} - 1\right)} \tag{8-35}$$

到达阳极的电子数量为

$$n(d) = n_T e^{\alpha d} = \frac{n_0 e^{\alpha d}}{1 - \gamma \cdot \left(e^{\alpha d} - 1\right)} \tag{8-36}$$

在阳极处测量的稳态电流为

$$i(d) = \frac{i_0 e^{\alpha d}}{1 - \gamma \cdot \left(e^{\alpha d} - 1\right)} \tag{8-37}$$

数学上,可以通过将式(8-37)中的分母设置为零,得出 Townsend 击穿判据:

$$1 - \gamma \cdot \left(e^{\alpha d} - 1\right) = 0 \tag{8-38}$$

因为 $e^{\alpha d} \gg 1$,所以上述关系式变为

$$e^{\alpha d} = \frac{1}{\gamma} \tag{8-39}$$

式(8-39)表明次级电子和后续电子崩的产生对于 Townsend 理论发生电击穿至关重要。

Raether 对次级电子和后续电子崩对于电击穿至关重要这一理论给出了一个很好的解释[19]。图 8-16 是 Townsend 理论初始电子崩产生、发展的演变过

程。在图 8-16(a)中，初始电子崩形成后，在阴极表面产生二次电子崩，引发了图 8-16(b)所示的后续电子崩。经过数代电子崩的发展后，正电荷在阳极表面附近积聚，如图 8-16(c)所示。后续电子崩继续发展，直到达到外电路限制电流。

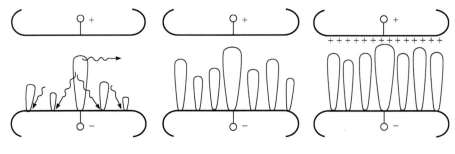

(a) 初始电子崩　　　　(b) 撞击阴极产生光子形成后续电子崩　　　　(c) 电路限制的电击穿

图 8-16　Townsend 理论初始电子崩产生、发展的演变过程[19]
(经牛津大学出版社许可引用)

Townsend 击穿常发生在短间隙的均匀电场中。短间隙是阴极产生二次电子崩的必要条件。由于气体电离系数 α 对电场的依赖性非常强，以至于即使均匀性扰动约 5%，也会产生足够的空间电荷，从而使施加的电场发生畸变，因后续电子崩不能发展而击穿。因为电子崩以电子漂移速度运动，并且可能需要数代电子崩，以产生足够的带电粒子来承载整个电路限制电流，所以需要较长的形成时延。此外，缓慢移动的离子(离子漂移速度比电子漂移速度慢 100 倍以上)对于后续电子崩的发展至关重要。后续电子崩是由次级电子产生而形成的，并且强烈依赖于阴极材料。Townsend 理论虽已广为人知，但由于预测需要详细了解阴极的状况(包括材料、表面粗糙度和杂质)，因此 Townsend 理论的应用受到影响。

8.3.1.1　多次级机制

Townsend 最初假定次级电子崩是由初始电子崩中产生的离子轰击阴极所产生的电子引发的。后来又发展出了其他理论。当能量足够高的光子被阴极吸收并发射电子时，光电效应也会产生次级电子。

正离子的次级电子发射系数 γ_i 定义为每个入射正离子轰击阴极所发射的电子数。光子的次级电子发射系数 δ 定义为每个入射光子在阴极发射的电子数。当电子到达阳极时，留下的正离子向阴极漂移。当这些位于电子崩头部后面的正离子撞击阴极时，将达到电子发射最大值。这个过程需要的时间称为正离子的渡越时间 τ_+：

$$\tau_+ = \frac{x}{v_d^+} \tag{8-40}$$

其中，v_d^+ 是正离子漂移速度。

对应于($\tau_- + \tau_+$)，下一个电子崩从阴极起始，并且这种持续过程导致了多个电子崩。图 8-17 所示是 $\gamma_i \cdot (e^{\alpha d} - 1) = 1$ 条件下 γ_i 过程的电流增长。图 8-18 所示是 $\delta \cdot (e^{\alpha d} - 1) = 1$ 条件下 δ 过程的电流增长。从图 8-17 和图 8-18 可以看出，由于正离子(约 10^5cm/s)和光子(约 10^{10}cm/s)的速度不同，因此 γ_i 过程的电子崩发展比 δ 过程慢得多。图 8-19 所示是 $\delta \cdot (e^{\alpha d} - 1) < 1$ 条件下 δ 过程的电流增长，子级电子崩小于其父级电子崩且会导致电流逐渐衰减。图 8-20 所示是 $\delta \cdot (e^{\alpha d} - 1) > 1$ 条件下 δ 过程的电流增长。在 $\delta \cdot (e^{\alpha d} - 1) > 1$ 条件下，随着电子崩的发展，会产生更大的后续电子崩，电流快速增大，间隙迅速击穿。引发击穿的后续电子崩的电子可能来自许多次的碰撞过程。

Townsend 放电的传播速度取决于所施加电场中的电子漂移速度，约为 10^7cm/s。其特征在于击穿的形成时间相对较长，并且间隙中的空间电荷不足以使施加的电场畸变。Townsend 放电开始的阈值电场称为临界电场，对于空气

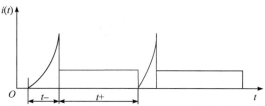

图 8-17　$\gamma_i \cdot (e^{\alpha d} - 1) = 1$ 条件下 γ_i 过程的电流增长

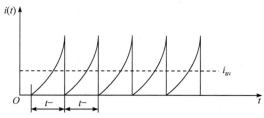

图 8-18　$\delta \cdot (e^{\alpha d} - 1) = 1$ 条件下 δ 过程的电流增长

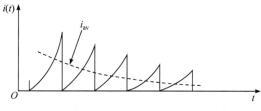

图 8-19　$\delta \cdot (e^{\alpha d} - 1) < 1$ 条件下 δ 过程的电流增长

而言是 26kV/(bar·cm)，对于 SF$_6$ 而言是 89kV/(bar·cm)。在 Townsend 击穿中，可能存在发光或放电，也可能保持黑暗。

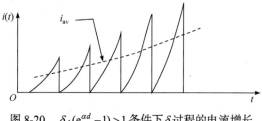

图 8-20 $\delta \cdot (e^{\alpha d} - 1) > 1$ 条件下 δ 过程的电流增长

8.3.1.2　广义 Townsend 击穿判据

众多二次过程的影响可以用一个二次系数 ω 来表征[22]，该系数是关于 (E/p) 和 x 的函数。Schumann 指出，从 Townsend 理论公式的结构出发进行分析，实验中应能观察到极性效应，但实际上未能观察到。为了解释这一现象，他提出了广义二次电离系数 $\omega(x)$，该系数与第一电离系数 $\alpha(x)$ 成正比[23]。Townsend 电流为

$$i(d) = \frac{i_0 e^{\alpha d}}{1 - (\omega / \alpha) \cdot \left(e^{\alpha d} - 1 \right)} \tag{8-41}$$

其中，$\omega = \beta + \alpha\gamma_i + \delta + \varepsilon_m + \varepsilon_{ex} + \eta$，$\beta n_x dx$ 为 n_x 个正离子在电场中传播距离 dx 时碰撞产生的电子数，$\gamma_i n_x$ 为当 n_x 个离子入射到阴极上时产生的电子数，$\delta n_x dx$ 为当 n_x 个电子在电场中运动距离 dx 时由部分光子引起的阴极发射的光电子数，ε_m、ε_{ex} 为描述阴极上分子处于亚稳态和激发态效应的系数，η_p 为描述由光电离产生电子的系数。

上述各个系数统称为 Townsend 二次电离系数。ω / α 是广义 Townsend 二次电离系数，表示所有单个过程的综合作用[6, 24]。正离子和光子轰击阴极引起电子发射，正反馈过程有助于电流的增大，还包括正离子向阴极漂移产生的碰撞电离、气体的电离和空间电荷效应。通常，广义 Townsend 二次电离系数是关于 (E/p) 的函数，并且和电极结构有关。

区域Ⅲ中电流增长的一个重要特征是，在一定电压 V_b 时，由来自阴极的二次发射导致的正反馈变得足够强，以至于

$$\frac{\omega}{\alpha}\left(e^{\alpha d} - 1 \right) = 1 \tag{8-42}$$

从数学角度，当满足式(8-42)的条件时，电流无穷大。实际上，这种情况表明电流是"自持的"。当达到电压 V_b 时，即使移除了光源对阴极的照射也仍有电

流，这符合 Townsend 击穿判据。因此，电压 V_b 被称为火花电压或击穿电压，并且距离 d_s 被称为火花放电距离。

要注意的是，Townsend 击穿判据是用于稳态电流击穿的阈值条件，并且不会产生低阻抗电弧。轻微的过压状态，即 $\Delta V > (V - V_b)$，会导致火花间隙以足够低的火花阻抗迅速击穿，从而形成由外部电阻决定的限制电流。

8.3.1.3 非均匀场中的 Townsend 判据

尽管 Townsend 放电在均匀电场中有效，但 Townsend 判据可以转换为适合非均匀电场的形式：

$$\int_0^{x_0} \omega(x) \exp\left\{\int_0^x \alpha(x') \mathrm{d}x'\right\} \mathrm{d}x = 1 \tag{8-43}$$

其中，α 为第一电离系数；$\omega(x)$ 为广义二次电离系数；x 为沿着电子崩路径的坐标，x_0 为沿着击穿路径从电极表面到电子崩头部的总距离。Townsend 判据对于确定何时不会发生电击穿最有效。非均匀电场条件下，放电倾向于发展为空间电荷效应占主导地位的机制(流注状态，在 8.3.2 小节中进行介绍)，这是因为第一电离系数 α 是所施加电场的强函数，即 $\alpha(E)$。

8.3.1.4 电负性气体中 Townsend 判据的修正

在电负性气体中，去除电子的碰撞过程被称为"电子俘获"或"电子吸附"：

$$A + e \longrightarrow A^- \quad (电子吸附)$$

其中，A 是电负性气体的分子。

Geballe 等[25]修正了电子吸附的碰撞电离系数。当存在吸附时，电流增长方程[26]为

$$i(d) = \frac{i_0\left\{[\alpha/(\alpha - \eta)] \cdot \mathrm{e}^{(\alpha - \eta)d} - \eta/(\alpha - \eta)\right\}}{1 - \gamma[\alpha/(\alpha - \eta)](\mathrm{e}^{(\alpha - \eta)d} - 1)} \tag{8-44}$$

其中，η 为吸附系数，表示每厘米单个电子的吸附数量。

通常 $\bar{\alpha} = \alpha - \eta$。$SF_6$ 和空气是两种非常重要且经过大量充分研究的电负性气体，已广泛应用于脉冲功率源系统。

8.3.2 流注理论

Townsend 理论成功地解释了击穿电压与气体密度、电极间距之间的关系。但是，在随后的较大空气间隙研究中，用 Townsend 理论解释实验结果时出现了

困难。例如，在大气压下间距约为 1cm 的火花间隙，击穿时延非常短(小于
1μs)。当间隙承受的脉冲电压仅比直流击穿电压高几个百分点时，就会出现短形
成时延。Townsend 理论认为连续的电子崩击穿，电子崩的发展时间是由离子漂
移速度决定的。但是，由于正离子通过间隙的渡越时间约为 10μs，而观察到的
长间隙击穿的时延较短，不足以使正离子轰击阴极而产生一系列连续电子崩。
此外，长间隙的击穿似乎与阴极材料无关，也很难用 Townsend 理论解释这些
火花放电形成的分支和不规则增长，因此需发展一种新的电击穿理论来解释这
些现象[27]。

长间隙火花放电的照片显示，存在狭长的发光放电通道，该放电源自间隙的
阳极或中部，而不是 Townsend 放电所预期的大部分来自阴极的发展。这些放电被
称为"流注(streamer)"，即一束狭长的明亮的光带，一端在电极上，另一端在间隙
中间，朝着另一方向漂移。这一单词起源于德语单词"kanal(通道)"。现在绝大部
分文献中均使用"流注"一词，但偶尔也会出现"kanal 理论"这一说法。

经过大量的实验研究，Meek[28]和 Raether[29]于 1940 年分别独立提出了一种
火花通道的流注机理，分别是阴极主导(正)流注理论和阳极主导(负)流注理论。
流注理论预测了从单电子崩向自持放电的过渡过程。当电子崩头部的电荷密度足
够大，以至于使施加的电场发生畸变时，就会形成流注。也就是说，当电子崩头
部中的空间电荷产生的内电场的大小与施加电场的大小相当时，电子崩处于临界
状态易于发展成流注，且其发展速度要快得多。仅在均匀场中，已经发现电子崩
到流注的转变必然导致间隙的完全击穿[26]。

根据流注理论，气体击穿的基本条件是流注头部的空间电荷引起局部电场
的畸变。尽管流注理论的基本原理已为人们所接受，但流注如何演变成火花放
电仍是一个研究热点。由于难以定量描述电离过程，因此流注理论曾引起了很
多争议[30]。流注理论假定光电离在流注发展中起关键作用[31-33]，但电子崩能产
生高能光子引起气体电离的能力一直备受质疑。其他的电离过程，如激发原子和
逃逸电子的相关电离，也已被提出来解释流注的发展[32-35]。

8.3.2.1 流注起始的判据

火花放电的流注理论是在一系列实验观察基础上发展起来的，包括 Raether
和其他学者从云室观察获得的重要结果。1928 年，Slepian 观察研究了空间电荷
电场产生出一个单独电子崩及其对电子崩发展的影响[36]。Loeb[37]提出了一系列
电子崩形成一条横跨间隙的通道。Hippel 等[38]计算了连续电子崩产生的正空间电
荷，引起均匀间隙中电场的重新分布。计算结果表明，后续的电子崩过程中电离
作用得到了增强，这使得间隙击穿发生的时间与电子漂移速度一致。由此，1940
年 Meek[28]和 Raether[29]分别独立提出了流注理论。

流注起始判据是电子崩过渡到流注的条件，其具有两种形式，这两者基本上是等效的。一种形式由 Meek 提出，他假设当电子崩头部的空间电荷所产生的电场 E_r 与施加电场 E_0 相当(式(8-45))时，电子崩会转变为流注。

$$E_r \sim E_0 \tag{8-45}$$

另一种形式由 Raether[39]提出，他在云室中对电子崩和流注进行了大量的实验研究，测量得到了电子崩转变为流注的临界长度 x_{cr}。根据测量结果，他推导出了临界增益因子 αx_{cr}，它与电子崩转变为流注时头部的电子数量 N_{cr} 有关，N_{cr} 为

$$N_{cr} \sim 10^8 \tag{8-46}$$

上述这两种流注起始条件本质上是相同的。Meek 和 Raether 都对其假设进行了验证，即对比了均匀场中大气击穿电压的实验数据与预测值。事实上，由流注理论计算得到的均匀场中大气击穿电压与测量值相吻合不能作为这一理论的验证。应该更加关注对火花击穿物理过程的解释，火花击穿仅依赖于气体机理，和阴极效应的关系不密切。

1) Meek 的分析

Meek 提出了以下流注击穿理论：在均匀电场中，电子崩从阴极发射并向阳极发展，当电子崩向自持流注(从阳极到阴极发展的导电性丝状放电)转变时，发生放电击穿。

Meek 考虑了 Raether 从实验观察到的现象[19,29]，即单电子崩从阴极发展到阳极，并在阳极处达到临界状态，然后间隙击穿。Meek 提出了单电子崩向流注转变的临界条件：当电子崩中空间正电荷形成的径向电场与施加电场量级相当时，流注就会形成[28]。

Meek 认为，当电子崩中空间正电荷的径向电场 E_r 足够大，足以将一些在其外部释放的电子吸引到主电子崩通道中时，就会以光电离形式形成流注(但更靠近阴极)。Meek 假设，如果 $E_r \sim E_0$，就会发生这种情况。之前，Loeb 曾提出了对流注发展理论的粗略定性分析，其中主要考虑了由空间正电荷产生的电场畸变，但方向与外部施加电场方向相同[40]。虽然这以定性方式描述了击穿过程，但没有给出有关流注形成和击穿的定量标准。Loeb 等[40]确实证明了在火花条件下，电子崩中的空间正电荷与施加的电场处于相同数量级。Loeb 等[41]还指出，由空间正电荷产生的轴向电场畸变会抑制电子崩向阳极的发展，但有利于正流注向阴极的发展。Meek 通过使用径向电场量化判据来解决这个难题[28]。也就是说，空间电荷还会在径向(垂直于所施加电场)使电场畸变。

图 8-21 是电子崩中电荷的分布示意图。为了计算流注头部附近的电场，假设电子位于电子崩头部，产生电场畸变的离子包含在半径为 r 的球体中，且

刚好位于电子崩的后面。因为空间电荷分配过程是快速累积的过程，所以该模型是合理的。实际上，在 1cm 间隙的最后 10%中产生的离子大约是前 9mm 的 5 倍。

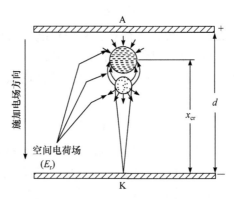

图 8-21   电子崩中电荷的分布示意图

Meek 认为球空间的半径为 r，包含的正离子密度为 N_i，表面电场 E_r 为

$$E_r = \frac{Q_{tot}}{4\pi\varepsilon_0 r^2} \tag{8-47}$$

球空间中包含的总电荷为

$$Q_{tot} = \left(\frac{4}{3}\pi r^3\right) \times (q_e N_i) \tag{8-48}$$

其中，q_e 是电子电荷。

结合式(8-47)和式(8-48)得出

$$E_r = \frac{r}{3} q_e N_i \tag{8-49}$$

若需要估计电子崩头部电子云后面正离子的密度，则假设电子崩中所有正离子都位于头部后方是不准确的。与电子相比，正离子的漂移速度较低，因此正离子在整个电子崩中呈圆锥形分布。但是，为了计算正离子带来的电场畸变，需要知道正离子密度 N_i，这一数值可能与电子崩从 x 扩展到 $x+dx$ 时产生的正离子数量 n_i 有关。

长度为 x 的电子崩中正离子数量 n_i 为 $e^{\alpha x}$，设当电子崩向前发展了距离 dx 时，新增加的正离子数为 $dn_i(x) = \alpha \cdot e^{\alpha x} dx$，假设这些离子分布在半径为 r、长度为 dx 的圆柱体中，则圆柱体的体积为 $(\pi r^2) \cdot dx$，可得到分布在电子崩头部电子云后面的正离子密度为

$$N_i = \frac{dn_i(x)}{\pi r^2 \cdot dx} = \frac{\alpha \cdot e^{\alpha x}}{\pi r^2} \tag{8-50}$$

通过扩散方程，Raether 推导得到了电子崩头部的尺寸与电子崩在电场中发展距离的关系[39]。当电子崩在间隙中发展时，电子崩头部主要由电子组成，通过扩散运动而发展：

$$r^2 = 2Dt \tag{8-51}$$

其中，时间 t 为

$$t = \frac{x}{v_e} \tag{8-52}$$

电子崩的速度由电子在气体中的运动速率决定，并与电子迁移率 μ_e、施加的电场 E 有关：

$$v_e = \mu_e E \tag{8-53}$$

式(8-51)可以表示为

$$r^2 = \frac{2D \cdot x}{\mu_e \cdot E_0} \tag{8-54}$$

将式(8-50)和式(8-51)代入式(8-49)可得

$$E_r = \frac{1}{3} \frac{q_e \cdot \alpha \cdot e^{\alpha x}}{r} = \frac{1}{3} \frac{q_e \cdot \alpha \cdot e^{\alpha x}}{\sqrt{2D \cdot x / (\mu_e E)}} \tag{8-55}$$

扩散系数 D 与电子迁移率 μ_e 之比为

$$\frac{D}{\mu_e} = \frac{k_B T_e}{q_e} \tag{8-56}$$

其中，T_e 为电子温度；k_B 为玻尔兹曼常数。

电子温度与电子从电场获得的电子能量有关：

$$\frac{3}{2} k_B T_e = q_e V \tag{8-57}$$

因此，Meek 通过估算材料特性并将 $x = d$ 设置为阴极主导(正)流注的阈值条件，得出了气压为 p 时空气中的临界场强：

$$E_r = 5.28 \times 10^{-7} \frac{\alpha e^{\alpha d}}{\sqrt{d/p}} \text{(V/cm)} \tag{8-58}$$

这一计算结果与实验结果是相符的[41, 42]。对于空气，当 $\alpha = 18.6$ 时，可满足式(8-58)。还应注意，Meek 和 Loeb 在推导式(8-58)时使用了由 Raether 从实验获得的参数。

2) Raether 的分析

Raether 的方法与 Meek 的方法相似，但他更聚焦于解释电子崩及其向流注过渡过程的测量和观察结果。Raether 假设，电子崩头部的电子密度达到临界值是电子崩转变为流注的必要条件，同时他将临界电子崩长度 x_{cr}(转变为流注时的电子崩长度)作为一个重要参数。与 Meek 理论不同的是，Raether 理论不要求主电子崩到达阳极以形成流注，而是允许临界电子崩长度小于间隙长度($x_{cr} < d$)，此时会出现负流注。

为了获得电子崩头部电场的近似值，Raether 假设正离子分布在球体中，该球体的半径是根据扩散过程及电子热能的经验值计算得出的。在大气中，电子的热能为 1.5eV。因此，大气中电子崩转变为流注的 Raether 判据为

$$\alpha x_{cr} = 17.7 + \ln x_{cr} \tag{8-59}$$

其中，x_{cr} 以 cm 为单位。

Raether 判据的阈值情况是，电子崩贯穿整个间隙并仅在阳极处达到临界条件，因此通过设置 $x_{cr} = d$ (间隙长度)得到流注起始判据，即式(8-59)变为

$$\alpha d = 17.7 + \ln d \tag{8-60}$$

因为自然对数函数是一个缓慢变化的函数，而间隙距离的范围相对较小，所以可通过以下公式估算式(8-60)：

$$\alpha d \approx 18 \text{ 或 } 20 \tag{8-61}$$

因此，根据 Raether 判据[43]，当电子崩头部的电子数达到临界值 N_{cr} 时，流注击穿发生：

$$N_{cr} = e^{\alpha x_{cr}} = 10^8 \text{ 或 } 10^9 \tag{8-62}$$

式(8-61)和式(8-62)都是 Raether 判据的形式。流注的击穿时间，可通过将 $\alpha \cdot x_{cr} = 20$ 代入式(8-52)得到：

$$\tau_f = \frac{20}{\alpha v_d} \tag{8-63}$$

式(8-63)表明流注形成时间主要由电子崩转变为临界状态所需的时间决定。

8.3.2.2　沿电子崩路径上的电场

无论施加电压的极性如何，流注都是以电子崩起始，从阴极传播到阳极。单电子在电场中加速并引起进一步的电离。当初始电子在施加电场的方向上移动了距离 x 时，生成的电子数为 $e^{\alpha x}$。数量 $e^{\alpha x}$ 有时被称为"增益因子"。

假设电子崩头部的电场可以径向电场 E_r 来表征空间电荷电场大小，将其与

电子崩头部沿轴线运动的电场 E_M 区分开，大致为

$$E_M = E_0 + E_r \tag{8-64}$$

Meek 判据并没有给出一个严格的数学关系式。当径向电场 E_r 与施加电场 E_0 相当时，电子崩头部的空间电荷开始使间隙中的电场畸变。径向电场 E_r 表示为

$$E_r = k' \cdot E_0 \tag{8-65}$$

进一步的研究结果表明，径向电场与施加电场的比率 k' 可能很小。当电子崩头部半径为 130μm 时(这是 Raether 在云室实验中得到的数值)，Meek 和 Loeb 计算出的径向电场 E_r 为 6kV/cm，仅为施加电场的 20%[41, 42]。此外，Raether 确定负流注的 k' 值非常接近 1[43]。通常，k' 值被认为为 0.1~1，这与 Meek 最初的 $k' = 1$ 的假设相反。值得注意的是，在推导电子崩电场时做出的许多假设，如假设空间正电荷集中在一个球体中，都是粗略的近似，因此无须过多地关注精确的 k' 值。

在电子崩头部的前面，空间电荷电场增强了沿轴向的电场强度：

$$|E_M| = (1 + k') \cdot E_0 \tag{8-66}$$

由于电荷的分离，电场也沿着电子崩的长度发生变化。电子以约 10^7cm/s 的速度运动，正离子由于质量较大而以约 10^5cm/s 的速度运动。因此，电子崩在间隙中逐渐发展为头部为电子云、尾部为空间正电荷分布的形式，如图 8-15 所示。图 8-22 是电子崩内电场受空间电荷分布的影响。

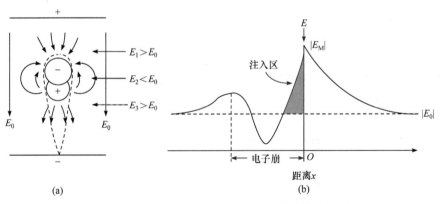

图 8-22 电子崩内电场受空间电荷分布的影响[19, 20]

(经牛津大学出版社许可引用)

8.3.2.3 流注形成过程

流注起始判据描述了电子崩转变为流注的条件。尽管对流注的概念进行了大量研究，但击穿判据自 1940 年引入后几乎没有变化。流注起始判据忽略了在电子崩达到临界尺寸和电压崩溃之间必须发生的所有物理过程，该判据假定当电子

崩达到临界尺寸时，不稳定状态持续存在并且电流变成自持，这种不稳定状态的本质和物理过程仍然是一个研究热点。

通过对电子崩附近电场的讨论可知，电子崩是由电场中的电子运动引发的，并从阴极向阳极的方向发展，然而二次电荷载流子产生的机制尚不清楚。由于击穿在任何极性下都会发生，因此流注可以从阴极向阳极发展，也可以从阳极向阴极发展。在后文中，将描述流注发展并导致击穿的物理过程。

由于物理过程取决于极性，因此流注的特性不同。阴极起始正流注与光电离紧密相关，因此放电发展速度很快，达到了约 10^8cm/s 数量级。阳极起始的负流注要比正流注发展得更慢，速度要低 1 个数量级。阴极起始正流注的起始阈值较低，因此在大多数与脉冲功率相关的应用中，正负流注会同时存在。下面将定性描述常见均匀场中的正负流注以及同时在两个方向上的流注起始机制。

1) 正流注

图 8-23 是 Meek 假设的正流注的发展过程。假定初始电子崩从阴极起始，沿施加电场方向发展，并在电子崩到达阳极时达到其临界电子崩尺寸。当电子崩穿过间隙时，电子进入阳极，而正离子仍位于间隙中延伸的锥形空间内，阳极附近的局部空间电荷强电场引起了在阴极方向的流注起始。这种阴极起始的流注，也称为正流注，是在光电离的帮助下形成、发展的。电子是由阳极附近的高密度电离气体发出的光子产生的，这些光电子充当流注的辅助电子崩的种子电子，而这些电子崩被运动的流注头部中的空间正电荷产生的强电场所吸引，辅助电子崩沿着主电子崩的轴向，在空间电荷场与施加电场同向的地方辅助电子崩会发生很强的电子倍增过程。流注吸收了新的电子崩，中和了一些电荷，并使流注向阴极方向运动，该过程发展成一种自持的流注，从阳极向阴极延伸，并在电极之间发生高密度电离气体的丝状放电。图 8-24 是 Raether 描述的阴极起始的正流注。

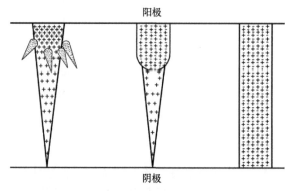

图 8-23　Meek 假设的正流注的发展过程[44]
(经牛津大学出版社许可引用)

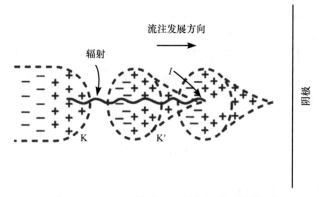

图 8-24　Raether 描述的阴极起始的正流注[45]

(经牛津大学出版社许可引用)

2) 负流注

Raether 提出了负流注的形成机制。当初始电子崩到达阳极之前就足够强时，产生阳极导向的负流注。Raether 指出，当引发电子崩产生足够数量的电子(10^8)时，由于空间电荷所产生的电场与施加电场相当，因此会产生流注。如图 8-25 所示，总电场的增强促进了负流注前面辅助阳极导向的电子崩的发展。辅助电子崩是由光电离形成的电子和流注头部的间隙空间中的电子引发的。

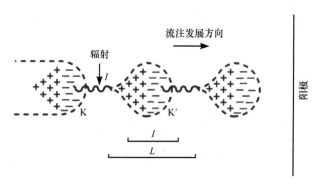

图 8-25　Raether 描述的(阳极导向)负流注[45]

(经牛津大学出版社许可引用)

8.3.2.4　非均匀电场中的流注判据

Meek 和 Raether 在制定电子崩到流注的过渡判据时都使用了均匀电场几何结构。但是，大多数应用中都包含非均匀的电极结构和瞬态电场。这两个因素使得 Townsend 机制发生电击穿的可能性非常小。即使均匀性偏差仅 5%，也会因流注机制而发生击穿。不均匀的几何结构会引起局部场增强，使 Townsend 第一电离系数 α 增大，从而提高局部空间电荷的产生率，也就是说，Townsend 第一电离

系数 α 是所施加电场的强函数 $\alpha(E)$。此外，Townsend 击穿所需要的时间比流注发展成电弧所需的时间长得多。

非均匀电场中流注起始判据可以用增益因子 $e^{\alpha x}$ 和 Raether 判据的临界电子数量的表达式(8-62)估算得出。在均匀电场中，单个电子产生的电子数为 $e^{\alpha x_{cr}} \sim 10^8$ 或 $\alpha x_{cr} \sim 20$。在非均匀场中，每个初始电子产生的电子数量是通过沿电场线积分得到的：

$$\int_0^\ell \alpha(E) \cdot \mathrm{d}x \sim 20 \tag{8-67}$$

8.3.2.5　过电压条件下的流注

负流注通常发生在阴极附近，尤其是在过电压或间隙尺寸较大的情况下。在这种情况下，初始电子崩在靠近阴极处达到临界状态，并且流注会向两个方向发展。流注击穿的发展过程如图 8-26 所示。

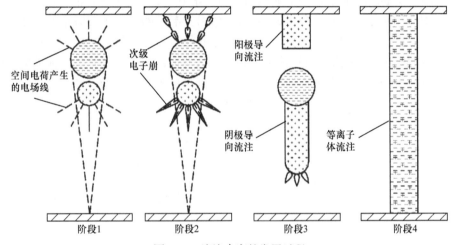

图 8-26　流注击穿的发展过程

阶段 1：临界空间电荷场 E_r 导致间隙中的电场严重畸变，该电场是由电子崩头部中不断增加的载流子密度产生的。在电子崩头部和阳极之间，以及电子崩尾部和阴极之间的区域中空间电荷场与所施加的电场叠加，导致总电场显著增强。包含正离子载流子的电子崩尾部会使电子崩头部的前进速度和头部电子的电离效率降低。

阶段 2：气体介质中产生的光电子沿径向场线引发辅助电子崩，并馈入主电子崩的尾部。同时，由于在电子崩头部和阳极之间的区域中产生光电子，辅助电子崩也向阳极发展。

阶段 3：由于次级电子崩馈入电荷载流子，因此主电子崩尾部持续伸长并迅速向阴极发展。

阶段 4: 电子崩的主干连通了阴极和阳极之间的间隙。电子汇入电子崩主干中, 从而在电极之间形成导电通道。该通道的阻抗一直保持较高, 直到通道完全加热并能够承载全电路限制电流。

图 8-27 是实验室条件下大气中拍摄得到的放电条纹图像。其中用条纹摄像机[46]测量了实验室空气中放电所发射光的传播速度。条纹图像是通过缝隙成像并记录其时间演变而获得的。在图 8-27 中, 流注在阴极(底部电极)处起始并向阳极发展。阳极起始流注的演变时间大约需要 20ns, 它从阳极起始并向阴极发展。

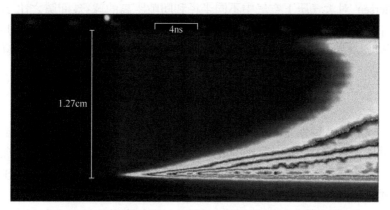

图 8-27 实验室条件下大气中拍摄得到的放电条纹图像[46]

8.3.2.6 Pedersen 判据

Pedersen 推导出了一种方法来建立压缩气体的击穿判据。根据 Pedersen 判据, 空气中流注击穿判据可以写为[47, 48]

$$\alpha_x \exp\left\{\int_0^x \alpha \mathrm{d}x\right\} = H(x, \rho) \tag{8-68}$$

其中, α_x 为电子崩头部的 α 数值; $H(x, \rho)$ 为与临界电子崩长度、空气密度相关的函数。

半经验关系式(8-68)是经修正的 Meek 公式, 考虑了电场的不均匀性。对于大气压下的空气, 式(8-68)可简化为

$$\ln \alpha_x + \int_0^x \alpha \mathrm{d}x = H(x) \tag{8-69}$$

对于给定的非均匀间隙, 评估流注击穿电压的步骤如下所述。

步骤 1: 假设测试间隙的电场均匀, 根据关系式(8-70), 对 $H(x)$ 进行评估。

$$H(x) = \ln \alpha + \alpha d \tag{8-70}$$

其中，d 为测试间隙距离；α 为从前期所测量均匀场击穿数据中获得的 Townsend 第一电离系数。

步骤 2：对于测试间隙，在假定的击穿电压 V_b 下确定 E 与 x 的关系，从而确定 α 与 x 的关系，由此可估算出式(8-70)的值。

步骤 3：如果步骤 2 中估算出的值与步骤 1 中获得的 $H(x)$ 值一致，则假定的击穿电压就是正确的流注击穿电压。如果步骤 2 中的估算值不等于 $H(x)$，则假定另一个 V_b 值，并重复步骤 2，直到假定的击穿电压满足式(8-70)。

Pedersen 对大气压下空气中不同半径和间隙距离的球-球间隙之比 D/d 进行了上述计算，发现估算值与实际值的偏差在 2% 以内。Pedersen 判据已用于估算压缩气体(如空气、氮气和 SF_6)的击穿电压，并且发现与实验结果吻合很好[49]。

8.4　电晕放电

电晕放电是一种发光的、有声音的放电，过大的局部电场梯度会导致周围气体发生电离，这容易在高度不均匀的电场结构中发生，如针-板电极或带有内部导线的圆柱形结构。电晕放电的特征是在黑暗环境中可以观察到彩色辉光。放电的声音通常是微弱的嘶嘶声，随着施加电压的增加而不断增强。在这一过程中，经常会产生臭氧(一种有气味的不稳定氧气)。臭氧会破坏橡胶，如果存在足够的水汽，则会生成硝酸。这些产物会对材料(包括电绝缘介质材料)产生不利影响。

高电场梯度仅存在于高场强区(呈圆柱形结构的点电极或内线)附近的小区域，而在剩余间隙中电场梯度可忽略不计。因此，Townsend 判据仅适用于气体电离的小区域。电晕伴随着高场强电极周围的发光，通常伴有嘶嘶声。如果电晕电流是时间分辨的，则会发现其由规则或随机出现的重复电流脉冲组成。

对于负极性针电极电晕(当高压电极为负时)，这些脉冲被称为特里切尔(Trichel)脉冲[50]。电子崩从针电极起始并向阳极发展。载流子的倍增过程仅发生在该针电极附近很小的区域，且电子云在低电场区域中漂移并不会引起进一步的电离。由于电子崩留下的正离子的作用，这些电子速度减缓，并吸附于气体分子上，形成负离子。负离子的存在会减小针电极处的电场，使放电熄灭[51]。当正负离子漂移至不同电极时，原始的高电场条件重新建立，从而产生另一个特里切尔脉冲。该过程持续进行，从而产生稳态电晕电流。特里切尔脉冲有规律地发生，仅出现在具有电子吸附性的气体中，特别是空气和六氟化硫。

图 8-28 是针-板电极电晕。对于正极性针电极电晕[52, 53]，电流的发展过程很复杂，大概包括以下几个阶段：①在高场强区域的自由电子产生电子崩，向阳极针电极发展；②流注在高场强区域发展；③侧向电子崩馈入流注，增强了电晕爆发，这一过程可由电流波形上观察到的脉冲证明；④在针电极和正离子之间形成

负离子云，抑制了流注的发展(图 8-28)。

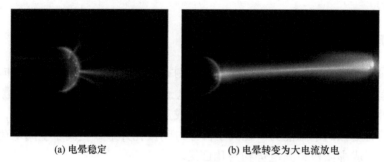

(a) 电晕稳定   (b) 电晕转变为大电流放电

图 8-28 针-板电极电晕

电晕在实际环境中很重要，这是因为它会引起传输线或其他组件上的功率损耗，产生射频干扰，并可能通过引发局部放电和化学分解而缩短固/液绝缘介质的使用寿命。良好的高压设计应考虑电晕的产生，并提供相应措施来限制出现该问题的可能性。同时，电晕也可以加以利用，如第 4 章中讨论的各种电晕稳定开关。

8.5 伪火花放电

伪火花击穿发生在压力与距离乘积值(pd)位于 Paschen 曲线最小值左侧的区域。图 8-29 是伪火花放电中的电极几何结构和机理示意图。对于特定的电极几

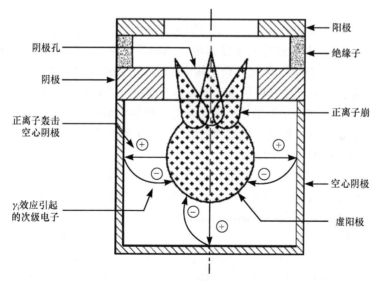

图 8-29 伪火花放电中的电极几何结构和机理示意图

何结构，为 $10^{-4} \sim 10\text{mbar·mm}$，伪火花放电的机理可以分为预击穿机制和击穿机制[54-65]。

8.5.1 预击穿机制

在预击穿机制中，就像 Townsend 机制一样，电子被电场向阳极方向加速运动，引起电离碰撞，形成电子–离子对，电子被阳极收集，离子向阴极漂移，引起电离碰撞并随后使正离子倍增，从而形成正离子崩。在气压低的地方，阳离子比电子具有更强的电离能力。正离子群穿过阴极孔并形成正离子空间电荷区，在阴极后面形成虚阳极，其电势约为几百伏。

8.5.2 击穿机制

在击穿机制下，大多数带电粒子产生于虚阳极和阴极表面之间的区域。虚阳极中的等离子体被具有高电场的厚度为 λ_D 的德拜层包围，正离子通过该德拜层运动到阴极。德拜层的厚度 λ_D 和整个德拜层上的电压降 V_D 分别为

$$\lambda_D = \frac{\varepsilon_0 k_B T_e}{q_e^2 N_e} \tag{8-71}$$

$$V_D = \frac{k_B T_e}{2 q_e} \tag{8-72}$$

其中，ε_0 为介电常数；k_B 为玻尔兹曼常数；T_e 为电子温度；N_e 为电子密度；q_e 为电荷。

在阴极表面产生的电子被加速到虚阳极，在此处它们引起电荷载流子的进一步倍增。当虚阳极内部的等离子体密度达到特定的临界值时，就会发生快速击穿，放电电流出现在阴极–阳极几何结构中心轴上。伪火花放电的一个有趣特征是虚阳极在阳极方向上产生强电子束，电流密度超过 10^6A/cm^2，而在相反方向上产生正离子束。伪火花击穿的确切机制仍未得到很好的解释，但是获得了击穿过程各个阶段的实验数据，包括放电过程的电压、电流和光发射的测量数据。图 8-30 是伪火花放电发展的各个阶段。

阶段 1——虚阳极形成：在阴极电极表面形成达到临界电荷密度的虚阳极。在自击穿条件下，虚阳极是由 Townsend 放电在主间隙中注入正离子而形成的。在触发伪火花开关的情况下，虚阳极是通过外部触发放电在中空阴极空间中注入等离子体而形成的。

阶段 2——空心阴极放电并将电子注入主间隙：在此阶段，空心阴极形成放电并使其强度和区域增加。在空心阴极区域中起作用的机制是气体的光电离、阴极的光发射以及通过 γ_i 过程从阴极表面的二次电子发射。

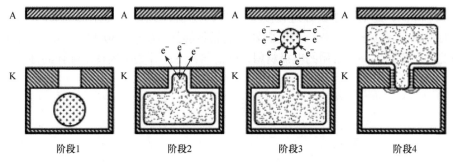

图 8-30　伪火花放电发展的各个阶段

阶段 3——阳离子空间电荷区和阳极等离子体的形成：空心阴极放电将强电子束注入主间隙，就会在阳极附近产生高密度正离子空间电荷区，这主要由正离子的迁移率较低所致。电荷载流子在空间电荷区强电场作用下被加速并发生倍增过程，形成了阳极等离子体，并且等离子体密度和区域不断增大。

阶段 4——阳极等离子体扩散到阴极孔中：等离子体放电扩散并进入阴极孔中，在阴极孔中等离子体密度不断增大。在这一阶段，空心阴极放电消失，形成阴极斑和等离子体放电电流。阴极孔中溅射和电离非常活跃。

8.6　SF$_6$击穿特性

作为大电流组件的绝缘介质，SF$_6$不再像以前那样普遍使用，其原因是考虑到气体温室效应及其价格较高。从历史上看，SF$_6$在高电压下由于其出色的介电强度而广泛应用于脉冲功率源和现代电气设备中，通常归因于其对电子的强亲和力，从而抑制了电子崩的发展。

SF$_6$在高电压下的介电强度会受到许多因素的影响，包括电极材料、电极表面积和表面光洁度、间隙距离和高气压、支撑绝缘子以及导电颗粒对气体的污染等[66]。为了成功利用高气压下 SF$_6$的高介电强度，必须将气体保持在高纯度和低水分含量，并且在选择组件及其配件时必须格外谨慎。以下内容简要讨论气态SF$_6$的击穿特性。

8.6.1　电极材料

图 8-31 给出了不锈钢、黄铜和硬质合金电极材料在各种气压下对 SF$_6$击穿强度的影响[67]。实验结果是在直径为 70mm、间隙距离为 2mm 的平行平板电极条件下获得的。电极材料在高气压下具有显著的效果，其中不锈钢的击穿强度最高，而硬质合金的击穿强度最低。机械强度、熔化温度和功函数的特性也以相同

的顺序降低，这意味着击穿过程涉及微观不均匀性的加热、机械变形以及从电极表面脱离金属粒子的过程。当电极处的电场足够强时(250～300kV/cm)，会出现电场发射。黄铜是一种常用的电极材料，在高气压 SF$_6$ 开关中表现出优异的性能。

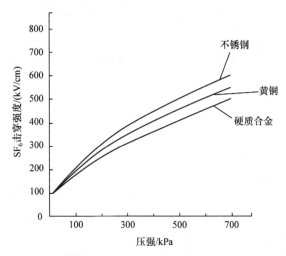

图 8-31　电极材料在各种气压下对 SF$_6$ 击穿强度的影响[67]

8.6.2　电极表面积和表面光洁度

图 8-32 所示曲线[68]给出了 SF$_6$ 击穿强度与电极表面积和表面光洁度的关系。实验结果是在交流电 60Hz 下获得的。电极结构如下：①电极直径为 10cm 的平行平板间隙，间隙距离为 5mm，表面积为 80cm^2；②内径为 13.2cm、外径为 15.2cm 的同轴圆柱体，长度为 11.6cm，环形间隙为 10mm，表面积为 480cm^2；③内径为 23.75cm、外径为 25.75cm 的同轴圆柱体，长度为 40.2cm，环形间隙为

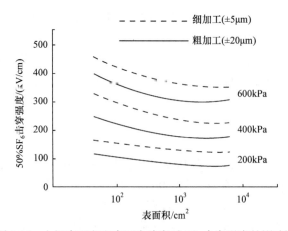

图 8-32　电极表面积和表面光洁度对 SF$_6$ 击穿强度的影响[68]

10mm,表面积为3000cm²。实验数据表明,SF₆的击穿强度随电极表面积的增加和电极表面光洁度的增加而降低,更粗糙的金属表面具有更大的表面光洁度、更强的局部场畸变和电子发射。

8.6.3 间隙距离和高气压

图 8-33 所示是间隙距离和高气压对 SF₆ 击穿强度的影响。SF₆ 的击穿强度随压力和距离乘积(pd)的变化关系表现出反常现象[69, 70]。直径为 43cm 的 Rogowski 轮廓平行平板电极结构在各种间隙距离下承受 50Hz 的交流电压。尽管 Paschen 定律预测击穿电压仅取决于乘积 pd,而不取决于单个 p 或 d 的值,但是在高 SF₆ 气压下,击穿强度变得与 Paschen 定律有所不同,此时击穿强度取决于间隙距离和压强。从高气压 SF₆ 开关的自击穿特性可以看出这种效果,其中 V-p 曲线随着气压的增加而非线性变化,这些结果与 Paschen 定律的偏差来自严重影响 SF₆ 击穿的强场效应。

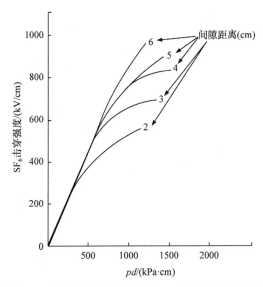

图 8-33　间隙距离和高气压对 SF₆ 击穿强度的影响

8.6.4 支撑绝缘子

当电极与绝缘子[71, 72]连接时,SF₆ 的击穿强度会大幅降低,如图 8-34 所示。在较高气压下,引入绝缘子后击穿强度的降低百分比要高得多。图 8-34 中的实验结果是在直流电压施加到直径为 10mm,长度分别为 5mm、7.5mm 和 10mm 的圆柱形环氧绝缘子的平行平板电极上获得的。击穿强度的降低归因于绝缘子表面或绝缘子–电极接触处电场集中的微放电以及绝缘子表面电荷的积聚,有技术可以使支撑绝缘子附近的击穿强度得到提高[73, 74]。

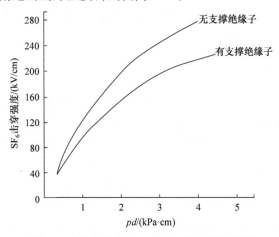

图 8-34　绝缘支撑对 SF$_6$ 击穿强度的影响[70]

8.6.5　导电颗粒对气体的污染

当 SF$_6$ 被导电颗粒污染时，与纯气体相比，击穿电压显著降低[74]。图 8-35 显示了被铜线上导电颗粒污染的 SF$_6$ 的击穿电压特性[75]。实验装置由不同长度的直径为 0.4mm 的导线和同轴结构半径为 125mm 和 75mm 的导体组成。击穿电压随着导线长度的增加而降低。一种解释击穿电压降低的机制是当颗粒足够靠近电极时发生微放电。已发现非导电颗粒的作用远小于导电颗粒。气体的纯度可以通过使用颗粒捕集器和过滤器来提升。

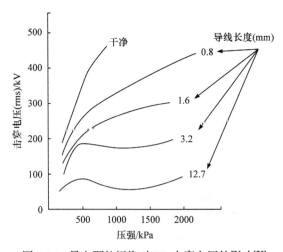

图 8-35　导电颗粒污染对 SF$_6$ 击穿电压的影响[75]

8.7 绝缘优化设计

球体或圆柱体电极之间存在的不均匀电场分布会导致绝缘利用率下降。在标准的圆柱体或球体结构中，绝缘层在内部电极附近承受很大电场，而在外部电极附近由于电场较低而未被充分利用，只有当整个空间内的电场均匀分布时才能最大程度地利用电介质的绝缘。在这些几何结构中，使用一个或多个中间均压筒可以很好地获得近似均匀场。

均压筒的设计是由 Kiss 等[76]通过三维电解槽结构以及在 Boag 理论[77]的基础上开发的。Boag 推导的公式已由 Chick 等[78]用于设计静电粒子发生器，而 Ron[79]则将其用于设计高压倍增器。

8.7.1 圆柱结构

圆柱结构广泛用于脉冲功率技术中的同轴电容器和传输线。一个主要特征是圆柱结构不会带来边缘场的增强，但是电极间隙中电场的不均匀性会导致所存储的能量密度低于均匀场所能存储的能量密度，通过引入额外的均压环可使电场分布更加均匀并提高能量密度。

本小节将等效间隙长度引入标准圆柱结构的电场，然后将其用作优化参数，以确定中间均压环的径向位置，从而提高绝缘效率。

8.7.1.1 同心圆筒

图 8-36 所示是两电极同心圆筒结构和电场分布。图 8-36(a)中任意半径 r 的电场强度为

$$E(r) = \frac{V}{r \cdot \ln(R_2 / R_1)}, \quad R_1 \leqslant r \leqslant R_2 \tag{8-73}$$

其中，V 为施加到内导体的电压；R_2 为圆筒的外半径；R_1 为圆筒的内半径。

外导体半径为 R_2，并保持在地电位，圆筒之间电场是轴对称的，最大电场 E_M 出现在内导体表面，并随 r 变化。

定义 G 为等效间隙长度：

$$G = \frac{V}{E(R_1)} \tag{8-74}$$

对于两个同心圆筒，有

$$G = \frac{V}{E(R_1)} = R_1 \ln \frac{R_2}{R_1} \tag{8-75}$$

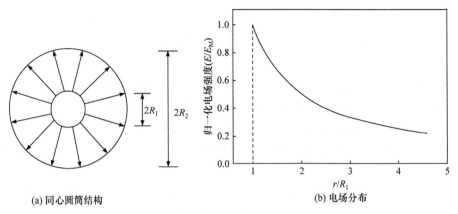

(a) 同心圆筒结构   (b) 电场分布

图 8-36 两电极同心圆筒结构和电场分布

假设 R_2 为固定值，令 $dG/dR_1 = 0$，求解可以得到使 G 最大的 R_1 值：

$$\ln\frac{R_2}{R_1} = 1 \text{ 或 } \frac{R_1}{R_2} = \frac{1}{e} = 0.3679 \tag{8-76}$$

将 G 关于 R_2 归一化，则式(8-75)转换为

$$\frac{G}{R_2} = \frac{R_1}{R_2}\ln\frac{R_2}{R_1} \tag{8-77}$$

可以计算出 G/R_2 的最大值：

$$\left.\frac{G}{R_2}\right|_{\text{Max}} = \frac{V}{R_2 \cdot E(R_1 = (R_2/e))} = \frac{R_1}{R_2} = 0.3679 \tag{8-78}$$

图 8-37 所示是归一化等效间隙长度随归一化半径的变化关系。

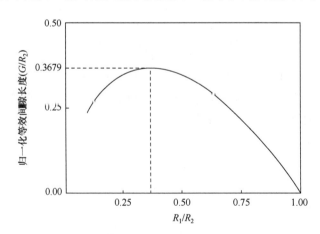

图 8-37 归一化等效间隙长度随归一化半径的变化关系

8.7.1.2 带中间均压筒的同轴结构

为了有效利用绝缘，可以在同心圆柱的内半径和外半径之间插入另一个导电圆筒，其半径应确定为 r'，如图 8-38 所示。均压筒通过施加到内部导体的电压 V 电容性地充电到电压 V'。均压筒改变了几何结构中的电场分布，从而增加了能量存储密度。

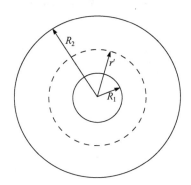

图 8-38 带均压筒的同心圆柱结构

必须分别处理两个区域中的电场：

$$E(r) = \frac{V - V'}{r \cdot \ln(r' / R_1)}, \quad R_1 \leqslant r \leqslant r' \tag{8-79}$$

$$E(r) = \frac{V'}{r \cdot \ln(R_2 / r')}, \quad r' \leqslant r \leqslant R_2 \tag{8-80}$$

其中，$E(r)$ 为半径 r 处的电场强度；V 为内圆柱体上的电压；V' 为均压筒上的电压；r' 为均压筒的半径；R_1 为内部导体的半径。

同样，最大电场位于每个区域最里面的导体上。最大电场强度如下所述。

区域 I：

$$E(R_1) = \frac{V - V'}{R_1 \cdot \ln(r' / R_1)} \tag{8-81}$$

区域 II：

$$E(r') = \frac{V'}{r' \cdot \ln(R_2 / r')} \tag{8-82}$$

最大电压 V' 通过将最大电场设置为绝缘介质的击穿电场来确定：

$$E(R_1) = E(r') = E_{BD}$$

可以根据施加的电压和尺寸来求解均压筒上的电压 V'，发现：

$$V' = V \cdot \frac{r' \cdot \ln(R_2 / r')}{R_1 \cdot \ln(r' / R_1) + r' \cdot \ln(R_2 / r')} \tag{8-83}$$

将式(8-83)代入式(8-82)中并重新排列项，R_1 处的电场可以仅表示为一个函数：

$$E(R_1) = \frac{V}{R_1 \cdot \ln(r' / R_1) + r' \cdot \ln(R_2 / r')} \tag{8-84}$$

等效间隙长度 G 可以表示为

$$G = \frac{V}{E(R_1)} = R_1 \cdot \ln\frac{r'}{R_1} + r' \cdot \ln\frac{R_2}{r'} \tag{8-85}$$

对于给定的外半径 R_2，有

$$\frac{\mathrm{d}G}{\mathrm{d}R_1} = \frac{\mathrm{d}G}{\mathrm{d}r'} = 0$$

当满足条件 $\mathrm{d}G / \mathrm{d}R_1 = 0$ 时，得出

$$\frac{R_1}{r'} = \frac{1}{\mathrm{e}} = 0.3679 \tag{8-86}$$

当满足条件 $\mathrm{d}G / \mathrm{d}r' = 0$ 时，得出

$$\frac{R_1}{r'} + \ln\frac{R_2}{r'} = 1 \tag{8-87}$$

必须同时满足式(8-86)时，得出

$$\frac{R_2}{r'} = \mathrm{e}^{1-1/\mathrm{e}} = 1.882 \tag{8-88}$$

根据式(8-86)和式(8-88)，可以写出

$$\frac{R_1}{R_2} = \frac{R_1}{r'} \cdot \frac{r'}{R_2} = \frac{0.3679}{1.882} = 0.1955 \tag{8-89}$$

将式(8-85)相对于 R_2 归一化，得

$$\frac{G}{R_2} = \frac{R_1}{R_2}\ln\frac{r'}{R_1} + \frac{r'}{R_2}\ln\frac{R_2}{r'} \tag{8-90}$$

从而得到最大的归一化等效间隙长度为

$$\left.\frac{G}{R_2}\right|_{\mathrm{Max}} = 0.5314 \tag{8-91}$$

8.7.1.3 均压筒的作用

均压筒的引入在一定程度上可提高绝缘利用率：

$$\eta = \frac{\left.\dfrac{G}{R_2}\right|_{有屏蔽} - \left.\dfrac{G}{R_2}\right|_{无屏蔽}}{\left.\dfrac{G}{R_2}\right|_{无屏蔽}} \times 100\% \tag{8-92}$$

$$= \frac{0.5314 - 0.3679}{0.3679} \times 100\% = 44\%$$

8.7.2 球体结构

球体结构在实践中很少使用,在此分析说明其中原因。

8.7.2.1 两个同心球

内球表面的电场为

$$E(R_1) = \frac{V}{R_1(1 - R_1 / R_2)} \tag{8-93}$$

其中,R_1 是内球的半径;R_2 是外球的半径。

等效间隙长度 G 可以写为

$$G = \frac{V}{E(R_1)} = R_1\left(1 - \frac{R_1}{R_2}\right) \tag{8-94}$$

为了最大程度地利用绝缘,令 $\mathrm{d}G/\mathrm{d}R_1 = 0$,产生最佳比率 $R_1/R_2 = 0.5$。

8.7.2.2 带中间均压球的球体结构

使用与上述同心圆筒类似的方法,发现中间均压球处的电压为

$$V' = V \cdot \frac{r'(1 - r' / R_2)}{R_1(1 - R_1 / r') + r'(1 - r' / R_2)} \tag{8-95}$$

内导体上的电场可以表示为

$$E(R_1) = \frac{V}{R_1(1 - R_1 / r') + r'(1 - r' / R_2)} \tag{8-96}$$

等效间隙长度 G 可以写成:

$$G = R_1\left(1 - \frac{R_1}{r'}\right) + r'\left(1 - \frac{r'}{R_2}\right) \tag{8-97}$$

为了实现最佳绝缘利用率,令 $\mathrm{d}G/\mathrm{d}R_1 = \mathrm{d}G/\mathrm{d}r' = 0$,可得最佳比率 $R_1/r = 0.5$,$r/R_2 = 0.625$,并且 $R_1/R_2 = 0.3125$。未归一化的等效间隙长度为

$$\frac{G}{R_2} = \frac{R_1}{R_2}\left(1 - \frac{R_1}{r'}\right) + \frac{r'}{R_2}\left(1 - \frac{r'}{R_2}\right) \tag{8-98}$$

得出最大归一化的等效间隙长度 $\left.\dfrac{G}{R_2}\right|_{Max} \cong 0.3906$。

8.8 设 计 示 例

示例 8.1

在 1bar 的气压和 20℃的温度下计算二氧化硫气体的密度。

解:

利用式(8-4)并重新排列项，得 $N = p / k_BT$。

玻尔兹曼常数 $k_B = 1.380622 \times 10^{-23}$ J/K。将温度单位转换为开尔文，$T = 20 + 273.15 = 293.15$(K)。由转换关系 1bar=10^5N/m^2，1J=1N·m，得

$$N = \frac{p}{k_BT} = \frac{10^5}{1.380622 \times 10^{-23} \times 293.15} \cong 2.47 \times 10^{25}$$

请注意，压强和温度与气体类型或相对分子质量无关，并且以上计算是一般结果。

示例 8.2

请证明，在均匀场条件下空气中的击穿电场不是恒定值，而是随着室温下大气中间隙距离变化而变化。

解:

使用式(8-28)，应用给定的大气($p = 760$Torr)和室温($T = 293$K)条件，推导出电压与施加均匀电场的关系：

$$V_{BD} = 24.22d + 6.08\sqrt{d}$$

应用均匀场的条件得出

$$E_{BD} = \frac{V_{BD}}{d} = \left(24.22 + 6.08\sqrt{d}\right) \ \ (kV/m)$$

图 8-39 所示是大气的击穿强度与间隙距离的关系。实验数据[57]与根据式(8-76)计算得出的曲线相吻合，显示出很好的一致性。

对于较长的间隙，击穿强度在标准温压(STP)下接近 24kV/cm，这是大气中的临界值。在 760Torr 的压强和 293K 的温度下，间隙距离为 1cm 时，通常击穿

强度为 30kV/cm。

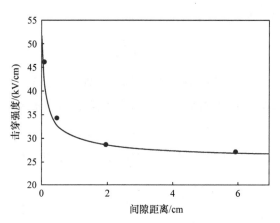

图 8-39　大气的击穿强度与间隙距离的关系

示例 8.3

请计算可以在海平面大气中充电 6MV 的孤立球体的最小半径。

解：

球体外表面的电场强度为

$$E = \frac{V}{R_1(1 - R_1 / R_2)}$$

对于孤立的球体，$R_2 \to \infty$，得出

$$E = \frac{V}{R_1}$$

将 $V = 6$MV 和海平面大气压强下的空气击穿强度 E(30kV/cm)代入，计算得到球体最小半径约为 2m。

示例 8.4

一个圆柱间隙，其外圆柱半径为 0.5m，并以 10^5 Pa(STP)的空气进行绝缘，中间有一个均压筒。请计算：①内圆柱在不击穿的情况下可以承受的最大电压；②均压筒上的电压；③与没有均压筒的圆柱间隙相比，计算其绝缘利用率。

解：

最佳设计得出 $R_2/r' \cong 1.882$，$R_1/r' \cong 0.3679$ 和 $R_2/R_1 \cong 5.117$，则

$$R_2 = 0.5\text{m}$$

$$R_1 = R_2/5.117 \cong 0.0977(\text{m})$$

$$r' = R_2/1.882 \cong 0.2657(\text{m})$$

根据式(8-75)，等效间隙长度可以写成：

$$G = \frac{V}{E(R_1)} = R_1 \ln \frac{r'}{R_1} + r' \ln \frac{R_2}{r'}$$

$$= 0.0977 \times \ln(e) + 0.2657 \times \ln 1.882 \cong 0.2657(\text{m})$$

① 标准温压条件下空气击穿强度(3MV/m)可以找到最大耐受电压：

$$V_{\text{Max}} = G \cdot E_{\text{BD}} \cong 800(\text{kV})$$

② 对于优化的几何形状，可以写出中间均压筒上的电压：

$$\frac{V'}{V} = \frac{0.632 \dfrac{r'}{R_1}}{1 + 0.632 \times \dfrac{r'}{R_1}} = \frac{0.632 \times 2.718}{1 + 0.632 \times 2.718} \cong 0.632$$

对于优化的几何形状，有

$$V' = 0.632 V_{\text{Max}}$$

$$= 0.632 \times 800 \cong 505(\text{kV})$$

③ 与含中间均压筒的圆柱体相比，绝缘利用率可通过式(8-92)表示为

$$\eta = \frac{\left.\dfrac{G}{R_2}\right|_{\text{有屏蔽}} - \left.\dfrac{G}{R_2}\right|_{\text{无屏蔽}}}{\left.\dfrac{G}{R_2}\right|_{\text{无屏蔽}}} \times 100\%$$

$$- \frac{0.5314 - 0.3679}{0.3679} \times 100\% \cong 44\%$$

示例 8.5

请计算和绘制同心圆柱体内的电场，并以最佳半径(0.5m 的外部结构)充电至 100kV 电压。

解：

根据示例 8.4，已计算出 $R_2 = 0.5$m 时最佳比率和 r' 值分别为 $R_2/r' \cong 1.882$，$R_1/r' \cong 0.3679$，$R_2/R_1 \cong 5.117$ 和 $r' \cong 0.2657$m。电场由式(8-79)和式(8-80)给出：

$$E(r) = \frac{V - V'}{r \cdot \ln(r'/R_1)}, \quad R_1 \leqslant r \leqslant r'$$

$$E(r) = \frac{V'}{r \cdot \ln(R_2/r')}, \quad r' \leqslant r \leqslant R_2$$

电场的表达式可以通过使用示例 8.4 中得出的结果来简化，即在最佳值下 V' 约为 V 的 63%。图 8-40 所示是圆柱体中含均压筒和不含均压筒的电场对比。图 8-40(a) 为含均压筒的同心圆柱体中的电场，图 8-40(b) 中虚曲线是圆柱体中不含均压筒的电场，含均压筒可使内部导体上的电场减小 2 倍以上。

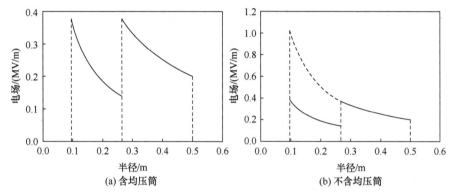

图 8-40 圆柱体中含均压筒和不含均压筒的电场对比

电场为

$$E(r) = \frac{(1-0.632)V}{r \cdot \ln(e)} = \frac{0.368V}{r}, \quad R_1 \leqslant r \leqslant r'$$

$$E(r) = \frac{0.632V}{r \cdot \ln(1.882)} = \frac{V}{r}, \quad r' \leqslant r \leqslant R_2$$

示例 8.6

在两个球体电极之间的一个最佳设计的球体间隙，其接地外表面的半径为 0.5m，并采用 10^5Pa 的空气，设有一个中间均压球。计算：①内球在不击穿的情况下可以承受的最大电压；②中间均压球上的电压；③相对于没有中间均压球的球体间隙的绝缘利用率。

解：

最佳设计结果为 $r'/R_1 \cong 0.5$，$r'/R_2 \cong 0.625$，$R_1/R_2 \cong 0.3125$，$R_2 = 0.5$m，$r' = 0.625 \times R_2 \cong 0.3125$(m)，$R_1 \cong 0.5 \times r' \approx 0.1563$(m)。

因此，等效间隙长度可以根据式 (8-68) 表示为

$$G = \frac{V}{E(R_1)} = r'\left(1 - \frac{r'}{R_2}\right) + R_1\left(1 - \frac{R_1}{r'}\right)$$

$$= 0.3125 \times (1-0.625) + 0.1563 \times (1-0.5) \cong 0.1953(m)$$

① 内球不击穿时最大电压为

$$V_{Max} = G \cdot E_{BD} = 0.1953 \times 3 \cong 586(kV)$$

② 中间均压球上的电压由式(8-95)给出:

$$V' = V \cdot \frac{r'(1 - r'/R_2)}{R_1(1 - R_1/r') + r'(1 - r'/R_2)}$$

为 R_1/r' 和 r'/R_2 的值插入最佳比率,中间均压球上的电压为

$$V' = 60\% V_{Max} = 0.6 \times 586 \cong 352(kV)$$

③ 绝缘利用率为

$$\eta = \frac{\left.\frac{G}{R_2}\right|_{有屏蔽} - \left.\frac{G}{R_2}\right|_{无屏蔽}}{\left.\frac{G}{R_2}\right|_{无屏蔽}} \times 100\%$$

没有中间均压球的最佳等效间隙长度满足:

$$\frac{G}{R_2} = \frac{R_1}{R_2}\left(1 - \frac{R_1}{R_2}\right)$$

$$\left.\frac{G}{R_2}\right|_{Max} = 0.5 \times (1 - 0.5) = 0.25$$

$$\eta = \frac{0.1953/0.5 - 0.25}{0.25} \times 100\% \cong 56\%$$

参 考 文 献

[1] Yu. Raizer, *Gas Discharge Physics*, Springer, 1991.

[2] A. Fridman and L. Kennedy, *Plasma Physics and Engineering*, Taylor & Francis, 2004.

[3] S.G. Brush, *History of the Kinetic Theory of Gases. Available from* http://punsterproductions.co/~sciencehistory. pdf/italenc.pdf.

[4] M. Fowler, *Molecular Collisions*, 2008. Available from http://galileo.phys.virginia.edsu/classes/152.mf1i.spring 02/Molecular Collisions.htm (accessed January 15, 2012).

[5] W. De La Rue and H.W. Muller, Experimental Researchers on the Electric Discharge with the Cloride of a Silver Battery. *Philos. Trans. R. Soc. Lond.*, Vol. 171, pp. 65-116, 1880.

[6] F. Paschen, Uber die zum funkenubergang in Luft, Wasserstoff und Kohlensaure bei verschiedenen Druckeneforderliche Potentialdifferenz. *Ann. Phys. Chem.*, Vol. 37, p. 69, 1889.

[7] J.S. Townsend and S.P. McCallum, *Philos. Mag.*, Vol. 17, p. 678, 1934; J.M. Meek and J.D. Craggs, eds., *Electrical Breakdown in Gases*, Oxford University Press, p. 89, 1953.

[8] J.S. Townsend, *The Theory of Ionization of Gases by Collisions*, Constable and Co., 1910.

[9] F. Llewellyn-Jones, The Development of Theories of the Electrical Breakdown of Gases, in E.E. Kunhardt and L.H. Luessen, eds., *Electrical Breakdown and Discharges in Gases*, Plenum Press, New York, 1983.

[10] A. von Engel and M. Steenbeck, Elektrische Basenbladungen, ihre Phsik u. Technik, in J.D. Cobine, ed., *Gaseous Conductors: Theory and Engineering Applications*, Vol. 1, Dover Publications, New York, pp. 98 and 149, 1958.

[11] F. Llewellyn Jones and J.P. Henderson, The Influence of the Cathode on the Sparking Potential of Hydrogen. *Philos. Mag.*, Vol. 28, pp. 185-191, 1939.

[12] J.M. Meek and J.D. Craggs, *Electrical Breakdown in Gases*, Oxford University Press, p. 84, 1953.

[13] A.H. von Engel, *Ionized Gases*, Oxford Press, London, 1955.

[14] C.M. Cooke and A.H. Cookson, The Nature and Practice of Gases as Electrical Insulators. *IEEE Trans. Electr. Insul.*, Vol. 13, p. 239, 1978.

[15] F.L. Jones, *Philos. Mag.*, Vol. 28, p. 192, 1939; J.M. Meek and J.D. Craggs, eds., *Electrical Breakdown in Gases*, Oxford University Press, London, p. 91, 1953.

[16] F.M. Bruce, Calibration of Uniform-Field Spark-Gaps for High-Voltage Measurement at Power Frequencies. *J. Inst. Electr. Eng. II: Power Eng.*, Vol. 94, No. 38, pp. 138-149, 1947.

[17] D.B. Go and D.A. Pohlman, A Mathematical Model of the Modifified Paschen's Curve for Breakdown in Microscale Gaps. *J. Appl. Phys.*, Vol. 107, No. 10, p. 103303, 2009.

[18] P.G. Slade and E.D. Taylor, Electrical breakdown in atmospheric air between closely spaced electrical contacts, *IEEE Trans. Compon. Packaging Manuf. Technol.*, Vol. 25, pp. 390-396, 2002.

[19] J.M. Meek and J.D. Craggs, eds., *Electrical Breakdown in Gases*, Oxford University Press, 1978.

[20] E.E. Kunhardt, Electrical Breakdown of Gases: The Prebreakdown Stage. *IEEE Trans. Plasma. Sci.*, Vol. 8, No. 3, pp. 130-138, 1980.

[21] W. Rogowski, Stossspannung und Durchschlag bei Gasen, *Electrical Engineering (Archiv fur Elektrotechnik)* Vol. 20.1, pp. 99-106, 1928.

[22] F. Llewellyn Jones and A.B. Parker, Mechanism of Electric Spark. *Nature*, Vol. 165, p. 960, 1950.

[23] W.O. Schumann, *Elektriche Druchbruchfeldstarke von Gasen: Theretische Grundlagen und Anwenddung*, Springer, 1923.

[24] J. Dutton, Spark Breakdown in Uniform Fields, in J.M. Meek and J.D. Craggs, eds., *Electrical Breakdown of Gases*, Oxford Press, p. 209, 1978.

[25] R. Geballe and M.L. Reeves, A Condition on Uniform Field Breakdown in Electron Attaching Gases. *Phys. Rev.*, Vol. 92, p. 867, 1953.

[26] E. Nasser, *Fundamentals of Gaseous Ionization and Plasma Electronics*, John Wiley & Sons, Inc., New York, 1971.

[27] L.B. Loeb, *Fundamental Processes of Electrical Discharge in Gases,* John Wiley & Sons, Inc., New York, 1939.

[28] J.M. Meek, A Theory of the Spark Discharge. *Phys. Rev.*, Vol. 57, pp. 722-730, 1940.

[29] H. Raether, *Arch. Elektrotech.*, Vol. 34, p. 49, 1940.

[30] R.V. Hodges, R.N. Varney, and J.F. Riley, Probability of Electrical Breakdown: Evidence for a Transition Between the Townsend and Streamer Breakdown Mechanisms. *Phys. Rev. A*, Vol. 31, No. 4, p. 2610, 1985.

[31] E.D. Lozanskii, Development of Electron Avalanches and Streamers, *Usp. Fiz. Nauk*, Vol. 117, p. 493, 1975; *Sov. Phys. Usp.*, Vol. 18, p. 893, 1975.

[32] S. Nijdam, F.M. van de Wetering, R. Blanc, E.M. van Veldhuizen, and U. Ebert, Probing Photo-Ionization: Experiments

on Positive Streamers in Pure Gases and Mixtures. *J. Phys. D Appl. Phys.*, Vol. 43, C p. 145204, 2010.

[33] E.E. Kunhardt and W.W. Byszewski, Development of Overvoltage Breakdown at High Gas Pressure, *Phys. Rev. A*, Vol. 21, p. 2069, 1980.

[34] L.P. Babich, *High-Energy Phenomena in Electric Discharges in Dense Gases: Theory, Experiment and Natural Phenomena*, Futurepast Inc., 2003.

[35] H. Krompholz, L.L. Hatfifield, A.A. Neuber, K.P. Kohl, J.E. Chaparro, and H.Y. Ryu, Phenomenology of subnanosecond gas discharges at pressures below one atmosphere. *Trans. Plasma. Sci.*, Vol. 34, No. 3, pp. 927-936, 2006.

[36] J.H. Cox and J. Slepian, Effect of Ground Wires on Traveling Waves, *Electrical World*, Vol. 91, p. 768, 1928.

[37] L.B. Loeb, Fundamental Processes of Electrical Discharge in Gases (John Wiley and Sons, Inc., New York, 1939), Chap. IX.

[38] A. von Hippel and J. Franck, Electrical Penetration and Townsend Theory, *Z. Phys.*, Vol. 57, p. 696, 1929.

[39] H. Raether, Untersuchung der Elektronenlawine mit der Nebelkammer, *Zeitschrift für Physik*, Vol. 107, pp. 91-110, 1937.

[40] L.B. Loeb and A.F. Kip, Electrical Discharges in Air at Atmospheric Pressure The Nature of the Positive and Negative Point-to-Plane Coronas and the Mechanism of Spark Propagation, *Journal of Applied Physics* Vol. 10.3, pp. 142-160, 1939.

[41] L.B. Loeb and J.M. Meeks, The Mechanism of Spark Discharge in Air at Atmospheric Pressure. *J. Appl. Phys.*, Vol. 11, No. 6, pp. 438-447, 1940.

[42] L.B. Loeb and J.M. Meek, *The Mechanism of the Electric Spark*, Stanford University Press, 1941.

[43] H. Raether, Über den Aufbau von Gasentladungen. I., *Zeitschrift für Physik A Hadrons and Nuclei* Vol. 117.5, pp. 375-398, 1941.

[44] J.M. Meek and J.D. Craggs, *Electrical Breakdown of Gases*, Oxford Press, p. 255, 1953.

[45] J.M. Meek and J.D. Craggs, *Electrical Breakdown of Gases*, Oxford Press, p. 266, 1953.

[46] J.M. Lehr, L.K. Warne, R.E. Jorgenson, Z.R. Wallace, K.C. Hodge, and M. Caldwell, Streamer Initiation in Volume and Surface Discharges in Atmospheric Gases. *Proceedings of the IEEE Power Modulator Symposium*, 2008.

[47] A. Pedersen, Calculation of Spark Discharge on Corona Starting Voltages in Non-Uniform Fields. *IEEE Trans. Power Apparatus Syst.*, C Vol. 86, p. 200, 1967.

[48] A. Pedersen, On the Electrical Breakdown of Gaseous Dielectrics: An Engineering Approach. *IEEE Trans. Dielectr. Electr. Insul.*, Vol. 24, No. 5, pp. 721-739, 1989.

[49] N.H. Malik, Streamer Breakdown Criterion for Compressed Gases. *IEEE Trans. Electr. Insul.*, Vol. 16, p. 463, 1981.

[50] G.W. Trichel, The Mechanism of the Negative Point to Plane Corona Near Onset. *Phys. Rev.*, Vol. 54, p. 1078, 1938.

[51] E. Kuffel and M. Abdullah, *High Voltage Engineering*, Pergamon Press, 1970.

[52] W. Hermstein, Die Entwicklung der Positiven Vorentladugengen in Luft Zaum Durchschlag. *Archiv Elektr.*, Vol. 45, No. 4, pp. 279-288, 1960.

[53] M. Goldman, and R.S. Sigmond, Corona and Insulation. *IEEE Trans. Electr. Insul.*, Vol. 17, p. 90, 1982.

[54] J. Christiansen and Ch. Schultheiss, Production of High Current Particle Beams by Low Pressure Spark Discharges. *Z. Phys.*, Vol. 290, No. 1, pp. 35-41, 1979.

[55] D. Bloess, I. Kamber, H. Riege, G. Bittner, V. Bruckner, J. Christiansen, K. Frank, W. Hartmann, N. Lieser, Ch. Shultheiss, R. Seebock, and W. Steudtner, The Triggered Pseudo-Spark Chamber as a Fast Switch and as a High

Intensity Beam Source. *Nucl. Instrum. Methods*, Vol. 205, p. 173, 1983.

[56] J. Christiansen et al., The Triggered Pseudo-Spark, *XVIth International Conference on Phenomena in Ionized Gases*, *Dusseldorf*, 1983.

[57] A.V. Kozyrev, Yu. D. Korolev, V.G. Rabotkin, and I.A. Shemyakin, Processes in the Breakdown Stage of a Low Pressure Discharge and the Mechanism of Discharge Initiation in Pseudospark Switches. *J. Appl. Phys.*, Vol. 74, No. 9, p. 5366, 1993.

[58] M. Stetter, P. Felsner, J. Christiansen, K. Frank, A. Gortler, G. Hintz, T. Mehr, R. Stark, and R. Tkotz, Investigation of the Different Discharge Mechanisms in Pseudospark Discharges. *IEEE Trans. Plasma Sci.*, Vol. 23, No. 3, p. 283, 1995.

[59] R. Stark, O. Almen, J. Christiansen, K. Frank, W. Hartmann, and M. Stetter, An Investigation of the Temporal Development of the Pseudospark Discharge. *IEEE Trans. Plasma Sci.*, Vol. 23, No. 3, p. 294, 1995.

[60] L.C. Pitchford, N. Quadoudi, J.P. Boeuf, M. Legentil, V. Puech, J.C. Thomas, Jr., and M.A. Gundersen, Triggered Breakdown in Low Pressure Hollow Cathode Discharges. *J. Appl. Phys.*, Vol. 78, No. 11, p. 77, 1995.

[61] M. Stetter, P. Felsner, J. Christiansen, K. Frank, T. Mehr, and R. Tkotz, First Experimental Observation of the Ignition of a Superdense Glow Before the Glow-to-Arc Transition in a Pseudospark Discharge. *J. Appl. Phys.*, 79, No. 2, p. 631, 1996.

[62] K. Frank, E. Dewald, C. Bickes, U. Ernst, M. Iberler, J. Meier, U. Prucker, A. Rainer, M. Schlaug, J. Schwab, J. Urban, W. Weisser, and D.H.H. Hoffmann, Scientifific and Technological Progress of Pseudospark Devices. *IEEE Trans. Plasma. Sci.*, Vol. 27, No. 4, p. 1008, 1999.

[63] Y. Korolev and K. Frank, Discharge Formation Processes and Glow-to-Arc Transition in Pseudospark Switch. *IEEE Trans. Plasma. Sci.*, Vol. 27, No. 5, p. 1525, 1999.

[64] A. Anders, S. Anders, and M.A. Gundersen, Model for Explosive Electron Emission in a Pseudospark Superdense Glow. *Phys. Rev. Lett.*, Vol. 71, No. 3, p. 364, 1993.

[65] W. Hartmann and M.A. Gundersen, Origin of Anomalous Emission in a Superdense Glow Discharge. *Phys. Rev. Lett.*, Vol. 60, No. 23, p. 2371, 1988.

[66] N.H. Malik and A.H. Qureshi, Breakdown Mechanisms in Sulphur Hexaflfluoride. *IEEE Trans. Electr. Insul.*, Vol. 13, No. 3, p. 135, 1978.

[67] B.A. Goryunov, Dielectric Strength of Compressed SF_6 and the Electrode Material and Surface Structure. *Sov. Phys. Tech. Phys.*, Vol. 20, No. 1, p. 66, 1975.

[68] T. Nitta, N. Yamada, and Y. Fujiwara, Area Effect of Electrical Breakdown in Compressed SF_6. *IEEE Trans. Power Apparatus Syst.*, Vol. 93, No. 2, p. 623, 1974.

[69] Y. Kawaguchi, K. Sakata, and S. Menju, Dielectric Breakdown of SF_6 in Nearly Uniform Fields. *IEEE Trans. Power Apparatus Syst.*, Vol. 90, No. 3, p. 1072, 1971.

[70] J.R. Laghari, Spacer Flashover in Compressed Gases. *IEEE Trans. Electr. Insul.*, Vol. 20, No. 1, p. 83, 1985.

[71] J.H. Mason, Discharges, *IEEE Trans. Electr. Insul.*, Vol. 13, No. 4, p. 211, 1978.

[72] C.M. Cooke and C.M. Trump, Post Type Support Spacer for Compressed Gas Insulated Cables. *IEEE Trans. Power Apparatus Syst.*, Vol. 92, No. 5, p. 1441, 1973.

[73] T. Takuma and T. Watanabe, Optimum Profifiles of Disc Type Spacers for Gas Insulation. *Proc. IEE*, Vol. 122, No. 2, p. 183, 1975.

[74] J.R. Laghari and A.H. Qureshi, A Review of Particle Contaminated Gas Breakdown. *IEEE Trans. Electr. Insul.*, Vol. 16, No. 5, p. 388, 1981.

[75] A.H Cookson and O. Farish, Particle Initiated Breakdown Between Coaxial Electrodes in Compressed SF$_6$. *IEEE Trans. Power Apparatus Syst.*, Vol. 92, p. 871, 1973.

[76] A. Kiss, E. Koltay, and A. Szalay, Electrode System of Improved Stress Uniformity for Pressurized Van de Graaff Generators. *Nucl. Instrum. Methods,* Vol. 46, p. 130, 1967.

[77] J.W. Boag, The Design of the Electric Field in a Van de Graaff Generator. *Proc. IEE*, Vol. 100, IV, p. 63, 1953.

[78] D.R. Chick and D.P.R. Petrie, An Electrostatic Particle Accelerator. *Proc. IEE*, Vol. 103B,, p. 132, 1956.

[79] P.H. Ron, An Appraisal of the Insulation Requirements of Cockcroft-Walton-Type High Voltage D.C. Equipment, M.Sc. thesis, Institute of Science and Technology, University of Manchester, UK, October 1969.

第9章 固体、液体和真空中的电击穿

电气绝缘是脉冲功率系统工作可靠性的关键。绝缘材料包括固体、液体、气体和真空。由于流体状态下的高压气体和液体可以将电离物质和分解产物从火花区域快速清除，因此两者都可用于高重复率的火花开关。固体绝缘介质常用于机械支撑、外壳和高压馈入等结构。固体绝缘薄膜常用于高储能密度的储能电容器和脉冲形成线(PFL)中，尤其是具有自愈特性的金属化薄膜的出现和发展是革命性的。液体绝缘常用于 Marx 发生器、Tesla 变压器、PFL 以及火花开关中，新型绝缘油已广泛用于高电压、紧凑型、便携式脉冲功率系统。具有高介电常数的去离子水普遍应用于低阻抗 PFL 中。磁绝缘传输线(MITL)可用于减少馈入真空负载的电感。真空也广泛用于电子束和离子束二极管的绝缘。

气体的电击穿已在第 8 章进行了详细讨论。本章主要介绍固体、液体和真空中预击穿和击穿的基本特征，从绝缘配合的角度重点阐述绝缘子之间、绝缘子与电极之间各个方面的相互作用关系。

9.1 固 体

固体绝缘材料在脉冲功率设备中使用的场合很多，并且在各种各样的条件下使用。固体绝缘材料具有很高的电击穿强度，通常与绝缘油或胶状介质结合使用，以减少气隙引起的击穿，同时必须仔细进行配合，以使电场均匀地分布在整个绝缘子上，这一技术常用于由绝缘薄膜和金属箔缠绕且浸入液体电介质的储能电容器、Tesla 变压器以及螺旋线中。常见的固体绝缘薄膜材料有电工纸、聚丙烯和聚酯薄膜。固体绝缘介质广泛用于机械支撑，高压导线可以通过固体绝缘子(如同轴套管或径向盘)馈电，其中馈电结构必须保证气密封，以隔离任意一侧电介质。对于室外安装，馈电绝缘子必须在潮湿和污染的条件下也能正常运行。对于充满液体介质的火花开关来说，承受高电压、大电流脉冲时，电弧会产生冲击波。对于重复脉冲功率系统，热处理(如有效冷却)对于固体电介质在高温下性能的影响变得很重要。选择用于脉冲功率系统的绝缘材料需要了解击穿机理、在各种条件下的性能以及是否易于获得等。

9.1.1 固体击穿机制

固体电介质的击穿由于其用途广泛而非常重要。固体电介质发生击穿时，固

体通常会永久损坏。固体电介质击穿机制是一个复杂的现象，并且会随着施加电压持续时间的变化而变化。这些机制可以分为本征击穿、热击穿、电机械击穿、局部放电和树枝放电。

9.1.1.1　本征击穿

当消除固体绝缘介质和测试中的其他缺陷因素时，击穿强度将达到最高值。本征击穿的时间约为 10ns，并且本质上被认为是电子击穿。价带中的电子通过施加高电场来获得足够高的能量以穿越能隙并进入导带，当在导带中出现足够多的电子时，就会发生本征击穿。本征击穿强度[1-4]很高，可以为 5～10MV/cm。在实验室测试中，通过消除以下缺陷来测量本征击穿强度：①场不均匀性；②源于异物或空隙缺陷导致的局部放电；③固体电介质周围的绝缘环境强度不够导致的外部放电；④机械损坏；⑤场致化学腐蚀。本征击穿强度只有在实验室环境中才能达到，在实际系统中则无法达到。

图 9-1 所示是用于测量固体本征击穿强度的典型结构。这样的结构对于测试样品的小厚度区域有良好的场均匀性。由于击穿强度高，因此使用了非常薄的固体电介质样品，这样可以为施加的电压设定合理的值，也减小了样品厚度内出现杂质或空隙的可能性。但是，应给测试样品提供适当的机械支撑，否则薄的测试样品可能会在电机械力作用下发生蠕变而进一步变薄，进而导致出现错误的测试结果。采用具有高电压上升速率的短脉冲，有助于降低发生其他类型的无关意外击穿(如涉及焦耳加热的热击穿)的可能性。本征击穿仍然是理想的概念，这是因为它是在消除所有其他机制之后可以获得的最高值。

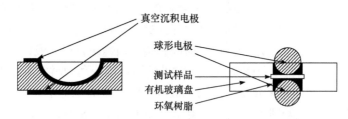

图 9-1　用于测量固体本征击穿强度的典型结构

1) Fröhlich 判据

Fröhlich 认为固体在非晶态条件下，由于其中传导电子的浓度足够高，使得电子–电子碰撞占主导地位[4]。在电场的作用下，固体电介质中的传导电子被加速并可以从电场中获得能量，获得能量的大小取决于电场强度、电子能量和温度。在电子与晶格碰撞、电子与其他电子碰撞的过程中，能量也会损失到晶格中。图 9-2 所示是电子和晶格之间碰撞的能量交换。

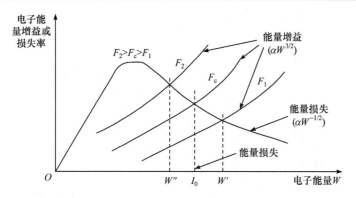

图 9-2　电子和晶格之间碰撞的能量交换

电子从外部电场中获得的能量与 $W^{3/2}$ 成正比，而损失到晶格中的能量与 $W^{-1/2}$ 成正比。Frohlich 判据假定，如果电子从电场中获得的净能量大于损失给晶格的能量，电子会持续加速，从而导致不稳定状态，进而发生本征击穿。

从图 9-2 可以看出，当 $F_1 < F_c$ 时，电子被电场加速获得能量，直到在电场力 F_1 处达到能量 W'。但是，这是不可能的，因为 $W' > I_0$，其中 I_0 是电离所需的能量。这样，电子将因碰撞电离而迅速失去能量，其能量将降至 I_0 以下。基于这一机制，传导电子可以获得的所有能量最多只能达到 I_0。因此，对于大于临界场 F_c 的施加电场，将满足 Frohlich 判据。例如，在施加电场力 $F_2 \geq F_c$ 条件下拥有能量 W' 的电子可能会发生这种情况。根据 Frohlich 理论，本征击穿强度不取决于样品的厚度、波形或施加电场的持续时间，只要持续时间超过形成时延即可。

2) 雪崩击穿判据

雪崩击穿理论认为，传导电子从施加电场中获得足够的能量，进而导致晶格中释放出更多的电子，发生类似于在气体中的碰撞电离过程。当电子崩达到临界条件时发生击穿。根据该理论，击穿强度取决于样品厚度和电极几何形状，击穿时间取决于施加到样品的过电压。

雪崩击穿判据也被称为"低能判据"，因为低能电子起着至关重要的作用，而 Frohlich 的"高能判据"则认为在 I_0 附近的高能电子起主导作用。

9.1.1.2　热击穿

如果固体电介质中产生热量的速率大于散热的速率，则固体电介质的温度(至少局部)升高，并可能发生热击穿[5-7]。图 9-3 所示是热击穿与冷却系统及施加电场等因素的关系。施加电场由于传导或介电损耗而在固体绝缘介质中产生热量，且热量取决于施加电场的大小。在此过程中，热量还会扩散到周围环境，从而升高固体电介质整体的温度。如果产生的热量大于损失的热量，则热平衡不稳定，并且可能发生热击穿。

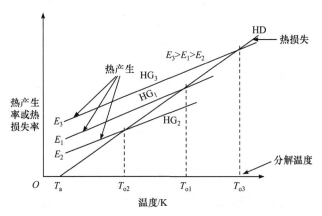

图 9-3　热击穿与冷却系统及施加电场等因素的关系

在脉冲电场条件下，介质中产生热量的体功率密度 $\mathrm{HG_{DC}}$ 由传导电流引起的焦耳热决定：

$$\mathrm{HG_{DC}} = \sigma E^2$$

其中，E 为施加的脉冲电场；σ 为固体材料的电导率。

能量守恒定律要求输入到样品的热量必须等于从样品带走的热量加上用于提高固体温度的热量。$\mathrm{HG_{DC}}$ 的单位为 $\mathrm{W/m^3}$。电介质温度升高所需的能量与电介质的比热容 c_v 有关，这是材料固有的一种特性，单位为 $\mathrm{J/(m^3 \cdot K)}$。

电介质中温度升高引起的能量变化率与比热容、温度变化率有关：

$$c_\mathrm{v}\frac{\mathrm{d}T}{\mathrm{d}t}$$

通过面积为 A 的表面散失到周围环境中的热量：

$$\frac{\partial}{\partial x}\left(k_\mathrm{th}\frac{\partial T}{\partial x}\right)$$

电介质损耗产生的能量提高了电介质的内部温度，并且通过热扩散损失到周围环境中。

此过程中能量平衡：

$$\mathrm{HG_{DC}} = \sigma E^2 = c_\mathrm{v}\frac{\mathrm{d}T}{\mathrm{d}t} + \frac{\partial}{\partial x}\left(k_\mathrm{th}\frac{\partial T}{\partial x}\right) \tag{9-1}$$

在脉冲电场下，热量迅速累积，如果假设产生的热量没有扩散到周围环境中，则 $\dfrac{\partial}{\partial x}\left(k_\mathrm{th}\dfrac{\partial T}{\partial x}\right) = 0$。

如果产生的热量扩散到周围环境中，则 $c_{\mathrm{v}}\dfrac{\mathrm{d}T}{\mathrm{d}t}=0$。

对于交流电，介质极化和焦耳热会产生介电损耗，从而产生热量。在交流电场下单位体积产生热量的比率 $\mathrm{HG_{AC}}$ 为

$$\mathrm{HG_{AC}}=E^2\cdot 2\pi f\cdot\varepsilon_0\varepsilon_{\mathrm{r}}\cdot\tan\delta$$

其中，E 为交流电场；f 为频率，单位 Hz；ε_0 为自由空间的介电常数；ε_{r} 为固体的相对介电常数；$\tan\delta$ 为固体介电损耗角正切值。

在交流电场的作用下用于加热固体绝缘介质的热传导方程为

$$\mathrm{HG_{AC}}=E^2\cdot 2\pi f\cdot\varepsilon_0\varepsilon_{\mathrm{r}}\cdot\tan\delta=c_{\mathrm{v}}\frac{\mathrm{d}T}{\mathrm{d}t}+\frac{\partial}{\partial x}\left(k_{\mathrm{th}}\frac{\partial T}{\partial x}\right)\tag{9-2}$$

施加电场产生的热量与 E^2 成正比，传导出去的热量取决于热导率和表面温度。尽管从上述公式不能直接看出，但电导率 σ 和固体介电损耗($\tan\delta$)会随温度升高而增大。

通常，对于直流应用而言，由于良好绝缘材料的电导率低，因此无须考虑热击穿，但是在强电场的脉冲功率应用中，热击穿可能变得很重要。例如，常用的绝缘材料在室温下的热击穿强度非常高(约为 10MV/cm)，因此极不可能发生热击穿。对于高介电损耗的浸渍纤维材料，热击穿机制变得很重要，这是因为在功率频率下热击穿强度可能会低至 100kV/cm。即使对于低损耗的材料，热击穿因素在高温或高频下工作也很重要，这是因为热击穿是有据可查的现象。

9.1.1.3　电机械击穿

当在夹有初始厚度为 d_0 的固体电介质的两个电极之间施加电压时，表面电荷之间的吸引力将对电介质施加机械应力。电压为 V 时这种应力将电介质厚度压缩到 d，并增加了材料上的机械应力。应力 p_{c} 如下：

$$p_{\mathrm{c}}=\frac{1}{2}\varepsilon_0\varepsilon_{\mathrm{r}}E^2=\frac{1}{2}\varepsilon_0\varepsilon_{\mathrm{r}}\left(\frac{V}{d}\right)^2\tag{9-3}$$

若电介质的杨氏模量为 Y，由 Hooke 定律得到的机械应力为

$$p_{\mathrm{c}}=Y\ln\frac{d_0}{d}$$

Stark 等[8]认为，电应力必须与机械应力处于平衡状态，则由式(9-3)和 Hooke 定律得到的机械应力表达式相等。重新排列项，得

$$V^2=\frac{2Y}{\varepsilon_0\varepsilon_{\mathrm{r}}}d^2\ln\frac{d_0}{d}\tag{9-4}$$

对式(9-4)等号两边关于 d 微分，可以看出在 $d=0.6\times d_0$ 时出现极值。随着样品

两端电压的增加，其厚度减小。当 $d<0.6\times d_0$ 时，应力超过材料的强度，造成了电介质机械击穿。因此，介质在进行本征击穿测试时，必须避免电机械击穿。

9.1.1.4　局部放电

固体电介质内部存在空隙时会发生局部放电(partial discharge，PD)[9,10]。通常，这些空隙是固体材料中的缺陷。图 9-4 所示是局部放电机理和波形。其中，图 9-4(a)显示了厚度为 t 的电介质中存在厚度为 t' 的空隙。图 9-4(b)给出了局部放电波形。V_1 是施加在电极上的电压；V_2 是没有局部放电时空隙上的施加电压；V_3 是在空隙中发生击穿的情况下，空隙上的实际电压。

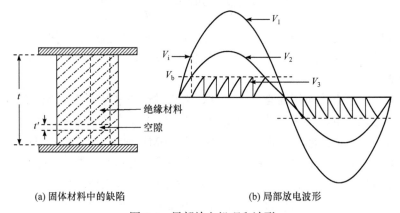

(a) 固体材料中的缺陷　　　　　　(b) 局部放电波形

图 9-4　局部放电机理和波形

当空隙上的施加电压达到 V_b 时，也就是达到空隙上的击穿电压时，在空隙中形成火花放电，空隙上的电压降低。当火花熄灭时，空隙中的电压 V_3 再次开始上升，直到 V_3 再次达到 V_b 值，空隙中又发生了放电击穿。上述过程导致在整个空隙上发生一系列脉冲放电，该脉冲放电一直持续到施加电压 V_2 降至 V_b 以下。在负周期上也会发生类似的脉冲放电过程。

V_b 的大小由 Paschen 曲线和空隙的 pd 值决定。其中，d 为空隙的厚度 t'，p 为其气压。在空隙电压 V_3 达到 V_b 时施加的电压波形上电压的大小 V_1 被称为起始电压 V_{inc}。当空隙内部的火花熄灭时所施加的电压波形上电压的大小被称为熄灭电压 V_{ext}。

可以为局部放电现象写出以下表达式。

(1) 起始电压：

$$V_{inc} = E_b t' + \frac{E_b(t-t')}{\varepsilon_r} = E_b\left(t' + \frac{t-t'}{\varepsilon_r}\right) \tag{9-5}$$

其中，E_b 为击穿电场(V_b / t')；ε_r 为固体电介质的相对介电常数。

(2) 每个局部放电脉冲在空隙中耗散的电荷 ΔQ 为

$$\Delta Q = C_{void} \Delta V \tag{9-6}$$

其中，C_{void} 为空隙电容；ΔV 为空隙两端的电压降($\approx V_b$)。

每个周期施加电压在空隙中耗散的电荷为

$$\frac{Q}{周期} = 2n_{PD} \times \Delta Q \tag{9-7}$$

其中，n_{PD} 为施加电压半个周期的局部放电次数。

如果空隙中正、负击穿电压不同，则 PD 脉冲的数量在每个半周期中不相同，在这种情况下，需要修正以上公式。

(3) 每秒耗散的总电荷 Q 为

$$Q = 2 \times n_{PD} \times f \times \Delta Q \tag{9-8}$$

其中，f 为施加波形电压的频率。

消散在空隙中的能量会导致介质熔蚀、起痕、电树化和电化学腐蚀。损坏是逐渐发生的，根据设计条件，绝缘子在工作电压下的击穿可能要花费几年的时间。在加速条件下，通过施加高过电压或高频电压，可以在实验室研究 PD 引起的绝缘子劣化现象。

PD 参数的测量(放电量和单位时间的放电次数)可以使用 PD 检测器来进行。PD 检测器测量在绝缘子端子上的表观电荷量，而不测量在空隙处散发的实际电荷量。放电幅度的典型单位是 pC。PD 测量对外部干扰很敏感，其准确性需要高分辨率的检测系统。

9.1.1.5 树枝放电

树枝放电[11-16]可以分为电树枝放电和水树枝放电。树枝的形成取决于电介质的特性和其所处的工作环境。在一段时间内(在工作电压下可能会持续几年)，电树枝和水树枝会导致绝缘介质全部击穿。

1) 电树枝放电

电树枝放电是在电场作用下介质内部形成空心管状结构，类似于树的枝干。电树枝可以在加速老化实验的条件下，通过棒–板或棒–棒形式的电极放电产生，如图 9-5 所示。

用于形成电树枝放电的电压波形可以是交流电或脉冲电压。通道的直径为 $10 \sim 500 \mu m$，并充满了由电介质材料分解产生的气体混合物。电树枝放电起始的位置是绝缘子中局部电场增强的区域，如电极上的凹凸不平处、嵌入的异物或空隙处。电树枝放电起始可能是由许多因素造成的，但似乎最可能是电机械击穿机理引起的。例如，处于不平整状态的电机械应力可能会导致强烈的局部应力，从

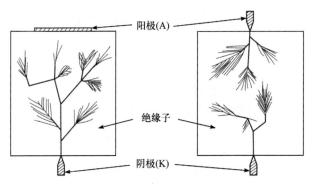

图 9-5　绝缘介质在两个不同电极几何结构下的电树枝放电

而在电介质中引起裂缝或微观裂纹。这些裂纹中的放电所产生的火花通道会沉积其热能，从而导致熔蚀、漏电、气体逸出和分解产物。加速的带电粒子高速撞击空腔壁，导致其生长。

　　在长期工作的系统中，用于绝缘设计的工作电压应力非常低，因此电树枝的生长速度非常慢。但是，在实验室中，在施加高压应力的情况下，即使在几分钟内，也可能会发生明显的电树枝生长。在施加短持续时间极高场强的脉冲时，即使有单个脉冲也可以形成足够长的电树枝。当电树枝位于较小的区域时，放电可能不会极大地影响绝缘子的整体性能。但是，当电树枝发展为占据大部分绝缘子时，绝缘子的其余未击穿部分将承受极高的应力，从而可能导致破坏性的击穿发生。

　　2) 水树枝放电

　　如果电介质样品是亲水性的，并且图 9-5 所示实验是在绝缘子浸入水中的情况下进行的，则可以形成充满水的树状放电通道。这样的树枝放电被称为水树枝放电。水树枝的一个有趣特性是，当电应力消除时，水被固体电介质吸收，通道变得空心干燥。施加电压应力后，水重新出现在电树枝通道中。由于许多化学药品和导电盐都易于在水中溶解，因此与电树枝相比，水树枝的电导率高，导致其迅速生长。早期，埋地电缆的破坏模式主要是由于水树枝形成的，但是电缆制造技术的进步促进了对水树枝抑制能力的提高。已经发现，在电缆外部增加金属屏蔽层可有效抑制埋地电缆中水树枝的发生。

9.1.2　改善固体绝缘子性能的方法

　　下面通过示例介绍改善和提高固体绝缘子性能及其工作寿命的方法：①采用绝缘薄膜代替等效厚度的单层绝缘介质；②通过金属化和油浸工艺改进电极与电介质之间界面处的接触区域；③用电晕防护罩和均压环抑制非均匀场；④优化绝缘子的形状和表面状态，以减少绝缘子表面载流子的相互作用。

9.1.2.1　储能电容器中的绝缘

储能电容器是脉冲功率系统中的重要部件。电容器中的绝缘元件由绝缘膜和金属箔相互交替组成。通常使用的绝缘膜是电工纸、聚合物或由电工纸和聚合物组合而成的复合电介质。绝缘膜多用于 5 层或 7 层的多层结构中，以解决任何一层中的杂质或空隙形式的缺陷。例如，在螺旋线中[17]，多达 35 层的聚酯薄膜片彼此缠绕在一起。常用的聚合物薄膜有聚酯薄膜(聚对苯二甲酸乙二醇酯，PET)、聚丙烯薄膜和聚偏二氟乙烯(polyvinylidene fluoride，PVDF)薄膜。常用的液体绝缘介质有变压器油、蓖麻油、邻苯二甲酸二辛酯和聚丁烯。

20 世纪末，储能电容器最显著的进步[18]是金属化聚合物薄膜的发明，它将电极(铝或锌)以气相沉积的方式涂覆到聚合物薄膜上，厚度约为 0.3nm。与采用 5μm 厚铝箔的分立箔电容器相比，这可以节省大量空间，从而可以包装更多的聚合物薄膜层。因此，主要的进步是在单个电容器单元中实现了高能量密度和高能量。金属化聚合物薄膜还降低了电极–电介质结处的场强，因此能够在极高的场强下工作。虽然劣化确实会导致电容逐渐减小，但极薄的电极[19]还具有容错能力和无灾难性故障等其他优点，并且通过故障区域内电极局部的蒸发或氧化使故障自动消除。

9.1.2.2　Tesla 变压器中的浪涌电压分布

每当发生高电压故障时，Tesla 变压器的次级绕组上都会出现浪涌高电压。图 9-6 所示是典型的 Tesla 变压器的结构和浪涌电压分布。

有关 Tesla 变压器结构方面的详细说明，请参阅第 2 章。高电压绕组上的浪涌电压分布主要由匝间电容、次级线圈和初级线圈之间的分布电容、初级线圈对地漏感和对地电容，以及次级线圈对地电容决定。从图 9-6(a)和图 9-6(c)中可以看出，在没有电晕防护装置的情况下，浪涌电压分布是不均匀的。高压端的匝间绝缘比低压端的匝间绝缘承受更大的应力，因此增加了前者击穿的可能性。但是，这种情况可以得到改善，可通过在高压端上增加电晕防护装置来使浪涌电压分布更加均匀[20]，如图 9-6(b)和图 9-6(d)所示。

9.1.2.3　支撑绝缘子的沿面闪络

支撑绝缘子结构形状和沿面最大闪络电压取决于其工作环境。如果绝缘子要在真空中运行，则应将其制成圆台形，表面粗糙，绝缘子的宽边应安装在负极上，如图 9-7(d)所示。这种类型的结构通过减小三结合点处和绝缘子表面发射次级电子的作用来提高沿面闪络电压。如图 9-7(c)所示，通过绝缘子与电极接触区域的金属化消除界面处的空隙和夹杂物来提高击穿强度。如图 9-7(b)所示，增加金属均压环有助于所有运行环境中绝缘子沿面性能的提高。如果固体绝缘子要在潮湿和污染的室外环境下工作，则如图 9-7(a)所示，在绝缘子上包围伞裙是有益的，这种情况下性

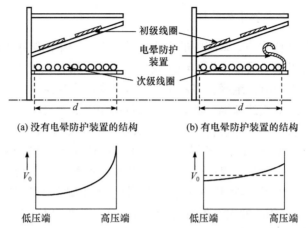

(a) 没有电晕防护装置的结构　　　　(b) 有电晕防护装置的结构

(c) 没有电晕防护装置的浪涌电压分布　　(d) 有电晕防护装置的浪涌电压分布

图 9-6　典型的 Tesla 变压器的结构和浪涌电压分布

能将由于绝缘子有效长度的增加而得到改善，从而减小了泄漏电流。对于靠近海(高盐和潮湿环境)的室外绝缘子，由于电导率增加，介质表面的泄漏电流增大。在这些情况下，可能会在绝缘子的颈部形成一个电阻率较高的干燥带，导致其分压过大产生电弧，因此需要经常清洁绝缘子表面来实现良好的维护和保养。

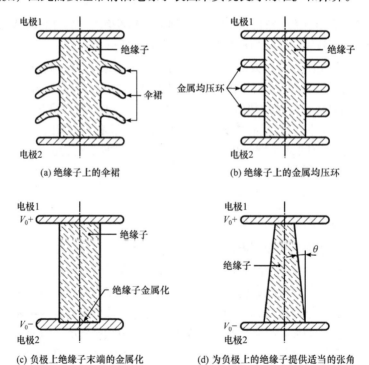

(a) 绝缘子上的伞裙　　　　　　　(b) 绝缘子上的金属均压环

(c) 负极上绝缘子末端的金属化　　(d) 为负极上的绝缘子提供适当的张角

图 9-7　改善绝缘子沿面闪络的技术

9.1.2.4　制造和装配的一般注意事项

脉冲功率源系统中的部件需要具有可靠的绝缘才能在高电压下运行。因此，组件需要在洁净室中进行制造和组装，并采取预防措施以避免被油脂、油、灰尘和指纹污染。

金属零件的表面应打磨光洁且边缘光滑。例如，在 Tesla 变压器的电极和绝缘件的缠绕过程中，应使用适当的预紧力，以获得良好的均匀性和良好的界面接触，且不引入杂物、空隙或间隙。绝缘件应有足够的重叠，以防止相邻电极之间的沿面闪络。

9.2　液　　体

液体电介质在脉冲功率源系统的部件中起着非常重要的作用。例如，Marx 发生器、Tesla 变压器、PFL 和火花开关，甚至全液体脉冲功率系统都是可行的，其中系统的每个组件都可使用液体电介质。典型例子是油绝缘的 Marx 发生器，该发生器的中间 PFL 以油/水为填充介质，最后通过油或水火花间隙放电。然而，每种组件所需液体电介质的性质是不同的，Marx 发生器中的电介质需要高介电强度，PFL 中的电介质需要高介电常数、低电导率以及高介电强度，火花开关中的电介质则需要高介电强度、高导热率、尽量少的分解产物以及自恢复特性。除需要良好的电气性能外，液体电介质的其他理想性能还包括：①良好的热性能；②低黏度；③不易燃性；④良好的化学和热稳定性；⑤所有性能即使在低温下也保持良好状态；⑥环境适应性；⑦低成本。

9.2.1　液体击穿机理

根据在液体电介质的预击穿和击穿方面所做的大量研究工作[21-47]，击穿机理可分为小桥理论、电击穿和气泡中的流注击穿。

9.2.1.1　小桥理论

固体杂质始终以纤维或分散颗粒的形式存在于液体中。即使是最好的颗粒过滤器，也无法去除极小尺寸的颗粒。通常可以观察到，即使在施加较低的电压下，由于颗粒的运动，在液体电介质中也会存在许多传导电流。如果固体的相对介电常数 ε_1 与液体的相对介电常数 ε_2 不同，则在电场作用下半径为 R 的颗粒受到的电场力为

$$F_{\mathrm{E}} = \frac{\varepsilon_2 - \varepsilon_1}{2\varepsilon_2 + \varepsilon_1} \cdot R^3 (E \cdot \nabla E) \tag{9-9}$$

上述电场力倾向于将固体杂质集中到以电极为中心的区域，该区域内电场是相当均匀的；同时，电极还有一个扩散力 F_D，其倾向于将颗粒带到低杂质浓度的区域。如果 $F_E > F_D$，则颗粒沿电极的中心发生定向排列，而液体中的击穿则沿着排列的颗粒发生。因为观察到的微粒排列得像在电极之间搭建了一座击穿的桥梁，所以该击穿机理又被称为小桥理论。

9.2.1.2 电击穿

液体电介质中从电极上的凹凸点产生的电子或从任何地方释放出来的电子，在施加电场的作用下获取能量，同时电子将以非电离碰撞的形式(如弹性、振动和激发过程)不断地以密度 N_L 向液体分子释放能量。考虑到碳氢化合物液体主要存在于振动过程。相应的损失能量将与 $N_\ell \cdot \sum n_i \cdot \sigma_i$ 成正比。其中，n_i 为分子中组成化学基团的数量，σ_i 为该基团的碰撞截面面积。等效平均自由程λ可以写成 $\lambda^{-1} = N_\ell \cdot \sum n_i \cdot \sigma_i$。在正常情况下，能量 $eE \cdot \lambda$ 接近电离能 V_i，平均自由程 λ 非常小。但是，在 N_ℓ 和 $N_\ell \cdot \sum n_i \cdot \sigma_i$ 较低的情况下，在高温、高电场强度条件下在电极粗糙处附近也可能会发生碰撞电离。电子能量因损失而变小。一些电子从电场中获得的能量大于它们释放给分子的能量。此类电子将不断被加速，并且可以通过分子碰撞电离而产生其他电子。当电子崩在非常强的电场作用下达到临界尺寸时，就会发生液体击穿[21-23]。

9.2.1.3 气泡中的流注击穿

许多研究人员认为，液体电介质中发生的击穿，总是先在低密度蒸气或气泡中形成流注，但是对于在液体中形成气泡并没有达成一致意见。大多数研究似乎都是在寻找产生气泡的根源[24]。

在形成气泡的低密度蒸气区域中发生的动力学过程类似于气体中的电子碰撞电离和电子崩形成的载流子倍增过程。因此，液体击穿的流注机理类似于固体击穿中由于空隙中的放电形成电树枝的机理。一旦形成足够的空间电荷，在空间电荷前面的剩余液体电介质将经历电场增强，同时流注头部的冲击波与散热相结合，将形成更大的低密度蒸气区域，发生更多的电离过程，形成更快速的流注，当流注贯通电极时，液体发生击穿。

1) 流注结构

与固体击穿中的电树枝放电(如茎、枝和支路)特征相似，液体中的流注通道可以分为主流注、次流注和第三级流注。主流注相对较大，半径为 60～90μm，沿近轴方向传播。次流注从主要通道向各个方向发展。第三级流注(约 5μm)从次流注分支出来。次流注和第三级流注是由于高密度主流注头部的空间电荷区电场发生畸变而引起的。一般来说，主流注发生在电极微突起区域，但次流注和第三级流注是在液体的其他区域起始的。从主流注、次流注和第三级流注都可以观察到光发射现象。

2) 诊断

由于电光学、光电子学、快速数字示波器、克尔(Kerr)盒、光电倍增管、图像转换器、光学、纹影照相术和光谱学等诊断技术的发展，对液体中流注的认识有了显著的提高。这些技术可以记录电流脉冲、光脉冲、流注内部的电压梯度以及流注的时间分辨图像，利用上述信息又可以估算流注的速度和流注内部等离子体温度/密度，以及流注组成成分等。

3) 静态压强的影响

静态压强对流注的影响很大，击穿电压随静态压力增加而增加。当静态压强较高时，发现流注在较高的电场下起始。施加的场强越高，抑制电流和光脉冲所需的压强也就越高。当静态压强增加到 4MPa 时，变压器油的击穿强度提高了 3 倍或 4 倍。已经证明，即使在 100atm 的压强下，液体中也会发生电击穿。

9.2.2 气泡形成的机理

液体电介质内部气泡形成的机理：①基于电场与外来异物颗粒的相互作用，从而对它们施加作用力；②电极表面的微突起结构引起场发射；③导致其解离的分子发生化学相互作用；④释放溶解在液体中的气体。

9.2.2.1 Krasucki 假说

Krasucki 对液体击穿的微观观测结果[25]表明，在临界状态下蒸气气泡不断增长，直至发生击穿。如果在蒸气气泡增长到临界尺寸时移除了外电场，则其塌陷的速度比相应的空气气泡要快得多，因此气泡内部的压力必须为零。产生气泡的基本条件是在液体内部某处压力为零。他观察到在存在杂质颗粒的情况下，气泡优先在颗粒上出现。在纯液体中，气泡总是在电极表面附近产生。

Krasucki 考虑了作用在颗粒上的两个力之间的平衡：静电力试图将颗粒从液–电极界面上分离，而静态压强和表面张力则试图将颗粒保留在液–电极界面上。当这两个力相等时，将产生零压力。该条件表示为

$$E = 358\sqrt{\frac{1}{\varepsilon}\left(p + \frac{2\gamma_s}{r_b}\right)}\,(\text{V/cm}) \tag{9-10}$$

其中，ε 为液体的介电常数；p 为静态压强；γ_s 为表面张力；r_b 为颗粒的半径。

根据关系式(9-10)，击穿电压随着颗粒半径 r_b 的减小而增加，随着表面张力 γ_s 的增加而增大，随着静态压强 p 的增加而增大。

9.2.2.2　Kao 假说

Kao 等[26,27]认为，一旦产生气泡，气泡就会在电场方向上开始伸长，并保持其体积恒定。当它伸长到特定的长度 d 时(类似于 Paschen 曲线上用于气体击穿的 pd 最小值)，电击穿就会在气泡内部发生。

场强为 E_0 时击穿条件可表示为

$$E_0 = \frac{1}{\varepsilon_1 \varepsilon_2} \left[\left(\frac{2\pi \cdot \gamma_s \cdot (2\varepsilon_1 + \varepsilon_2)}{r_b} \right) \left(\frac{\pi}{4} \sqrt{\frac{(V_b)_{\min}}{2 r_b E_0}} \right) - 1 \right]^{1/2} \tag{9-11}$$

其中，ε_1 为液体的介电常数；ε_2 为气泡的介电常数；r_b 为气泡的初始半径；γ_s 为液体的表面张力；$(V_b)_{\min}$ 为 Paschen 曲线最小值时的击穿电压。

虽然式(9-11)中没有出现静态压强，但是 r_b 与压力的依赖性关系表明了击穿强度与静态压强的相互关系。当压强较高时，气泡的初始半径较小，因此需要较高的击穿场强。

9.2.2.3　Sharbaugh 和 Watson 假说

Sharbaugh 和 Watson 假说认为，出现在阴极粗糙处增强的局部电场 E_m 导致在大电流密度 j_e 下产生场致发射。由于液体中电子的自由程非常短，因此功率很容易耗散到较小的液体质量 m 中。结果液体在局部区域转化为低密度蒸气气泡，然后在此气泡中发生击穿。以下表达式证明了该假说的可行性：

$$\Delta W = E_m \cdot j_e \tag{9-12}$$

$$\Delta H = m \left\lfloor C_p (T_b - T_a) + \ell_b \right\rfloor \tag{9-13}$$

其中，ΔW 为输入液体电能的变化量；ΔH 为热能；C_p 为比热；T_b 为沸点；T_a 为环境温度；ℓ_b 为蒸发潜热。

Sharbaugh 和 Watson[21,29]代入实际的 E_m(约几兆伏每厘米)、j_e(约几安每平方厘米)，并由此计算出电能输入率 ΔW。他们还用 C_p、T_b、T_a 和 ℓ_b 的已知常数来计算正己烷的 ΔH。结果已经表明：当脉冲宽度为几微秒时，可以从场致发射中获得足够的能量，在雾化之前将少量液体气化为气泡。

该热模型表现出显著的击穿强度与压力的相互关系。随着液体压力的增加，其沸点 T_b 增加，因此需要更高的场强来形成气泡。该热模型还显示了击穿场强与分子特性 C_p 和 ℓ_b 的依赖关系。

9.2.3　水击穿特性

水作为液体电介质在脉冲功率源系统中处于特殊地位。由于其较高的能量密度、PFL 的低阻抗能力、击穿后的自愈特性、易于维护、成本低且易于处置等优点，广泛用于低阻抗 PFL 和中间储能电容器。大量研究结果表明，水的预击穿现象和击穿特性[30-38]与其他介电液体相似。水电介质的显著特征是由于水和其他绝缘液体的介电常数差异很大而引起的。

9.2.3.1　击穿强度与脉冲宽度的关系

研究结果表明水介质击穿电压与脉冲宽度有较强的依赖性关系[35, 36]。例如，对于短时间(7～30ns)的亚兆伏脉冲，电击穿强度是长持续时间脉冲(50ns～1ms)的近 2 倍。相关公式在第 3 章中给出。

9.2.3.2　击穿场强与极性的关系

对于脉冲宽度在 50ns～1μs 的脉冲，强电场电极上负极性的击穿场强几乎是正极性击穿场强的 2 倍。

9.2.3.3　电场强度的影响

据报道，在水介质中由于偶极水分子在液–电极界面处的共同取向，在粗糙处电场强度得到了增强[30,32]。通常，这意味着对于任何液体电介质，较大的介电常数导致较高的局部电场强度和较低的击穿强度。因此，水的电击穿强度(ε_r= 80)低于碳酸丙烯酯(ε_r= 65)，后者低于绝大多数介电常数为 1～5 的油的电击穿强度。

9.2.4　改善液体电介质性能的方法

上面讨论了导致液体电介质击穿强度降低的各种因素。本小节介绍一些实际系统的示例，重点介绍改善绝缘性能的方法。所示示例与使用油或水的组部件有关。

9.2.4.1　新的合成油

一些 PFL 使用植物油(如蓖麻油，ε_r= 4.7)作为介电材料，这是因为其介电常数比变压器油(ε_r=2.4)高，但大多数植物油都具有吸湿性[39]。因此，使用植物油的装置应具有良好的密封性，以防止空气和湿气进入。同时，作为额外的预防措施，应在密封装置中添加抗氧化剂，以延长使用寿命。

合成油(如聚 α-烯烃)是一种硅油，由于具有良好的特性，因此广泛应用于高功率和高重复率的闭合开关中[40]，其显著特点如下：①抗氧化性，使用寿命更长；②黏度较低，即使在较低温度下也可以持续运行；③良好的润滑性能且不产生泡沫，因此与液压泵的兼容性很好。在高功率的闭合开关中，应采用高压、高速和强制循环流动方式使用液体电介质，这样可以快速清除电极上由于分子解离产生的气体和熔蚀产物。

9.2.4.2　添加电子清除剂

在液体电介质中添加电子清除剂会提升击穿电压。但是，当击穿在较高电压下发生时，流注特性会改变。例如，在作为电子清除剂的含有氯原子的氯代环己烷中，流注速度是环己烷的 10 倍[24]。添加如四氯化碳(CCl_4)之类的电子清除剂会增加负流注的电流脉冲数量和幅度，这可能是因为在高场强下电子的俘获，从而产生大量有效的电荷载流子。

9.2.4.3　液体混合物

气体和固体组成的混合电介质具有优异的性能。例如，SF_6 和 N_2，固体介质中的电工纸和聚丙烯，以及用于 PFL 的液体电介质的水($\varepsilon_r=80$)和乙二醇($\varepsilon_r=44$)的混合物。水和乙二醇的混合物在增加固有时间常数方面显示出明显的优势[34]，这使得可以使用更长的充电时间，并根据情况通过改变两种电介质的质量百分比使 PFL 阻抗与负载阻抗匹配。

9.2.4.4　浸渍

当在储能电容器或 PFL 中使用液体电介质浸渍的绝缘薄膜和金属箔时，在高温和真空环境下进行浸渍非常重要。这样可以有效去除残留在电极–液体界面的空气，也可以使整个接触界面完全浸渍。

9.2.4.5　纯化

当将水作为 PFL 的电介质时，应将水通过颗粒过滤器和去离子装置以除去杂质和离子，将水冷却至零摄氏度左右[41]以增加击穿电压和电阻率。因此，在水调节系统中增加冷却器单元会有许多优点，可实现高储能密度和更长的充电时间，且不会带来欧姆损耗。

9.3　真　　空

对于理想的真空，在电极之间完全没有介质的情况下，应该完全没有电击穿。然而，在高电压作用下确实发生了击穿，这是因为电荷载流子通过电极注入间隙中，并且吸附气体、吸收气体和从电极释放的金属蒸气提供了媒介。另外，为了使用真空作为绝缘，必须使用固体绝缘体作为电极的机械支撑。由于绝缘体表面的闪络场强比真空低，因此，可能会在整个固体绝缘体的表面发生沿面闪络。

脉冲功率源系统中利用真空进行绝缘的组件有火花开关、粒子束二极管、闪光 X 射线管、高功率微波和用于将脉冲功率馈入负载的传输线。

为了实现高电压阻断能力、组件小型化以及长期运行可靠性，重点了解击穿机理和提高击穿强度的方法。本节将讨论真空击穿机理和绝缘性能。

9.3.1　真空击穿机理

真空是一种非常好的绝缘媒介。如果 $pd<10^{-3}$ Torr·cm，则穿过间隙的电子基本上不会发生碰撞。但是，这并不意味着在真空中不会发生电击穿。在本小节中，将讨论导致真空中发生电击穿的机制。

9.3.1.1　ABCD 机理

在 ABCD 机理中[48]，从阴极发射的电子撞击阳极产生光子 C 和正离子 A，每个光子和正离子撞击阴极分别产生电子 D 和 B，这些额外的粒子又产生更多的带电粒子。当间隙中累积更多的带电粒子，施加的电场超过特定值时，也就是

$$N_A N_B + N_C N_D \geqslant 1 \tag{9-14}$$

电极间隙的电导率增大到足够高时，发生真空电击穿。光子可能是高能电子撞击阳极产生的软 X 射线或硬 X 射线，也可能是电子和正离子复合产生的可见光和紫外光。正离子是由从电极释放的吸附或吸收气体的电子碰撞电离而产生的。

在使用高度脱气的电极进行实验时，测量得到式(9-14)中 N_A、N_B、N_C 和 N_D 的值[49]，但发现其不适合引发电击穿。

在强脉冲电场强度下，由 ABCD 机理引发击穿的概率很高，同时在以下场合也容易发生：①由电极解吸附作用析出的气体较多；②形成了金属蒸气；③电极表面遍布微突起结构。

9.3.1.2　场致发射导致的击穿

阴极电极上微突起的电流密度由 Fowler-Nordheim(FN)场发射方程描述：

$$j_c = C_1 E_p^2 e^{-C_2/E_p} (A/cm^2) \tag{9-15}$$

其中，

$$C_1 = \frac{1.54 \times 10^{-6}}{\varphi t^2(y)}$$

$$C_2 = (6.83 \times 10^7) \cdot \varphi^{3/2} v(y)$$

$$y = (3.79 \times 10^{-4}) \cdot \frac{\sqrt{E}}{\varphi}$$

其中，φ 为功函数；E_p 为微突起处的电场。

由于 $t(y)$ 和 $v(y)$ 是缓慢变化的函数，因此在大多数实际应用中，式(9-15)可以近似为

$$j_c = \frac{1.54 \times 10^{-6}}{\varphi} E_p^2 e^{-(6.83 \times 10^7)\varphi^{3/2}/E_p} \, (\text{A}/\text{cm}^2) \tag{9-16}$$

$$E_p = \beta E_{\text{avg}} = \beta \frac{V}{d} \approx \left(2 + \frac{h}{r}\right) \cdot \frac{V}{d} \tag{9-17}$$

其中，V 为施加的电压；h 为微突起的高度；r 为尖端半径；d 为间隙距离；β 为场增强因子，为 10～1000。

式(9-15)～式(9-17)中的几何结构参数说明如图 9-8 所示。

由 Fowler-Nordheim 场发射方程可以得出以下结论。

(1) 根据微突起的几何参数和所施加的场强，在微突起处的场强 E_p 和电流密度 j_c 分别为 $10^6 \sim 10^8$ V/cm 和 $10^8 \sim 10^{10}$ A/cm^2。如此大的电流密度将意味着从阴极发射大量电子 n_e。通过 ABCD 机理和其他可能的机理不断增加电荷载流子，可能导致真空发生电击穿。

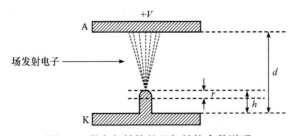

图 9-8　微突起结构的几何结构参数说明

(2) 大的场发射电流密度使微突起物发生焦耳加热，从而导致熔化、气化和等离子体形成。由电离程度决定的金属蒸气进入间隙中导致真空发生击穿。

(3) 在高能电子束的冲击下，通过加热阳极微突起也将产生金属蒸气。

(4) 阴极上具有低功函数的杂质将是高场强集中的位置，也是高场发射电流密度的位置。

9.3.1.3　微粒引发的击穿

穿过间隙的微粒或团块是由以下原因引起的：

(1) 松散黏附的材料在静电力作用下从电极上脱落；

(2) 静电力将微突起物拉出，由于场发射电流产生的焦耳热使之变软；

(3) 由于微突起处的场发射产生加速的电子束，电子束产生脉冲加热效应

$\left(\int_0^t n_e eVdt\right)$ 使阳极材料气化；

(4) 微突起处的场发射电流产生焦耳加热效应 $\left(\int_0^t i_c^2 Rdt\right)$ 使阴极材料发生气化。

由于微粒而发生击穿的机理[50]：

$$Q_p = A\varepsilon_0 E \tag{9-18}$$

$$W_i = Q_p V = A\varepsilon_0 \frac{V^2}{d} \tag{9-19}$$

其中，Q_p 为微粒获得的电荷；A 为微粒的表面积；E 为电场；V 为施加的电压；d 为间隙距离；W_i 为微粒在阳极撞击点处的能量。

微粒在阳极撞击点处的能量 W_i 也可以写成：

$$W_i = \frac{1}{2} m_p v_p^2 \tag{9-20}$$

其中，m_p 为微粒质量；v_p 为微粒的撞击速度。

Cranberg[50]认为，如果动力学式(9-20)给出的能量超过某个临界值，即 $W_i = W_c$，则当 $V = V_b$ 时，求解式(9-19)得 V_b 为

$$V_b = \sqrt{\frac{W_c d}{A\varepsilon_0}} = C\sqrt{d} \tag{9-21}$$

Slivkov[51]认为击穿电压 V_b 为

$$V_b = \sqrt{\frac{W_c d}{A\varepsilon_0}} = Cd^{0.625} \tag{9-22}$$

式(9-21)和式(9-22)给出了基于金属团块击穿机制的击穿电压和间隙距离之间的关系。金属团块击穿机制下的击穿判据的基本假设是，当满足式(9-21)或式(9-22)时，微粒的撞击速度将非常高，导致微粒嵌入被撞击电极，可能会引起另外的微突起结构。

9.3.1.4　等离子体耀斑引发的击穿

等离子体耀斑引发的击穿一般发生在施加高电压 V、脉冲时间 Δt 的真空间隙中。微突起处的高场强 $E_p = \beta(V/d)$ 导致大的场发射电流密度(j_c)，从而导致尖端处大的场发射电流(i_c)。如果焦耳输入能量 $E_i = i_c^2 \cdot R \cdot \Delta t$ 超过临界值 E_c，则电阻为 R、尖端质量为 m 的微突起尖端发生爆炸形成等离子体耀斑。其中临界值 E_c 为

$$E_c = m\left[C_p(T_m - T_0) + L_v \right] \tag{9-23}$$

其中，C_p 为比热；L_v 为蒸发潜热；T_m 为电极材料的熔点；T_0 为初始温度。

等离子体耀斑的电离程度越高，能量差$(E_i - E_c)$越大。这种等离子体耀斑开始向阳极膨胀，当贯穿间隙时发生击穿。

当由阴极引发的等离子体波前的电子发射能量高到足以在撞击点引爆阳极材料时，等离子体耀斑也可以从阳极开始。当两个等离子体波前沿相遇时，间隙将被等离子体弥合。部分文献对等离子体耀斑引发的击穿机理进行了详细的研究[52,53]，主要通过将沿着同轴真空间隙的轴线定位的爆炸丝形成的等离子体注入圆柱体真空间隙进行研究。在此设计中，实验研究了以下假定的真空击穿机理：①场致发射；②金属微粒；③雾化蒸气；④部分电离蒸气；⑤具有不同电离度的等离子体。各种机制的特点是击穿电流的延迟时间和上升时间不同。

9.3.2 改善真空绝缘性能的方法

有许多方法可以用来改善真空的绝缘性能。本小节介绍一些常见的实践方法，其中许多是常识。对于其他方法，如采用机械手段对电极材料进行加工硬化，也做了说明和总结。

9.3.2.1 老炼

当真空中的间隙发生击穿时，起始电压很低。随着一系列击穿的发生，击穿电压稳定增加，直到经过大量击穿后，它才达到几乎稳定的值。该击穿电压被称为"稳定击穿电压"。击穿电压达到稳定的原因是电极表面微突起结构的平滑和部分吸附气体的去除。

1) 电流老炼

电流老炼是通过在高压电源中串联一个限流电阻，将发生击穿的电流限制在数百微安。击穿脉冲去除微突起结构，随后脉冲转移至另一个微突起部位。在大量这样的电流限制击穿工艺处理之后，整个表面电极是光滑的。根据电极表面的初始粗糙度条件，典型的老炼时间可能从 30min 到几小时不等。使用直流和交流电压，从预设击穿电压的约 50%开始。然而，交流电压具有处理两个电极的优点。当上一步的放电脉冲停止时，施加下一个增量电压。

图 9-9 是典型的老炼过程 V-i 特性随时间变化的关系图。从放电电流脉冲可以看出，击穿开始时的初始电压为 V_1。V_4 是在电流老炼处理周期之后达到的处理击穿电压。V_2 和 V_3 是老炼过程进行中的电压。

2) 火花老炼

火花老炼是使用持续时间为数百纳秒的脉冲电压，将击穿过程的火花电流限

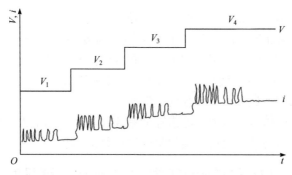

图 9-9　典型的老炼过程 V-i 特性随时间变化的关系图

制在几安培。对于较大的间隙，也可使用 2kA 峰值电流 1.2/50 雷电脉冲(上升时间 t_r=1.2μs，下降时间 t_f=50μs)击穿处理工艺[54]。进行火花老炼后，对样品进行了 X 射线衍射分析[55]，以分析电极上的残余应力，并对 X 射线光电光谱进行分析，以分析价带电子的化学组成和能量变化。X 射线光电光谱分析结果表明，对电极进行化学清洗后，减少了击穿过程中杂质的参与，并且价带电子能级发生了变化，从而改变了场发射特性。X 射线衍射分析表明残余应力发生了变化，电极表面进行了加工硬化，从而减少了参与击穿过程的颗粒。

3) 辉光放电老炼

在处理电极之间充氢气、氦气、氩气、氮气、SF$_6$ 或干燥空气等气体可以非常容易实现辉光放电。Anderson[56]早在 1935 年就使用辉光放电来清洁真空电极。根据 Paschen 曲线最小值来选择气体的压强 p 可以使所用气体放电的产物最少，允许工作的电压最低。由于来自等离子体放电过程正离子的轰击，可通过溅射清洁进行电极的处理。

Cuneo 成功使用以下等离子体放电技术[57,58]清洁离子二极管：使用 13.5MHz、100W 射频(RF)源在 90%氩气和 10%氧气(氧气的压强为 5~10mTorr)质量百分比混合气体产生辉光放电。电极两端施加电压 300V，氩气的放电提供了物理溅射，而氧气使重质烃化学燃烧成易于除去的成分，如 CO、CO$_2$ 和 H$_2$O。同时，使用连续循环的气流可以去除杂质。清洁过程进行 30~60min，然后用纯氩气进行另一次换气，以除去系统中所有未反应的氧气。

4) 除气和退火

电极在真空高温炉中 250~1500℃的温度下加热，并持续数小时，可以最大程度地除气。根据固体绝缘支撑件承受温度的能力来选择温度，其中陶瓷、氧化铝和玻璃能够承受比聚合物更高的温度。电极可以在最高温度下单独退火，以消除残余应力，这样可以获得具有优良电气性能的可加工硬化电极。

许多学者研究了镜面处理的无氧铜[59](oxygen-free copper，OFC)电极在

400℃和 700℃下退火 1h 可获得的真空火花开关的效果。镜面抛光是通过电化学抛光(electrochemical buffing，ECB)和金刚石车削(diamond turning，DT)完成的。间隙用 100kV 的 100～500 个脉冲进行火花放电处理，其脉冲上升时间和下降时间分别为 64μs 和 700μs。表 9-1 给出了使用 ECB 和 DT 精加工的 OFC 电极未处理前初始击穿强度和处理后击穿强度的对比。

可从表 9-1 评估残余应力对电击穿的重要性。较高的退火温度会产生较高的击穿强度，这是因为可以更彻底地消除金属残余应力。

表 9-1　OFC 电极未处理前初始击穿强度和处理后击穿强度的对比

电极准备	初始击穿强度/(MV/m)	处理后击穿强度/(MV/m)
ECB 未退火	15.6	80
ECB 400℃退火	39.1	120
ECB 700℃退火	16.0	115
DT 未退火	71.4	160
DT 400℃退火	49.4	230
DT 700℃退火	14.9	250

5) 老炼处理技术的比较

图 9-10 定性地给出了不同处理技术的相对性能。综合使用各种处理技术可以获得最佳性能[54]。

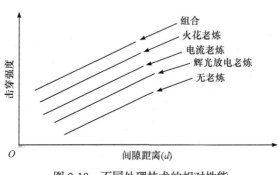

图 9-10　不同处理技术的相对性能

9.3.2.2　表面处理和涂层

在铜电极上电解沉积 1μm 厚的涂层，击穿电压得到了显著提高。钴钼合金涂层厚度增加了 25%，钴钨合金涂层厚度增加了 35%[60]。溅射涂层厚度为 3μm

的金膜[57]用于电应力非常大的磁绝缘传输线(MITL)。电极表面上进行脉冲电子束辐照和离子注入处理，使得击穿强度显著提高。这可能是因为表面硬化，并且由微粒机制导致的击穿升高至更高的电压。

9.3.3　三结合点处的处理

金属和固体绝缘子在另一个绝缘介质(如真空)存在的条件下在接触区域处形成了三结合点[61]。三结合点的常见位置是真空中电极和绝缘垫片接触的位置，如图 9-11 所示。

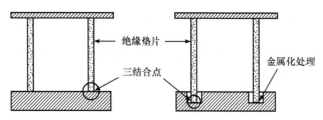

图 9-11　真空间隙中的三结合点[61]

如果接触不良，则会产生空隙或间隙，并且三结合点处的电场将增强为 $(\varepsilon_r \beta E_{av})$，其中 ε_r 是绝缘子的相对介电常数。这导致三结合点微突起处的场发射增强，从而降低了击穿强度。如图 9-11 所示，可以通过使接触区域绝缘子表面金属化，且在阴极上形成凹槽并确保接触牢固来改善这种情况。

由于消除了空隙和阴极发射区的屏蔽，因此改善后的三结合点处击穿应力将提高。改善阳极的三结合点并没有多大帮助，但是，如果间隙施加的是交流电压，则阳极处的三结合点也需要改善。

9.3.4　真空磁绝缘

磁场的存在可以大大增强真空间隙的绝缘性能。虽然物理学上很容易理解，但很难精确预测。图 9-12 给出了有和没有正交磁场的真空间隙中的电子运动轨迹。在没有磁场的情况下，从阴极发射的电子沿磁力线移动，并以最短的路径到达阳极，如图 9-12(a)所示。在正交磁场 B_1 的影响下，电子受到力 $F_x = j_y x B_z$ 的作用，将获得 x 方向的速度分量，结果电子将以更长的路径到达阳极，如图 9-12(b)所示。如图 9-12(c)所示，当磁场增加到临界值 $B_2 > B_1$ 时，电子仅掠过阳极表面，而不会被阳极收集。在非常强的磁场 $B_3 \gg B_2$ 下，电子被俘获在阴极附近的轨道运行。阴极发射的大量电子因此在阴极附近形成电子云。在图 9-12(d)所示条件下，由于电子无法到达阳极，因此真空间隙的击穿强度将非常高，约为几兆伏每厘米，考虑到电场、磁场和电子速度的三维变化，很难准确预测临界磁场。但

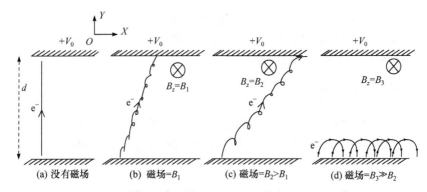

图 9-12　有和没有正交磁场的真空间隙中的电子运动轨迹

是，在简化的假设下，各种模型给出的临界磁场值如下[62-66]所述。

模型 1(平板电极间隙)[64]：

$$B_z^{\text{crit}} = \frac{1}{d}\sqrt{\frac{2eV}{r_e}} \times \sqrt{1 + \frac{eV}{2m_ec^2}} \tag{9-24}$$

模型 2(平板电极间隙)[62]：

$$B_z^{\text{crit}} = \frac{(m_ec)\sqrt{\gamma^2-1}}{ed} \tag{9-25}$$

$$\gamma = 1 + \frac{eV_0}{m_ec^2}$$

其中，r_e 为经典电子半径；V_0 为施加电压；d 为间隙距离；m_e 为电子质量；c 为光速。

对于同轴圆柱间隙，其中内部导体为半径为 R_C 的阴极，外部导体为半径为 R_A 的阳极，以下表达式给出了临界磁场。

模型 3(同轴圆柱间隙)[65]：

$$B_z^{\text{crit}} = \left(m_ec^2\right) \times \frac{2R_A}{R_A^2 - R_C^2}\sqrt{U_0^2 + 2U_0} \tag{9-26}$$

$$B_\Theta^{\text{crit}} = \frac{m_ec^2}{e} \times \frac{0.2\sqrt{U_0^2 + 2U_0}}{R_C^2 \ln(R_A/R_C)} \tag{9-27}$$

其中，

$$U_0 = V_0 \frac{e}{m_ec^2}$$

在上述讨论中，假定正交磁场是由外部源施加的。但是，在电流范围为数百千安至兆安的脉冲功率源系统中，所需的临界磁场由系统本身自行产生。利用自生强磁场提供磁绝缘两个重要的应用是向真空负载离子束二极管提供脉冲功率的 MITL 和相对论高功率微波源，即磁绝缘线振荡器(magnetically insulated line oscillator，MILO)。

当外部磁场的大小足以为电子提供磁绝缘时，将不会阻止离子穿过间隙，因为 $m_i > m_e$。离子束二极管利用这种现象在抑制电子束的同时提取离子束。图 9-13 是典型的离子束二极管的结构。

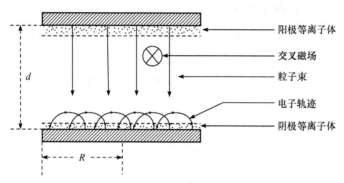

图 9-13　典型的离子束二极管的结构

为了产生光致离子束(light ion beam，LIB)，阳极电极被聚合物片覆盖。施加兆伏级脉冲高电压，氢和碳的轻离子束从等离子体中抽出，可以使强离子束撞击阴极电极进行材料研究或其他应用，也可以使用带孔阴极电极使离子束穿过阴极引出。

磁绝缘也可以使用流过低阻抗二极管电流的自磁场来实现限制电流的目的。对于具有自生磁场的二极管，磁绝缘的临界电流为[66]

$$I_e = 8.5 \cdot \beta_e \cdot \gamma \cdot \frac{R}{d} \tag{9-28}$$

其中，

$$\beta_e = \sqrt{1 - \frac{1}{\gamma^2}} \tag{9-29}$$

$$\gamma = 1 + \frac{eV_0}{m_e c^2}$$

R 为阴极二极管半径；d 为阴、阳极间隙距离；V_0 为施加的电压。

离子的电流为

$$I_i = F \cdot I_e = 8.5 \cdot \left(\frac{F}{1+F}\right) \cdot \gamma \cdot \frac{R}{d} \cdot \ln\left(\gamma + \sqrt{\gamma^2 - 1}\right) \tag{9-30}$$

其中，

$$F = \frac{1}{2}\left(\frac{\beta_i}{\beta_e} \cdot \frac{R}{d}\right) \tag{9-31}$$

$$\beta_i = \sqrt{\frac{ZeV}{M_iC^2}} \tag{9-32}$$

9.3.5 真空中固体表面的闪络

真空是一种极好的绝缘媒介。当真空度升高时，击穿电压迅速上升，这是因为电子崩的发展受到缺乏碰撞电离粒子的抑制。取而代之的是，电击穿更倾向于沿着电介质表面发生，这种现象被称为沿面闪络。绝缘子在真空设备中用作隔离柱、介质窗或阻挡物。

从阴极发射的电子在电场中获得能量，在与绝缘子发生碰撞时，会产生一个或多个次级电子，然后从电场中获取能量并产生自己的次级电子。因此，介质表面出现了以次级电子发射过程来形成雪崩的电子源。随着这一过程的继续发展，产生了另一种被称为电子激发解吸附的机制，即电子在撞击绝缘介质时释放出被表面捕获或吸附的气体，随着绝缘介质表面气体密度的不断增大，发生了电击穿，最终导致真空中的沿面闪络。通常，由于绝缘介质表面电阻率的降低，电介质发生闪络损坏并失去其绝缘性能。

9.3.5.1 介质表面的次级电子发射

当高能粒子撞击固体时，它们可以传递能量并激发材料中的电子。如果此能量足以克服表面势垒，如功函数、电子亲和能或表面电势，则电子可能会从材料中逸出。材料的电子发射程度可以表示为入射粒子通量与发射粒子通量之比，被称为电子产生率或次级电子发射率(secondary electron emission，SEE)，通常用 δ 表示，可以是无量纲或以电子/电子表示。图 9-14 是典型的绝缘材料的次级电子发射率曲线。SEE 在很大程度上取决于撞击电子的能量。

次级电子发射率与许多技术应用有关，包括先进电子倍增检测器的开发[67]，其中更高灵敏度粒子检测需要次级电子反射率高的材料；扫描电子显微镜[68, 69]，其中低能电子发射为材料表面成像提供了一种手段；俄歇电子能谱仪[70]、航天器的充电和等离子体显示面板，其中核心电子发射单元是表面显示单元的重要组成部分。

电介质的次级电子反射率测量比在导体上更难进行，因为沉积在材料中的任何电荷都无法轻易消散。在测量绝缘介质电子发射特性的过程中，由于体电导率和表面电导率低，电荷在表面附近累积，样品产生的电势会影响入射电子能量以及发射电子光谱的偏移，因此测得的次级电子反射率发生较大变化。为了使绝缘介质带电量最小，可使用中性化的脉冲电子束。

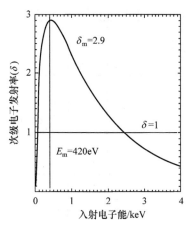

图 9-14 典型的绝缘材料的次级电子发射率曲线

影响绝缘介质次级电子发射率大小和表面电荷的参数：束入射角[71,72]、物质纯度、晶体结构[73]、温度[74]、绝缘子厚度[75]、表面清洁度[76]、表面形貌[72]、样品电势[77]、电子辐照引起的缺陷和捕获的电荷量[67,78]，多导体电子光谱、产额曲线和产额参数可以从美国航空航天局次级电子发射电荷收集器知识库[79]查到。

9.3.5.2 饱和二次电子崩

由 Boersch 等[80]首先提出的饱和二次电子崩(saturated secondary electron emission avalanche，SSEEA)模型可以非常成功地解释实验结果，之后被 Milton[81]和 Bergeron [82]进行了发展。另外，在此基础上，Anderson 等[83]引入了电子激发的介质表面气体解吸附机制，这是导致沿面闪络的关键因素。Pillai 等[84]将这些过程公式化为电击穿的起始判据，与绝缘子长度的平方根相关联。

图 9-15 给出了真空间隙中固体绝缘介质沿面闪络的机理。图 9-15(a)给出了从阴极 K 的三结合点处发射的电子，该电子在电场作用下沿着绝缘子表面发生碰撞，在绝缘子表面的撞击点上，发生了电子的二次发射，这些二次产生的电子也朝着阳极方向加速运动，并加入了撞击电子的行列，加速向阳极运动。初始电子和次级电子的雪崩倍增过程沿着表面继续进行。碰撞的电子还会发生电子激发解吸附过程，从固体表面释放出气体。同时，雪崩头部运动的电子电荷还会使整个绝缘子上的电场强度增大，从而进一步驱动闪络向阳极发展，如图 9-15(b)所示。如图 9-15(c)所示，如果将绝缘子的结构修改为圆锥台，且其底部位于阴极，则从三结合点处发射的电子在电场作用下将直接到达阳极，而不会撞击绝缘

子表面。

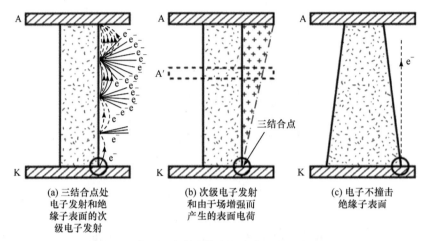

(a) 三结合点处
电子发射和绝
缘子表面的次
级电子发射

(b) 次级电子发射
和由于场增强而
产生的表面电荷

(c) 电子不撞击
绝缘子表面

图 9-15 真空间隙中固体绝缘介质沿面闪络的机理

1) SSEEA 饱和条件

若认为沿面闪络是负反馈过程，则在该过程中，当 $\delta=1$ 时，碰撞电子能量将始终回归到较低入射电子能量。碰撞电子产生一个次级电子的条件称为饱和条件。

图 9-16 给出了通用电介质材料次级电子发射率曲线。该曲线说明将碰撞电子的能量驱动到电子能量 w_1 是产生饱和次级电子发射崩条件，电子能量 w_1 为产额等于 1 时的较低能量。

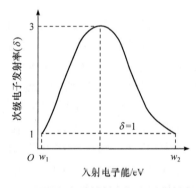

图 9-16 通用电介质材料次级电子发射率曲线

为了说明负反馈的过程，考虑在平行于绝缘子表面施加电场的条件下，从三结合点处发射电子，该电子以大于 w_1 的能量碰撞该表面。在这种情况下 $\delta>1$，离开碰撞点的负电荷(以次级电子的形式)将大于到达碰撞点的负电荷(撞击的电子)，因此绝缘子表面将达到净正电荷。离开阴极的电子相继被该正电荷所吸引，并在施加电场的作用下需要较短的时间，因此从电场中获得的能量更少，结果是将入射电子的能量返回至 w_1。现在考虑电子以小于 w_1 的能量撞击绝缘子表面，这会在绝缘子表面上产生净负电荷，从而排斥连续的电子，然后该电子从施加的电场中获得更多能量，并且工作点将再次趋向于 w_1，一段时间(约几纳秒)后，所有撞击电子的能量都将收敛到 w_1。将 $\delta=1$ 的收敛条件称为饱和次级电子崩条件。所有初始能量的饱和都将在小于 w_2 的碰撞下发生。原则上，大于 w_2 的碰撞能构成逃逸条件，但由于 w_2 的幅度较大(1~2 keV)，因此尚未在沿面闪络的实验中观察到这种逃逸现象。

2) 电子轨迹

如图 9-17 所示，真空中阳极和阴极之间插入平板结构的绝缘子，电极之间施加的均匀电场 E_p 平行于表面(切向)，在阴极、绝缘子和真空接触的局部高场强区域中发生了阴极电子发射，这一位置被称为三结合点。在电场下，作用在电子上的力为

$$F = qE \tag{9-33}$$

其中，F 为力；q 为粒子的电荷；E 为电场。

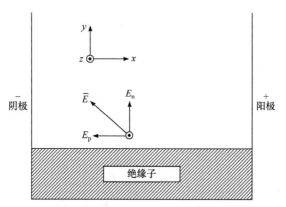

图 9-17　绝缘子表面电场与电子运动方程之间的关系

如果电场完全平行于介质表面，则电子也将平行于介质表面运动。但是，极化效应、表面粗糙和缺陷会导致一些电子撞击介质表面。当电子以足够的能量撞击介质表面而产生另一个电子时，会留下净正电荷，从而形成垂直于介质表面的电场。后续电子作用在介质表面形成的合成电场为

$$E = E_p\hat{x} + E_n\hat{y} \tag{9-34}$$

其中，E_n 为由表面电荷产生的垂直于介质表面的电场分量；E_p 为施加的电场。

描述电场中电子加速的运动方程为

$$\frac{\mathrm{d}v_x}{\mathrm{d}t} = \frac{-e}{m}(-E_\mathrm{p}) \tag{9-35}$$

$$\frac{\mathrm{d}v_y}{\mathrm{d}t} = \frac{-e}{m}E_\mathrm{n} \tag{9-36}$$

其中，e 为电子电荷；m 为电子质量；v_x 和 v_y 分别为速度的 $\hat{x}$ 分量和 $\hat{y}$ 分量。

Pillai-Hackam 模型假定次级电子垂直于介质表面并以初始速度 v_0 发射：

$$v_x(0) = 0, \quad v_y(0) = v_0, \quad x(0) = 0, \quad y(0) = 0 \tag{9-37}$$

$$v_x(t) = \frac{e}{m}E_\mathrm{p}t \tag{9-38}$$

$$v_y(t) = v_0 - \frac{e}{m}E_\mathrm{n}t \tag{9-39}$$

初始条件式(9-38)和式(9-39)的积分给出了运动轨迹：

$$x(t) = \frac{e}{m}E_\mathrm{p}\frac{t^2}{2} \tag{9-40}$$

$$y(t) = v_0 \cdot t - \frac{e}{m}E_\mathrm{n}\frac{t^2}{2} \tag{9-41}$$

从介质表面发射电子的运动轨迹可以看出，电子从介质表面发射后，最终又回到介质表面，从而产生了额外的次级电子。将 $y(t) = 0$ 代入式(9-41)并求解，可以得到电子碰撞介质表面的时间 t_0：

$$t_0 = \frac{2mv_0}{eE_\mathrm{n}} \tag{9-42}$$

当 $t = t_0$ 时，求出撞击时的 $v_x(t)$：

$$v_x(t_0) = 2v_0\frac{E_\mathrm{p}}{E_\mathrm{n}} \tag{9-43}$$

与 $v_y(t_0) = v_0$ 联立求解得到电子碰撞能量 w_i：

$$w_\mathrm{i} = \frac{m}{2}(v_x^2 + v_y^2) = \frac{m}{2}v_0^2\left(1 + 4\left(\frac{E_\mathrm{p}}{E_\mathrm{n}}\right)^2\right) \tag{9-44}$$

次级电子崩饱和后，碰撞能量 w_i 将等于 w_1(次级电子发射率 $\delta=1$ 时的较低能量)，然后求解式(9-44)可以得到饱和状态时由施加电场 E_p 和材料属性表征的法向场分量 E_n：

$$E_\mathrm{n} = E_\mathrm{p}\sqrt{\frac{2w_0}{w_1 - w_0}} \tag{9-45}$$

其中,

$$w_0 = \frac{mv_0^2}{2} \tag{9-46}$$

同时, w_1 是发射能量。从式(9-45)可知,饱和后电场与介质表面之间的夹角 φ 满足:

$$\tan\varphi = \frac{E_n}{E_p} = \sqrt{\frac{2w_0}{w_1 - w_0}} \tag{9-47}$$

3) SSEEA 击穿判据

Pillai 等[84]详细阐述了真空中沿面闪络的击穿判据:Pillai-Hackam 模型。该判据结合了 Anderson 等[83]所述以 SSEEA 模型为基础的电子激发绝缘介质表面气体脱附理论。当电子崩饱和之后,碰撞绝缘介质表面的电子形成了垂直于绝缘介质表面的电流,并且解吸附的气体量与该电流密度成比例。当电子崩中的电子与解吸附的气体发生碰撞电离,解吸附气体的密度达到临界值时,发生帕邢(Paschen)击穿。Pillai 和 Hackam 根据绝缘介质长度,描述了气体解吸附过程的参数以及电介质的 SEE 特性,确定了施加的临界击穿电场 E_p。

根据饱和条件下的法向电场分量,可以得出垂直于介质表面的电子电流密度 J_n:

$$J_n = \frac{2\varepsilon_0 v_1 E_p^2 \tan\varphi}{w_1} \tag{9-48}$$

其中, v_1 为与能量 w_1 相关的速度; ε_0 为自由空间的介电常数。

该电子电流密度可由电子激发的气体解吸附速率 D_0 给出:

$$D_0 = \frac{\gamma}{e} J_n \tag{9-49}$$

其中, γ 为气体解吸附系数,定义为单个电子撞击解吸附气体的分子数。结合式(9-48)和式(9-49)可得

$$D_0 = \frac{2\gamma\varepsilon_0 v_1 E_p^2 \tan\varphi}{e w_1} \tag{9-50}$$

解吸附气体的密度 N_d 为

$$N_d = \frac{D_0}{v_d} \tag{9-51}$$

其中, v_d 为解吸附气体分子离开绝缘介质表面的速度。

绝缘介质单位面积的解吸附气体质量 M 为

$$M = N_d \ell = \frac{D_0}{v_d} \ell \tag{9-52}$$

其中，ℓ 为绝缘介质的长度。解吸附的气体量可以根据施加的电场由式(9-50)得到：

$$M = \frac{2\ell\varepsilon_0 v_1 \gamma E_p^2 \tan\varphi}{v_d e w_1} \tag{9-53}$$

随着绝缘介质表面上方的解吸附气体量增加，局部气体密度也增大，导致解吸附气体中发生 Paschen 击穿。将击穿所需的临界气体量定义为 M_{cr}，由式(9-53)得出击穿时施加的电场 E_{pbd} 为

$$E_{pbd} = \sqrt{\frac{M_{cr} v_d e w_1}{2\varepsilon_0 v_1 \gamma \ell \tan\varphi}} \tag{9-54}$$

然后给出在均匀电场条件下的击穿电压：

$$V_{bd} = \sqrt{\frac{M_{cr} v_d e w_1 \ell}{2\varepsilon_0 v_1 \gamma \tan\varphi}} \tag{9-55}$$

击穿电压与绝缘介质长度的关系为 $V_{bd} \propto \sqrt{\ell}$。Pillai-Hackam 模型给出了绝缘介质表面初始充电电压对绝缘介质解吸附气体量的影响，以及与绝缘介质长度影响的关系等关键特征。

4) 真空中沿面闪络的抑制技术

对于给定的几何结构和介质属性，较高 w_1 值的材料应具有更大的脉冲沿面闪络抑制能力。解释如下：初始电子在电极间的电场作用下需要更长的时间才能获得更高的与较高的 w_1 值相关的能量。这导致初始电子与介质表面产生的次级电子碰撞减少，并且电子激发的气体从表面解吸附的速率降低。绝缘介质表面气体密度不断增大，最终导致真空发生沿面闪络。

如图 9-15(c)所示，如果将绝缘子的结构修改为圆锥台，其底部位于阴极，则可以看到从三结合点发射的电子将直接到达阳极，沿着电场线方向发展，不会碰撞绝缘介质表面。这种结构将防止绝缘介质表面带电，并可获得更高的击穿场强。

关于沿面闪络抑制主题的文献很多[85-101]，可以在参考文献中查到很多关于真空沿面闪络抑制技术的优秀综述文章[93]。已有的研究结果表明，多种技术可以提高真空绝缘介质的沿面闪络电压，包括表面涂层[85-87]和磁绝缘[85,89-92]。

9.4 复合电介质

大多数绝缘系统由多个绝缘子的多个电介质串联或并联组成。最简单的复合电介质系统是由相同材料组成的两个电介质系统。其优点是两层介质比相同厚度的单层介质具有更高的介电强度。在其他情况下，复合电介质可能存在于部分设

计中。例如，浸油的纸绝缘介质或可能由于制造问题而滞留在固体绝缘之间的空气。当复合绝缘材料的介电常数不同时，材料的绝缘利用率可能会降低。

图 9-18 所示是由两个矩形平板组成的复合电介质。该复合电介质由两个总厚度为 d 的矩形绝缘板组成。一个平板具有介电常数 ε_1 和厚度 d_1，另一个平板具有介电常数 ε_2 和厚度 d_2。总厚度 $d=d_1+d_2$。当施加电压 V_0 时，在每个平板中形成电场，其大小由每个平板的介电常数和厚度确定。可以将两层电介质视为串联电容器。这里将重点考虑介电常数在场分布中的作用。

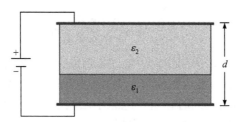

图 9-18　由两个矩形平板组成的复合电介质

在没有自由表面电荷的情况下，两个电介质界面处的边界条件要求位移向量 $D=\varepsilon E$ 的法向分量是连续的。因为几何结构是平面的，所以电场垂直于界面，并且边界条件变为

$$\varepsilon_1 E_1 = \varepsilon_2 E_2 \tag{9-56}$$

根据介电常数分配的电场决定了每个平板上的电压。平板 1 两端的电压 V_1 与电场 E_1 相关：

$$E_1 = \frac{V_1}{d_1} \tag{9-57}$$

同样，在平板 2 上：

$$E_2 = \frac{V_2}{d_2} \tag{9-58}$$

结合式(9-56)～式(9-58)，可得

$$\varepsilon_1 \frac{V_1}{d_1} = \varepsilon_2 \frac{V_2}{d_2} \tag{9-59}$$

由于电压是一个标量，因此它的值在介电界面必须相等：

$$V_0 = V_1 + V_2 \tag{9-60}$$

将式(9-59)代入式(9-60)，并整理得

$$V_0 = \frac{\varepsilon_2}{\varepsilon_1} \frac{d_1}{d_2} V_2 + V_2$$

重新排列项并求解 V_2：

$$V_2 = \frac{\varepsilon_1 d_2}{\varepsilon_1 d_2 + \varepsilon_2 d_1} V_0 \tag{9-61}$$

从电击穿的角度来说，电场分配是主要考虑因素：

$$E_2 = \frac{\varepsilon_1}{\varepsilon_1 d_2 + \varepsilon_2 d_1} V_0 \tag{9-62}$$

由式(9-56)可得

$$E_1 = \frac{\varepsilon_2}{\varepsilon_1} E_2 = \frac{\varepsilon_2}{\varepsilon_1 d_2 + \varepsilon_2 d_1} V_0 \tag{9-63}$$

对于浸渍在液体介质中的固体介质，如变压器中大量使用的复合纤维板和变压器油的复合绝缘介质，变压器油的介电常数和击穿场强都比复合纤维板低，必须考虑它们的分压问题。同时，对于绝缘子之间的气隙，因为空气的介电常数小，所以会在气隙处引入一个很强的电场。

9.5　设 计 示 例

示例 9.1

在 9.1.1.3 小节中，给出了电-机械击穿的表达式。请推导给出 $d=0.6\,d_0$ 时损伤阈值的位置。

解：

施加电压与薄膜介质厚度之间的关系：

$$V^2 = \frac{2Y}{\varepsilon_0 \varepsilon_r} d^2 \ln \frac{d_0}{d} \tag{9-64}$$

令 $x = d/d_0$，则式(9-64)可表示为

$$V^2 = \frac{2Y}{\varepsilon_0 \varepsilon_r} x^2 d_0^2 \ln \frac{1}{x}$$

要找到最大值的位置，令 $\mathrm{d}V/\mathrm{d}x = 0$：

$$2V \frac{\mathrm{d}V}{\mathrm{d}x} = 0 = \frac{2Y}{\varepsilon_0 \varepsilon_r} d_0^2 \left(2x \cdot \ln \frac{1}{x} - x \right)$$

可推导出

$$x \cdot \left(2 \cdot \ln \frac{1}{x} - 1 \right) = 0$$

$x=0$，最大解为

$$\ln\frac{1}{x} = \frac{1}{2}$$

$x=0.6$ 或 $d=0.6×d_0$

施加电压与归一化厚度 x 的关系为

$$V = \sqrt{\frac{2Y}{\varepsilon_0\varepsilon_r}} \cdot x \cdot d_0 \sqrt{\ln\frac{1}{x}}$$

将未畸变的平均电场与宏观应力 E_a 归一化。宏观应力是压缩固体中的平均电场。也就是说，将 $x=0.6$ 代入上式，可以得到发生击穿时平均电场 $E_a=[V(x=0.6)]/d_0$ 的值：

$$E_a = \frac{V(x=0.6)}{d_0} = \sqrt{\frac{2Y}{\varepsilon_0\varepsilon_r}} \times 0.6 \times \sqrt{\frac{1}{2}}$$

图 9-19 是归一化平均电场与归一化间隙距离的关系图。需要注意的是，击穿场强取决于材料的杨氏模量 Y，也取决于材料的相对介电常数。

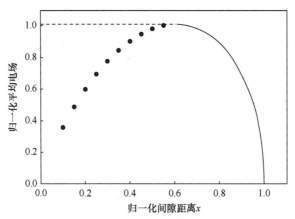

图 9-19 归一化平均电场与归一化间隙距离的关系图

示例 9.2

开发一种紧凑型脉冲功率源系统，该系统设计了8mm的绝缘间隙。该系统使用介电常数为 2.2、介电强度为 250kV/cm 的油介质绝缘。为了增加耐压能力，考虑使用复合电介质。拟选用介电常数为 4.4、介电强度为 500kV/cm、厚度为 3mm 的固体电介质片。这会增加电压耐压能力吗？

解：

如果仅使用油介质绝缘，则最大电场为击穿值：

$$E_{BD}^{oil} = \frac{V_0}{d}$$

对于 $d=8\text{mm}$ 和 $E_{BD}^{oil}=25\text{kV/mm}$，最大电压为 200kV。

如果使用复合电介质，则允许的电场是每种介质中的击穿值。间隙为 8mm，固体介质厚度 d_1 为 3mm，则油的厚度 $d_2=5\text{mm}$。参数如下所述。

固体：$E_{BD}^{solid} = E_1 = 50\text{kV/ mm}$，$\varepsilon_1=4.4\varepsilon_0$，$d_1=3\text{mm}$。

油：$E_{BD}^{oil} = E_2 = 25\text{kV/ mm}$，$\varepsilon_2=2.2\varepsilon_0$，$d_2=5\text{mm}$。

$$E_1 = E_{BD}^{oil} = 50 = \frac{2.2}{4.4 \times 5 + 2.2 \times 3} \times V_0$$

求解 V_0，固体中的最大允许充电电压 $V_0^{soild}=650\text{kV}$。

$$E_2 = E_{BD}^{oil} = 25 = \frac{2.2}{4.4 \times 5 + 2.2 \times 3} \times V_0$$

求解 V_0，油中允许的最大充电电压 $V_0^{oil}=162.5\text{kV}$。由于 162kV 的电压足以使油介质击穿，因此它是最大电压。但是，应该注意的是，在间隙中仅使用油绝缘时最大电压为 200kV，复合电介质无济于事。

这并不出乎意料，因为较高的介电常数趋于将电场推入较低介电常数绝缘介质中。在这种情况下，该绝缘介质的击穿强度也较弱。

示例 9.3

施加到绝缘子的电场在其长度 d 上均匀地耗散恒定功率。当忽略材料的热容量时，给出绝缘子最高工作温度的条件。

解：

在输入 HG= HD 的情况下，热量扩散到周围环境：

$$\frac{P_G}{V_{Vol}} = \frac{\partial}{\partial x}\left(k_{th} \frac{\partial T}{\partial x} \right)$$

$$\int_0^x P_G \mathrm{d}x = k_{th} \frac{\partial T}{\partial x} \times V_{Vol}$$

$$P_G x = \left(k_{th} \frac{\partial T}{\partial x} \right) \times V_{Vol}$$

$$\int_0^d P_G x \cdot \mathrm{d}x = \left(k_{th} \int_{T_a}^T \mathrm{d}T \right) \times V_{Vol}$$

$$P_G \cdot d^2 = k_{th}(T - T_a) \times V_{Vol}$$

$$V_{Vol} = d \cdot A$$

$$\frac{P_G \cdot d}{k_{th} A} + T_a = T$$

示例 9.4

将 1MHz 的振荡波电压施加到尺寸为长 100mm×宽 100mm×厚 10mm 的矩形绝缘子上。绝缘介质的相对介电常数 ε_r=3.5，损耗角正切值 $\tan\delta$=0.05，导热系数 $k_c = 0.11$W/mK，分解温度 $T_d = 100$℃。计算以下内容：

(1) 在整个厚度上维持 238kV/ m 的电场所需的最小冷却温度；

(2) 当绝缘子宽边一侧的环境表面温度为 25℃时，冷却系统的最小热击穿电压。

解：

解决问题的方法包括两个步骤：①计算由于施加的高频电场而在绝缘子内产生的热量；②计算从模块的高温区带走到低温区的热量。

由于冷却是从宽边一侧进行的，因此绝缘子的中心平面将具有最高温度 (T_m)，并且热量将在两侧环境温度(T_a)下对称地向着宽表面传导。

(1) 电介质内部的热产生率 HG 可表示为

$$
\begin{aligned}
\mathrm{HG} &= V \cdot \frac{V}{1/\omega C} \cdot \tan\delta \\
&= V^2 \cdot \omega C \cdot \tan\delta \\
&= (E \cdot d)^2 \cdot 2\pi f \cdot \tan\delta \cdot \frac{\varepsilon_r \varepsilon_0 A}{d} \\
&= (E \cdot d)^2 \cdot 2\pi f \cdot \tan\delta \cdot \frac{\varepsilon_r \varepsilon_0 (\ell \cdot b)}{d} \\
&= 2\pi \varepsilon_r \varepsilon_0 E^2 f \cdot \tan\delta (\ell \cdot b \cdot d)
\end{aligned}
$$

其中，ℓ 为绝缘子的长度；b 为绝缘子的宽度；d 为绝缘子的厚度；E 为施加的场强；f 为频率；$\tan\delta$ 为绝缘子的损耗角正切值。

代入 ε_0=8.85×10^{-12}，ε_r=3.5，$f = 10^6$Hz，$\tan\delta = 0.05$，$\ell = b = 100×10^{-3}$m 和 $d = 10×10^{-3}$m，发现产生的热量约为 55W。

热传导给出热量 HD：

$$
\mathrm{HD} = \frac{k_c \cdot A}{d} \cdot (T_m - T_a) = \frac{k_c \cdot \ell \cdot b}{d} \cdot (T_m - T_a)
$$

通过考虑从中心温度 $T = T_m$ 到温度 $T = T_a$ 的宽边在两个方向上的对称热传导，可得到 HD 的表达式：

$$
\mathrm{HD} = 2\frac{k_c \cdot \ell \cdot b}{d/2} \cdot (T_m - T_a)
$$

代入 $k_c = 0.11$W/mK，$\ell= 100×10^{-3}$m，b=100×10^{-3}m，$d = 5×10^{-3}$m，$T_m = T_d =$

100℃，可得

$$HD = 0.44 \times (100 - T_a)(W)$$

在平衡条件下，所产生的热量得以消散。

设 HG = HD，该关系为

$$55 = 0.44 \times (100 - T_a)$$

$$T_a = -25℃$$

该计算结果表明，当施加的电场为 238kV/m 或更高时，必须进行强制外部冷却，以将绝缘子表面温度保持在-25℃或更低。否则，由于产生的热量超过散发的热量，绝缘子内部的最高温度将升高到高于介质分解温度的水平，从而导致介质热击穿。

(2) 由于施加电压而在绝缘子本体中产生的热量为

$$HG = \left(9.73 \times 10^{-10}\right) \cdot E^2 (W)$$

从高温区(T_m)传导至低温区(T_a)的热量为

$$HD = 0.44 \times (T_m - T_a) (W)$$

对于平衡条件，HG=HD：

$$0.44 \times (100 - 25) = \left(9.73 \times 10^{-10}\right) \cdot E^2$$

求解得电场 $E=184$kV/m。如果不使用特殊的冷却系统，则在 $T_a = 25℃$ 时，可以保持 184kV/m 的电场。如果电场超过此范围，则会因热击穿而发生绝缘故障。

参 考 文 献

[1] J.J. McKeown, Proc. *Inst. Elect. Eng.*, Vol. 112, Iss. 4, p. 824-828, April, 1965.

[2] D.B. Watson, W. Heyes, K.C. Kao, and J.H. Calderwood, Some Aspects of Dielectric Breakdown of Solids. *IEEE Trans. Electr. Insul.*, Vol. 1, No. 2, p. 30, 1965.

[3] R. Stratton, Theory of Dielectric Breakdown in Solids, in *Progress in Dielectrics*, Vol. 3, John Wiley & Sons, Inc., New York, 1961.

[4] H. Frohlich, On the Theory of Dielectric Breakdown in Solids. *Proc. R. Soc. A*, Vol. 188, No. 1015, 1947. doi:10.1098/rspa.1947.0023.

[5] S. Whitehead, *Dielectric Breakdown in Solids*, Oxford University Press, 1951.

[6] H.F. Church, Thermal Breakdown, Chemical and Electrochemical Deterioration, in *High Voltage Technology*, L.L. Alston, ed., Oxford University Press, 1968.

[7] E. Kuffel and M. Abdullah, *High Voltage Engineering,* Pergamon Press, 1970.

[8] K.H. Stark and G.C. Garton, *Nature*, Vol. 176, p. 1225, 1955.

[9] R. Bartnikas, Partial Discharges: Their Mechanism, Detection and Measurements. *IEEE Trans. Dielectr. Electr. Insul.*, Vol. 9, No. 5, p. 763, 2002.

[10] P.H.F. Morshuis, Degradation of Solid Dielectrics Due to Internal Partial Discharges: Some Thoughts on Progress Made and Where to Go Now. *IEEE Trans. Dielectr. Electr. Insul.*, Vol. 12, No. 5, p. 905, 2005.

[11] P.P. Budenstein, On the Mechanism of Dielectric Breakdown in Solids. *IEEE Trans. Electr. Insul.*, Vol. 15, No. 3, p. 225, 1980.

[12] E.J. McMohan, A Tutorial on Treeing. *IEEE Trans. Electr. Insul.*, Vol. 13, No. 4, p. 277, 1978.

[13] A. Bulinski et al., Water Treeing in Binary Linear Polyethylene Blends. *IEEE Trans. Dielectr. Electr. Insul.*, Vol. 1, No. 6, p. 949, 1994.

[14] P. Ross, Inception and Propagation Mechanisms of Water Treeing. *IEEE Trans. Dielectr. Electr. Insul.*, Vol. 5, No. 5, p. 66, 1998.

[15] M. Ieda, M. Nagao, and M. Hihita, High Field Conduction and Breakdown in Insulating Polymers: Present Situation and Future Prospects. *IEEE Trans. Dielectr. Electr. Insul.*, Vol. 1, No. 5, p. 34, 1994.

[16] K.D. Wolter, J.F. Johnson, and S. Tanaka, Degradation Product Analysis for Polymeric Dielectric Materials Exposed to Partial Discharges. *IEEE Trans. Electr. Insul.*, Vol. 13, No. 5, p. 327, 1978.

[17] V.P. Singhal, B.S. Narayan, K. Nanu, and P.H. Ron, Development of Blumlein Based on Helical Line Storage Elements. *Rev. Sci. Instrum.*, Vol. 72, No. 3, p. 1862, 2001.

[18] W.J. Sarjeant, J. Zirnheld, and F.W. MacDougall, Capacitors. *IEEE Trans. Plasma Sci.*, Vol. 26, No. 5, p. 1368, 1998.

[19] W.J. Sarjeant, F.W. Macdougall, D.W. Larson, and I. Kohlberg, Energy Storage Capacitors: Aging, and Diagnostic Approaches for Life Validation. *IEEE Trans. Magn.*, Vol. 33, No. l, p. 501, 1997.

[20] E.A. Abramyan, Transformer Type Accelerators for Intense Electron Beams. *IEEE Trans. Nucl. Sci.*, Vol. 18, No. 3, p. 447, 1971.

[21] A.H. Sharbaugh, T.C. Devins, and S.J. Rzad, Progress in the Field of Electrical Breakdown in Dielectric Liquid. *IEEE Trans. Electr. Insul.*, Vol. 13, No. 4, p. 249, 1979.

[22] T.J. Lewis, Molecular Structure and the Electrical Strength of Liquifified Gases. *J. Electrochem. Soc.*, Vol. 107, p. 185, 1960.

[23] A. Adamczewski, *Ionization, Conductivity and Breakdown in Dielectric Liquids*, Taylor & Francis, London, 1969.

[24] A. Beroual, M. Zahn, A. Badent, K. Kist, A.J. Schwabe, H. Yamashita, K. Yamazawa, M. Danikas, W.G. Chadband, and Y. Torshin, Propagation and Structure of Streamers in Liquid Dielectrics. *IEEE Electr. Insul. Mag.*, p. 6, 1998.

[25] Z. Krasucki, Breakdown of liquid dielectrics, In *Proceedings of the Royal Society of London A: Mathematical, Physical and Engineering Sciences*, Vol. 294, no. 1438, pp. 393-404. The Royal Society, 1966.

[26] K.C. Kao and J.B. Higham, The Effects of Hydrostatic Pressure, Temperature, and Voltage Duration on the Electric Strength of Hydrocarbon Liquids. *J. Electrochem. Soc.*, Vol. 108, p. 522, 1961.

[27] K.C. Kao, Deformation of Gas Bubbles in Liquid Drops in an Electrically Stressed Insulating Liquid. *Nature*, Vol. 208, pp. 279-280, 1965.

[28] M. Khalifa, *High Voltage Engineering: Theory and Practice*, Marcel Dekker, 1990.

[29] P.K. Watson and A.H. Sharbaugh, High Field Conduction Currents in Liquid *n*-Hexane Under Microsecond Pulses. *J. Electrochem. Soc.*, Vol. 108, p. 522, 1956.

[30] D.A. Wetz, J. Mankowski, J.C. Dickens, and M. Kristiansen, The Impact of Field Enhancement and Charge Injection on the Pulsed Breakdown Strength of Water. *IEEE Trans. Plasma Sci.*, Vol. 34, No. 5, p. 16, 2006.

[31] H.M Jones and E.E. Kunhardt, Pulsed Dielectric Breakdown of Pressurized Water and Salt Solutions. *J. Appl. Phys.*, Vol. 77, No. 2, p. 795, 1995.

[32] J. Qian, R.P. Joshi, K.H. Schoenbach, J.R. Woodworth, and G.S. Sarkisov, Model Analysis of Self and Laser Triggered Electrical Breakdown of Liquid Water for Pulsed Power Applications. *IEEE Trans. Plasma Sci.*, Vol. 34, No. 5, p. 1680, 2006.

[33] W.F. Schmidt, *Liquid State Electronics of Insulating Liquids*, CRC Press, 1997.

[34] M.T. Buttram, Area Effects in the Breakdown of Water Subjected to Long Term (∼100 μs) Stress. *IEEE Conference Record of 15th Power Modulator Symposium*, p. 168, 1982.

[35] J.P. Vandevender and T.H. Martin, Untriggered Water Switching. *IEEE Trans. Nucl. Sci.*, Vol. 22, p. 979, 1975.

[36] J.C. Martin and I. Smith, AWRE Note SSWA/JCM/704/49, AWRE, 1970.

[37] M. Zahn, Y. Ohki, D.B. Fenneman, R.J. Gripshover, and V.H. Gehman, Jr., Dielectric Properties of Water and Water/Ethylene Glycol Mixtures for Use in Pulsed Power System Design. *Proc. IEEE*, Vol. 74, No. 9, pp. 1182-1221, 1986.

[38] J.D. Shipman, The Electrical Design of the NRL Gamble Ⅱ, 100 Kilojoule, 50 Nanosecond, Water Dielectric Pulse Generator Used in Electron Beam Experiments. *IEEE Trans. Nucl. Sci.*, Vol. 18, p. 243, 1971.

[39] T.V. Oommen, Vegetable Oils for Liquid-Filled Transformers. *IEEE Electr. Insul. Mag.*, p. 6, 2002.

[40] P. Norgard, R.D. Curry, and R. Sears, Poly-α Olefifin Synthetic Oil: A New Paradigm in Repetitive High Pressure Oil Switches. *IEEE Trans. Plasma Sci.*, Vol. 34, No. 5, p. 1662, 2006.

[41] V.Y. Ushakov, *Breakdown in Liquids*, Springer, 2008.

[42] S. Katsuki, H. Akiyama, A. Ghazala, and K.H. Schoenbach, Parallel Streamer Discharges Between Wire and Plane Electrodes in Water. *IEEE Trans. Dielectr. Electr. Insul.*, Vol. 9, No. 4, p. 499, 2002.

[43] A. Denat, High Field Conduction and Prebreakdown Phenomenon in Dielectric Liquids. *IEEE Trans. Dielectr. Electr. Insul.*, Vol. 13, No. 3, p. 518, 2006.

[44] A.H. Sharbaugh, J.C. Devins, and S.J. Rzad, Review of Past Work Done on Liquid Breakdown. *IEEE Trans. Electr. Insul.*, Vol. 15, No. 3, p. 167, 1980.

[45] T.J. Lewis, Breakdown Initiating Mechanisms at Electrode Interface in Liquids. *IEEE Trans. Dielectr. Electr. Insul.*, Vol. 10, No. 6, p. 948, 2003.

[46] R. Tobazeon, Prebreakdown Phenomenon in Dielectric Liquid. *IEEE Trans. Dielectr. Electr. Insul.*, Vol. 1, No. 6, p. 1132, 1994.

[47] H. Bluhm, *Pulsed Power Systems: Principles and Applications*, Springer, 2006.

[48] R. Hawley and A.A. Zaky, in *Progress in Dielectrics*, J.B. Birks, ed., Vol. 7, Haywood, London, p. 115, 1967.

[49] J.G. Trump and R.J. van de Graaff, The Insulation of High Voltages in Vacuum. *J. Appl. Phys.*, Vol. 18, p. 327, 1947.

[50] L. Cranberg, The Initiation of Electrical Breakdown in Vacuum. *J. Appl. Phys.*, Vol. 23, p. 518, 1952.

[51] I.N. Slivkov, Mechanism for Electrical Discharge in Vacuum. *Sov. Phys. Tech. Phys.*, Vol. 2, p. 1928, 1957.

[52] P.H. Ron, V.K. Rohatgi, and R.S.N. Rau, Rise Time of a Vacuum Gap Triggered by an Exploding Wire. *IEEE Trans. Plasma Sci.*, Vol. 11, No. 4, p. 274, 1983.

[53] P.H. Ron, V.K. Rohatgi, and R.S.N. Rau, Delay Time of a Vacuum Gap Triggered by an Exploding Wire. *J. Phys. D. Appl. Phys.*, Vol. 17, p. 1369, 1984.

[54] H.G. Bender and H.C. Kärner, Breakdown of Large Vacuum Gaps Under Lightning Impulse Stress. *IEEE Trans. Dielectr. Electr. Insul.*, Vol. 23, p. 37, 1988.

[55] K. Ohira, R. Iwai, S. Kobayashi, and Y. Saito, Parameters Inflfluencing Breakdown Characteristics of Vacuum Gaps During Spark Conditioning. *IEEE Trans. Dielectr. Electr. Insul.*, Vol. 6, No. 4, p. 457, 1999.

[56] H.W. Anderson, *Electr. Eng.*, Vol. 54, p. 1315, 1935.

[57] M.E. Cuneo, The Effect of Electrode Contamination, Cleaning, and Conditioning on High Energy Pulsed Power Device Performance. *IEEE Trans. Dielectr. Electr. Insul.*, Vol. 6, No. 4, p. 469, 1999.

[58] P.R. Menge and M.E. Cuneo, Quantitative Cleaning Characterization of Lithium-Fluoride Ion Diode. *IEEE Trans. Plasma Sci.*, Vol. 25, No. 2, p. 252, 1997.

[59] S. Kobayashi, Recent Experiments on Vacuum Breakdown of Oxygen Free Copper Electrodes. *IEEE Trans. Dielectr. Electr. Insul.*, Vol. 4, No. 6, p. 841, 1997.

[60] W. Opydo, J. Mila, R. Batura, and J. Opydo, Electric Strength of Vacuum Systems with Co-Mo Alloy Coated on Electrodes. *IEEE Trans. Dielectr. Electr. Insul.*, Vol. 2, No. 2, p. 271, 1995.

[61] M.J. Kofoid, Effect of Metal-Dielectric-Junction Phenomena on High-Voltage Breakdown over Insulators in Vacuum. *IEEE Trans. Power Apparatus Syst.*, Vol. 79, No. 3, p. 999, 1960.

[62] S. Shope, J.W. Poukey, K.D. Bergeron, D.H. McDaniel, A.J. Toepfer, and J.P. Vandevender, Self-Magnetic Insulation in Vacuum for Coaxial Geometry. *J. Appl. Phys.*, Vol. 49, No. 7, p. 3675, 1978.

[63] K. Yatsui, A. Tokuchi, H. Tanaka, H. Ishizuka, A. Kawai, E. Sai, K. Masugata, M. Ito, and M. Matsui, Geometric Focusing of Intense Pulsed Ion Beams from Racetrack Type Magnetically Insulated Diodes. *Laser Part. Beams*, Vol. 3, Part 2, p. 119, 1985.

[64] S. Humphries Jr. Self-Magnetic Insulation of Pulsed Ion Diodes. *Plasma Phys.*, Vol. 19, p. 399, 1977.

[65] R.J. Barker and P.F. Ottinger, Steady State Numerical Solution of Magnetically Insulated Charge Flow in Coaxial Geometry, NRL Memorandum Report 4654, Naval Research Laboratory, Washington, DC, December 8, 1981.

[66] J.J. Ramirez, A.J. Toepfer, and M.J. Clauser, Pulsed Power Applications to Intense Neutron Source Development. *Nucl. Instrum. Methods*, Vol. 145, p. 179, 1977.

[67] A. Shih, J. Yater, P. Pehrsson, J. Butler, C. Hor, and R. Abrams, Secondary Electron Emission from Diamond Surfaces. *J. Appl. Phys.*, Vol. 82, No. 4, pp. 1860-1867, 1997.

[68] L. Reimer and H. Drescher, Secondary Electron Emission of 10~100 keV Electrons from Transparent Films of Al and Au. *J. Phys. D.*, Vol. 10, pp. 805-815, 1977.

[69] H. Seiler, Secondary Electron Emission in the Scanning Electron Microscope. *J. Appl. Phys.*, Vol. 54, No. 11, pp. R1-R18, 1983.

[70] M. Belhaj, S. Odof, K. Msellak, and O. Jbara, Time-Dependent Measurement of the Trapped Charge in Electron Irradiated Insulators: Applications to Al_2O_3-sapphire. *J. Appl. Phys.*, Vol. 88, No. 5, pp. 2289-2294, 2000.

[71] R.E. Davies, Measurement of Angle-Resolved Secondary Electron Spectra, PhD Dissertation, Utah State University, 1999.

[72] Y.C. Yong, J.T.L. Thong, and J.C.H. Phang, Determination of Secondary Electron Yield from Insulators Due to a Low-kV Electron Beam. *J. Appl. Phys.*, Vol. 84, No. 8, pp. 4543-4548, 1998.

[73] N.R. Whetten, and A.B. Laponsky, Secondary Electron Emission from MgO Thin Films. *J. Appl. Phys.*, Vol. 30, No. 3, pp. 432-435, 1959. S. Yu, T. Jeong, W. Yi, J. Lee, S. Jin, J. Heo, and D. Jeon, Double-to Single-Hump Shape Change of Secondary Electron Emission Curve for Thermal SiO_2 Layers. *J. Appl. Phys.*, Vol. 79, No. 20, pp. 3281-3283, 2001.

[74] J.B. Johnson and K.G. McKay, Secondary Electron Emission of Crystalline MgO. *Phys. Rev.*, Vol. 91, No. 3, pp. 582-587, 1953.

[75] S. Yu, T. Jeong, W. Yi, J. Lee, S. Jin, J. Heo, and D. Jeon, Double-to Single-Hump Shape Change of Secondary Electron Emission Curve for Thermal SiO_2 Layers. *J. Appl. Phys.*, Vol. 79, No. 20, pp. 3281-3283, 2001.

[76] R.E. Davies and J.R. Dennison, Evolution of Secondary Electron Emission Characteristics of Spacecraft Surfaces. *J. Spacecr. Rockets*, Vol. 34, pp. 571-574, 1997.

[77] W. Yi, S. Yu, W. Lee, I.T. Han, T. Jeong, Y. Woo, J. Lee, S. Jin, W. Choi, J. Heo, D. Jeon, and J.M. Kim, Secondary Electron Emission Yields of MgO Deposited on Carbon Nanotubes. *J. Appl. Phys.*, Vol. 89, No. 7, pp. 4091-4095, 2001.

[78] J. Cazaux, Electron-Induced Secondary Electron Emission Yield of Insulators and Charging Effects. *Nucl. Instrum. Methods Phys. Res. B*, Vol. 244, No. 2, pp. 307-322, 2006.

[79] J.R. Dennison, W.Y. Chang, N. Nickles, J. Kite, C.D. Thomson, J. Corbridge, and C. Ellsworth, Final Report Part III: Materials Reports, NASA Space Environments and Effects Program Grant, Electronic Properties of Materials with Application to Spacecraft Charging (available in electronic format through NASA SEE as part of the SEE Charge Collector Knowledgebase) 2002.

[80] H. Boersch, H. Hamisch and W. Ehrlich, Surface Discharges over Insulators in Vacuum. *Z. Angew. Phys.*, Vol. 15, pp. 518-525, 1963.

[81] O. Milton, Pulsed Flashover of Insulator in Vacuum. *IEEE Trans. Electr. Insul.*, Vol. 7, No. 1, pp. 9-15, 1972.

[82] K.D. Bergeron, Theory of the Secondary Electron Avalanche at Electrically Stressed Insulator: Vacuum Interfaces. *J. Appl. Phys.*, Vol. 48, No. 7. pp. 3073-3080, 1977.

[83] R.A. Anderson and J.P. Brainard, Mechanism of Pulsed Surface Flashover Involving Electron Stimulated Desorption. *J. Appl. Phys.*, Vol. 51, No. 3, pp. 1414-1421, 1980.

[84] A.S. Pillai and R. Hackam, Surface Flashover of Solid Dielectrics in Vacuum. *J. Appl. Phys.*, Vol. 53, No. 4, pp. 2983-2987, 1982.

[85] L.L. Hatfifield, G.R. Leiker, E.R. Boerwinkle, H. Krompholz, R. Korzekwa, M. Lehr, and M. Kristiansen, Methods of Increasing the Surface Flashover Potential in Vacuum. *Proceedings of the XIII International Symposium on Discharges and Electrical Insulation in Vacuum*, Vol. 1, pp. 241-245, 1988.

[86] H.C. Miller and E.J. Furno, The Effect of Mn/Ti Surface Treatment on Voltage Holdoff Performance of Alumina Insulators in Vacuum. *J. Appl. Phys.*, Vol. 49, pp. 5416-5420, 1978.

[87] T.S. Sudarshan and J.D. Cross, The Effect of Chromium Oxide Coatings on Surface Flashover of Alumina Spacers in Vacuum. *IEEE Trans. Electr. Insul.*, Vol. 11, pp. 32-35, 1976.

[88] E.W. Gray, Vacuum Surface Flashover: A High Pressure Phenomenon. *J. Appl. Phys.*, Vol. 58, No. 1, pp. 132-141, 1985.

[89] A.A. Avdienko, Surface Breakdown of Solid Dielectrics in Vacuum I: Characteristics for Breakdown of Insulators Along the Vacuum Surface. *Sov. Phys. Tech. Phys.*, Vol. 22, No. 8, pp. 982-985.

[90] J.P. VanDevender, D.H. McDaniel, E.L. Neau, R.E. Mattis and K.D. Bergeron, Magnetic Inhibition of Insulator Flashover. *J. Appl. Phys.*, Vol. 53, No. 6, pp. 4441-4447, 1982.

[91] J. Golden and C.A. Kapetanakos, Flashover Breakdown of an Insulator in Vacuum by a Voltage Impulse in the Presence of a Magnetic Field. *J. Appl. Phys.*, Vol. 48, No. 4, pp. 3073-3038, 1977.

[92] C.W. Mendel, D.B. Siedel, and S.E. Rosenthal, A Simple Theory of Magnetic Insulation from Basic Physical Considerations. *Laser Part. Beams,* Vol. 1, Part 3, pp. 311-320, 1983.

[93] H.C. Miller, Flashover of Insulators in Vacuum. *IEEE Trans. Electr. Insul.*, Vol. 28, No. 4, pp. 512-527, 1993.

[94] O. Yamamoto, T. Takuma, M. Fakuda, S. Nagata, and T. Sonoda, Improving Withstand Voltage by Roughening the Surface of an Insulator Spacer Used in Vacuum. *IEEE Trans. Dielectr. Electr. Insul.*, Vol. 10, No. 4, p. 550, 2003.

[95] J.M. Wetzer and P.A.F. Wouters, High Voltage Design of Vacuum Components. *IEEE Trans. Dielectr. Electr. Insul.*, Vol. 2, No. 2, p. 203, 1995.

[96] G.A. Mesyats and D.I. Proskurovsky, *Pulsed Electrical Discharge in Vacuum*, Springer, 1989.

[97] G.A. Mesyats, *Explosive Electron Emission*, URO-Press, Ekaterinburg, 1998.

[98] G.A. Mesyats, *Pulsed Power*, Kluwer Academic/Plenum Publishers, 2004.

[99] R.V. Latham, *High Voltage Vacuum Insulation*, Academic Press, London, 1981.

[100] R.V. Latham, *High Voltage Vacuum Insulation*: *A New Perspective*, Authorhouse, 2006.

[101] V.Y. Ushakov, *Insulation of High Voltage Equipments*, Springer, 2004.

第10章 脉冲电压和电流的测量

在许多脉冲功率系统中，产生电脉冲的电压和电流幅值分别为 100kV～10MV 和 10kA～10MA，脉冲宽度范围从纳秒至微秒。传统的波形测量系统只可以处理几伏的信号。因此，最根本的问题在于在不影响原始波形的情况下，将超高电压信号转换为低电压信号。脉冲电压测量设备包括峰值电压表、电阻分压器、电容分压器、电光传感器和反射衰减器。脉冲电流可以通过分流器、罗戈夫斯基线圈、B-dot 探头、电流互感器和磁光电流传感器进行测量。

10.1 脉冲电压测量

10.1.1 火花间隙

火花间隙可用于测量峰值为 1kV～2.5MV 的电压脉冲，但无法记录有关波形的信息[1-4]。火花间隙电极材料可采用铝或铜，结构为表面光滑、曲率均匀、直径为 D 的球电极。根据国际标准，球电极与周围接地之间应保持适当的间隙距离，以使间隙区域的电场分布不受影响。为了减少火花在球电极上的烧蚀，可在高压球电极上串联 100kΩ～1MΩ 的电阻，但对于具有快速上升时间的波形，通常省略该电阻。在施加 10 个脉冲中引起 4～6 次闪络所需的间隙距离决定了 50% 的击穿电压，这代表了峰值电压。

10.1.1.1 脉冲峰值电压(> 1μs)

表 10-1 给出了空气密度修正系数。表 10-2 列出了 20℃、1atm 时，正极性雷电脉冲作用下单极接地球间隙峰值击穿电压[5]。表 10-2 给出的数值适用于 50Hz AC/DC 和持续时间为 1/50μs 或更长的冲击电压。当间隙距离 $S<0.5D$ 时，火花间隙测量精度在±3%以内；当 $S/D>0.5$ 时，测量精度将随 S/D 值的增大而降低。间隙击穿电压为环境气压和温度的函数，并随相对空气密度的增大而增大。相对空气密度 δ 为

$$\delta = \frac{P}{760} \times \frac{273+20}{273+T} = \frac{0.386P}{273+T} \tag{10-1}$$

其中，P 为大气压，单位是毫米汞柱(mm·Hg)；T 为温度，单位为摄氏度(℃)。

对于 δ 的变化，可从表 10-1 中获得适当的修正系数 K。实际击穿电压 V_a 可从式(10-2)获得

$$V_a = K \cdot V_s \tag{10-2}$$

其中，V_s 为标准温压下的击穿电压，其大小如表 10-2 和表 10-3 所示。

表 10-1　空气密度修正系数

相对空气密度(δ)	0.70	0.75	0.80	0.85	0.90	0.95	1.0	1.05	1.10	1.15
修正系数(K)	0.72	0.77	0.82	0.86	0.91	0.95	1.0	1.05	1.09	1.13

表 10-2　20℃，1atm 时，正极性雷电脉冲作用下单极接地球间隙峰值击穿电压

间隙距离/mm	峰值击穿电压/kV							
	球体电极直径/cm							
	6.25	12.5	25	50	75	100	150	200
5	17.2	16.8	—	—	—	—	—	—
10	31.9	31.7	—	—	—	—	—	—
20	59	59	—	—	—	—	—	—
50	—	134	138	138	138	—	—	—
100	—	—	254	263	265	266	266	266
500	—	—	—	—	—	1040	1150	1190
1000	—	—	—	—	—	—	—	1840

表 10-3　20℃，1atm 时，负极性雷电脉冲、直流和交流作用下单极接地球间隙峰值击穿电压

间隙距离/mm	峰值击穿电压/kV							
	球体电极直径/cm							
	6.25	12.5	25	50	75	100	150	200
5	17.2	16.8	—	—	—	—	—	—
10	31.9	31.7	—	—	—	—	—	—
20	58.5	59.0	—	—	—	—	—	—
50	—	129	137	138	138	—	—	—
100	—	—	244	263	265	266	266	266

续表

间隙距离/mm	峰值击穿电压/kV							
	球体电极直径/cm							
	6.25	12.5	25	50	75	100	150	200
500	—	—	—	—	—	—	1130	1180
1000	—	—	—	—	—	—	—	1840

10.1.1.2 脉冲峰值电压(<1μs)

火花间隙击穿时延定义为从首次施加电压到间隙电流受到电路限制的时间。延迟时间由两部分组成：统计时延和形成时延[6]。统计时延是在间隙中出现第一个有效自由电子所需的时间。形成时延是初始电子出现后电离开始至放电通道形成的时间。在未经辐照的间隙中，有效电子的出现取决于电子在大气中的热分布或自然辐射，在较短的脉冲宽度内并不能保证出现。通过多种方式向间隙提供自由电子，可以实现在短脉冲作用下间隙击穿具有较高的可靠性和一致性。可在高压电极中加入放射源，通常使用的放射源为镭、钴或钍，其活度约为 0.5mCi，也可以由另一个火花开关或最小额定功率为 35W 的石英汞弧光灯提供的紫外辐射提供自由电子。长间隙距离具有较长的击穿时间，不适合在快脉冲作用下产生一致性击穿。简而言之，可以概括为良好的辐照和短间隙是火花间隙测量纳秒级脉冲峰值电压的关键要求。由于短火花间隙只能承受不超过几十千伏的低电压，因此在测量高电压时，火花间隙必须与校准过的分压器一起使用。表 10-4 给出了 20℃、1atm 条件下单极接地的短球间隙峰值击穿电压[3]。

表 10-4　20℃、1atm 条件下单极接地的短球间隙峰值击穿电压

间隙距离/cm	峰值击穿电压/kV					
	球体电极直径/cm					
	0.5	1.0	1.5	2.5	3.0	4.0
0.01	1.06	1.03	1.01	0.995	0.988	0.980
0.05	2.89	2.82	2.80	2.77	2.77	2.77
0.10	4.85	4.75	4.7	4.64	4.64	4.65
0.50	15.37	17.80	17.75	17.44	17.45	17.42
1.00	20.15	26.50	19.75	31.40	31.70	31.78

10.1.2　峰值电压表

图 10-1 所示是 Chubb-Fortescue 峰值电压测量方法[7]。对流过已知精确电容值的电容器上的平均整流电流进行测量。图 10-2 所示是利用整流二极管给储能电容器充电测量峰值电压的方法。利用整流二极管给储能电容器充电至峰值附近，测量其直流电压[8, 9]。

在 Chubb-Fortescue 方法中，峰值电压为

$$V_\mathrm{p} = \frac{I_\mathrm{av}}{2fC} \tag{10-3}$$

其中，f 为所施加电压的频率。

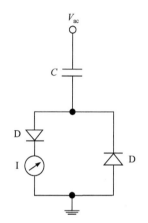

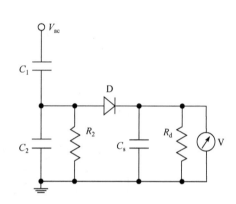

图 10-1　Chubb-Fortescue 峰值电压　　　　图 10-2　利用整流二极管给储能电容器充电
　　　　　　测量方法　　　　　　　　　　　　　　　　测量峰值电压的方法

在整流二极管测量电压方法中，峰值电压为

$$V_\mathrm{p} = K \cdot V_\mathrm{s} \tag{10-4}$$

其中，K 为电容分压器分压比；V_s 为 C_s 所充的直流电压。

Chubb-Fortescue 方法和整流二极管峰值电压测量方法适用于测量周期性交流电压，不能直接用于测量单极性单脉冲的峰值电压。单极性单脉冲可以通过图 10-3 所示电路来测量，与图 10-2 所示电路相比，图 10-3 所示电路省略了 R_2 和 R_d。

在图 10-3 所示电路中，储能电容器 C_s 通过整流二极管 D 充电至 V_p/K。当输入电压降低到小于 V_p 时，整流二极管反向偏置，C_s 两端电压保持为 V_p/K。利用静电电压表 V 测量 C_s 上的电压。输入电压 V_i，电容分压器输出电压 V_2 和 C_s 两端的输出电压 V_s 的波形如图 10-4 所示。图 10-4 表明，峰值电压的测量误差 δV 是由整流二极管的正向电阻 R_f 引起的有限充电时间常数 $T_\mathrm{c}=C_\mathrm{s}R_\mathrm{f}$ 和反向偏置整流二极

管、静电电压表和绝缘子的等效泄漏电阻 R_L 引起的有限放电时间常数 $T_c=C_sR_L$ 这两方面原因引入的。利用改进有源电路的商用峰值电压表可大幅减小误差。

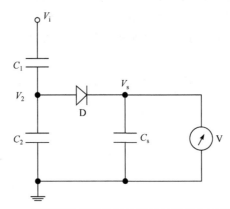

图 10-3 用于测量单极性脉冲波形的峰值电压表电路

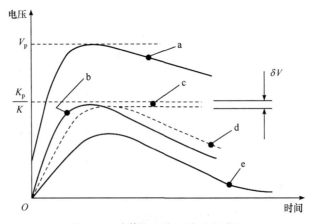

图 10-4 峰值电压表电路测量波形

a 为输入电压 V_i；b 为电容分压器输出电压 V_2；c 为当 T_c 有限且 $T_d=h$ 时 C_s 两端电压；d 为当 T_c 及 T_d 均有限时 C_s 两端电压；e 为二极管替换为分立电阻器时 C_s 两端电压

10.1.3 分压器

分压器在输入端承受全电压，按分压比成比例缩小后产生输出电压并传输至数字化仪器进行波形显示。对于脉冲电压，探头的频率响应必须快于被测波形的最高频率分量。在许多应用中，考虑到分布电容的影响，必须现场校准分压器。分压器可分为电阻分压器、电容分压器和阻容分压器。

10.1.3.1 电阻分压器

电阻分压器是一种测量负载 R_L 上电势差 V_L 的常规测量设备，其等效测量电路如图 10-5 所示，其中虚线框中是电阻分压器结构，电阻 R_S 是记录输出电压 V_{out} 的示波器或数字化仪表的阻抗。

理想情况下，电阻分压器由纯电阻元件 R_1 和 R_2 串联而成，并与负载 R_L 并联。负载电压 V_L 为电阻分压器的输入电压 V_{in}。输出电压 V_{out} 通过电缆传送至示波器，示波器的并联输入阻抗为 R_S。

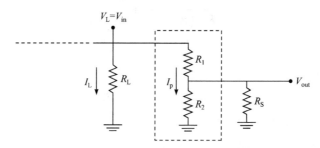

图 10-5　电阻分压器等效测量电路

1) 理想电阻分压器

为使电阻分压器正常工作，必须考虑电阻阻值间的相对关系。

(1) 示波器内部阻抗 R_S 与分压器的输出电阻 R_2 并联。若选择 R_2 的阻值使 $R_2 \ll R_S$，则并联部分等效阻抗为

$$\left(R_S \| R_2\right) = \frac{R_S R_2}{R_S + R_2} \sim R_2, \quad R_2 \ll R_S \tag{10-5}$$

在该条件下，绝大部分探头电流将流经电阻 R_2，电阻分压器在末端通常选接示波器高阻状态。如果 R_2 与 R_S 相近或式(10-5)中的条件不满足，则必须利用并联部分 $\left(R_S \| R_2\right)$ 的等效阻抗进行精确测量。

(2) 将基尔霍夫电压定律应用于图 10-5 中的分压器电路，得

$$V_{in} = \left(\left(R_S \| R_2\right) + R\right) \times I_P \tag{10-6}$$

$$V_{out} = \left(R_S \| R_2\right) \times I_P \tag{10-7}$$

根据流过分压器的电流相等，联合式(10-6)和式(10-7)可得

$$\frac{V_{in}}{\left(R_S \| R_2 + R_1\right)} = \frac{V_{out}}{\left(R_S \| R_2\right)} \tag{10-8}$$

也可表示为

$$\frac{V_{out}}{V_{in}} = \frac{R_S \| R_2}{\left(R_S \| R_2\right) + R_1} \tag{10-9}$$

该比值被称为分压比。根据 $V_{out} \ll V_{in}$ 条件可推知电阻相对值间满足 $\left(R_S \| R_2\right) \ll R_1$。

(3) 为了在不干扰电路工作的情况下测量负载两端的电压，流经分压器的电流 I_p 须远小于流经负载的电流 I_L，即

$$I_p \ll I_L \tag{10-10}$$

由式(10-6)可得

$$\frac{V_{in}}{R_1 + (R_S \parallel R_2)} \ll \frac{V_L}{R_L} \tag{10-11}$$

由于

因此　　　　　　　　　　　　　$$V_L = V_{in} \tag{10-12}$$

$$R_L \ll R_1 + (R_S \parallel R_2) = R_p \tag{10-13}$$

其中，R_p 为电阻分压器的输入阻抗。

如果流经分压器的电流过大，电路的负载将增大。这不仅会引起测量结果错误，并且可能导致潜在的危险。

通常情况下，分压器必须承受较大的输入电压，因此电阻采用大量分立电阻的形式或具有输出电压引出端的单柱液体电阻。在不考虑分布电容的情况下，电阻分压器的理想输出电压与频率无关。实际上，由于分布电容无法避免，电阻分压器多用于测量直流电压或较低频率电压。

2) 分布电容的影响

虽然理论上电阻分压器具有理想的频率响应，但实际上其频率响应受分布电容的影响[10-12]。当测量非常高的电压时，电阻分压器可能由多级电阻组成，然而由于分布电容的存在，任何一级上的电压均会受到影响，并且会显著限制其频率响应。虽然分布电感也同时存在，但其对电阻分压器响应的影响要小得多，但也需要尽量减小分布电感。

图 10-6 所示是包含分布电容的电阻分压器等效电路。电阻分压器由 N 个相同结构串联组成。每个结构包括对地分布电容 C_g、相邻元件分布电容 C_x 以及电阻 R。

在实际应用电压探头时，分布电容的存在一方面会严重限制电阻分压器的高频性能，另一方面会影响其在测量快脉冲上升速率时的准确性。尽管电阻元件会存在分布电感，但通过精心设计可以减小该值，使其对频率响应的影响降至极小。为了说明这一点，对图 10-6 所示的包含分布电容的电阻分压器的电路进行了阶跃响应分析。电阻分压器由 N 个分立元件组成，其中包括一个电阻、相邻元件间的分布电容 C_x 以及对地分布电容 C_g。输出电压 V_{out} 从总元件(数量为 N)的一部分元件(数量为 n)中输出，因此稳态分压比为输入电压 V_{in} 的 n/N。

定义 V_{in} 为方波输入电压并在 $t=0$ 时开始测量；V_{out} 为分压器的输出电压；N 为电阻元件的总个数；n 为从接地端开始测量 V_{out} 的电阻元件的数量；C_g 为每个

元件对地分布电容值；C_x 为相邻元件分布电容值。

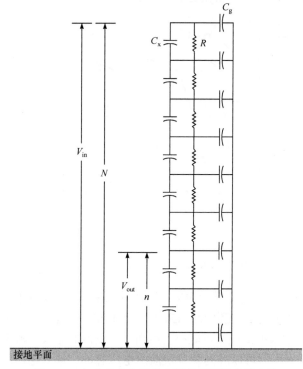

图 10-6　包含分布电容的电阻分压器的等效电路

为方便起见，定义

$$C_G = NC_g$$

$$C_C = \frac{C_x}{N}$$

以及

$$R_0 = NR$$

Bellaschi[12]计算了分压器对阶跃输入的时变响应：

$$V_{out} = \frac{n}{N}V_{in} + \frac{V_i}{\pi}\sum_{k=1}^{\infty}\frac{2\sin\left(k\pi\left(n/N\right)\right)}{k\cos\left(k\pi\right)}\times\frac{e^{-\beta\cdot t}}{1+k^2\pi^2\left(C_C/C_G\right)} \tag{10-14}$$

其中，

$$\beta = \frac{k^2\pi^2}{R_0\left(C_G+k^2\pi^2C_C\right)}$$

　　图 10-7 所示是分布电容对电阻分压器性能的影响。电阻分压器的瞬态响应在稳定至$(n/N)V_{in}$值之前，主要由分布电容决定。

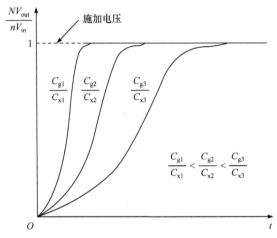

图 10-7　分布电容对电阻分压器性能的影响

　　增大对地分布电容 C_g 尤其会对电压探头的频率响应产生不利影响。从物理上讲，可以依据通过 R 向 C_g 充电所需的时间来解释这一现象。为了获得最佳的上升时间性能，R 和 C_g/C_x 的值应尽可能小。然而，分压器的输入电阻 R_0 受到负载的影响。为了使电阻分压器可以准确测量快前沿电压脉冲，输入电阻阻值应保持在相对较小的水平，并具有较小的对地电容。实际上，通过确保分压器始终具有均匀的电场分布，可以将分布电容对地的不良影响降至最低，这将在后文进行讨论。

　　3) 分布电感的影响

　　除分布电容外，分压器的电感也会导致高频性能下降。在没有分布电容时，分压器的上升时间受电感性时间常数 L/R 的限制。用固态碳膜电阻代替商用电感性高压电阻构成分压器，可以得到较低的等效电感。低压臂的电感起着重要作用，应通过在低电感几何结构中并联多个电阻来降低电感[13,14]。电阻分压器的低压臂应屏蔽在金属外壳内，以减少电磁干扰。

　　4) 电阻分压器中的均压环

　　电阻分压器的上升时间可以通过除电阻分压器元件外的源 C_g 提供充电电流来改善。图 10-8 所示是电阻分压器不同类型的均压电极。在图 10-8 中，电阻分压器上安装均压环或电晕环，均压环为 C_g 提供容性充电电流且该电流不流经电阻元件。均压环会使元件两端的分布电容 C_x 增大，这也有助于减小分压器的上升时间。

　　图 10-9 所示是含均压环和未含均压环时沿电阻上的电压分布。均匀的电压分布

改善了分压器的频率响应，同时降低了在分压器顶端附近发生电击穿的可能性。

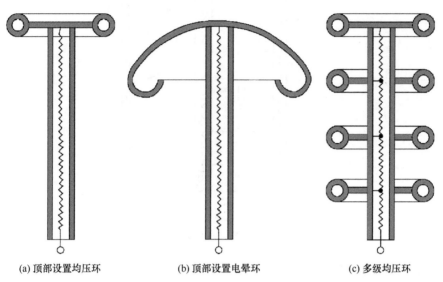

(a) 顶部设置均压环　　　　　　(b) 顶部设置电晕环　　　　　　(c) 多级均压环

图 10-8　电阻分压器不同类型的均压电极

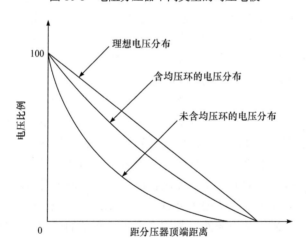

图 10-9　含均压环和未含均压环时沿电阻上的电压分布

5) 屏蔽式电阻分压器

图 10-10 所示是屏蔽式电阻分压器[15,16]。屏蔽式电阻分压器由两个独立电阻柱组成，内柱由电阻 R_1 和 R_2 组成，外柱为圆柱体电阻 R。内柱为主分压器，外柱为对地分布电容提供充电电流，并减少电磁干扰。由于内外柱两端电压几乎为零，因此其间分布电容 C_s 的充电电流可以忽略不计。屏蔽电阻器 R 可以使用塑料薄膜电阻、电阻布、金属电阻或液体电阻柱。

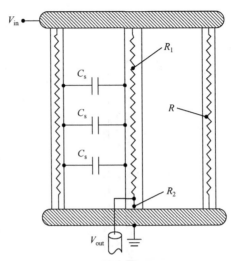

图 10-10　屏蔽式电阻分压器

6) 液体电阻分压器

使用均匀的液体电阻柱代替分立电阻的电阻分压器具有诸多优点。由于在相邻电阻器元件之间不需要连接引线，因此总电感较低，这也使电晕效应降至最低。液体电阻分压器能够耐受非常大的功率密度，并且在意外电击穿时具有自愈能力。尽管温度电场梯度或频率的变化导致电阻率发生变化，但分压比仍不会受影响，可应用于环境调控较小的大型装置中。

液体电阻分压器广泛应用于纳秒级脉冲功率技术，用于测量幅值为数百万伏的脉冲波形[16-21]。分压器的电阻值从几十欧姆到几百欧姆不等，通过分压器的电流为几千安。采用低阻值的电阻，可使分布电容的影响忽略不计，并缩短上升时间。但是，当时间尺度缩小至纳秒级时，水溶液的高介电常数可能导致电阻分压器的 RC 时间常数变得太大，从而无法精确地测量快速上升时间。分压器中必须使用铜电极和用去离子水制备的 $CuSO_4$ 溶液。$CuSO_4$ 溶液可在最高 50kV/cm 的电场下使用，也可采用其他溶液。利用去离子水制备的硫代硫酸盐溶液结合铝电极使用。

液体电阻可以采用多种方式制作。图 10-11 是一种具有可调分压比的 $CuSO_4$ 分压器示意图[22]。该分压器分压比为 75、37.5、25 和 18.75。在对附加分流电阻仔细分析的基础上，液体电阻分压器可与使用分立电阻的次级分压器结合使用。

当使用 $CuSO_4$ 分压器测量真空中的脉冲电压时，需要特别注意防止绝缘子上发生沿面闪络。暴露在真空中的绝缘子轮廓应使沿表面切线方向的电场分量减小，这有利于抑制绝缘子表面次级电子发射引起的电子倍增，从而提高沿面闪络电压。图 10-12 所示是真空中正极性和负极性电压的绝缘子构型。真空中绝缘子角度由测量电压极性决定。

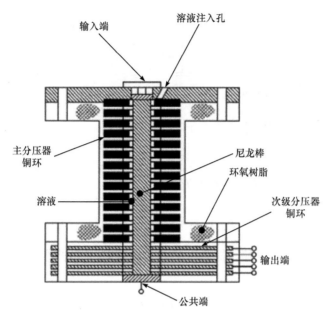

图 10-11　一种具有可调分压比的 $CuSO_4$ 分压器示意图

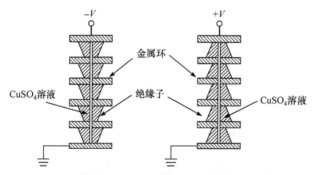

图 10-12　真空中正极性和负极性电压的绝缘子构型

10.1.3.2　电容分压器

电容分压器也可以由电容元件串联而成。类似于电阻分压器，低压臂需要满足的条件是电容器必须承受一定幅值的电压。在电容分压器中，$C_1 \ll C_2$，使得大部分压降在 C_1 两端，并且通过 C_2 的输出电压足够低，并可被传输至示波器上进行波形显示。图 10-13 是电容分压器的等效电路示意图。根据图 10-13 中的等效电路推导出描述电容分压器工作原理的公式。

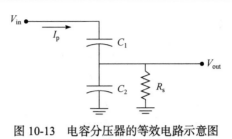

图 10-13　电容分压器的等效电路示意图

根据基尔霍夫电压定律得

$$V_{in} = V_{C_1} + V_{out} \tag{10-15}$$

流经电容器 C_1 的电流为探头电流 I_p：

$$I_p = C_2 \frac{dV_{C_2}}{dt} \tag{10-16}$$

根据基尔霍夫电流定律，探头电流 I_p 是通过 C_1 和示波器入口电阻 R_s 的电流的并联组合：

$$I_p = I_{C_2} + I_{R_s} \tag{10-17}$$

其中，

$$I_{C_2} = C_2 \frac{dV_{out}}{dt} \tag{10-18}$$

以及

$$I_{R_s} = \frac{V_{out}}{R_s} \tag{10-19}$$

将式(10-15)～式(10-19)进行组合，可以得到

$$C_1 \frac{dV_{C_1}}{dt} = C_2 \frac{dV_{out}}{dt} + \frac{V_{out}}{R_s} \tag{10-20}$$

重新整理可得

$$\frac{dV_{C_1}}{dt} = \frac{C_2}{C_1} \frac{dV_{out}}{dt} + \frac{V_{out}}{C_1 R_s} \tag{10-21}$$

对式(10-15)微分可得

$$\frac{dV_{in}}{dt} = \frac{dV_{C_1}}{dt} + \frac{dV_{out}}{dt} \tag{10-22}$$

将式(10-22)代入式(10-21)并整理后可得

$$\frac{\mathrm{d}V_{\mathrm{in}}}{\mathrm{d}t} = \frac{C_1 + C_2}{C_1}\frac{\mathrm{d}V_{\mathrm{out}}}{\mathrm{d}t} + \frac{V_{\mathrm{out}}}{C_1 R_{\mathrm{s}}} \tag{10-23}$$

式(10-23)为电容分压器的通解，可以通过拉普拉斯变换求解。由于 V_{in} 是从测量信号 V_{out} 重建的信号，故

$$\frac{V_{\mathrm{in}}}{V_{\mathrm{out}}} = \frac{C_1 + C_2}{C_1} + \frac{1}{sR_{\mathrm{s}}C_1} \tag{10-24}$$

电容分压器的带宽可表示为

$$\omega_{3\mathrm{dB}} = \frac{1}{R_{\mathrm{s}}(C_1 + C_2)} \tag{10-25}$$

电容分压器有多种应用方式[23-28]，并且有两个重要的约束情况：低频响应和高频响应。

1) 低频响应

对于慢前沿的脉冲，即高频分量远小于3dB带宽的脉冲波形，电容分压器提供的输出电压为

$$V_{\mathrm{out}} = \frac{C_1}{C_1 + C_2}V_{\mathrm{in}} \tag{10-26}$$

对于慢脉冲，电容分压器与电阻分压器具有类似的响应。

2) 高频响应：V-dot 探头

对于持续时间有限的快前沿脉冲，可以在绝大多数频率分量远大于式(10-25)中所给带宽的地方构建电容式探头。在这种情况下，电容式探头的响应由式(10-23)中的导数项决定，示波器上测得的电压为

$$V_{\mathrm{out}} = R_{\mathrm{s}}C_1\frac{\mathrm{d}V_{\mathrm{in}}}{\mathrm{d}t} \tag{10-27}$$

输入波形可由测量所得波形 V_{out} 进行积分后重构。在这些条件下，电容式探头通常被称为 V-dot 探头，"dot"表示时间导数。由于 V-dot 与绝缘介质的介电常数相关，因此其也被更精确地称为 D-dot，然而，这些术语在实践中可以互换使用。V-dot 的作用类似于一个转折频率由 $\omega_{3\mathrm{dB}}$ 决定的高通滤波器。

3) 电容分压器结构

电容分压器可以使用与电阻分压器类似的方法，即使用多个分立电容来设计。然而，连接导线引入的电感限制了分压器的高频响应。电容分压器最常见的设计是利用电极之间存在的分布电容构建高压臂，并通过在地电极附近安装由电介质和悬浮电极形成的小电容来构建电容分压器的低压臂。图 10-14 所示是电容分压器的两种布局方式。

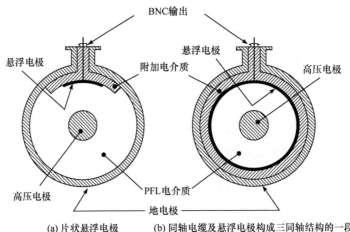

(a) 片状悬浮电极　　　　(b) 同轴电缆及悬浮电极构成三同轴结构的一段

图 10-14　电容分压器的两种布局方式

BNC 为同轴电缆连接器

　　图 10-14(a)中的悬浮电极类似于贴片天线。地电极和悬浮电极之间的附加电介质形成分压器低压臂电容。悬浮电极的尺寸和附加电介质的介电性能决定了低压电容器的容值以及标定系数。悬浮电极与 BNC 电缆头的内导体连接，用于提取输出信号。图 10-14(b)中的分压器由于整个内表面用于形成低压臂电容，因此具有更大的容值，这也会减小分布电容对波传播方向的影响。由于电流分布均匀多用于同轴结构，因此这种类型的电容分压器适用于任何频率范围。悬浮电极分压器可作为高压脉冲发生器的组成部分[29-34]。

　　电容分压器另一种常见的结构是通过在地电极中嵌入同轴电容器构成低压臂并屏蔽电场，如图 10-15 所示。测量电缆通常采用一段短的同轴电缆，其接地编织网可直接连接到图 10-15(a)所示的地极板上。同轴电容器与边缘电场相关电容共同构成电容器 C_2。高压臂 C_1 则由高压电极与 C_2 裸露节点的电容构成。等效电路如图 10-15(b)所示，R_s 是示波器的低阻(50Ω)终端。

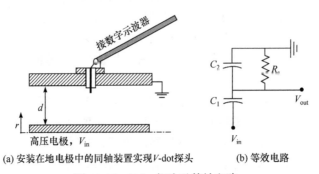

(a) 安装在地电极中的同轴装置实现 V-dot 探头　　　(b) 等效电路

图 10-15　V-dot 探头及等效电路

在许多情况中，$C_2 \gg C_1$，有效带宽可表示为

$$\omega_{3\mathrm{dB}} = \frac{1}{R_\mathrm{s} C_2} \tag{10-28}$$

在设计分压器时要注意的一点是，应使 V_out 具有足够大的强度以克服恶劣电磁环境，实现较高的信噪比，同时要使其低于连接件的电击穿强度。

V-dot 探头适用于三倍频线等脉冲形成线和同轴几何结构，广泛应用于所有频率分量远高探头带宽的具有快速上升时间和短持续时间的高压脉冲。若非如此，当脉冲中所有频率分量均在 3dB 带宽附近时，则需要在更宽的频域范围内进行标定[35-42]。

10.1.4　电光技术

用于测量电压的电光技术涉及绝缘材料的电场诱导双折射效应。单色探测光束被待测未知电场调制，通过解调调制信息恢复电压波形。与其他脉冲电压测量方法相比，电光技术具有不受电磁干扰的特性。电光转换器的折射率由 $n = n_0 + aE + bE^2 + \cdots$ 给出，其中 n_0 是在未施加电压时的折射率，E 是施加电场强度，$a, b, \cdots$ 是晶体的电光系数[42,43]。克尔盒的响应与 E^2 相关，即表达式中的第三项，泡克耳斯盒的响应与 E 成线性关系，即表达式中的第二项。

10.1.4.1　克尔盒

1875 年，克尔(Kerr)发现，当在玻璃板上施加强电场时，将发生双折射现象。双折射是一种材料的光学性质，其中折射率 n 取决于光的偏振和传播方向。克尔效应是材料在强电场作用下的诱导双折射效应。由于折射率的诱导变化与电场的平方成正比，因此克尔效应也称为二次电光效应。所有材料均会呈现克尔效应，但某些液体和固体材料具有足够强的响应，可以用作诊断。

在进行克尔测量时，单色垂直偏振光入射到与垂直方向成 45° 角的克尔盒上。将电压施加到厚度为 d 的克尔盒上，在克尔介质中建立电场 E，使其形成双折射(双折射)。然后，调制光束通过与垂直方向成 90° 角的另一个偏振片，进入光电倍增管或其他装置，将光强转换为可在示波器上测量的电压。图 10-16 是克尔盒测量系统的实验布局图。

激光探针 S 通过偏振器 P_1 垂直起偏，并与相对于克尔盒内部的电场成 45° 角。在这种相对方向上，入射光束由两束组成：一个光束的电场矢量与施加电场平行(反常光束)，另一个光束与施加电场垂直(正常光束)[44]。施加电场在克尔介质中引起双折射，导致两个分量光束在通过克尔介质时以不同的速度($v = c/n$)传播，在离开克尔盒时产生的相位差 Δ 为

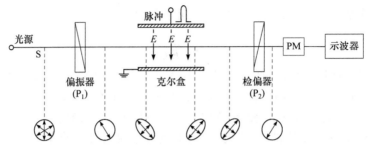

图 10-16　克尔盒测量系统的实验布局图

$$\Delta = 2\pi\frac{\ell}{\lambda}(n_{\text{e}} - n_{\text{n}}) \tag{10-29}$$

其中，n_{e} 和 n_{n} 分别为在反常方向和正常方向上的折射率；λ 为在真空中探测激光波长。从式(10-29)可以看出，相位位移与克尔介质的极化率成正比，可以改写为

$$\Delta = 2\pi K\ell E^2 \tag{10-30}$$

其中，比例常数 K 为克尔常数；ℓ 为克尔盒长度；E 为施加电场。

光束射出克尔盒时发生椭圆偏振。检偏器 P_2 相对于 P_1 是交叉偏振的(90°方向)，从而仅透射平行于 P_2 的光分量。通过使用如光电二极管、光电倍增管或光学摄影系统之类的检测器测量激光探针的强度 I，以记录通过克尔盒的正常光束与反常光束之间的相移，从而重建信号。强度和相位差之间的关系为

$$I = I_0 \sin^2\left(\frac{\Delta}{2}\right) \tag{10-31}$$

其中，I_0 为偏振器和检偏器在同一方向上且克尔盒电场为零时测得的光强。两个波之间的相位差为 $\lambda/2$ 时，线性偏振波是由穿过克尔盒之后的反常光束和正常光束叠加产生的。在该情况下的电压称为"半波电压"，在测量时具有最大光强。

利用克尔法测量时变电场可实现电压测量[45-53]。根据式(10-30)，增加的电场会产生连续增加的相位变化 $\Delta(t)$，这等效于极化平面的旋转。透射光的强度为

$$I(t) = I_0 \sin^2\left(\frac{\Delta(t)}{2}\right) \tag{10-32}$$

其中，I_0 为式(10-31)中的初始校准值。

联立式(10-32)与式(10-30)，可得

$$I(t) = I_0 \sin^2\left(\pi K\ell E^2(t)\right) \tag{10-33}$$

式(10-33)表明，随着 E 不断增加，极大值和极小值交替出现。当式(10-32)和式(10-33)中的自变量都等于 $\pi/2$ 时，第一电场极大值出现在与半波电压对应

的值处，电场值为 E_M。

设

$$\frac{\Delta}{2} = \pi K \ell E^2(t) = \frac{\pi}{2}$$

第一电场极大值 E_M 可表示为

$$E_M = \frac{1}{\sqrt{2K\ell}} \tag{10-34}$$

将式(10-33)和式(10-34)合并，可得

$$\frac{I(t)}{I_0} = \sin^2\left(\frac{\pi}{2}\frac{E^2(t)}{E_M^2}\right) \tag{10-35}$$

当式(10-35)的参数等于 $\pi/2$ 的奇数倍时，将出现传输极大值，因此 $(E/E_M)^2 = 1, 3, 5, 7, \cdots$，当 $(E/E_M)^2$ 的值为 $2, 4, 6, 8, \cdots$ 时，传输极小值出现在 π 的倍数处，这形成了恢复施加脉冲波形的基础。图 10-17 所示为使用梯形输入波形的光电探测器产生的典型的克尔盒输入信号和输出信号。在本例中，假设克尔

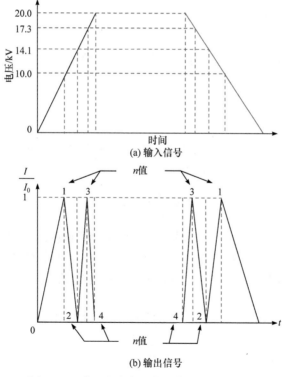

图 10-17　典型的克尔盒输入信号和输出信号

盒的 $d = 1cm$ 且 $E_M \times d = 10kV$，极大值出现在 10kV 和 17.3kV，极小值出现在 14.1kV 和 20kV。

实验中，通过测量时变光电探测器电流，可以获得任何时刻的 $I(t)$。通过实验可以确定为获得第一传输极大值所需施加到克尔盒的最小电压，即 $E_M \times d$ 的值[49,50]。时间分辨纹影直接光学诊断方式也已被用来代替光电探测器技术[51]。克尔盒电极的尺寸、形状和间距应设计成具有均匀的电场和高击穿电压。同时，应针对杂散光对克尔盒以及检测器系统进行屏蔽。

克尔盒介质必须是具有大克尔常数 K 的液体。一些极性液体，如硝基甲苯 $(C_7H_7NO_2)$ 和硝基苯 $(C_6H_5NO_2)$ 均具有非常大的克尔常数。与硝基甲苯的 $4.4 \times 10^{-12} mV^{-2}$ 相比，水的克尔常数也很大，为 $9.4 \times 10^{-14} mV^{-2}$。克尔盒电极通常由镍或铝制成。由于克尔效应相对较弱，典型克尔盒的工作电压需要在 30kV 等级。

10.1.4.2　泡克耳斯盒

当一束线偏振光通过受电场作用的泡克耳斯盒时，光的两个正交分量之间的相位延迟 Φ 为[43]

$$\Phi = \frac{2\pi}{\lambda} \cdot \Delta n \cdot \ell \tag{10-36}$$

其中，λ 为光的波长；Δn 为诱导双折射率；ℓ 为泡克耳斯盒的光学长度。诱导双折射率 Δn 为

$$\Delta n = n_0^3 \cdot \gamma \cdot \frac{V_i}{d} \tag{10-37}$$

其中，γ 为泡克耳斯盒晶体的电光系数；V_i 为施加电压的幅值；d 为泡克耳斯盒电极间距离。因此，式(10-36)可以改写为

$$\Phi = \frac{2\pi}{\lambda} \cdot n_0^3 \cdot \gamma \cdot \frac{V_i}{d} \cdot \ell \tag{10-38}$$

图 10-18 所示是泡克耳斯盒的纵向和横向调制模式。当泡克耳斯盒采用纵向调制模式时，入射光束的方向与电场方向平行，如图 10-18(a)所示；当泡克耳斯盒采用横向调制模式时，入射光束的方向与电场方向垂直，如图 10-18(b)所示。

在纵向调制的情况下，由于 $\ell = d$，式(10-38)可简化为

$$\Phi = \frac{2\pi}{\lambda} \cdot n_0^3 \cdot \gamma \cdot V_i \tag{10-39}$$

相位延迟 Φ 与泡克耳斯盒的尺寸无关。

由式(10-38)和式(10-39)可以看出，通过确定入射光束和调制光束之间的相位延迟 Φ，可以重建外加电压波形。可用于泡克耳斯盒的各种材料有 BSO (Bi$_{12}$SiO$_{20}$)、BTO (Bi$_{12}$TiO$_{20}$)、BGO (Bi$_4$Ge$_3$O$_{12}$)、LiNiO$_3$、LiTaO$_3$ 等单晶[43, 53-55]。泡克耳斯盒的电光效应对温度和振动的依赖性可以忽略不计。传感器晶体应具有大体积和高表面电阻率，以尽量减少泄漏电流。

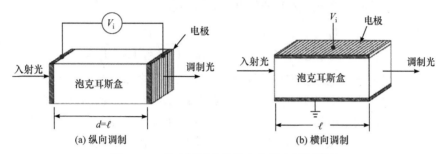

图 10-18　泡克耳斯盒的纵向和横向调制模式

1) 横向调制

图 10-19 是基于横向调制的泡克耳斯盒电压测量系统原理图。来自发光二极管(light-emitting diode，LED)的光束通过光纤传输到光学传感器元件。光束通过由偏振器、四分之一波片和泡克耳斯盒组成的传感器组件。在泡克耳斯盒的入口处，该光束是圆偏振的，但是在被泡克耳斯盒上的施加电压调制后，转换为椭圆偏振光束。检偏器将强度为 J_0 的入射光束分成强度为 J_1 和 J_2 的两个相互垂直的光束。然后，这些光束再通过光纤传输，并通过 PIN 二极管转换成电信号。未知输入电压 V_i 可通过信号处理器从输出信号 V_0 计算得到[45]。

在基于横向调制的泡克耳斯盒电压测量系统中，可以将高达 3kV(均方根)的电压直接施加到泡克耳斯盒。但对于高于 3kV 的电压，必须通过分压器对输入电压进行衰减。

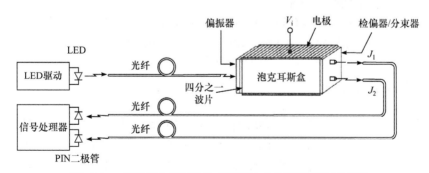

图 10-19　基于横向调制的泡克耳斯盒电压测量系统原理图

2) 纵向调制

图 10-20 所示是基于纵向调制的泡克耳斯盒电压测量系统[43]。整个系统由激光源、光纤、偏振器、四分之一波片、多段泡克耳斯传感器系统、检偏器和探测器组成。该系统的主要优点是其能够直接测量数百千伏电压而无须外接分压器。N 个 BGO 晶体(ε_1, d_1)和($N-1$)个介电垫片(ε_2, d_2)串联组合，构成内置电容分压器，如图 10-20(b)所示。单个晶体两端的电场可以写成

$$E = \frac{V_{C_1}}{Nd_1} = \frac{1}{Nd_1} \frac{C_2}{C_1 + C_2} V_i = \frac{V_i}{Nd_1 + (\varepsilon_1 / \varepsilon_2)(N-1)d_2} \tag{10-40}$$

所能测量的最大电压受泡克耳斯晶体的本征击穿电压、晶体外表面的闪络电压、透射光强度与施加电压的总体线性度的影响。将六氟化硫(SF_6)气体作为环境介质可以提高闪络电压。系统性能还依赖于以下几个方面：①光纤保持偏振状态；②晶体中产生机械振动的压电效应；③介电间隔棒中的电光效应。该系统可用于测量直流电、交流电和脉冲。

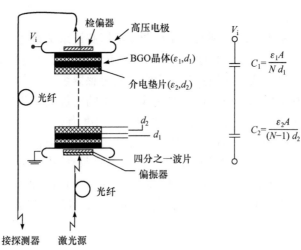

(a) 基于纵向调制的多段泡克耳斯盒电压测量系统 (b) 等效电路

图 10-20 基于纵向调制的泡克耳斯盒电压测量系统
BGO 为锗酸铋

10.1.5 反射衰减器

反射衰减器的原理基于入射脉冲在传输线不匹配边界处的反射。反射衰减器最简单的实现方式是将阻抗为 Z_1 的传输线连接到阻抗为 Z_2 的输出线，如图 10-21 所示。入射电压和电流分别用 V_i 和 i_i 表示。输入线上的反射电压和电流分别为 V_r 和 i_r。输出线上的参数为 V_2 和 i_2。

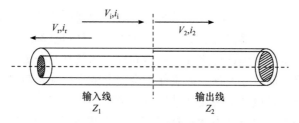

图 10-21　简单的反射衰减器

根据传输线理论可以推导出衰减倍数的表达式，如下所示：

$$V_2 = V_i + V_r \tag{10-41}$$

$$i_2 = i_i - i_r \tag{10-42}$$

$$i_2 = V_2 / Z_2 \tag{10-43}$$

$$i_i = V_i / Z_1 \tag{10-44}$$

$$i_r = V_r / Z_1 \tag{10-45}$$

将式(10-43)～式(10-45)代入式(10-42)，可得

$$\frac{V_2}{Z_2} = \frac{V_i}{Z_1} - \frac{V_r}{Z_1} \tag{10-46}$$

从式(10-41)中替换 V_2 并简化，可得

$$V_r = V_i \frac{Z_2 - Z_1}{Z_2 + Z_1} \tag{10-47}$$

$$V_2 = V_i \frac{2Z_2}{Z_2 + Z_1} \tag{10-48}$$

则

$$衰减系数 = \frac{V_i}{V_2} = \frac{1}{2}\left(1 + \frac{Z_1}{Z_2}\right) \tag{10-49}$$

式(10-49)表明，可通过增加两根传输线间阻抗的不匹配程度来增加衰减倍数，使输入线具有较高的阻抗 Z_1、输出线具有较低的阻抗 Z_2。如果不易获得单根低阻抗传输线，可通过多根传输线的并联构成输出线。

10.2　脉冲电流测量

10.2.1　分流器

分流器(current viewing resistor，CVR)是一种置入电流路径中的高精度测量

电阻。电阻 R_{CVR} 两端电压波形通过同轴电缆传输到示波器。为了使该信号准确反映电流，CVR 的电感值应忽略不计，且电阻值应足够低，以免干扰原始电流。除分流器本身的正确设计之外，包括同轴电缆及其与分流器、示波器的连接在内的测量电路也需合理设计，以确保不会受电磁干扰和负载终端的反射信号影响，这可以通过特别设计电磁拓扑结构来实现[56-59]。

电流分流器的重要设计参数包括阻值 R、电阻容差 ΔR、最大耗散能量和物理尺寸。

10.2.1.1　能量容量

能量容量或最大吸收能量 $E_{\max}$ 为分流器的额定参数。这一参数与电阻元件的发热有关，会影响测量电阻值 R_{CVR} 的准确性。在脉冲应用中，耗散在分流器测量电阻上的能量 E_{CVR} 为

$$E_{CVR} = R_{CVR} \int i^2(t)\mathrm{d}t \tag{10-50}$$

其中，积分区间为整个脉冲宽度。对于方波脉冲，式(10-50)可写为

$$E_{CVR} = R_{CVR} \times I_p^2 \times T_p \tag{10-51}$$

其中，I_p 为峰值电流；T_p 为方波脉冲的脉冲宽度。

选取分流器时，应确保 $E_{CVR}<E_{\max}$。如果 E_{CVR} 超过 $E_{\max}$，则 R_{CVR} 的校准值可能发生变化，并影响测量精度。脉冲能量容量是分流器在足够短时间内耗散的最大能量，损耗可以忽略不计。

由于一大部分存储能量在分流器外电路中耗散，因此需对电容器组中的分流器特别设计。对于电容器组中的存储能量 E_{Stored}，有

$$\frac{E_{CVR}}{E_{Stored}} = \frac{R_{CVR}}{R_{ext} + R_{CVR}} \tag{10-52}$$

其中，R_{ext} 为电容器组的外电阻。但是，在测量之前，R_{ext} 通常是未知的。对于欠阻尼的电容器组，考虑到峰值电流的影响，实际使用的分流器参数(如电阻和输出电压)需满足：

$$\frac{E_{CVR}}{E_{Stored}} \sim \frac{1}{10} \tag{10-53}$$

商用分流器的测量不确定度为 0.2%。

10.2.1.2　分流器结构

分流器是一种四端子装置，两个输入端子用于传输主电流，其余两个端子用

于输出电压。图 10-22 是两种用于测量电流的分流器结构示意图。图 10-22 给出了基于双线几何结构的折叠式带状分流器和并联双绞线分流器结构[60-62]。双绞线电阻元件的包围体积最小且回流结构使其电感最小。

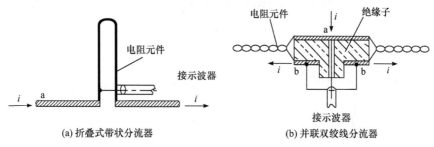

(a) 折叠式带状分流器　　　　(b) 并联双绞线分流器

图 10-22　两种用于测量电流的分流器结构示意图

图 10-23 所示是自支撑式管状分流器。当前广泛采用的分流器为图 10-23(a) 所示的管状电流分流器[63-66]，可通过在环氧树脂中嵌入电阻元件或采用支撑外壳来增强其机械强度，如图 10-23(b)所示。商用管状分流器有多种终端连接器，终端连接器通常决定频率响应。电阻元件可由镍铬合金、锰铜、铜镍合金或不锈钢等材料制成。图 10-24 所示是外部加强型管状分流器。

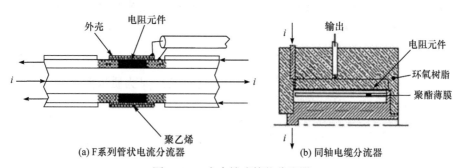

(a)F系列管状电流分流器　　　　(b) 同轴电缆分流器

图 10-23　自支撑式管状分流器

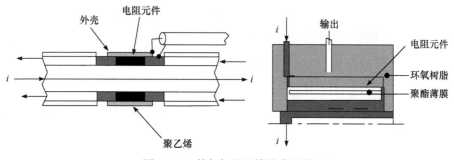

图 10-24　外部加强型管状分流器

图 10-25 所示是采用高精度分立电阻器或水溶液的盘式分流器结构。如图 10-25(a)所示,径向石墨盘式电流分流器具有 350ps 的上升时间响应[67]。基于 $CuSO_4$ 溶液电阻器或碳素分立电阻器的分流器分别如图 10-25(b)和图 10-25(c)所示[68]。$CuSO_4$ 和碳素电阻器的电阻率与电流密度的关系参见文献[68]。

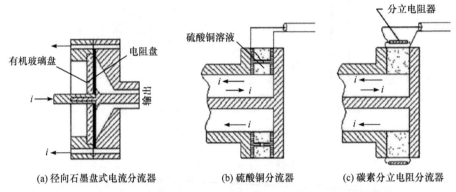

(a) 径向石墨盘式电流分流器　　　　(b) 硫酸铜分流器　　　　(c) 碳素分立电阻分流器

图 10-25　采用高精度分立电阻器或水溶液的盘式分流器结构

10.2.1.3　电阻容差

由于在电阻中耗散的能量 E_{CVR} 而引起其温升 T,电阻从其初始值 R_{CVR} 变为 R'。耗散能量 E_{CVR} 为

$$E_{CVR} = m \cdot C_p \cdot T = V \cdot \rho' \cdot C_p \cdot T \tag{10-54}$$

其中,m 为电阻材料的质量;C_p 为电阻材料的比热;ρ' 为质量密度。

电阻温度系数 α 引起电阻变为 R':

$$R' = R_{CVR}(1 + \alpha T) \tag{10-55}$$

从中可得

$$T = \frac{\Delta R_{CVR}}{\alpha R_{CVR}} \tag{10-56}$$

将式(10-54)代入式(10-56),得到

$$\frac{\Delta R_{CVR}}{R_{CVR}} = \frac{\alpha E_{CVR}}{V \cdot \rho' \cdot C_p} \tag{10-57}$$

对于给定的电流分流器,当已知 E_{CVR} 的值时,可根据式(10-57)对电阻的容差进行评估。

10.2.1.4 物理尺寸

电阻元件的长度及横截面面积可以通过以下关系确定：

$$R = \frac{\rho \cdot \ell}{A} \tag{10-58}$$

$$V = \ell \cdot A \tag{10-59}$$

由式(10-58)和式(10-59)可得

$$A = \sqrt{\frac{\rho \cdot V}{R}} \tag{10-60}$$

$$\ell = \sqrt{\frac{R \cdot V}{\rho}} \tag{10-61}$$

10.2.1.5 频率响应

对于设计良好的分流器，其带通可以做到非常大，上限由电阻元件的趋肤效应决定，同时应尽可能减小分流器的电感。由于趋肤效应，电流需要一定的时间才能扩散到电阻元件内部。图 10-26 所示是趋肤效应引起的电流密度分布变化。电流密度随与外表面距离的变化趋势如图 10-26(a)所示。图 10-26(b)所示为整个横截面上平均有效电流密度随时间的变化。

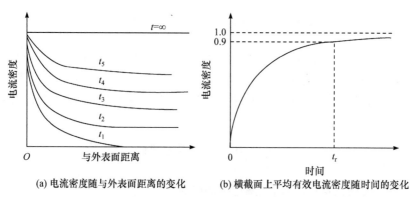

(a) 电流密度随与外表面距离的变化　　(b) 横截面上平均有效电流密度随时间的变化

图 10-26　趋肤效应引起的电流密度分布变化

电流扩散时间对上升时间 t_r 的贡献为[64, 69, 70]

$$t_r(趋肤效应) = \frac{\mu d^2}{4\rho} \tag{10-62}$$

其中，ρ 为材料的电阻率；μ 为分流器材料的磁导率；d 为管状分流器的壁厚。

由式(10-62)的分析可知，选择具有薄壁的电阻率材料可以使趋肤效应引起的上升时间最小化。

10.2.2　罗戈夫斯基线圈

如图 10-27 所示，在罗戈夫斯基线圈中，导线缠绕在环绕时变电流载流导体的圆环上。由时变电流产生的磁通密度的变化率在导体中感应出电压。该感应电压与被测量的电流大小定量相关。罗戈夫斯基线圈可以根据具体选用的元件来测量电流或微分电流，工作原理一致：通过导线的时变电流产生磁场，通过回路的时变磁场产生感应电压。

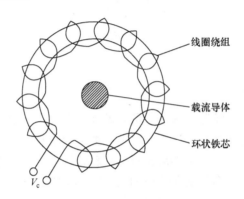

线圈绕组

载流导体

环状铁芯

V_c

图 10-27　罗戈夫斯基线圈原理

10.2.2.1　罗戈夫斯基线圈感应电压

假设采用空心线圈且线圈整个横截面上的磁通密度、线圈整个长度上的横截面面积以及绕组密度是恒定的，可以推导出罗戈夫斯基线圈感应电压的解析表达式。

为了计算罗戈夫斯基线圈中的感应电压，首先根据安培定律计算载流导体的磁场：

$$\oint_C H \cdot \mathrm{d}\ell = i \,(安培定律)$$

其中，H 为磁场矢量；i 为由线圈包围的电流。

可以看到，长导线的磁场与导线的径向距离成反比，且与极性($\hat{\theta}$)方向上通过的电流 i 成正比。通过导体的电流在罗戈夫斯基线圈上感应的磁场强度为

$$H(r,t) = \frac{i(t)}{2\pi r} \tag{10-63}$$

磁感应强度 B 与磁场强度的关系式为

$$B = \mu H \tag{10-64}$$

如果线圈绕组的平均半径为 r_0，则根据式(10-63)和式(10-64)可得到磁感应强度为

$$B(r_0,t) = \frac{\mu i(t)}{2\pi r_0} \tag{10-65}$$

N 匝、横截面面积为 A 的罗戈夫斯基线圈的磁通密度 Φ_B 为

$$\Phi_B = N\oint B \cdot dA$$

因此

$$\Phi_B(t) = \frac{\mu NA}{2\pi r_0}i(t) \tag{10-66}$$

根据法拉第定律得

$$V_c = -\frac{d\Phi_B}{dt}$$

$$V_c = \frac{\mu NA}{2\pi r_0}\frac{di(t)}{dt} \tag{10-67}$$

式(10-67)表明线圈中感应电压 V_c 与被测电流的导数成正比。$2\pi r_0 = \ell_{RC}$ 为线圈的平均周长，式(10-67)可改写为

$$V_c = \mu A \times \left(\frac{N}{\ell_{RC}}\right)\frac{di(t)}{dt} \tag{10-68}$$

其中，N/ℓ_{RC} 为线圈的绕组密度。

需要注意的是，如果被测电流的脉冲宽度大于罗戈夫斯基线圈的传输时间，则线圈中感应电压与载流导体在线圈内的位置无关。此外，流过线圈的磁通量仅当线圈匝数较少时受影响，并且，如果线圈完全包围被测电流，则式(10-68)的结果适用于任何形状和横截面的环形线圈。Krompholtz 解决了当被测电流的脉冲宽度小于罗戈夫斯基线圈的传输时间时的问题[71]。

10.2.2.2　补偿型罗戈夫斯基线圈

图 10-27 所示基本结构的罗戈夫斯基线圈易在平行于线圈主轴方向的平面上磁通量 Φ' 产生误差。这一情况会在当载流导体不垂直于线圈环形平面时出现，并将附加电压 $V_c' = (d\Phi'/dt)$ 叠加在 V_c 上。实际应用罗戈夫斯基线圈时，电压 V_c' 通过使用双线绕组[4, 72, 73]或引入附加匝数[74-77]来消除，图 10-28 所示是补偿型罗戈夫斯基线圈。然而，窗口外的外部电流源在小截面内产生杂散磁通引起的相关误差仍未得到修正，但可以通过选择较小的面积来减小误差。

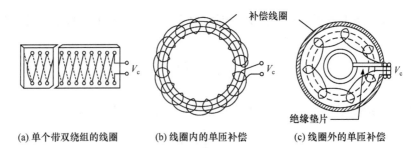

(a) 单个带双绕组的线圈　　　(b) 线圈内的单匝补偿　　　(c) 线圈外的单匝补偿

图 10-28　补偿型罗戈夫斯基线圈

1) 灵敏度

微分型罗戈夫斯基线圈的灵敏度 K(单位为 V/A)表示为[77]

$$K = \frac{V_0}{i(t)} = \frac{\mu_0 N a^2}{2 r_0} \cdot \frac{1}{RC} = \frac{\mu_0 N A}{\ell} \cdot \frac{1}{RC} \tag{10-69}$$

式(10-69)表明，微分型罗戈夫斯基线圈方程的总灵敏度取决于线圈常数($\mu_0 N A/\ell$)和积分器时间常数(RC)。通过选择较大的截面、较大的绕组密度和较低的积分器时间常数，可以获得较高的灵敏度。

2) 高频响应

微分型罗戈夫斯基线圈无法测量比其电感时间常数 $L_c/(Z_0+R_p)$ 更快的脉冲，其中 R_p 为线圈电阻。由于 L_c 与($N^2 A$)成正比，因此减少 N 会改善上升时间性能，但同时会降低灵敏度[78]。可通过较小的线圈匝数 N 获得良好的高频响应，也可通过增加横截面面积 A 提高灵敏度。然而，随着绕组横截面面积的增加，灵敏度可能会受到来自于线圈横截面之外磁场噪声的影响。

3) 低频响应

微分型罗戈夫斯基线圈的低频响应或脉冲宽度性能取决于积分时间常数(RC)。为了在脉冲宽度上产生的电压降最小，RC 值应大于脉冲宽度的 10 倍[10]。

4) 优点和局限性

微分型罗戈夫斯基线圈由于将较高的电压幅值传输至示波器，因此具有良好的抗电磁干扰能力。值得注意的是，微分型罗戈夫斯基线圈产生的高频分量易受同轴电缆中与频率相关衰减的影响。此外，当传输较高(di/dt)值时会在线圈和电缆终端处感应出较高电压并导致电击穿，从而限制最大可测量电流或最短持续时间。

10.2.2.3　自积分罗戈夫斯基线圈

图 10-29 所示是自积分罗戈夫斯基线圈等效电路。其未使用外积分器。线圈电感 L_c 与低电阻 R 串联形成 L_cR 积分电路。当满足 $\omega L_c \gg R$ 和 $L_c/R \gg \tau$ 条件时，整个线圈电压 V_c 降落在 L_c 上。

线圈电流 i_c 可表示为

$$V_c = L_c \frac{\mathrm{d}i_c}{\mathrm{d}t} \tag{10-70}$$

将式(10-68)中的 V_c 代入式(10-70)可得

$$\frac{\mu_0 NA}{\ell_{RC}} \frac{\mathrm{d}i}{\mathrm{d}t} = L_c \frac{\mathrm{d}i_c}{\mathrm{d}t}$$

化简后可得

$$i_c = \frac{\mu_0 NA}{\ell_{RC} \cdot L_c} i \tag{10-71}$$

$$V_0 = i_c R = \frac{\mu_0 NA \cdot R}{\ell_{RC} \cdot L_c} \cdot i \tag{10-72}$$

由式(10-72)可得，自积分罗戈夫斯基线圈的输出电压与测量电流成正比。

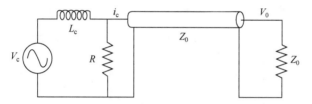

图 10-29　自积分罗戈夫斯基线圈等效电路

1) 灵敏度

自积分罗戈夫斯基线圈的灵敏度为

$$\frac{V_0}{i} = \frac{\mu_0 NA}{\ell_{RC}} \cdot \frac{R}{L_c} \tag{10-73}$$

由于 L_c 正比于 N^2A，因此灵敏度与 N 成反比，与微分型罗戈夫斯基线圈相反。

2) 高频响应

自积分罗戈夫斯基线圈与微分罗戈夫斯基线圈类似，高频响应与 L_c/R 无关，而受线圈的自谐振频率(f_r)、LCR 电路参数以及在线圈导体和屏蔽补偿导体之间形成的螺旋[73,76,79-82]线传输特性的影响。由 L_c 和线圈分布电容 C_p 决定的 f_r 值应大于测量电流的最高频率分量。通过设计临界阻尼的 LCR 电路参数[77](R 远小于螺旋线的特征阻抗)，可以获得最佳的上升时间性能。

3) 低频响应

对于自积分罗戈夫斯基线圈，低频响应取决于积分时间常数 $L_c/(R+Z_0)$，其值越高，脉冲宽度响应越好。采用低损耗铁氧体磁芯可以显著提高 L_c 值[83]。对于具有纳秒级上升时间的快前沿脉冲,铁氧体磁芯与空芯类似,具有良好的频率响应。

4) 优点和局限性

自积分罗戈夫斯基线圈的优点是不受 L_c/R 的限制,可以响应非常快的上升沿脉冲,杂散漏磁产生附加电压,由于 R 值很小而迅速衰减[84]。因此,特别适用于测量电子束加速器中的电流,但可能会因电子碰撞产生电荷积聚。自积分罗戈夫斯基线圈的主要局限性在于其低灵敏度。

10.2.2.4 结构

为了保证机械完整性和结构稳定性,罗戈夫斯基线圈通常采用环氧树脂封装,从而提高了电气绝缘性能。一般情况下,端子从安装在线圈上的 BNC 引出。为了减小电磁干扰引起的外噪声,采用金属外壳作为屏蔽体。图 10-30 是带屏蔽体的罗戈夫斯基线圈结构图。当磁通穿过线圈横截面时,屏蔽体上的环形槽可防止环流。

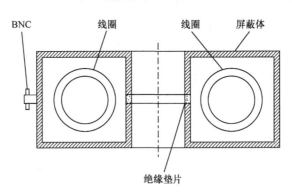

图 10-30　带屏蔽体的罗戈夫斯基线圈结构图

10.2.3　B-dot 探头

图 10-31 是 B-dot 探头测量脉冲电流的布局图,通常用于空间磁通映射,也可用于脉冲电流测量[39, 42, 85, 86]。B-dot 探头中感应电压可以近似写为

$$V_c = \frac{\mu_0 NA}{2\pi r_0} \cdot \frac{\mathrm{d}i}{\mathrm{d}t} \tag{10-74}$$

其中,N 为匝数;A 为线圈横截面面积;r_0 为载流体和感应式探头之间的距离。

B-dot 探头可设计成外积分或自积分形式(图 10-31)。B-dot 探头的缺点是对外部磁场非常敏感,且在安装探头时很难使磁力线完全垂直通过线圈横截面。实际应用时,在距离为 r_0 条件下对线圈充电时,B-dot 探头需要新的现场校准。通过将单匝或多匝线圈连接到电缆的内外导体,可较为容易地制作 B-dot 探头。

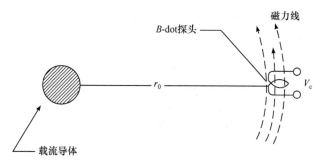

图 10-31　*B*-dot 探头测量脉冲电流的布局图

10.2.4　电流互感器

电流互感器是罗戈夫斯基线圈的一种特殊情况，它采用铁芯或铁氧体磁芯代替空气芯，从而使耦合系数接近于 1。在 $\omega L_s \gg R_L$ 的条件下，其中 R_L 为产生输出电压 V_o 的次级电路中的电阻，V_o 可以写为[83]

$$V_o = i_p(t) \frac{N_p}{N_s} R_\ell \tag{10-75}$$

其中，$i_p(t)$ 为初级电流；N_p 为初级线圈匝数；N_s 为次级线圈匝数。

当初级线圈为单匝时，式(10-75)可简化为

$$V_o = \frac{i_p(t) \cdot R_\ell}{N_s} \tag{10-76}$$

由于包含了铁磁磁芯，L_s 和 L_s/R 的值增大，从而改善了低频响应。磁导率的增加提高了灵敏度，从而扩展了其在小电流测量方面的应用。

另外，铁磁磁芯使二次谐振频率降低，从而限制了高频响应$\left(f_r = 1/2\pi\sqrt{L_s C_s}\right)$，同时磁芯的饱和效应对电流和时间的乘积进行了限制。当电流互感器应用于高压输电线路测量交流电流时，需对其进行细致的绝缘设计。

10.2.5　磁光电流传感器

磁光电流传感器相对于传统测量方法的优势在于使用光纤代替导电线，从而使磁光电流传感器能够在特殊的实验条件下使用。单色光源、光学元件和光电探测器的发展和小型化会进一步提高磁光电流传感器的紧凑性。

10.2.5.1　基本原理

图 10-32 是磁光电流传感器结构示意图[87,88]。其原理基于法拉第效应，线偏振

光在穿过受纵向磁场 H 影响的磁光材料时，偏振平面将旋转一定的角度 ϕ[73, 89]。法拉第旋转角 ϕ 为

$$\phi = V \int_0^\ell H \cdot \mathrm{d}\ell \tag{10-77}$$

其中，V 为维尔德常数；ℓ 为磁光材料的长度。

如果 H 在长度方向上恒定，则式(10-77)可写为

$$\phi = V \cdot H \cdot \ell \tag{10-78}$$

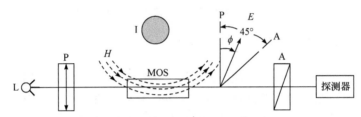

图 10-32　磁光电流传感器结构示意图

L 为光源；P 为偏振器；MOS 为磁光传感器；I 为载流导体；H 为导体产生的磁场；A 为检偏器；E 为入射光的电场矢量

因此，法拉第旋转角 ϕ 可由实验确定，并推导出磁场强度 H。根据 H，可得到电流 i。在光学模式下测定 ϕ 的方法相当复杂，因此通常采用光电技术测定 ϕ[90-92]。获得法拉第旋转角的过程可分为两步：①检偏器将旋转角度转换为光束的强度调制；②由快速光电二极管和相关电子器件组成的探测器，将检偏器发送的光信号转换成电压与光强成正比的电信号。相位调制和干涉条纹技术也已用于将法拉第旋转角转换成成比例的电信号[93,94]。

10.2.5.2　单光束检测器的强度关系

检偏器通常与偏振器所设定的偏振平面成 45°角。如果 E_0 为入射光的电场矢量，则沿检偏器偏振面的 E_0 分量为

$$E_\mathrm{a} = E_0 \cos(45° - \phi) = \frac{E_0}{\sqrt{2}} (\sin\phi + \cos\phi) \tag{10-79}$$

由于光强与 E^2 成正比，因此在检偏器输出端的光强 J_a 为

$$J_\mathrm{a} = \frac{J_0}{2} (1 + \sin(2\phi)) \tag{10-80}$$

式(10-80)表明 J_a 与 ϕ 之间是非线性关系。然而，对于限定范围内的 ϕ，线性误差非常小。单光束检偏器的缺点是输出信号依赖于输入光的强度，光强变化会导致输出信号的变化，但是这种误差可以通过使用差分分裂光束装置来消除。

10.2.5.3　差分分光检测器的强度关系

图 10-33 是差分分光检测器示意图。在这种结构布局中，沃拉斯顿棱镜形式的检偏器 A 将入射的线性偏振光分成两个相互正交光束 J_1 和 J_2，两正交光束分别与由 P 固定的偏振器平面成 45°角。

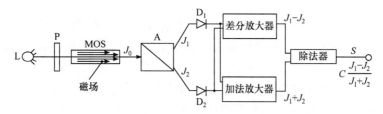

图 10-33　差分分光检测器示意图

L 为光源；P 为偏振器；MOS 为磁光传感器；A 为检偏器(沃拉斯顿棱镜)；D_1 和 D_2 为光电探测器

J_1 和 J_2 的强度分别为

$$J_1 = \frac{J_0}{2}\left(1 + \sin(2\phi)\right) \tag{10-81}$$

$$J_2 = \frac{J_0}{2}\left(1 - \sin(2\phi)\right) \tag{10-82}$$

传感器电子设备后端输出电信号 S 为

$$S = C\frac{J_1 - J_2}{J_1 + J_2} = C \cdot \sin(2\phi) \tag{10-83}$$

式(10-83)表明输出电信号 S 与 J_0 无关，因此系统不受输入强度变化的影响。

10.2.5.4　光源

光源需要满足寿命长、辐射亮度高、相干性好、发散角小、单色性好的要求。常见的光源有带单色滤光片的光谱灯、激光器、激光二极管和发光二极管。

10.2.5.5　磁光传感器

磁光传感器[73, 95-101]的损耗应较低，同时由于双折射将产生叠加在法拉第旋转角上的相位延迟，并在探测波长处对光透明，因此双折射应很少甚至没有。较大的维尔德常数避免了磁光传感器中多次光通过的需要[102]。磁光传感器通常由抗磁性或顺磁性掺杂玻璃(如铅玻璃、石英玻璃、冕玻璃、燧石玻璃)或稀土石榴石制成。单模光纤[103-110]常应用于磁光电流传感器中。

10.2.5.6 频率响应

玻璃中法拉第效应的弛豫时间[106]约为 10^{-10} s，这意味着在大多数实际应用中，上限频率由光电倍增管/光电二极管和其他电子设备确定。

10.2.5.7 结构

图 10-34 所示是多种结构形式的磁光传感器[43, 53-55, 107, 108, 111-114]。下面对其中三种结构进行说明。第一种结构为法拉第室完全围绕载流导体，如图 10-34(a)所示。在这种结构下，对应于式(10-72)中 ℓ_{RC} 的有效光学长度为 $2(a+b)$。通过增加光束的路径长度可以提高装置的灵敏度。在该装置中，由于法拉第室采用散状材料，内部将发生多次反射，需要注意尽量使"反射引起的相位差"最小化。第二种结构为法拉第室放置在铁磁芯的气隙中，如图 10-34(b)所示。由于磁芯的高磁导率，H 值将显著增加。因此，这种情况下的灵敏度可通过增加 H 而非 ℓ 来提高。第三种结构为法拉第传感器通过将 N 匝光纤电缆缠绕在载流导体上形成，如图 10-34(c)

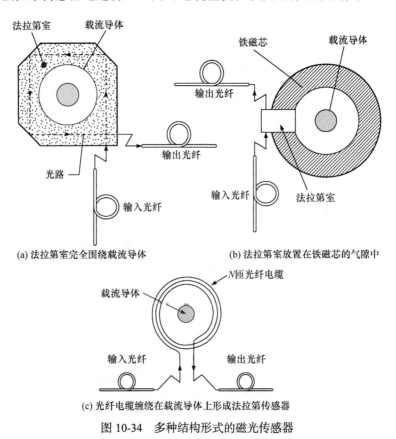

(a) 法拉第室完全围绕载流导体　　　　(b) 法拉第室放置在铁磁芯的气隙中

(c) 光纤电缆缠绕在载流导体上形成法拉第传感器

图 10-34　多种结构形式的磁光传感器

所示。通过光纤的光束有效路径长度由 πDN 给出，其中 D 是缠绕光纤电缆的线轴的直径。对于这种结构，必须注意使光纤电缆中的本征双折射和弯曲引起的线性双折射最小化，否则会影响灵敏度。

10.3　设计示例

示例 10.1

图 10-6 所示的电阻分压器高压臂有 10 个电阻，其中每个电阻均为 10MΩ。低压臂由一个 100kΩ 的电阻与一个 10nF 的电容器并联。分压器测量的输出电压波形的最大电压为 400kV。计算以下参数：①分压器的衰减倍数；②高压臂中电阻的额定电压和额定功率；③与高压臂中每个电阻并联的电容。

解：

分压器的衰减倍数为

$$A = \frac{V_o}{V_i} = \frac{R_2}{R_1 + R_2}$$

$$= \frac{100}{10 \times 10^4 + 100} = \frac{1}{1001}$$

每个电阻的额定电压和额定功率分别为

$$额定电压 = \frac{400}{10} = 40 \ (kV)$$

$$额定功率 = \frac{V^2}{R} = \frac{\left(40 \times 10^3\right)^2}{10 \times 10^6} = 160 \ (W)$$

频率无关条件可写为

$$C_1 R_1 = C_2 R_2 = \left(10 \times 10^{-9}\right) \times \left(10 \times 10^4\right) = 1 \ (ms)$$

因此，

$$C_1 = \frac{10^{-3}}{10 \times 10 \times 10^6} = 10 \ (pF)$$

因此，在高压臂的每个电阻上连接的电容 C_x' 为

$$C_x' = 10 \times 10 = 100 (pF)$$

示例 10.2

图 10-14 所示采用水电介质($\varepsilon_r = 80$)的同轴悬浮电极电容分压器具有如下尺

寸：高压电极直径 $D_1 = 150\text{mm}$，接地电极内径 $D_2 = 250\text{mm}$，悬浮电极直径 $D_f = 240\text{mm}$，厚度为 100mm。

计算以下参数：①分压器的衰减倍数；②低压臂终端分别接 50Ω 和 1MΩ 阻抗时的电压测量误差。

解：

①分压器的衰减倍数为

$$K = \frac{V_o}{V_i} = \frac{C_1}{C_1 + C_2}$$

其中，由式(3-22)可得 C_1 为

$$C_1 = \frac{2\pi\varepsilon_0\varepsilon_r}{\ln\left(D_f / D_1\right)} \times \ell$$

$$= 2\pi\frac{\left(8.85\times10^{-12}\right)\times80}{\ln\left(240 / 150\right)} \times 10\times10^{-3} \cong 946(\text{pF})$$

类似地，有

$$C_2 = \frac{2\pi\varepsilon_0\varepsilon_r}{\ln\left(D_2 / D_f\right)} \times \ell$$

$$= \frac{2\pi\left(8.85\times10^{-12}\right)\times80}{\ln\left(250 / 240\right)} \times 100\times10^{-3} \cong 11(\text{nF})$$

因此，

$$\frac{V_0}{V_i} = \frac{C_1}{C_1 + C_2} = \frac{946\times10^{-12}}{946\times10^{-12}+11\times10^{-9}} \cong 0.079$$

②电压测量误差为

$$\delta V = V_i\left(\frac{C_1}{C_1 + C_2}\right)\cdot\left(1 - e^{-(t/T)}\right)$$

对于 50 Ω 终端阻抗，低压臂的时间常数 T 为

$$T = C_2 R_2 = \left(11\times10^{-9}\right)\times50 = 550(\text{ns})$$

因此，当 $t = T = 550\text{ns}$ 时，有

$$\delta V = V_i \times 0.085 \times \left(1 - e^{-1}\right) \cong 0.054 V_i$$

$$\cong 输出电压的5.4\%$$

对于 1MΩ 终端阻抗，低压臂的时间常数 T 为

$$T = C_2 R_2 = \left(11 \times 10^{-9}\right) \times \left(1 \times 10^6\right) = 11 \text{ (ms)}$$

因此，电压误差 δV 在 550ns 时可忽略不计，但对于长时间脉冲，在 $t =$ 11ms 时其误差为 5.4%。上述计算误差值阐述了电容分压器通常在终端不接 50Ω 阻抗，而接 1MΩ 阻抗的原因。

示例 10.3

罗戈夫斯基线圈采用空芯圆环，线圈匝数为 300 匝，平均外径和内径分别为 30mm 和 5mm。在 1MHz 频率下，测量的峰值输入电流为 1.0A。罗戈夫斯基线圈输出端连接到时间常数为 $100T$ 的无源 RC 积分器，其中 T 为输入电流的振荡周期。计算以下参数：①线圈电感；②线圈输出电压；③罗戈夫斯基线圈灵敏度。

解：

① 输入电流表示为

$$i(t) = i_0 \sin(\omega t)$$

其中，$i_0 = 1\text{A}$；$\omega = 2\pi f = 2\pi \times 10^6$。$T = \dfrac{1}{f} = 10^{-6}\text{s} = 1\mu\text{s}$。

电感为

$$L = \frac{\mu_0 A \cdot N^2}{\ell}$$

其中，

$$\mu_0 = 4\pi \times 10^{-7} \text{ (H/m)}$$

$$A = \text{环面的小横截面面积} = \pi a^2 = \pi \left(5 \times 10^{-3}\right)^2 = 0.785 \times 10^{-4} (\text{m}^2)$$

$$\ell = \text{平均磁路长度}$$

$$= 2\pi r_0 = 2\pi \left(30 \times 10^{-3}\right) = 0.1885 (\text{m})$$

$$N = 100$$

可得

$$L = 5.2\mu\text{H}$$

② 线圈输出脉冲为

$$V_c = \left(\frac{\mu_0 NA}{\ell}\right) \cdot \left(\frac{\mathrm{d}i}{\mathrm{d}t}\right) = \left(\frac{\mu_0 NA}{\ell}\right) i_0 \omega \cos(\omega t)$$

将 μ_0、N、A、ℓ、i_0 以及 ω 的值代入 V_c 的表达式，可得

$$V_{\mathrm{c}} = 0.329 \cos(\omega t)$$

③ 根据式(10-62)可得积分器输出为

$$V_0 = \left(\frac{\mu_0 NA}{\ell}\right) \cdot \left(\frac{1}{RC}\right) \cdot i(t)$$

$$= \frac{\left(4\pi \times 10^{-7}\right) \times 100 \times \left(0.785 \times 10^{-4}\right)}{0.1885} \times \frac{1}{100 \times 10^{-6}} \cdot i(t)$$

$$= 5.2 \times 10^{-3} \sin(\omega t)$$

罗戈夫斯基线圈的灵敏度为

$$K = \frac{V_0}{i(t)} = \frac{5.2 \times 10^{-3} \sin(\omega t)}{1 \sin(\omega t)} = 5.2 \times 10^{-3} \ (\mathrm{mV/A})$$

参 考 文 献

[1] J.D. Craggs and J.M. Meek, *High Voltage Laboratory Technique*, Butterworths, London, 1954.

[2] W.G. Hawlay, *Impulse Voltage Testing*, Chapman & Hall Ltd., London, 1959.

[3] F.B.A. Frungel, *High Speed Pulse Technology*, Vol. II, Academic Press, New York, 1965.

[4] A.J. Schwab, *High Voltage Measurement Techniques*, MIT, UK, 1972.

[5] IEEE Inc., 4-1978: IEEE Standard Techniques for High Voltages Testing, 1978.

[6] J.M. Meek and J.D. Craggs, *Electrical Breakdown of Gases*, Oxford University Press, London, 1953.

[7] L.W. Chubb and C. Fortescue, Calibrating of the Sphere Gap Voltmeter. *Trans. AIEE*, Vol. 32, p. 739, 1913.

[8] R. Davis, G.W. Bowdler, and W.G. Standring, The Measurement of High Voltages with Special Reference to the Measurement of Peak Voltages. *Proc. IEE*, Vol. 68, p. 1222, 1930.

[9] W.P. Baker, A Novel High Voltage Peak Voltmeter. *Proc. IEE*, Vol. A103, p. 519, 1956.

[10] R.J. Thomas, High Impulse Current and Voltage Measurement. *IEEE Trans. Instrum. Meas.*, Vol. 19, No. 2, p. 102, 1970.

[11] P.R. Howard, Errors in Recording Surge Voltages. *Proc. IEE, Part I*, Vol. 99, p. 371, 1952.

[12] P.L. Bellaschi, The Measurement of High Surge Voltages. *Trans. AIEE*, Vol. 52, p. 544, 1933.

[13] H.D. Sutphin, Subnanosecond High Voltage Attenuator. *Rev. Sci. Instrum.*, Vol. 43, No. 10, p. 1535, 1972.

[14] G.R. Mitchel and C. Melançon, Subnanosecond Protection Circuits for Oscilloscope Inputs. *Rev. Sci. Instrum.*, Vol. 56, No. 9, p. 1804, 1985.

[15] R.E. Dollinger and D.L. Smith, Shielded High Voltage Probes. *IEEE Trans. Electron Devices*, Vol. 26, No. 10, p. 1553, 1979.

[16] Y. Kubota et al., A Quick Response High Voltage Divider. *Jpn. J. Appl. Phys.*, Vol. 15, No. 10, p. 2037, 1976.

[17] D.G. Pellinen and S. Heurlin, A Nanosecond Risetime Megavolt Divider. *Rev. Sci. Instrum.*, Vol. 42, No. 6, p. 824, 1971.

[18] D.G. Pellinen and I. Smith, A Reliable Multimegavolt Voltage Divider. *Rev. Sci. Instrum.*, Vol. 43, No. 2, p. 299, 1972.

[19] D.G. Pellinen et al., A Picosecond Risetime High Voltage Divider. *Rev. Sci. Instrum.*, Vol. 45, No. 7, p. 944, 1974.

[20] H. Matsuzawa and T. Akitsu, Output Voltage Improvement of the Coaxial Marx-Type High Voltage Generator. *Rev. Sci. Instrum.*, Vol. 56, No. 12, p. 2287, 1985.

[21] Z.Y. Lee, Subnanosecond High Voltage Two Stage Resistive Divider. *Rev. Sci. Instrum.*, Vol. 54, No. 8, p. 1060, 1983.

[22] P.H. Ron, Rise and Delay Time of a Vacuum Gap Triggered by an Exploding Wire, PhD thesis, Indian Institute of Science, Bangalore, India, 1984.

[23] R.J. Thomas, Response of Capacitive Voltage Dividers. *Microwaves*, Vol. 6, pp. 50-53, 1967.

[24] E. Slamecka and W. Waterscheck, Transient Response of Impulse Voltage Dividers. *Siemens Z. (in German)*, Vol. 41, p. 63, 1967.

[25] How to Make Accurate High Voltage AC Measurements, Application Notes, Model 13200 Voltage Divider, IIT, Jennings.

[26] M.M. Brady and K.G. Dedrick, High Voltage Pulse Measurement with a Precision Capacitive Voltage Divider. *Rev. Sci. Instrum.*, Vol. 33, No. 12, p. 1421, 1962.

[27] W.R. Fowkes and R.M. Rowe, Refifinements in Precision Kilovolt Pulse Measurement. *IEEE Trans. Instrum. Meas.*, Vol. 15, No. 4, p. 284, 1966.

[28] D.M. Barrett, S.R. Byron, E.A. Crawford, D.H. Ford, W.D. Kimura, and M.J. Kushner, Low Inductance Capacitive Probe for Spark Gap Voltage Measurements. *Rev. Sci. Instrum.*, Vol. 56, No. 11, p. 211, 1985.

[29] R.D. Genuario and J.C. Blackburn, 300 kV Rectangular Pulse Generator with Nanosecond Rise Time. *Rev. Sci. Instrum.*, Vol. 45, No. 12, p. 1546, 1974.

[30] N.W. Harris, High Voltage Probe for Liquid Immersion. *Rev. Sci. Instrum.*, Vol. 45, No. 7, p. 961, 1974.

[31] E.A. Edson and G.N. Detzal, Capacitive Voltage Divider for High Voltage Pulse Measurement. *Rev. Sci. Instrum.*, Vol. 52, No. 4, p. 604, 1981.

[32] C.A. Ekdahl, Voltage and Current Sensors for a High Density Z-Pinch Experiment. *Rev. Sci. Instrum.*, Vol. 51, No. 12, p. 1645, 1980.

[33] W.Z. Fam, A Novel Transducer to Replace Current and Voltage Transformers in High Voltage Measurements. *IEEE Trans. Instrum. Meas.*, Vol. 45, No. 1, p. 190, 1996.

[34] P. Osmokrovic, D. Petkovic, and O. Markovic, Measuring Probe for Fast Transients Monitoring in Gas Insulated Substations. *IEEE Trans. Instrum. Meas.*, Vol. 46, No. 1, p. 36, 1997.

[35] C.S. Wong, Simple Nanosecond Capacitive Divider. *Rev. Sci. Instrum.*, Vol. 56, No. 5, p. 767, 1985.

[36] F.P. Burch, On Potential Dividers for Cathode Ray Oscillographs. *Philos. Mag.*, Vol. 13, p. 760, 1932.

[37] R. Keller, Wideband High Voltage Probe. *Rev. Sci. Instrum.*, Vol. 35, No. 8, p. 1057, 1964.

[38] G.G. Wolzak et al., Capacitive Measurement of High DC Voltages. *Rev. Sci. Instrum.*, Vol. 52, No. 10, p. 1572, 1981.

[39] C.E. Baum, Electromagnetic Sensors and Measurement Techniques, in *Fast Electrical and Optical Measurements*, NATO ASI Series E: Applied Sciences, J.E. Thompson and L.H. Luessen, eds., Vol. 1, Martinus Nijhoff Publishers, pp. 73-144, 1986.

[40] L.K. Warne, L.I. Basilio, W.A. Johnson, M.E. Morris, M.B. Higgins, and J.M. Lehr, Capacitance and Effective Area of Flush Monopole Probes, Sandia National Laboratories Internal Report, SAND2004-3994, 2004.

[41] W. Pfeiffer, Ultrafast Electrical Voltage and Current Monitors, in *Fast Electrical and Optical Measurements*, NATO ASI Series E: Applied Sciences, J.E. Thompson and L.H. Luessen, eds., Vol. 1, Martinus Nijhoff Publishers, pp. 145-174, 1986.

[42] M.S. DiCapua, High Speed Electric Field and Voltage Measurements, in *Fast Electrical and Optical Measurements*,

NATO ASI Series E: Applied Sciences, J.E. Thompson and L.H. Luessen, eds., Vol. 1, Martinus Nijhoff Publishers, pp. 175-222, 1986.

[43] C.E. Baum, E.L. Breen, J.C. Giles, J.P. O'Neill, and G.D. Sower, Sensors for Electromagnetic Pulse Measurement Both Inside and Away from Nuclear Source Regions. *IEEE Trans. Antennas Propag.*, Vol. 26, No. 1, pp. 22-35, 1978.

[44] J.C. Santos, M.C. Taplamacioglu, and K. Hidaka, Pockels High Voltage Measurement System. *IEEE Trans. Power Deliv.*, Vol. 15, No. 1, p. 8, 2000.

[45] D.C. Wunsch and A. Erteze, Kerr Cell Measuring System for High Voltage Pulses. *Rev. Sci. Instrum.*, Vol. 35, No. 7, p. 816, 1964.

[46] W. Botticher et al., Electro-Optical Measurement of Current and Voltage in Fast High Pressure Glow Discharges. *J. Phys. E: Sci. Instrum.*, Vol. 11, p. 248, 1978.

[47] E.C. Cassidy and H.N. Cones, A Kerr Electro-Optical Technique for Observation and Analysis of High Intensity Electric Fields. *J. Res. Natl. Bur. Stand.*, Vol. 73, Nos. 1 and 2, p. 5, 1969.

[48] E.E. Bergmann and G.P. Kolleogy, Measurement of Nanosecond HV Transients with the Kerr Effect. *Rev. Sci. Instrum.*, Vol. 48, No. 12, p. 1641, 1977.

[49] D.F. Nelson, The Modulation of Laser Light. *Sci. Am.*, Vol. 218, No. 6, p. 17, 1968.

[50] E.C. Cassidy et al., Calibration of a Kerr Cell System for High Voltage Pulse Measurements. *IEEE Trans. Instrum. Meas.*, Vol. 17, No. 4, p. 313, 1968.

[51] E.C. Cassidy, Development and Evaluation of Electrooptical High Voltage Pulse Measurement Techniques. *IEEE Trans. Instrum. Meas.*, Vol. 19, No. 4, p. 395, 1970.

[52] E.C. Cassidy, Pulsed Laser Kerr System Polarimeter for Electrooptical Fringe Pattern Measurement of Transient Electrical Parameters. *Rev. Sci. Instrum.*, Vol. 43, No. 6, p. 886, 1972.

[53] S.Y. Ettinger and A.C. Venezia, High Voltage Pulse Measuring System Based on Kerr Effect. *Rev. Sci. Instrum.*, Vol. 34, No. 3, p. 221, 1963.

[54] M. Kanoi, G. Takahashi, T. Sato, M. Higaki, E. Mori, and K. Okumara, Optical Voltage and Current Measuring System for Electric Power Systems. *IEEE Trans. Power Deliv.*, Vol. 1, No. 1, p. 91, 1986.

[55] Cruden, A. Richardson, Z.J. Macdonald, J.R. Andonovic, I. Laycock, W., and Bennett, A., Compact 132 kV Combined Optical Voltage and Current Measurement System. *IEEE Trans. Instrum. Meas.*, Vol. 47, No. 1, p. 219, 1998.

[56] T. Mitsui, K. Hosoe, H. Usami, and S. Miyamoto, Development of Fiberoptic Voltage Sensors and Magnetic Field Sensors. *IEEE Trans. Power Deliv.*, Vol. 2, No. 1, p. 87, 1987.

[57] S. Kobayashi, A. Horide, I. Takagi, M. Higati, G. Takahashi, E. Mori, and Y. Yamagowa, Development and Field Test Evaluation of Optical Voltage and Current Transformers for Gas Insulated Switchgear. *IEEE Trans. Power Deliv.*, Vol. 7, No. 2, p. 815, 1992.

[58] C.E. Baum, Electromagnetic Topology for the Analysis and Design of Complex Electromagnetic Systems, in *Fast Electrical and Optical Measurements*, NATO ASI Series E: Applied Sciences, J.E. Thompson and L.H. Luessen, eds., Vol. 1, Martinus Nijhoff Publishers, pp. 467-548, 1986.

[59] C.E. Baum, E.L. Breen, F.L. Pitts, G.D. Sower, and M.E. Thomas, The Measurement of Lightening Environmental Parameters Related to Interaction with Electronic Systems. *IEEE Trans. Electromagn. Compat.*, pp. 123-137, 1982.

[60] W. Graf, System Design: Practical Shielding and Grounding Techniques Based on Electromagnetic Topology, in *Fast Electrical and Optical Measurements*, NATO ASI Series E: Applied Sciences, J.E. Thompson and L.H. Luessen, eds., Vol. 1, Martinus Nijhoff Publishers, pp. 567-583, 1986.

[61] E.F. Vance, Electromagnetic-Interference Control. *IEEE Trans. Electromagn. Compat.*, Vol. 22, No. 4, pp. 319-328, 1980.

[62] R.J. Thomas, High Voltage Pulse Reflflection-Type Attenuator with Subnanosecond Response. *IEEE Trans. Instrum. Meas.*, Vol. 16, No. 2, p. 146, 1967.

[63] J.H. Park, Shunts and Inductors for Surge Current Measurement. *J. Res. Natl. Bur. Stand.*, Vol. 39, p. 191, 1947.

[64] F.B. Silsbee, Notes on the Design of Four Terminal Resistance Standards for AC. *J. Res. Natl. Bur. Stand.*, Vol. 4, p. 73, 1930.

[65] P.L. Bellaschi, Heavy Surge Currents, Generating and Measurement. *Electr. Eng.*, Vol. 53, p. 86, 1934.

[66] Catalog on "Coaxial Shunts for Surge Current and High Frequency Measurement: Nanoseconds to Megamps," T & M Research Products, USA.

[67] E. Thornton, A Metal-Foil Shunt for Measuring Submicrosecond Duration High Current Pulses. *J. Phys. E: Sci. Instrum.*, Vol. 3, p. 962, 1970.

[68] E. Thornton, Subnanosecond Rise Time in Metal-Foil Coaxial Shunts. *J. Phys. E: Sci. Instrum.*, Vol. 8, p. 1052, 1975.

[69] T&M Research, http://www.tandmresearch.com/index.php?page =products; last accessed 9/30/2016.

[70] L. Hogberg, 1 GC/s Bandwidth Shunts for Measurement of Current Transients in the 10 A-10 kA Range. *J. Sci. Instrum.*, Vol. 42, p. 273, 1965.

[71] P.H. White and B.R. Withey, Carbon Composition and Copper Sulphate Shunts for the Measurement of Submicrosecond High Current Pulses. *J. Phys. E: Sci. Instrum.*, Vol. 3, p. 757, 1970.

[72] F.D. Bennett and J.W. Marvin, Current Measurement and Transient Skin Effect in Exploding Wire Circuits. *Rev. Sci. Instrum.*, Vol. 33, No. 11, p. 1218, 1962.

[73] H. Krompholz et al., Nanosecond Current Probe for High Voltage Experiments. *Rev. Sci. Instrum.*, Vol. 55, No. 1, p. 127, 1984.

[74] R. Malewski, New Device for Current Measurement in Exploding Wire Circuits. *Rev. Sci. Instrum.*, Vol. 39, No. 1, p. 90, 1968.

[75] E.S. Wright and R.G. John, Miniature Rogowski Coil Probes for Direct Measurement of Current Density Distribution in Transient Plasma. *Rev. Sci. Instrum.*, Vol. 36, p. 1891, 1965.

[76] H. Knoepfel, *Pulsed High Magnetic Fields*, North Holland Pub. Co., 1970.

[77] B. McCormack and J.P. Thomas, Design, Fabrication and Testing of the TFTR Rogowski Coil and Diamagnetic Loop. *9th Symposium on Engineering Problems in Thermonuclear Fusion*, Vol. II, p. 1130, 1981.

[78] W.J. Sarjieant and E. Branner, A Current Transformer for Microsecond Pulses. *Proc. IEEE*, p. 359, 1968.

[79] J. Cooper, On the High Frequency Response of a Rogowski Coil. *J. Nucl. Energy, Part C: Plasma Phys.*, Vol. 5, p. 285, 1963.

[80] D. Pellinen, A Segmented Faraday Cup to Measure kA/cm^2 Electron Beam Distributions. *Rev. Sci. Instrum.*, Vol. 43, No. 11, p. 1654, 1972.

[81] G. Dworschak et al., Production of Pulsed Magnetic Fields with a Flat Pulse Top of 440 kOe and 1 msec Duration. *Rev. Sci. Instrum.*, Vol. 45, No. 2, p. 243, 1974.

[82] G. Decker and D.L. Honea, Magnetic Probes with Nanosecond Response Time for Plasma Experiments. *J. Phys. E: Sci. Instrum.*, Vol. 5, p. 481, 1975.

[83] M.M. Brady, Simple Pulse Current Transformer to Check Magnetron Pulse Current. *J. Sci. Instrum.*, Vol. 44, p. 71, 1967.

[84] W. Stygar and G. Gerdin, High Frequency Rogowski Coil Response Characteristics. *IEEE Trans. Plasma Sci.,* Vol. 10, No. 1, p. 40, 1982.

[85] V. Nassisi and A. Luches, Rogowski Coils: Theory and Experimental Results. *Rev. Sci. Instrum.,* Vol. 50, No. 7, p. 900, 1979.

[86] D.G. Pellinen and P.W. Spence, A Nanosecond Rise Time Megampere Current Monitor. *Rev. Sci. Instrum.,* Vol. 42, No. 11, p. 1699, 1971.

[87] A.M. Stefanovskii, Rogowski Loop for Measurement of Currents of Nanosecond Duration. *Instrum. Exp. Tech.,* p. 375, 1967.

[88] J.M. Anderson, Wide Frequency Range Current Transformers. *Rev. Sci. Instrum.,* Vol. 42, No. 7, p. 915, 1971.

[89] D.G. Pellinen et al., Rogowski Coil for Measuring Fast, High Level Pulsed Currents. *Rev., Sci., Instrum.,* Vol. 51, No. 11, p. 1535, 1980.

[90] M.S. DiCapua, High Speed Magnetic Field and Current Measurements, in *Fast Electrical and Optical Measurements,* NATO ASI Series E: Applied Sciences, J.E. Thompson and L.H. Luessen, eds., Vol. 1, Martinus Nijhoff Publ., pp. 223-262, 1986.

[91] V. Nassisi and A. Luches, Diagnostic Probe for Intense Electron Beams. *Rev. Sci. Instrum.,* Vol. 48, No. 11, p. 1400, 1977.

[92] A.J. Rogers, Optical Technique for Measurement of Current at High Voltage. *Proc. IEE,* Vol. 120, No. 2, p. 261, 1973.

[93] C.E. Baum, Sensors for Measurement of Intense Electromagnetic Pulses. *Proceedings of the 3rd International Pulsed Power Conference,* pp. 179-185, 1981.

[94] A.J. Rogers, Optical Methods for Measurement of Voltage and Current on Power Systems. *Opt. Laser Technol.,* Vol. 9, No. I 6, p. 273, 1977.

[95] Papp, A. and Harms, H., Magnetooptical Current Transformer. 1: Principles. *Appl. Opt.,* Vol. 19, No. 22, p. 3729, 1980.

[96] H. Aulich, Magnetooptical Current Transformer. 2: Components. *Appl. Opt.,* Vol. 19, No. 22, p. 3735, 1980.

[97] H. Harms and A. Papp, Magnetooptical Current Transformer. 3: Measurements. *Appl. Opt.,* Vol. 19, No. 22, p. 3741, 1980.

[98] P.J. Wild, A Phasemeter for Photoelectric Measurement of Magnetic Fields. *Rev. Sci. Instrum.,* Vol. 41, No. 8, p. 1163, 1980.

[99] J.E. Thompson et al., Optical Measurement of High Electric Field and Magnetic Field. *IEEE Trans. Instrum. Meas.,* Vol. 25, No. 1, p. 1, 1976.

[100] F.B.A. Frungel, *High Speed Pulse Technology: Capacitor Discharge Engineering,* Vol. Ⅲ, Academic Press, 1976.

[101] N. George et al., Faraday Effect at Optical Frequencies in Strong Magnetic Fields. *Appl. Opt.,* Vol. 4, No. 2, p. 253, 1965.

[102] Y. Toshihiko, Compact and Highly Effifficient Faraday Rotators Using Relatively Low Verdet Constant Faraday Materials. *Jpn. J. Appl. Phys.,* Vol. 9, No. 4, p. 745, 1980.

[103] G.A. Massey et al., Electromagnetic Field Components, Their Measurement Using Linear Electro-Optic and Magneto-Optic Effects. *Appl. Opt.,* Vol. 14, No. 1, p. 2712, 1975.

[104] F.J. Sansalone, Compact Optical Isolator. *Appl. Opt.,* Vol. 10, No. 10, p. 2329, 1971.

[105] K. Kyuma et al., Fiber Optic Current and Voltage Sensors Using $Bi_{12}GeO_{20}$ Single Crystals. *J. Lightw. Technol.,* Vol. 1, No. 1, p. 93, 1983.

[106] H. Schneider et al., Low Birefringence Single Mode Optical Fibers: Preparation and Polarization Characteristics.

Appl. Opt., Vol. 17, No. 19, p. 3035, 1978.

[107] A.M. Smith, Polarization and Magneto-Optic Properties of Single Mode Fiber. *Appl. Opt.*, Vol. 17, No. 1, p. 52, 1978.

[108] K. Kyuma et al., Fiber Optic Measuring System for Electric Current by Using a Magnetooptic Sensor. *IEEE J. Quantum Electron.*, Vol. 18, No. 10, p. 1619, 1982.

[109] T.G. Gilallorenzi et al., Optical Fiber Sensor Technology. *IEEE J. Quantum Electron.*, Vol. 18, No. 4, p. 626, 1982.

[110] G.L. Chandler and F.C. Jahoda, Current Measurements by Faraday Rotation in Single Mode Optical Fibers. *Rev. Sci. Instrum.*, Vol. 56, No. 5, p. 852, 1985.

[111] J. McCartan and M.R. Barrault, An Optical Magnetic Probe. *J. Sci. Instrum.*, Vol. 44, p. 265, 1967.

[112] Emerging Technologies Working Group , Optical Current Transducers for Power Systems: A Review. *IEEE Trans. Power Deliv.*, Vol. 9, No. 4, p. 1778, 1994.

[113] Y.N. Ning, Z.P. Wang, A.W. Palmer, K.T.V. Grattan, and D.A. Jackson, Recent Progress in Optical Current Sensing Techniques. *Rev. Sci. Instrum.*, Vol. 66, No. 5, p. 3097, 1995.

[114] R. Shukla, A. Shyam, S. Chatuvedi, R. Kumar, D. Lathi, V. Chaudhary, R. Verma, K. Debnath, L. Sharma, J. Sonara, K. Shah, and B. Adhikary, Nanosecond Rise Time Air-Core Current Transformer for Long Pulse Current Measurement in Pulsed Power Systems. *Rev. Sci. Instrum.*, Vol. 76, No. 12, 2005. doi: http://dx.doi.org/10.1063/1.2149011.

第 11 章　电磁干扰和干扰抑制

由于显示的信号是真实信号和干扰信号的叠加，因此在存在电磁干扰的情况下进行信号测量会产生误差。适当的干扰抑制技术可以降低干扰信号。电磁干扰抑制技术包括屏蔽电缆和屏蔽体、良好的接地、合理的电缆布线，以及采用光学器件、电源线滤波器和隔离变压器等器件使得电气隔离。在讨论了干扰模式和干扰抑制的原理之后，提出了用于实现干扰源电磁兼容设计和测量探头无干扰的测量技术。本章介绍电磁兼容的一般原理，第 12 章介绍电磁屏蔽的专门处理方法。

11.1　干扰耦合模式

干扰是指任何干扰、阻碍或以其他方式降低或限制电子设备有效性能的电磁干扰。干扰可以是有意引入的，如电子战中的干扰，也可以是由散射和无意响应诱发的干扰。本章研究的电磁干扰是无意诱发的，主要关注由电源电路电磁辐射产生的感应信号。在有关电磁干扰的讨论中，术语"电磁干扰耦合"和"串扰"通常可以互换使用。然而，串扰本质上是指彼此靠近的电路和导体，其耦合路径以它们的互感为特征。电磁干扰耦合是一个更笼统的术语，包括从一个导体到另一个导体的电场、磁场或电磁场的关联，忽略它们的相对位置。交流激励和瞬态激励都会产生干扰，该干扰很大程度上取决于信号频率。将干扰引入测量系统的干扰耦合模式主要有电容耦合、辐射耦合、电感耦合和共阻抗耦合。

通常，电路之间的干扰是由电耦合和磁耦合共同引起的[1-7]。当电路通过电场耦合时(如在高频下)，该干扰称为电容耦合。相反，电感耦合(由磁场引起的干扰)发生在低频或低阻抗电路中。当其中一条(或两条)线被屏蔽且其长度明显短于半波长时，电感耦合起主导作用，从屏蔽体上任何一点到接地点的阻抗较低，电耦合与磁耦合相比通常较小。在裸线情况下，如果电缆长度比半波长短，则终端电阻明显小于裸线的特征阻抗，净耦合将由磁耦合主导。在裸线阻抗不受限制时，还应考虑电耦合。

11.1.1　长传输线中的耦合

11.1.1.1　电容耦合

图 11-1 是两根相邻传输线之间电容耦合的原理图。图中，两根长度为 ℓ 的电

缆(记作传输线 1 和传输线 2)之间的距离为 D，距离地面的高度为 h。在干扰电路传输线 1 上施加一个激励电压 V_1，其内部电阻为 R_1，并连接一终端负载 $R_{\ell 1}$。

被干扰传输线 2 与传输线 1 平行，线路上未包含任何激励源，并且两端分别通过电阻 R_2 和 $R_{\ell 2}$ 接地。设传输线 1 单位长度对地分布电感和分布电容分别为 $\tilde{L}_1$ 和 $\tilde{C}_1$，传输线 2 单位长度对地分布电感和分布电容分别为 $\tilde{L}_2$ 和 $\tilde{C}_2$。同时，两根电缆还会通过相互间的分布电容产生耦合，记单位长度电缆间的互耦电容为 $\tilde{C}_m$。当有高频信号沿传输线 1 传输时，传输线 2 上就会出现感应电压 V_2。感应电压 V_2 的大小可以通过图 11-2 所示的高频等效集总参数电路示意图来估计。图中，电阻 R_2^{eq} 是 R_2 和 $R_{\ell 2}$ 的并联电阻，$C_m = \tilde{C}_m \cdot \ell$，$C_1 = \tilde{C}_1 \cdot \ell$，$C_2 = \tilde{C}_2 \cdot \ell$。

被干扰传输线 2 上的感应电压可以写作：

$$V_2 = V_1 \cdot \frac{\left(X'_{C_2} \| R'_2 \right)}{\left(X'_{C_2} \| R'_2 \right) + X'_{C_m}} \cdot \frac{Z_{EQ}}{R_1 + Z_{EQ}} \tag{11-1}$$

其中，$Z_{EQ} = \left(X'_{C_1} \| R_{\ell 1} \right) \Big\| \left(X'_{C_m} + R'_2 \| X'_{C_2} \right)$；$X' \| R$ 为 X 与 R 并联时的等效阻抗。

将两根电缆作为分布参数处理，则传输线 1 上任意一点 P 处长度为 $\mathrm{d}\ell$ 的一小段电缆由电容耦合产生的电压可以写作：

$$V_{\mathrm{d}\ell} = \left[\left(\mathrm{d}\ell \cdot \tilde{C}_m \right) \cdot \frac{\mathrm{d}\xi_{\mathrm{p}}}{\mathrm{d}t} \right] Z_2 \tag{11-2}$$

其中，Z_2 为传输线 2 的特征阻抗；ξ_{p} 为传输线 1 上 P 点处的电压。

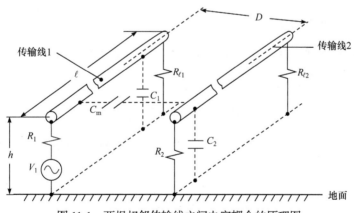

图 11-1　两根相邻传输线之间电容耦合的原理图

两个电路之间的电容耦合可通过在两根电缆之间引入理想的导电板，并将其接地的方法使电容耦合降低为零。然而，如果导电板存在电阻，则导电板上两点

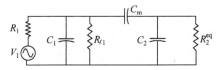

图 11-2　两根电缆电容耦合的高频等效集总参数电路示意图[2]

间的电势差可能会再次引起电容耦合。外导体采用双屏蔽同轴电缆可以有效降低相邻电路间的电容耦合，但由于导电板孔缝耦合和电阻率的存在，同轴电缆并不能完全消除电容耦合的影响。在高电导率金属制成的屏蔽体中安装监测设备发现外部电场被金属屏蔽体屏蔽，这样可以阻止电容耦合效应影响内部的电路。

11.1.1.2　辐射耦合

除来自发射机或其他外界发射源的持续电磁辐射外，涉及快速变化高电压和大电流的脉冲功率系统也会引起瞬态电磁辐射。这种电磁辐射耦合到信号传输线中，并在测量信号中感应出现脉冲电压。这个感应电压可以通过分析法[3]或实验法[4]确定。辐射耦合噪声电压的幅值可能会比真实信号大得多，因此无法进行精确的信号测量。杂散电压信号也可以通过电源连接耦合，从而在测量中引起工频谐波[5]。电磁辐射屏蔽体可以用来屏蔽这种感应电压[6]，也可以通过以下两种方法：①在辐射源周围设置屏蔽体，使辐射到外部的电磁辐射得到衰减；②在测量设备周围设置屏蔽体来最大程度地减少辐射耦合，以免受到辐射源的影响。通常，这两种方法是结合使用的。通过合理地布置屏蔽电缆和屏蔽体，并采取有效的接地技术，即使在强电磁场中也可以精确测量低电平信号。

11.1.1.3　电感耦合

设 ζ_p 是传输线上任意一点 P 处的电压，则在相邻传输线长度为 $\mathrm{d}\ell$ 的单元上由电感耦合产生的电压可以写成：

$$V_{\mathrm{d}\ell 2} = (M \cdot \mathrm{d}\ell)\frac{\mathrm{d}}{\mathrm{d}t}\left(\frac{\zeta_p}{Z_1}\right) \tag{11-3}$$

结合式(11-2)和式(11-3)可知，在电容耦合和电感耦合共同作用下的感应电压可以写成：

$$V_{\mathrm{d}\ell 2} = \left(Z_2 \cdot C_m - \frac{M}{Z_1}\right)\mathrm{d}\ell \cdot \frac{\mathrm{d}\zeta_p}{\mathrm{d}t} \tag{11-4}$$

11.1.2　共阻抗耦合

如果两个或多个电路共用一个阻抗，则可能会发生信号从一个电路耦合到另一个电路的情况。图 11-3 是共阻抗耦合示意图。图中，阻抗为 Z_C 的电缆对于低阻抗信号发生电路 $(V_g, Z_{0g}, Z_{\ell g})$ 和高阻抗被辐射电路 $(Z_{0R}, Z_{\ell R})$ 是共用的公共阻抗[7]。假设 $Z_{0g} + Z_{\ell g} \gg Z_C$，则通过 Z_C 的电流 I_g 为

$$I_g = \frac{V_g}{Z_{0g} + V_{\ell g}} \tag{11-5}$$

在阻抗为 Z_C 的电缆两端产生的电压 V_C 为

$$V_C = \frac{V_g}{Z_{0g} + Z_{\ell g}} \cdot Z_C \tag{11-6}$$

耦合到被辐射电路负载 $Z_{\ell R}$ 两端的电压 $V_{\ell R}$ 可以写成：

$$V_{\ell R} = \frac{Z_{\ell R}}{Z_{0R} + Z_{\ell R}} \cdot \frac{V_g}{Z_{0g} + Z_{\ell g}} \cdot Z_C \tag{11-7}$$

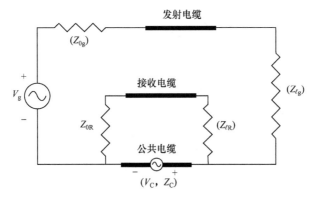

图 11-3　共阻抗耦合示意图

如果干扰电压 $V_{\ell R}$ 等于或大于该电路中的真实信号，则会引起电路故障或测量错误，具体取决于被辐射电路是控制电路还是测量电路。式(11-7)表明，可以通过减小公共阻抗的值来降低由共阻抗耦合转移到被辐射电路的电压。

常见的阻抗耦合有接地回路耦合和电源线的传导干扰。可以通过单点接地技术将信号屏蔽电流旁路到并联连接的另一个低阻抗导体来减小接地回路耦合；采用电源线滤波器和隔离变压器可以减小由电源线引入的传导干扰。

11.1.3　接地平面上短传输线中的耦合

由于脉冲压缩过程中接地平面被广泛用于与电长度相对较短的脉冲传输线进行匹配，因此脉冲功率电路中普遍存在电感耦合。传统的抑制干扰方法是采

用较长的电缆和单点接地法，但单点接地法不适用于电缆在地面上的情况，这就是电感耦合。

图 11-4 是接地平面上两根短传输线之间的耦合电路示意图。该电路由两根长度为 l 的传输线组成，传输线之间的距离为 D，且距离接地平面的高度为 h。传输线可以是裸线，也可以是屏蔽同轴电缆。当传输线的长度明显短于激励脉冲的半波长时，由磁场引起的电感耦合将在干扰中占主导地位：

$$l \ll \frac{\lambda}{2} \text{ 或 } l \ll \frac{c}{2f} \tag{11-8}$$

如果满足式(11-8)的条件，并且两根传输线中任意一根为屏蔽电缆，则屏蔽电缆上任意一点到地面的阻抗都较小，并且电耦合的影响低于磁耦合。如果两根传输线都为裸线，当满足式(11-8)的条件时，电感耦合将起主导作用，使得终端阻抗明显小于裸线的特征阻抗。当裸线的阻抗不受限时，还应该考虑电耦合的影响。

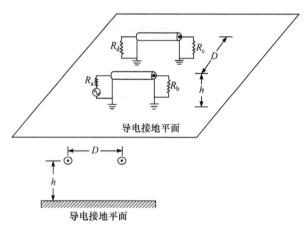

图 11-4　接地平面上两根短传输线之间的耦合电路示意图

在传输线 1 上施加一个幅度为 V_1 的电压激励信号，其内部电阻为 R_a，产生电流 I_1，终端负载电阻为 R_b。如果电缆之间通过电感进行耦合，则传输线 1 上由电流 I_1 变化产生的磁场将在传输线 2 上感应出一个电压信号。在本例中，被干扰电缆上未施加任何激励源，其感应电压可以通过末端电阻 R_c 或 R_d 测量得到。通常被干扰电缆会携带传输信号，此时电感耦合电压将作为噪声叠加在传输信号上。

对于电感耦合，干扰大小仅取决于干扰源电缆的电流，而与电压或特征阻抗等其他因素无关。被干扰电路可以用一个包含被干扰电路末端阻抗、被干扰电路电感和电压源的串联电路来代替。

11.1.3.1　瞬态电压

图 11-5 是地面上传输线 1 干扰传输线 2 的等效电路示意图[8]。Mohr 分析指出，若确定了被干扰电路等效的开路电压 $e_2(t)$，对于瞬态信号引起的干扰，在被干扰电路中感应的电压具有以下形式：

$$e_2(t) = \frac{MI_1}{\tau}\alpha \tag{11-9}$$

其中，M 为电路之间的互感；I_1 为干扰源处瞬态电流的峰值；τ 为干扰源处电流的时间常数；α 为描述屏蔽效能的因子。

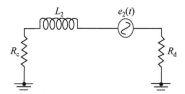

图 11-5　传输线 1 干扰传输线 2 的等效电路示意图

　　一旦确定被干扰电路中电压源的等效开路电压 $e_2(t)$，就可以通过电路分析得到末端电阻 R_d 上感应的干扰电压 e_d。这里未给出结论的推导过程，但 Mohr 指出，即使对于最快的瞬态信号，上述分析也是准确的。

　　下面将分别分析接地平面上电缆的四种情况，其中干扰电缆和被干扰电缆可以是裸线，也可以是屏蔽电缆。式(11-10)给出了干扰源为指数形式的电流表达式：

$$i_1(t) = I_1\left(1 - e^{-t/\tau}\right) \tag{11-10}$$

1) 两根裸线的耦合

最简单的耦合干扰是两根裸线通过干扰电路电流产生的磁场相互耦合在一起。被干扰电路的等效开路电压为

$$e_2(t) = \frac{MI_1}{\tau}\cdot e^{-t/\tau} \tag{11-11}$$

必须考虑电感 L_2 两端的压降，则电阻 R_d 处测得的干扰电压 $e_d(t)$ 为

$$e_d(t) = \frac{MI_1}{\tau}\cdot\frac{R_d}{R_c + R_d}\cdot\left\{\frac{1}{1 - \left[L_2 / \left((R_c + R_d)\cdot\tau\right)\right]}\cdot\left(e^{-t/\tau} - e^{-((R_c + R_d)t)/L_2}\right)\right\} \tag{11-12}$$

可以将上述感应电压视为 R_c 和 R_d 的分压再被括号中的表达式衰减。通过将

式(11-12)与式(11-9)进行比较可获得该衰减因子。峰值干扰电压 V_d^{max} 出现在与衰减因子的数学极值相对应的时刻 t_m，t_m 的表达式为

$$t_m = \frac{\tau}{L_2} \frac{\ln\left[(R_c + R_d) \cdot \tau\right]}{\left\{\left[(R_c + R_d) \cdot \tau\right]/L_2\right\} - 1} \tag{11-13}$$

峰值干扰电压 V_d^{max} 可以通过将 t_m 代入式(11-11)得到：

$$V_d^{max} = e_d(t_m) = \frac{MI_1}{\tau} \cdot \frac{R_d}{R_c + R_d} \cdot \left(\frac{1}{1 - \left\{L_2/\left[(R_c + R_d) \cdot \tau\right]\right\}} \cdot \left(e^{-t_m/\tau} - e^{-((R_c + R_d)t_m)/L_2}\right)\right)$$

$$\tag{11-14}$$

2) 屏蔽线与裸线的耦合

被干扰电路中的感应电压为

$$e_2(t) = \frac{MI_1}{\tau} \cdot \frac{1}{L_{s1}/R_{s1}\tau - 1} \cdot \left(e^{-(R_{s1}/L_{s1})t} - e^{-t/\tau}\right) \tag{11-15}$$

如果被干扰电路的时间常数 $L_2/(R_c + R_d)$ 与 τ 以及 (L_{s1}/R_{s1}) 相比较小(这是比较常见的情况)，则电感 L_2 两端的电压降可以忽略。此时，电阻 R_d 两端的感应电压为

$$e_d(t) = e_2(t)\frac{R_d}{R_c + R_d} \tag{11-16}$$

$$e_d(t) = \frac{MI_1}{\tau} \cdot \frac{1}{L_{s1}/R_{s1}\tau - 1} \cdot \frac{R_d}{R_c + R_d}\left(e^{-(R_{s1}/L_{s1})t} - e^{-t/\tau}\right) \tag{11-17}$$

感应的干扰对应的峰值时刻为

$$t_m = \frac{\tau \ln(\tau \cdot R_{s1}/L_{s1})}{\tau \cdot R_{s1}/L_{s1} - 1} \tag{11-18}$$

被干扰电路中感应电压的峰值为

$$V_d^{max} = \frac{MI_1}{\tau} \cdot \frac{R_d}{R_c + R_d} \cdot \frac{1}{L_{s1}/R_{s1}\tau - 1} \cdot \left(e^{-(R_{s1}/L_{s1})t_m} - e^{-t_m/\tau}\right) \tag{11-19}$$

3) 裸线与屏蔽线的耦合

裸线与屏蔽线的耦合与上述分析相似，不同的是在裸线上施加激励，而被干扰电缆为屏蔽电缆。R_d 上输出电压的峰值为

$$V_d^{max} = \frac{MI_1}{\tau} \cdot \frac{R_d}{R_c + R_d} \cdot \frac{1}{L_{s2}/R_{s2}\tau - 1} \cdot \left(e^{-(R_{s2}/L_{s2})t_m} - e^{-t_m/\tau}\right) \tag{11-20}$$

式(11-20)中传输线 2 是屏蔽的。此外，式(11-20)与式(11-19)等价。

4) 屏蔽线与屏蔽线的耦合

屏蔽层的存在使分析复杂化，这是因为接地平面与电缆的屏蔽层形成另一条传输线。Mohr 将屏蔽电缆转换为等效的裸线。被干扰电路中的等效开路电压为

$$\frac{e_2(t)}{MI_1}\left(\frac{L_{s1}}{R_{s1}}-\frac{L_{s2}}{R_{s2}}\right)=\frac{1}{1-R_{s1}/L_{s1}}\cdot\left(e^{-(R_{s1}/L_{s1})t}-e^{-t/\tau}\right)$$
$$-\frac{1}{1-R_{s2}/L_{s2}}\cdot\left(e^{-(R_{s2}/L_{s2})t}-e^{-t/\tau}\right) \tag{11-21}$$

如果两条电缆相同，即 $L_{s1}=L_{s2}=L_s$，$R_{s1}=R_{s2}=R_s$，则式(11-21)可以简化为更简单的形式：

$$e_2(t)=\frac{MI_1}{\tau}\left(\frac{\tau\cdot R_s/L_s}{1-\tau\cdot R_s/L_s}\right)^2\cdot\left(e^{-t/\tau}-e^{(R_s/L_s)t}\right)+\frac{t\cdot(R_s/L_s)}{1-\tau(R_s/L_s)}\cdot e^{-(R_s/L_s)t} \tag{11-22}$$

假设被干扰电路的时间常数比 τ 小，则感应电压 $e_d(t)$仅在 R_c 和 R_d 之间有效分配，则

$$e_d(t)=e_2(t)\frac{R_d}{R_c+R_d} \tag{11-23}$$

最大输出对应的时刻满足超越方程：

$$t_m\left(\frac{R_s}{L_s}-\frac{1}{\tau}\right)-\ln\left[\frac{R_s}{L_s}t_m\cdot\left(\frac{R_s}{L_s}\tau-1\right)+1\right]=0 \tag{11-24}$$

可以通过迭代求解上述方程。一旦确定了 t_m，就可以将其插入 v 中来得到峰值感应电压：

$$V_d^{\max}=e_d(t_m)=e_2(t_m)\frac{R_d}{R_c+R_d} \tag{11-25}$$

11.1.3.2　接地平面对电感的影响

Mohr 采用一种有趣的方法首先分析了接地平面对电缆电感的影响，然后将屏蔽电缆的等效参数减小到等效裸线的参数。这样，所有情况都可以视为接地平面上的裸线。电缆的自感和电缆对之间的互感都会由于接地平面的存在而改变。

1) 接地平面上的裸线

对于长度为 ℓ、直径为 d、距离接地平面高度为 h 的裸线，单位长度的电感 $\tilde{L}_{ow}$ 为

$$\tilde{L}_{ow}=0.14\times\lg\left(\frac{4h}{d}\right)(\mu H/ft)$$
$$=0.46\times\lg\left(\frac{4h}{d}\right)(\mu H/m) \tag{11-26}$$

　　图 11-6 说明接地平面上方一根直导线单位长度的电感是导线直径和其距接地平面高度的函数。

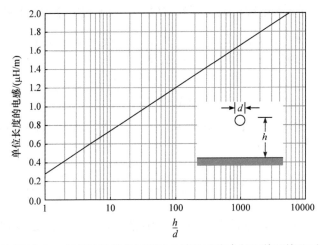

图 11-6　接地平面上方一根直导线单位长度的电感是导线直径和其距接地平面高度的函数

　　一对距离为 D、距接地平面高度为 h 的裸线上单位长度的互感 $\tilde{M}_{\mathrm{ow}}$ 为

$$
\begin{aligned}
\tilde{M}_{\mathrm{ow}} &= 0.07\lg\left[1+\left(\frac{2h}{D}\right)^2\right](\mu\mathrm{H/ft}) \\
&= 0.231\lg\left[1+\left(\frac{2h}{D}\right)^2\right](\mu\mathrm{H/m})
\end{aligned}
\tag{11-27}
$$

　　图 11-7 所示是两根距离为 D 且距接地平面高度为 h 的直导线单位长度的互感系数。

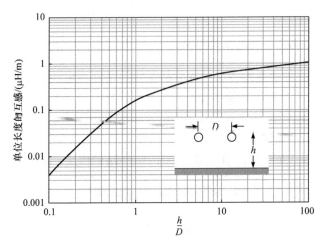

图 11-7　两根距离为 D 且距接地平面高度为 h 的直导线单位长度的互感系数

2) 接地平面上的屏蔽电缆

图 11-8 是屏蔽电缆等效简化为两根直导线的电路示意图。将包含屏蔽层的干扰问题转化为类似直导线对直导线的干扰问题来解决。将屏蔽电缆转换为两根分离直导线，分别代表屏蔽电缆的内导体和接地的外导体，两根线通过其互感系数 L_m 进行耦合。

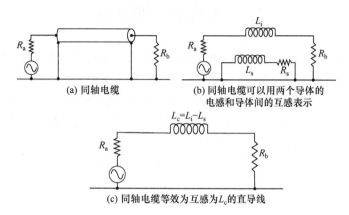

(a) 同轴电缆

(b) 同轴电缆可以用两个导体的电感和导体间的互感表示

(c) 同轴电缆等效为互感为 L_c 的直导线

图 11-8　屏蔽电缆等效简化为两根直导线的电路示意图

同轴电缆的电感 $\tilde{L}_c$ 为

$$\tilde{L}_c = 0.46\lg\left(\frac{d_s}{d_i}\right)(\mu H/m) \tag{11-28}$$

其中，d_s 为屏蔽层的直径；d_i 为内导体的直径。

将电缆转换为两根直导线的形式时，需要表示出每根直导线的电感及直导线间的互感。内导体的电感 $\tilde{L}_i$ 和外导体的电感 $\tilde{L}_s$ 可由式(11-26)获得

$$\tilde{L}_i = 0.14\lg\left(\frac{4h}{d_i}\right)(\mu H/ft) = 0.46\lg\left(\frac{4h}{d_i}\right)(\mu H/m) \tag{11-29}$$

$$\tilde{L}_s = 0.14\lg\left(\frac{4h}{d_s}\right)(\mu H/ft) = 0.46\lg\left(\frac{4h}{d_s}\right)(\mu H/m) \tag{11-30}$$

电缆的电感为

$$L_c = L_i + L_s - 2L_m \tag{11-31}$$

其中，

$$\tilde{L}_m = 0.46\lg\left(\frac{4h}{d_s}\right)(\mu H/m) \tag{11-32}$$

如果 $L_m = L_s$，则式(11-31)简化为

$$L_c = L_i - L_s \tag{11-33}$$

返回电流部分由接地平面传导。另外，屏蔽性能是不完美的，并且具有电阻 R_s，该电阻 R_s 与频率无关(趋肤效应可以忽略)。因此，接地平面上的屏蔽电缆可被视为等效互感为 L_c 的接地平面上的两根直导线。

11.2　电磁干扰抑制技术

系统间的干扰或系统内的干扰均可将干扰引入信号电路中[9]。系统间干扰是由广播发射机、通信系统或汽车点火系统之类的外部系统发出的，或者是通过电源线传导的。子系统内部的干扰是由电流和电压的快速变化、高电压下的电晕、火花开关和开关瞬变引起的，或者是由电源线或公用接地回路产生的从一个子系统到另一个子系统的传导干扰。可以使用多种技术来抑制这两种干扰，如使用屏蔽电缆和屏蔽体，采取有效接地措施并避免形成接地环路，以及安装电源线滤波器和隔离变压器等。

11.2.1　屏蔽体

屏蔽体本质上是由连接的导电壳体组成的空间，能够在屏蔽体的空间内降低电磁辐射。屏蔽体可分为[10,11]可拆卸型和永久固定型。后者是通过在原位焊接厚钢板来建造的，较为昂贵，通常用于需要超大空间或屏蔽性能要求高(特别是低频)的特殊应用场合。图 11-9 所示是典型的屏蔽体。可拆卸型屏蔽体是由标准面板组装而成的。各个面板由胶合板制成，其两面都由镀锌钢板层压制而成，并采用特殊类型的射频(RF)密封接头将每个面板连接到相邻面板。屏蔽体配备有铍铜弹片的屏蔽门用于进出。屏蔽体内部设备的电源输入通过隔离变压器和电源线滤波器实现屏蔽。

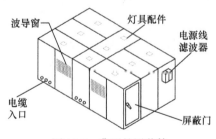

图 11-9　典型的屏蔽体

屏蔽体的屏蔽等级取决于干扰信号的频率和强度、待测信号的频率和幅度以及所需的测量精度。在需要消除腔体内壁射频反射的地方，使用了电波暗室[12]。在暗室壁上装有锥形尖劈，这些锥形尖劈由吸收射频能量的碳浸渍泡沫塑料制成。

以分贝形式表示的屏蔽体的屏蔽效能 SE 定义为

$$SE = 10\lg\frac{P_2}{P_1} = 20\lg\frac{E_2}{E_1} = 20\lg\frac{H_2}{H_1} \tag{11-34}$$

其中，P_2、E_2 和 H_2 分别表示在没有屏蔽体时某一点处电磁波的功率、电场和磁场；P_1、E_1 和 H_1 分别表示有屏蔽体时相同位置上的功率、电场和磁场。

屏蔽效能的通用表达式[13-17]可以写成：

$$SE = A + R + B \tag{11-35}$$

其中，A 为屏蔽体内的吸收损耗；R 为空气–屏蔽体界面的反射损耗；B 为考虑了空气–屏蔽体界面和屏蔽体内多次反射的校正因子。

图 11-10 所示是电磁波入射到屏蔽体后的波过程。

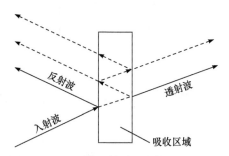

图 11-10 　电磁波入射到屏蔽体后的波过程

11.2.1.1　吸收损耗

以分贝为单位的吸收损耗 A 为

$$A = 8.686 \cdot t \cdot \sqrt{\pi\mu\sigma f} = 131 \cdot t \cdot \sqrt{\mu_r \sigma_r f} \tag{11-36}$$

其中，t 为以 m 为单位的材料厚度；$\mu(=\mu_0\mu_r)$ 为材料的磁导率，μ_0 为自由空间的磁导率($\mu_0 = 4\pi \times 10^{-7}$ H/m)，μ_r 为相对磁导率；$\sigma(=\sigma_{Cu}\sigma_r)$ 为材料的电导率，单位为 mΩ/m；f 为频率，单位为 Hz。

电导率可以表示为相对电导率 σ_r，即相对于铜的电导率：

$$\sigma_r = \frac{\sigma}{\sigma_{Cu}}$$

20℃时，铜的电导率 σ_{Cu} 大约为 0.59×10^8 mΩ/m。

11.2.1.2　反射损耗

以分贝为单位的反射损耗 R 为

$$R = 20\lg \frac{|1+K|^2}{4|K|} \tag{11-37}$$

$$K = \frac{Z_\omega}{Z_s} \tag{11-38}$$

其中，Z_ω 为波阻抗，单位为Ω；Z_s 为固有屏蔽阻抗，单位为Ω。

1) 平面波阻抗

当与辐射源的距离等于或大于 6λ(其中 λ 是波长)时，电磁波被视为平面波，对于自由空间中的平面波，波阻抗 η_0 为(120π)Ω 或 377Ω。

2) 高阻抗电场

当电场占优势时，电磁波可视为高阻抗电场[18]。在该条件下，波阻抗远大于377Ω。高阻抗电场的波阻抗可以写作：

$$\left| \frac{Z_\omega}{\eta_0} \right| = \frac{1}{(1+\beta r)^2} \cdot \left[\frac{(\beta r)^6 + 1}{(\beta r)^2} \right]^{1/2} \approx \beta r \tag{11-39}$$

当 $\beta r \ll 1$ 时，式(11-39)成立。

3) 低阻抗磁场

当磁场占优势时，电磁波可视为低阻抗磁场。此时，波阻抗远小于 377Ω。低阻抗磁场的波阻抗可以写作：

$$\left| \frac{Z_\omega}{\eta_0} \right| = \left[1 + (\beta r)^2 \right] \cdot \left[\frac{(\beta r)^2}{(\beta r)^6 + 1} \right]^{1/2} \approx \beta r \tag{11-40}$$

当 $\beta r \ll 1$ 时，式(11-40)成立。

4) 波阻抗与 βr 的关系

图 11-11 为典型的电偶极子和磁偶极子的波阻抗与 βr 的特性关系图[14]。由图可知，当与辐射源的距离较远时，波阻抗接近 377Ω 的平面波阻抗。

5) 固有屏蔽阻抗

固有屏蔽阻抗 Z_s 可以表示为[10]

$$Z_s = (1+\mathrm{j}) \cdot \sqrt{\frac{\pi \mu f}{\sigma}}$$

或者

$$|Z_s| = \sqrt{\frac{2\pi \mu f}{\sigma}} = 3.69 \times 10^{-7} \sqrt{\frac{\mu_r f}{\sigma_r}} \tag{11-41}$$

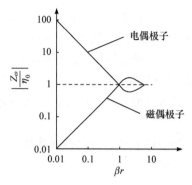

图 11-11　典型的电偶极子和磁偶极子的波阻抗与 βr 的特性关系图[14]

11.2.1.3　校正系数

以分贝为单位的校正系数 β 可以表示为[10]

$$\beta = 20 \cdot \lg \left| 1 - \frac{(1-K)^2}{(1+K)^2} \cdot e^{-2\gamma t} \right| \tag{11-42}$$

其中， $\gamma = (1+\mathrm{j})\sqrt{\pi\mu\sigma f}$ 。

实际上，当 A 大于 10dB 时，校正因子 β 通常可以忽略。

11.2.1.4　对平面波的屏蔽效能

对于由 1mm 厚的铜板制成的屏蔽体，表 11-1 给出了 Z_ω=377Ω 时各种频率下屏蔽体对平面波的屏蔽效能。

表 11-1　Z_ω=377Ω 时 1mm 厚的铜板制成的屏蔽体对平面波的屏蔽效能(远场值)

频率 f/Hz	固有屏蔽阻抗 Z_s/Ω	K 因子 (Z_ω/Z_s)	吸收损耗 A/dB	反射损耗 R/dB	屏蔽效能 SE/dB (SE=A+R)
10	11.6×10⁻⁷	32.5×10⁷	0.4	158	158
100	36.9×10⁻⁷	10×10⁷	1.3	148	149
10³	116×10⁻⁷	3.25×10⁷	4	138	142
10⁴	369×10⁻⁷	1.02×10⁷	13	128	141
10⁵	116.7×10⁻⁶	0.3×10⁷	41	118	159
10⁶	369×10⁻⁶	0.1×10⁷	131	110	241
10⁷	116.7×10⁻⁵	0.03×10⁷	414	98	512

从表 11-1 得出以下重要结论：①由于吸收损耗对 $\sqrt{f}$ 的依赖性，其在低频时

较小，但在高频时较大。②反射损耗在低频时较高，但随频率增加而降低。随着频率的增加，Z_s 增加，导致 Z_s 和 Z_ω 之间的失配度减小。③在低频时，屏蔽主要是反射损耗，在高频时，则是吸收损耗。吸收损耗与 $(\mu_r\sigma_r)^{1/2}$ 成正比，因此与铜 $(\mu_r = 1，\sigma_r = 1)$ 相比，使用铁质材料 $(\mu_r = 200，\sigma_r = 0.17)$ 时屏蔽性能可提高近 6 倍。④吸收损耗 A 与屏蔽体的壁厚 t 成正比，因此，增加屏蔽体的厚度也可以提升屏蔽性能。

上述屏蔽体的表达式都是近似的。可以将屏蔽体的尺寸以球坐标或圆柱坐标来建模[19-21]以获得更精确的模型。

11.2.1.5　对高阻抗电场和低阻抗磁场的屏蔽效能

对于高阻抗电场和低阻抗磁场，在 f = 10kHz 时，反射损耗典型的近场值可按式(11-37)～式(11-40)计算得出，如表 11-2 所示。需要注意以下两个要点：①在给定的频率下，随着距离的减小，由于波阻抗和屏蔽阻抗之间不匹配度的增加，电场反射损耗也会增加。②在给定的频率下，随着距离的减小，由于波阻抗和屏蔽阻抗之间匹配度的提高，磁场反射损耗也减小了。

从表 11-2 中未明确看到但从图 11-11 中可以明显看出距离和频率之间的相似性原理：减小距离等同于减小频率。由于这种相似性原理，对表 11-2 的结果也可以解释如下：①在给定距离下，高阻抗电场的反射损耗随频率的降低而增加。②在给定距离下，低阻抗磁场的反射损耗随频率的降低而降低。

总而言之，可以得出以下结论：尽管在整个频率范围内很容易屏蔽高阻抗电场，但很难屏蔽低频的低阻抗磁场。钢板和铜板的结合可以有效地屏蔽低频低阻抗磁场。如式(11-36)所示，厚钢板较高的 $\mu_r\sigma_r$ 会增加吸收损耗，而通过使用铜(其相对磁导率 μ_r 低，电导率 σ_r 高)可以增加反射损耗，从而降低 Z_s。

表 11-2　f = 10kHz 时铜制屏蔽体对高阻抗电场和低阻抗磁场的反射损耗(近场值)

距离 r /m	近场参数 β	波阻抗/Ω		反射损耗/dB	
		电场($\approx 1/\beta r$)	磁场($\approx \beta r$)	E	H
0.1	0.21×10^{-4}	4.7×10^4	0.21×10^{-4}	222	34
1	2.09×10^{-4}	4.7×10^3	2.09×10^{-4}	201	42
10	20.9×10^{-4}	4.7×10^2	20.9×10^{-4}	181	74
100	209×10^{-4}	4.7×10	2.09×10^{-2}	61	94
100	2090×10^{-4}	4.7	2.09×10^{-1}	141	114

11.2.1.6 简单实用屏蔽体的典型屏蔽效能

图 11-12 所示是简单屏蔽体的典型衰减特性。屏蔽体采用 0.5mm 厚的镀锌钢板。如前所述，低频磁场的衰减很低，而宽频带范围内的电场可获得优于 100dB 的衰减。从理论上讲，屏蔽效能应随频率无限地增加；然而实际上，由于接缝处的泄漏、缝隙和缺陷，屏蔽效能在高频段会下降。

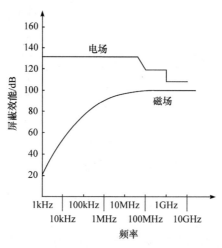

图 11-12 简单屏蔽体的典型衰减特性

11.2.1.7 屏蔽双绞线

屏蔽双绞线是一种常用的技术，其中两根导线绞合以消除磁耦合，通常将其包裹在编织的导电屏蔽层中，以减小耦合到导线上的电磁场。尤为重要的是，信号源和负载之间都应设置屏蔽层，以减少在这些点引入的干扰。

11.2.2 接地和接地回路

理想的具有最小干扰的测量系统是完全没有接地的系统。图 11-13 所示是典型的测量系统。如图 11-13(a)所示，理想测量系统会对附近导体电容性和电感性的干扰比较敏感，但不受源自接地回路的共阻抗耦合的影响。在图 11-13(b)所示的实际测量系统中，有限电导率接地平面始终存在，为了使操作人员免受电击伤害，必须将左侧的脉冲功率系统机箱接地到右侧的监视器。接地回路中 EF 之间的电压降为 $i_{g\ell}Z_{g\ell}$，其中 $i_{g\ell}$ 为由许多外部电路引起的接地电流，$Z_{g\ell}$ 为接地回路的阻抗。如果发生系统故障，$i_{g\ell}$ 的值可能会很高，从而导致错误预警或使控制电路出现故障，并可能覆盖诊断电路中的低电平信号。

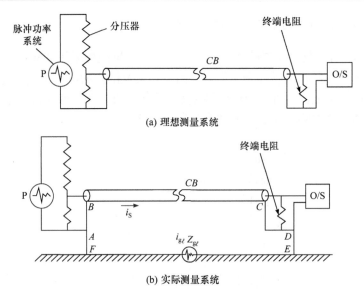

(a) 理想测量系统

(b) 实际测量系统

图 11-13　典型的测量系统

接地回路两端的电压降产生电流 i_s 流经电缆屏蔽层，从而在信号电路中产生电压 $i_s Z_c \ell$，其中 Z_c 为电缆的表面传输阻抗，ℓ 为电缆的长度[22-24]。应当理解，即使没有点 A 和 D 到地面的电连接，也会存在由接地回路引起的共阻抗耦合，该电连接由分布电容 C_{AF} 和 C_{DE} 提供。

因此，可以看出，接地回路使电流在信号电缆的屏蔽层中流动，这又导致了信号电路中的干扰。抑制接地回路耦合干扰的方法包括：①通过引入较低阻抗的旁路路径来降低屏蔽电流；②通过单点接地来消除或减小接地回路的长度；③通过光隔离来断开接地回路。

11.2.2.1　低阻抗旁路路径

与信号屏蔽层并联的低阻抗旁路路径可以由并联于信号电缆的铜带[25]或双屏蔽电缆的外屏蔽层，或者嵌入地板混凝土中的铜板组成[26, 27]。图 11-14 是典型的利用旁路导体降低屏蔽电流的电路示意图。该图增加了信号电缆上的铁氧体磁环[28]以及路径 AF 和 DE 中的电感 L_1 和 L_2，以进一步降低屏蔽电流。但是，L_1 和 L_2 不应太大，以免降低操作人员受到电击时的安全性。当涉及大量信号电缆时，它们可以作为一个单独的电缆束一起运行，其屏蔽层可以在端部连接在一起并连接到旁路路径。电缆应尽可能地靠近旁路导体[29]，将电缆所包围的环路面积降至最小，以减少通过的电感。

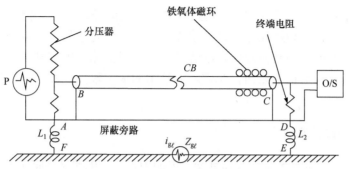

图 11-14　典型的利用旁路导体降低屏蔽电流的电路示意图

11.2.2.2　单点接地

可以通过减小接地回路的阻抗 $Z_{g\ell}$ 来降低接地回路引入信号电路的干扰。实现此目的的一种方法是减小接地回路中 EF 两点间的长度。在极限情况下，当点 E 和 F 重合时会形成单点接地。图 11-15 是单点接地电路示意图。在接地桩[30,31]上完成不同电路的接地连接，这是整个系统唯一的接地。接地桩应由低阻抗的粗导体制成，并埋入适当的深度，其分支应焊接到主接地桩上，以降低阻抗并保持电气的完整性。可以通过使用多根接地杆和对土壤进行化学处理(如利用氯化钠、硫酸镁、硫酸铜和氯化钙)等方法来降低接地电阻[32,33]。

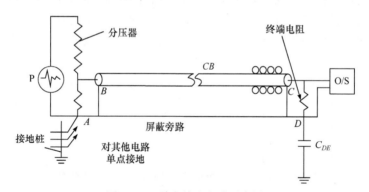

图 11-15　单点接地电路示意图

11.2.2.3　利用光隔离阻断接地回路

如图 11-15 所示，由于监视器上的接地电容 C_{DE} 在高频下为接地提供了闭合路径，单点接地并不能完全消除接地回路耦合的影响。使用绝缘体代替传统的导电电缆来传输信号可以断开接地回路，这可以通过将脉冲电压源一侧的低电平电信号转换为光纤传输的光信号来实现。整个光学传输和接收系统[34,35]包括：①使用发光二极管(LED)或激光二极管将电信号转换为光信号；②通过光纤传输光信号；③利用光电二极管或光电晶体管将光信号再转换为电信号。光学隔离技术除可以隔离接地回路耦合外，还可以消除由电容耦合、电感耦合和辐射耦合引起的干扰。然而，光学隔离技术的成本较高，并且通常仅限于少数几种信号。

11.2.3　电源线滤波器

设备产生的电气干扰会反馈到交流电源中，交流电源又会将这些干扰通过共阻抗耦合到连接在同一电源的其他设备上。此外，干扰也会通过配电变压器的原边[36]进入设备。干扰信号与真实信号混合在一起，会导致测量错误。在电源和设备之间引入电源线滤波器是抑制电源网络中发生电磁干扰(EMI)的最有效方式。无源 LC 电源滤波器通过以下两种基本方式来抑制电磁干扰[37]：一种是利用电容元件将干扰分流到接地回路，另一种是通过串联电感元件提高线路的阻抗，从而使并联电容元件更有效。

11.2.3.1　滤波器的类型

图 11-16 所示是电源线滤波器的分类。电源线滤波器可分为①使用集总电容和电感元件的电抗 π 形或 T 形滤波器；②使用有损铁氧体和电介质的吸收型滤波器；③包含电抗型和吸收型滤波器的混合型滤波器；④反馈型滤波器。对于高插入损耗，可以将滤波器串联。吸收型滤波器在电气上等效于一个随频率变化的电

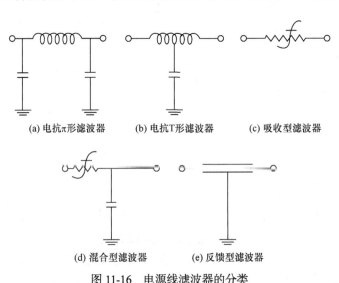

(a) 电抗π形滤波器　　(b) 电抗T形滤波器　　(c) 吸收型滤波器

(d) 混合型滤波器　　(e) 反馈型滤波器

图 11-16　电源线滤波器的分类

阻与电源线的串联[38]。用于吸收型滤波器的材料可以是含铁和锌较高的磁性铁氧体，也可以是半导体和铁电类型的电介质[39]。这些材料将被混合到电缆型结构或螺旋结构中心的绝缘材料中。这些材料在电源线工作频率处的插入损耗低，但在干扰频率的阻带中插入损耗高。与电抗型滤波器相比，吸收型滤波器的主要优点是不会表现出由 LC 谐振引起的寄生响应[40,41]。

11.2.3.2　插入损耗

电源线滤波器的抑制效果用插入损耗(IL)来表征。插入损耗是频率的函数，并以分贝为单位表示。插入损耗的计算公式为[37]

$$IL = 10 \lg \frac{P_0}{P_n} = 20 \lg \frac{V_0}{V_n} \, (dB) \tag{11-43}$$

其中，P_0 和 V_0 分别是负载处无电源线滤波器时的功率和电压；P_n 和 V_n 分别是负载处有电源线滤波器时的功率和电压。

图 11-17 是插入损耗随频率变化的关系图。在电源线频率(0Hz、50Hz、60Hz和 400Hz)下，插入损耗应可忽略不计，从而允许这些频率"通过"；在干扰频率范围内(图中标记"阻带"的范围)，插入损耗很高。

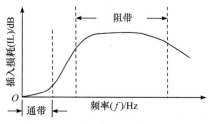

图 11-17　插入损耗随频率变化的关系图

实际上，作为一个与频率相关的函数，滤波器的插入损耗是非常复杂的，取决于电源线源端和负载的阻抗。阻带应非常宽，以防止各种干扰信号。高性能滤波器可以在 14kHz～10GHz 的频率下具有超过 100dB 的插入损耗[42]。

图 11-18 是典型的测量插入损耗示意图。插入损耗由电路中无滤波器和有滤

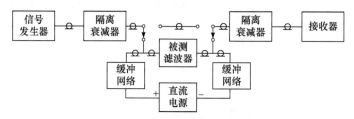

图 11-18　典型的测量插入损耗示意图

波器时输出信号的电压比得到。直流电源可使额定偏置电流通过被测滤波器。缓冲网络可防止高频信号进入直流电源，隔离衰减器在信号发生器和被测滤波器之间以及被测滤波器和接收器之间提供阻抗匹配[42, 43]。

11.2.4　隔离变压器

除电源线滤波器外，隔离变压器[44]可以进一步改善电源对设备以及设备对电源的耦合干扰的抑制水平。图 11-19 是隔离变压器示意图。隔离变压器是一个传统的铁芯变压器，在初级绕组和次级绕组之间插入了法拉第屏蔽罩。金属箔形式的法拉第屏蔽罩连接在变压器箱和电源线的接地端。这样，从电源或设备进入的干扰信号被电容 C_{pF} 和 C_{Fs} 旁路到接地点，而不是通过 C_{ps} 彼此耦合。可以通过添加多个屏蔽体和屏蔽箱来提高隔离变压器的屏蔽性能。

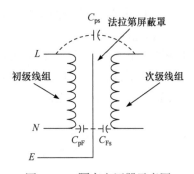

图 11-19　隔离变压器示意图

使用有源放大器的诊断设备需要提供电源，可以通过采用多个隔离变压器而使其彼此隔离[30]。图 11-20 是使用隔离变压器隔离主电源示意图。隔离变压器除可以抑制来自主电源的干扰信号外，还可以将电源线接地端与仪器机箱断开。根据具体设计，隔离变压器可以抑制共模干扰，也可以不抑制共模干扰。在许多脉冲功率应用中，共模干扰是信号干扰的主要来源。

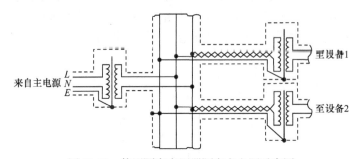

图 11-20　使用隔离变压器隔离主电源示意图

11.3　屏蔽良好的设备拓扑

图 11-21 是子系统间的传导和辐射示意图。该系统由三个子系统组成，这些子系统具有相互连接的电源线和信号电缆。子系统和电缆电路中的时变电流会产生辐射和传导(进入电缆)干扰[45]。辐射是由充当天线的各种载流导体引起的，它们可能会谐振，也可能不会谐振[46]。传导干扰是由一个电路到另一个电路的电容、电感、辐射或共阻抗耦合产生的。

图 11-21 说明了系统内的干扰，其中干扰信号从系统内的一个子系统注入另一个子系统。由外部系统的辐射或传导干扰引起的系统间的干扰也会影响设备。无论是系统内还是系统间，EMI 的最终结果都是将干扰信号(噪声)引入被干扰的系统。当 EMI 引起的噪声水平超过可接受的阈值(敏感度水平)时，将会导致设备测量错误、故障、误报、频繁中断和损坏。

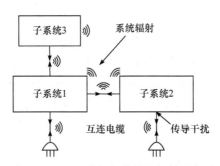

图 11-21　子系统间的传导和辐射示意图

为了使给定的电子系统不影响其他外部系统，有必要降低其"辐射水平"。为了使给定系统在外部 EMI 环境中持续可靠地运行，有必要提高其"敏感度水平"。图 11-22 是图 11-21 采用了 EMI 抑制技术的示意图。图 11-22 综合应用屏蔽体、屏蔽电缆、电缆屏蔽中继系统[47]、电源线和信号线滤波器[48,49]、隔离变压器[50,51]、EMI 垫片和电光/电光转换器等电磁干扰抑制技术。因此，从图 11-22 中可以看出，系统内部产生的 EMI 辐射不会泄漏到外部，同样，外部的干扰也不会影响内部各子系统。

11.3.1　高抗扰度测量系统

图 11-23 所示是典型的具有高 EMI 抗扰度的测量系统。该系统综合了上述不同的电磁干扰抑制技术。此处描述的低电平信号传输系统使用了双屏蔽电缆，在传输线的末端将该电缆的两个屏蔽层连接在一起，并将其连接到分压器测量电阻

的低压端，在单点 A 处接地[28,52]。

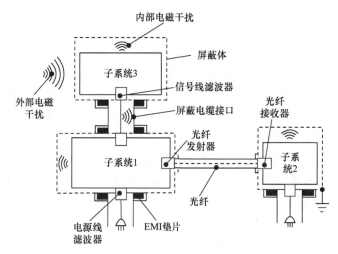

图 11-22　图 11-21 采用了 EMI 抑制技术的示意图

如果没有双屏蔽电缆，也可以使用装在铜管中的单屏蔽电缆。信号监视器(在本例中为示波器)位于屏蔽体内部。在信号电缆的内屏蔽层上插入铁氧体磁环可以改善信噪比。由于示波器外壳不应该连接至电源地，因此应通过隔离变压器为示波器提供交流电。可以在隔离变压器之后添加电源线滤波器，以更有效地屏蔽电网干扰。如果将单点接地由传输线末端移到屏蔽体外壳，测量系统的屏蔽效能不会受到影响。当涉及大量诊断电缆时，可以将这些电缆捆在一起并装在由镀锌铁制成的诊断导管中，应该使用导电的弹性垫片[53]使导管之间具有良好的射频连接。将电缆捆绑在一起时，建议不仅将电源电缆与低电平信号电缆分开，而且将电源电缆和各种诊断传感器分开，此时导管还充当了额外的屏蔽层。导管的一端应连接到电缆屏蔽层，另一端应连接到屏蔽体外壳。

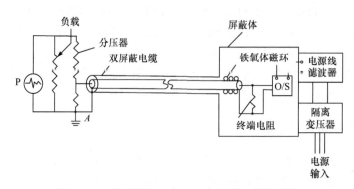

图 11-23　典型的具有高 EMI 抗扰度的测量系统

11.3.2　自由场测量的抗干扰技术

在测量电磁场参数时会用到传感器和记录仪。如果实验中没有采取防护措施对电缆进行屏蔽，即使进行了良好的测量，信号在传输到记录仪时也可能会被干扰[54-56]。因此，要满足如下要求：①电缆不应干扰待测量的电磁量。②应当使信号传输到同轴电缆上的电流和单位长度上的电荷量最小化，以减少采集信号中的噪声。图 11-24 是传感器、信号电缆和包含记录仪的屏蔽箱的布局图。使仪器布线成为导体拓扑的一部分，可以满足上述要求。图 11-24 中，电缆沿着导体布放，并且电缆屏蔽层与导体保持连续的电接触。由于离开传感器的电缆不会伸入上部区域，因此不会影响该位置场的参数。此外，传感器接地平面与导体表面形成了完美的电接触，因此可以将其用作局部接地平面，也作为传感器的一部分。记录仪放置在屏蔽箱中，该屏蔽箱与实验导体保持良好的电接触。

有时，当屏蔽箱的尺寸较大时，可能会引起大量电磁散射，从而在传感器输出端引入干扰。将屏蔽箱放置在远离传感器的位置，或者将传感器和屏蔽箱放置在实验导体能够遮挡传感器的位置，可以减少此类影响。一个很好的例子就是将传感器和屏蔽箱放置在飞机机身或机翼的两侧。

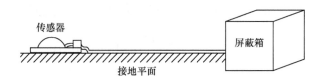

图 11-24　传感器、信号电缆和包含记录仪的屏蔽箱的布局图

11.4　设 计 示 例

示例 11.1

电缆传输的瞬态脉冲电流峰值为 7kA，上升时间为 3μs。电缆位于接地平面上方 4in 处。RG58C/U 电缆两端接 R_c = 1kΩ 和 R_d = 3kΩ 的电阻。计算电缆上感应的峰值电压。

解：

这种情况下，开路线是干扰源，屏蔽线是被干扰电路。RG58C/U 电缆是特征阻抗为 50Ω 的单屏蔽电缆。制造商给出的产品参数如下所述。

屏蔽直径 d_s=0.116in；

屏蔽电阻 R_s=4.7mΩ/ft；

内导体直径 d_i=0.035in；

单位长度电缆电感 $\tilde{L}_{\mathrm{c}} = 0.07 \mu\mathrm{H/ft}$。

干扰电路的时间常数 τ 是根据上升时间计算得出的：

$$\tau = \frac{t_{\mathrm{r}}}{2.2} = 1.36 (\mu\mathrm{s})$$

电缆电感：

$$L_{\mathrm{c}} = \tilde{L}_{\mathrm{c}} \cdot \ell \cong 0.73 (\mu\mathrm{H})$$

被干扰电路的时间常数：

$$\frac{L_{\mathrm{c}}}{R_{\mathrm{c}} + R_{\mathrm{d}}} \cong 0.18 (\mathrm{ns})$$

被干扰电路的时间常数明显小于干扰电路的时间常数 τ，并且电压有效地在 R_{c} 和 R_{d} 之间分压。最大感应电压由式(11-20)给出，为

$$V_{\mathrm{d}}^{\max} = \frac{MI_1}{\tau} \cdot \frac{R_{\mathrm{d}}}{R_{\mathrm{c}} + R_{\mathrm{d}}} \cdot \frac{1}{L_{s2} / R_{s2}\tau - 1} \cdot \left(\mathrm{e}^{-\frac{R_{s2} \cdot t_{\mathrm{m}}}{L_{s2}}} - \mathrm{e}^{-\frac{t_{\mathrm{m}}}{\tau}} \right)$$

由式(11-27)计算的互感或从图 11-7 得到 $h/D = 4$ 时的互感为

$$M = 0.07 \lg \left[1 + \left(\frac{2 \times 4}{1} \right)^2 \right] \times 10 = 1.3 (\mu\mathrm{H})$$

分压比为

$$\frac{R_{\mathrm{d}}}{R_{\mathrm{c}} + R_{\mathrm{d}}} = \frac{3\mathrm{k}\Omega}{3\mathrm{k}\Omega + 1\mathrm{k}\Omega} = \frac{3}{4}$$

尺寸因子为

$$\frac{R_{s2} \cdot \tau}{L_{s2}} = 0.021$$

感应电压的峰值时刻 t_{m} 可以从式(11-13)计算得出：

$$t_{\mathrm{m}} = 1.35 \times \frac{\ln 0.021}{0.021 - 1} \cong 5.3 (\mu\mathrm{s})$$

有效屏蔽因子为

$$\frac{1}{\dfrac{L_{s2}}{R_{s2} \cdot \tau} - 1} \cdot \left(\mathrm{e}^{-\frac{R_{s2}}{L_{s2} \cdot \tau} \cdot t_{\mathrm{m}}} - \mathrm{e}^{-\frac{t_{\mathrm{m}}}{\tau}} \right) = 0.019$$

感应电压为

$$V_d^{\max} = \frac{MI_1}{\tau} \cdot \frac{R_d}{R_c + R_d} \frac{1}{\dfrac{L_{s2}}{R_{s2} \cdot \tau} - 1} \cdot \left(e^{-\frac{R_{s2}}{L_{s2}} \cdot t_m} - e^{-\frac{t_m}{\tau}} \right)$$

$$= \left(\frac{1.3}{1.35} \times \frac{3}{4} \times 0.019 \right) \times I_1 = 96 \text{(V)}$$

电缆传输的瞬态脉冲峰值电流为 7kA、上升时间为 3μs 的信号在屏蔽电缆上感应出 96V 的峰值电压。

示例 11.2

对于厚度为 1mm 的铁制($\mu_r = 200$，$\sigma_r = 0.17$)屏蔽体，厚度每增加 1 个数量级，计算 10Hz～10MHz 频率下平面波的屏蔽效能。

解：

根据式(11-35)，平面波的整体屏蔽效能 SE 为

$$\text{SE} = A + R + B \approx A + R$$

其中，A 为吸收损耗；B 为反射损耗。

由式(11-36)可得 A 为

$$A = 8.686 \cdot t \cdot \sqrt{\pi \mu \sigma f} \cong 131 \cdot t \cdot \sqrt{\pi \mu_r \sigma_r f}$$

代入 $t = 10^{-3}$m，$\mu_r = 200$，$\sigma_r = 0.17$，可计算出吸收损耗为

$$A = 0.764 \sqrt{f} \tag{11-44}$$

同样，根据式(11-37)，反射损耗 R 为

$$R = 20 \lg \frac{|1 + K|^2}{4|K|} \approx 20 \lg \frac{K}{4} = 20 \lg \frac{Z_\omega}{4Z_s}$$

将 $Z_\omega = 120\pi$ 和 $Z_s = 3.69 \times 10^{-7} \sqrt{\sigma_r / (\mu_r f)}$ 代入上式，得出 R 为

$$R = 20 \lg \frac{74 \times 10^5}{\sqrt{f}} \tag{11-45}$$

表 11-3 列出了 1mm 厚铁制屏蔽体在各种频率下的屏蔽效能。表 11-3 给出了屏蔽效能的 SE 值、吸收损耗 A 和反射损耗 R，同时需要注意以下几点：①在低频段，铁的吸收损耗较低，反射损耗较高；②对于铁材料，高频屏蔽主要是吸收损耗起作用；③比较表 11-1 中的铜和表 11-3 中的铁可知，它们的屏蔽效能具有互补性，铜由于其高电导率而在高频下屏蔽性能较好，铁由于其高磁导率

而在低频时屏蔽性能较好。这就是镀锌铁(其中铁和锌成分分别具有较高的 μ_r 和较高的 σ_r)在屏蔽体中被广泛用作屏蔽材料的原因；④电导率项 σ_r 出现在 A 和 R 两个表达式的分子中，表明超导体是 100%电磁屏蔽的理想选择。

表 11-3　1mm 厚铁制屏蔽体在各种频率下的屏蔽效能

频率 f/Hz	固有屏蔽阻抗 Z_s/ Ω	K 因子 (Z_ω/ Z_s)	吸收损耗 A /dB	反射损耗 B /dB	屏蔽效能 SE/dB (SE=A+R)
10	4×10^{-5}	9.4×10^{6}	2.4	127.4	129.8
100	1.26×10^{-4}	3×10^{6}	7.6	117.5	125.1
10^{3}	4×10^{-4}	9.4×10^{5}	24.0	107.4	131.4
10^{4}	1.26×10^{-3}	3×10^{5}	76.4	97.5	174.0
10^{5}	4×10^{-3}	9.4×10^{4}	241.0	87.4	328.4
10^{6}	1.26×10^{-2}	3×10^{4}	764.0	77.5	841.5
10^{7}	4×10^{-2}	9.4×10^{3}	2416.0	67.4	2483.4

示例 11.3

电路由半径为 1mm、长度为 1m 的电缆组成，该电缆平行于导电接地平面，距地面高度为100mm。电路由信号 $V_1 = 1000\sin(\omega t)$ 激励，源阻抗和负载阻抗分别为 0.1Ω 和 100Ω 的电阻。在该电路附近有另一个电路运行，其也包括一条半径为1mm、长度为1m 的电缆，并且与接地平面平行，高度为100mm，在源和负载端分别有 0.1Ω 和 100Ω 的电阻。两条电缆之间的距离为 10 mm。计算由于电容耦合而在第二个电路中感应的电压。

解：

本示例的电路系统类似于图 11-1。等效电路可参考图 11-2。因此，如式(11-1)所示，由于电路 1 中的激励信号为 V_1，因此在电路 2 中出现的电容耦合电压 V_2 可写为

$$V_2 = V_1 \cdot \frac{\left(X'_{C_2} \| R'_2\right)}{\left(X'_{C_2} \| R'_2\right) + X'_{C_m}} \cdot \frac{Z}{R_1 + Z} \tag{11-46}$$

其中，$Z = \left(X'_{C_1} \| R_{\ell 1}\right) \| \left(X'_{C_m} + R'_2 \| X'_{C_2}\right)$；$R'_2 = (R_2 \| R_{\ell 2})$。

计算各种电路参数：

$$C'_1 = \ell \cdot C_1$$

其中，C'_1 为传输线 1 和无限大接地平面之间的集总电容；对于半径为 a 且高度

为 h 的导线，C_1 为传输线 1 和无限大接地平面之间单位长度的电容。

$$C_1 = \frac{2\pi\varepsilon_0}{\ln(2h/a)}$$

$$C_1' = \ell \cdot \frac{2\pi\varepsilon_0}{\ln(2h/a)} = \frac{2\pi\cdot\left(8.85\times10^{-12}\right)}{\ln\dfrac{2\times100}{1}} = 10.5(\text{pF})$$

$$X_{C_1}' = \frac{1}{\omega C_1'} = \frac{1}{2\pi\left(100\times10^3\right)\times\left(10.5\times10^{-12}\right)} = 150(\text{k}\Omega)$$

同样地，

$$C_2' = \ell \cdot C_2$$

其中，C_2' 为传输线 2 与接地平面之间的集总电容；对于半径为 a 且距接地平面高度为 h 的传输线 2，C_2 为传输线 2 接地平面与无限大接地平面之间单位长度的电容。

$$C_2 = \frac{2\pi\varepsilon_0}{\ln(2h/a)}$$

$$C_2' = \ell \cdot \frac{2\pi\varepsilon_0}{\ln(2h/a)} = \frac{2\pi\cdot\left(8.85\times10^{-12}\right)}{\ln\dfrac{2\times100}{1}} = 10.5(\text{pF})$$

$$X_{C_2}' = \frac{1}{\omega C_2'} = \frac{1}{2\pi\left(100\times10^3\right)\times\left(10.5\times10^{-12}\right)} = 150(\text{k}\Omega)$$

同样地，

$$C_m' = \ell \cdot \tilde{C}_m$$

其中，C_m' 为传输线 2 与传输线 1 之间的集总电容；$\tilde{C}_m$ 为传输线 2 与传输线 1 之间距离为 D 时单位长度的电容。

$$C_m' = \ell \cdot \frac{2\pi\varepsilon_0}{\ln(D/d)} = \frac{2\pi\cdot\left(8.85\times10^{-12}\right)}{\ln\dfrac{2\times10}{1}} = 12(\text{pF})$$

$$X_{C_m}' = \frac{1}{\omega C_m'} = \frac{1}{2\pi\left(100\times10^3\right)\times\left(12\times10^{-12}\right)} = 130(\text{k}\Omega)$$

同样地，

$$R_2' = \left(R_2 \parallel R_{\ell 2}\right) = \frac{1}{\dfrac{1}{R_2} + \dfrac{1}{R_{\ell 2}}} \approx 0.1(\Omega)$$

$$\left(X_{C_1}' \parallel R_{\ell 1}\right) = \frac{1}{\sqrt{\left(\dfrac{1}{X_{C_1}'}\right)^2 + \left(\dfrac{1}{R_{\ell 1}}\right)^2}} = \frac{1}{\sqrt{\left(\dfrac{1}{100}\right)^2 + \dfrac{1}{225 \times 10^4}}} \cong 100(\Omega)$$

$$\left(X_{C_2}' \parallel R_2'\right) = \frac{1}{\sqrt{\left(\dfrac{1}{X_{C_1}'}\right)^2 + \left(\dfrac{1}{R_{\ell 2}}\right)^2}} = \frac{1}{\sqrt{\dfrac{1}{0.1} + \dfrac{1}{150 \times 10^3}}} \cong 0.1(\Omega)$$

$$Z = \left(X_{C_1}' \parallel R_{\ell 1}\right) \parallel \left(X_{C_m}' \parallel R_2' \parallel X_{C_2}'\right) = 100 \parallel (130 + 0.1) \cong 100(\Omega)$$

将上述计算得到的参数代入 V_2 的方程式中，得

$$V_2 = V_1 \cdot \frac{\left(X_{C_2}' \parallel R_2'\right)}{\left(X_{C_2}' \parallel R_2'\right) + X_{C_m}'} \cdot \frac{Z}{R_1 + Z}$$

$$= 1000 \times \left(\frac{100}{100 + 0.1} \times \frac{0.1}{130000 + 0.1}\right) \cong 0.77(\text{mV})$$

该示例说明，传输快速上升沿的高压脉冲电路会通过电容耦合到附近的小信号电路中，因此需对电源电路和被干扰电路进行 EMI 屏蔽。

参 考 文 献

[1] L.D. Jambor et al. Parallel Wire Susceptibility Testing for Signal Lines. *IEEE Trans. Electromagn. Compat.*, 8, No. 2, p. 111, 1966.

[2] D.E. Merewether and T.F. Ezell, The Effect of Mutual Inductance and Mutual Capacitance on the Transient Response of Braided Shield Coaxial Cables. *IEEE Trans. Electromagn. Compat.*, 18, No. 1, p. 15, 1976.

[3] C.W. Harrison, Jr. and C.D. Taylor, Response of a Terminated Transmission Line Excited by a Plane Wave Field for Arbitrary Angles of Incidence, *IEEE Trans. Electromagn. Compat.*, Vol. 15, No. 3, p. 118, 1973.

[4] H. Naito and A.V. Shah, Time Domain Measurements of Voltage Induction by Transient Electromagnetic Fields. *IEEE Trans. Instrum. Meas.*, 27, No. 1, p. 38, 1978.

[5] V.M. Turesin, Electromagnetic Compatibility Guide for Design Engineers. *IEEE Trans. Electromagn. Compat.*, 9, No. 3, p. 139, 1967.

[6] D.A. Miller and J.E. Bridges, Review of Circuit Approach to Calculate Shielding Effectiveness. *IEEE Trans. Electromagn. Compat.*, 10, No. 1, 1968.

[7] R.J. Mohr, Coupling Between Open and Shielded Wire Lines over a Ground Plane. *IEEE Trans. Electromagn. Compat.*, 9, No. 2, p. 34, 1967.

[8] C.R. Paul, Prediction of Cross Talk in Ribbon Cables: Comparison of Model Predictions and Experimental Results. *IEEE Trans. Electromagn. Compat.*, 20, No. 3, p. 394, 1978.

[9] J.H. Pluck, *Electromagnetic Shielding and Suppression Techniques*, RFI Industries Pty. Ltd., Australia.

[10] E.S. Kesney, Shielded Enclosures for EMC and Tempest Testing, *Guide for Design of Shielded Facilities*, Keene Corporation, Ray Proof Division, 1975.

[11] E.S. Kesney, Construction Methods and Evaluation of RFI/EMC Shielded Construction Systems, *Guide for Design of Shielded Facilities*, Keene Corporation, Ray Proof Division, 1975.

[12] P. Zais, *Use an RF Shield to Prevent EMI from Altering Your Results*, Industrial Research and Development, March 1983.

[13] P.R. Bannister, New Theoretical Expressions for Predicting Shielding Effectiveness for the Plane Shielded Cases. *IEEE Trans. Electromagn. Compat.*, 10, No. 1, p. 2, 1968.

[14] R.B. Schulz et al., Low Frequency Shielding Resonance. *IEEE Trans. Electromagn. Compat.*, 10, No. 1, p. 7, 1968.

[15] R.B. Schulz, ELF and VLF Shielding Effectiveness of High Permeability Materials. *IEEE Trans. Electromagn. Compat.*, 10, No. 1, p. 95, 1968.

[16] L.F. Babcock, Shielding Circuits from EMP. *IEEE Trans. Electromagn. Compat.*, 9, No. 2, p. 45, 1967.

[17] R.B. Cowdell, New Dimensions in Shielding. *IEEE Trans. Electromagn. Compat.*, 10, No. 1, p. 158, 1968.

[18] S.L. O'Yound et al., Survey of Techniques for Measuring R.F. Shielding Enclosures. *IEEE Trans. Electromagn. Compat.*, 10, No. 1, p. 72, 1968.

[19] E.F. Vance, Electromagnetic-Interference Control. *IEEE Trans. Electromagn. Compat.*, Vol. 22, No. 4, pp. 319-328, 1980.

[20] E.L. Breen, *The Application of B-dot and D-dot Sensors to Aircraft Skin Surfaces*, Instrumentation Development Memo 3, July 1974.

[21] C.E. Baum, Electromagnetic Sensors and Measurement Techniques, in *Fast Electrical and Optical Measurements*, J.E. Thompson and L.H. Luessen, eds., Vol. 1, NATO ASI Series E: Applied Sciences, p. 73, 1986.

[22] A.J. Schwab, Electromagnetic Interference in Impulse Measuring Systems. *IEEE Trans. Power Apparatus Syst.*, 93, No. 1, p. 333, 1974.

[23] L.J. Greenstein and H.G. Tobin, Analysis of Cable Coupled Interference. *IEEE Trans. Radio Freq. Interference*, Vol. 5, No. 1, p. 43, 1963.

[24] G.I. Chandler, II, Design of the CTX Diagnostics Screen Room. *8th Symposium on Engineering Problems in Fusion Research, Chicago, IL,* October 26-29, 1981.

[25] B.A. Gregory, *An Introduction to Electrical Instrumentation and Measurement System*, 2nd edn, Macmillan Press Ltd., 1981.

[26] J.G. Sverak et al., Safe Substation Grounding: Part I. *IEEE Trans. Power Apparatus Syst.*, 100, No. 9, p. 4281, 1981.

[27] J.G. Sverak et al., Safe Substation Grounding: Part II. *IEEE Trans. Power Apparatus Syst.*, 101, No. 10, p. 4006, 1982.

[28] G.I. Chandler, II, *Grounding, Shielding and Transient Suppression Techniques Developed for the Control and Data Acquisition System*, Engineering Problems in Fusion Research, Chicago, IL, 1981.

[29] R.A. Fitch, Salving Diagnostics in the Pulse Power Environment. *Proceedings of the Pulsed Power Conference*, Paper IIID5, 1976.

[30] M.E. Norris, TFTR Diagnostics Grounding. *Proceedings of the 9th Symposium on Engineering Problems in Fusion Research*, p. 1134, 1981.

[31] F. Faulkner et al., TFTR Grounding System, *Proceedings of the 9th Symposium on Engineering Problems in Fusion Research*, p. 1438, 1981.

[32] C. Jensen, Grounding Principles and Practice Ⅱ: Establishing Grounds. *Electr. Eng.*, Vol. 4, No. 2, p. 68, 1945.

[33] R. Rudenberg, Grounding Principles and Practice I: Fundamental Considerations on Ground Currents. *Electr. Eng.*, Vol. 64, No. 1, p. 1, 1945.

[34] G. Chandler et al., Use of Fiber Optics to Eliminate Ground Loops and Maintain Shielding Integrity on a Controlled Fusion Experiment. *Proceedings of the Society of Photo Optical Instrumentation Engineers*, Vol. 190, LASL Optical Conference, May 23-25, 1979.

[35] H.I. Bassen and R.J. Hoss, An Optically Linked Telemetry System for Use with Electromagnetic Field Measurement Probes. *IEEE Trans. Electromagn. Compat.*, 20, No. 4, p. 483, 1978.

[36] R.M. Vines et al., Noise on Residential Power Distribution Circuits. *IEEE Trans. Electromagn. Compat.*, 26, No. 4, p. 161, 1984.

[37] D.B. Clark et al., Power Line Insertion Loss Evaluated in Operational Type Circuits. *IEEE Trans. Electromagn. Compat.*, 10, No. 2, p. 243, 1968.

[38] H.M. Hoffart, Electromagnetic Interference Reduction Filters. *IEEE Trans. Electromagn. Compat.*, 10, No. 2, p. 225, 1968.

[39] F. Mayer, Absorptive Lines as RFI Filters. *IEEE Trans. Electromagn. Compat.*, 10, No. 2, p. 224, 1968.

[40] H. Weidmann and W.J. McMartan, Two Worst-Case Insertion Loss Test Methods for Passive Power Line Interference Filter. *IEEE Trans. Electromagn. Compat.*, 10, No. 2, p. 257, 1968.

[41] H.W. Denny and W.B. Warren, Lossy Transmission Line Filters. *IEEE Trans. Electromagn. Compat.*, 10, No. 4, p. 363, 1968.

[42] Lindgren, *Power Line Filters*. Available at www.ets-lindgren.com/pdf/ N192XSeries.pdf accessed December 17, 2015.

[43] S.H. Eisbruck and F.A. Giordano, A Survey of Power Line Filter Measurement Techniques. *IEEE Trans. Electromagn. Compat.*, 10, No. 2, p. 238, 1968.

[44] P.C. Laughlin, Ultra-Isolation Transformers. *Instruments and Control Systems*, Vol. 34, p. 2250, 1961.

[45] P.H. Ron, Concepts in Electromagnetic Interference and Protection, in *Electromagn. Compat.*, G.K. Deb, ed., Institution of Electrical and Telecommunication Engineers, Delhi, India, 1995.

[46] E.K. Miller and J.A. Landt, Direct and Time Domain Techniques for Transient Radiation and Scattering from Wires. *Proc. IEEE*, Vol. 68, No. 11, p. 1396, 1980.

[47] Falcon Trunking Systems, Cable Management Systems, http://www.falcontrunking.co.uk/ pdf/falcon_electrical_cat. pdf, Issue 12, 2016 accessed 4/ 23/201.

[48] LMI Lectromagnetics Inc., OT Lectroline Filters, Catalogue No. F 300 A, 1985.

[49] J. Brown, Understanding how Ferrites can Prevent and Eliminate RF Interference to Audio Systems, http:// audiosystemsgroup. com/ SAC0305Ferrites.pdf; accessed 4/23/17.

[50] G. Chandler, *Grounding and Shielding, Computer Interfacing and Control of Pulsed Power Systems*, Pulsed Power Lecture Series, No. 37, Texas Tech. University, Lubbock, TX.

[51] R.C. McLoughlin, Ultra Isolation Transformers. *Instrum. Control Syst.*, Vol. 34, p. 2250, 1961.

[52] A.J. Schwab, *High Voltage Measurement Techniques*, MIT Press, 1972.

[53] EMI Shielding Theory and Gasket Design Guide, Chomerics, https://www. Sealingdevices.com /documents/EMI%20 Shielding%20Theory%20Gasket%20Design%20 Guide% 20of%20 Chomerics.pdf; last acces sed4/28/2017.

[54] K.S.H. Lee, ed., *EMP Interaction*: *Principles, Techniques, and Reference Data*, Hemisphere Publishing, 1986.

[55] O. Hartel, *Electromagnetic Compatibility by Design*, 4th edn, R&B Enterprises, West Conshohocken, PA, 1995.

[56] C.E. Baum, The Role of Scattering in Electromagnetic Interference Problems, in *Electromagnetic Scattering*, P.L.E. Uslenghi, ed., Academic Press, 1978.

第 12 章　电磁干扰抑制的拓扑结构

由于物理结构和电气的复杂性，大型系统的干扰抑制非常困难。例如，脉冲能量与大型航空、航天或通信系统的相互作用，不局限于与系统外部结构的耦合，也可能穿透系统的外表面，进入系统内部进行传播，并且耦合到电缆，最后表现为耦合电压和耦合电流。电磁拓扑是将复杂的系统划分为易于处理的子系统。将复杂系统分解为较为简单的系统，就可检测简单系统的孔缝和穿透导体。从根本上，与检测干扰信号相比，保持屏蔽体整体完整性的做法更加简单和方便。电磁拓扑是干扰抑制的系统方法。

干扰抑制的根本问题是保护敏感设备免受干扰源的干扰[1]，如图 12-1 所示。图中，S_I 表示外部的强干扰源，它可能是核爆产生的电磁脉冲[2]、高功率微波[3, 4]、超宽带辐射系统[5]或闪电[6,7]，它可能在敏感设备电子 S_V 系统中感应出瞬态高电压和大电流，由于感应的瞬态电压和电流的幅度可能比 S_V 中的信号幅度高几个数量级，因此将导致 S_V 出现故障或损坏[8-10]。宽带高功率脉冲源系统控制同样需要宽带屏蔽技术。在高峰值功率和高频率下，常规的屏蔽技术是不够的，此时电磁干扰(EMI)抑制的本质是保持系统整体屏蔽的完整性[8-13]。保持系统整体屏蔽完整性的基本步骤是建立设备或系统的电磁屏蔽拓扑，电磁屏蔽拓扑需考虑导体表面的"完整性"及其嵌套特性(串联和并联)，当入射的电磁能量传播通过系统时，导体表面的完整性可以衰减或屏蔽入射的电磁能量。

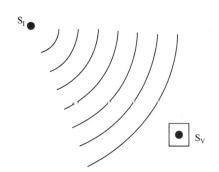

图 12-1　干扰源 S_I 与敏感电子设备 S_V 的示意图

本章讨论的主题是电磁拓扑与干扰抑制的关系，与第 11 章讨论的主题有所不同，在第 11 章中考虑的是无限大平面对平面波和低频电磁波的屏蔽。电磁拓扑是一种全系统的方法，该方法在消除电磁干扰和满足系统性能要求方面具有很高的可信度。本章内容涵盖系统嵌套腔体结构划分的概念以及为保持屏蔽完整性的拓扑概念等方面。电磁能量可以通过腔体表面的孔缝，穿透导体或腔体耦合到腔体中。12.1 节介绍嵌套腔体结构的概念，然后以保持嵌套腔体屏蔽完整性的重要性顺序组织本章内容。12.2 节将介绍接地技术和其他导体穿过屏蔽体的技术。12.3 节将讨论孔缝对屏蔽性能的影响。12.4 节说明导体表面感应的电场如何降低屏蔽性能。本章还介绍一个设计示例，计算在不同金属材料和不同厚度的球形屏蔽体条件下金属球体上的感应电压。

12.1　拓 扑 设 计

脉冲功率源系统 EMI 抑制的本质是将主要空间划分成多个区域，进行屏蔽体完整性设计，并通过优化设计来尽可能抑制干扰电流和电场[14-17]。在实际系统中，通常会由几层屏蔽层形成一组嵌套屏蔽结构，如图 12-2～图 12-7 所示。嵌套屏蔽结构的每一层都对 EMI 进行了屏蔽。在实际系统中，最外面的屏蔽层可能是建筑物、复杂设备或飞机的外壳。下一级屏蔽层可能是包含电子系统的机柜或测量屏蔽室。最里面的屏蔽层可能是对封闭电子系统提供额外保护的金属机柜。

12.1.1　串联结构

抑制 EMI 的理想解决方案是用无限大电导率 σ 且表面连续的金属屏蔽层 S_S 完全包围 S_V，如图 12-2 所示。但是，由于在实际系统中 S_V 可能需要许多

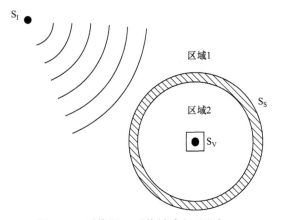

图 12-2　干扰源 S_I 干扰敏感电子设备 S_V

S_S 定义为金属屏蔽层

输入接口，如电源、信号电缆、冷却管或通风窗，因此通常无法实现。实际的保护方法如图 12-3 所示，其中 S_S 为满足 S_V 的输入要求提供了输入接口。但是，这会导致电场 E_0、磁场 H_0 或电磁场 P_0 泄漏，这些泄漏会耦合到 S_V 上并干扰其功能。因此，在屏蔽体上设置的孔缝实际上降低了 S_S 的屏蔽效能。

为了提高屏蔽效能，有必要使用两个嵌套的屏蔽层 S_{S1} 和 S_{S2}，两个屏蔽层均需要具有输入接口，如图 12-4 所示。如果强大的 EMI 源位于 S_V 中，则可能需要在 S_V 子系统中使用另一个嵌套屏蔽层 S_{S3}(图 12-5)，以包含 S_V 自身产生的干扰。

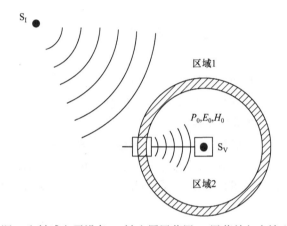

图 12-3　干扰源 S_I 和敏感电子设备 S_V 被金属屏蔽层 S_S 屏蔽并包含输入接口的示意图

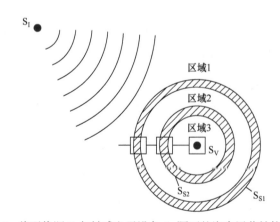

图 12-4　将干扰源 S_I 与敏感电子设备 S_V 隔开的嵌套屏蔽结构示意图

12.1.2　并联结构

并联结构是为了实现更高的屏蔽效能而提出的一种拓扑结构。在并联结构中，如图 12-6 所示，在第一屏蔽层 S_{S1} 的内部，嵌套的屏蔽层相互并联将电子设备与周围的空间隔离。与串联结构一样，必须采取接地技术来保持屏蔽的完整性。

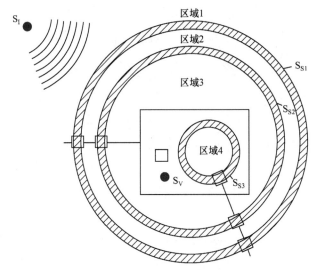

图 12-5　嵌套屏蔽结构示意图(S_{S3} 用于屏蔽来自 S_V 的辐射)

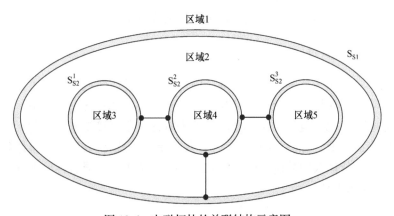

图 12-6　电磁拓扑的并联结构示意图

　　如图 12-7 所示，采用屏蔽电缆连接两个子屏蔽系统 S_{S2}^1 和 S_{S2}^2 形成一个区域 3，可以轻松实现屏蔽。并联结构对于某些应用场合非常有吸引力。例如，在航空航天领域中，外屏蔽层(飞机蒙皮)就是电磁拓扑的一部分。实际应用已经表明，将电源置于区域 2 中可大大减少将功率传输至子屏蔽系统[18]所需滤波器的数量。

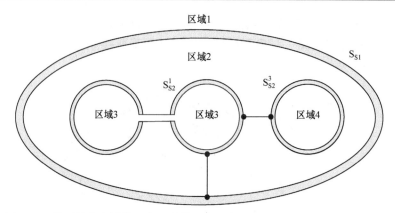

图 12-7 使用屏蔽电缆将两个子屏蔽系统连接在一起形成的拓扑区域(区域 3)

12.2 屏蔽体的端口

如 12.1 节所述,实际中经常有电缆等必须穿过屏蔽体,以提供电源并与屏蔽体内部的设备进行通信。如果外壳是建筑物,则还需要提供通风管道、热量或燃料,这些端口和贯通导体都会影响屏蔽体性能。电磁拓扑概念的内涵是导体上的电流主要在屏蔽体上,且该电流在屏蔽体表面流动。

12.2.1 接地的必要性

屏蔽体主要用于控制屏蔽体外部与内部的电势差,而接地是为了控制屏蔽体内部的电势差。如果图 12-5～图 12-7 中屏蔽层(S_{S1}、S_{S2}、S_{S3})未接地,则它们可能由于静电而呈现高电位,从安全的角度来看这是不可接受的。因此,需要将各个屏蔽体表面接地,如图 12-8 所示。参数 L 和 R 分别代表屏蔽体接地导体的电感和电阻。屏蔽体表面的电位($V = iR + L\,di/dt$)取决于流过屏蔽体接地导体的电流 i 和接地导体的阻抗。

12.2.2 导体接地

通常,接地技术比干扰抑制技术更安全。但是,如果操作不当,则接地技术会完全破坏屏蔽层并引入干扰信号。好的设计原则是,从拓扑上接地导体绝不能贯通屏蔽体表面。

图 12-9 所示是屏蔽体接地的方法及其性能。在图 12-9(a)中,外部接地导体连接到区域 0 中的外表面 1-1。由接地导体承载的瞬态电流分布到外表面 1-1。由于趋肤效应,大部分电流将在外表面 1-1 上流动,如果对屏蔽体进行优化设计,则

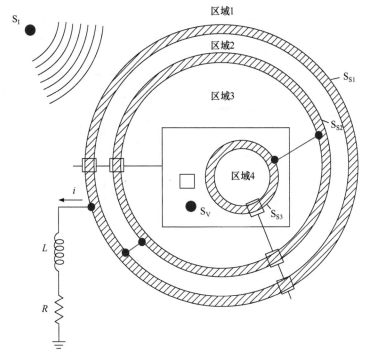

图 12-8　嵌套腔体正确的接地方式示意图

区域 1 中内表面 2-2 上的电流可以忽略不计。考虑到内表面 2-2 上的任何电流都会在区域 1 中产生干扰，因此这种接地方法是好的。在图 12-9(b)中，尽管外部接地导体连接到外表面 1-1，但内部区域的其他嵌套屏蔽体所需的接地连接却通过端口进入受保护区域 1。考虑到接地导体承载电流，这将通过电容性、电感性、辐射性和接地回路耦合在受保护区域 1 产生干扰，因此这种接地方法是较好的。图 12-9(c)所示的接地方法较差，这是因为内表面 2-2 上的大电流以及接地导体本身传导的干扰电流都会对受保护区域 1 造成干扰。如图 12-9(d)所示，将接地导体从外部接地点直接穿过端口引入保护区的方法是最差的，这是因为它会从接地点引入很大的干扰电流。

12.2.3　接地导体

接地导体可以是传输电缆的屏蔽层、波导管、输送水或通风的管道。图 12-10 所示是接地导体连接到屏蔽体表面的方法及其性能。图 12-10(a)给出了将波导管牢固地固定在屏蔽体上的方法。首选方法是焊接而不是螺栓连接。对于这种方法来说，通过波导管的干扰电流被转移到屏蔽体的外表面 1-1，被引入受保护区域 1 的电流可忽略。因此，这种方法在电磁兼容性方面性能最佳。不建议使用

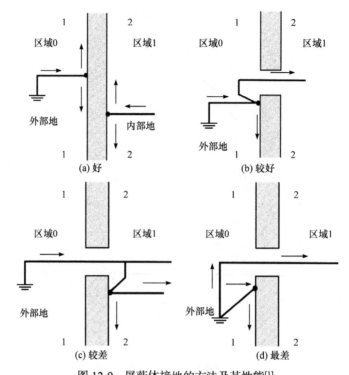

图 12-9　屏蔽体接地的方法及其性能[1]

(经 Summa Foundation 许可引用，界面 1-1 是屏蔽体外表面，界面 2-2 是屏蔽体内表面)

图 12-10(b)所示的方法，这是因为干扰电流会通过波导管将一部分干扰带入受保护区域 1。此外，内表面 2-2 上的电流密度大于外表面 1-1 上的电流密度，这再次使受保护区域 1 受到干扰。最差的方法如图 12-10(c)所示，其中整个干扰电流都由波导管带入安全区域，而没有将该电流转移到屏蔽体表面。

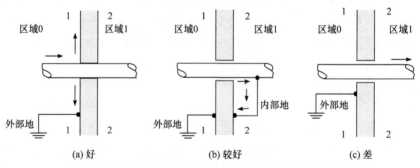

图 12-10　接地导体连接到屏蔽体表面的方法及其性能[1]

(经 Summa Foundation 许可引用，界面 1-1 是屏蔽体外表面，界面 2-2 是屏蔽体内表面)

12.2.4 电缆

电缆包括电源输入电缆和信号电缆，可以是交流、直流或脉冲测量电缆，用于传输来自传感器的电压或电流信号。这些电缆还可能引入干扰电流，并且这些干扰电流不可避免地从一个区域传输另一个区域。因此，这些干扰电流必须通过电源线滤波器、信号线滤波器和电涌分流器转移到相应的屏蔽体表面，该内容已在第 11 章中进行了详细讨论。

电缆及其附属的滤波器、保护器应根据电压/电流大小统一设计。这些元件应封装在接口盒中，可使干扰电流转移到金属屏蔽盒表面，且这些金属屏蔽盒应牢牢固定并电连接到分隔电磁区域的相应屏蔽体上。将金属屏蔽盒连接到屏蔽体的方法如图 12-11 所示。图 12-11(a)是将接口盒通过机械连接和电气连接固定至屏蔽体的好设计方法。将接口盒固定到屏蔽体的理想方法是焊接。在这种情况下，电缆不会将任何干扰电流引入受保护区域，并且整个干扰电流会通过接口盒转移到屏蔽体外表面 1-1。分布在屏蔽体外表面上的电流密度很高，而在屏蔽体内表面上的电流密度很低。因此，这种连接方法产生的屏蔽性能良好。应当注意的是，滤波器可能会被安装在屏蔽室墙壁上，或内壁或外壁，但在拓扑结构上与图 12-11(a)给出的相同。

图 12-11(b)是将接口盒放置在受保护区域 1 中，并与屏蔽体内表面连接。由于干扰电流被电缆带入受保护区域，因此屏蔽体内表面 2-2 上的电流密度很高，从而导致屏蔽性能下降。这两个因素都导致屏蔽体的屏蔽性能较差。图 12-11(c)所示的设计由于没有接口盒而屏蔽性能最差。电缆将整个干扰信号耦合到受保护区域，这是因为它是支持 TEM 模式的传输线。

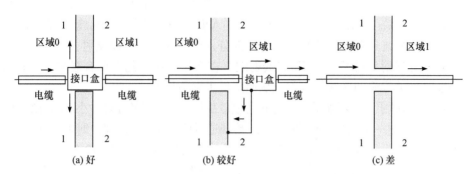

图 12-11 电缆连接到屏蔽体表面的方法及其性能[1]

(经 Summa Foundation 许可引用，界面 1-1 是屏蔽体外表面，界面 2-2 是屏蔽体内表面)

12.3 孔 缝

最佳的屏蔽设计是在屏蔽体中不出现耦合电场和耦合磁场，完全封闭屏蔽体表面，不留任何孔缝，抑制干扰源在某一区域内。但是，通常需要开孔，如门窗、通风管道和其他许多设施的要求。这些孔缝的设计必须保证在不影响系统电磁兼容性的情况下提供检修口。

  孔缝降低电磁屏蔽性能的程度取决于入射场的波长[9]。图 12-12 给出了电磁波通过小孔径孔缝的透射性。在图 12-12(a)中，一部分外部电场会通过孔缝从屏蔽边缘向内辐射，并在屏蔽体内部和内部电缆上感应出电荷。类似地，在图 12-12(b)中，一部分磁场会穿过屏蔽体孔缝，并在内部电缆上感应出电压。

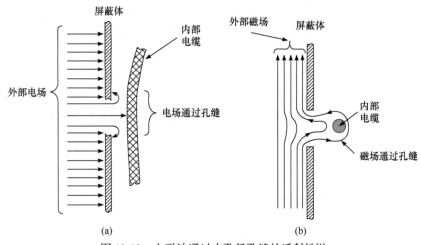

图 12-12   电磁波通过小孔径孔缝的透射性[1]

(经 Summa Foundation 许可引用)

  在图 12-12 中，与外部场的波长相比，孔径较小，透射波的穿透能力大大减小。另外，如果孔径比外部场的波长大，则入射波可以"穿透"孔缝，如图 12-13 所示。该入射波具有光学特性，其中一部分入射波在导体表面反射，另一部分入射到孔缝并透射到屏蔽体内部。"透射波"在穿过孔缝时几乎没有衰减，并且峰值场强几乎被传输到屏蔽体内部，从而降低了屏蔽性能。

  有时需要大孔径的孔缝，电场穿透程度取决于使用孔缝的孔径大小。图 12-14(a) 给出了磁场通过一个大孔径孔缝的情况。磁场通过该大孔径孔缝耦合到受保护区域 1 的内部，并由于 dB/dt 引起的瞬态效应，瞬态电压可能很大。如图 12-14(b)所示，通过将单个大孔径孔缝设计为多个较小的孔，可以大大减小磁场通过大孔的透射性。制造这些小孔的一种常用技术是使用金属丝网，该金属丝网电连接到外壳以覆盖大孔。通过增加许多小孔的深度可以进一步改善其性能。如图 12-14(c)所示，将孔的长度设计为超出截止频率范围的波导，可进一步大幅度降低透射性。

  由于光纤不导电，因此可用来抑制 EMI 问题。但是，某些光纤具有金属盖或金属保护层。在这种情况下，金属保护层在穿过屏蔽体时出现不连续性问题。

电光转换技术可以方便地将电信号转换为光信号，然后光纤通过屏蔽端口将信号从一个区域传输到另一个区域，然后转换为电信号。电光转换技术已在第 10 章和第 11 章中详细介绍。

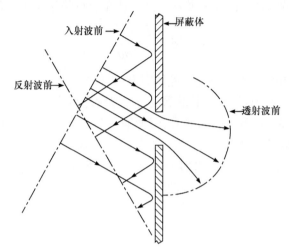

图 12-13 电磁波通过大孔径孔缝的透射性[1]

(经 Summa Foundation 许可引用)

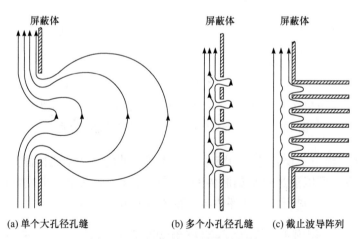

(a) 单个大孔径孔缝   (b) 多个小孔径孔缝   (c) 截止波导阵列

图 12-14 电磁波通过孔缝的衍射[1]

(经 Summa Foundation 许可引用)

12.4 扩散透射性

到目前为止，连续封闭的屏蔽体是最有效的电磁屏蔽方式，这是因为它们不仅大大抑制了高频干扰，还反射了整个入射波的频谱。本节仅讨论连续封闭屏蔽体。孔缝、贯通端口和接地导体对屏蔽体屏蔽性能的影响更大。

电磁波扩散进入导体是因为其导电性。但是，由于材料的电导率有限，因此屏蔽体不是理想导体，电磁波也不会被完全反射，感应的残余电流密度会耦合到金属腔体中。扩散率是频率 f 的函数，其特征在于趋肤深度 δ，表达式为

$$\delta = \sqrt{\frac{1}{\pi f \sigma \mu}} \tag{12-1}$$

其中，电导率 σ 和磁导率 μ 是封闭腔体固有的材料特性。

图 12-15 所示是金属腔体的趋肤深度与其厚度之间的关系。如果金属腔体的导电性很好或非常厚，以致趋肤深度远小于腔体厚度，如图 12-15(b)所示，则电流密度全部位于金属腔体的外表面上，并且腔体是很有效的屏蔽体。图 12-15(c)所示是当金属腔体厚度远小于趋肤深度时电流密度的分布曲线。电流密度 J_2 分布在金属腔体的内表面上，从而在腔体内部感应产生磁场。实际上，金属腔体的电导率通常很高，而透射的磁场只占入射磁场的一部分。

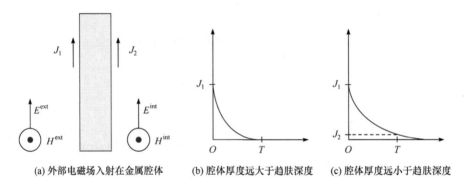

(a) 外部电磁场入射在金属腔体　　　(b) 腔体厚度远大于趋肤深度　　　(c) 腔体厚度远小于趋肤深度

图 12-15　金属腔体的趋肤深度与其厚度之间的关系

表 12-1 给出了金属腔体的壁厚(T)与入射脉冲的主频率或特征频率的趋肤深度(δ)的关系。可以通过将金属腔体的壁厚与入射脉冲的主频率或特征频率的趋肤深度 $2\pi f_0 (= c\tau_0)$ 进行比较来评估金属腔体的屏蔽效能。

表 12-1　金属腔体的壁厚(T)与入射脉冲的主频率或特征频率的趋肤深度(δ)的关系

T 与 δ 关系	入射脉冲作用到金属腔体后的状态
$\delta \ll T$	金属腔体是电厚尺寸；腔体内部区域的耦合场比外部区域的小得多。入射的电磁能大部分被衰减和反射屏蔽
$\delta \gg T$	金属腔体是电薄尺寸；扩散机制使部分磁场穿透；电场的扩散可以忽略不计；由于聚焦效应，腔体的形状变得很重要
$\delta \sim T$	扩散透射至关重要。对于数百千赫兹频率，金属腔体的材料和厚度需专门设计

12.4.1　腔内场

对于某些简单形状的腔体，腔内电磁场可以通过计算得到，也可以推导得到其工作公式。图 12-16 所示是外部脉冲入射到完全封闭的导电球形腔体。在图 12-16 中，假设宽度为 τ_0 的电磁脉冲 $H^{\text{ext}}(t)$ 入射到电导率 σ、磁导率 μ 和壁厚 T 的封闭金属腔体上。其中，V 为金属腔体内部的体积，S 为金属腔体内部的空间表面积，$H^{\text{int}}(t)$ 为透射脉冲。

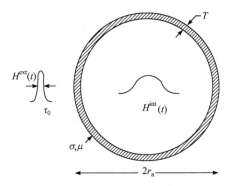

图 12-16　外部脉冲入射到完全封闭的导电球形腔体
(经 Summa Foundation 许可引用)

腔内脉冲的性质可以通过检测时间参数来描述。τ_0 为外部入射脉冲的宽度，τ_f 为透射脉冲的下降时间，信号通过腔体外壳的传播时间 $\tau_a = r_a / c$，腔体的扩散时间 τ_D 为

$$\tau_D = \sigma\mu T^2 \tag{12-2}$$

对于几毫米厚、直径几米的铝制屏蔽体，传输时间约为数十纳秒，扩散时间约为几十微秒。该脉冲在腔体中感应的涡流回路形成了有效 L/R 衰减时间 "拖尾"。因此，由于 $\tau_0 \ll \tau_D$，$H^{\text{ext}}(t)$ 可以被认为是 $H^{\text{int}}(t)$ 的脉冲函数。对于数百纳秒级的入射脉冲宽度，透射脉冲的下降时间约为数十毫秒。

表 12-2 所示是外部入射脉冲宽度 τ_0 与扩散时间 τ_D 的关系。

表 12-2　外部入射脉冲宽度 τ_0 与扩散时间 τ_D 的关系

时间	脉冲状态
$t = 0$	$H^{\text{ext}}(t)$ 到达腔体的外表面
$t < \tau_D$	$H^{\text{int}}(t)$ 由于扩散时间 τ_D 长，因此是可忽略的
$t \sim \tau_D$	$H^{\text{int}}(t)$ 达到峰值，并且 $H^{\text{ext}}(t)$ 通过屏蔽腔体
$t > \tau_D$	由于涡流损耗，因此屏蔽腔体使外部入射脉冲的能量衰减[14]

12.4.1.1 频域分析

常用的用于抑制干扰的结构有平行平板、圆柱腔体和球形腔体。在本小节中，将仅讨论球形腔体，这是因为它的尺寸都是有限的，可用于表示设备的外壳。有关其他形状结构的分析，可以参考 Lee 的文献[2]。值得注意的是，屏蔽效能取决于屏蔽结构的形状以及腔体的电导率、磁导率和厚度。屏蔽结构的形状很重要，因为它可以将磁场约束在腔体内。

在拉普拉斯域中要求解的方程是

$$\nabla \times E(r,s) = -sB(r,s)$$

$$\nabla \times H(r,s) = \begin{cases} \sigma E(r,s), & \text{腔内} \\ 0, & \text{腔外} \end{cases} \tag{12-3}$$

其中，E 和 H 分别表示边界条件在界面处连续的电场切向分量和磁场切向分量。假定腔体的内部和外部均具有自由空间的磁导率，并且腔体本身具有磁导率 μ。

将传递函数 $T(s)$ 定义为

$$T(s) = \frac{H^{\text{int}}(s)}{H^{\text{ext}}(s)} \tag{12-4}$$

求解基本式(12-4)，得出半径为 r_a 的球形腔体的传递函数 $T_s(s)$ 为

$$T_s(s) = \frac{3}{3\cosh(\sqrt{s\tau_D}) + [C\sqrt{s\tau_D} + 2/(C\sqrt{s\tau_D})]\sinh(\sqrt{s\tau_D})} \tag{12-5}$$

其中，

$$C = \frac{\mu_0 r_a}{\mu T}, \quad s = j\omega = j2\pi f$$

其中，C 为腔体尺寸和材料的函数。为了计算方便，对于电薄腔体，传递函数 $T_s(s)$ 可以简化为

$$T_s(s) = \frac{1}{1 + s\mu_0 \sigma T(r_a/3)} \tag{12-6}$$

式(12-6)对于物理电薄腔体以及 $f \ll (c/2r_a)$ 且腔体尺寸 r_a 大时有效。通常，这些表达式计算结果的精度在 5%以内[1]。

通常，可以根据传递函数来计算屏蔽效能 SE：

$$\text{SE} = 20\lg\left|\frac{H^{\text{ext}}}{H^{\text{int}}}\right| = -20\lg|T_s(s)| \text{(dB)} \tag{12-7}$$

使用式(12-6)给出的传递函数 $T_s(s)$ ，可以得到薄壁球形腔体的屏蔽效能 SE，图 12-17 所示是薄壁球形腔体的屏蔽效能 SE 随参数 C 的变化关系。

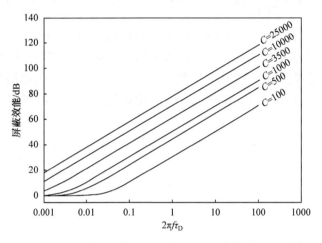

图 12-17　薄壁球形腔体的屏蔽效能 SE 随参数 C 的变化关系

12.4.1.2　时域分析

对于许多脉冲功率领域的应用，由于 $\tau_0 \ll \tau_D$ ，可以将外部入射场 H^{ext} 视为相对于腔体内部场的脉冲函数。定义一个有效的脉冲强度：

$$H_0 = \int_{-\infty}^{\infty} H^{\text{ext}}(t)\mathrm{d}t \tag{12-8}$$

外部入射场表示为

$$H^{\text{ext}}(t,x) = H_0 \delta\left(t - \frac{x}{C}\right)$$

对于高电导率的腔体，参数 C 较大，传递函数为

$$T_s(s) = \frac{1}{\cosh(\sqrt{s\tau_D}) + 3C\sqrt{s\tau_D}\,\sinh(\sqrt{s\tau_D})} \tag{12-9}$$

腔内电磁场的时间演化为

$$H^{\text{int}}(t) = \frac{H_0}{2\pi \cdot \mathrm{j}} \int_{-\mathrm{j}\infty+\Omega}^{\mathrm{j}\infty+\Omega} \frac{e^{st}\mathrm{d}s}{\cosh\left(\sqrt{s\tau_D}\right) + 3C\sqrt{s\tau_D}\,\sinh\left(\sqrt{s\tau_D}\right)} \tag{12-10}$$

通过一个无限级数来计算该积分式。早期时间近似为

$$H^{\text{int}}(t) \cong \frac{2H_0}{3C\tau_D\sqrt{\pi}}\sqrt{\frac{\tau_D}{\tau}}\,e^{-(\tau_D/4t)}, \quad \frac{t}{\tau_D} \leqslant 0.1 \tag{12-11}$$

中期时间和晚期时间近似为

$$H^{int}(t) \cong \frac{H_0}{3C\tau_D}\left[e^{-(t/3C\tau_D)} - 2e^{-(\pi^2 t/\tau_D)} + 2e^{-(4\pi^2 t/\tau_D)}\right], \quad \frac{t}{\tau_D} \geqslant 0.1 \qquad (12\text{-}12)$$

　　这些表达式描述了在屏蔽腔体较薄条件下腔内电磁场的整个时间演化过程，且腔体上的扩散时间远大于外部入射脉冲宽度。图 12-18 所示是腔体内部归一化磁场随参数 C 的变化关系。针对各种 C 值给出的腔内电磁场 H^{int} 的归一化幅度，式(12-11)和式(12-12)描述了腔内电磁场的整个时间演化过程，精度在0.1%以内[15]。

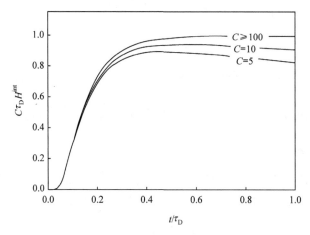

图 12-18　腔体内部归一化磁场随参数 C 的变化关系[1]

(经 Summa Foundation 许可引用)

12.4.2　单面端口设计

　　在 12.4.1 小节中，描述了电磁场通过腔体壁的传播过程。入射电磁场通过屏蔽腔体的导电壁传播，并在内表面感应产生表面电流。但是，如果腔体外壁没有电流，则电场将不会扩散到腔体内部。因此，如果可以防止大电流流过屏蔽体的大部分表面，则可以提高屏蔽体的屏蔽性能。如果屏蔽体包含许多开口(网和孔缝)或接触不良的屏蔽层，则这一点尤其值得重视。

　　由于认识到限制感应表面电流流过区域的重要性，因此提出了单面端口的概念。图 12-19(a)给出了单面端口的设计，其中所有贯通导体和外部接地导体都位于外壳的一侧。此外，在屏蔽腔体的任何地方都应该遵循这样的单面端口设计原则。因为在屏蔽体的其他部分没有出口路径，所以从屏蔽体表面流过的电流较小，在一个贯通导体上引入的电流必须在同一个导体上反射回来，或者通过单个面板上的其他贯通导体流出。相比之下，图 12-19(b)所示设计则是将进入端口放置在整个屏蔽体表面的各个位置，从而使电流流过屏蔽体的表面面积较大，激发屏蔽路径中的电流泄漏，并通过对面腔体壁上的路径流出。多面端口设计可能给屏蔽体表面带来一些缺陷，而单面端口设计则将表面电流集中在进入面板上，从而保持了屏蔽性能。反之，多面端口设计的屏蔽性能较差。

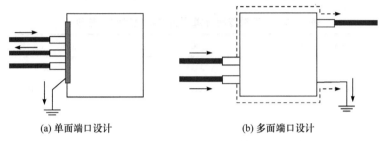

(a) 单面端口设计   (b) 多面端口设计

图 12-19 贯通位置可能会影响腔体的屏蔽性能[1]

(经 Summa Foundation 许可引用)

12.4.3 扩散渗透引起的电压

对于封闭的金属球体，通过屏蔽体的传播感应电压可以由尺寸相同的感应环路中的脉冲感应电压来估算。球形腔体[8]环路的面积为 πr_a^2，其感应峰值电压 V_{pk} 为

$$V_{pk} \approx \pi r_a^2 \mu_0 H_0 \frac{H_{pk}}{t_{pk}} \qquad (12\text{-}13)$$

其中，H_0 为入射脉冲的幅度；H_{pk} 为内部磁场峰值；t_{pk} 为出现峰值磁场的时间。

12.5 设 计 示 例

示例 12.1

磁场强度 $H_0 = 3.5 \times 10^{-5}$As/m 的脉冲入射到直径为 10m 的铜制屏蔽体。当屏蔽体壁厚 T 分别为 0.1mm、0.5mm、1.5mm 和 10mm 时，计算屏蔽体内部的感应电压。铜的电导率为 $5.8 \times 10^7 (\Omega \cdot m)^{-1}$，相对磁导率为 1。

解：

对于封闭的金属屏蔽体，可以通过在相同回路中测得的峰值电压来估算屏蔽体内部导体上的感应电压，该感应电压由式(12-13)给出。

要计算腔体内部峰值磁场，必须首先确定扩散时间 τ_D 和参数 C，这与屏蔽

体的尺寸和材料有关。τ_D 和 C 的表达式为

$$C = \frac{r_a}{3\mu_r T}, \quad \tau_D = \sigma\mu T^2$$

表 12-3 给出了屏蔽体不同壁厚时计算得到的扩散时间和参数 C。

表 12-3 不同壁厚时计算得到的扩散时间和参数 C

T/mm	C	τ_D
0.1	33333	0.7μs
0.5	6666	18.2μs
1	3333	72.0μs
5	666	1.8ms
10	333	7.3ms

从图 12-18 中可以看到，当参数 C 的值大于 100 时，球形屏蔽体中心处归一化透射磁场的饱和值约为 1，最大值出现在时间 $t/\tau_D \sim 0.4$ 处。因此，

$$C\tau_D H^{\text{int}} \cong 1, \quad \frac{t}{\tau_D} \cong 0.4$$

由此，式(12-13)将变为

$$V_{\text{pk}} \approx \frac{\pi r_a^2 \mu_0 H_0}{0.4 C \tau_D^2}$$

对于直径为 10m 的铜制屏蔽体，表 12-4 给出了不同厚度时腔体内感应电压的计算结果。从表 12-4 中可知，很薄的屏蔽层足以将感应电压降低到低于内部电压水平。

表 12-4 不同厚度时直径 10m 铜制屏蔽体的感应电压

T/mm	V_{pk}
0.1	2.6V
0.5	20.8mV
1	2.6mV
5	21.0μV
10	2.6μV

示例 12.2

对于工作频率为 1GHz 的高功率微波系统的屏蔽体，屏蔽体中有什么尺寸

的孔缝而不会被穿透? 以 300MHz 运行的 EMP 系统如何?

解:

(1) 与 1GHz HPM 源相关的波长为

$$\lambda = \frac{c}{v} = \frac{3 \times 10^8}{1 \times 10^9} = 0.3 \ (\text{m})$$

因此, 任何 0.1m 量级的孔缝都将被视为大孔径孔缝。

(2) 如果该辐射源是具有约 300MHz 的 EMP 辐射源, 则相关波长为

$$\lambda = \frac{c}{v} = \frac{3 \times 10^8}{3 \times 10^6} = 1 \ (\text{m})$$

因此, 只有大的门窗才容易被穿透。

参 考 文 献

[1] E.F. Vance, Electromagnetic Interference Control. *IEEE Trans. Electromagn. Compat.*, Vol. 22, No. 4, pp. 319-328, 1980.

[2] K.S.H. Lee, *EMP Interaction*: *Principles*, *Techniques*, *and Reference Data*, Hemisphere Publishing, 1986.

[3] C.D. Taylor and D.V. Giri, *High-Power Microwave Systems and Effects*, Taylor & Francis, 1994.

[4] J. Benford, J. Swegle and E. Schamiloglu, High Power Microwaves, Third Edition, CRC press, New York, 2015 J. Swegle, *High-Power Microwaves*, Artech House, 1992.

[5] D.V. Giri, *High Power Electromagnetic Radiators*, Harvard University Press, 2004.

[6] M.A. Uman, *Lightning*, Dover Publications, 1982.

[7] R.L. Gardner, *Lightning Electromagnetics*, Hemisphere Publishing, 1990.

[8] F.M. Tesche, M.V. Ianoz, and T. Karlsson, *EMC Analysis Methods and Computational Models*, Wiley-IEEE, 1997.

[9] C.E. Baum, Electromagnetic Topology for the Analysis and Design of Complex Electromagnetic Systems, in *Fast Electrical and Optical Measurements*, NATO ASI Series E: Applied Sciences, J.E. Thompson and L.H. Luessen, Vol. 1, Martinus Nijhoff Publishers, pp. 467-548, 1986.

[10] C.E. Baum, Electromagnetic Sensors and Measurement Techniques, *Fast Electrical and Optical Measurements*, NATO ASI Series E: Applied Sciences, J.E. Thompson and L.H. Luessen, Vol. 1, Martinus Nijhoff Publishers, pp. 467-548, 1986.

[11] C.E. Baum, The Theory of Electromagnetic Interference Control, in *Modern Radio Science 1990*, J. Bach Anderson, Oxford University Press, 1990.

[12] F.M. Tesche, Topological Concepts for Internal EMP Interaction. *IEEE Trans. Electromagn. Compat.*, Vol. 20, No. 1, pp. 60-64, 1978.

[13] E.F. Vance and W. Graf, The Role of Shielding in Interference Control. *IEEE Trans. Electromagn. Compat.*, Vol. 30, No. 3, 294-297, 1988.

[14] W. Graf and E.F. Vance, Shielding Effectiveness and Electromagnetic Protection, *IEEE Trans. Elect. Comp.* Vol. 30, No. 3, pp 289-293, 1988.

[15] G. Bedrosian and K.S.H. Lee, EMP Penetration Through Metal Skin Panels and into Aircraft Cavities, Interaction Notes, Note 314, August 1976.

[16] C.W. Harrison, Jr., and C.H. Papas, On the Attenuation of Transient Field by Imperfectly Conducting Spherical Shells, Interaction Notes, Note 34, July 1964.

[17] K.S.H. Lee and G. Bedrosian, Diffusive Electromagnetic Penetration into Metallic Enclosures, *IEEE Trans. Ant. Prop.* Vol. AP-27, No. 2, pp. 194-198, 1979.

[18] C.E. Baum, Sublayer Sets and Relative Shielding Order in Electromagnetic Topology, Interaction Notes, Note 416, April 1982.